Dirk Frerichs

Dynamik
der Kraftfahrzeuge

Dr.-Ing. **Manfred Mitschke**

o. Professor, Direktor des Instituts für Fahrzeugtechnik
der Technischen Universität Braunschweig

Mit 382 Abbildungen

Springer-Verlag Berlin Heidelberg New York 1972

ISBN 3-540-05207-0 Springer-Verlag Berlin Heidelberg New York
ISBN 0-387-05207-0 Springer-Verlag New York Heidelberg Berlin

Das Werk ist urheberrechtlich geschützt. Die dadurch begründeten Rechte, insbesondere die der Übersetzung, des Nachdrucks, der Entnahme von Abbildungen, der Funksendung, der Wiedergabe auf photomechanischem oder ähnlichem Wege und der Speicherung in Datenverarbeitungsanlagen bleiben, auch bei nur auszugsweiser Verwertung, vorbehalten. Bei Vervielfältigungen für gewerbliche Zwecke ist gemäß § 54 UrhG eine Vergütung an den Verlag zu zahlen, deren Höhe mit dem Verlag zu vereinbaren ist. © by Springer-Verlag, Berlin/Heidelberg 1972. Printed in Germany
Library of Congress Catalog Card Number: 70-172 692

Die Wiedergabe von Gebrauchsnamen, Handelsnamen, Warenbezeichnungen usw. in diesem Buche berechtigt auch ohne besondere Kennzeichnung nicht zu der Annahme, daß solche Namen im Sinne der Warenzeichen- und Markenschutz-Gesetzgebung als frei zu betrachten wären und daher von jedermann benutzt werden dürften.

Vorwort

Die wissenschaftliche Literatur über das Kraftfahrzeug besteht, sowohl im In- als auch im Ausland, bis auf einige wenige Handbücher aus Einzelliteratur, aus Aufsätzen in Zeitschriften. Auch auf dem hier behandelten Gebiet über die Theorie der Fahreigenschaften von Kraftfahrzeugen gibt es kein Buch, wie überhaupt im Vergleich zu anderen Gebieten der Technik relativ wenige theoretische Arbeiten existieren. Dies mag zunächst erstaunen, da ja schließlich dieses Verkehrsmittel in den Jahrzehnten seit der Erfindung des Automobils einen ungeheuren Aufschwung genommen hat und deshalb dieser Bedeutung entsprechend genügend wissenschaftliche Einzelarbeiten und zusammenfassende Werke vorliegen müßten. Andererseits erklärt vielleicht der Bau von Millionen von Kraftfahrzeugen das spärliche Vorhandensein der Theorie, denn bei großen Produktionszahlen stehen immer genügend Fahrzeuge als Versuchsmuster zum Ausprobieren und zum Verbessern bereit.

Seit einigen Jahren nimmt die theoretische Behandlung zu. Dies hat meines Erachtens vier Gründe. Seit der Einführung der großen und schnellen Rechenanlagen erweiterte sich nicht nur die Möglichkeit für Berechnungen erheblich, sondern es verstärkte sich damit gleichzeitig der Glaube an das Leistungsvermögen der Theorie. Zum zweiten brachte die Anwendung der elektronischen Meßtechnik einen Einblick in die dynamischen Vorgänge und damit ein Verständnis für die Theorie der Dynamik. Zum dritten sind die Kraftfahrzeuge immer weiter verbessert und verfeinert worden, so daß es immer schwieriger wird, alles mit dem Gefühl, mit dem in der Kraftfahrzeugtechnik bekannten Meßgerät, dem Popometer zu erfassen. Letztlich muß, durch den Zwang, auch in der Entwicklung zu rationalisieren, eine schnelle und möglichst gute Vorausberechnung helfen, Aufgaben rasch zu lösen.

In diesem Buch wird versucht, die Theorie, die die Fahreigenschaften des Kraftfahrzeugs beschreibt, zusammenfassend darzustellen. Es entstand aus den Vorlesungen, die ich neben meiner Industrietätigkeit als Privatdozent an der TH Karlsruhe hielt, und vor allen Dingen aus den Vorlesungen der letzten fünf Jahre an der TU Braunschweig. Dieser Stoff einer zweisemestrigen, insgesamt sechsstündigen theoretischen Vorlesung wurde aber in wichtigen Punkten ergänzt und erweitert. Deshalb dürfte es nicht nur ein Lehrbuch für Studierende, sondern auch ein Arbeitsbuch für alle diejenigen sein, die sich mit der Theorie der Fahreigenschaften befassen. Die Anwendung wird durch die Aufnahme von vielen Tabellen, Diagrammen und Beispielen ermöglicht. Der Inhalt gliedert sich in vier Teile. Nach einer zusammenfassenden Beschreibung der Reifeneigenschaften wird im Zweiten Teil der in der Theorie am längsten behandelte Problemkreis der Geradeausfahrt mit Antrieb und Bremsen beschrieben. Danach folgen im Dritten Teil die Fahrzeugschwingungen, die besonders durch Straßenunebenheiten verursacht werden und u. a. für den Komfort der Insassen, für die Schonung der Ladung, aber auch für die Beanspruchung der Fahrwerksteile und für die Vertikalkräfte zwischen Rad und Straße wichtig sind. Im Vierten Teil wird in die Gebiete der Lenkung, der Kreisfahrt, der Fahrtrichtungsstabilität, der Seitenwindempfindlichkeit und damit der Abweichung von der Geradeausfahrt eingeführt. Dieses Gebiet und auch das der Schwingungen sind jüngere Kinder der Kraftfahrzeugtechnik, spielen aber heute für den Komfort und für die Sicherheit eine wichtige Rolle. Statt über Fahreigenschaften kann man — zumindest zum Teil — auch über aktive oder primäre Sicherheit als Forderung, Unfälle zu vermeiden, sprechen.

Ich hoffe, daß dieses Buch einige Anregungen geben kann, z. B. die Theorie über die Fahreigenschaften von Kraftfahrzeugen zu erweitern oder Fahrzeugwerte zu sammeln bzw. die schon zusammengestellten zu ergänzen. Manches, wie Flattern und Lenkungsunruhe, wird in diesem Buch nicht behandelt. Ich habe nur die Veröffentlichungen zitiert, die mir für die gebrachten Ableitungen wichtig erschienen.

Zum Schluß darf ich noch der angenehmen Pflicht nachkommen und den zahlreichen Helfern danken: für das Durchlesen des Manuskripts, das Rechnen von Beispielen und die Korrektur der Fahnen, dem Abteilungsvorsteher und Professor, Herrn Dr.-Ing. H. J. BEERMANN, den Herren Dr.-Ing. H. BRAUN und F. FREDERICH, den Herren Dipl.-Ing. B. STRAKKERJAN, H. HELMS, E. BISIMIS, H. NIEHUES, H. WALLENTOWITZ. Für das Schreiben des Manuskripts danke ich der Institutssekretärin, Frau I. TSCHAWDAROFF. Zu großem Dank bin ich Herrn Dipl.-Ing. H.-J. HELM verpflichtet, der u. a. bei der Aufstellung der Gleichungen in den Abschnitten 121, 122 und 132 half, und ganz besonders Herrn Dipl.-Ing. P. WIEGNER, der seit Abschluß des Vertrages mit dem Springer-Verlag unermüdlich an der Entstehung des Buches durch Rat, durch Korrekturlesen, durch Organisieren half.

Schließlich möchte ich dem Springer-Verlag danken und dabei die reibungslose Zusammenarbeit hervorheben.

Braunschweig, im August 1971

M. Mitschke

Inhaltsverzeichnis

Einführung 1

  1. Übersicht über die dynamischen Probleme. 1
  2. Aufteilung in Einzelprobleme 3
  3. Gliederung 6

Erster Teil: Rad und Reifen

I. Rollen, Haften—Gleiten, Antreiben—Bremsen 7

  4. Bewegungsgleichungen am Rad 7
  5. Rollwiderstand 8
  6. Rollwiderstandsbeiwert 10
     6.1 Schwallwiderstand 15
  7. Lagerreibung, Anfahrwiderstand 15
  8. Antriebs- und Bremsmomente (unbeschleunigte Fahrt) 17
  9. Haften und Gleiten 18
 10. Schlupf, dynamischer Halbmesser, Abstand Achse—Fahrbahn 22
 11. Kraftschlußbeanspruchung und Schlupf 26
 12. Schubspannungen im Latsch, Teilgleiten 31
 13. Genauere Betrachtung der μ-Werte, Aquaplaning 35
 14. Beschleunigte Fahrt 38

II. Vertikallasten, Federung. 41

 15. Radlast 41
 16. Tragfähigkeit des Reifens, Temperaturgrenze 42
 17. Druckverteilung im Latsch 45
 18. Federkonstante 49
 19. Reifendämpfung 51

III. Seitliche Belastungen, räumliches Problem 52

 20. Seitenkräfte, Rückstellmomente, Schräglaufwinkel 52
 21. Zum Verständnis der Schräglaufcharakteristiken 55
     21.1 Linearisierung der Schräglaufwinkelcharakteristiken 58
 22. Einfluß von Radlast, Fahrgeschwindigkeit, Nässe der Fahrbahn . . . 58
 23. Einfluß der Umfangskräfte, maximale Horizontalkräfte 63
 24. Einfluß des Sturzes auf das Schräglaufverhalten 68
 25. Berücksichtigung der Beschleunigungen, räumliches Problem 69
 26. Einlaufverhalten des Reifens 75

Zweiter Teil: Antrieb und Bremsen

27. Bewegungsgleichungen 78

IV. Luftkräfte und -momente 81

28. Bezeichnung der Luftbelastungen 82
29. Anströmgeschwindigkeit und -richtung, Luftdichte 85
30. Luftwiderstandsbeiwert 88
31. Auftrieb 95
32. Seitenbeiwerte 97
33. Druckmittelpunkt, Heckflossen 101

V. Fahrwiderstände 103

34. Radwiderstände des gesamten Fahrzeuges 103
    34.1 Rollwiderstand 104
    34.2 Vorspurwiderstand 104
    34.3 Widerstand auf unebenen Fahrbahnen 105
    34.4 Kurvenwiderstand (Krümmungswiderstand) 108
    34.5 Zusammenfassung der einzelnen Radwiderstände 108
35. Luftwiderstand 109
36. Steigungswiderstand 110
37. Beschleunigungswiderstand 112
38. Gesamtwiderstand, Zugkraft, Leistung an den Antriebsrädern . . 116
39. Zugwiderstand 121

VI. Antrieb, Motorkennung, Wandler 121

40. Antriebsmaschine konstanter Leistung, Kraftschlußgrenze 122
41. Kennungen von Antriebsmaschinen 124
    41.1 Dampfantrieb 124
    41.2 Elektrische Antriebe 125
    41.3 Brennkraftmaschinen 126
42. Brauchbarkeit der Antriebsmaschinen für den Fahrzeugbetrieb . . 127
43. Verbrennungsmotor 131
44. Kennungswandler, allgemein 134
45. Drehzahlwandler 135
46. Drehmomentenwandler 138
    46.1 Zusammenarbeit Motor und Stufengetriebe 139
    46.2 Zusammenarbeit Motor und stufenloses Getriebe 140

VII. Fahrleistungen 143

47. Fahrzustandsschaubilder 143
    47.1 Vereinfachte Fahrzustandsschaubilder 145
    47.2 Exakte Darstellung 146
48. Höchstgeschwindigkeit in der Ebene 149
49. Steigfähigkeit 153
50. Beschleunigungsfähigkeit 161
    50.1 Geschwindigkeiten, Wege, Zeiten 162
    50.2 Fahrzeuge mit idealer Zugkraftkennlinie 165
    50.3 Übersetzung der Zwischengänge 168
    50.4 Zugkraftunterbrechung 170
51. Treibstoffverbrauch 172

Inhaltsverzeichnis

VIII. Fahrgrenzen 178
  52. Größe der Vertikallasten 178
  53. Kraftschlußbeanspruchung bei Vorder- bzw. Hinterachsantrieb 181
    53.1 Unbeschleunigte Fahrt in der Ebene 185
    53.2 Steigungsfahrt (unbeschleunigt) 185
    53.3 Beschleunigte Fahrt (in der Ebene) 187
  54. Allradantrieb 190
    54.1 Unbeschleunigte Fahrt in der Ebene 190
    54.2 Steigungsfahrt (unbeschleunigt) 192

IX. Bremsung 193
  55. Aufgaben der Bremsanlagen, Umwandlung in Wärme. 193
    55.1 Arbeit und Leistung bei der Verzögerungsbremsung 194
    55.2 Arbeit und Leistung bei der Beharrungsbremsung 195
  56. Bremsmomente, Bremskräfte, Abbremsung 197
  57. Beharrungsbremsung durch den Motor 199
  58. Bremswege bei Verzögerungsbremsung 202
    58.1 Bremsvorgang 202
    58.2 Anhalteweg 204
    58.3 Bremswegverlängerung gegenüber einer idealen Abbremsung . . 206
  59. Kraftschlußbeanspruchung bei Verzögerungsbremsung, Gütegrad. . . 209
    59.1 Veränderung der Abbremsung über der Fahrgeschwindigkeit . . 212
    59.2 Veränderung der Bremskraftverteilung 214
    59.3 Begrenzung der Bremskräfte 216
  60. Ideale Bremskraftverteilung 217
  61. Auslegung der Bremskraftverteilung 221
  62. Kraftschlußbeanspruchung bei veränderlicher Beladung 224
  63. Abbremsung zwischen Zugfahrzeug und Anhänger 228
  64. Blockierendes Rad 230
    64.1 Lösung im Bereich $0 \leq s \leq s_c$ 233
    64.2 Lösung im Bereich $s_c \leq s \leq 1$ 234
    64.3 Für den Blockiervorgang wichtige Größen 235

Dritter Teil: Fahrzeugschwingungen

  65. Schwingungsersatzschema eines Fahrzeuges 236

X. Einmassensystem 240
  66. Eigenschwingungen, Stabilität 241
  67. Erregerschwingungen 245
  68. Einfach abgefederte Fahrzeuge 249
  69. Radsystem 259

XI. Schwingungsanregung, Beurteilungsmaßstäbe, regellose Schwingungen 260
  70. Anregung durch Fahrbahnunebenheiten 260
  71. Anregung durch Rad und Reifen 266
  72. Schwingbequemlichkeit 272
  73. Belastungen, Fahrsicherheit 275
  74. Berechnung regelloser Schwingungen 279
  75. Spektrale Dichte der Fahrbahnunebenheiten 283

XII. Schwingungen des Aufbaues und des Rades (feder- und dämpfergekoppeltes Zweimassensystem) 286

76. Bewegungsgleichungen, Eigenfrequenzen 287
77. Erregerschwingungen, Vergleich Kraftfahrzeug — einfach abgefederte Fahrzeuge 289
78. Fahrzeug — Straße — Fahrgeschwindigkeit 291
79. Einfluß der Aufbaufederkonstanten c_2 298
80. Einfluß der Aufbaudämpfungskonstanten k_2 303
81. Einfluß der Radmasse m_1 305
82. Einfluß der Reifendaten 307
83. Einfluß der Aufbaumasse m_2 (Beladungsänderung) 309
84. Anpassung der Fahrzeugdaten an die Beladung 311

XIII. Sitzfederung, Radaufhängung, nichtlineare Kennungen 314

85. Sitzfederung 314
86. Einfluß der Radaufhängungen 319
    86.1 Einfluß der Reifenverformung 324
    86.2 Einfluß der Beschleunigungskopplung 329
87. Trampeln der Starrachse 329
88. Nichtlineare Feder- und Dämpferkennungen, Linearisierung 333
    88.1 Nichtlineare Federkennungen 337
    88.2 Nichtlineare Dämpferkennungen 338
    88.3 Reibungsdämpfung 340

XIV. Zweiachsfahrzeug 343

89. Bewegungsgleichungen, Vergrößerungsfaktoren, $m_K = 0$ 343
90. Einfluß der Fahrgeschwindigkeit 347
91. Lage der Sitze 350
92. Einfluß der Fahrzeuggröße (Radstand) 352
93. Verschiedene Abstimmung der vorderen und hinteren Teilsysteme . . . 354
94. Bewegungsgleichungen, $m_K \neq 0$ 358
95. Einfluß der Koppelmasse und des Radstandes 359
96. Nickeigenfrequenz, Kopplung zwischen vorderer und hinterer Federung 365

Vierter Teil: Lenkung und Kurshaltung

97. Zentripetalbeschleunigung 368
    97.1 Größe der Zentripetalbeschleunigungen und der Krümmungsradien 369
98. Momentanpol im Grundriß 371

XV. Kreisfahrt (einfache Betrachtung) 373

99. Kreisradius — Radeinschlag — Schräglaufwinkel 374
100. Radeinschlag bei Vernachlässigung der Schräglaufwinkel 377
101. Breitenbedarf 380
102. Kräfte bei Kreisfahrt 382
    102.1 Vereinfachung der Gleichungen 383
103. Schleudergrenze (einfache Betrachtung) 385
104. Über- und Untersteuern, Radeinschlag 387
105. Einfluß der Reifengröße bzw. -bauart 393

Inhaltsverzeichnis   XI

106. Einfluß des Kraftschlusses 395
107. Einfluß des Reifenluftdruckes 395
108. Einfluß des Radsturzes 396
109. Unterschiedlicher Radeinschlag 398
110. Eigenlenkverhalten der Achsen 400
111. Kurvenwiderstand 402
112. Fahrgrenzen bei Kreisfahrt 405
  112.1 Fahrgrenze durch Kraftschluß, Änderung des Schräglaufes 405
  112.2 Fahrgrenze durch die Antriebsleistung 408

XVI. Kreisfahrt (umfassendere Betrachtungsweise) 409

113. Einfluß von Radlaständerung, Schwerpunkthöhe und Spurweite 409
114. Unterschiedliche Radlaständerung an den Achsen, Kippgrenze 414
115. Momentanzentrum, Momentanachse 416
116. Berechnung der vertikalen Radlasten und der Fahrzeugneigung (am Beispiel der Starrachse) 417
117. Verschiedene Radaufhängungen 420
118. Unterschiedliche Federhärten, Stabilisator 424

XVII. Wege und Momente am Lenkrad 425

119. Definition der Vorderradkinematik 426
120. Moment am Lenkrad 427
121. Bewegungen und Belastungen am gelenkten Vorderrad 432
  121.1 Bewegungen am Rad und Achsschenkelbolzen 433
  121.2 Belastungen am Rad und Achsschenkelbolzen 436
122. Summe der Momente um beide Achsschenkelbolzen 438
123. Lenkmoment bei langsamer Kurvenfahrt 440
124. Lenkmoment im Stand 444
125. Lenkmoment bei schneller Kurvenfahrt 446
126. Störmomente bei Geradeausfahrt 452
127. Neigungsänderung des Lenkzapfens 455
128. Bezogener Lenkradeinschlag β_L^*, Über- und Untersteuern 456
129. Lenkradmoment 460

XVIII. Dynamische Vorgänge, Kurshaltung 462

130. Einführung 462
131. Vorüberlegungen zu einem einfachen Fahrzeugmodell 465
132. Aufstellung der Bewegungsgleichungen 467
  132.1 Schwerpunktsatz für den Aufbau 470
  132.2 Drallsatz für den Aufbau 471
  132.3 Bestimmung der vertikalen Radlasten 473
  132.4 Reifenbelastungen 475
  132.5 Beziehung Lenkrad- und Radeinschlag 476
  132.6 Luftbelastungen 477
  132.7 Zusammenfassung der Bewegungsgleichungen 478
133. Kreisfahrt 481
  133.1 Reifen-, Lenkungs-, Radaufhängungselastizität 483
  133.2 Einfluß des Luftmomentes 486
  133.3 Einfluß der Schwerpunkthöhe und der Aufbauneigung 487
  133.4 Dimensionslose Darstellung 489

134. Lösung der homogenen Gleichung, Stabilitätsbedingung 490
135. Lenkverhalten von Kraftfahrzeugen 494
136. Seitenwindverhalten von Kraftfahrzeugen 511
137. Fahrer — Fahrzeug — Seitenwind 520

Sachverzeichnis 524

Einführung

In diesem Buch wird das Zusammenspiel von Kräften am Kraftfahrzeug und seinen Bewegungen behandelt. Es wird — wenn man sich der Sprache der Technischen Mechanik bedient — hauptsächlich ein Einblick in die Dynamik des Kraftfahrzeuges gegeben, bzw. es werden — um einen Ausdruck der Fahrzeugtechnik zu benutzen — die Fahreigenschaften von Fahrzeugen besprochen.

Zunächst folgt ein kurzer Überblick über die Gesamtheit der Probleme.

1. Übersicht über die dynamischen Probleme

Ein vierrädriges Fahrzeug besteht bei vereinfachter Betrachtung mit seinem Aufbau und den vier Rädern aus fünf Einzelmassen, die durch Führungen, Federn und Dämpfer beweglich miteinander verbunden sind. Da jeder frei bewegliche Körper, wenn man ihn vereinfachend als starr ansieht, sechs Freiheitsgrade (drei translatorische und drei rotatorische) hat, ist demnach die Zahl der Freiheitsgrade des Gesamtfahrzeuges $5 \cdot 6 = 30$. Zur Beschreibung der Bewegungen des Fahrzeuges ist eine entsprechend große Zahl von Bewegungsgleichungen, die Differentialgleichungen sind, notwendig. Diese sind allerdings voneinander nicht unabhängig, sondern größtenteils miteinander gekoppelt, sei es durch die oben genannten federnden, dämpfenden oder gelenkigen Verbindungen, sei es durch die über die Massenverteilung bewirkten Beschleunigungskopplungen (s. Drallsatz).

Werden noch weitere Bewegungsmöglichkeiten im Kraftfahrzeug berücksichtigt, wie z. B. die des Triebwerkes (Motor + Schaltgetriebe, Achsgetriebe), der Insassen, der Gelenk- und Antriebswellen, des Fahrerhauses und der Ladung beim Lkw, der Lenkungsteile mit Spurstangen, Lenkgetriebe und Lenkrad und die Bewegungen innerhalb der zunächst als starr angenommenen Einzelkörper, so kommt man leicht auf eine weit größere Zahl von Freiheitsgraden und Differentialgleichungen.

Diese vielen gekoppelten Bewegungsgleichungen erschweren den Überblick über die Fahreigenschaften von Kraftfahrzeugen. Deshalb nimmt man lieber einige Vernachlässigungen in Kauf und behandelt Einzelprobleme, um dadurch das Charakteristische und das Wesentliche erkennen zu können. Im folgenden soll auch so vorgegangen werden.

Der Fahrer bestimmt die Geschwindigkeit und die Bewegungsrichtung des Fahrzeuges, er nimmt Korrekturen vor, wenn es durch die unvermeidlichen Störungen von der gewünschten Fahrtrichtung abgedrängt wird. Dabei paßt der Fahrer die Bewegungen seines Fahrzeuges dem Bewegungsspielraum an, den ihm die Straße gibt bzw. den ihm die anderen Verkehrsteilnehmer auf der Fahrbahn noch lassen.

Die genannten Tätigkeiten des Fahrers wirken auf das Fahrzeug zurück, und es ergibt sich nach Bild 1.1 über die Blöcke „Mensch", „Fahrer, aktiv" und „Beschleunigen, Bremsen, Lenken" ein geschlossener Kurvenzug, ein Kennzeichen dafür, daß hier ein Regelungsproblem vorliegt.

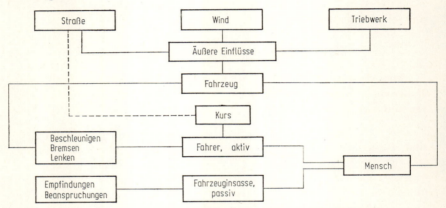

Bild 1.1 Zusammenwirken von Fahrzeug, Mensch und äußeren Einflüssen.

Der Fahrer oder überhaupt die Insassen werden durch die Erschütterungen und Geräusche des Fahrzeuges auch passiv beansprucht. Hier kann aktiv nicht eingegriffen werden, wenn man davon absieht, daß der Fahrer die Fahrgeschwindigkeit variiert oder anhält. Es gibt, wie Bild 1.1 mit den Blöcken „Fahrzeuginsasse, passiv" und „Empfindungen, Beanspruchungen" zeigt, keinen geschlossenen Kreis.

Ist schon wegen der hohen Zahl der Freiheitsgrade die gleichungsmäßige Behandlung des Fahrzeuges nicht leicht, so ist es ebenso schwierig, die Empfindungen und Reaktionen des Menschen zu beschreiben. Dies ist bisher nur teilweise geglückt, zum größeren Teil hingegen noch nicht gelungen. Deshalb ist es erklärlich, daß z. B. beim Problem der Fahrtrichtungshaltung wegen fehlender, den Menschen charakterisierender mathematischer Gleichungen vereinfachende Ansätze gemacht werden, die mit der Wirklichkeit nur in einem losen Zusammenhang stehen.

Auf das Fahrzeug wirken nach Bild 1.1 „äußere Einflüsse" ein, von denen zunächst die von der Straße herrührenden aufgezählt werden. Die

2. Aufteilung in Einzelprobleme

Fahrbahn beeinflußt durch ihre Gestaltung, durch ihre Geraden, Kurven, Übergangsbögen, Steigungen und Gefälle die Fahrweise und geht somit auch in den Block „Kurs" ein. Außerdem spielt der Reibungskoeffizient, der sich zwischen Reifen und Fahrbahn ergibt, eine eminent wichtige Rolle für ein bodengebundenes Fahrzeug. Weiterhin müssen wir die Straßenunebenheiten betrachten, die über das abgefederte Fahrzeug auf die Fahrzeuginsassen einwirken, die das Fahrzeug und auch die Straße beanspruchen und die Fahrsicherheit vermindern.

Auch das Triebwerk, ein Teil des Fahrzeuges, ist eine Erregerquelle für Schwingungen und Geräusche, weshalb es in Bild 1.1 unter den äußeren Einflüssen mit aufgeführt wurde. Hierzu gehört schließlich noch der Wind, der als Seitenwind das Fahrzeug in gefährlicher Weise aus seiner Fahrtrichtung drängen kann.

2. Aufteilung in Einzelprobleme

Aus Abschn. 1 ging hervor, daß die Behandlung des Gesamtsystems Fahrzeug—Fahrer bzw. Fahrzeuginsasse—äußere Einflüsse sehr schwierig und damit auch unübersichtlich wird. Deshalb erscheint eine Auf-

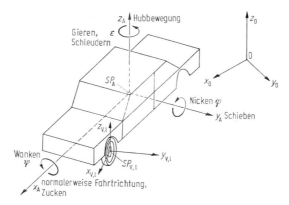

Bild 2.1 Koordinatensysteme zur Beschreibung der Fahrzeugbewegungen und Benennung einzelner Aufbaubewegungen.

teilung in Einzelprobleme, die jeweils einen kleineren Umfang haben, zweckmäßig. Im folgenden wird das Ganze, orientiert an Koordinatensystemen, in Teilprobleme aufgespalten.

Bild 2.1 zeigt ein raumfestes Koordinatensystem x_0, y_0 und z_0, in dem die Bewegung des Fahrzeuges beschrieben werden kann. Das System x_A, y_A und z_A ist körperfest und hier speziell mit dem Aufbau fest verbunden, der Koordinatenanfangspunkt sei der Schwerpunkt SP_A. Man kann, wie wir das auch in diesem Buch noch tun werden, weitere Systeme wie „natürliche" oder „schleifende" Koordinatensysteme einführen. Im Augenblick genügen die beiden Systeme aus Bild 2.1, um eine Aufteilung vorzunehmen.

Bei Geradeausfahrt zeigen x_0 und x_A normalerweise in die gleiche Richtung. Bei Beschränkung auf Bewegungen in Richtung dieser beiden Koordinaten kann man das Teilproblem „Geradeausfahrt" behandeln, dazu Fahrwiderstände, Fahrleistungen sowie Brems- und Beschleunigungsvorgänge erörtern. Die Bewegungen senkrecht dazu, also in y_0- bzw. y_A-Richtung führen zu Abweichungen von der Fahrtrichtung und gehören deshalb hauptsächlich zum Teilproblem „Kurshaltung".

In Tabelle 2.1 sind die einzelnen Teilprobleme den Bewegungsrichtungen bzw. -arten zugeordnet. Dazu sind einmal für einige davon spezielle fahrzeugtechnische Namen genannt, so z. B. für die y_0- bzw. y_A-Bewegung „Schieben", und zum anderen ist in einer weiteren Spalte

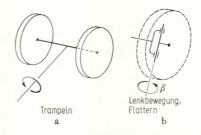

Bild 2.2 Spezielle Bewegungen von Achsen und Rädern.
a) Trampeln einer Starrachse, b) Einschlagen eines gelenkten Rades um den Achsschenkelbolzen.

angegeben, mit welcher Bewegung eine enge Kopplung besteht. Bei der Kurshaltung ist die Schiebebewegung eng mit der Drehbewegung ε um die Hochachse verbunden, und $\ddot{y}_0$, die zweite Ableitung von y_0 nach der Zeit, die annähernd gleich der Zentripetalbeschleunigung ist, bewirkt die Aufbauneigung ψ.

Weiterhin ist aus Tabelle 2.1 zu entnehmen, daß die Größen z_0, φ und ψ besonders zur Beschreibung von Schwingbewegungen benutzt werden. Diese Aufzählung, die zunächst für den Aufbau gilt, kann auch auf die Räder angewandt werden, nur werden zur Unterscheidung die Bezeichnungen anders lauten, z. B. für das System des vorderen linken Rades nach Bild 2.1 $x_{V,1}$, $y_{V,1}$ und $z_{V,1}$ mit dem Schwerpunkt $SP_{V,1}$ als Koordinatenanfangspunkt. Auch bei Rädern und Achsen gibt es einige charakteristische Bewegungen und Bezeichnungen, die in Bild 2.2 und Tabelle 2.1 aufgeführt sind.

2. Aufteilung in Einzelprobleme

Tabelle 2.1 *Zuordnung der Teilprobleme zu den Bewegungskoordinaten des Fahrzeuges*

Bewegung Größe	Bezeichnung	Enge Kopplung mit	Teilproblem
Aufbau:			
x_0 bzw. x_A			einfache Geradeausfahrt, Fahrwiderstände, Fahrleistungen, Brems- und Beschleunigungsvorgänge
	Zucken	φ	Aneinanderhängen verschiedener Fahrzeugeinheiten
y_0 bzw. y_A	Schieben	$\varepsilon, (\psi)$	Abweichung aus der Fahrtrichtung, „Kurshaltung"
			Querschwingungen
z_0	Heben, Senken	φ, ψ	Hubschwingungen
ψ	Wanken		Wankschwingungen
		y_0	Neigung des Fahrzeugaufbaues bei Kurvenfahrt
φ	Nicken	z_0	Nickschwingungen
			Eintauchen bzw. Aufrichten bei Beschleunigung und Bremsen in x-Richtung
ε	Gieren	$y, (\psi)$	Herausdrehen aus der Fahrtrichtung, „Kurshaltung"
	Schleudern		wie Gieren, nur Rutschen eines oder mehrerer Reifen auf der Fahrbahn
Achse bzw. Rad:			
β	Lenkbewegung		Kurvenfahrt, Korrektur für Geradeausfahrt, Lenkelastizität
	Flattern (Shimmy)		Schwingung der gelenkten Räder
φ			Drehschleudern, Blockieren

3. Gliederung

Das Buch ist auf Grund der oben genannten Aufteilung in vier große Teile gegliedert.

Im Ersten Teil „Rad und Reifen" wird ein Bauteil besprochen, das ein Landfahrzeug kennzeichnet und das in der Natur kein Vorbild hat. Wegen seiner großen Bedeutung werden in diesem Buch viele Abschnitte diesem einzelnen Fahrzeugaggregat gewidmet. In den anderen drei Teilen wird das Gesamtfahrzeug behandelt, und zwar aufgeteilt — von der fahrzeugtechnischen Sicht her — in bekannte Einzelgebiete.

So wird im Zweiten Teil „Antrieb und Bremsen" die Vorwärtsbewegung — hauptsächlich in x_0-Richtung — beschrieben. Wir werden die Fahrwiderstände, die durch das Antriebsaggregat überwunden werden müssen, kennenlernen, daraus Beschleunigungen, Fahrgeschwindigkeiten, Treibstoffverbrauch usw. berechnen. Ebenso werden der negative Antrieb und die negative Beschleunigung, nämlich Bremsung und Verzögerung behandelt werden.

Im Dritten Teil „Fahrzeugschwingungen" führen wir eine Fahrbahn ein, die nicht mehr eben ist. Dadurch wird das Fahrzeug zu Schwingungen, besonders zu Hub- und Nickbewegungen angeregt. Wir werden maßgebende Größen für Fahrkomfort und -sicherheit berechnen und den Einfluß der einzelnen Schwingungsdaten wie Federung, Dämpfung, ungefederte Massen usw. diskutieren.

Im Vierten Teil „Lenkung und Kurshaltung" verlassen wir die Geradeausfahrt und wenden uns der Kurvenfahrt zu. Wir werden uns zunächst mit der Kreisfahrt beschäftigen, einem Sonderfall der Kurvenfahrt, der sich sehr einfach mathematisch beschreiben läßt. Anschließend wird der allgemeine Fall betrachtet, wobei wir uns stärker mit der Dynamik beschäftigen müssen. Hierzu gehört auch die Betrachtung über die Seitenwindempfindlichkeit von Fahrzeugen.

Die Eigenschaften der Fahrzeuginsassen — soweit bekannt — und die Merkmale der äußeren Einflüsse werden bei den jeweiligen Abschnitten des Fahrzeuges mit erfaßt, also z. B. „Schwingempfindung des Menschen" und „Unebenheiten der Straße", im Dritten Teil „Fahrzeugschwingungen".

Erster Teil

Rad und Reifen

An den Anfang unserer Betrachtung stellen wir das Rad, das typische Bauteil des Landfahrzeuges, und beginnen in Kap. I mit dessen charakteristischer Bewegungsform, dem Rollen. Das führt uns dann gleich zum Begriff des Rollwiderstandes, weiterhin zu den Begriffen Treib- und Bremsmomente und damit zu der Frage, wann ein Rad rollt oder gleitet.

In Kap. II behandeln wir die Vertikalkräfte des Rades bzw. des Reifens und erläutern Begriffe wie Tragfähigkeit, Reifenfederung und Bodendruck.

In Kap. III werden die seitlichen Horizontalkräfte, kurz Seitenkräfte genannt, und die zugehörigen Momente beschrieben und deren Abhängigkeit von Schräglauf und Radsturz als ein Maß für die hierbei wesentliche Reifenverformung gezeigt.

I. Rollen, Haften—Gleiten, Antreiben—Bremsen

4. Bewegungsgleichungen am Rad

Die ersten Räder, die verwendet wurden, waren „Laufräder", sie rollten, sie wurden vorwärts gezogen oder geschoben durch eine Kraft X an der Achse (Bild 4.1). Außerdem mußten sie eine Last Z aufnehmen und auf die Fahrbahn übertragen. Dabei fehlten also noch Momente M um die Radachse. Diese kamen erst später hinzu, als Räder angetrieben oder abgebremst wurden.

Um die Bewegung an einem Rad beschreiben zu können, stellen wir die Bewegungsgleichungen für das ebene System nach Bild 4.1 auf. Das Rad mit dem Schwerpunkt SP_R, durch den die Rotationsachse geht, bewegt sich in x-Richtung und dreht sich um den Winkel φ. Durch Aufschneiden des Systems nach Bild a werden in Bild b die Reaktionskräfte und -momente sichtbar, und zwar neben den genannten X, Z und M noch die Kräfte zwischen Latsch[1] und der Fahrbahn. Das sind die Umfangskraft U und die Radlast P.

---

[1] Mit Latsch bezeichnet man in der Fahrzeugtechnik die durch die Verformung des gummibereiften Rades entstehende Berührungsfläche zwischen Reifen und Fahrbahn, auch Reifenaufstandsfläche genannt.

Da in der Latschfläche zwischen Reifen und Fahrbahn eine Druckverteilung, wie in Bild 4.2 angedeutet, vorhanden ist, muß noch ein Kräftepaar M_P eingeführt werden, wenn die Vertikallast P beispielsweise

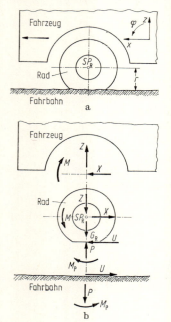

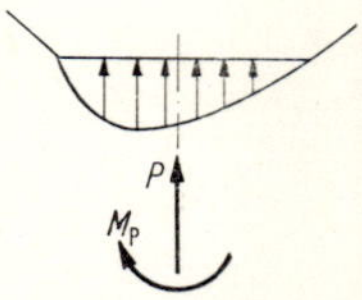

Bild 4.2 Reduzierung der Druckverteilung im Latsch auf die Vertikallast P und das Moment M_P.

Bild 4.1 a) Fahrzeug, Rad und Fahrbahn, b) Kräfte und Momente am Fahrzeugaufbau, am Rad und an der Fahrbahn.

so angesetzt wird, daß sie auf die Radachse gerichtet ist. Mit der Masse des Rades m_R, dem Gewicht $G_R = m_R g$ und dem Trägheitsmoment Θ_R ergeben sich die Bewegungsgleichungen zu

$$m_R \ddot{x} = U - X, \qquad (4.1)$$

$$m_R \ddot{z} = P - (Z + G_R), \qquad (4.2)$$

$$\Theta_R \ddot{\varphi} = M - Ur - M_P. \qquad (4.3)$$

5. Rollwiderstand

Rollt das Rad unbeschleunigt vorwärts, d. h. sind translatorische und rotatorische Beschleunigung Null,

$$\ddot{x} = 0, \qquad \ddot{\varphi} = 0,$$

dann vereinfachen sich zwei der obigen Gleichungen zu

$$X = U, \qquad (5.1)$$

$$M = Ur + M_P. \qquad (5.2)$$

5. Rollwiderstand

Ist das Antriebsmoment $M = 0$ und wird angenommen, daß kein bremsendes Moment (auch keines aus der Lagerreibung) auftritt, so muß dennoch, wie man z. B. vom Ziehen eines Handwagens aus Erfahrung weiß, eine Horizontalkraft $-X$ an dem Rad aufgebracht werden. Das heißt nach Gl. (5.1), daß ein Widerstand $-U$ überwunden werden muß. Diesen Widerstand nennt man den *Rollwiderstand*, und er soll mit W_R bezeichnet werden.

$$-U = W_R. \tag{5.3}$$

Aus Versuchsergebnissen ist bekannt, daß der Rollwiderstand hauptsächlich von der Radlast P abhängig ist, und zwar linear,

$$W_R = f_R P, \tag{5.4}$$

wobei man den dimensionslosen Proportionalitätsfaktor f_R *Rollwiderstandsbeiwert* nennt.

Aus Gl. (5.2) ergibt sich mit $M = 0$ und Gl. (5.3) die Beziehung

$$W_R = M_P/r. \tag{5.5}$$

Wird weiterhin nach Bild 5.1 das Moment M_P als Kräftepaar

$$M_P = Pe \tag{5.6}$$

der Radlast P im Abstand e gedeutet, so ist mit Gl. (5.5) und (5.6)

$$W_R = \frac{e}{r} P \tag{5.7}$$

und wegen Gl. (5.4)

$$f_R = e/r. \tag{5.8}$$

Die Gleichung zeigt, daß sich das Vorhandensein eines Rollwiderstandes und der Angriff der Vertikalkraft P vor Latschmitte gegenseitig bedingen.

In Bild 5.1 wurde vorausgesetzt, daß die Elastizität der Fahrbahn gegenüber der des Rades zu vernachlässigen ist, was für Reifen auf befestigten Straßen plausibel erscheint, hingegen beispielsweise nicht bei der Fahrt auf unbefestigtem Gelände.

Dort sinkt der Reifen ein, die Fahrbahn wird verformt, und es gibt zusätzliche Kräfte, die die Fahrbewegung hemmen (s. Bild 5.2). Deshalb ist der Rollwiderstand auf unbefestigten Fahrbahnen wesentlich höher.

Neben dem Rollwiderstand vergrößert der Luftwiderstand die Kraft X. Dieser soll aber hier nur genannt und nicht behandelt werden, weil er zum Luftwiderstand des gesamten Fahrzeuges geschlagen wird.

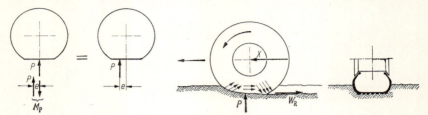

Bild 5.1 Zur Ableitung des Rollwiderstandes.

Bild 5.2 Zusätzlicher Rollwiderstand durch Verformung der Fahrbahn und Spurrillenreibung.

6. Rollwiderstandsbeiwert

Wir wollen uns nicht darauf beschränken, Zahlenwerte anzugeben, sondern mit Hilfe eines einfachen Reifenmodelles[1] erklären, wodurch ein Rollwiderstand überhaupt auftritt.

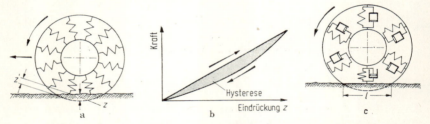

Bild 6.1. Einfaches Ersatzmodell eines gummibereiften Fahrzeugrades.
a) Feder-Modell des Rades, b) Feder-Diagramm des Reifens, c) Feder-Dämpfer-Modell des Rades.

Die elastischen Eigenschaften von Luftreifen sind am Ersatzbild des „Federrades" nach Bild 6.1a vorstellbar. Jedes dieser einzelnen Federchen wird, wenn es in den Latsch gelangt, eingedrückt und anschließend entspannt. Für die Federchen im Latsch ist neben der elastischen Eigenschaft auch das Auftreten von Hysterese, also von Verlusten, anzunehmen, wie in Bild 6.1b angedeutet. Wir ergänzen deshalb das „Federrad" noch durch kleine Dämpfer (Bild 6.1c), deren beim Durchlaufen des Latsches aufgenommene Arbeit in Wärme umgewandelt wird und somit das Auftreten eines Rollwiderstandes während des Abrollens erklärt.

Die Höhe der Verlustarbeit A eines Elementardämpfers beim Durchlaufen des Latsches kann man für stationäre Verhältnisse leicht abschätzen, wenn man die Dämpferkraft P'_D eines Elementardämpfers verhältig der Eindrückungsgeschwin-

---

[1] MARQUARD, E.: Über den Rollwiderstand von Luftreifen. ATZ 60 (1958) Nr. 2, S. 35—41.

6. Rollwiderstandsbeiwert

digkeit
$$\dot{z}' = dz'/dt$$
mit der Proportionalitätskonstanten k zu
$$P'_D = k\dot{z}'$$
ansetzt. z' ist dabei die Eindrückung in radialer Richtung, z die maximale Eindrückung in Latschmitte. A ergibt sich aus
$$dA = P'_D\, dz' = k\dot{z}'\, dz' = k(\dot{z}')^2\, dt$$
durch Integration über die Zeitdauer, während der die Latschlänge l von dem mit der konstanten Fahrgeschwindigkeit v sich bewegenden Rad durchlaufen wird,
$$A = k\int_0^{l/v} (\dot{z}')^2\, dt. \tag{6.1}$$

Mit der Annahme, daß die radiale Eindrückung näherungsweise dem Ansatz
$$z' = z\sin\omega t \quad \text{mit } \omega = \pi\frac{v}{l}$$
entspricht, wird die Verlustarbeit dann
$$A = kz^2\omega^2\int_0^{l/v}\cos^2\omega t\, dt = z^2(k\omega)\int_0^{\pi}\cos^2\omega t\, d\omega t,$$
$$A = z^2(k\omega)\frac{\pi}{2}.$$

$(k\omega)$ wurde in Klammern gesetzt, um anzudeuten, daß dieser Wert bei Gummi bzw. allgemein bei hochpolymeren Stoffen nahezu eine Konstante ist[1], s. Abschn. 19.

A ist die Arbeit der Dämpfer, die zu einem Anteil des Radumfangs gehören, der der Länge des Latsches entspricht.

Der Rollwiderstand wiederum ist die Arbeit pro zurückgelegtem Weg, so daß
$$W_R = \frac{A}{l} = z^2(k\omega)\frac{\pi}{2}\frac{1}{l} \tag{6.2}$$
ist. Führen wir die radiale Federkonstante c ein, die sich aus der Tragkraft P und der zugehörigen maximalen Eindrückung z ergibt zu
$$c = P/z$$
sowie die dimensionslose Größe $k\omega/c$, so wird der Rollwiderstand
$$W_R = \frac{\pi}{2}\frac{k\omega}{c}\frac{z}{l}P \tag{6.3}$$
bzw. im Vergleich zu Gl. (5.4) der Rollwiderstandsbeiwert
$$f_R = \frac{\pi}{2}\frac{k\omega}{c}\frac{z}{l}. \tag{6.4}$$

---

[1] Siehe Fußnote S. 10.

Mit den Zahlenwerten für einen Pkw-Reifen[1], $k\omega/c \approx 0{,}1$ und $z/l \approx 0{,}1$, wird $f_R \approx 0{,}015$.

Gemessene Werte zeigen, daß die Rechnung einen guten Anhalt gibt. Sie soll hingegen nicht dazu dienen, den Rollwiderstandsbeiwert immer theoretisch zu ermitteln, sondern nur zeigen, daß das Gedankenmodell, die Dämpfungsarbeit sei Ursache für den Rollwiderstand, richtig zu sein scheint.

Zahlenangaben für den Rollwiderstandsbeiwert sind in Tabelle 6.1 zusammengestellt. Die Werte beziehen sich auf Reifen einer definierten Konstruktion mit dem der Last angepaßten Luftdruck auf den angegebenen Straßen. Wird bei einem Reifen der Luftdruck verringert, so bleibt der Dämpfungswert $k\omega$ zwar der gleiche, da ja die Dämpfung allein vom Gummigewicht abhängt, der Reifen sinkt aber stärker ein, d. h. jedes Dämpferelement wird beim Einlauf in den Latsch stärker

Tabelle 6.1 *Rollwiderstandsbeiwerte f_R, gemessen an Diagonalreifen.*
Aus JANTE, A.: Kraftfahrtmechanik, Teil 1, Leipzig 1955

Fahrbahnen	f_R	Bemerkungen
Glatte Asphaltstraße	0,010	Fahrbahn ist praktisch starr
Glatte Betonbahn	0,011	
Rauhe, gute Betonbahn	0,014	
Vorzügliches Steinpflaster	0,015	
Gutes Holzpflaster	0,018	
Gutes Steinpflaster	0,020	
Geringwertiges Steinpflaster	0,033	
Schlechte, ausgefahrene Straße	0,035	
Sehr gute Erdwege	0,045	Fahrbahn verformt sich ebenfalls, außerdem Reibung an den Reifenseitenflächen
Mittlere Erdwege	0,080	
Schlechte Erdwege	0,160	
Loser Sand	0,15...0,30	

zusammengedrückt und beim Auslauf stärker auseinandergezogen, so daß die Dämpfungsarbeit und demzufolge der Rollwiderstand größer werden. Die Versuchsergebnisse nach Bild 6.2 bestätigen die qualitative Richtigkeit der Überlegung. Bild 6.2 zeigt den bezogenen Rollwiderstandsbeiwert $f_R/f_{R,0}$ in Abhängigkeit vom Luftdruck p_L.

Weiterhin ist aus der Theorie zu entnehmen, daß der Rollwiderstand um so kleiner sein muß, je weniger dämpfender Gummi an der Verformung beteiligt ist. Das gibt eine Erklärung dafür, warum der in den

---

[1] MITSCHKE, M.: Luftfederung, ihre schwingungstechnischen Vorteile und ihre Forderungen an die Dämpfung. ATZ 60 (1958) Nr. 10, S. 275—280.

50er Jahren aufgekommene, in der Seitenwandung dünnere und weichere Gürtel- oder Radialreifen widerstandsärmer als der konventionelle Reifen oder Diagonalreifen ist, vgl. hierzu Bild 6.3.

Unser einfaches Reifenmodell eines „Feder-Dämpfer-Rades" führte auf Gl. (6.3), nach der der Rollwiderstand unabhängig von der Fahr-

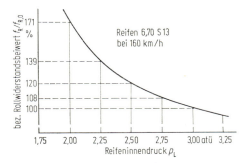

Bild 6.2 Änderung des Rollwiderstandsbeiwertes mit dem Reifenluftdruck bezogen auf $f_{R,0}$ bei 3,0 atü. Aus WEBER, G.: Theorie des Reifens mit ihrer Auswirkung auf die Praxis bei hohen Beanspruchungen. ATZ 56 (1954) Nr. 12, S. 325—330.

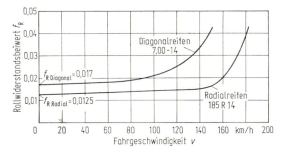

Bild 6.3 Rollwiderstandsbeiwerte f_R für einen Diagonal- und einen Radialreifen in Abhängigkeit von der Fahrgeschwindigkeit. Aus GOUGH, JONES, UDALL: Radialreifen. SAE-Paper 990a (1965).

geschwindigkeit ist. Das trifft für Fahrgeschwindigkeiten bis 100 bis 120 km/h auch etwa zu, darüber hinaus ist aber ein Anstieg des Widerstandes mit der Geschwindigkeit festzustellen, s. Bild 6.3. Dies läßt sich mit dem Reifenmodell noch erklären, wenn man — wie es MARQUARD getan hat[1] — $k\omega \neq$ const setzt. Besser ist es aber, auf Vernachlässigungen bei dem Ersatzmodell in Bild 6.1 hinzuweisen.

So wird zunächst der Kreisbogen durch die Reifeneindrückung teilweise zu einer Sehne gestaucht, teilweise wird der Reifen auch außerhalb des Latsches verformt (Bild 6.4). Das ergibt im Latsch tangentiale und außerhalb des Latsches radiale Verformungen, die beide nicht berück-

---

[1] Siehe Fußnote S. 10.

sichtigt wurden, aber über die Gummidämpfung ebenfalls zu Verlusten führen.

Weiterhin treten im Latsch durch die teilweise Stauchung vom Bogen zur Sehne nicht nur Verformungen, sondern auch Gleitungen auf, die wir in Abschn. 12 bei der Behandlung des Schlupfes noch näher kennenlernen werden.

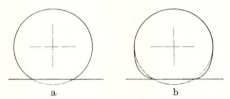

Bild 6.4 Verformung eines gummibereiften Rades auf starrer Fahrbahn.
a) 100% Stauchung des Reifens innerhalb des Latsches zu einer Sehne, außerhalb des Latsches keine Verformung, b) keine Stauchung des Reifenumfangs, Verformung nur außerhalb des Latsches.

Und zuletzt wurde beim „Feder-Dämpfer-Rad" verschwiegen, daß die einzelnen Federn und Dämpfer nicht für sich getrennt ein- und ausfedern, sondern über „Bänder" im Reifenumfang[1] zusammenhängen (Bild 6.5a). Diese Bänder sind massebehaftet und ergeben zusammen mit den Federn und Dämpfern ein Schwingungsgebilde, das bei hohen Fahrgeschwindigkeiten zur Wellenbildung (Bild 6.5b) führt. Diese zusätzlichen Bewegungen erhöhen den Rollwiderstand erheblich.

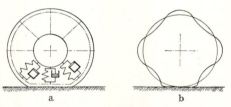

Bild 6.5 Erweitertes Ersatzmodell eines Reifens. a) Verbindung der Elementarfedern und -dämpfer durch massebehaftetes Umfangsband, b) Schwingungsbild bei hoher Fahrgeschwindigkeit.

Es wird versucht, die Geschwindigkeitsabhängigkeit des Rollwiderstandsbeiwertes f_R formelmäßig zu erfassen, indem man

$$f_R = f_{R,0} + f_{R,1} v + f_{R,2} v^2 \qquad (6.5)$$

setzt. Manche Autoren setzen hierin $f_{R,1} = 0$, was nach Bild 6.3 für den Diagonalreifen gerechtfertigt erscheint. Der Rollwiderstand des Radialreifens wird durch die Gl. (6.5) schlecht angenähert, hier müßten noch weitere Geschwindigkeitsglieder mit höheren Exponenten als zwei erscheinen.

---

[1] FIALA, E., WILLUMEIT, H.-P.: Radiale Schwingungen von Gürtel-Radialreifen. ATZ 68 (1966) Nr. 2, S. 33—38.

6.1 Schwallwiderstand

Beim Befahren von nassen Straßen erhöht sich der Rollwiderstand dadurch, daß das Rad Wasser „durchdringen" muß. Der dabei auftretende Durchdringungswiderstand — wir werden ihn in Form des Luftwiderstandes in Kap. IV sehr ausführlich kennenlernen — ist abhängig von der Fahrgeschwindigkeit v und einer Fläche, bestehend aus der Reifenbreite b und der Wasserhöhe h.

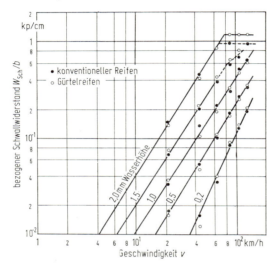

Bild 6.6 Auf die Reifenbreite b bezogener Schwallwiderstand W_{Sch} in Abhängigkeit von der Fahrgeschwindigkeit v bei verschiedenen Wasserhöhen. Aus GENGENBACH, W.: Diss., Karlsruhe 1967.

Bild 6.6 zeigt den sog. Schwallwiderstand W_{Sch} bezogen auf die Reifenbreite b. Der Exponent n der Geschwindigkeitsabhängigkeit

$$W_{\text{Sch}} \approx b v^n \tag{6.6}$$

beträgt danach ab $h = 0{,}5$ mm Wasserhöhe ungefähr $n = 1{,}6$. Bei größeren Wasserhöhen und Geschwindigkeiten ist der Widerstand von der Fahrgeschwindigkeit unabhängig. Der Reifen durchdringt das Wasser nicht mehr, er schwimmt auf (sog. Aquaplaning, s. Abschn. 13). Der gesamte Rollwiderstand beträgt dann

$$W_{\text{R}} = f_{\text{R}} P + W_{\text{Sch}}. \tag{6.7}$$

7. Lagerreibung, Anfahrwiderstand

Zur Vereinfachung wurde in Abschn. 5 die Lagerreibung vernachlässigt, um den Rollwiderstand einfacher erklären zu können. Nun soll sie berücksichtigt werden.

Die Lagerreibung ergibt ein Moment $M_{R,L}$, das natürlich der Rollrichtung entgegengesetzt ist, s. Bild 7.1. Es ist der Lagerbelastung $\sqrt{Z^2 + X^2}$ proportional und lautet mit dem Reibbeiwert des Lagers μ_L und dem Lagerradius r_L

$$|M_{R,L}| = \mu_L r_L \sqrt{Z^2 + X^2}. \tag{7.1}$$

Die Lagerreibung kann in Gl. (5.2) eingesetzt werden

$$-M_{R,L} = Ur + M_P,$$

und mit Gl. (5.4), (5.5) und (7.1) wird

$$-U = f_R P + \mu_L \frac{r_L}{r} \sqrt{Z^2 + X^2}. \tag{7.2}$$

Der Lagerwiderstand ist gegenüber dem Rollwiderstand $f_R P$ fast immer zu vernachlässigen. Die Ausnahme tritt an Gleitlagern beim Anfahren auf, da können die beiden Summanden in Gl. (7.2) gleich groß

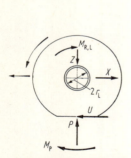

Bild 7.1 Zusätzlicher Rollwiderstand durch Lagerreibung.

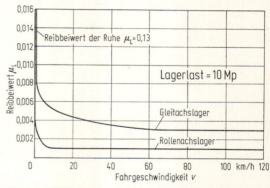

Bild 7.2 Reibbeiwerte von Gleit- und Rollenachslagern in Abhängigkeit von der Fahrgeschwindigkeit. Aus ILLMANN, A., OBST, K.: Wälzlager in Eisenbahnwagen und Dampflokomotiven, Berlin 1957.

werden. Deshalb sind Fahrzeuge, die häufig anfahren müssen, wie es beim Kraftfahrzeug der Fall ist, in der Radlagerung mit Wälzlagern ausgerüstet.

Für eine zahlenmäßige Abschätzung des Roll- und Lagerwiderstandes wird folgendes angenommen: Beim freirollenden Rad ist $|X|$ gegenüber Z sehr klein, so daß $\sqrt{Z^2 + X^2} \approx Z$ ist. Außerdem ist beim Fahrzeug das Radgewicht G_R höchstens 10% der Radbelastung Z, wodurch außerdem $Z \approx P$ ist und aus Gl. (7.2) wird:

$$\frac{-U}{P} \approx f_R + \mu_L \frac{r_L}{r}. \tag{7.3}$$

In Bild 7.2, das hier zu einer Abschätzung benutzt werden kann, ist der Reibwert μ_L über der Fahrgeschwindigkeit aufgetragen. Von einer gewissen Geschwindigkeit an bleibt die Lagerreibung konstant. Mit den dann anzunehmenden Werten μ_L (Gleitlager) = 0,003 und μ_L (Wälzlager) = 0,001, einem Radienverhältnis $r_L/r = 1/7$ und $f_R = 0,015$ wird der Gesamtwiderstand nach Gl. (7.3)

$-U/P = 0{,}015 + 0{,}0004 = 0{,}0154$ mit Gleitlager,

$-U/P = 0{,}015 + 0{,}0001 = 0{,}0151$ mit Wälzlager.

An dem Beispiel wird sichtbar, daß bei intakten Lagern die Lagerreibung gegenüber dem Rollwiderstand vernachlässigbar ist. Auch dann noch, wenn $|X|$ nicht klein gegenüber Z sein sollte, sondern z. B. gleich groß wäre, ergäbe sich statt $-U/P \approx 0{,}0154$ nur $\approx 0{,}015 + \sqrt{2} \cdot 0{,}0004 = 0{,}0156$.

Außerdem ergibt sich kein nennenswerter Unterschied für Gleit- und Wälzlager. Das gilt allerdings nur dann, wenn das Rad schnell rollt. Beim Anfahren hingegen sind die Differenzen zwischen den beiden Lagertypen beträchtlich. Mit den Reibwerten der Ruhe μ_L (Gleitlager) = 0,13 und μ_L (Wälzlager) = 0,0035 betragen die Widerstände

$-U/P = 0{,}015 + 0{,}019 = 0{,}034$ mit Gleitlager,

$-U/P = 0{,}015 + 0{,}0005 = 0{,}0155$ mit Wälzlager.

Das heißt, der Anfahrwiderstand ist beim Gleitlager beträchtlich höher als beim Wälzlager und absolut gesehen größer als der reine Rollwiderstand.

8. Antriebs- und Bremsmomente (unbeschleunigte Fahrt)

Wir wollen nun ein von außen angreifendes Moment M entsprechend Bild 4.1 einführen, also ein Antriebsmoment oder ein in entgegengesetzter Richtung wirkendes Bremsmoment.

Nach der Bewegungsgleichung (4.3) ergibt das bei unbeschleunigter Fahrt eine Kraft zwischen Rad und Fahrbahn von

$$U = \frac{M}{r} - \frac{M_P}{r}. \qquad (8.1)$$

Ist ein Antriebsmoment größer als M_P, dann zeigt die am Rad angreifende Umfangskraft U — wie in Bild 4.1b — in Fahrtrichtung. Bei einem Bremsmoment, also einem negativen M, ist U entgegengesetzt der Fahrtrichtung gerichtet.

Die Gl. (8.1) sagt aber vor allem aus, daß bei Angriff des Momentes M eine Kraft U zwischen Rad und Fahrbahn auftreten muß[1]. Das ist deshalb so wesentlich, weil die Umfangskraft U nicht beliebig groß werden kann, sondern, wie allgemein bei Reibverbindungen üblich, auf einen bestimmten maximalen Wert begrenzt ist. Wird dieser Wert überschritten, rutscht die Reibverbindung durch, und das Rad gleitet auf der Fahrbahn. (Hierin unterscheidet sich die Reibverbindung, die auch kraftschlüssige Verbindung genannt wird, von der formschlüssigen.)

---

[1] Nur in dem unbedeutenden Sonderfall $M = M_P$ ist $U = 0$.

Dadurch wird auch die Kraft X, die das Fahrzeug antreibt oder bremst, begrenzt, denn nach wie vor gilt nach Gl. (5.1)

$$X = U.\qquad(8.2)$$

Führen wir für M_P/r nach Gl. (5.5) den Rollwiderstand W_R ein und legen damit gleich fest, daß wir auch für ein durch Momente belastetes Rad den Rollwiderstand des momentenfreien Rades einsetzen, so ist nach Gl. (8.1)

$$U = X = \frac{M}{r} - W_R.\qquad(8.3)$$

In Bild 8.1 sind die Kräfte und Momente für Treiben und Bremsen zur Verdeutlichung getrennt wiedergegeben, außerdem ist noch der „mittlere" Fall $M = 0$ aus Abschn. 5 und 6 eingezeichnet.

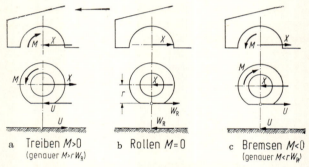

a Treiben $M>0$ (genauer $M>rW_R$)   b Rollen $M=0$ c Bremsen $M<0$ (genauer $M<rW_R$)

Bild 8.1 Kräfte und Momente an Fahrzeug, Rad und Straße. Die vertikalen Lasten sind der Übersichtlichkeit halber weggelassen. a) Treibendes Rad, b) momentenfrei rollendes Rad, c) bremsendes Rad. (Die Größen M, X und U sind in dieser Darstellung als Absolutwerte einzusetzen.)

Der in Abschn. 7 behandelte Fall der Lagerreibung gehört zum bremsenden Rad.

Nach Gl. (8.3) muß — so sagt es einem auch die Vorstellung — das Antriebsmoment zunächst den Rollwiderstand überwinden, der verbleibende Rest steht erst für die Fortbewegung zur Verfügung, während für die Bremsung der Rollwiderstand das Bremsmoment unterstützt.

9. Haften und Gleiten

Wie im letzten Abschnitt angedeutet, ist die maximal zu übertragende Umfangskraft U_{max} begrenzt, sie beträgt nach Versuchsergebnissen

$$U_{max} = \mu_h P\qquad(9.1)$$

9. Haften und Gleiten

und ist — ähnlich aufgebaut wie der Rollwiderstand — proportional der vertikalen Radlast P. Der Faktor μ_h ist der sog. Haftbeiwert.

Wird diese maximale Kraft U_max überschritten bzw., genauer gesagt, wird ein zu großes Moment eingeleitet, dann tritt zwischen Rad und Fahrbahn ein Gleiten auf. Es wird dann eine Kraft von der Größe U_g übertragen, die aber kleiner als U_max ist, nämlich

$$U_\text{g} = \mu_\text{g} P \tag{9.2}$$

mit dem Gleitbeiwert μ_g. Es gilt im allgemeinen die Ungleichung

$$\mu_\text{h} > \mu_\text{g}. \tag{9.3}$$

Hieraus ist zu folgern, daß man, um möglichst große Antriebs- und Bremskräfte zu übertragen, Antriebs- und Bremsmoment mit Gas- und Bremspedal so dosieren muß, daß möglichst kein Gleiten, sondern gerade noch Haften auftritt, eine Erfahrung, die fast jeder Autofahrer bei Schnee- und Eisglätte gemacht haben dürfte. Außerdem ist der Gleitvorgang zu vermeiden, weil ein gleitendes Rad — angestoßen von kleinen Störungen — auch quer zur Radebene, also damit quer zur Fahrtrichtung rutschen kann. Ein Rad, bei dem U_max noch nicht oder ohne seitliche Kräfte gerade erreicht wird, bewegt sich in Rollrichtung.

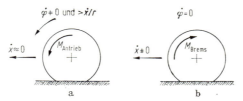

Bild 9.1 Gleitende Räder. a) Drehschleudern eines Antriebsrades, b) Blockieren eines gebremsten Rades.

Beim Gleitvorgang zwischen Rad und Fahrbahn unterscheidet man zwei Fälle entsprechend Bild 9.1. Dreht ein angetriebenes Rad durch, so ist die Winkelgeschwindigkeit $\dot{\varphi}$ des Rades wesentlich größer als der Fortbewegungsgeschwindigkeit $\dot{x}$ entsprechend. Man spricht von „Drehschleudern" oder „Durchrutschen" des Rades. Beim Bremsen hingegen dreht sich das Rad nicht, $\dot{\varphi} = 0$, und es rutscht auf seinem Latsch wie ein Schlitten. Man sagt, das Rad ist „blockiert".

In Tabelle 9.1 sind Haft- und Gleitbeiwerte (zusammenfassend als Kraftschlußbeiwerte bezeichnet) von Luftreifen auf verschiedenen Straßendecken zusammengestellt. Sie sind demnach vom Reifen, von der Fahrbahn und von deren Zustand, beispielsweise trocken oder naß, abhängig. Wir sehen, daß der Bereich sehr groß ist, mit Haftbeiwerten über 1,2 und unter 0,2 oder Gleitbeiwerten von rund 1,0 bis 0,15. Diese

20   Erster Teil — I. Rollen, Haften—Gleiten, Antreiben—Bremsen

großen Schwankungen sind hauptsächlich auf den Einfluß der Straße zurückzuführen, weil deren Oberfläche sich erheblich ändern kann, nämlich von der trockenen Asphaltstraße bis zu irgendeiner mit Glatteis überzogenen Fahrbahn. Der Einfluß der Reifen ist wesentlich geringer als der der Straße, aber doch wert, beachtet zu werden, besonders hin-

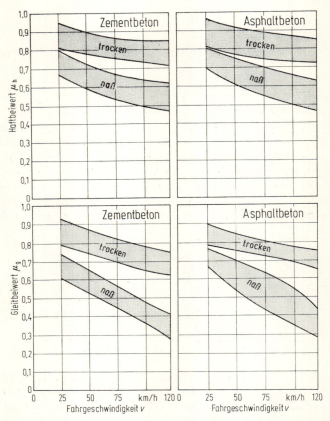

Bild 9.2 Zusammenstellung gemessener Haft- und Gleitbeiwerte in Abhängigkeit von der Fahrgeschwindigkeit für verschiedene Fahrbahnen und Fahrbahnzustände. Diagonal-Reifen zwischen 6,40-13 und 6,00-15 bei einer Radlast von $P = 375$ kp. Nach Messungen am Institut für Fahrzeugtechnik Braunschweig 1968.

sichtlich der Spezialreifen mit Spikes bzw. Reifen mit Schneeketten bei den besonders gefährlichen Straßenzuständen Hartschnee und Glatteis.

Die in Tabelle 9.1 angegebenen Zahlen sind Ergebnisse von Messungen bei einer Fahrgeschwindigkeit von $v = 30$ km/h. Man erhält einen noch weiteren Bereich, wenn der Einfluß der Fahrgeschwindigkeit berücksichtigt wird. Nach Bild 9.2 fallen die Haft- und Gleitbeiwerte mit der

9. Haften und Gleiten

Tabelle 9.1 *Haftbeiwerte* μ_h *(obere Zahl) und Gleitbeiwerte* μ_g *(untere Zahl) bei* $v = 30$ km/h $=$ const, *Radlast* $P = 300$ kp *und Reifeninnendruck* $p_L = 1{,}6$ atü *(Diagonalreifen) bzw.* $2{,}2$ atü *(Radialreifen). Reifengrößen:* 5,90-15, 6,00-15 *und* 165 R 15. Aus SCHILD, C.: Die Reifenprüfung des ACS. AUTO (Organ des Automobilclubs der Schweiz) 1966, Heft 10, S. 546–563; Heft 11, S. 592–598

Reifen		Straße					
		Beton		Asphalt		Hartschnee	Glatteis
		trocken	naß	trocken	naß		
Sommerreifen	Radial-	1,19 0,95	0,99 0,73	1,22 1,03	1,10 0,90	0,45 0,43	0,25 0,16
	Diagonal-	1,13 0,99	0,84 0,62	1,02 0,80	1,07 0,88	0,27 0,22	0,24 0,18
Winterreifen	Radial-	1,15 1,00	0,77 0,54	0,99 0,86	0,98 0,78	— —	0,17 0,15
	Diagonal-	1,06 0,85	0,89 0,64	0,85 0,71	1,01 0,80	— —	0,24 0,22
Winterreifen mit Spikes	Radial-	1,04...1,12 0,88...1,00	0,62...0,83 0,50...0,61	1,00...1,09 0,87...0,99	1,00...1,10 0,77...0,93	0,36...0,47 0,35...0,45	0,24...0,44 0,22...0,41
	Diagonal-	0,86...1,02 0,73...0,90	0,59...0,70 0,47...0,57	0,81...0,89 0,70...0,78	0,78...1,02 0,67...0,84	0,41...0,48 0,39...0,47	0,29...0,37 0,29...0,36
Schneeketten (feingliedrige Doppelspur)		—	—	—	—	0,60*	0,40*

* Gleitbeiwert = Höchstwert.

Geschwindigkeit ab. Die schraffierten Streubereiche rühren von Messungen an mehreren Reifen gleicher und verschiedener Hersteller her. Die in den Diagrammen bei $v = 30$ km/h abzulesenden Werte stimmen meist nicht mit den Werten der Tabelle 9.1 überein, da sie mit verschiedenen Reifen auf verschiedenen Straßen (z. B. unterschiedliche Rauhigkeit der Oberfläche) und mit verschiedenen Meßapparaturen bei unterschiedlichen Meßbedingungen (z. B. verschiedenen Temperaturen an Reifen und Straße) gewonnen wurden[1].

Trotz der vielen Einflüsse können außer den Größenordnungen für die Kraftschlußbeiwerte folgende Tendenzen festgehalten werden:

a) Fast immer ist der Haftbeiwert größer als der Gleitbeiwert.

b) Die Beiwerte sind von Witterungsbedingungen stark abhängig und sinken in der Reihenfolge trocken — naß — (Schnee) — Eis.

c) Die Beiwerte sinken mit wachsender Fahrgeschwindigkeit ab, der Gleitbeiwert stärker als der Haftbeiwert, und zwar bei Nässe stärker als bei Trockenheit (s. Bild 9.2).

Weitere Einflüsse werden in Abschn. 13 besprochen.

10. Schlupf, dynamischer Halbmesser, Abstand Achse—Fahrbahn

Wir haben bislang unterschieden zwischen einem Haftbereich und dem Gleiten, das eintritt, wenn die maximal mögliche Umfangskraft U_{max} überschritten wird. Dieser Übergang vom Haften zum Gleiten geschieht allerdings nicht sprungartig.

JAHN[2] beschreibt schon 1918 Versuche an einem Lokomotivrad, das, obgleich es nicht sichtbar glitt, einen anderen Weg zurücklegte als der Radumdrehung entsprach. Diese Erscheinung wurde an luftbereiften Rädern noch deutlicher erkennbar. Hierüber sind viele Messungen durchgeführt worden, deren meßtechnischen Aufbau beispielsweise Bild 10.1 im Prinzip zeigt. An einem Anhänger vergleicht man zwei Räder — hier hintereinander gezeichnet —, deren Achsen die gleiche Wegstrecke x zurücklegen. Das vordere, momentenfreie Rad dreht sich dabei um den Winkel φ_0, das hintere, mit dem Moment M belastete, hingegen um den Winkel φ. Wird das Moment M verändert, d. h. wird die Größe der Umfangskraft U variiert (Rollwiderstand wird vernachlässigt), dann verändert sich auch φ. Dies zeigt Bild 10.2, worin φ bzw. φ_0 auf die für beide Räder gleiche Wegstrecke x bezogen ist.

---

[1] Ganz allgemein gehören Reibungsmessungen zu den am schlechtesten reproduzierbaren Messungen.

[2] JAHN, J.: Die Beziehungen zwischen Rad und Schiene hinsichtlich des Kräftespiels und der Bewegungsverhältnisse. VDI-Z 62 (1918) Nr. 11, S. 121—125.

10. Schlupf, dynamischer Halbmesser, Abstand Achse—Fahrbahn

Bei kleinen Umfangskräften besteht zwischen U und φ/x ein linearer Zusammenhang. Bevor das Rad gleitet, werden die Umfangskräfte U_{max} erreicht. Beim Wert $U_g = \mu_g P$ wird nach Abschn. 9 beim angetriebenen Rad $\varphi/x \to \infty$, beim bremsenden Rad $\varphi/x = 0$.

Statt des in Bild 10.2 gezeigten Kurvenzuges ist eine dimensionslose Darstellung gebräuchlich. Dazu wird der Begriff *Schlupf* eingeführt, der

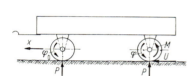

Bild 10.1 Fahrzeug mit einem frei rollenden und einem gebremsten oder getriebenen Rad gleicher Radlast P.

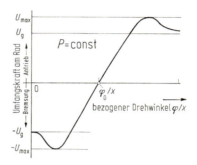

Bild 10.2 Umfangskraft am Rad als Funktion des auf den zurückgelegten Weg x bezogenen Drehwinkels φ des Rades.

definiert wird als Differenz der beiden (bezogenen) Winkelwege dividiert durch den größeren (bezogenen) Winkelweg.

$$\text{Bremsschlupf} \quad s = \frac{\varphi_0/x - \varphi/x}{\varphi_0/x} = \frac{\varphi_0 - \varphi}{\varphi_0}, \qquad (10.1\,\text{a})$$

$$\text{Treibschlupf} \quad s = \frac{\varphi/x - \varphi_0/x}{\varphi/x} = \frac{\varphi - \varphi_0}{\varphi}. \qquad (10.1\,\text{b})$$

Das ergibt formelmäßig für das gebremste und das angetriebene Rad zwar zwei verschiedene Ausdrücke, dafür aber in beiden Fällen positives Vorzeichen und bei gleitendem Rad den Wert $s = 1$.

Außerdem wird die Umfangskraft U auf die Radlast P bezogen, um auch hier einen dimensionslosen Ausdruck zu erhalten. Man bezeichnet

$$f = U/P \qquad (10.2)$$

als *Kraftschlußbeanspruchung*. Aus Bild 10.2 ergibt sich so die dimensionslose Darstellung nach Bild 10.3. Die Kraftschlußbeanspruchung f ist eine Funktion des Schlupfes s, deren Verlauf für Treiben und Bremsen annähernd gleich ist.

Zunächst steigt die Kraftschlußbeanspruchung proportional mit dem Schlupf, dann weniger als proportional bis zu einem Maximalwert. Diesen

24 Erster Teil — I. Rollen, Haften—Gleiten, Antreiben—Bremsen

haben wir im letzten Abschnitt mit μ_h bezeichnet. Wird der Schlupf noch weiter gesteigert, fällt f ab und erreicht bei 100%igem Schlupf, also $s = 1$, den Wert μ_g. Der Verlauf von μ_h nach μ_g ist nur gestrichelt eingezeichnet, weil in diesem Bereich keine stationären Vorgänge möglich sind[1]. Ein rollendes Rad wird z. B. beim Bremsen in Sekundenbruchteilen blockieren, wenn der Bereich bis μ_h überschritten wird (s. Abschn. 64).

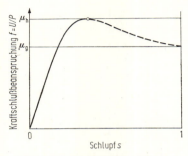

Bild 10.3 Kraftschluß-Schlupf-Kurve.

Bevor wir nun weiter auf dieses Diagramm eingehen, wollen wir noch einmal auf die Schlupfdefinition zurückkommen. Die Erklärung des gesamten Vorganges mit Hilfe eines Drehwinkels φ anhand der Bilder 10.1 und 10.2 ist sehr einfach, aber für zeitlich veränderliche Vorgänge nicht gut brauchbar, weil die „Vorgeschichte" mitgezählt wird. Deshalb ist es zweckmäßiger, den Schlupf nicht durch die Drehwinkel, sondern durch deren Änderungen $d\varphi$ bzw. $d\varphi_0$ bezogen auf die Änderung des translatorischen Weges dx zu definieren. Damit erhält man z. B. als Bremsschlupf nach Gl. (10.1a)

$$s = \frac{d\varphi_0/dx - d\varphi/dx}{d\varphi_0/dx} = \frac{(d\varphi_0/dt)(dt/dx) - (d\varphi/dt)(dt/dx)}{(d\varphi_0/dt)(dt/dx)} = \frac{\dot\varphi_0 - \dot\varphi}{\dot\varphi_0},$$

also weiter umgeformt eine Bestimmungsgleichung unter Verwendung der Winkelgeschwindigkeiten. Zusammenfassend lauten die Größen für den

$$\text{Bremsschlupf} \quad s = \frac{\dot\varphi_0 - \dot\varphi}{\dot\varphi_0}, \tag{10.3a}$$

$$\text{Treibschlupf} \quad s = \frac{\dot\varphi - \dot\varphi_0}{\dot\varphi}. \tag{10.3b}$$

---

[1] Zumindest bei Kraftfahrzeugen mit den üblichen Kennungen von Verbrennungsmotoren und Reibungsbremsen.

10. Schlupf, dynamischer Halbmesser, Abstand Achse—Fahrbahn

Der Unterschied zwischen den beiden Definitionen nach Gl. (10.1) und (10.3) kann abgeleitet werden, indem z. B. Gl. (10.3a)

$$\dot{\varphi}_0 - \dot{\varphi} = s\dot{\varphi}_0$$

integriert wird:

$$\varphi_0 - \varphi = s\varphi_0 - \int \varphi_0 \dot{s} \, dt + \text{const}.$$

Danach ist — bis auf eine additive Konstante — nur ein Unterschied bei $\dot{s} \neq 0$, also bei veränderlichen Winkelgeschwindigkeiten, vorhanden. Er ist aber unbedeutend, weil die Kraftschlußbeanspruchungs-Schlupf-Kurve nur für stationäre Vorgänge oder zumindest für Vorgänge, bei denen sich der Schlupf relativ langsam ändert, gilt.

Neben diesen Definitionen mit den Winkelgeschwindigkeiten $\dot{\varphi}_0$ und $\dot{\varphi}$ (Einheit: rad/s) sind auch solche mit der Angabe translatorischer Geschwindigkeiten (Einheit: m/s) üblich. Die Geschwindigkeit der Achse $\dot{x}$, im allgemeinen v genannt, errechnet sich aus $\dot{\varphi}_0$ oder $\dot{\varphi}$ durch Multiplikation mit einer der Längen R_0 bzw. R, deren Größen am Reifen nicht unmittelbar meßbar sind,

$$v \equiv \dot{x} = R_0 \dot{\varphi}_0 = R \dot{\varphi}, \tag{10.4}$$

sondern nur mittelbar aus

$$R_0 = \dot{x}/\dot{\varphi}_0 = v/\dot{\varphi}_0 \tag{10.5}$$

und

$$R = \dot{x}/\dot{\varphi} = v/\dot{\varphi} \tag{10.6}$$

errechnet werden können. R_0 und R sind voneinander verschieden, da $\dot{x}$ für beide Räder gleich ist, aber $\dot{\varphi}_0$ und $\dot{\varphi}$ sich in ihrer Größe unterscheiden.

Erweitert man die Gl. (10.3) mit R_0, so entsteht mit Gl. (10.5)

$$\text{Bremsschlupf} \quad s = \frac{v - R_0 \dot{\varphi}}{v}, \tag{10.7a}$$

$$\text{Treibschlupf} \quad s = \frac{R_0 \dot{\varphi} - v}{R_0 \dot{\varphi}}. \tag{10.7b}$$

Die Größe $R_0 \dot{\varphi}$ ist nicht etwa die Umfangsgeschwindigkeit an dem durch ein Moment belasteten Rad, sondern eine rechnerische Größe mit der Dimension einer translatorischen Geschwindigkeit, die sich aus der Winkelgeschwindigkeit $\dot{\varphi}$ am gebremsten oder angetriebenen Rad multipliziert mit der Bezugslänge R_0 des momentenfreien Rades ergibt.

Letztlich kann man den Schlupf (und dies werden wir im folgenden öfter tun) durch die Längen R_0 und R mit Gl. (10.4) ausdrücken.

$$\text{Bremsschlupf} \quad s = 1 - \frac{R_0}{R}, \tag{10.8a}$$

$$\text{Treibschlupf} \quad s = 1 - \frac{R}{R_0}. \tag{10.8b}$$

Die Größe R_0 nennt man den *dynamischen Reifenhalbmesser*, der in Reifentabellen (für den Tachometerantrieb) genannt wird. Er ist, wie Bild 10.4 für zwei Beispiele zeigt, wegen der Reifenabplattung im

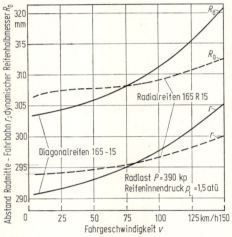

Bild 10.4 Abstand Radmitte — Fahrbahn r und dynamischer Reifenhalbmesser R_0 verschiedener Reifen in Abhängigkeit von der Fahrgeschwindigkeit. Nach Messungen am Institut für Fahrzeugtechnik Braunschweig 1968 auf Stahltrommel von 2 m Durchmesser.

Latsch größer als der für die Bewegungsgleichungen wichtige Abstand r zwischen Radachse und Fahrbahn. Beide Werte wachsen mit der Fahrgeschwindigkeit an, beim Diagonalreifen stärker als beim Radialreifen.

11. Kraftschlußbeanspruchung und Schlupf

Wir kehren nach der Diskussion des Begriffes Schlupf und der sich dabei ergebenden Größen zu Bild 10.3 zurück, betrachten den Verlauf der Kraftschlußbeanspruchung über dem Schlupf genauer und wollen gleichzeitig eine Verbindung zu den Aussagen über μ_h- und μ_g-Werte des Abschn. 9 herstellen.

11. Kraftschlußbeanspruchung und Schlupf

Bild 11.1 zeigt die Kurven für eine trockene und eine nasse Betonfahrbahn und für eine mit Hartschnee und Glatteis bedeckte Straße, für die in Tabelle 9.1 schon Zahlenwerte für μ_h und μ_g genannt wurden. Wir sehen hier erneut den großen Bereich, in dem die Kraftschlußbeanspruchungen streuen können, und zwar allein durch die Witterungsbedingungen. Der Maximalwert dieser Kurven, eben der Haftbeiwert μ_h, liegt bei Schlupfwerten zwischen 0,15...0,30. Dieser Abszissenwert schwankt also weniger als der zugehörige Ordinatenwert.

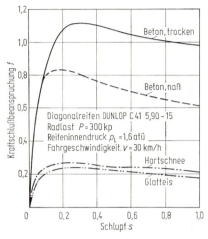 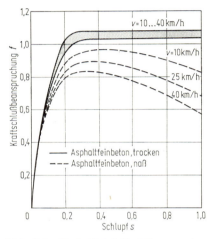

Bild 11.1 Kraftschluß-Schlupf-Kurven eines Reifens für verschiedene Fahrbahnzustände. Quelle s. Tabelle 9.1.

Bild 11.2 Kraftschluß-Schlupf-Kurven eines Reifens für verschiedene Fahrgeschwindigkeiten v und Fahrbahnzustände. Aus HÖRZ, E.: Diss., Stuttgart 1968.

In Bild 11.2 ist die in Abschn. 9 schon für μ_h und μ_g festgestellte Geschwindigkeitsabhängigkeit auch für die Schlupfkurve zu erkennen. In dem sehr engen Bereich von 10...40 km/h ist auf trockener Straße nur ein sehr geringer Einfluß zu erkennen, während die μ-Werte auf nasser Fahrbahn mit zunehmender Geschwindigkeit sinken, und zwar die Gleitbeiwerte μ_g stärker als die zugehörigen Haftbeiwerte μ_h. Dadurch wird mit wachsender Fahrgeschwindigkeit das Maximum ausgeprägter. Das bedeutet z. B. beim Bremsvorgang, wo der Fahrer das Bremsmoment M und damit die Umfangskraft U mit dem Fuß einstellt, daß es schwieriger wird, sich an den günstigen Wert μ_h heranzutasten. Denn entweder wird der dazugehörige Schlupfwert überschritten, so daß das Rad blockiert, oder man bleibt, um den gefährlichen Rutschzustand zu vermeiden, unterhalb des μ_h- und zugehörigen Schlupfwertes, bringt damit also nicht die maximal mögliche Bremskraft auf und verlängert so den Bremsweg.

Durch das Einführen der dimensionslosen Kraftschlußbeanspruchung nach Gl. (10.2) entsteht zunächst der Eindruck, daß die Kraftschluß-Schlupfkurve von der Radlast P unabhängig ist. Wie Bild 11.3 zeigt, ist das nicht der Fall. Mit abnehmender Vertikallast P werden die Kraftschlußbeanspruchung bei gleichem Schlupf und auch der Gleitbeiwert größer.

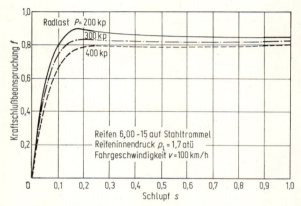

Bild 11.3 Kraftschluß-Schlupf-Kurven eines Reifens bei verschiedenen Radlasten. Nach Messungen am Institut für Fahrzeugtechnik Braunschweig 1968.

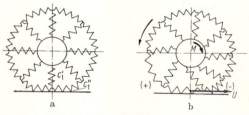

Bild 11.4 Erweitertes Federmodell eines Reifens zur Ableitung des Schlupfes.
a) Momentenfrei, b) mit Bremsmoment.

Wir wollen das Zustandekommen des Schlupfes an dem einfachen Modell eines Federrades nach Bild 11.4 erklären. Es ist dem Modell ähnlich, das wir in Abschn. 6 zur Veranschaulichung des Rollwiderstandes anwendeten. c_1'' charakterisiert hier die Federsteife, die in Umfangsrichtung anzunehmen ist. c_1' ist die Federkonstante, die die Eigenschaften in Radialrichtung kennzeichnen soll. Die Elementardämpfer können hier außer Betracht bleiben.

In Bild 11.4a ist das Rad momentenfrei gezeichnet, in Bild 11.4b greifen ein Bremsmoment M und im Latsch eine Kraft U an. Dadurch wird zunächst einmal die Felge gegenüber der Lauffläche des Reifens verdreht, die Federn c_1' werden gespannt. Außerdem werden die Ersatz-

11. Kraftschlußbeanspruchung und Schlupf

federn c_1'' der Lauffläche im auflaufenden Teil gedehnt (+) und im ablaufenden gestaucht (—). Das heißt, zu einem Winkelweg φ_0 unmittelbar vor Eintritt in den Latsch gehört beim ungebremsten Rad nach Bild 11.5a der Umfang x, beim gebremsten Rad nach Bild 11.5b hingegen das Stück $x + \Delta x$, wobei mit Δx die Verlängerung durch die Dehnung bezeichnet wird. Drehen sich nun beide Räder weiter, so laufen die Umfangsstücke x bzw. $x + \Delta x$ in den Latsch ein. Bleiben diese Längen beim Durchlaufen des Latsches bestehen, tritt also im Latsch keine Längenänderung auf, die gleichbedeutend mit Gleiten von Reifenteilen auf der Straße wäre, dann legen die Achsen der beiden Räder auch den Weg x bzw. $x + \Delta x$ zurück. Bezogen auf den Winkel φ_0 legt

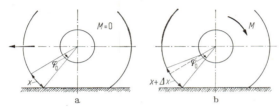

Bild 11.5 Zur Erklärung des Formänderungsschlupfes. a) Einlaufbereich x bei momentenfreiem Rad, b) um Δx gedehnter Einlaufbereich bei gebremstem Rad.

also das unbelastete Rad den Weg x/φ_0, das gebremste $(x + \Delta x)/\varphi_0$ zurück. Das heißt, durch ein Bremsmoment wird der translatorische Weg pro Winkelweg größer als ohne Momentenbelastung.

Dies kennen wir schon aus Bild 10.2, nur haben wir dort umgekehrt zu einem bestimmten Weg x die Winkelwege φ_0 oder φ angegeben, während hier von φ_0 ausgegangen wurde, worauf die Wege x oder $x + \Delta x$ bezogen wurden. Diese beiden Aussagen müssen auch formelmäßig identisch sein.

Für das momentenbelastete Rad entsprechen sich

$$\frac{\varphi_0}{x + \Delta x} = \frac{\varphi}{x}, \tag{11.1a}$$

für kleine Größen Δx gilt näherungsweise

$$\frac{\varphi}{x} = \frac{\varphi_0}{x}\left(1 - \frac{\Delta x}{x}\right). \tag{11.1b}$$

Eingeführt in Gl. (10.1a) ergibt das den Bremsschlupf

$$s = \frac{\varphi_0/x - \varphi/x}{\varphi_0/x} = \frac{\Delta x}{x}. \tag{11.2}$$

Aus der Festigkeitslehre ist die Größe $\Delta x/x$ als Dehnung (Längenänderung Δx bezogen auf die Ausgangslänge x) bekannt, die sich bei Zugbelastung aus der Spannung σ und dem Elastizitätsmodul E berechnet. σ ergibt sich in unserem Fall aus der Umfangskraft U (nach Gl. (8.1) bis auf den Rollwiderstand proportional dem Moment M) dezogen auf eine Fläche F, die ungefähr dem Querschnitt des gedehnten Protektors entspricht und die Stollenverbiegung des Reifenprofiles mit enthalten soll.

$$\sigma = \frac{U}{F} = \frac{\Delta x}{x} E. \tag{11.3}$$

Wird außer Gl. (11.2) noch die Vertikallast P eingeführt und damit nach Gl. (10.2) die Kraftschlußbeanspruchung f, so ist endlich

$$f = \frac{U}{P} = \frac{EF}{P} s. \tag{11.4}$$

Bild 11.6 zeigt den Vergleich der Beziehung (11.4) mit einem Verlauf entsprechend 10.3, also dem wirklichen Verhalten. Wir sehen hieraus, daß nur bei niedrigen Schlupfwerten eine Übereinstimmung vorhanden sein kann.

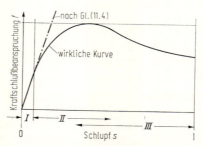

Bild 11.6 Unterteilung der Kraftschluß-Schlupf-Kurve in drei Bereiche.
I Formänderungsschlupf, II Teilgleiten, III Gleitschlupf.

Da für Gl. (11.4) nur die Dehnung, d. h. die Formveränderung unter der Annahme, daß im Latsch kein Gleiten auftritt, benutzt wurde, müssen also demnach bei kleinem Schlupf die Formänderung und das Haften maßgebend sein. Bei höheren Werten muß etwas anderes hinzukommen, und zwar beginnen bei höheren Kraftschlußbeanspruchungen Teile des Latsches zu gleiten. Deshalb teilt man die $f(s)$-Kurve in drei Abschnitte auf:

Bereich I: Formänderungsschlupf, der Reifen wird nur verformt,

Bereich II: Gleitschlupf, Teile des Reifenlatsches gleiten, es tritt sog. Teilgleiten auf,

Bereich III: Immer mehr Teile gleiten, bei $s = 1$ haftet kein Teil des Latsches.

Der Maximalwert der Kraftschlußbeanspruchung f, der Haftbeiwert μ_h, liegt an der Grenze der Bereiche II und III, also in einem Gebiet, in dem die meisten Latschteilchen schon gleiten. Die Bezeichnung Haftbeiwert ist also irreführend. Sie stammt aus einer Zeit, in der man die Vorgänge in der Reifenaufstandsfläche noch nicht im einzelnen kannte. Wir werden trotzdem weiterhin vom Haftbeiwert sprechen, wenn wir den Maximalwert des Kraftschlusses meinen, weil es allgemein üblich geworden ist. Man kann aber auch μ_h als ,,Höchstwert'' bezeichnen, wobei der Index h ebenfalls sinnentsprechend wäre.

Die Ableitung der Beziehung für den Formänderungsschlupf wurde am gebremsten Rad durchgeführt, für das angetriebene Rad ergibt sich derselbe Ausdruck. Die Ausgangsberechnung ist etwas anders, weil beim getriebenen Rad vor dem Latsch eine Stauchung auftritt und sich Gl. (11.1 a) ändert zu

$$\frac{\varphi_0}{x - \varDelta x} = \frac{\varphi}{x} \tag{11.5a}$$

und Gl. (11.1 b) zu

$$\frac{\varphi}{x} = \frac{\varphi_0}{x}\left(1 + \frac{\varDelta x}{x}\right). \tag{11.5b}$$

Der Treibschlupf nach Gl. (10.1 b) errechnet sich zu

$$s = \frac{\varphi/x - \varphi_0/x}{\varphi/x} = \frac{\varDelta x/x}{1 + \varDelta x/x} \approx \frac{\varDelta x}{x}, \tag{11.6}$$

ist also praktisch gleich mit dem Ausdruck von Gl. (11.2).

12. Schubspannungen im Latsch, Teilgleiten

Um die Erscheinung des Teilgleitens, also den Bereich II in Bild 11.6 näher zu betrachten, müssen wir die Verteilung der resultierenden Kraft U im Latsch kennenlernen.

Bild 12.1 zeigt einen Reifen, der durch keine Umfangskraft U belastet ist, auch der Rollwiderstand W_R sei Null. Durch die Vertikallast federt der Reifen ein, die Elementarfedern werden zusammengedrückt und bis auf die in Latschmitte gelegene nach vorn oder nach hinten ausgelenkt. So gelangt beispielsweise die zwischen Felge und ,,Umfangsband'' liegende Elementarfeder $A'A$ in die Lage $A'A''$.

Dazu ist eine Kraft notwendig, die von der Fahrbahn auf das zugehörige Reifenlatschteilchen wirkt. Auf das entsprechende Flächenelement bezogen ergibt sich eine Schubspannung p_U. In der Mitte des Latsches ist sie Null, im vorderen Teil zeigt sie in und im hinteren entgegen der Fahrtrichtung (Bild 12.2). Am Anfang und am Ende des

32 Erster Teil — I. Rollen, Haften—Gleiten, Antreiben—Bremsen

Latsches sind manchmal noch Vorzeichenwechsel zu beobachten. Die Summe der Schubspannungen muß Null sein, da nach Voraussetzung die Umfangskraft Null sein sollte.

Wird der Rollwiderstand mit berücksichtigt, dann ist die Umfangskraft $U = -W_R$ negativ. Die Schubspannungen entgegen der Fahrt-

Bild 12.1 Abplattung eines stehenden Reifens durch die Radlast und Richtung der dadurch hervorgerufenen Schubspannungen p_U.

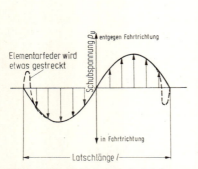

Bild 12.2 Am Reifen wirkende Schubspannungen p_U über der Latschlänge bei rein vertikaler Belastung.

Bild 12.3 Zur Ableitung der übertragenen Schubspannungen beim gebremsten Rad.

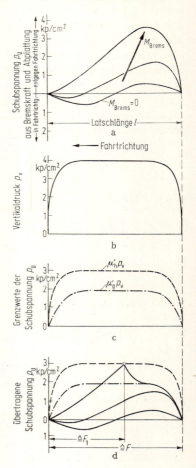

richtung überwiegen, so daß die Stelle, bei der $p_U = 0$ ist, nicht mehr in der Mitte, sondern im vorderen Teil des Latsches liegt.

Tritt ein Bremsmoment auf, dann werden nach Bild 12.3a die entgegen der Fahrtrichtung wirkenden Schubspannungen p_U noch größer. Sie können allerdings nicht beliebig groß werden, sondern sind in ihrer absoluten Größe durch den Kraftschluß beschränkt. Wir wollen auch

12. Schubspannungen im Latsch, Teilgleiten

hier zunächst noch zwischen einem Haftbeiwert μ'_h und einem Gleitbeiwert μ'_g unterscheiden, um die Erscheinung des Teilgleitens überschlägig zu veranschaulichen. Der Strich soll darauf hindeuten, daß diese charakteristischen Werte für ein kleines Flächenelement des Latsches gelten, während die μ_h- und μ_g-Werte in den vorangegangenen Abschnitten sich auf den ganzen Latsch beziehen. Deshalb können wir bei der differentiellen Betrachtungsweise auch annehmen — ohne daß wir uns gegenüber dem Vorangegangenen widersprechen —, daß der Wert μ'_h ein wirklicher Haftwert ist. In Abschn. 13 folgt eine eingehendere Betrachtung über das Zusammenwirken von Gleiten und Reibkraftübertragung.

Ist nun nach Bild 12.3b der Verlauf der Vertikaldrücke p_v (s. Abschn. 17) gegeben, dann ist mit dem Haftbeiwert μ'_h die größtmögliche auftretende Schubspannung durch $\mu'_\mathrm{h} p_\mathrm{v}$ bestimmt (Bild 12.3c)

$$p_\mathrm{U,max} = \mu'_\mathrm{h} p_\mathrm{v}. \tag{12.1}$$

Ist die wirkliche Schubspannung kleiner als dieser Grenzwert, dann haftet der Latschpunkt auf der Fahrbahn (s. in Bild 12.3d die unteren Kurven), und mit der auf das Flächenelement bezogenen Kraftschlußbeanspruchung f' ist allgemein

$$p_\mathrm{U} = f' p_\mathrm{v}. \tag{12.2}$$

Wird nun das Bremsmoment weiter gesteigert, wachsen also die Schubspannungen p_U weiter an, dann wird an einem bestimmten Latschpunkt (in Bild 12.3d mit ○ bezeichnet) der Grenzwert gerade erreicht, und alle dahinterliegenden Latschpunkte beginnen zu gleiten. Die dann übertragbaren Schubspannungen haben nur noch die Größe

$$p_\mathrm{U,g} = \mu'_\mathrm{g} p_\mathrm{v}. \tag{12.3}$$

Wird das Bremsmoment weiter erhöht, dann rutscht die Grenze zwischen Haften und Gleiten nach vorn. Die Fläche unter p_U wird größer, die übertragbare Umfangskraft

$$U = \int_0^F p_\mathrm{U} \, \mathrm{d}F \tag{12.4}$$

mit der Latschfläche F steigt noch an, obgleich schon Teile des Latsches gleiten. Nennt man den Flächenanteil, in dem noch der Haftzustand herrscht, F_1, so lassen sich die Gl. (12.2) bis (12.4) kombinieren zu

$$U = \int_0^{F_1} f' p_\mathrm{v} \, \mathrm{d}F + \int_{F_1}^F \mu'_\mathrm{g} p_\mathrm{v} \, \mathrm{d}F. \tag{12.5}$$

Für eine bestimmte Größe F_1^* wird nun der Flächeninhalt unter der p_U-Kurve zu einem Maximum, die maximale Umfangskraft U_{max} ist erreicht (Bild 12.4a)

$$U_{max} = \int_0^{F_1^*} f' p_v \, dF + \int_{F_1^*}^F \mu_g' p_v \, dF = \mu_h P. \tag{12.6}$$

Wir sehen aus Gl. (12.6) sehr deutlich, daß sich der sog. Haftbeiwert oder Höchstbeiwert μ_h, der sich auf die ganze Latschfläche bezieht, aus zwei Anteilen, dem zu den haftenden und dem zu den gleitenden Latsch-

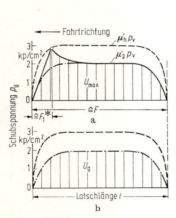
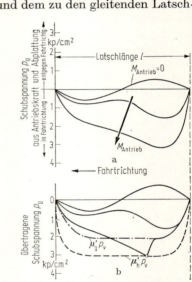

Bild 12.4 Schubspannungen im Latsch eines gebremsten Rades. a) Maximal übertragbare Umfangskraft U_{max}, b) Umfangskraft U_g bei gleitendem Rad.

Bild 12.5 Zur Ableitung der übertragenen Schubspannungen bei angetriebenem Rad.

teilchen gehörenden, zusammensetzt. Damit dürften auch der Begriff *Teilgleiten* und die Vorgänge im Bereich II und III der Schlupfkurve nach Bild 11.6 verständlich geworden sein.

Beim Schlupf $s = 1$ haben wir an allen Latschteilchen Gleitvorgänge (s. Bild 12.4b), und es gilt entsprechend Gl. (12.6) und mit Gl. (9.2)

$$U_g = \int_0^F \mu_g' p_v \, dF = \mu_g P. \tag{12.7}$$

Die Vertikallast P ergibt sich nach Bild 12.3b zu

$$P = \int_0^F p_v \, dF.$$

Sehr ähnliche Verhältnisse haben wir beim angetriebenen Rad[1], Bild 12.5. Auch hier sind die größten Schubspannungen am Latschende, so daß auch hierbei das Gleiten dort zuerst auftritt, nur sind im Gegensatz zum gebremsten Rad die Schubspannungen in Fahrtrichtung gerichtet.

13. Genauere Betrachtung der μ-Werte, Aquaplaning

Im vorigen Abschnitt haben wir μ_h von μ_h' unterschieden. μ_h war der Höchstwert in der Kraftschlußbeanspruchungs-Schlupf-Kurve bezogen auf die ganze Latschfläche und schloß Teilgleiten ein. μ_h' war ein wirklicher Haftbeiwert bezogen auf ein differentiell kleines Latschteilchen, bei dem also die Relativgeschwindigkeit zwischen Latschteil und Straße zu Null angenommen wurde. μ_g' war ein Gleitbeiwert bei vorhandener Relativbewegung, und seine Größe war kleiner als die von μ_h'; $\mu_h' > \mu_g'$.

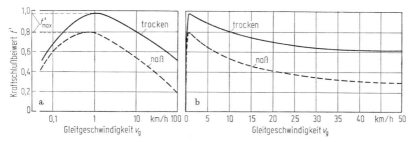

Bild 13.1 Reibbeiwert von Gummi auf Stahl in Abhängigkeit von der Gleitgeschwindigkeit a) in logarithmischer und b) in linearer Darstellung. Aus MEYER, W. E., KUMMER, H. W.: Die Kraftübertragung zwischen Reifen und Fahrbahn. ATZ 66 (1964) Nr. 9, S. 245—250.

Neuere Untersuchungen zeigen entsprechend Bild 13.1a, daß es auch bei kleinen Flächen keine Unterscheidung in Haft- und Gleitbeiwerte gibt, sondern daß ganz allgemein der Kraftschlußbeiwert f' (der Strich deutet wieder auf die Betrachtung kleiner Reibflächen hin) von der Gleitgeschwindigkeit v_g abhängt. Der maximale Kraftschlußbeiwert f'_{max} — mit μ_h' vergleichbar, falls der Index h als Höchstbeiwert gedeutet wurde — liegt nicht bei $v_g = 0$, sondern erst bei einer bestimmten — relativ kleinen — Gleitgeschwindigkeit. In Bild 13.1b mit linearem Maßstab ist das kaum erkennbar. Damit wird auch erklärlich, daß man früher wegen nicht hinreichend genauer Messungen einen „Haftbeiwert" annahm.

---

[1] BODE, G.: Kräfte und Bewegungen unter rollenden Lastwagenreifen. ATZ 64 (1962) Nr. 10, S. 300—306.

Genauere Untersuchungen zeigten ferner, daß zwei Anteile den Beiwert f' bestimmen:

a) Adhäsionskomponente f'_{Adh}: Durch hohe Normaldrücke zwischen Gummi und den einzelnen Rauheitserhebungen wirken Molekularkräfte, deren horizontale Komponenten den Kraftschluß bestimmen.

b) Hysteresekomponente f'_{Hyst}: Durch Gleiten über die Rauheiten wird Energie durch den Unterschied zwischen der dabei wirksamen Kompressions- und Expansionsphase verbraucht[1].

Den Anteil der beiden Komponenten zeigt Bild 13.2. Die Adhäsionskomponente zeigt über der Gleitgeschwindigkeit ein Maximum, die Hysteresekomponente nicht, sie wird mit wachsender Geschwindigkeit größer.

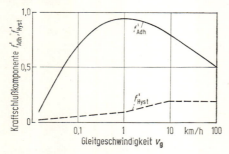
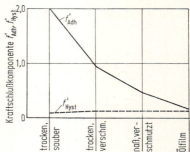

Bild 13.2 Adhäsions- und Hysteresekomponente des Kraftschlusses über der Gleitgeschwindigkeit. Quelle s. Bild 13.1.

Bild 13.3 Kraftschlußanteile bei verschiedenen Fahrbahnzuständen. Quelle s. Bild 13.1.

Die Adhäsionskomponente f'_{Adh} stellt nur dann einen weit überwiegenden Anteil des Gesamtwertes f' wie im Bild 13.2, wenn die Molekularkräfte überwiegen. Das wiederum ist um so mehr der Fall, je inniger der Kontakt der Reibpartner ist. Befindet sich zwischen ihnen hingegen eine trennende Schicht wie Schmutz, Wasser oder Öl, so sinkt, wie aus Bild 13.3 zu erkennen, f'_{Adh} stark ab, und zwar auf die Größenordnung von f'_{Hyst}.

Vom klassischen Reibungsgesetz ebenfalls abweichend besteht eine Abhängigkeit von der Größe des Normaldruckes. Je größer der Normaldruck, um so kleiner wird der Gesamtwert aus $f'_{Adh} + f'_{Hyst}$, wie Bild 13.4 zeigt. Dies gilt allerdings nur für die trockene Paarung. Bei nasser Fahrbahn hingegen sinkt f'_{Adh} entsprechend Bild 13.3 ab, und f'_{Hyst} gewinnt mehr an Bedeutung, so daß eine größere Flächenpressung von Vorteil ist. Wird die Filmdicke des Wassers noch größer, so daß sich dann Gummi und Fahrbahn nicht mehr berühren und deshalb auch keine Energieumwandlung eintreten kann, so geht auch f'_{Hyst} gegen Null. Auch

---

[1] Deshalb soll eine Straßenoberfläche eine bestimmte Mindestrauhigkeit haben.

hier hilft eine höhere Flächenpressung, und zwar indirekt, weil sich dann die Reibpartner wieder näherkommen und wieder Adhäsion und Hystereseverluste auftreten. Um den Wasserfilm beiseitedrücken zu können, müssen Drainagemöglichkeiten vorgesehen und der Reifen muß mit Profilierungen versehen werden.

Bei trockener Fahrbahn verringern die Profile hingegen durch höheren Normaldruck den Kraftschlußbeiwert. Wir sehen, daß hier ein Kompromiß eingegangen werden muß, weil bei trockenem und nassem Wetter gute Kraftschlußverhältnisse erzielt werden sollen. Profillose Reifen wären bei trockener Fahrbahn besser, bei Nässe aber schlecht. Umgekehrtes gilt für den Reifen mit Profil. Da aber die Beiwerte auf nasser Fahrbahn kleiner sind, ist es vorteilhafter, diese anzuheben. Die Profilierung bringt damit geringere Kraftschlußunterschiede für trockene und nasse Fahrbahn.

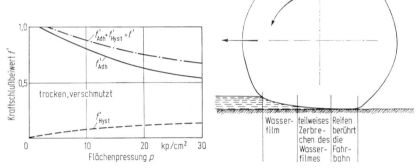

Bild 13.4 Kraftschlußanteile bei verschiedenen Flächenpressungen. Quelle s. Bild 13.1.

Bild 13.5 Verdrängung des Wasserfilms entlang der Berührungslänge eines Reifens.

Ist der Wasserfilm so dick, daß er durch die Profilnuten nicht beiseite geschafft wird, dann schwimmt der Reifen auf — es entsteht ein hydrodynamischer Film (wie bei Gleitlagern) —, der Reifen berührt im Extremfall nicht mehr die Fahrbahn. Man spricht dann von *Aquaplaning*. Einen teilweise aufgeschwommenen Reifen zeigt Bild 13.5.

Das Eintreten des Aquaplaning hängt von der pro Zeiteinheit angebotenen Wassermenge, also von der Wasserhöhe und der Fahrgeschwindigkeit sowie von der Profilierung ab. Bild 13.6 zeigt für ein Beispiel den Abfall des Gleitbeiwertes μ_g als Maß für stärker werdendes Aquaplaning bei größerer Wasserhöhe und Fahrgeschwindigkeit sowie bei kleiner werdender Profiltiefe.

Zum Schluß müssen wir noch auf den „Verzahnungseffekt" zu sprechen kommen, der bei Fahrt auf plastisch verformbarer Unterlage, z. B. auf weichem Boden oder auf Schnee auftritt. Die Profile von

38 Erster Teil — I. Rollen, Haften—Gleiten, Antreiben—Bremsen

Spezialreifen für diese Verhältnisse sind sehr groß mit entsprechend weiten Zwischenräumen ausgeführt, in denen Teile von Boden oder Schnee stehenbleiben können. Diese besitzen genügend Scherfestigkeit,

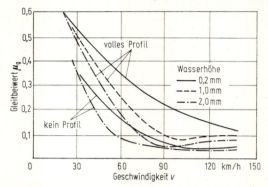

Bild 13.6 Einfluß der Wasserfilmdicke auf den Gleitbeiwert bei verschiedenen Fahrgeschwindigkeiten. Reifen 5,60-15, Radlast $P = 300$ kp, Reifeninnendruck $p_L = 1,5$ atü. Aus GENGENBACH, W.: Diss., Karlsruhe 1967.

um eine Kraft zu übertragen (Zahnrad und Zahnstange, s. Bild 13.7a). Außerdem sind die Räume zwischen den einzelnen Stollen so geformt, daß Teile des weichen Untergrundes nicht am Reifen hängenbleiben und so den Reifen durch Ausfüllen der Zwischenräume praktisch profillos machen können.

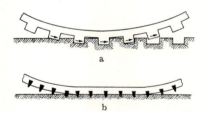

Bild 13.7 Formschluß zwischen Reifen und Fahrbahn. a) Grobstolliger querprofilierter Reifen auf deformierbarer Fahrbahn, b) Spikesreifen auf Eis.

Ein besonderer Verzahnungseffekt wird mit Spikesreifen auf Eis erzielt. Metallstifte dringen in das Eis ein und ergeben ein formschlüssiges Abrollen (Bild 13.7b).

14. Beschleunigte Fahrt

Wir kehren wieder zu den Bewegungsgleichungen des Abschn. 4 zurück und führen nun die letzte, bisher vernachlässigte Größe, die Beschleunigung oder Verzögerung $\ddot{x}$ bzw. $\ddot{\varphi}$ ein. Nach Gl. (4.1), (4.3)

14. Beschleunigte Fahrt

und (5.4) ist

$$m_R \ddot{x} = U - X; \quad \Theta_R \ddot{\varphi} = M - Ur - W_R r.$$

Wird die zwischen Rad und Fahrbahn wirkende Kraft U eliminiert, so ergibt sich die folgende Beziehung zwischen dem Moment M und der an der Achse wirkenden Kraft X zu

$$X = \frac{M}{r} - W_R - m_R \ddot{x} - \Theta_R \frac{\ddot{\varphi}}{r}. \tag{14.1}$$

Bild 14.1 zeigt die Auswertung dieser Gleichung für zwei wichtige Fälle, für das treibende Rad, das zusätzlich das Fahrzeug beschleunigt, und das bremsende und verzögernde Rad.

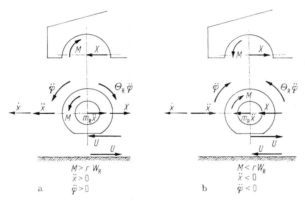

Bild 14.1 Kräfte und Momente an Fahrzeug, Rad und Fahrbahn bei a) angetriebenem Rad und beschleunigtem Fahrzeug, b) gebremstem Rad und verzögertem Fahrzeug. Die Vertikallasten sind der Übersichtlichkeit halber weggelassen. (Die Größen M, X, U, $\ddot{x}$ und φ sind in dieser Darstellung als Absolutwerte einzusetzen.)

Die Winkelbeschleunigung $\ddot{\varphi}$ kann in die translatorische $\ddot{x}$ über Gl. (10.6)

$$\dot{x} = R\dot{\varphi}$$

umgerechnet werden. Danach ist

$$\ddot{x} = \dot{R}\dot{\varphi} + R\ddot{\varphi} = \frac{\dot{R}}{R}\dot{x} + R\ddot{\varphi} \tag{14.2a}$$

bzw.

$$\ddot{\varphi} = \frac{1}{R}\left(\ddot{x} - \frac{\dot{R}}{R}\dot{x}\right). \tag{14.2b}$$

In Gl. (14.1) eingesetzt, ist

$$X = \frac{M}{r} - W_R - \left(m_R + \frac{\Theta_R}{Rr}\right)\ddot{x} + \frac{\Theta_R}{R^2 r}\dot{R}\dot{x}. \qquad (14.3)$$

Diese Gleichung ist sehr schwer zu durchschauen. Sie enthält eine Beziehung zwischen der Beschleunigung $\ddot{x}$ und der Geschwindigkeit $\dot{x}$. $\ddot{x}$ wiederum ist außer von m_R, Θ_R, R, r usw. von der Größe des Antriebs- oder Bremsmomentes M abhängig. Weiterhin ist R ein Maß für den Schlupf, also nach Bild 10.3 auch für die Umfangskraft U, die ihrerseits durch das Moment M bestimmt wird. Wir vereinfachen Gl. (14.3), indem die Schlupfänderung vernachlässigt wird. Mit

$$\dot{R} = 0 \to s = \text{const} \qquad (14.4)$$

ergibt sich die Kraft X zwischen Rad und Fahrzeug zu

$$X = \frac{M}{r} - W_R - \left(m_R + \frac{\Theta_R}{Rr}\right)\ddot{x}. \qquad (14.5)$$

Wird weiterhin noch aus Gl. (10.8) der Schlupf eingeführt, so ist für Treiben

$$X = \frac{M}{r} - W_R - \left[m_R + \frac{\Theta_R}{R_0 r}\frac{1}{1-s}\right]\ddot{x}, \qquad (14.6\,\mathrm{a})$$

Bremsen

$$X = \frac{M}{r} - W_R - \left[m_R + \frac{\Theta_R}{R_0 r}(1-s)\right]\ddot{x}. \qquad (14.6\,\mathrm{b})$$

Setzt man $R_0 \approx r$ und $s \approx 0$, vereinfachen sich die Gleichungen (14.6) noch weiter zu

$$X \approx \frac{M}{r} - W_R - \left(m_R + \frac{\Theta_R}{r^2}\right)\ddot{x} \approx \frac{M}{r} - W_R - \left(m_R + \frac{\Theta_R}{R_0^2}\right)\ddot{x}. \qquad (14.7)$$

Wir sehen hieraus, daß das Antriebsmoment oder das Bremsmoment zunächst die Massen zu beschleunigen bzw. zu verzögern hat, und zwar sowohl die translatorische Masse m_R als auch die rotatorische Θ_R/r^2.

Einen feinen Unterschied zwischen getriebenem und gebremstem Rad erkennen wir aus Gl. (14.6). Beim Antreiben wird das Trägheitsmoment Θ_R, weil das Rad sich schneller dreht, als es der Wegstrecke entspricht, sozusagen vergrößert; von dem Antriebsmoment wird entsprechend mehr zur Beschleunigung der rotatorischen Massen verbraucht. Beim Bremsen hingegen wird der Einfluß des Trägheitsmomentes verkleinert, es steht entsprechend mehr Bremsmoment zur Abbremsung des Fahrzeuges zur Verfügung.

II. Vertikallasten, Federung

In diesem Kapitel beschäftigen wir uns mit den Kräften und Bewegungen in vertikaler Richtung.

15. Radlast

Nach Bild 4.1 und Gl. (4.2) ergibt sich die Radlast P zu

$$P = Z + G_R + m_R \ddot{z}. \tag{15.1}$$

Z ist dabei die vom Aufbau her wirkende Kraft. Sie setzt sich aus zwei Anteilen zusammen, aus einer statischen Komponente Z_{stat}, die sich aus dem auf das Rad entfallenden Aufbaugewichtsanteil ergibt, und

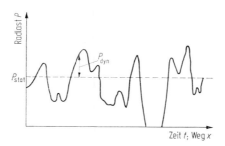

Bild 15.1 Schwankung der Radlast P in Abhängigkeit von der Zeit t oder dem Weg x.

einem dynamischen Anteil Z_{dyn}, der aus der auf den Aufbau wirkenden Beschleunigung resultiert. Da das Radgewicht G_R zum statischen Anteil gehört und die Massenkraft $m_R \ddot{z}$ des Rades zum dynamischen, läßt sich P nach Gl. (15.1) aufteilen in

$$P = (Z_{\text{stat}} + G_R) + (Z_{\text{dyn}} + m_R \ddot{z})$$

mit dem statischen Anteil

$$P_{\text{stat}} = Z_{\text{stat}} + G_R$$

und dem dynamischen Anteil

$$P_{\text{dyn}} = Z_{\text{dyn}} + m_R \ddot{z},$$

also

$$P = P_{\text{stat}} + P_{\text{dyn}}. \tag{15.2}$$

Bild 15.1 zeigt den Verlauf der Vertikallast P über der Zeit t bzw. über dem Weg x. Der dynamische Anteil, die Radlastschwankung P_{dyn} kann positiv und negativ sein. Für den Sonderfall, daß $P_{\text{dyn}} = -P_{\text{stat}}$

wird, ist die Radlast momentan $P = 0$, d. h., daß nach Gl. (9.1) keine Umfangskraft, ebenso aber auch keine Seitenkraft — die wir in Kap. III betrachten werden — übertragen werden kann. Würde dies z. B. bei einem Fahrzeug an allen Rädern gleichzeitig eintreten, so wären die Führungsmöglichkeiten aufgehoben, so daß dieser Sonderfall unbedingt zu vermeiden ist. Aber auch der Kraftschlußverlust oder eine Verminderung an einem oder mehreren Rädern bewirkt entsprechend einen Verlust oder eine Verminderung der übertragbaren Horizontalkräfte.

Um den Einfluß der Radlastschwankung zu verdeutlichen, wird diese oft auf die statische Last bezogen

$$\frac{P}{P_\text{stat}} = 1 + \frac{P_\text{dyn}}{P_\text{stat}}. \tag{15.3}$$

Man benutzt nun die Verhältnisse P/P_stat bzw. $P_\text{dyn}/P_\text{stat}$ als ein Maß für die Fahrsicherheit, denn sie kennzeichnen den Verlust an übertragbaren Horizontalkräften, wenn P_dyn negativ ist, und als ein Maß für die Fahrbahnbeanspruchung, denn sie geben an, wie stark die Fahrbahn über den statischen Anteil hinaus noch mit der dynamischen Radlast belastet wird, wenn P_dyn positiv ist.

Wie wir später noch genauer unterscheiden werden, kann sich die statische Last P_stat durch Quer- und Längsneigung der Straße ändern, der dynamische Anteil P_dyn durch am Fahrzeug angreifende Beschleunigung oder Verzögerung längs zum Fahrzeug, Zentripetalbeschleunigung quer zum Fahrzeug und Vertikalbeschleunigungen infolge von Unebenheiten.

16. Tragfähigkeit des Reifens, Temperaturgrenze

In diesem Abschnitt soll über das Zusammenwirken der Reifenelemente bei der Bildung der Tragkraft P und über deren Grenzwert gesprochen werden. Wir haben grundsätzlich zwei Traganteile, die sich jeweils noch weiter aufteilen lassen.

1. Tragkraft des Reifens P_Reifen selber, also des aus Gummi und Gewebe bestehenden Reifenmaterials, und zwar im einzelnen

    a) Tragkraft des überdrucklosen Reifens und

    b) Formhaltekraft der Preßluft, die den Reifen in seinen Wandungen versteift und damit eine höhere Aufnahme von Kräften ermöglicht.

2. Tragkraft der Preßluft, die sich aufspaltet in

    a) den Anteil Reifenluftdruck p_L mal Latschfläche F und

    b) in den Anteil, der sich aus der Luftdruckerhöhung beim Einsinken des Reifens ergibt.

16. Tragfähigkeit des Reifens, Temperaturgrenze

Wie in Bild 16.1 zusammengestellt, übernimmt der Anteil 2a den weitaus größten Prozentsatz der Tragkraft, das Reifengefüge selber (Anteil 1a) ist mit rund 15% und die Formhaltekraft mit fast ebensoviel beteiligt. Der Kompressionsanteil der Luft (2b) ist verschwindend gering, wonach also der Reifeninnendruck p_L während des Einfederns praktisch konstant bleibt.

Die Anteile 2a und 2b können wir mathematisch formulieren, indem wir mit

$$P_L = p_L F \qquad (16.1)$$

die Tragkraftänderung dP_L nach der Eindrückung dz hinschreiben

$$\frac{dP_L}{dz} = p_L \frac{dF}{dz} + F \frac{dp_L}{dz}.$$

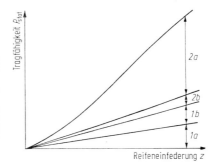

Bild 16.1 Tragkraftanteile eines Reifens als Funktion der Einfederung. 1a Tragkraft des innendrucklosen Reifens, 1b Formhaltekraft des Reifenluftdruckes, 2a Tragkraft des Reifenluftdruckes, 2b Tragkraft auf Luftdruckerhöhung beim Einfedern. Aus WEBER, G.: Theorie des Reifens mit ihrer Auswirkung auf die Praxis bei hohen Beanspruchungen. ATZ 56 (1954) Nr. 12, S. 325—330.

Da der zweite Summand dem zu vernachlässigenden Anteil 2b entspricht, ergibt sich dieser Anteil der Tragkraftänderung allein aus der Änderung der Latschfläche mit der Einfederung

$$\frac{dP_L}{dz} \approx p_L \frac{dF}{dz}. \qquad (16.2)$$

Die drei übriggebliebenen Anteile kann man nun auch zusammenfassen zu einem Anteil der Tragkraft des Reifenmaterials (1a) und einem weiteren, der eine Funktion des Reifenluftdruckes ist (1b + 2a), Bild 16.2

$$P_{stat} = a + f(p_L), \qquad (16.3)$$

wobei $f(p_L)$ bei Lkw-Reifen einen degressiven Charakter hat, bei Pkw-Reifen aber fast eine Gerade ist.

Die Tragfähigkeit eines Reifens ist begrenzt einmal durch die Festigkeit des Reifenmaterials, das ja selbst einen Teil der Tragkraft und insbesondere den Innendruck aufnehmen muß, und zum anderen aus thermischen Gründen, da die Erwärmung die Kerbzähigkeit und die Festigkeit der Kautschukmischung und des Gewebes herabsetzt.

Aus der Behandlung des Rollwiderstandes ist bekannt, daß durch die Dämpfungseigenschaften des Gummis ein Verlust an Formänderungsarbeit auftritt, der nicht nur den Rollwiderstand ergibt, sondern durch die Umwandlung in Wärme auch die Temperatur am Reifen ansteigen läßt. Die Wärmemenge wird teils im Reifen gespeichert und teils an die Luft durch Konvektion (Strahlungsanteil ist zu vernachlässigen) abgegeben. Bei Erreichen der Beharrungstemperatur ist die Dämpfungsarbeit gleich der an die Luft abgeführten Wärmemenge. Betrachten wir hierzu die Leistung, so ist die Rollwiderstandsleistung $W_R v$ mit der an die Luft abgegebenen Wärmemenge pro Zeiteinheit $\alpha F_K \Delta\vartheta$ mit der Wärme-

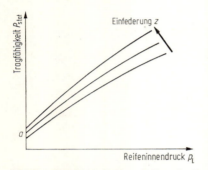 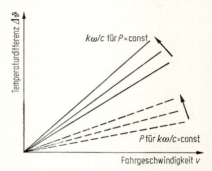

Bild 16.2 Tragfähigkeit eines Reifens in Abhängigkeit vom Reifeninnendruck p_L bei verschiedener Einfederung.

Bild 16.3 Erhöhung der Reifentemperatur mit der Fahrgeschwindigkeit bei verschiedenen Radlasten P und Reifendämpfungsmaßen $k\omega/c$.

übergangszahl α, der Kühlfläche F_K und der Temperaturdifferenz $\Delta\vartheta$ zwischen Reifenaußenfläche und Umgebungstemperatur im Gleichgewicht

$$W_R v = \alpha F_K \Delta\vartheta. \qquad (16.4)$$

Mit dem Ausdruck für den Rollwiderstand W_R nach Gl. (6.3) wird

$$\Delta\vartheta = \frac{\frac{\pi}{2}\frac{k\omega}{c}\frac{z}{l}P}{\alpha F_K} v; \qquad (16.5)$$

die Temperatur wächst mit der Fahrgeschwindigkeit an, und zwar, da der Geschwindigkeitseinfluß auf α gering ist, in etwa linear.

Aus Gl. (16.5) erkennen wir den Einfluß auf die Temperatur. Da α und F_K nicht zu beeinflussen sind und auch z/l ungefähr konstant ist, ist $\Delta\vartheta$ bei gleicher Fahrgeschwindigkeit noch von $(k\omega/c)P$ abhängig (Bild 16.3).

$$\Delta\vartheta\,(v = \text{const}) \sim \frac{k\omega}{c} P.$$

Das heißt, um nicht zu hohe Reifentemperaturen zu bekommen, muß die Dämpfung des Gummis, also $k\omega$ möglichst klein und die Eindrückung des Reifens P/c nicht zu groß sein, gleichgültig, ob durch zu große Last P oder durch zu weichen Reifen, d. h. durch zu kleine Federkonstante c.

Die Anwendung dieser Überlegungen zeigt Bild 16.4. Bei gegebener Höchsttemperatur müssen die Reifen, die bei hohen Fahrgeschwindigkeiten eingesetzt werden, einen kleinen Rollwiderstand haben. Bei gleicher Reifenbauart ($k\omega \approx$ const) und gleicher Last ($P =$ const) wird dies durch Vergrößerung der Federkonstanten c erreicht. Deshalb sind Reifen für höhere Fahrgeschwindigkeit auch härter.

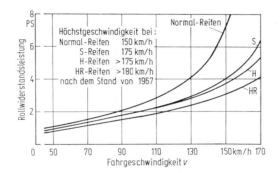

Bild 16.4 Einfluß der Fahrgeschwindigkeit auf die Rollwiderstandsleistung von Reifen verschiedener Bauart. Aus ZOEPPRITZ, H. P.: Probleme und gegenwärtiger Stand der Reifentechnik. Automobil-Industrie 12 (1967) Nr. 2, S. 94—100.

In der Gl. (16.4) kommt nicht zum Ausdruck, daß sich die Temperatur über den Reifen sehr ungleichmäßig verteilt, da die Wärmeleitfähigkeit von Gummi mit 0,25 kcal/mh °C gegenüber 58 für Eisen sehr schlecht ist. Damit bilden sich Wärmenester, die zum „Hitzetod" des Reifens führen können.

17. Druckverteilung im Latsch

Die Radlast P verteilt sich über die Latschfläche F wie in Bild 17.1 dargestellt. Mit der vertikalen Flächenpressung (auch Druckverteilung genannt) p_v besteht der Zusammenhang

$$P = \int_0^F p_v \, dF = \overline{p}_v F. \tag{17.1}$$

Definiert man eine mittlere Flächenpressung $\bar{p}_v$, so läßt sich deren Größe mit Gl. (16.3) leicht abschätzen,

$$\bar{p}_v F = a + f(p_L),$$

$$\bar{p}_v = \frac{a}{F} + \frac{1}{F} f(p_L).$$

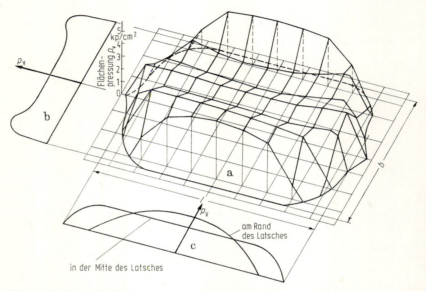

Bild 17.1 Verteilung der Flächenpressung in der Reifenaufstandsfläche. Aus PERNAU, F.: Die entscheidenden Reifeneigenschaften. Vortragstext (Esztergom, Ungarn), August 1967.

Da a nach Abschn. 16 gegenüber $f(p_L)$ relativ klein und $f(p_L)$ hauptsächlich verhältig der Latschfläche ist, wird

$$\bar{p}_v \approx p_L, \tag{17.2}$$

d. h. die mittlere Flächenpressung ist ungefähr gleich dem Luftdruck.

Bei genauerer Betrachtung zeigt sich, daß, je degressiver die Kurve nach Bild 16.2 ist, die Flächenpressung $\bar{p}_v$ kleiner als der Luftdruck p_L wird. Bild 17.2 zeigt einige Messungen an Lkw-Reifen, die ja, wie schon erwähnt, den degressiven Verlauf von p_L über der Tragkraft P zeigen.

Den Verlauf der Flächenpressung p_v über der Latschfläche F mit der Latschlänge l und der Latschbreite b zeigt Bild 17.1a. Die Latschfläche ähnelt mehr einem Rechteck als einer Ellipse, die von der Berührung metallischer Körper (Hertzsche Fläche) her bekannt ist. Die

17. Druckverteilung im Latsch

Größe der Latschfläche kann man, wenn man 10% für die abgerundeten Ecken abzieht, ungefähr zu

$$F \approx 0{,}9 lb \tag{17.3}$$

angeben.

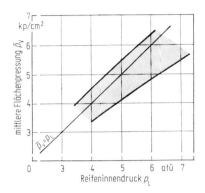

Bild 17.2 Zusammenhang zwischen Reifeninnendruck und mittlerer Flächenpressung in der Reifenaufstandsfläche von Lkw-Reifen. Aus SENGER, G.: Diss., Braunschweig 1966.

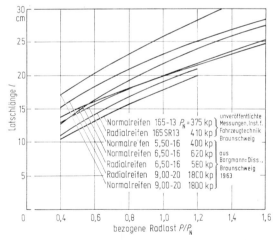

Bild 17.3 Latschlängen in Abhängigkeit von der auf die Nennlast P_N bezogenen Radlast P für verschiedene Reifenbauarten und -größen.

Die Latschlänge l für verschiedene Radlasten P, bezogen auf die von den Herstellern angegebene Nennlast P_N, ist aus Bild 17.3 zu entnehmen. Sie liegt hier für $P = P_N$ bei 18...26 cm und ist für Lkw-Reifen nur wenig größer als für Pkw-Reifen. Die Breite b entspricht ungefähr der Breite der Lauffläche.

Der Verlauf der vertikalen Druckverteilung über der Latschbreite b ist nach Bild 17.1b sattelförmig. Die am Rande liegenden beiden Überhöhungen rühren vom Einfluß der Reifenseitenwandungen her. Sie treten mit wachsender Eindrückung immer stärker hervor. Andererseits wird mit steigendem Luftdruck und höherer Geschwindigkeit (Einfluß der Fliehkräfte) die Mitte des Laufstreifens stärker zum Tragen herangezogen.

Der Verlauf der Druckverteilung über der Latschlänge ist in der Mitte des Latsches flach, am Rande etwa einer quadratischen Parabel entsprechend. Mit wachsender Last wird der Verlauf der Pressungen auch an den Randpartien flacher, die neu hinzukommenden Latschteilchen werden stärker zum Tragen herangezogen als die, die schon bei einer kleineren Last tragen.

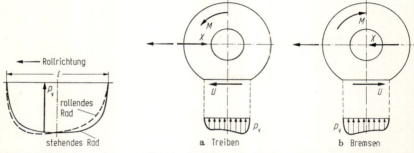

Bild 17.4 Verteilung der Flächenpressung über der Latschlänge bei stehendem und rollendem Rad.

Bild 17.5 Verteilung der Flächenpressung über der Latschlänge bei a) angetriebenem und b) gebremstem Rad.

Die Resultierende P der vertikalen Flächenpressungen p_v geht nur bei stehendem Rad durch die Latschmitte. Beim rollenden Rad liegt, wie wir von der Betrachtung des Rollwiderstandes her wissen, P vor der Latschmitte. Nach Abschn. 6 erhöhen ja die „Elementardämpfer" die Flächenpressung vor Latschmitte. Bild 17.4 zeigt die Unterschiede. Der Flächeninhalt unter beiden Kurven ist gleich groß, da die Radlast P gleich ist.

Auch bei Wirkung von Umfangskräften U verändert sich[1] die Verteilung der Flächenpressung. Beim Antriebsrad, s. Bild 17.5, verschiebt die Kraft X die Achsmitte etwas hinter die Latschmitte, wodurch die Flächenpressung p_v im hinteren Latschteil größer als im vorderen wird. Beim gebremsten Rad liegt die Achsmitte vor Radmitte, und die Flächenpressung ist im vorderen Latschteil größer.

---

[1] BODE, G.: Kräfte und Bewegungen unter rollenden Lastwagenreifen. ATZ 64 (1962) Nr. 10, S. 300—306.

18. Federkonstante

Die Änderung der Vertikallast P mit der Einfederung z (Absenkung der Radachse) nennt man die Federkonstante des Reifens c; sie ist

$$c = dP/dz. \qquad (18.1)$$

Da P über z einen nichtlinearen Verlauf hat (meistens zunächst progressiv, dann degressiv ansteigend), ist die „Federkonstante" keine Konstante, sondern eine veränderliche Größe.

Man kann deshalb einen konstanten c-Wert nur als Näherung für einen bestimmten Bereich der Kurve ansehen. Der interessierende Bereich liegt bei der statischen Radlast P_stat und der Eindrückung z_stat.

$$c = \left(\frac{dP}{dz}\right)_{P=P_\text{stat}}.$$

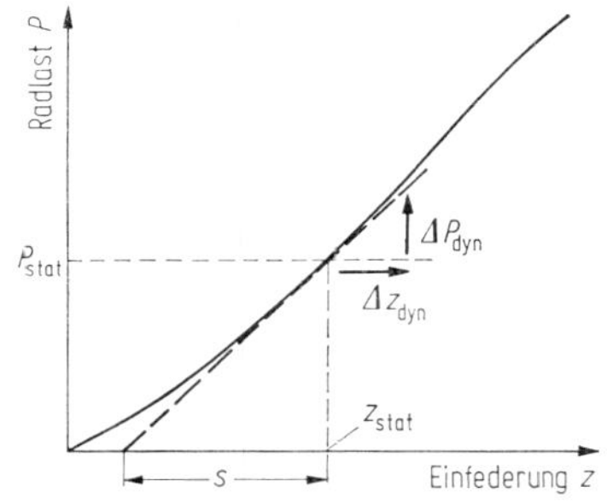

Bild 18.1 Zur Erläuterung der Reifenfederkonstante.

Wird die Reifeneindrückung um z_dyn vergrößert oder vermindert, so verändert sich die Kraft näherungsweise um

$$P_\text{dyn} \approx c\, z_\text{dyn}. \qquad (18.2)$$

Als ein Maß für Fahrsicherheit und Straßenschonung ist nach Gl. (15.3) das Verhältnis Gesamtlast zu statische Last

$$\frac{P}{P_\text{stat}} = \frac{P_\text{stat} + P_\text{dyn}}{P_\text{stat}} = 1 + \frac{c}{P_\text{stat}} z_\text{dyn}. \qquad (18.3)$$

Der Quotient P_stat/c ist nach Bild 18.1 gleich der Subtangente von der Länge s

$$s = \frac{P_\text{stat}}{c}. \qquad (18.4)$$

Diese Größe ist ein Maß für die auf die statische Last P_stat bezogene Zusatzlast bei einer Eindrückung z_dyn, beispielsweise infolge Unebenheit der Straße,

$$\frac{P_\text{dyn}}{P_\text{stat}} = \frac{z_\text{dyn}}{s}. \tag{18.5}$$

Die bezogene Gesamtlast P ist nach Gl. (18.3)

$$\frac{P}{P_\text{stat}} = 1 + \frac{z_\text{dyn}}{s}. \tag{18.6}$$

In Bild 18.2 sind für Pkw- und Lkw-Reifen die Werte $s = P_\text{stat}/c$ aufgetragen. Sie liegen für Diagonalreifen bei 1,7...2,1 cm, für Radial-

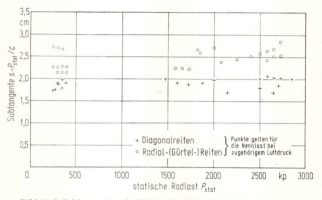

Bild 18.2 Subtangente s als Maß für die Reifenweichheit bei Diagonal- und Radialreifen verschiedener Nennlast.

reifen bei 2,1...2,9 cm, d. h. diese sind weicher und geben bei einer bestimmten Reifeneindrückung z_dyn kleinere Zusatzlasten P_dyn.

Da die Werte für s in einem nicht sehr weiten Bereich liegen, wenn der Luftdruck der Nennlast entspricht, läßt sich die Konstante c für eine bestimmte Nennlast abschätzen.

Dieses Diagramm 18.2 enthält auch Angaben über gleiche Reifen bei verschiedener Last. Allerdings ist bei Erhöhung der Last der Luftdruck erhöht worden, und zwar in etwa so — wie das Diagramm zeigt —, daß s ungefähr konstant bleibt. Wäre der Luftdruck nicht gleichzeitig erhöht worden, so hätten sich die Reifeneindrückung und nach Abschn. 6 der Rollwiderstand und demzufolge, was viel entscheidender ist, nach Abschn. 16 die Reifentemperatur vergrößert.

Bisher wurde immer eine ebene Fahrbahn vorausgesetzt. In Wirklichkeit ist sie uneben, und die Federkonstante ändert sich mit der Wölbung der Fahrbahn. Je kleiner der Krümmungsradius ϱ nach Bild 18.3 wird, um so kleiner wird c, um so weicher wird der Reifen. Beim Diagonalreifen wirkt sich dies stärker als beim Radialreifen aus. Da aber der Radialreifen bei $\varrho \to \infty$, also auf ebener Fahrbahn, weicher als der Diagonalreifen ist, ist der Absolutwert der Reifenfederkonstante c des Radialreifens bei kleinen Hindernissen ungefähr gleich dem bei Diagonalreifen (gemessen[1] an Lkw-Reifen bei $\varrho = 3$ cm).

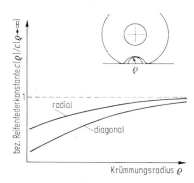

Bild 18.3 Relative Änderung der Reifenfederkonstante mit dem Krümmungsradius von Fahrbahnunebenheiten bei verschiedenen Reifenbauarten.

19. Reifendämpfung

In Abschn. 6 wurde schon bei der Behandlung des Rollwiderstandes erwähnt, daß beim Ein- und Ausfedern des Reifens ein Hystereseverlust, eine Dämpfung, auftritt.

Dämpferkräfte P_D verlaufen ganz allgemein entgegengesetzt der Geschwindigkeitsrichtung $\dot z$. Setzt man sie außerdem proportional $\dot z$ an, so gilt

$$P_D = -k\dot z. \tag{19.1}$$

Bei einer sinusförmigen Bewegung $z = a \sin \omega t$ ist die Dämpferkraft

$$P_D = -k \omega a \cos \omega t.$$

Nun verlaufen zwar — wie eben gesagt — alle Dämpferkräfte der Geschwindigkeitsrichtung entgegengesetzt, die Größe der Kräfte muß aber nicht der Geschwindigkeit proportional sein. Dies trifft bei der Werkstoffdämpfung und damit auch bei der Gummidämpfung zu.

Die Kraft ist vielmehr dem Weg verhältig, und zwar gilt in einem weiten Frequenzbereich

$$k\omega = \text{const}, \tag{19.2}$$

---

[1] SENGER, G.: Diss., Braunschweig 1966.

wie Bild 19.1 zeigt. Als Anhaltswert dient für Luftreifen

$$k\omega/c \approx 0{,}1\,. \tag{19.3}$$

Die Größe ist dimensionslos und kann als doppeltes Reifendämpfungsmaß (s. Abschn. 68) bezeichnet werden, c ist die in Abschn. 18 behandelte Reifenfederkonstante.

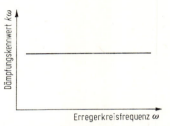

Bild 19.1 Unabhängigkeit des Dämpfungskennwertes $k\omega$ eines Reifens von der Erregerkreisfrequenz ω.

III. Seitliche Belastungen, räumliches Problem

In diesem letzten Kapitel des Ersten Teils werden die horizontalen seitlichen Kräfte, deren zugehörige Momente und die Beschleunigungen behandelt. In Kap. I und II wurde von den in Abschn. 4 aufgestellten Bewegungsgleichungen ausgegangen und mit ihnen die fahrzeugtechnischen Grundlagen erarbeitet und diskutiert. Hier ebenso vorzugehen erscheint nicht zweckmäßig, weil wir dann nicht mehr ein ebenes, sondern ein räumliches System betrachten und den Drallsatz hinzuziehen müßten. Dieses doch schwierigere mechanische Problem stellen wir etwas zurück und beginnen mit der Betrachtung von Belastungen und Verformungen.

20. Seitenkräfte, Rückstellmomente, Schräglaufwinkel

Bild 20.1a zeigt eine seitliche Kraft Y zwischen Fahrzeug und Rad und die Wirkung der als *Seitenkraft* bezeichneten Kraft S zwischen Reifen und Straße. S ist wie die Umfangskraft U eine Horizontalkraft, so daß wir wieder Betrachtungen anstellen werden über μ-Werte, Verformungen bzw. Schlupfe, Einflüsse von Geschwindigkeiten, von trockenen sowie nassen Fahrbahnen und mehr. Zur Unterscheidung werden wir für die Vorgänge in seitlicher Richtung den Index S einsetzen und U für die in Umfangsrichtung, soweit sie gleichzeitig behandelt werden.

20. Seitenkräfte, Rückstellmomente, Schräglaufwinkel

Dem Umfangsschlupf — in Abschn. 10 behandelt — entspricht der Querschlupf, dessen Bedeutung wir aus der folgenden Beobachtung ersehen: Durch die nach Bild 20.1 an der Radachse angreifende Kraft Y rollt das Rad nicht in die x-Richtung[1], sondern nach Bild 20.2 ist die Geschwindigkeit $\boldsymbol{v}_R$ dazu im Winkel α geneigt. Der seitliche Schlupf,

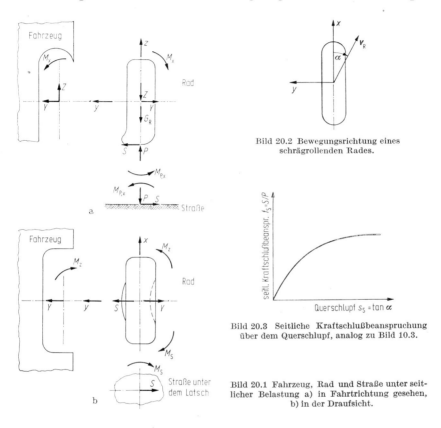

Bild 20.2 Bewegungsrichtung eines schrägrollenden Rades.

Bild 20.3 Seitliche Kraftschlußbeanspruchung über dem Querschlupf, analog zu Bild 10.3.

Bild 20.1 Fahrzeug, Rad und Straße unter seitlicher Belastung a) in Fahrtrichtung gesehen, b) in der Draufsicht.

auch Querschlupf genannt, wird nun aus den beiden Geschwindigkeitskomponenten $|\boldsymbol{v}_R| \sin \alpha$, die in y-Richtung zeigt und durch die Kraft Y hervorgerufen wurde, und $|\boldsymbol{v}_R| \cos \alpha$, die in die x-Richtung, in die reine Rollrichtung zeigt, definiert:

$$s_S = \frac{|\boldsymbol{v}_R| \sin \alpha}{|\boldsymbol{v}_R| \cos \alpha} = \tan \alpha. \tag{20.1}$$

---

[1] Das x-y-z-System ist mit der Radachse fest verbunden.

Wie wir es von der Umfangskraft-Umfangsschlupf-Kurve her kennen, ist auch die seitliche Belastung von dem Seitenschlupf abhängig. Wird noch die zwischen Rad und Fahrbahn wirkende Seitenkraft S durch die Vertikallast P dividiert und der Quotient entsprechend Gl. (10.2) als seitliche Kraftschlußbeanspruchung

$$f_\mathrm{S} = S/P \tag{20.2}$$

definiert, dann ergibt sich nach Bild 20.3 eine dem Bild 10.3 analoge Darstellung. Bei kleinen Schlupfwerten steigt die Kraftschlußbeanspruchung linear an, es wird nach Abschn. 11 Formänderungsschlupf vorliegen, bei höheren Schlupfwerten tritt Teilgleiten ein, und die Kraftschlußbeanspruchung nimmt nur noch degressiv zu.

Wenn wir die Analogie zum Umfangsschlupf weiter treiben, müßten wir nun einen „Haft-" bzw. „Höchstbeiwert" in seitlicher Richtung $\mu_{\mathrm{h,S}}$ und einen „Gleitbeiwert" $\mu_{\mathrm{g,S}}$ beim Seitenschlupf $s_\mathrm{S} = 1$ definieren. Aber dies ist aus mehreren Gründen nicht möglich und auch nicht notwendig. Zunächst ergäbe der Wert $s_\mathrm{S} = \tan\alpha = 1$ einen Winkel $\alpha = 45°$, in Wirklichkeit ist nach Bild 20.2 ein größerer Wert, z. B. $\alpha = 90°$, denkbar, der aber wieder für die Darstellung nach Bild 20.3 nicht brauchbar ist, da $\tan 90° = \infty$ ist. Weiterhin ist die Messung der Kraftschlußbeanspruchung f_S bei hohen α-Werten nicht reproduzierbar, und letztlich ist — wie wir im Vierten Teil erkennen werden — ein Fahrzeug nur bei kleinen Winkeln α (10° ist schon ein hoher Wert) beherrschbar.

Wir halten also fest, daß die Analogie zwischen den Kraftschlußbeanspruchungs-Schlupf-Kurven in Umfangs- und Seitenrichtung nur im ersten Teil des Diagramms besteht. Es ist üblich, bei der seitlichen Beanspruchung des Reifens auch nicht den Seitenschlupf s_S, also nicht $\tan\alpha$, sondern direkt den Winkel α aufzutragen. Die Diagramme enden meistens bei $\alpha = 10\ldots 15°$. Der Winkel α wird *Schräglaufwinkel* genannt.

Der „Höchstwert" der Kraftschlußbeanspruchung f_S ist dann

$$\mu_{\mathrm{h,S}} = \frac{S_{\max}}{P}. \tag{20.3}$$

Durch die seitliche Kraft Y entstehen nach Bild 20.1 nicht nur die Seitenkraft S, sondern noch die beiden Momente $M_{\mathrm{P,x}}$ und M_S im Latsch. $M_{\mathrm{P,x}}$ entsteht dadurch, daß das Rad sich gegenüber dem Latsch seitlich verschiebt und damit die Radlast P nicht mehr, wie definiert, unter Radmitte angreift.

Das Vorhandensein eines Momentes M_S, *Rückstellmoment* genannt, besagt, daß die Seitenkraft S nicht in Latschmitte angreift. Wir können S und M_S zusammenfassen, wie wir es bei der Betrachtung des Rollwiderstandes mit der Vertikallast P und dem Moment M_P in Abschn. 5 taten, als wir das Maß e einführten. So wie dort P vor Latschmitte wirkt, greift hier die Seitenkraft S um den Abstand n_S hinter Latschmitte an und versucht damit den Schräglaufwinkel zu verkleinern. n_S nennt man den *Reifennachlauf*. Seine Größe ergibt sich aus

$$\frac{M_S}{S} = \frac{S n_S}{S} = n_S. \qquad (20.4)$$

Rückstellmoment M_S und Reifennachlauf n_S sind nach Bild 20.5 vom Schräglaufwinkel α abhängig.

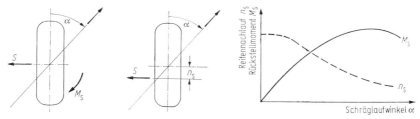

Bild 20.4 Rückstellmoment M_S und Reifennachlauf n_S am schrägrollenden Rad.

Bild 20.5 Rückstellmoment und Reifennachlauf als Funktion des Schräglaufwinkels.

21. Zum Verständnis der Schräglaufcharakteristiken

Um den Mechanismus von Seitenkraft, Rückstellmoment und Reifennachlauf zu verstehen, versuchen wir wieder eine Erklärung mit Hilfe von Elementarfedern zu finden. Dazu nehmen wir an, daß die Reifenachse still steht und sich die Fahrbahn, in Form einer großen Lauftrommel, bewegt, s. Bild 21.1. Der Reifen wird gegenüber der Laufrichtung der Trommel um den Winkel α, den wir mit Schräglaufwinkel bezeichnet haben, geschwenkt auf die Trommel aufgesetzt.

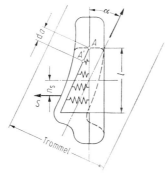

Bild 21.1 Entstehung von Seitenkraft S und Reifennachlauf n_S, erklärt am Federmodell eines Reifens.

Ein Punkt auf dem Reifenumfang heiße A, wenn er in den Latsch einläuft. Dreht sich die Trommel um das Stück da weiter, dann bewegt sich dieser Punkt nicht in der Felgenebene, sondern in der Bewegungsrichtung der Fahrbahn und gelangt von A nach A'. Wie die Elementarfeder andeutet, wird damit eine Kraft aufgebracht. Bei weiterer Bewegung bewegt sich der Punkt im Latsch immer weiter von der Felgenebene weg, und die zugehörige Kraft wird immer größer. Sie ist am größten am Latschende und wird außerhalb das Latsches wieder zu Null. Die Summe aller Kräfte an den Elementarfedern ergibt die Seitenkraft S. Je größer der Schräglaufwinkel α wird, um so größer muß auch S werden. Solange die Latschpunkte auf der Trommel haften und unter der Annahme, daß die Elementarfedern eine lineare Federkennug besitzen, besteht zwischen der Seitenkraft S und dem Schräglaufwinkel α ein proportionaler Zusammenhang mit δ als Proportionalitätskonstante.

$$S = \delta\alpha. \tag{21.1}$$

Dies wird durch das Diagramm in Bild 20.3 für kleine Winkel bestätigt, der Vorgang liegt, wie schon erwähnt, im Bereich des sog. Formänderungsschlupfes.

Weiterhin erkennt man aus Bild 21.1 deutlich, daß die Resultierende aller Kräfte der Elementarfedern nicht in der Mitte angreifen kann, sondern hinter Latschmitte. Für kleine Schräglaufwinkel, gleichbedeutend mit den beiden oben genannten Voraussetzungen, daß die Latschpunkte nicht gleiten und die Elementarfedern eine lineare Kennung haben, bleibt das seitliche Verformungsbild immer ein Dreieck. Damit bleibt der Angriffspunkt der Seitenkraft immer der gleiche und der Reifennachlauf

$$n_S = \mathrm{const}, \tag{21.2}$$

wie auch Bild 20.5 in etwa zeigt. Der Anstieg des Rückstellmomentes M_S ist für kleine Schräglaufwinkel α deshalb linear, wie ebenfalls aus Bild 20.5 ersichtlich und aus Gl. (21.1) und (21.2) folgt.

$$M_S = \delta n_S \alpha. \tag{21.3}$$

Die Größe des Nachlaufes läßt sich nach Bild 21.1 abschätzen. Der Schwerpunkt des Dreiecks liegt von vorn gemessen bei $(2/3)l$, also ist der Nachlauf von Latschmitte aus gerechnet

$$n_S \approx \frac{2}{3}l - \frac{1}{2}l = \frac{1}{6}l \tag{21.4}$$

(mit $l = 240$ mm ist $n_S \approx 40$ mm).

Daß die obengenannte Darstellung mit den Elementarfedern einen großen Fehler enthalten muß, sieht man nach Bild 21.2 daran, daß die Reifenverformung nach Latschende nicht schlagartig auf Null zurück-

21. Zum Verständnis der Schräglaufcharakteristiken

gehen kann. Dadurch werden nach unserem Modell hinter dem Latschende noch zusätzliche Elementarfedern gespannt, die resultierende Kraft, die Seitenkraft S, rückt nach hinten, und der Reifennachlauf n_S wird größer als nach Gl. (21.4) berechnet. (Allerdings werden, wie Bild 21.2 verdeutlicht, die Reifenpunkte auch schon vor Berührung mit der Fahrbahn ausgelenkt.)

Bei weiterer Vergrößerung des Schräglaufwinkels werden nicht mehr alle Latschpunkte auf der Fahrbahn haften, sondern die hinteren nach Bild 21.1 oder 21.2 werden zu gleiten beginnen. Die Seitenkraft wird

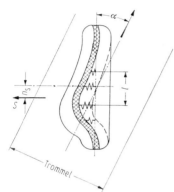
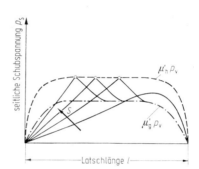

Bild 21.2 Entstehung von Seitenkraft S und Reifennachlauf n_S. Erweiterung von Bild 21.1 durch ein Umfangsband.

Bild 21.3 Verteilung der seitlichen Schubspannung über der Latschlänge.

trotz des Teilgleitens weiter ansteigen, nur nicht mehr proportional α, sondern — ganz ähnlich, wie wir es bei der Umfangskraft U in Abschn. 12 ausführlich diskutierten — degressiv.

Bild 21.3 zeigt den Verlauf der seitlichen Schubspannungen p_S bei wachsender Seitenkraft S, der dem der Schubspannungen p_U in Umfangsrichtung nach Bild 12.3 ähnelt. Werden die seitlichen Schubspannungen größer als die örtliche Haftgrenze $\mu'_h p_v$, dann tritt Gleiten ein, und sie nehmen entsprechend Gl. (12.3) auf $p_{S,g} = \mu'_g p_v$ ab. Die Summierung der Schubspannungen über der Latschfläche ergibt die Seitenkraft

$$S = \int_0^F p_S \, dF. \qquad (21.5)$$

Der Schwerpunkt der Fläche rückt nach Bild 21.3 mit wachsender Seitenkraft S zur Latschmitte hin, und damit wird der Reifennachlauf mit zunehmender seitlicher Belastung kleiner (vgl. Bild 20.5).

Der degressive Anstieg der Seitenkraft und der Abfall des Reifennachlaufes über dem Schräglaufwinkel bewirken, daß der Rückstell-

Tabelle 21.1 *Reifenkennwerte für seitliche Beanspruchung*, s. Gl. (21.1), (21.3), (24.1)
Gültig für Reifen auf trockener Fahrbahn

Reifen	Felge	Radlast	Reifen-innendruck	Seitenkraftbeiwert δ		Reifen-nachlauf n_S
		P [kp]	[atü]	[kp/°]	[kp/rad]	[mm]
5,60-15	$4J \times 15$	300	1,8	51,2	2932,2	28,3
165 R 15	$4J \times 15$	300	1,8	63,5	3637,1	23,4
5,20-13	$4J \times 13$	250	1,6	31,2	1789,3	32,0
6,00-13	$4J \times 13$	300	1,4	30,9	1769,0	49,1
165 HR 15 (Textilgürtel)	$4^1/_2 J \times 15$	300	1,8	51,4	2947,2	37,4
175 HR 14 (Stahldrahtgürtel)	$5J \times 14$	350	2,0	67,0	3838,2	33,2
185 HR 14 (Textilgürtel)	$6J \times 14 H2$	350	2,3	63,5	3638,3	34,6
6,50-16	$4^1/_2 E \times 16$	600	2,5	86,1	4931,0	30,4
6,50 R 16	$4^1/_2 E \times 16$	600	2,5	92,7	5311,8	38,9
9,00-20	7,00-20	2000	5,5	231,6	13268,7	29,3
9,00 R 20	7,00-20	2000	5,5	293,6	16820,5	38,1

momentenverlauf nach Bild 20.5 bei relativ niedrigen α-Werten ein Maximum besitzt.

21.1 Linearisierung der Schräglaufwinkelcharakteristiken

Die Auswirkungen der elastischen Eigenschaften werden im Vierten Teil behandelt, und zwar, um überhaupt einen Einblick in die schwierige Materie zu bekommen, in vereinfachter Form. Dazu gehört, daß man linearisiert. Dies ist für einen bestimmten Bereich kleiner Schräglaufwinkel möglich. In Gl. (21.1) und (21.3) wurden ja schon lineare Beziehung angeschrieben.

In Tabelle 21.1 sind Werte für Seitenkraftbeiwert δ, Nachlauf n_S, Sturzseitenbeiwert χ und -momentenbeiwert χ_M (erst in Abschn. 24 behandelt) zusammengestellt.

22. Einfluß von Radlast, Fahrgeschwindigkeit, Nässe der Fahrbahn

Bei der Behandlung der Umfangskräfte gingen wir auf die Einflüsse von
    Radlast,
    Fahrgeschwindigkeit,
    trockener und nasser Fahrbahn

22. Einfluß von Radlast, Fahrgeschwindigkeit, Nässe der Fahrbahn

und (24.2) (gewonnen aus der Linearisierung der Kennlinien im Bereich $\alpha = 0\ldots3°$)
und ohne Umfangskräfte

Sturzseiten- beiwert χ		Sturzmomenten- beiwert χ_M		Ursprungsdiagramm entnommen aus
[kp/°]	[kp/rad]	[mkp/°]	[mkp/rad]	
7,1	409,3	0,16	9,41	KREMPEL, G.: Diss., Karlsruhe
2,5	143,2	0,08	4,60	1965
5,25	300,8			HENKER, E.: Dynamische Kenn-
6,4	367,7			linien von Pkw-Reifen, Hohenstein-Ernstthal 1968
				Unveröffentlichte Messungen Karlsruhe und Braunschweig
7,1	408,2	0,38	21,9	
				BORGMANN, W.: Diss., Braunschweig 1963

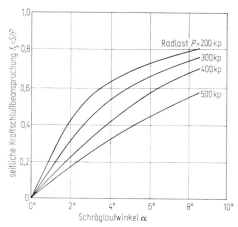

Bild 22.1 Seitliche Kraftschlußbeanspruchung in Abhängigkeit vom Schräglaufwinkel für verschiedene Radlasten. Reifendaten s. Bild 22.2.

ein. Das wollen wir auch hier tun. Wir beginnen mit dem Einfluß der Radlast P, der in Bild 22.1 sichtbar wird. Wie schon in Abschn. 11 an entsprechender Stelle vermerkt, ist die Benutzung der dimensionslosen

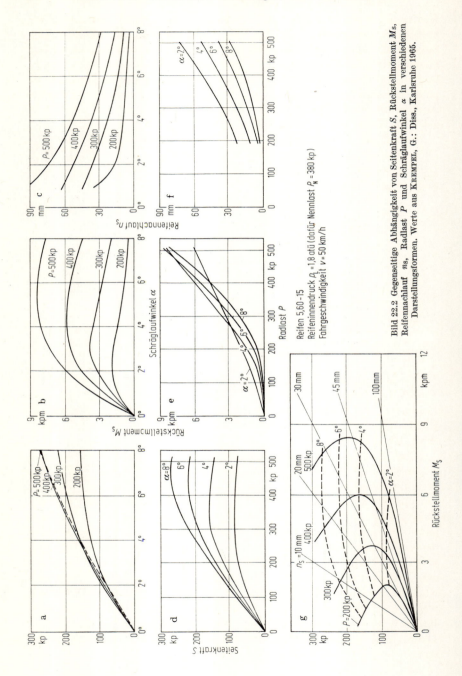

Bild 22.2 Gegenseitige Abhängigkeit von Seitenkraft S, Rückstellmoment M_S, Reifennachlauf n_S, Radlast P und Schräglaufwinkel α in verschiedenen Darstellungsformen. Werte aus KREMPEL, G.: Diss., Karlsruhe 1965.

22. Einfluß von Radlast, Fahrgeschwindigkeit, Nässe der Fahrbahn

Kraftschlußausnutzung f_S nur bei von der Radlast unabhängigen Verhältnissen zweckmäßig. Da das hier nicht der Fall ist, wird bei den Seitenkraft-Diagrammen die dimensionslose Darstellung meistens nicht angewandt, sondern man trägt die Seitenkraft S direkt über dem Schräglaufwinkel α nach Bild 22.2a auf. Da auch das Rückstellmoment M_S nicht unabhängig von der Radlast P ist, wird hier ebenfalls die direkte Auftragung nach Bild 22.2b bevorzugt. Den Reifennachlauf n_S, die abgeleitete Größe von M_S und S zeigt Bild 22.2c.

Neben der Darstellung über dem Schräglaufwinkel α ist auch die über der Radlast P üblich, mit α als Parameter, s. Bilder 22.2d bis f. Die Darstellung $M_S = f(P)$ ist allerdings wegen der sich kreuzenden Kurven nicht üblich.

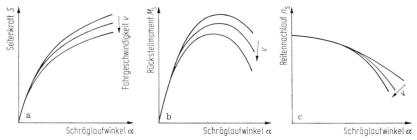

Bild 22.3 Einfluß der Fahrgeschwindigkeit auf Seitenkraft, Rückstellmoment und Reifennachlauf in Abhängigkeit vom Schräglaufwinkel.

Es gibt neuerdings noch eine Darstellung nach GOUGH, in der $S = f(M_S)$ aufgetragen wird, Bild 22.2g. Es treten hier aber nun zwei Parameter auf, nämlich der Schräglaufwinkel α und die Radlast P. Die Linien für konstanten Nachlauf sind nach der Definitionsgleichung (20.4) Geraden.

Den Einfluß der Fahrgeschwindigkeit auf trockener Fahrbahn zeigen die Diagramme in Bild 22.3. Im linear ansteigenden Teil der Seitenkraft-Schräglaufwinkel-Kurve, also in dem Teil, in dem die Formänderung überwiegt, ist naturgemäß keine Abhängigkeit von der Fahrgeschwindigkeit festzustellen. Erst dort, wo Teilgleiten auftritt, kann sich nach den Ausführungen in Kap. I der Geschwindigkeitseinfluß bemerkbar machen, und zwar so, daß mit wachsender Fahrgeschwindigkeit die Seitenkräfte bei konstantem Schräglaufwinkel kleiner werden, oder umgekehrt, daß bei konstanten Seitenkräften sich die Schräglaufwinkel vergrößern. Der Nachlauf wird im Bereich größerer α-Werte mit wachsender Geschwindigkeit v ebenfalls kleiner, weil durch die kleineren Kraftschlußwerte die hinteren Latschteilchen weniger Kraft übertragen. Dadurch erhält das Rückstellmoment den in Bild 22.3b gezeigten Verlauf.

62 Erster Teil — III. Seitliche Belastungen, räumliches Problem

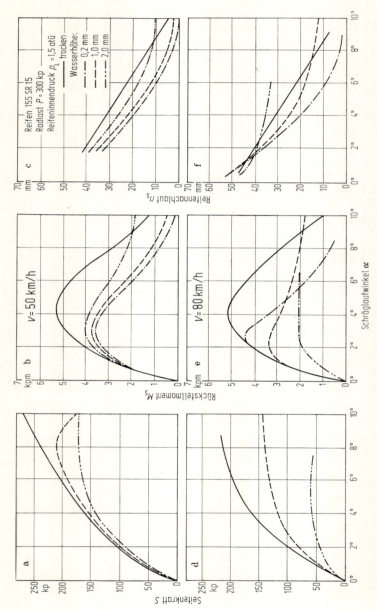

Bild 22.4 Einfluß von Wasserhöhe und Fahrgeschwindigkeit auf Seitenkraft, Rückstellmoment und Reifennachlauf in Abhängigkeit vom Schräglaufwinkel. Aus GENGENBACH, W.: Diss., Karlsruhe 1967.

Insgesamt gesehen ist aber der Geschwindigkeitseinfluß nicht sehr groß, jedenfalls auf der trockenen Straße. Er wird jedoch wesentlich auf der nassen Fahrbahn und mit zunehmender Wasserhöhe. In Bild 22.4 zeigen die Diagramme a und d, daß mit wachsender Wassermenge pro Zeit nicht nur die maximal übertragbare Seitenkraft S_{max} kleiner wird, sondern daß auch der Anstieg kurz nach dem Nullpunkt flacher wird.

Das Rückstellmoment nach Bild 22.4b und e wird auf nasser Fahrbahn kleiner, die Tendenz ist am besten über den Nachlauf erklärbar.

Von Bild 13.5 her wissen wir, daß sich die Kontaktzone zwischen Reifen und Straße mit zunehmender Wassermenge immer mehr an das hintere Latschende verlagert. Da nennenswerte seitliche Schubspannungen nur an der Kontaktzone wirken können, verschiebt sich auch die resultierende Seitenkraft mit wachsender Wassermenge nach hinten. Der Nachlauf n_S wird größer; Bild 22.4c zeigt dies deutlich.

Die Profiltiefe spielt für $\mu_{h,s}$ eine ebenso wichtige Rolle wie für $\mu_{g,U}$ nach Bild 13.6.

23. Einfluß der Umfangskräfte, maximale Horizontalkräfte

Mit Gl. (9.1) stellten wir fest, daß die maximal übertragbare Umfangskraft $U_{max} = \mu_h P$ ist, wobei eine Seitenkraft S noch fehlte. Diese Gleichung ändert sich entsprechend einer einfachen Überlegung von KAMM[1] beim Auftreten der beiden horizontalen Kräfte U und S nur insofern, als jetzt die geometrische Summe beider Kräfte den Wert $\mu_h P$ nicht überschreiten darf, wenn das Rad nicht rutschen, sondern noch rollen soll.

$$\sqrt{U^2 + S^2} \leq \mu_h P. \tag{23.1}$$

Die Gleichung läßt sich an Hand eines Kreises, des sog. Kammschen Kreises (Bild 23.1) darstellen. Wird versucht, die geometrische Summe von U und S größer zu machen, als dem Kreisradius $\mu_h P$ entspricht, dann gleitet das Rad, ist sie kleiner, dann rollt es noch.

Wir haben aber weiterhin in Abschn. 13 feststellen müssen, daß der Beiwert μ_h von Gummimischung, Reifenprofil, Straßenoberfläche, Gleitbewegung abhängt. Demnach ist es leicht einzusehen, daß der Wert μ_h nicht unabhängig davon sein wird, wie sich U und S zusammensetzen. U ergibt eine Gleitbewegung in Umfangsrichtung, S hingegen senkrecht dazu. Da die Gleitbewegung u. a. vom Profil abhängt, das sich seitlich und in Umfangsrichtung verschieden verformt, ergibt sich kein Kreis,

---

[1] Prof. Dr.-Ing. Dr.-Ing. E. h. W. KAMM, geb. 1893, gest. 1966.

sondern nach Bild 23.2 näherungsweise eine Ellipse. Punkte auf der räumlichen Fläche geben also die Höchstwerte an, die gegenseitig voneinander abhängen, also $\mu_{h,S}$ bei einem bestimmten $\mu_{h,U}$.

Die neueren Untersuchungen komplizieren das Bild 23.2 noch weiter. Bei der Kraftschlußbeanspruchung in Umfangsrichtung muß hinsichtlich der Richtung in Antriebskraft ($\mu_{h,A}$) und in Bremskraft ($\mu_{h,B}$) unterschieden werden. Nach Bild 23.3 ist auf trockener Fahrbahn $\mu_{h,A} > \mu_{h,B}$, für $\mu_{h,S} \approx 0$. Überwiegt hingegen die seitliche Kraftschlußbeanspruchung, so ist $\mu_{h,S}$ bei gleichzeitiger Bremskraft größer als beim Wirken

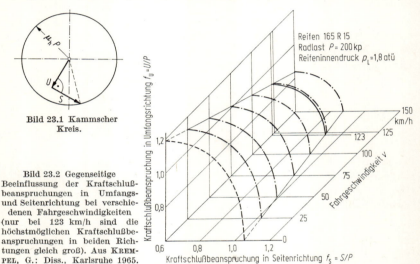

Bild 23.1 Kammscher Kreis.

Bild 23.2 Gegenseitige Beeinflussung der Kraftschlußbeanspruchungen in Umfangs- und Seitenrichtung bei verschiedenen Fahrgeschwindigkeiten (nur bei 123 km/h sind die höchstmöglichen Kraftschlußbeanspruchungen in beiden Richtungen gleich groß). Aus KREMPEL, G.: Diss., Karlsruhe 1965.

einer Antriebskraft. Bei nasser Straße werden diese Unterschiede immer kleiner, da ja auch die Werte an sich kleiner werden. Die Kurvenverläufe bleiben sich mit zunehmender Wassermenge, also zunehmender Fahrgeschwindigkeit und Wassertiefe, aber ähnlich.

Nach der Diskussion der Höchstwerte wollen wir nun auf die Schräglaufwinkelbetrachtung, d. h. auf die Betrachtung bei kleineren Kraftschlußbeanspruchungen zurückkehren. Bei einer zur Seitenkraft S zusätzlichen Umfangskraft U ändern sich die Verformungen im Latsch, so daß sich, wie auch die Bilder 23.4a und c zeigen, die Größe des Schräglaufwinkels α ändert. Außerdem sind auch hier Treiben und Bremsen nicht gleichwertig. Bei gleichen Schräglaufwinkeln steigt bei kleinen Bremskräften die Seitenkraft an (s. o.), bei Treibkräften fällt sie rasch ab. Bei größeren Bremskräften fällt S selbstverständlich auch ab, da die Kraftschlußgrenze erreicht wird. Diese Verschiedenheit ist für die Kurvenfahrt, bei der die Größe der Seitenkraft gegeben ist, interessant.

23. Einfluß der Umfangskräfte, maximale Horizontalkräfte

Wird angetrieben, ist α größer als ohne Antrieb, und ohne Antrieb stellt sich ein größerer Winkel ein als beim mäßigen Bremsen, s. Bild 23.4c.

In den Bildern 23.4b, d und e ist der Einfluß der Umfangskräfte auf Rückstellmoment und Reifennachlauf zu sehen. Dabei sind diese beiden

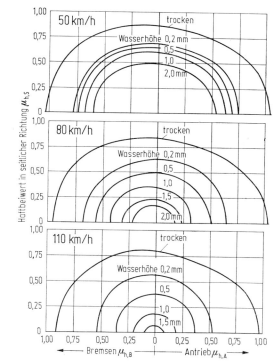

Bild 23.3 Gegenseitige Abhängigkeit der Haftbeiwerte in Umfangs- und Seitenrichtung für verschiedene Wasserhöhen und Fahrgeschwindigkeiten. Aus GENGENBACH, W.: Diss., Karlsruhe 1967.

Größen auf die resultierende Horizontalkraft H, die sich aus Umfangs- und Seitenkraft U und S zusammensetzt, bezogen und deshalb mit M_H und n_H benannt.

Es gilt nach Bild 23.5 dann

$$H = \sqrt{U^2 + S^2} \qquad (23.2)$$

und

$$M_H = n_H H. \qquad (23.3)$$

(Die Definition dieses Rückstellmomentes als Kräftepaar $n_H H$ ist entsprechend Gl. (20.4), und Bild 23.5 entspricht Bild 20.4.)

5 Mitschke

66 Erster Teil — III. Seitliche Belastungen, räumliches Problem

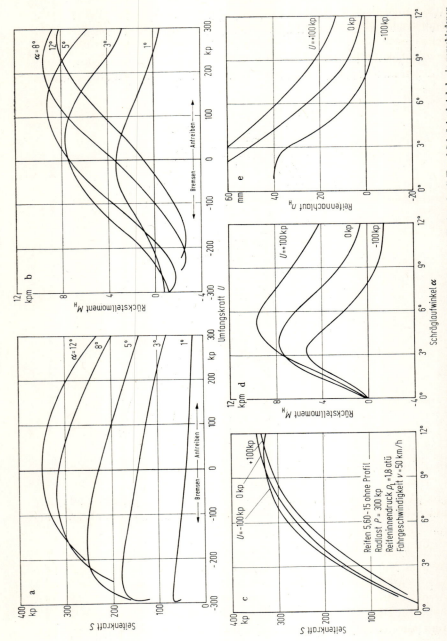

Bild 23.4 Gegenseitige Abhängigkeit von Seitenkraft S, Rückstellmoment M_H, Reifennachlauf n_H, Umfangskraft U und Schräglaufwinkel α in verschiedenen Darstellungsformen. Nach Messungen der Universität Karlsruhe 1968.

23. Einfluß der Umfangskräfte, maximale Horizontalkräfte 67

Beim Antreiben wird bei etwas größeren Schräglaufwinkeln das resultierende Moment größer als das ohne Umfangskräfte, beim Bremsen kleiner, sogar bald negativ. Entsprechend verhält sich der resultierende Nachlauf, beim Bremsen tritt ein Vorlauf auf.

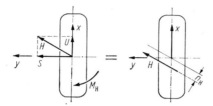

Bild 23.5 Reifennachlauf n_H bei gleichzeitigem Wirken von Umfangskraft U und Seitenkraft S.

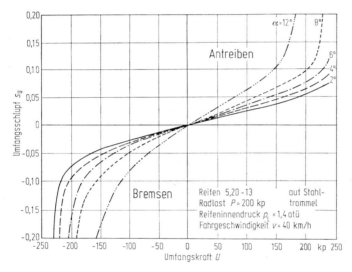

Bild 23.6 Umfangskraft U als Funktion des Umfangsschlupfes s_U bei verschiedenen Schräglaufwinkeln α. Aus HENKER, E.: Dynamische Kennlinien von Pkw-Reifen, Hohenstein-Ernstthal 1968.

Als letztes können wir, statt Seiten- und Umfangskraft S und U mit dem Seitenschlupf, dem Schräglaufwinkel α zu kombinieren, die Umfangskraft mit den beiden Schlupfen s_U und s_S in Umfangs- und Seitenrichtung verknüpfen und damit eine Verbindung zu Abschn. 10 herstellen. Bild 23.6 zeigt, daß mit zunehmendem Schräglaufwinkel und damit auch größer werdender Seitenkraft der Höchstwert absinkt und auch die Steigung dU/ds_U im Koordinatenanfangspunkt flacher wird.

24. Einfluß des Sturzes auf das Schräglaufverhalten

Bisher nahmen wir an, daß das Rad senkrecht auf der Fahrbahn steht. Wird der Reifen jedoch nach Bild 24.1 um den Winkel ξ geneigt, man sagt gestürzt, dann verändern sich die Funktionen $S = f(\alpha)$ und $M_S = f(\alpha)$ nach den Bildern 24.2a und b.

Bild 24.1 Kräfte am gestürzten Rad.

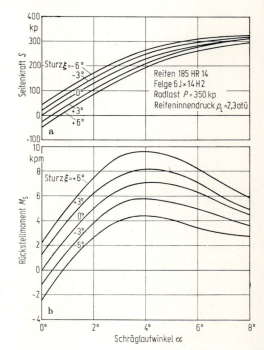

Bild 24.2 Einfluß des Sturzwinkels ξ auf Seitenkraft und Rückstellmoment in Abhängigkeit vom Schräglaufwinkel. Nach Messungen der Universität Karlsruhe 1968.

Bei gleicher Seitenkraft wird bei positivem[1] Sturz der Schräglaufwinkel α größer als bei $\xi = 0$, bei negativem Sturz kleiner.

---

[1] Die Bezeichnung „positiv" ist hier durch das Koordinatensystem begründet, positiver Sturz ergibt eine positive Drehung um die x-Achse. Physikalisch bedeutet diese Festlegung folgendes: Das Rad in Bild 24.1 gehöre zu einem Fahrzeug, das in die Papierebene mit einer Linkskurve hineinfährt. Die nach rechts zeigende Fliehkraft, von der ein Teil die Kraft Y ist, ergibt die nach links gerichtete Seitenkraft. Wird nun das Rad nach der kurvenäußeren Seite gestürzt (also positiv), dann vergrößert sich der Schräglaufwinkel. Wird hingegen das Rad nach der kurveninneren Seite gestürzt (demnach negativ) — dies entspricht dem In-die-Kurve-Legen des Zweiradfahrzeuges —, so wird der Schräglaufwinkel kleiner als bei $\xi = 0$.
Die Ausdrücke positiver und negativer Sturz werden irreführenderweise beim Kraftfahrzeug auch für die Kennzeichnung der relativen Lage der beiden Räder

Bei Diagonalreifen ist der Einfluß des Sturzes bei kleinen Schräglaufwinkeln wesentlich größer als beim Radialreifen, vgl. Angaben in Tabelle 21.1.

Das Reifenrückstellmoment vergrößert sich bei konstantem Schräglaufwinkel mit wachsendem ξ.

Für kleine Schräglaufwinkel α kann die Gl. (21.1) zu

$$S = \delta \alpha - \chi \xi \tag{24.1}$$

erweitert werden, wobei χ die Proportionalitätskonstante für den Sturzeinfluß ist, und ebenso die Gl. (21.3) für das Rückstellmoment

$$M_S = \delta n_S \alpha + \chi_M \xi. \tag{24.2}$$

25. Berücksichtigung der Beschleunigungen, räumliches Problem

Zu Beginn des Kap. III verabredeten wir, zunächst nur die Belastungen zu besprechen und erst später die Beschleunigungsglieder einzuführen. Dies wollen wir nun tun, dabei müssen wir in translatorische und rotatorische Beschleunigungen trennen. Die hierfür erforderlichen mechanischen Grundgesetze sind der Schwerpunkt- und der Drallsatz. Bei deren Aufstellung unterscheiden wir — genauer als bisher — verschiedene Koordinatensysteme.

In Bild 25.1a haben wir zunächst das raumfeste Koordinatensystem x_0, y_0, z_0 mit den Einheitsvektoren i_0, j_0, k_0, weiterhin das System x, y, z, dessen Einheitsvektor j in der Drehachse des Rades verläuft, während die beiden übrigen i und k in der Radscheibenmittelebene liegen. Dieses als „schleifendes" bezeichnete Koordinatensystem läuft nicht mit dem Rad um. Im Prinzip kennen wir das System schon aus Bild 20.1, nur ist noch, um die Erkenntnisse aus dem Abschn. 24 verwerten zu können, das Rad gestürzt gezeichnet. Die Bewegungsrichtung der Radachse folgt weder dem raumfesten Vektor i_0 noch dem Einheitsvektor i des schleifenden Koordinatensystems, sondern schließt mit diesem, wie wir aus Abschn. 20 wissen, den Schräglaufwinkel α ein[1].

---

einer Achse zueinander benutzt. Ist im Stand oder bei Geradeausfahrt der Abstand der Räder oberhalb der Achse größer als auf der Fahrbahn, dann „haben die Räder einen positiven Sturz" oder „sie stehen O-beinig da". Im umgekehrten Fall ist „der Sturz negativ" bzw. „die Stellung ist X-beinig".

[1] In der Mechanik wird häufig auch ein sog. natürliches Koordinatensystem mit den Einheitsvektoren t, n und b eingeführt, bei dem t immer in die Geschwindigkeitsrichtung v zeigt. Nimmt man dann noch an, daß die Fahrbahn horizontal liegt, so verlaufen die Einheitsvektoren b und k_0 parallel.

Zur besseren Kennzeichnung der im Latschmittelpunkt wirkenden Kräfte und Momente empfiehlt es sich, zusätzlich ein fahrbahngebundenes Koordinatensystem x^*, y^*, z^* mit den Einheitsvektoren i^*, j^*, k^* einzuführen, das den Bedingungen $i^* = i$ und $k^* = k_0$ genügt.

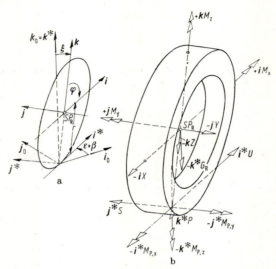

Bild 25.1 Zur Beschreibung der räumlichen Radbewegung.
a) Koordinatensysteme, b) Kräfte und Momente.

Für unsere Rechnungen brauchen wir Beziehungen zwischen den einzelnen Koordinatensystemen. Da diese durch Winkeldrehungen ineinander überführt werden können, benutzen wir hierzu den allgemeinen Satz[1]: Dreht man einen Vektor r um einen Winkel $\varkappa$ (kleinen Betrages), so gilt für den gedrehten Vektor $\hat{r}$ mit $\sin \varkappa \approx \varkappa$ und $\cos \varkappa \approx 1$

$$\hat{r} = r + \varkappa \times r. \tag{25.1}$$

In der Anwendung bedeutet das z. B.: Da der Einheitsvektor i^* aus i_0 durch Drehung um $(\varepsilon + \beta)k_0$ hervorgeht, ist

$$i^* = i_0 + (\varepsilon + \beta)k_0 \times i_0 = i_0 + (\varepsilon + \beta)j_0.$$

Dabei beschreibt ε die Gierbewegung des Fahrzeugs und β den Lenkeinschlag des Rades, also die relative Winkelbewegung im Fahrzeug und damit $\varepsilon + \beta$ die absolute Winkelbewegung des Rades. Oder j

---

[1] Literatur: LAGALLY, M., FRANZ, W.: Vorlesung über Vektorrechnung, 6. Aufl., Leipzig 1959, S. 248.

25. Berücksichtigung der Beschleunigungen, räumliches Problem

geht aus $\boldsymbol{j_0}$ durch zwei[1] Drehungen $(\varepsilon + \beta)\boldsymbol{k_0} + \xi \boldsymbol{i^*}$ mit ξ, der Winkeldrehung für den Sturz, hervor; damit wird

$$\boldsymbol{j} = \boldsymbol{j_0} + [(\varepsilon + \beta)\boldsymbol{k_0} + \xi \boldsymbol{i_0} + \xi(\varepsilon + \beta)\boldsymbol{j_0}] \times \boldsymbol{j_0}.$$

Bei Vernachlässigung von Größen 2. Ordnung wird

$$\boldsymbol{j} \approx \boldsymbol{j_0} + [(\varepsilon + \beta)\boldsymbol{k_0} + \xi \boldsymbol{i_0}] \times \boldsymbol{j_0} \approx -(\varepsilon + \beta)\boldsymbol{i_0} + \boldsymbol{j_0} + \xi \boldsymbol{k_0}.$$

Diese beiden Beispiele und alle anderen Umrechnungen sind im folgenden tabellarisch zusammengefaßt.

	$\boldsymbol{i_0}$	$\boldsymbol{j_0}$	$\boldsymbol{k_0}$
$\boldsymbol{i}$	1	$\varepsilon + \beta$	0
$\boldsymbol{j}$	$-(\varepsilon + \beta)$	1	ξ
$\boldsymbol{k}$	0	$-\xi$	1

(25.2)

	$\boldsymbol{i_0}$	$\boldsymbol{j_0}$	$\boldsymbol{k_0}$
$\boldsymbol{i^*}$	1	$(\varepsilon + \beta)$	0
$\boldsymbol{j^*}$	$-(\varepsilon + \beta)$	1	0
$\boldsymbol{k^*}$	0	0	1

(25.3)

	$\boldsymbol{i^*}$	$\boldsymbol{j^*}$	$\boldsymbol{k^*}$
$\boldsymbol{i}$	1	0	0
$\boldsymbol{j}$	0	1	ξ
$\boldsymbol{k}$	0	$-\xi$	1

(25.4)

Die Kräfte und Momente sind in Bild 25.1b eingetragen. Sie stammen aus Bild 20.1 und Bild 4.1. Die Kräfte Y, Z und G_R wurden durch die Sturzneigung ξ verändert eingezeichnet, und die Momente M und M_P erhielten jetzt den zusätzlichen Index y. Im Interesse eines guten Überblicks und zur Erleichterung der Aufstellung der rechnerischen Ansätze wurden Kräfte und Momente als Vektoren eingetragen.

Der Schwerpunktsatz kann nun angeschrieben werden

$$m_R \frac{d\boldsymbol{v}_{\mathrm{SP,R}}}{dt} = U\boldsymbol{i^*} + S\boldsymbol{j^*} + P\boldsymbol{k^*} - X\boldsymbol{i} - Y\boldsymbol{j} - Z\boldsymbol{k} - G_R\boldsymbol{k^*}. \quad (25.5)$$

Die Schwerpunktgeschwindigkeit $\boldsymbol{v}_{\mathrm{SP,R}}$ wird in den Koordinaten des schleifenden Systems angegeben, weil dann auf die aus Abschn. 4 bekannten Komponenten $\dot{x}$ und $\dot{z}$ zurückgegriffen werden kann.

---
[1] Bei Drehungen um kleine Winkel ist die Reihenfolge der Ausführung von vernachlässigbarem Einfluß auf das Ergebnis.

Aus
$$\boldsymbol{v}_{\text{SP,R}} = \dot{x}\boldsymbol{i} + \dot{y}\boldsymbol{j} + \dot{z}\boldsymbol{k} \qquad (25.6)$$

errechnet sich die Beschleunigung zu

$$\frac{\mathrm{d}\boldsymbol{v}_{\text{SP,R}}}{\mathrm{d}t} = \ddot{x}\boldsymbol{i} + \ddot{y}\boldsymbol{j} + \ddot{z}\boldsymbol{k} + \dot{x}\frac{\mathrm{d}\boldsymbol{i}}{\mathrm{d}t} + \dot{y}\frac{\mathrm{d}\boldsymbol{j}}{\mathrm{d}t} + \dot{z}\frac{\mathrm{d}\boldsymbol{k}}{\mathrm{d}t}. \qquad (25.7)$$

Zur Ableitung von z. B. $\mathrm{d}\boldsymbol{i}/\mathrm{d}t$ wird $\boldsymbol{i}$ nach Gl. (25.2) in den raumfesten Vektoren $\boldsymbol{i}_0, \boldsymbol{j}_0, \boldsymbol{k}_0$ ausgedrückt, da ja deren Ableitung nach der Zeit Null ist. Dadurch wird mit $\boldsymbol{i} = \boldsymbol{i}_0 + (\varepsilon + \beta)\boldsymbol{j}_0$ nun $\mathrm{d}\boldsymbol{i}/\mathrm{d}t = (\dot{\varepsilon} + \dot{\beta})\boldsymbol{j}_0$, und $\boldsymbol{j}_0$ nun wieder in das schleifende System zurücktransformiert, ergibt bei weiterer Vernachlässigung der Größen 2. Ordnung $\mathrm{d}\boldsymbol{i}/\mathrm{d}t = (\dot{\varepsilon} + \dot{\beta})\boldsymbol{j}$. Die Ableitungen aller drei Einheitsvektoren zusammengefaßt ergeben

$$\mathrm{d}\boldsymbol{i}/\mathrm{d}t = (\dot{\varepsilon} + \dot{\beta})\boldsymbol{j}_0 = (\dot{\varepsilon} + \dot{\beta})\boldsymbol{j}, \qquad (25.8)$$

$$\mathrm{d}\boldsymbol{j}/\mathrm{d}t = -(\dot{\varepsilon} + \dot{\beta})\boldsymbol{i}_0 + \dot{\xi}\boldsymbol{k}_0 = -(\dot{\varepsilon} + \dot{\beta})\boldsymbol{i} + \dot{\xi}\boldsymbol{k},$$

$$\mathrm{d}\boldsymbol{k}/\mathrm{d}t = -\dot{\xi}\boldsymbol{j}_0 = -\dot{\xi}\boldsymbol{j}.$$

Setzt man nun diese Gleichungen in die für die Schwerpunktbeschleunigung nach Gl. (25.7) und diese wiederum in den Schwerpunktsatz nach Gl. (25.5) ein, so erhält man, wenn man alles auf das schleifende Koordinatensystem bezieht, drei skalare Gleichungen, und zwar

für die $\boldsymbol{i}$-Koordinate

$$m_\text{R}[\ddot{x} - \dot{y}(\dot{\varepsilon} + \dot{\beta})] = U - X, \qquad (25.9)$$

für die $\boldsymbol{j}$-Koordinate

$$m_\text{R}[\ddot{y} + \dot{x}(\dot{\varepsilon} + \dot{\beta}) - \dot{z}\dot{\xi}] = S - Y + \xi(P - G_\text{R}), \qquad (25.10)$$

für die $\boldsymbol{k}$-Koordinate

$$m_\text{R}[\ddot{z} + \dot{y}\dot{\xi}] = P - (Z + G_\text{R}) - \xi S. \qquad (25.11)$$

Vergleicht man die 1. und die 3. Bewegungsgleichung mit Gl. (4.1) und (4.2), so erkennt man, daß durch die räumliche Bewegung Massenkräfte hinzugekommen sind, die aus dem Produkt von translatorischer und rotatorischer Geschwindigkeit bestehen (diese Ausdrücke werden wir im Vierten Teil bei der Behandlung der Dynamik allerdings vernachlässigen). Auf der rechten Seite der 3. Gleichung erscheint durch den Sturz noch ein Anteil aus der Seitenkraft S.

25. Berücksichtigung der Beschleunigungen, räumliches Problem

Die 2. Gleichung, die neu ist, besagt im wesentlichen, daß die Radmasse multipliziert mit der seitlichen Beschleunigung $\ddot{y}$ gleich der Differenz zwischen der Seitenkraft S am Latsch und der Seitenkraft Y an der Achse ist.

Dem Momentensatz im ebenen System (vgl. Gl. (4.3)) entspricht der Drallsatz im räumlichen System

$$\dot{\boldsymbol{D}}_{\mathrm{SP,R}} = \sum \boldsymbol{M}_{\mathrm{SP,R}}. \tag{25.12}$$

Dabei ist $\boldsymbol{D}_{\mathrm{SP,R}}$ der Drallvektor und $\boldsymbol{M}_{\mathrm{SP,R}}$ der Momentenvektor jeweils mit dem Schwerpunkt SP_R als Bezugspunkt. In der Handhabung wird Gl. (25.12) einfacher, wenn der Drall $\boldsymbol{D}_{\mathrm{SP,R}}$ auf das schleifende System x, y, z bezogen wird, denn in diesem sind die Trägheitsmomente Θ_x, Θ_y und Θ_z bei einem rotationssymmetrischen Rad konstant und leicht anzugeben. Der Drall $\boldsymbol{D}_{\mathrm{SP,R}}$ lautet mit der absoluten Winkelgeschwindigkeit

$$\boldsymbol{\omega} = \omega_\mathrm{x}\boldsymbol{i} + \omega_\mathrm{y}\boldsymbol{j} + \omega_\mathrm{z}\boldsymbol{k},$$

deren Komponenten ebenfalls in dem schleifenden System angegeben werden.

$$\begin{aligned}\boldsymbol{D}_{\mathrm{SP,R}} = &\,(\Theta_\mathrm{x}\omega_\mathrm{x} - \Theta_\mathrm{xy}\omega_\mathrm{y} - \Theta_\mathrm{xz}\omega_\mathrm{z})\boldsymbol{i} + \\ &+ (-\Theta_\mathrm{xy}\omega_\mathrm{x} + \Theta_\mathrm{y}\omega_\mathrm{y} - \Theta_\mathrm{yz}\omega_\mathrm{z})\boldsymbol{j} + \\ &+ (-\Theta_\mathrm{xz}\omega_\mathrm{x} - \Theta_\mathrm{yz}\omega_\mathrm{y} + \Theta_\mathrm{z}\omega_\mathrm{z})\boldsymbol{k}. \end{aligned} \tag{25.13}$$

Führen wir in diese allgemeine Gleichung für den Drall die bekannten Komponenten vom Drehgeschwindigkeitsvektor $\boldsymbol{\omega}$ (dabei Größen 2. Ordnung vernachlässigen)

$$\boldsymbol{\omega} = \dot{\xi}\boldsymbol{i} + \dot{\varphi}\boldsymbol{j} + (\dot{\varepsilon} + \dot{\beta})\boldsymbol{k}$$

ein und vereinfachen sie noch, da beim ausgewuchteten Rad die Zentrifugalmomente $\Theta_\mathrm{xy} = \Theta_\mathrm{xz} = \Theta_\mathrm{yz} = 0$ sind, dann lautet der Drall

$$\boldsymbol{D}_{\mathrm{SP,R}} = \Theta_\mathrm{x}\dot{\xi}\boldsymbol{i} + \Theta_\mathrm{y}\dot{\varphi}\boldsymbol{j} + \Theta_\mathrm{z}(\dot{\varepsilon} + \dot{\beta})\boldsymbol{k}. \tag{25.14}$$

Die nach Gl. (25.12) erforderliche Ableitung ergibt sich zu

$$\dot{\boldsymbol{D}}_{\mathrm{SP,R}} = \Theta_\mathrm{x}\ddot{\xi}\boldsymbol{i} + \Theta_\mathrm{y}\ddot{\varphi}\boldsymbol{j} + \Theta_\mathrm{z}(\ddot{\varepsilon} + \ddot{\beta})\boldsymbol{k} + \Theta_\mathrm{x}\dot{\xi}\frac{\mathrm{d}\boldsymbol{i}}{\mathrm{d}t} + \Theta_\mathrm{y}\dot{\varphi}\frac{\mathrm{d}\boldsymbol{j}}{\mathrm{d}t} + $$
$$+ \Theta_\mathrm{z}(\dot{\varepsilon} + \dot{\beta})\frac{\mathrm{d}\boldsymbol{k}}{\mathrm{d}t}, \tag{25.15}$$

aus der man nach Einführung der zeitlichen Änderung von Einheitsvektoren nach Gl. (25.8) schließlich

$$[\Theta_x \ddot{\xi} - \Theta_y(\dot{\varepsilon} + \dot{\beta})\dot{\varphi}]\boldsymbol{i} + \Theta_y \ddot{\varphi}\boldsymbol{j} + [\Theta_z(\ddot{\varepsilon} + \ddot{\beta}) + \Theta_y \dot{\xi}\dot{\varphi}]\boldsymbol{k}$$
$$= \Sigma M_x \boldsymbol{i} + \Sigma M_y \boldsymbol{j} + \Sigma M_z \boldsymbol{k} \qquad (25.16)$$

erhält.

Der Vektor des resultierenden Momentes bezogen auf den Radschwerpunkt SP_R setzt sich zusammen aus dem Vektor $\boldsymbol{M}$ der Momente, die von der Achse auf das Rad ausgeübt werden,

$$\boldsymbol{M} = M_x \boldsymbol{i} + M_y \boldsymbol{j} + M_z \boldsymbol{k},$$

dem Vektor $\boldsymbol{M_P}$ der Momente, die von der Fahrbahn aus auf den Latsch einwirken,

$$\boldsymbol{M_P} = -M_{P,x} \boldsymbol{i^*} - M_{P,y} \boldsymbol{j^*} - M_{P,z} \boldsymbol{k^*}$$

und dem Vektor $\boldsymbol{r_P} \times \boldsymbol{K_P}$, der die Momente der Latschkräfte bezüglich des Punktes SP_R darstellt. Dabei ist

$$\boldsymbol{K_P} = U \boldsymbol{i^*} + S \boldsymbol{j^*} + P \boldsymbol{k^*}$$

und

$$\boldsymbol{r_P} = r\xi \boldsymbol{j^*} - r \boldsymbol{k^*}.$$

Werden diese Momente in den Drallsatz, und zwar im schleifenden Koordinatensystem x, y, z eingeführt und Gl. (25.4) berücksichtigt, so ergeben sich für die drei Komponenten wieder drei skalare Gleichungen.

Im einzelnen

für die $\boldsymbol{i}$-Komponente

$$\Theta_x \ddot{\xi} - \Theta_R \dot{\varphi}(\dot{\varepsilon} + \dot{\beta}) = M_x - M_{P,x} + rS + r\xi P, \qquad (25.17)$$

für die $\boldsymbol{j}$-Komponente

$$\Theta_R \ddot{\varphi} = M_y - M_{P,y} - Ur - \xi M_{P,z}, \qquad (25.18)$$

für die $\boldsymbol{k}$-Komponente

$$\Theta_x(\ddot{\varepsilon} + \ddot{\beta}) + \Theta_R \dot{\varphi}\dot{\xi} = M_z - M_{P,z} + \xi M_{P,y}. \qquad (25.19)$$

Darin wurde noch näherungsweise

$$\Theta_x = \Theta_z \qquad (25.20)$$

gesetzt, und Θ_y wurde wie in Gl. (4.3) als Θ_R bezeichnet:

$$\Theta_y = \Theta_R. \qquad (25.21)$$

Besehen wir uns die linken Seiten der Gl. (25.17) bis (25.19), so haben wir wie beim ebenen System, nur diesmal für drei Koordinaten, den Ausdruck „Trägheitsmoment mal Winkelbeschleunigung", im einzelnen $\Theta_x \ddot{\xi}$, $\Theta_R \ddot{\varphi}$ und $\Theta_x(\ddot{\varepsilon} + \ddot{\beta})$.

Hinzu kommen aber — und sind dadurch neu — die Kreiselmomente

$$M_{\text{Kreisel}} = \Theta_R \dot{\varphi} [-(\dot{\varepsilon} + \dot{\beta})\boldsymbol{i} + \dot{\xi}\boldsymbol{k}], \qquad (25.22)$$

die eine Kopplung bewirken; denn z. B. verursachen die erste Drehbewegung mit $\dot{\varphi}$ in $\boldsymbol{j}$-Richtung und die zweite mit $\dot{\xi}$ in $\boldsymbol{i}$-Richtung ein Moment in $\boldsymbol{k}$-Richtung.

Weiterhin entspricht nach Gl. (5.5)

$$M_{P,y} = W_R r \qquad (25.23)$$

dem Rollwiderstandsmoment und nach Abschn. 20

$$M_{P,z} = M_S \qquad (25.24)$$

dem Reifenrückstellmoment.

26. Einlaufverhalten des Reifens

Die bisherigen Betrachtungen an Seitenkraft-Schräglaufwinkel-Diagrammen galten für stationäre Fälle, also für $\alpha(t) = \text{const}$ bzw. $S(t) = \text{const}$. Ändert sich hingegen α mit der Zeit, so geben die genannten Diagramme falsche Angaben. Dies können wir uns am einfachsten an Hand des Bildes 21.1 klarmachen, wenn wir annehmen, daß ein Reifen schräg auf die noch stehende Trommel aufgesetzt wird. Wir haben dann zwar nach Definition einen Schräglaufwinkel α; da sich aber die Latschteile noch nicht verspannt haben, kann noch keine Seitenkraft S auftreten. Bewegt sich die Trommel, so beginnen sich die Reifenteile zu verformen, und es baut sich nach Bild 26.1 die Seitenkraft S auf. Sie erreicht nach etwa einer Umdrehung den Wert, den wir aus dem Seitenkraftschaubild kennen. Dieses instationäre Verhalten wurde von SCHLIPPE-DIETRICH[1] durch die Differentialgleichung

$$\dot{S} + \frac{c_S v}{\delta} S = c_S \left[v\alpha - \frac{l}{2} \dot{\alpha} - \dot{y} \right] \qquad (26.1)$$

---

[1] SCHLIPPE, B., v. DIETRICH, R.: Zur Mechanik des Luftreifens, Zentrale f. wiss. Berichtswesen d. Luftfahrtforschung, Berlin 1942.

beschrieben, wobei nach Bild 26.2 neben dem veränderlichen Schräglaufwinkel α noch eine variable Felgenverschiebung y berücksichtigt wird. l ist die Latschlänge, v die Geschwindigkeit, und δ sowie c_S sind Reifendaten, deren Bedeutung wir aus folgenden Spezialfällen kennenlernen.

Bei konstantem Schräglaufwinkel α und der Seitenverschiebung $y = 0$ ($\triangle \dot{y} = 0$) bekommen wir die von Gl. (21.1) bekannte linearisierte

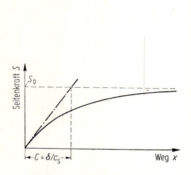

Bild 26.1 Zur Erklärung des Einlaufverhaltens eines Reifens.

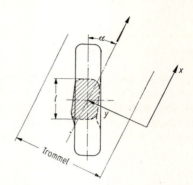

Bild 26.2 Rollender Reifen bei veränderlicher Seitenbewegung y des Latschmittelpunktes und veränderlichem Schräglaufwinkel α.

Seitenkraft-Schräglaufwinkel-Beziehung

$$S = \delta\alpha. \tag{26.2}$$

Wird der stehende Reifen seitlich verschoben, ohne gleichzeitig geschwenkt zu werden, so ist

$$\dot{S} = -c_S \dot{y} \quad \text{bzw.} \quad S = -c_S \varDelta y. \tag{26.3}$$

Danach ist c_S eine seitliche Federkonstante des Reifens.

Den in Bild 26.1 gezeigten Kurvenverlauf kann man ebenfalls aus Gl. (26.1) mit dem konstanten Schräglaufwinkel $\alpha = \alpha_0$ sowie $\dot{y} = 0$ zu

$$S = \delta\alpha_0[1 - \exp(-c_S v/\delta)t] \tag{26.4}$$

berechnen. $\delta\alpha_0$ ist nach Gl. (26.2) die Seitenkraft S_0, die auftritt, nachdem sich der Reifen voll verspannt oder, wie man auch sagt, eingelaufen hat. Der Einlaufvorgang ist nicht zeit-, sondern wegabhängig, da das im Exponenten stehende Produkt vt gleich dem zurückgelegten Weg x ist.

26. Einlaufverhalten des Reifens

Den Ausdruck
$$C = \delta/c_{\mathrm{S}}, \tag{26.5}$$
der in Bild 26.1 dargestellt ist, nennt man Einlauflänge[1].

Als letztes werden die Ergebnisse bei sinusförmig veränderlichem Schräglaufwinkel
$$\alpha = a_\alpha \sin\left(2\pi \frac{x}{L}\right) \tag{26.6}$$
(bei $\dot{y} = 0$) mit der Amplitude a_α und der Wellenlänge L besprochen. Es ergibt sich eine Seitenkraft
$$S = a_{\mathrm{S}} \sin\left(2\pi \frac{x}{L} - \varkappa\right) \tag{26.7}$$
mit der Amplitude a_{S} und dem Phasenverzug $\varkappa$. Nach Bild 26.3 ist $a_{\mathrm{S}} \approx a_{\mathrm{S}}(C/L \approx 0)$ und $\varkappa \approx 0$, wenn die Einlauflänge C klein gegenüber der Wellenlänge L ist, d. h. in diesen Fällen können wir das statio-

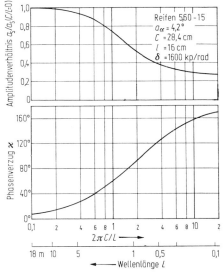

Bild 26.3 Amplitude a_{S} und Phasenverzug $\varkappa$ der Seitenkraft bei veränderlichem Schräglaufwinkel in Abhängigkeit von der Wellenlänge L.

näre Seitenkraft-Schräglaufwinkel-Diagramm benutzen. Wird hingegen C/L größer, dann kann sich die volle Seitenkraft nicht mehr ausbilden, und außerdem hinkt die Seitenkraft wegmäßig der Winkelbewegung α nach.

---

[1] Der Wert C ist nach Messungen des Instituts für Fahrzeugtechnik, Braunschweig, *nicht unabhängig* von der Größe α_0.

Zweiter Teil

Antrieb und Bremsen

Entsprechend der Tabelle 2.1 wollen wir uns hier mit dem Teilproblem Geradeausfahrt beschäftigen. Dabei werden Fragen behandelt, die an einem Fahrzeug in erster Linie interessieren, das sind Höchstgeschwindigkeit, Bergsteigfähigkeit, Beschleunigung, Verzögerung. Weiterhin ist zu untersuchen, welche Leistung installiert werden muß, ob ein „Getriebe" benötigt wird, wie groß der Kraftstoffverbrauch ist. Zum gleichen Themenkreis gehören auch die Grundlagen der Bremsabstimmung.

Weiterhin werden alle am Fahrzeug wirkenden Luftkräfte und -momente geschlossen betrachtet, obgleich in diesem Zweiten Teil nur einige benötigt werden.

27. Bewegungsgleichungen

Wir behandeln die Grundlagen am Beispiel eines zweiachsigen Fahrzeuges.

Bild 27.1a zeigt das Gesamtfahrzeug, das in den Bildern b und c in die mechanisch wesentlichen Teile Aufbau und Achsen zerlegt wurde. Für diese drei Systeme werden die Bewegungsgleichungen aufgestellt. Da wir ein ebenes Problem vor uns haben — mit der stillschweigenden Voraussetzung gleicher Brems- und Treibkräfte an den linken und rechten Rädern — gibt es für jedes System drei Bewegungsgleichungen

$$m\ddot{x} = \sum \text{Kräfte in } x\text{-Richtung,}$$

$$m\ddot{z} = \sum \text{Kräfte in } z\text{-Richtung,}$$

$$\Theta\ddot{\varphi} = \sum \text{Momente um die Schwerpunktachsen.}$$

Das x-z-Koordinatensystem begleitet das Fahrzeug, x zeigt in Fahrtrichtung, z steht senkrecht auf der Fahrbahn.

Im einzelnen gilt:

a) Für den Fahrzeugaufbau mit dem Gewicht G_A, der Masse m_A und dem Schwerpunkt SP_A, auf den sich die Längen $l_{V,A}$, $l_{H,A}$ und h_A beziehen,

$$m_A \ddot{x}_A = -G_A \sin\alpha + X_V + X_H - W_L. \tag{27.1}$$

Läßt man Schwingbewegungen nicht zu, dann sind $\ddot{z}_A$ und $\ddot{\varphi}_A$ gleich Null.

$$0 = Z_V + Z_H - G_A \cos \alpha + A, \tag{27.2}$$

$$0 = -(M_V + M_H) - Z_V l_{V,A} + Z_H l_{H,A} - (X_V + X_H)(h_A - r) +$$
$$+ (M_W)_{SP,A}. \tag{27.3}$$

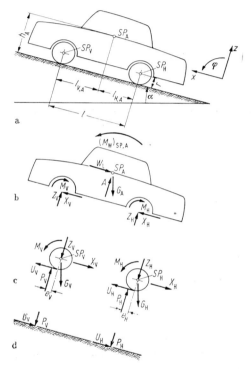

Bild 27.1 Abmessungen und Kräfte am Fahrzeug. a) Lage der Schwerpunkte, b) Kräfte und Momente am Fahrzeugaufbau, c) Kräfte und Momente an Rädern und Achsen und d) auf der Fahrbahn.

W_L ist der Luftwiderstand und A der Auftrieb durch die Luftströmung. Da beide Kräfte im Aufbauschwerpunkt SP_A eingezeichnet wurden, muß noch ein Windmoment $(M_W)_{SP,A}$ eingeführt werden (Näheres hierüber in Kap. IV).

b) Für die Räder der Vorderachse mit dem gemeinsamen Gewicht G_V, der Masse m_V, dem Trägheitsmoment Θ_V um den Schwerpunkt SP_V, nach Einführung des Abstandes e_V, der nach Gl. (5.7) den Rollwiderstand berücksichtigt[1],

$$m_V \ddot{x}_V = U_V - X_V - G_V \sin \alpha, \quad (27.4)$$

$$0 = P_V - Z_V - G_V \cos \alpha, \quad (27.5)$$

$$\Theta_V \ddot{\varphi}_V = M_V - U_V r - P_V e_V. \quad (27.6)$$

c) Für die Hinterachse entsprechend

$$m_H \ddot{x}_H = U_H - X_H - G_H \sin \alpha, \quad (27.7)$$

$$0 = P_H - Z_H - G_H \cos \alpha, \quad (27.8)$$

$$\Theta_H \ddot{\varphi}_H = M_H - U_H r - P_H e_H. \quad (27.9)$$

Aus diesen neun Gleichungen können wir die Summe der Umfangskräfte $U_V + U_H$ und die Summe der Antriebs- bzw. Bremsmomente ermitteln und haben damit den Anschluß zu Kap. I.

Addieren wir Gl. (27.1), (27.4) und (27.7), so erhalten wir

$$m_A \ddot{x}_A + m_V \ddot{x}_V + m_H \ddot{x}_H = -(G_A + G_V + G_H) \sin \alpha - W_L + \\ + U_V + U_H$$

mit der Gesamtmasse bzw. dem Gesamtgewicht

$$m = m_A + m_V + m_H,$$

$$G = G_A + G_V + G_H = mg.$$

Und unter der Voraussetzung

$$\ddot{x}_A = \ddot{x}_V = \ddot{x}_H = \ddot{x},$$

d. h., daß zwischen Achsen und Aufbau keine nennenswerten Relativbeschleunigungen auftreten, ergibt sich schließlich die *Summe der Umfangskräfte* zu

$$U_V + U_H = G \left[\frac{\ddot{x}}{g} + \sin \alpha \right] + W_L. \quad (27.10)$$

Die Umfangskräfte ergeben sich also aus dem Beschleunigungsanteil $G\ddot{x}/g = m\ddot{x}$, dem Steigungswiderstand $G \sin \alpha$ und dem Luftwiderstand W_L.

---

[1] Die drei Gleichungen (27.4) bis (27.6) entsprechen Gl. (4.1) bis (4.3) aus Kap. I. Sind z. B. an der Vorderachse zwei Räder, dann ist $m_V = 2 m_R$, $\Theta_V = 2 \Theta_R$, $U_V = 2 U$ usw., bei vier Rädern pro Achse ist $m_V = 4 m_R$ usw.

Die Momente, die aufgebracht werden müssen, um das Fahrzeug zu beschleunigen und die Widerstände zu überwinden, ergeben sich aus Gl. (27.6) und (27.9)

$$M_\text{V} + M_\text{H} = (U_\text{V} + U_\text{H})r + \Theta_\text{V}\ddot{\varphi}_\text{V} + \Theta_\text{H}\ddot{\varphi}_\text{H} +$$
$$+ P_\text{V}e_\text{V} + P_\text{H}e_\text{H}. \qquad (27.11)$$

Setzen wir Gl. (27.10) ein und definieren mit Gl. (5.7)

$$\frac{P_\text{V}e_\text{V} + P_\text{H}e_\text{H}}{r} = W_\text{R} \qquad (27.12)$$

als Summe der Rollwiderstände[1] aller Räder an Vorder- und Hinterachse, so wird

$$\frac{M_\text{V} + M_\text{H}}{r} = G\left[\frac{\ddot{x}}{g} + \sin\alpha\right] + W_\text{L} + W_\text{R} + \frac{\Theta_\text{V}}{r}\ddot{\varphi}_\text{V} + \frac{\Theta_\text{H}}{r}\ddot{\varphi}_\text{H}.$$

Werden noch die rotatorischen Beschleunigungen in die translatorische

$$\ddot{x} = R_\text{V}\ddot{\varphi}_\text{V} = R_\text{H}\ddot{\varphi}_\text{H}$$

mit der aus Gl. (14.4) bekannten Vereinfachung $\dot{R}_\text{V} = \dot{R}_\text{H} = 0$ eingeführt, so ergibt sich die *Summe der Momente* bezogen auf den Abstand Achse—Fahrbahn r zu

$$\frac{M_\text{V} + M_\text{H}}{r} = \left[\frac{G}{g} + \frac{\Theta_\text{V}}{rR_\text{V}} + \frac{\Theta_\text{H}}{rR_\text{H}}\right]\ddot{x} + G\sin\alpha + W_\text{L} + W_\text{R}. \qquad (27.13)$$

Diese Gleichung unterscheidet sich gegenüber Gl. (27.10) in zwei Dingen: Hier in der Momentengleichung kommen beim Beschleunigungsglied die rotatorischen Anteile Θ_V und Θ_H hinzu (vgl. Abschn. 14), und außerdem erscheint der Rollwiderstand W_R, der ebenso wie der Luftwiderstand W_L überwunden werden muß. In $U_\text{V} + U_\text{H}$ ist W_R implizit enthalten.

IV. Luftkräfte und -momente

Für die Größe des Antriebsmomentes bzw. der Antriebsleistung interessiert uns, wie die Bewegungsgleichungen zeigten, zunächst der Luftwiderstand W_L. Wir werden aber in diesem Kapitel auch gleich zwei

---

[1] W_R kennzeichnet, falls keine zusätzlichen Indizes benutzt werden, ab jetzt den Rollwiderstand aller Räder des Fahrzeuges.

weitere Luftkräfte und drei Luftmomente behandeln, von denen wir die Auftriebskraft A und das Moment $(M_W)_{SP,A}$ schon benutzten, während wir eine weitere Kraft und die übrigen zwei Momente im Vierten Teil „Lenkung und Kurshaltung" anwenden.

28. Bezeichnung der Luftbelastungen

Aus der Strömungslehre ist es uns vertraut, die Umströmung eines Körpers bildlich darzustellen. Bild 28.1 zeigt dies für ein Landfahrzeug, dessen Besonderheit darin liegt, daß es sich in Bodennähe befindet und sich damit ein Teil der Luft zwischen Unterboden und Fahrbahn hindurchzwängen muß. Die Stromlinien schließen sich hinter dem Wagen

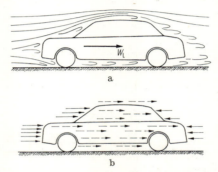

Bild 28.1 a) Stromlinienbild eines umströmten Fahrzeugs, b) Entstehung des Luftwiderstandes aus Druckkräften (ausgezogene Pfeile) und Reibungskräften (gestrichelte Pfeile).

nicht, es treten Wirbel auf, wodurch eine Widerstandskraft entsteht. In Bild 28.1 ist als Beispiel der Luftwiderstand W_L eingezeichnet. Die Größe dieser Kraft ergibt sich als Resultierende aus den Normaldrücken sowie aus den spezifischen Reibungskräften (ebenfalls mit der Dimension eines Druckes) tangential zu den von der Luft bestrichenen Oberflächen am Fahrzeug.

In dem uns interessierenden Geschwindigkeitsbereich ist die Strömung turbulent. Die auftretenden Kräfte sind proportional $(\varrho/2) v_{\text{res}}^2$ mit der *Luftdichte* ϱ und einer resultierenden *Anströmgeschwindigkeit* v_{res}. Die Proportionalitätskonstante setzt sich aus zwei Anteilen zusammen, aus einer Fläche F, beim Fahrzeug wird meistens die Querspantfläche genommen, und einem Widerstandsbeiwert c_W, dessen Wert von der Form und nicht von der Größe des Fahrzeuges abhängt. Die Kraft wird definiert als

Luftwiderstand $\qquad W_L = c_W F \dfrac{\varrho}{2} v_{\text{res}}^2.$ \hfill (28.1)

28. Bezeichnung der Luftbelastungen

Nach Bild 28.2 treten noch zwei weitere Luftkräfte am Fahrzeug auf, die

$$\text{Luftseitenkraft} \qquad N = c_\text{N} F \frac{\varrho}{2} v_\text{res}^2, \qquad (28.2)$$

$$\text{Auftriebskraft} \qquad A = c_\text{A} F \frac{\varrho}{2} v_\text{res}^2. \qquad (28.3)$$

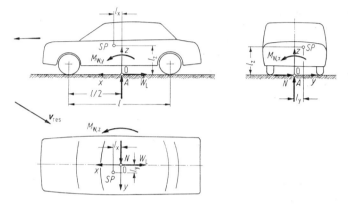

Bild 28.2 Luftkräfte (W_L, N, A) und Luftmomente ($M_\text{W,x}$, $M_\text{W,y}$, $M_\text{W,z}$) im Bezugssystem (x, y, z) mit dem in Mitte Radstand auf der Fahrbahn liegenden Koordinatenanfangspunkt 0.

Faßt man die genannten Kräfte in einem bestimmten Punkt zusammen, so ergeben sich drei Luftmomente, die aus der Verteilung der Normaldrücke und der spezifischen Reibungskräfte über die Fahrzeugoberfläche resultieren. Es sind die Momente

$$\text{um die Längsachse (Rollmoment)} \qquad M_\text{W,x} = c_\text{M,x} F l \frac{\varrho}{2} v_\text{res}^2, \qquad (28.4)$$

$$\text{um die Querachse (Nickmoment)} \qquad M_\text{W,y} = c_\text{M,y} F l \frac{\varrho}{2} v_\text{res}^2, \qquad (28.5)$$

$$\text{und um die Hochachse (Giermoment)} \quad M_\text{W,z} = c_\text{M,z} F l \frac{\varrho}{2} v_\text{res}^2. \qquad (28.6)$$

Die Gleichungen für die Momente $M_\text{W,i}$ sind so wie die Luftkräfte aufgebaut, nur daß noch eine Länge — meistens der Radstand l — eingeführt wird, damit auch die Beiwerte $c_\text{M,i}$ von der Fahrzeuggröße unabhängig bleiben und dimensionslos sind.

Die Größe der Momente und damit die Beiwerte $c_\text{M,i}$ hängen von der Lage der Achsen, also der Lage des Koordinatenanfangspunktes des Systems x, y, z ab. Üblich bzw. vorstellbar sind mehrere ausgezeichnete Punkte.

Von der dynamischen Betrachtung des Gesamtfahrzeugs her ist der Schwerpunkt des Fahrzeuges der wichtigste Punkt. Auf ihn bzw. auf die durch den Schwerpunkt gehenden Achsen muß letztlich jede Momentenangabe bezogen werden. Vom aerodynamischen Standpunkt her ist der Schwerpunkt völlig unwichtig, denn die Beiwerte sind von der Form und nicht von der Massenverteilung abhängig, vor allen Dingen z. B. nicht von der Schwerpunktverlagerung durch Zu- und Entladung im Innenraum eines Fahrzeuges. Deshalb wird also der Bezugspunkt 0 für die Luftwirkungen verschieden vom Schwerpunkt SP sein, der uns besonders interessiert. Die Umrechnung der auf den Koordinatenanfangspunkt 0 bezogenen Werte $(c_{M,i})_0$ in die auf den Schwerpunkt SP bezogenen Werte $(c_{M,i})_{SP}$ ergibt sich mit den Längen l_i nach Bild 28.2

$$(c_{M,x})_{SP} = (c_{M,x})_0 + c_N l_z/l - c_A l_y/l, \qquad (28.7)$$

$$(c_{M,y})_{SP} = (c_{M,y})_0 + c_W l_z/l + c_A l_x/l, \qquad (28.8)$$

$$(c_{M,z})_{SP} = (c_{M,z})_0 - c_N l_x/l - c_W l_y/l. \qquad (28.9)$$

Der von den Aerodynamikern gewählte Bezugspunkt 0 liegt auf den Mittellinien im Grundriß und in der Vorderansicht, da die Fahrzeuge meistens symmetrisch sind. In der Seitenansicht liegt der Bezugspunkt oft in Radstandsmitte, manchmal in Fahrzeugmitte, manchmal im vordersten Punkt des Wagens. Ein Spezialfall wäre der, daß z. B. im Grundriß der Punkt 0 so liegt, daß das Moment $M_{W,z}$ zu Null wird. Diesen speziellen Punkt 0 nennt man dann den Druckmittelpunkt. Man muß also bei Literaturangaben die Lage der Bezugsachsen genau beachten. Wir werden im folgenden alle Momentenbeiwerte[1] auf das in Bild 28.2 gezeigte Koordinatensystem beziehen, bei dem der Koordinatenanfangspunkt 0 in Mitte Radstand auf der Fahrbahn liegt.

Statt der drei Kräfte und drei Momente nach Gl. (28.1) bis (28.6) kann man auch gleich die Reaktionskräfte an den Rädern angeben, denn sie übertragen ja letztlich die Luftbelastungen auf den Boden.

Ein Beispiel zeigt Bild 28.3. Die in Skizze a wirkenden zwei Kräfte W_L und A sowie das Moment $M_{W,y}$ werden in Skizze b durch drei Kräfte W_L, A_V und A_H ersetzt.

Die Auftriebskräfte an den Rädern werden definiert zu

$$A_V = c_{A,V} F \frac{\varrho}{2} v_{\text{res}}^2, \qquad (28.10)$$

$$A_H = c_{A,H} F \frac{\varrho}{2} v_{\text{res}}^2. \qquad (28.11)$$

---

[1] Kraftbeiwerte sind vom Bezugssystem unabhängig.

Die Umrechnung auf die schon genannten Beiwerte ergibt sich über

$$A = A_V + A_H \qquad (28.12)$$

und

$$A_V = \frac{A}{2} - \frac{M_{W,y}}{l}; \qquad A_H = \frac{A}{2} + \frac{M_{W,y}}{l} \qquad (28.13)$$

zu

$$c_{A,V} = \frac{1}{2} c_A - c_{M,y}; \qquad c_{A,H} = \frac{1}{2} c_A + c_{M,y}. \qquad (28.14)$$

Auch die Seitenkraft N und das Moment $M_{W,z}$ werden manchmal so behandelt.

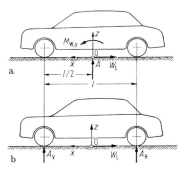

Bild 28.3 Ersatz der Auftriebskraft A und des Windmomentes $M_{W,y}$ durch Auftriebskräfte A_V und A_H an der Vorder- und Hinterachse.

In den nächsten fünf Abschnitten werden die in den eben aufgestellten Gleichungen vorkommenden Größen wie v_{res}, ϱ, c_W, c_N, $c_{M,x}$ usw. diskutiert. Dabei beziehen sich die Kraft- und Momentenbeiwerte auf das ganze Fahrzeug, also auf die Karosserie mit den sich drehenden Rädern.

29. Anströmgeschwindigkeit und -richtung, Luftdichte

Die resultierende Luftgeschwindigkeit v_{res} setzt sich aus der negativen Fahrgeschwindigkeit v, mit der das Fahrzeug ruhende Luft durchdringt, und der Windgeschwindigkeit w zusammen. In vektorieller Schreibweise ist nach Bild 29.1

$$\boldsymbol{v}_{res} = \boldsymbol{v} + \boldsymbol{w}. \qquad (29.1)$$

(Dabei ist der allgemeine Fall im Bild angedeutet, daß die Fahrgeschwindigkeit z. B. bei Kurvenfahrt nicht mit der Längsachse des Fahrzeugs übereinstimmen muß.)

Der Winkel zwischen der Anströmgeschwindigkeit v_{res} und der Längsachse ist der *Anströmwinkel* τ. Dessen Größe bestimmt, wie wir in den nachfolgenden Kapiteln sehen werden, hauptsächlich die Größe der seitlichen Kraft, der Auftriebskraft sowie die Momente um Hoch- und Längsachse.

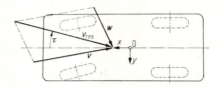

Bild 29.1 Geometrische Addition der Fahrgeschwindigkeit v und der Windgeschwindigkeit w zur Anströmgeschwindigkeit v_{res}. Anströmwinkel τ zwischen Fahrzeuglängsachse und Anströmrichtung.

Die Fahrgeschwindigkeit v wird durch das Fahrzeug oder durch den Fahrer vorgegeben. Verteilung und Mittelwert der Windgeschwindigkeit, wie sie zum Beispiel in der Nähe Berlins aufgenommen wurden, zeigt Tabelle 29.1.

Tabelle 29.1 *Verteilung und Mittelwert der Windgeschwindigkeiten*
Aus Hütte I, 27. Aufl., S. 490, aufgenommen in Lindenberg südwestl. von Berlin

Jahreszeit	Häufigkeit [%] der auftretenden Windgeschwindigkeit					Mittlere Windgeschwindigkeit
	0…2 m/s	2…5 m/s	5…10 m/s	10…15 m/s	>15 m/s	w_m [m/s]
Winter (Dez.—Febr.)	18,8	42,0	35,2	3,7	0,3	4,9
Frühjahr (März—Mai)	20,1	42,2	32,7	4,5	0,5	4,9
Sommer (Juni—Aug.)	23,2	46,2	30,1	0,5	—	4,4
Herbst (Sept.—Nov.)	24,2	45,3	28,1	1,8	0,6	4,5
ganzes Jahr	21,4	44,2	31,6	2,6	0,2	4,7

Im Küstengebiet liegen die Werte höher, in Süddeutschland beispielsweise niedriger. Die Wahrscheinlichkeitsverteilung ist nicht symmetrisch zur mittleren Windgeschwindigkeit w_m, die deshalb auch

29. Anströmgeschwindigkeit und -richtung, Luftdichte

nicht am häufigsten auftritt. Vielmehr ist häufigste Windgeschwindigkeit w_h kleiner und in etwa

$$w_h \approx \frac{2}{3} w_m. \qquad (29.2)$$

Die Richtung der Windgeschwindigkeit zur Fahrzeuglängsachse hängt von der Windrichtung und vom Verlauf der Straße ab, auf der das Fahrzeug rollt, und ist damit zufällig.

Es werden zwei Sonderfälle betrachtet:
1. Es herrsche reiner Gegenwind bzw. Rückenwind, dann vereinfacht sich Gl. (29.1) zu (v liege in Fahrzeuglängsachse)

$$v_{res} = v \pm w, \qquad (29.3)$$

$$\tau = 0. \qquad (29.4)$$

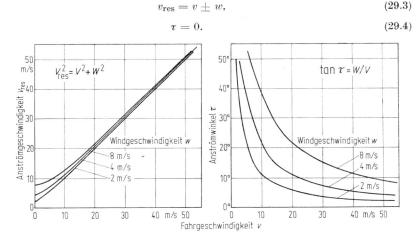

Bild 29.2 Anströmgeschwindigkeit v_{res} und Anströmwinkel τ über der Fahrgeschwindigkeit v für verschiedene Windgeschwindigkeiten w (Windgeschwindigkeit senkrecht zur Fahrgeschwindigkeit).

In diesem Sonderfall wird die Antriebsleistung bei konstanter Fahrgeschwindigkeit verkleinert oder vergrößert bzw. die Fahrgeschwindigkeit bei einer bestimmten Antriebsleistung vermindert oder erhöht.

2. Der Wind blase senkrecht auf die Fahrzeuglängsachse, dann ergibt sich bei gegebenem v und w

$$v_{res} = \sqrt{v^2 + w^2} = v \sqrt{1 + (w/v)^2}, \qquad (29.5)$$

$$\tan \tau = w/v. \qquad (29.6)$$

Mit Hilfe der Tabelle 29.1 können wir nun abschätzen, wie groß bei reinem Seitenwind die resultierende Anströmgeschwindigkeit und der Anströmwinkel sind. Beide sind in Bild 29.2 über der Fahrgeschwindigkeit v aufgetragen mit der Windgeschwindigkeit als Parameter. Läßt man den Fahrgeschwindigkeitsbereich von 0 bis 10 m/s, also von 0 bis 36 km/h außer Betracht, weil in diesem Geschwindigkeitsbereich auch die Wirkung auf das Fahrzeug und den Fahrer nicht sehr groß ist, so ergibt sich, daß die resultierende Geschwindigkeit v_{res} praktisch gleich der Fahrgeschwindigkeit v ist. Der Anströmwinkel liegt für die Fahrgeschwindigkeit zwischen 10 und 40 m/s entsprechend 36 und 144 km/h etwa zwischen 2,5 und 40°. Berücksichtigt man die kleine Windgeschwindigkeit von 2 m/s nicht, weil sie eben auch wenig Seitenkraft ergeben wird, dann liegt der Winkel zwischen 5 und 40°, d. h. Winkel $\tau = 0$ und etwas größer sind uninteressant. Bei normalen Geschwindigkeiten auf Landstraße und Autobahn zwischen 20 und 30 m/s entsprechend 72 und 108 km/h liegt der Winkel zwischen 5 und 20°.

Neben den Werten der Tabelle 29.1, die für konstante Windgeschwindigkeiten in einem längeren Zeitraum gelten, sind Angaben über Windböen wichtig. Bild 29.3 zeigt für den allgemeinen Fall den Verlauf der

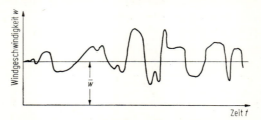

Bild 29.3 Zeitliche Schwankung der Windgeschwindigkeit w um einen mittleren Wert $\overline{w}$ bei böigem Wetter.

Windgeschwindigkeit w über der Zeit t. Der um die mittlere Windgeschwindigkeit $\overline{w}$ schwankende Anteil ist als Seitenwind gefürchtet, weil der Fahrer darauf u. U. sehr schnell reagieren muß. (Die Auswirkungen von Windböen werden in Abschn. 136 behandelt.)

Die Luftdichte ϱ — über den Staudruck $(\varrho/2) v_{res}^2$ immer mit der Anströmgeschwindigkeit verbunden — beträgt

$$\varrho = 1/8 \text{ kp s}^2/\text{m}^4 = 0{,}125 \text{ kp s}^2/\text{m}^4 \quad \text{bei} \quad b = 760 \text{ Torr}, \; \vartheta = 15\,°\text{C}$$

und verändert sich mit dem Barometerstand b in Torr und der Temperatur ϑ in °C nach

$$\frac{\varrho}{\text{kps}^2/\text{m}^4} = \frac{b/\text{Torr}}{21{,}2\,(273 + \vartheta/°\text{C})}. \tag{29.7}$$

Der Luftdruck schwankt im Mittel von 720 bis 800 Torr, also um ± 5%; eine Temperaturschwankung von −30 °C bis +30 °C ergibt eine Dichteänderung von 0,148 bis 0,119, also gegenüber +15 °C um +18% bis −5%.

30. Luftwiderstandsbeiwert

Die Größe der dimensionslosen Beiwerte von Luftkräften und -momenten hängt stark von der Form des Fahrzeuges ab. Aber auch für gleiche Fahrzeuge ergeben sich Unterschiede je nachdem, ob an dem

Wagen in natürlicher Größe gemessen wurde oder an einem verkleinerten Modell, bei dem nicht alle Kleinigkeiten wie Türgriffe, Stoßstangen, Scheibenwischer usw. genau genug nachgebildet wurden. Weiterhin gibt es unterschiedliche Ergebnisse, wenn das Fahrzeug auf einer ruhenden Platte mit nicht rotierenden Rädern steht oder auf einer „Straße" fährt. (Entweder indem die Messung wirklich auf der Straße durchgeführt wird oder im Windkanal auf einem laufenden Band.) Wir werden deshalb

1. prinzipielle Betrachtungen anstellen, aus denen wir die Veränderung der c_W-Werte durch bauliche Maßnahmen ersehen, aber dabei beachten, daß die absolute Größe der c_W-Werte mit Vorsicht auf wirkliche Fahrzeuge zu übertragen ist,

2. c_W-Werte von ausgeführten Fahrzeugen angeben.

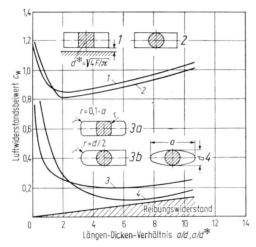

Bild 30.1 Luftwiderstandsbeiwerte c_W für verschieden geformte Körper in Abhängigkeit von deren Längen-Dicken-Verhältnis. Aus BARTH, R.: Luftkräfte am Kraftfahrzeug. DKF Heft 184 (1966).

Zu Anfang sei vermerkt, daß der c_W-Wert von wirklichen Fahrzeugen praktisch gar nicht von der Reynoldszahl und damit von der Anströmgeschwindigkeit v_{res} abhängt und sich nur wenig mit dem Anströmwinkel τ ändert (s. Bild 30.6).

Unsere prinzipiellen Betrachtungen beginnen wir mit Bild 30.1, das verschiedene Körper in Fahrbahnnähe zeigt. Daraus sehen wir schon das wichtige Ergebnis: Abrundungen an der Stirnfläche (Körper 3 und 4) bringen einen wesentlich kleineren Luftwiderstandsbeiwert als Körper ohne Abrundungen (1 und 2). Ein strömungsgünstig gestaltetes Heck verkleinert nochmals den Widerstandsbeiwert, aber nur dann, wenn das Heck lang genug ist, so daß die Strömung anliegt. Aus dem kleinen Unterschied von *3* und *4* können wir umgekehrt folgern: eine schlechte Stirnform und dazu ein gutes Heck kann den c_W-Wert nur wenig verbessern, weil sich vorn schon die Strömung ablöst und damit das strömungsgünstige Heck wirkungslos wird.

Weiterhin sehen wir aus Bild 30.1, daß der c_W-Wert von der Länge a des Körpers abhängt. Beim eckigen Körper *1* haben wir mit $a = 0$ eine Platte, deren $c_W \approx 1{,}15$ ist. Mit länger werdendem Körper ver-

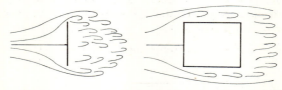

Bild 30.2 Verschieden große Totwassergebiete bei der Umströmung von Platte und Quader.

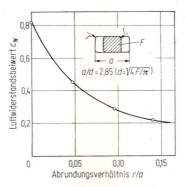

Bild 30.3 Einfluß des Abrundungsverhältnisses r/a auf den Luftwiderstandsbeiwert c_W. Aus BARTH, R.: Diss., Stuttgart 1958.

mindert sich der Formwiderstand durch bessere Belüftung des Totwassers (Bild 30.2), um nach einem Minimum mit größerem a wegen des zunehmenden Einflusses des Reibungswiderstandes etwa linear zuzunehmen. Bei Pkw, Bus und Kombifahrzeugen ist $a/d = 2{,}3 \ldots 3{,}1$, der Reibungswiderstand macht sich erst bei längeren Fahrzeugen, beispielsweise Zugfahrzeugen mit Anhängern (Lkw mit Anhänger, Sattelzügen) bemerkbar.

Kommen wir noch einmal auf die Abrundungen, die den c_W-Wert nach Bild 30.1 senkten, zurück und fragen, wie groß die Radien sein müssen, damit sie wirksam werden. Nach Bild 30.3 senken schon kleine

Radien sehr wesentlich den Luftwiderstand, während mit größer werdenden Abrundungen der Gewinn immer kleiner wird. Das heißt, scharfe Kanten sind zu vermeiden, während andererseits große Radien, die für die Raumausnutzung nachteilig wären, nur noch wenig Erfolg bringen.

Wir verlassen den rechteckigen Körper und wenden uns Pkw-ähnlichen Modellen zu. Im Jahre 1933 veröffentlichte LAY prinzipielle Untersuchungen über verschiedene Bug- und Heckformen und deren Kombinationen. In Bild 30.4 sind die Ergebnisse dargestellt. Sie geben uns folgende Hinweise: Die vollausgerundete Bugform C bringt keine

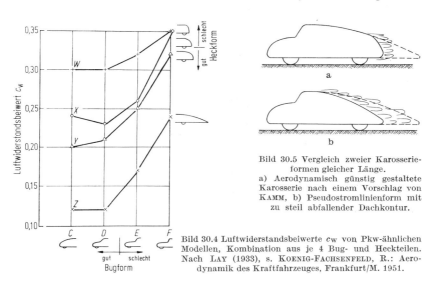

Bild 30.5 Vergleich zweier Karosserieformen gleicher Länge.
a) Aerodynamisch günstig gestaltete Karosserie nach einem Vorschlag von KAMM, b) Pseudostromlinienform mit zu steil abfallender Dachkontur.

Bild 30.4 Luftwiderstandsbeiwerte c_W von Pkw-ähnlichen Modellen, Kombination aus je 4 Bug- und Heckteilen. Nach LAY (1933), s. KOENIG-FACHSENFELD, R.: Aerodynamik des Kraftfahrzeuges, Frankfurt/M. 1951.

Verbesserung gegenüber der abgesetzten Form D, bei der die Windschutzscheibe unter etwa 45° geneigt ist. Dies ist ein sehr wesentliches Ergebnis, weil die ausgerundete Form C schlechte Sichtverhältnisse für die Insassen ergibt. Die steiler ansteigende Scheibe E und die senkrechte Scheibe F verschlechtern den c_W-Wert merkbar.

Je schlanker die Heckform (Z gegenüber W), um so kleiner wird der Luftwiderstandsbeiwert, allerdings nur, wie schon an Bild 30.1 gezeigt, bei guter Bugform. Die Form Z bedingt aber ein langes Heck, was der Forderung z. B. nach Ausnutzung des Innenraumes und kleinem Parkraum widerspricht. Deshalb hat KAMM vorgeschlagen, den Wagenkörper strömungsgünstig auszuführen, aber bei einer wirtschaftlichen Länge abzuschneiden (Bild 30.5a). Hierbei reißt die Strömung gegenüber einer pseudoströmungsgünstigen Form nach Bild 30.5b mit zu großem Verjüngungsverhältnis später ab, und der c_W-Wert ist kleiner.

Tabelle 30.1 *Zusammenstellung von Luftwiderstandsbeiwerten c_W (mit Kühlluftdurchlaß) und Stirnflächen F verschiedener Fahrzeuge ($\tau = 0$)*

Fahrzeug	Radstand l [m]	Stirnfläche F [m²]	Luftwiderstandsbeiw. (mit Kühlluftdurchlaß) c_W	$c_W F$ [m²]	Quelle
a) *Deutsche Vorkriegs-Pkw*					
Adler 2,5 l		2,27	0,360	0,817	[1]
DKW Meisterklasse		1,87	0,585	1,090	[1]
BMW 326		2,105	0,520	1,095	[1]
DB 130 H		2,030	0,450	0,915	[1]
Opel 6		2,050	0,580	1,190	[1]
Kamm K 1		2,173	0,230	0,500	[1]
Opel Jaray		1,970	0,245	0,482	[1]
b) *Pkw mit abgesetztem Heck (Pontonform)*					
AU F 102	2,48	1,925	0,406	0,780	[2]
BMW 1500	2,55	1,951	0,300	0,585	[3]
DB 220 S	2,82	1,903	0,430	0,820	[2]
DB 300 SE	2,75	2,100	0,406	0,852	[3]
Ford 12 M	2,49	1,763	0,479	0,845	[2]
Ford 17M/P 3	2,63	1,900	0,393	0,746	[2]
Neckar 1100	2,34	1,572	0,404	0,636	[2]
NSU Prinz II	2,00	1,431	0,470	0,672	[2]
NSU Prinz IV	2,04	1,574	0,442	0,696	[2]
Opel Kadett A	2,32	1,732	0,432	0,75	[2]
Renault R 8	2,27	1,691	0,370	0,626	[3]
Simca 1000	2,22	1,654	0,393	0,650	[3]
Volvo 122 S	2,60	1,942	0,424	0,823	[3]
VW 1500	2,40	1,681	0,422	0,710	[2]
c) *Pkw mit abfallendem Heck („Stromlinienform")*					
AU 1000 Coupé	2,35	1,879	0,376	0,706	[2]
AU 1000 Sp	2,35	1,762	0,422	0,744	[2]
Ferrari 250 GT	2,60	1,830	0,286	0,523	[3]
NSU Sport Prinz	2,00	1,411	0,380	0,536	[2]
Porsche 356 C	2,10	1,610	0,398	0,640	[4]
Porsche 911	2,20	1,660	0,380	0,630	[4]
Renault Dauphine	2,27	1,587	0,396	0,625	[2]
Volvo P 1800	2,45	1,765	0,451	0,796	[3]
VW 1200	2,40	1,803	0,445	0,802	[2]
VW 1200 Karmann Ghia Coupé	2,40	1,602	0,355	0,569	[2]
d) *Fahrzeuge mit Bus- oder Kombiform*					
Ford 17M/P 3 Turnier	2,63	1,821	0,428	0,780	[2]
Lloyd LT 600	2,85	1,941	0,404	0,774	[2]
VW Kombi	2,40	1,772	0,467	0,828	[2]

Tabelle 30.1 (Fortsetzung)

Fahrzeug	Radstand l [m]	Stirnfläche F [m²]	Luftwiderstandsbeiw. (mit Kühlluftdurchlaß) c_W	$c_W F$ [m²]	Quelle
e) Sport- und Rennfahrzeuge					
Porsche 904 GTS	2,30	1,320	0,330	0,435	4
Porsche Formel 1	2,30	0,720	0,600	0,430	4
Formel 2 1969	2,30	0,900	0,600	0,540	
f) Lastkraftwagen					
Transporter, Kastenwagen		3,2	0,4	1,28	5
Transporter mit Hochaufbau, Plane		6,2	0,8	4,96	5
Sattelzug, Pritsche		6,5	0,7	4,55	5
Sattelzug, Plane		8,0	0,9	7,20	5
Sattelzug, Koffer, gerundeter Aufbau		8,0	0,7	5,60	5
Sattelzug mit Container		9,0	1,1	9,90	5
Lkw, normal			0,852		6
Lkw + Hänger			0,984		6
g) Zweiräder					
Zweirad, Fahrer aufrecht			0,580		6
Zweirad, Fahrer gebeugt			0,530		6
DKW RT 175			0,590		6
Goggo 200			0,755		6
Goggo 200 mit Beiwagen			1,100		6
Lohmann			0,606		6
NSU Quick			0,640		6

[1] SAWATZKI, E., WEISS, W.: Nachprüfung der Luftwiderstandsmessungen an Fahrzeugmodellen. DKF Heft 66 (1941).

[2] BARTH, R.: Luftkräfte am Kraftfahrzeug. DKF Heft 184 (1966).

[3] CORNISH, J. J., FORTSAN, C. B.: Luftwiderstands-Merkmale von 48 Fahrzeugen. Research Note No. 23 (1964), Mississippi State University.

[4] TOMALA, H., FORSTNER, E.: Zwei neue Porsche-Wagen Typ 901 und GTS 904. ATZ 66 (1964) Nr. 5, S. 133–139.

[5] Ist der Luftwiderstand ein Kostenfaktor? Das Nutzfahrzeug 21 (1969) Heft 5, S. 264–266.

[6] JANTE, A.: Kraftfahrtmechanik, Leipzig 1955.

Sinngemäß gelten diese Überlegungen auch für Detailgestaltungen wie Scheinwerfer, Türgriffe, Einfassung der Seiten, Scheiben, Nummernschilder. Wichtig ist weiterhin die Unterseite des Wagens, die der Beschauer normalerweise nicht sieht und an die er deshalb nicht denkt. Sie soll möglichst glatt sein, was nur in beschränktem Maße möglich ist, weil die Radaufhängung und die Räder Platz und Bewegungsmöglichkeit benötigen und weil die Aggregate wegen ihrer Wartung zugänglich sein müssen.

Ein Beispiel, wieviel durch diese Detailgestaltungen gewonnen werden kann, gibt BARTH[1] an.

Ausgangszustand	$c_W = 0{,}38$	≙ 100%
verlängerter Unterschutz	= 0,361	
günstigere Scheinwerferposition	= 0,350	
Dachwölbung geändert	= 0,343	
Heckverlauf geändert, Endzustand	= 0,328	≙ 88%

In Tabelle 30.1 sind aus verschiedenen Literaturstellen die Luftwiderstandsbeiwerte c_W und die Stirnflächen F von Pkw, Lkw, Bussen und Zweirädern zusammengestellt. Sie bietet damit einen gewissen Anhalt zur Abschätzung wirklicher Werte ähnlicher Fahrzeuge. Bis auf die ersten beiden Motorräder stammen die Angaben aus Messungen an Fahrzeugen in natürlicher Größe.

Der in Tabelle 30.1 angegebene c_W-Wert enthält den Anteil des Kühlluftdurchlasses. Nach BARTH[1] macht dieser Anteil 3 bis 7% aus, nach FOGG[2] erhöht sich bei manchen Fahrzeugen der Widerstand dadurch um fast 10%. FOGG unterteilt noch weiter, ob der Lüfter läuft oder nicht. Bei stehendem Ventilator sinkt der c_W-Wert um 1 bis 3%. (Die

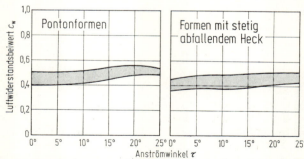

Bild 30.6 Luftwiderstandsbeiwerte c_W in Abhängigkeit vom Anströmwinkel τ für Fahrzeuge mit verschiedenen Karosserieformen. Aus BARTH[1].

---

[1] BARTH, R.: Luftkräfte am Kraftfahrzeug. DKF Heft 184 (1966).
[2] FOGG, A.: Messung von Luft- und Rollwiderstand an Fahrzeugen. ATZ 66 (1964) Nr. 9, S. 264—265.

Ersparnis an Motorleistung durch den fehlenden Lüfterantrieb ist darin selbstverständlich nicht berücksichtigt.)

Zum Schluß zeigt Bild 30.6 für Fahrzeuge in Ponton- und Stromlinienform aus Tabelle 30.1, daß c_W nur wenig mit dem Anströmwinkel steigt.

31. Auftrieb

In diesem Abschnitt behandeln wir die Auftriebskraft A und das Luftmoment um die Querachse $M_{W,y}$ bzw. deren dimensionslose Beiwerte c_A und $c_{M,y}$. Es sei darauf hingewiesen, daß nach Bild 28.2 und 28.3 die Luftwiderstandskraft W_L in die Fahrbahnebene gelegt wurde und damit die vertikalen Radlasten nicht verändert. Da W_L aber über der Fahrbahnebene angreifen muß, weil eben die Karosserie sich über der Straße befindet, drückt sich das im Moment $M_{W,y}$ bzw. in A_V und A_H entsprechend aus.

In Tabelle 31.1 sind für die in Tabelle 30.1 genannten Fahrzeuge mit Pontonform und mit abfallendem Heck die beiden Werte c_A und $c_{M,y}$ zusammengestellt. Weiterhin wurden nach Gl. (28.14) die $c_{A,V}$- und $c_{A,H}$-Werte berechnet und eingetragen. Aus den positiven Vorzeichen für die Auftriebswerte an den Achsen (bis auf eine Ausnahme) ersehen wir, daß es bei diesen Fahrzeugen einen Auftrieb gibt, die Vertikallast

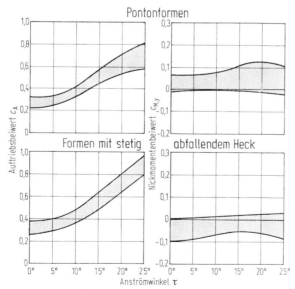

Bild 31.1 Änderung des Auftriebsbeiwertes c_A und des Nickmomentenbeiwertes $c_{M,y}$ mit dem Anströmwinkel τ für Fahrzeuge mit verschiedenen Karosserieformen. Aus BARTH, R.: Luftkräfte am Kraftfahrzeug. DKF Heft 184 (1966).

Tabelle 31.1 *Luftbeiwerte — bezogen auf 0 (s. Bild 28.2) —* Nach BARTH, R.: Luftkräfte am Kraft-Beiwerte für c_A Auftrieb, $c_{A,V}$ Auftrieb, Vorderachse, $c_{A,H}$ Auftrieb, Hinterachse, *e s. Bild 33.1,*

Fahrzeug	für $\tau = 0°$			
	c_A	$c_{M,y}$	$c_{A,V}$	$c_{A,H}$
Pontonform				
NSU Prinz II	0,240	−0,042	0,162	0,078
Neckar 1100	0,170	−0,065	0,150	0,020
NSU Prinz IV	0,210	−0,062	0,167	0,043
VW 1500	0,249	−0,014	0,139	0,111
Opel Kadett A	0,320	−0,081	0,241	0,079
Ford 12 M	0,190	0,035	0,060	0,130
Ford 17 M/P3	0,300	0,012	0,138	0,162
DB 220 S	0,210	0,018	0,087	0,123
AU F 102	0,239	0,036	0,156	0,084
Formen mit stetig abfallendem Heck				
NSU Sport Prinz	0,270	0,075	0,210	0,060
Renault Dauphine	0,090	−0,060	−0,015	0,105
VW 1200 Karmann Ghia Coupé	0,256	−0,064	0,064	0,192
AU 1000 Sp	0,290	−0,080	0,065	0,225
VW 1200	0,256	−0,098	0,030	0,226
AU 1000 Coupé	0,330	−0,011	0,154	0,176
Bus- und Kombiform				
VW Kombi	0,121			
Ford 17 M/P3 Turnier	0,193			
Lloyd LT 600	0,210			

zwischen Rad und Fahrbahn also verkleinert wird. Die Auftriebswerte $c_{A,V}$, $c_{A,H}$ sind kleiner als die c_W-Werte. Für die verschiedenen Karosserieformen läßt sich pauschal aussagen, daß bei den Pontonformen die Hinterachse meistens weniger entlastet wird als die Vorderachse, bei den Formen mit stetig abfallendem Heck ist es meistens umgekehrt.

Den Einfluß einer Schräganblasung mit $\tau \neq 0$ auf die Werte c_A und $c_{M,y}$ zeigt Bild 31.1 wieder für die beiden aufgeführten Karosserieformen. Danach ist der Momentenbeiwert praktisch unabhängig vom Anströmwinkel τ, während c_A parabelförmig mit τ wächst, und zwar bei $\tau = 25°$ etwa auf den dreifachen Wert gegenüber dem bei $\tau = 0$.

32. Seitenbeiwerte

und Lage des Druckmittelpunktes ausgeführter Fahrzeuge.
fahrzeug. DKF Heft 184 (1966) S. 11.
c_N Seitenkraft, $c_{M,x}$ Rollmoment, $c_{M,y}$ Nickmoment, $c_{M,z}$ Giermoment; l Radstand, h_W s. Bild 33.3.

für $0° < \tau < 15°$ *

c_N/τ	$c_{M,z}/\tau$	$-c_{M,x}/\tau$	l [m]	$2e/l$	h_W/l
2,07	0,459	0,382	2,00	0,445	0,185
			2,34		
2,45	0,421	0,535	2,04	0,344	0,218
2,22	0,382	0,382	2,40	0,344	0,172
			2,32		
			2,49		
1,91	0,573	0,382	2,63	0,600	0,200
2,14	0,612	0,421	2,82	0,572	0,197
1,91	0,459	0,344	2,48	0,480	0,180
1,53	0,535	0,344	2,00	0,700	0,225
			2,27		
1,26	0,573	0,306	2,40	0,910	0,243
1,30	0,764	0,229	2,35	1,175	0,176
1,76	0,497	0,344	2,40	0,565	0,195
1,07	0,764	0,134	2,35	1,410	0,125
			2,40		
			2,63		
			2,85		

* Überschlägige Werte für den Bereich $0° < \tau < 15°$ auf $\tau = 1$ rad $= 57,3°$ bezogen.

32. Seitenbeiwerte

In diesem Abschnitt werden die seitliche Luftkraft N und die Momente um die Hoch- und um die Längsachse $M_{W,z}$ und $M_{W,x}$ behandelt. Diese drei Belastungen sind in Bild 32.1 eingezeichnet, wobei der Koordinatenbezugspunkt wieder wie in Abschn. 28 in Mitte Radstand auf der Fahrbahn liegt. Die Richtung von $M_{W,x}$ — mathematisch positiv — ist physikalisch gesehen falsch, denn wenn wie in Bild 32.1a die Luftkraft N nach links wirkt, wird die Karosserie auch nach links geneigt.

Die Kraft und die beiden Momente treten bei symmetrischer Karosserie im Grundriß und in der Vorder- bzw. Heckansicht nur dann auf, wenn die Luft schräg anbläst, also bei $\tau \neq 0$. Deshalb sind (s. Bild 32.2) die Beiwerte c_N, $c_{M,z}$ und $c_{M,x}$ gleich Null bei $\tau = 0$. Mit wachsendem Anströmwinkel steigen sie etwa linear an und verlaufen dann degressiv, der Momentenbeiwert $c_{M,z}$ erreicht teilweise schon unterhalb $\tau = 25°$ einen Maximalwert.

Für den Bereich $0° < \tau < 15°$ läßt sich der lineare Anstieg durch konstante Faktoren in der Form c_N/τ, $c_{M,z}/\tau$ und $c_{M,x}/\tau$ ausdrücken. Zahlenwerte — bezogen auf $\tau = 1$ rad $= 360°/\pi = 57,3°$ — sind in der Tabelle 31.1 aufgeführt.

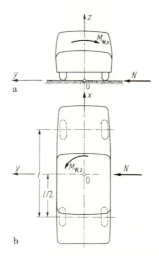

Bild 32.1 Luftkraft N und Windmomente $M_{W,x}$ und $M_{W,z}$ am Fahrzeug, bezogen auf Punkt 0 (s. Bild 28.2).

Diagramme und Zahlenwerte zeigen, daß die Form mit stetig abfallendem Heck die kleineren Seitenkräfte N (bzw. c_N/τ), die größeren Momente um die Hochachse $M_{W,z}$ (bzw. $c_{M,z}/\tau$) und kleinere Momente um die Längsachse $M_{W,x}$ (bzw. $c_{M,x}/\tau$) gegenüber der Pontonform aufweist.

Zum Schluß werden in Bild 32.3b und c an einem Beispiel die Verläufe der Seitenkraft N und des Momentes $M_{W,z}$ um die Hochachse über der Fahrgeschwindigkeit gezeigt, und zwar unter der Voraussetzung, daß die Windgeschwindigkeit genau senkrecht zur Fahrgeschwindigkeit gerichtet ist. Dabei wurden die Diagramme für v_{res} und τ nach Bild 29.2 und die Luftbeiwerte c_N und $c_{M,z}$ aus Bild 32.3a verwendet.

In Abschn. 29 bei der Diskussion des Bildes 29.2 wurde schon darauf hingewiesen, daß die Windgeschwindigkeit mit 2 m/s so klein ist, daß sie keine großen Kräfte ergibt. Das bestätigt sich hier. Das Fahrzeug hat ein Gewicht der Größen-

32. Seitenbeiwerte

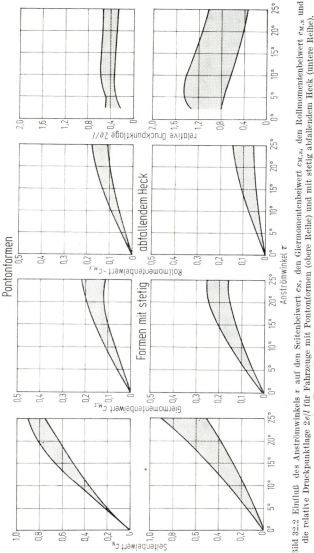

Bild 32.2 Einfluß des Anströmwinkels τ auf den Seitenbeiwert c_N, den Giermomentenbeiwert $c_{M,z}$, den Rollmomentenbeiwert $c_{M,x}$ und die relative Druckpunktlage $2e/l$ für Fahrzeuge mit Pontonformen (obere Reihe) und mit stetig abfallendem Heck (untere Reihe). Aus BARTH, R.: Luftkräfte am Kraftfahrzeug. DKF Heft 184 (1966).

ordnung 1000 kp gegenüber Seitenkräften von weniger als 20 kp, d. h. weniger als 2% bei einer Geschwindigkeit von 40 m/s. Es sind also nur höhere Windgeschwindigkeiten interessant.

Auffällig ist, daß Seitenkraft und Moment nicht quadratisch von der Fahrgeschwindigkeit abhängen, sondern ungefähr linear. Dies kann man für kleine Winkel τ ableiten, und zwar wie folgt. Für kleine Winkel τ ist $\tan \tau \approx \tau$, so daß sich ergibt

$$\tan \tau = w/v \approx \tau. \tag{32.1}$$

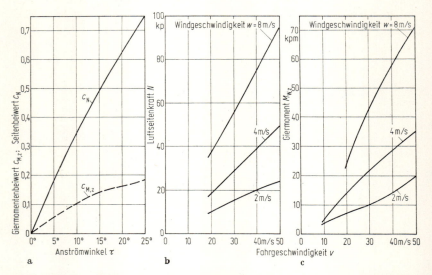

Bild 32.3 Strömungsgrößen am Beispiel Ford 17 M/P 3. a) Seitenbeiwert c_N und Giermomentenbeiwert $c_{M,z}$ in Abhängigkeit vom Anströmwinkel τ. Einfluß der Fahrgeschwindigkeit v und der Windgeschwindigkeit w auf b) die Luftseitenkraft N, c) das Giermoment $M_{W,z}$.

Für kleine Winkel τ kann ebenfalls der Seitenbeiwert c_N wie auch der Momentenbeiwert $c_{M,z}$ linearisiert werden

$$c_N = \frac{c_N}{\tau} \tau, \tag{32.2}$$

$$c_{M,z} = \frac{c_{M,z}}{\tau} \tau. \tag{32.3}$$

Da weiterhin die Anströmgeschwindigkeit etwa gleich der Fahrgeschwindigkeit ist

$$v_{\text{res}}^2 \approx v^2, \tag{32.4}$$

wird aus

$$N = c_N F \frac{\varrho}{2} v_{\text{res}}^2,$$

$$M_{W,z} = c_{M,z} F l \frac{\varrho}{2} v_{\text{res}}^2$$

für Seitenkraft und Moment ungefähr

$$N \approx \frac{c_N}{\tau} F \frac{\varrho}{2} \tau v^2 = \frac{c_N}{\tau} F \frac{\varrho}{2} wv, \qquad (32.5)$$

$$M_{W,z} \approx \frac{c_{M,z}}{\tau} Fl \frac{\varrho}{2} \tau v^2 = \frac{c_{M,z}}{\tau} Fl \frac{\varrho}{2} wv. \qquad (32.6)$$

Daraus ersieht man, daß Kraft und Moment proportional dem Produkt wv sind, d. h. linear entweder von der Fahrgeschwindigkeit oder von der Windgeschwindigkeit abhängen.

33. Druckmittelpunkt, Heckflossen

Faßt man das Moment um die Hochachse $M_{W,z}$ nach Bild 33.1 als Kräftepaar der Seitenkraft N mit dem Abstand e auf, dann ist die seitliche Belastung allein durch die Seitenkraft N darstellbar, die im sog.

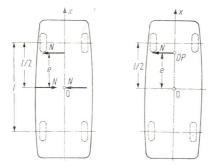

Bild 33.1 Reduktion des auf den Koordinatenursprung 0 bezogenen Momentes $M_{W,z} = Ne$ und der Luftseitenkraft N auf die Kraft N im Druckmittelpunkt DP.

Druckmittelpunkt DP angreift. Der Abstand e vom Druckmittelpunkt zum in Mitte Radstand gelegenen Koordinatenanfangspunkt errechnet sich aus $M_{W,z} = Ne$ zu

$$e = \frac{M_{W,z}}{N} = \frac{c_{M,z} l}{c_N}. \qquad (33.1)$$

In Bild 32.2 sind die auf den halben Radstand bezogenen Werte $2e/l$ über τ aufgetragen und in Tabelle 31.1 die für kleine Winkel τ aus $c_{M,z}/\tau$ und c_N/τ errechneten angegeben. In diesen Diagrammen und Zahlen zeigt sich der Unterschied zwischen Pontonform und stetig abfallendem Heck sehr deutlich. Im letztgenannten Fall liegt der Druckmittelpunkt viel weiter vor Radstandsmitte, teilweise sogar vor der Vorderachse. Daraus läßt sich schon sehr anschaulich schließen — was wir später in Kap. XVIII näher behandeln werden — daß ein Fahrzeug mit stromgünstiger Form viel leichter durch seitliche Anströmung aus der Fahrtrichtung herausgedreht wird als ein Fahrzeug mit Pontonform oder, allgemeiner gesagt, als ein Fahrzeug mit abgesetztem Heck.

Weiterhin erkennen wir aus Bild 32.2, daß bei den Pontonformen sich der Druckmittelpunkt mit veränderlichem τ nur wenig verlagert, während bei den stromlinigen Karosserien eine Druckpunktwanderung eintritt.

Der vorn für die Fahrtrichtungshaltung ungünstig liegende Druckmittelpunkt kann verlagert werden, indem am Heck Flossen aufgesetzt werden. Die Seitenkraft N und der Seitenbeiwert c_N werden durch die

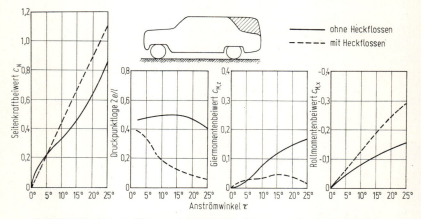

Bild 33.2 Vergleich der Strömungsbeiwerte zweier Fahrzeuge mit und ohne Heckflossen. Aus BARTH, R.: Luftkräfte am Kraftfahrzeug. DKF Heft 184 (1966).

vermehrte Seitenfläche zwar größer, das Moment um die Hochachse $M_{W,z}$ und $c_{M,z}$ durch die Rückverlagerung der Gesamtfläche hingegen kleiner, so daß sich der Druckpunkt nach Bild 33.2 von vorn zur Wagenmitte hin verlagert. Trotz dieser augenfälligen Verbesserung hat sich heute noch kein Fahrzeug mit Flossen in die Serie einführen können. Das dürfte einmal mit einer Abneigung der Käufer zusammenhängen und zum anderen auch technisch gesehen damit, daß die Heckflosse das Rollmoment um die Längsachse $|M_{W,x}|$ bzw. $|c_{M,x}|$ vergrößert und damit ungünstig das Fahrverhalten beeinflussen kann[1].

Die Höhe des Druckmittelpunktes h_W (Bild 33.3) läßt sich über das Kräftepaar $M_{W,x} = -N h_W$ entsprechend Gl. (33.1) berechnen.

$$h_W = -M_{W,x}/N = -c_{M,x} l/c_N. \qquad (33.2)$$

---

[1] Vgl. FIALA, E.: Zur Fahrdynamik des Straßenfahrzeuges unter Berücksichtigung der Lenkungselastizität. ATZ 62 (1960) Nr. 3, S. 71—79.

Bild 33.4 und für kleine Anströmwinkel τ Tabelle 31.1 zeigen die entsprechenden Werte. Sinnvoller wäre es, h_W statt auf den Radstand l auf die Spurweite zu beziehen. Da aber alle Momente den Radstand enthalten, ist auch h_W durch l dividiert worden.

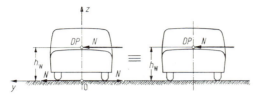

Bild 33.3 Reduktion des auf den Koordinatenursprung 0 bezogenen Momentes $M_{W,x} = N h_W$ und der Luftseitenkraft N auf die Kraft N im Druckmittelpunkt DP.

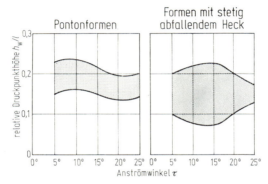

Bild 33.4 Höhe h_W des Druckmittelpunktes über der Fahrbahn bezogen auf den Radstand l bei Fahrzeugen verschiedener Karosserieformen. Aus BARTH, R.: Luftkräfte am Kraftfahrzeug. DKF Heft 184 (1966).

V. Fahrwiderstände

Wir kehren nun nach der Zwischenbetrachtung der Luftkräfte und Luftmomente zu Abschn. 27 zurück und stellen die Widerstände zusammen, deren Summe durch das Antriebsdrehmoment überwunden werden muß und deren Größe die Leistung der einzubauenden Antriebsmaschine bestimmt.

34. Radwiderstände des gesamten Fahrzeuges

Durch Gl. (27.12) wurde der Rollwiderstand des gesamten Fahrzeuges definiert. Er ist aber nur eine Komponente des umfassenderen Radwiderstandes, den wir im folgenden ins einzelne aufgeteilt betrachten wollen.

34.1 Rollwiderstand

Der Rollwiderstand[1] $W_{R,R}$ ist nach Gl. (27.12)

$$W_{R,R} = \frac{e_V}{r} P_V + \frac{e_H}{r} P_H, \qquad (34.1)$$

die Summe der Rollwiderstände aller Räder an Vorder- und Hinterachse. Führt man für e_V/r und e_H/r nach Gl. (5.8) die Rollwiderstandsbeiwerte[1] $(f_{R,R})_V$ und $(f_{R,R})_H$ für die Räder an Vorder- und Hinterachse ein, so ist

$$W_{R,R} = (f_{R,R})_V P_V + (f_{R,R})_H P_H. \qquad (34.2)$$

Dieser Ausdruck kann noch weiter auf alle Einzelräder 1, 2, ... aufgeteilt werden, dann ist

$$W_{R,R} = (f_{R,R})_1 P_1 + (f_{R,R})_2 P_2 + \cdots \qquad (34.3)$$

Man nimmt nun meistens an, daß der Rollwiderstandsbeiwert an allen Rädern (z. B. trotz verschiedener Luftdrücke an den einzelnen Reifen) gleich ist, und kann dann, da die Summe aller Vertikallasten nach Gl. (52.8) gleich dem Gewichtsanteil des gesamten Fahrzeuges $G \cos \alpha$ vermindert um den Auftrieb A

$$P_V + P_H = P_1 + P_2 + \cdots = G \cos \alpha - A \qquad (34.4)$$

ist, schreiben

$$W_{R,R} = f_{R,R}(G \cos \alpha - A). \qquad (34.5)$$

Diese Gleichung wird häufig durch Vernachlässigung des Auftriebes A und durch die bei den üblichen Straßensteigungen erlaubte Vereinfachung $\cos \alpha \approx 1$ verkürzt auf

$$W_{R,R} = f_{R,R} G. \qquad (34.6)$$

Den Verlauf des Rollwiderstandsbeiwertes $f_{R,R}$ über der Fahrgeschwindigkeit zeigt beispielsweise Bild 6.3.

34.2 Vorspurwiderstand

Die Räder eines Fahrzeuges stehen — gewollt oder ungewollt — u. U. nicht parallel. Eine gewollte Schrägstellung ist beim geradeausfahrenden Kraftfahrzeug die Vorspur der Vorderräder (Bild 34.1). Durch den Vorspurwinkel $\beta_{V,s}$ der beiden gegeneinander eingeschlagenen

---

[1] Der erste Index R steht für den Radwiderstand des gesamten Fahrzeuges, der zweite Index für die Komponente des Rollwiderstandes.

Räder laufen diese schräg zueinander, wodurch nach Abschn. 20 Seitenkräfte S entstehen. Deren Komponenten entgegen der Fahrtrichtung ergeben zusammen den Vorspurwiderstand

$$W_{R,S} = 2S \sin \beta_{V,S}. \tag{34.7}$$

Die Seitenkraft S ist für kleine Winkel — der Vorspurwinkel ist mit $\approx 1°$ klein — nach Gl. (21.1) $S = \delta \beta_{V,S}$ zu setzen, so daß

$$W_{R,S} = 2\delta \beta_{V,S}^2 \tag{34.8}$$

geschrieben werden kann.

Ein Zahlenbeispiel gebe die Größenordnung an: Ein Fahrzeug mit einem Gewicht von $G = 1200$ kp und einer Vorderradlast $P_V = 300$ kp habe einen Seitenkraftbeiwert pro Rad $\delta = 1750$ kp/rad (s. Tabelle 21.1) und einen Vorspurwinkel

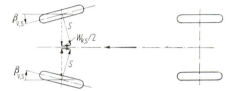

Bild 34.1 Vorspurwiderstand $W_{R,S}$ durch Schräglaufseitenkräfte S infolge Vorspurwinkel $\beta_{V,S}$

$\beta_{V,S} = 1°$. Dann ist $W_{R,S} \approx 3500 \cdot (1/57)^2 \approx 1$ kp. Der Rollwiderstand des Gesamtfahrzeuges ist mit $f_{R,R} = 0{,}015$ $W_{R,R} = 0{,}015 \cdot 1200 = 18$ kp. Das heißt, der Vorspurwiderstand der Vorderachse beträgt rund 5% vom Rollwiderstand des Fahrzeuges.

Es sei noch erwähnt, daß auch an Hinterachsen bei Einzelradaufhängungen je nach Beladungszustand Vorspurwinkel auftreten können.

34.3 Widerstand auf unebenen Fahrbahnen

Ein weiterer Widerstandsanteil entsteht beim Befahren unebener Straßen. Wir erklärten den Rollwiderstand in Abschn. 6 so, daß durch die Eindrückung der Reifenteile, die in den Latsch gelangen, Bewegungsenergie in Wärme umgewandelt wird. Durch eine unebene Straße werden nun das Fahrzeug und damit auch die Räder zu Schwingungen angeregt, wodurch sich die Eindrückung des Reifens laufend ändert. Die in Abschn. 6 als maximale Eindrückung genannte, mit z bezeichnete Größe setzt sich demnach aus zwei Anteilen zusammen, aus der statischen Eindrückung z_{stat}, die bei Fahrten auf völlig ebenen Fahrbahnen auftritt, und aus einer dynamischen Eindrückung z_{dyn}, die während des Fahrens auf unebenen Straßen hinzukommt und mit der Zeit veränderlich ist.

$$z = z_{stat} + z_{dyn}. \tag{34.9}$$

Nach Gl. (6.1) und (6.2) ergibt sich die Dämpfungsarbeit A und proportional dazu der vergrößerte Rollwiderstand $W_{R,R}$

$$W_{R,R} \sim k \int_0^{l/v} [(z_{stat} + z_{dyn})\, \omega \cos \omega t + \dot{z}_{dyn} \sin \omega t]^2 \, dt. \quad (34.10)$$

Auf die Lösung des Integrales soll nicht weiter eingegangen werden. Sie ist schwierig, weil sich die Latschlänge l durch die dynamische Eindrückung ebenfalls mit der Zeit ändert. Es sei nur gezeigt und festgehalten, daß der Rollwiderstand durch die Fahrbahnunebenheiten erhöht wird. Dieser Anteil wird in $W_{R,R}$ mit berücksichtigt (s. Tabelle 6.1).

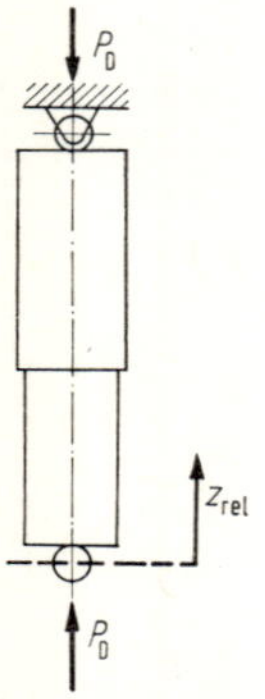

Ebenfalls wird im Stoßdämpfer der Fahrzeuge mechanische Energie in Wärme umgesetzt, was zu einer Erhöhung des Widerstandes bzw. des Antriebsmomentes führen muß.

Die Arbeit A' eines Dämpfers nach Bild 34.2 ist mit der Dämpferkraft $P_D = k_2 \dot{z}_{rel}$

$$A' = \int P_D \, dz_{rel} = k_2 \int_0^T \dot{z}_{rel}^2 \, dt,$$

Bild 34.2 Auslenkung z_{rel} und Kräfte P_D an einem Stoßdämpfer.

wobei über einen Zeitraum T integriert wird. Diese Arbeit ergibt über dem Weg vT einen Radwiderstand $W'_{R,F}$ aus

$$A' = vT\, W'_{R,F}$$

zu

$$W'_{R,F} = \frac{k_2}{v} \frac{1}{T} \int_0^T \dot{z}_{rel}^2 \, dt.$$

Dieser Anteil des Radwiderstandes am gesamten Fahrzeug ist dann die Summe der Einzelwiderstände

$$W_{R,F} = \sum W'_{R,F} = \sum \frac{k_2}{v} \frac{1}{T} \int_0^T \dot{z}_{rel}^2 \, dt. \quad (34.11)$$

Dabei ist

$$\overline{\dot{z}_{rel}^2} = \frac{1}{T} \int_0^T \dot{z}_{rel}^2 \, dt \quad (34.12)$$

der quadratische Mittelwert der Relativgeschwindigkeit, der aus einem Zeitschrieb $\dot{z}_{rel} = f(t)$ bestimmt wird.

34. Radwiderstände des gesamten Fahrzeuges

Bild 34.3a zeigt aus Messungen an einem Pkw den Wert $\sqrt{\overline{\dot{z}_{rel}^2}}$ über der Fahrgeschwindigkeit v für verschiedene Straßen und Bild 34.3b den daraus errechneten Wert $\overline{\dot{z}_{rel}^2}/v$.

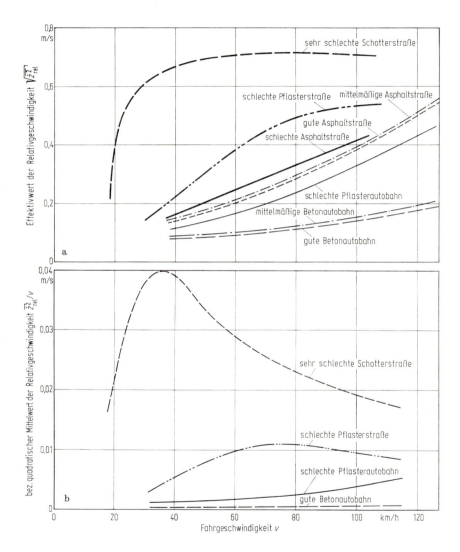

Bild 34.3 Zur Bestimmung des durch den Stoßdämpfer entstehenden Anteils des Radwiderstandes. a) Effektivwert, b) auf die Fahrgeschwindigkeit bezogener quadratischer Mittelwert der Relativgeschwindigkeit über der Fahrgeschwindigkeit für verschiedene Fahrbahnen, gemessen an einem Pkw.

Nehmen wir als Zahlenbeispiel einen Dämpfer mit $k_2 = 100$ kp s/m, der an einem Rad mit $P_{\text{stat}} = 300$ kp eingebaut ist. Der größte Wert ist z. B. für die schlechte Pflasterstraße nach Bild 34.3b $\overline{z_{\text{rel}}^2}/v = 0{,}01$ m/s bei $v = 20$ m/s. Damit wird $W'_{\text{R,F}} = 100 \cdot 0{,}01 = 1$ kp pro Rad.

34.4 Kurvenwiderstand (Krümmungswiderstand)

Bei Kurvenfahrt tritt ein weiterer zusätzlicher Widerstand $W_{\text{R,K}}$ auf. Er wird erst im Vierten Teil in Abschn. 111 behandelt.

34.5 Zusammenfassung der einzelnen Radwiderstände

Nach den Erklärungen in den einzelnen Unterabschnitten besteht der Radwiderstand W_{R} aus den Anteilen

1. Rollwiderstand $W_{\text{R,R}}$ auf ebener Fahrbahn,

2. Widerstand nicht parallel laufender Räder, z. B. Vorspurwiderstand $W_{\text{R,S}}$,

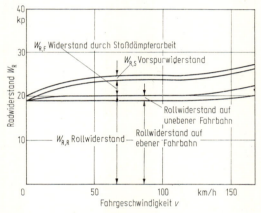

Bild 34.4 Anteile des Radwiderstandes über der Fahrgeschwindigkeit für ein Beispiel.

3. Widerstand $W_{\text{R,F}}$ durch Befahren unebener Fahrbahnen, dargestellt durch die in Wärme umgesetzte Dämpfungsarbeit

a) in den Reifen, in $W_{\text{R,R}}$ enthalten,

b) in den Stoßdämpfern $W_{\text{R,F}}$ (überwiegend),

4. Krümmungswiderstand $W_{\text{R,K}}$.

5. (Es sei daran erinnert, daß der Luftwiderstand der Räder beim Gesamtfahrzeug berücksichtigt wird.)

In einer Gleichung ausgedrückt ist

$$W_{\text{R}} = W_{\text{R,R}} + W_{\text{R,S}} + W_{\text{R,F}} + W_{\text{R,K}}. \tag{34.13}$$

Bild 34.4 zeigt den gesamten Radwiderstand sowie dessen Anteile über der Fahrgeschwindigkeit v.

Entsprechend dem Rollwiderstand nach Gl. (34.5) und (34.6) können wir auch für den Radwiderstand

$$W_R = f_R(G \cos \alpha - A) \tag{34.14}$$

oder vereinfacht

$$W_R = f_R G \tag{34.15}$$

setzen und f_R als Radwiderstandsbeiwert definieren. Wie wir aus den Ableitungen entnehmen können, ist es durchaus erlaubt, den Radwiderstand dem Fahrzeuggewicht G proportional zu setzen. Der Vorspurwiderstand wächst mit schwererem Fahrzeug an, da größere Reifen verwendet werden und damit δ wächst. Die Dämpfungsarbeit des Reifens wächst ebenfalls mit größeren Reifen, da mehr Gummi verformt wird, und auch die Dämpfungsarbeit der Stoßdämpfer nimmt mit schwereren Wagen zu, weil deren Stoßdämpfer größer sind.

Die Größe von W_R läßt sich mit den in diesem Abschnitt gemachten Angaben und den Werten über den Rollwiderstand aus Abschn. 6 berechnen.

Auf guten Straßen ist der Radwiderstand — wenn der Vorspurwiderstand nicht zu groß wird — mit dem Rollwiderstand praktisch identisch.

Radwiderstand $\approx$ Rollwiderstand

$$\begin{aligned} W_R &\approx W_{R,R} \\ f_R &\approx f_{R,R} \end{aligned} \tag{34.16}$$

Dann ist bei kleinen Geschwindigkeiten der Radwiderstand auch von der Geschwindigkeit v unabhängig, bei höheren Geschwindigkeiten nimmt er progressiv zu, vgl. Bild 6.3.

35. Luftwiderstand

Nach Abschn. 28 beträgt der Luftwiderstand

$$W_L = c_W F \frac{\varrho}{2} v_{res}^2. \tag{35.1}$$

Der Luftwiderstandsbeiwert c_W wurde in Abschn. 30 ausführlich behandelt, Werte für c_W, F und das Produkt $c_W F$ sind in der Tabelle 30.1 zusammengestellt. Die Querspantfläche kann auch aus der Wagenbreite b und der Wagenhöhe h abgeschätzt werden. Für Pkw schwankt F zwischen $0{,}70 bh$ und $0{,}85 bh$, im Mittel

$$F \approx 0{,}77 bh. \tag{35.2}$$

Die Gl. (35.1) ist leicht zu behalten, wenn für $\varrho = 1/8$ kp s²/m⁴ eingesetzt und wenn mit Gl. (38.15) v in km/h angegeben wird,

$$\frac{W_\mathrm{L}}{\mathrm{kp}} \approx 5 \cdot 10^{-3} c_\mathrm{W} \frac{F}{\mathrm{m}^2} \left(\frac{v}{\mathrm{km/h}}\right)^2. \tag{35.1a}$$

Bei der experimentellen Bestimmung der Höchstgeschwindigkeit wird in Richtung und Gegenrichtung gefahren, um den Einfluß des Windes zu eliminieren. Dies bedeutet eine Ungenauigkeit, da das Quadrat der mittleren Geschwindigkeit sich dabei zu

$$v_\mathrm{mittel}^2 = \frac{1}{2}\left[(v+w)^2 + (v-w)^2\right] = v^2 + w^2 \tag{35.3}$$

ergibt, während entsprechend Gl. (35.1) v_res^2 für den Luftwiderstand maßgebend ist. Bei $v = 30$ m/s $= 108$ km/h und $w = 4$ m/s wäre z. B. nach Gl. (35.3) $v_\mathrm{mittel}^2 = 900 + 16 = (30{,}27$ m/s$)^2$, d. h. die so gemittelte Geschwindigkeit ist um 0,27 m/s = 0,97 km/h größer als die Fahrgeschwindigkeit, und der mittlere Luftwiderstand erhöht sich um rund 2% gegenüber Windstille.

36. Steigungswiderstand

Tabelle 36.1 *Steigungen von Straßen*

a) *Deutsche Richtlinien für den Ausbau von Straßen*
(v = Entwurfsgeschwindigkeit. Sie ist ein Richtwert und wird nach dem Schwierigkeitsgrad des Geländes und nach der Verkehrsbelastung des Straßenzuges bestimmt.)

Autobahnen (1943)

	Klasse I Flachland	Klasse II Hügelland	Klasse III Bergland	Klasse IV Hochgebirge
v [km/h] =	160	140	120	100
p_zul [%] =	4	5	6	6,5

Bundesstraßen, Landstraßen, Kreisstraßen (1963)

v [km/h] =	30	40	50	60	80	100
p_zul [%] =	12	10	8	6,5	5	4

Stadtstraßen (1953)

		Hauptverkehrs-straßen	Verkehrs- und Sammelstraßen	Anlieger-straßen
p_zul [%] =	Flachland	2	2,5	3
	Hügelland	2,5	3	5
	Bergland	3	5	10

36. Steigungswiderstand

Tabelle 36.1 (Fortsetzung)

b) *Steigung von Alpenpässen*. Aus ADAC-Merkblatt Alpenstraßen 1968

Name	Höhe [m]	p_{max} [%]	Name	Höhe [m]	p_{max} [%]
Österreich			*Italien*		
Achen	940	18	Col di Nava	947	12
Arlberg	1 802	14	Col di Moncenisio	2 084	12
Brenner	1 375	11	Grödner Joch	2 121	12
Flexen	1 784	10	Karerpaß	1 753	15
Gailbergsattel	982	12	Passo Tre Croci	1 814	14
Großglockner	2 505	12	Passo di Gavia	2 621	26
Griffener Berg	705	12	Penser Joch	2 214	14
Gschütt	964	25	Sella-Joch	2 214	12
Hochtannberg	1 679	15	Stilfser Joch	2 757	12
Katschberg	1 641	18	*Frankreich*		
Loibltunnel-Zufahrt	1 067	24	Bayard	1 284	16
Pitztal	1 734	18	Iseran	2 770	12
Plöcken	1 362	14	Vars	2 109	12
Präbichl	1 227	21	*Schweiz*		
Radstädter Tauern	1 738	17	Bernina	2 323	12
Seebergsattel	1 218	12	Furka	2 431	10
Silvretta	2 032	11	Gr. St. Bernhard	2 469	12
Schober	849	12	Maloja	1 815	13
Stubalpe	1 551	20	San Bernardino	2 065	12
Turracher Höhe	1 763	23	St. Gotthard	2 108	10
Wurzen	1 073	26	Simplon	2 005	10

In den Gl. (27.10) und (27.13) steht das Glied $G \sin \alpha$, das als *Steigungswiderstand*

$$W_{St} = G \sin \alpha \tag{36.1}$$

bezeichnet wird. Dieser exakte Ausdruck wird anschaulicher, wenn man $\sin \alpha$ durch $\tan \alpha$ bzw. durch den identischen Wert p ersetzt. p wird als Steigung bezeichnet und meistens in Prozent angegeben.

$$\sin \alpha \approx \tan \alpha = p \tag{36.2}$$

und

$$W_{St} = G p. \tag{36.3}$$

Bei einer Steigung von beispielsweise 8% ist $p = 0{,}08$, die Straße steigt auf 100 m waagerechter Länge um 8 m an, und der Steigungswiderstand W_{St} ist 8% vom Fahrzeuggewicht G.

Der Ersatz von sin α durch tan α gilt bei einem Fehler von weniger als 5% bis α ≈ 17°. Dies entspricht einer Steigung von $p = 0{,}30 \triangleq 30\%$. Der Ersatz ist für die Berechnung des Steigungswiderstandes auf befestigten Straßen zulässig.

Die Tabelle 36.1 zeigt charakteristische Steigungswerte.

37. Beschleunigungswiderstand

Um ein Fahrzeug zu beschleunigen, ist nach Gl. (27.13) ein auf den Abstand Achse—Fahrbahn r bezogenes Moment

$$W_B = \left[\frac{G}{g} + \frac{\Theta_V}{rR_V} + \frac{\Theta_H}{rR_H}\right] \ddot{x} \qquad (37.1)$$

notwendig. Diesen Ausdruck nennt man *Beschleunigungswiderstand* W_B. Er enthält die Beschleunigung der translatorischen Masse G/g, also die Beschleunigung des Fahrzeuggewichts G und die Beschleunigung der rotatorischen Massen $\Theta_V/(rR_V) + \Theta_H/(rR_H)$, d. h. die der sich drehenden Teile.

Das Gesamtgewicht G ist relativ leicht zu bestimmen, schwieriger ist hingegen die Größe der rotatorischen Massen abzuschätzen.

Zu den Trägheitsmomenten Θ_V und Θ_H gehören nicht nur die Trägheitsmomente Θ_R der Räder, Bremstrommel, Gelenkwellen usw., die sich mit den Winkelgeschwindigkeiten $\dot{\varphi}_V$ bzw. $\dot{\varphi}_H$, allgemein mit $\dot{\varphi}_R$

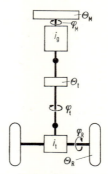

Bild 37.1 Für den Beschleunigungswiderstand zu berücksichtigende rotatorische Massen.

drehen, sondern auch die der Triebwerksteile Θ_t und die des Motors Θ_M, die mit den Winkelgeschwindigkeiten $\dot{\varphi}_t$ und $\dot{\varphi}_M$ umlaufen (Bild 37.1). Für die einzelnen Winkelbewegungen ist mit den Übersetzungsverhältnissen i_t zwischen Eingang und Ausgang am Achsantrieb und i_g

37. Beschleunigungswiderstand

zwischen Ein- und Ausgang des Schaltgetriebes

$$\varphi_t = i_t \varphi_R, \tag{37.2}$$

$$\varphi_M = i_g \varphi_t = i_g i_t \varphi_R. \tag{37.3}$$

Es muß also nicht nur $\Theta_R \ddot{\varphi}$ berücksichtigt werden, wie wir es in Abschn. 27 und 14 getan haben, sondern die Summe aller Beschleunigungsglieder $\Theta_R \ddot{\varphi}_R + \Theta_t \ddot{\varphi}_t + \Theta_M \ddot{\varphi}_M$.
Reduziert man alle Trägheitsmomente auf das Rad mit der Winkelgeschwindigkeit $\dot{\varphi}_R$, so ist nach dem Energiesatz und mit den auf $\dot{\varphi}_R$ bezogenen Ersatzträgheitsmomenten Θ'

$$\frac{1}{2} \Theta'_t \dot{\varphi}_R^2 = \frac{1}{2} \Theta_t \dot{\varphi}_t^2 = \frac{1}{2} \Theta_t i_t^2 \dot{\varphi}_R^2,$$

$$\Theta'_t = i_t^2 \Theta_t$$

entsprechend

$$\Theta'_M = i_t^2 i_g^2 \Theta_M,$$

und die Summe der Beschleunigungsglieder ergibt dann

$$\Theta_R \ddot{\varphi}_R + i_t^2 \Theta_t \ddot{\varphi}_R + i_t^2 i_g^2 \Theta_M \ddot{\varphi}_R,$$

was nun dem Beschleunigungsglied der Vorder- bzw. Hinterachse $\Theta_V \ddot{\varphi}_V$ bzw. $\Theta_H \ddot{\varphi}_H$ gleichzusetzen ist. Lassen wir die Indizes V und H weg, so ist

$$\Theta \ddot{\varphi}_R = (\Theta_R + i_t^2 \Theta_t + i_t^2 i_g^2 \Theta_M) \ddot{\varphi}_R.$$

Das Gesamtträgheitsmoment Θ ergibt sich aus den einzelnen Trägheitsmomenten und den Übersetzungsverhältnissen, also zu

$$\Theta = \Theta_R + i_t^2 \Theta_t + i_t^2 i_g^2 \Theta_M. \tag{37.4}$$

Durch den Bezug auf die Winkelbeschleunigung $\ddot{\varphi}_R$ des Rades wird das Trägheitsmoment Θ_t der Kraftübertragung scheinbar um i_t^2 vergrößert, das des Motors Θ_M sogar um $i_t^2 i_g^2$.

Ist z. B. die Achsübersetzung $i_t = 4$, und bei Wahl des 1. Ganges an einem Pkw z. B. auch $i_g = 4$, dann ist Θ_t scheinbar auf das 16fache, Θ_M um das 256-fache angewachsen.

Tabelle 37.1 *Trägheitsmomente Θ umlaufender Fahrzeugteile und davon abgeleitete Zuschlagfaktoren λ für translatorische Beschleunigung. Nach Herstellerangaben*

Hersteller	Fahrzeug	Art	Hubraum V_H des Motors [l]	Reifengröße	Achsübersetzung i_t	Getriebeübersetzung i_G in Gang 1.	2.	3.	4.	5.
Auto Union	Audi Super 90	Pkw	1,8	165 S 13	3,89	3,40	1,94	1,36	0,93	—
	Audi 100	Pkw	1,8	165 SR 14	3,89	3,40	1,94	1,36	0,97	—
BMW	1600-2	Pkw	1,6	6,00 S 13	4,11	3,84	2,05	1,35	1,00	—
	2002	Pkw	2,0	165 SR 13	3,64	3,84	2,05	1,35	1,00	—
	1800	Pkw	1,8	165 S 14	4,10	3,84	2,05	1,35	1,00	—
	2000	Pkw	2,0	165 S 14	4,10	3,84	2,05	1,35	1,00	—
	2500	Pkw	2,5	175 HR 14	3,64	3,85	2,12	1,38	1,00	—
	2800	Pkw	2,8	DR 70 HR 14	3,45	3,85	2,12	1,38	1,00	—
	2800 CS	Pkw	2,8	175 HR 14	3,45	3,85	2,12	1,38	1,00	—
	R 60/5	Motorrad	0,6	4,00-18	3,36	3,90	2,58	1,88	1,50	—
	R 75	Motorrad	0,75	4,00-18	2,91	3,90	2,58	1,88	1,50	—
Daimler-Benz	MB 200	Pkw	2,0	175 S 14	4,08	3,90	2,30	1,41	1,00	—
	MB 280 SE	Pkw	2,8	185 H 14	3,92	3,96	2,34	1,43	1,00	—
	MB 600[1]	Pkw	6,3	9,00 H 15	3,23	3,98	2,46	1,58	1,00	—
	MB LP 608	Lkw	3,8	7,00-16 X	4,3	7,31	4,23	2,53	1,55	1,0
	MB LP 1313	Lkw	5,7	9,00 R 20 PR 14	6,14	8,98	4,77	2,75	1,66	1,0
	MB LP 1517	Lkw	8,7	10,00-20 Super	4,88	6,11	3,24	2,19	1,47	1,0
	MB O 302/13 R	Bus	8,7	10,00-20 Super	5,63	7,51	3,99	2,30	1,39	1,0
Opel	Kadett	Pkw	1,1	6,00-12	3,89	3,87	2,24	1,43	1,00	—
	Rekord	Pkw	1,7	6,40-13	4,22	3,43	2,15	1,37	1,00	—
	Commodore	Pkw	2,5	165 S 14	3,67	3,43	2,15	1,37	1,00	—
Porsche	911 S	Pkw	2,0	185/70 VR 15	4,43	3,09	1,78	1,22	0,93	0,759
Volkswagen	Typ 1 (Käfer)	Pkw	1,5	5,60-15	4,13	3,80	2,06	1,26	0,89	—
	Typ 2 (Kombi)	Klein-Bus	1,6	7,00-14	5,38	3,80	2,06	1,26	0,82	—
	Typ 3	Pkw	1,6	6,00-15 L	4,13	3,80	2,06	1,26	0,89	—
	Typ 4 (411)	Pkw	1,7	155 SR 15	3,73	3,81	2,11	1,40	1,00	—

Tabelle 37.1 (Fortsetzung)

Hersteller	Fahrzeug	Art	Bezugsgewicht G für λ [kp]	Trägheitsmomente [cmkps²] $\Theta_{R,V}$	$\Theta_{R,H}$	Θ_t	Θ_M	λ-Werte in Gang 1.	2.	3.	4.	5.
Auto Union	Audi Super 90	Pkw	1130	15,8	15,8	2	1,5	1,31	1,12	1,077	1,05	—
	Audi 100	Pkw	1210	15,8	15,8	2	1,5	1,27	1,11	1,066	1,05	—
BMW	1600-2	Pkw	1010	13,6	13,6	2	1,4	1,44	1,15	1,08	1,06	—
	2002	Pkw	1040	13,6	13,6	2	1,8	1,43	1,15	1,08	1,06	—
	1800	Pkw	1200	15,5	15,5	2	1,8	1,43	1,14	1,08	1,06	—
	2000	Pkw	1215	15,8	15,8	2	1,8	1,43	1,14	1,08	1,06	—
	2500	Pkw	1400	20,1	20,1	2	2,5	1,40	1,14	1,08	1,06	—
	2800	Pkw	1420	23,4	23,4	2	2,6	1,37	1,14	1,08	1,06	—
	2800 CS	Pkw	1430	20,1	20,1	2	2,6	1,36	1,13	1,07	1,05	—
	R 60/5	Motorrad	285	11,2	13,6	2	0,7	1,50	1,27	1,18	1,15	—
	R 75	Motorrad	290	11,2	13,6	2	0,7	1,39	1,22	1,15	1,13	—
Daimler-Benz	MB 200	Pkw	1480	24,0	24,0	0,13	2,9	1,50	1,18	1,08	1,05	—
	MB 280 SE	Pkw	1645	31,8	31,8	0,13	2,6	1,36	1,14	1,065	1,04	—
	MB 600[1]	Pkw	2625	81,3	81,3	0,23	5,8	1,27	1,12	1,064	1,04	—
	MB LP 608	Lkw	6500	50	100	2	8,1	1,35	1,14	1,07	1,04	1,025
	MB LP 1313	Lkw	12960	220	440	2	7,8	1,5	1,2	1,08	1,05	1,03
	MB LP 1517	Lkw	14800	295	590	2	19,6	1,4	1,15	1,09	1,06	1,05
	MB O302/13R	Bus	16000	295	590	2	19,6	1,61	1,18	1,08	1,04	1,03
Opel	Kadett	Pkw	—	10,2	—	—	—	1,30	1,20	1,10	1,05	—
	Rekord	Pkw	—	16,7	29,3	—	2,0	—	—	—	—	—
	Commodore	Pkw	—	—	—	—	2,4	—	—	—	—	—
Porsche	911 S	Pkw	1235	20,6	20,7	0,02	1,2	1,21	1,092	1,06	1,05	1,04
Volkswagen	Typ 1 (Käfer)	Pkw	1000	16,6	16,8	0,02	1,7	1,46	1,16	1,08	1,06	—
	Typ 2 (Kombi)	Klein-Bus	1000	22,7	22,9	0,02	1,7	1,75	1,25	1,12	1,08	—
	Typ 3	Pkw	1000	18,5	18,7	0,02	1,7	1,47	1,16	1,09	1,06	—
	Typ 4 (411)	Pkw	1000	17,9	18,1	0,02	1,5	1,35	1,14	1,08	1,06	—

[1] Automatisches Getriebe. [2] Θ_t in Θ_R und Θ_M enthalten.

Zurückkommend auf Gl. (37.1) ist z. B. beim normalen Hinterachsantrieb

$$\Theta_\mathrm{V} = \Theta_\mathrm{R,V}, \tag{37.5}$$

$$\Theta_\mathrm{H} = \Theta_\mathrm{R,H} + i_\mathrm{t}^2 \Theta_\mathrm{t} + i_\mathrm{t}^2 i_\mathrm{g}^2 \Theta_\mathrm{M}. \tag{37.6}$$

Beim Vorderradantrieb sind die Indizes V und H in den beiden Gleichungen zu vertauschen. Für den Allradantrieb sind die anteiligen Massenträgheitsmomente der Triebwerksteile des Vorder- und Hinterradantriebes zu berücksichtigen.

Der Beschleunigungswiderstand W_B nach Gl. (37.1) wird meistens zusammengefaßt nach

$$W_\mathrm{B} = \lambda G \frac{\ddot{x}}{g}, \tag{37.7}$$

wobei der Faktor λ den Einfluß der Drehmassenbeschleunigung erfaßt. Er ergibt sich aus Gl. (37.1) und (37.7) zu

$$\lambda = 1 + \frac{\Theta_\mathrm{V}}{r R_\mathrm{V} m} + \frac{\Theta_\mathrm{H}}{r R_\mathrm{H} m}. \tag{37.8}$$

Vernachlässigt man den Schlupf und setzt statt der Größen R_V und R_H die dynamischen Reifenhalbmesser $R_\mathrm{V,0}$ und $R_\mathrm{H,0}$ bzw. bei gleichen Reifen R_0 ein, so ist der Faktor λ von der Größe der Umfangskräfte unabhängig und lautet

$$\lambda = 1 + \frac{\Theta_\mathrm{V} + \Theta_\mathrm{H}}{r R_0 m}. \tag{37.8a}$$

Sehr häufig wird noch $R_0 \approx r$ gesetzt, so daß sich weiter vereinfacht

$$\lambda \approx 1 + \frac{\Theta_\mathrm{V} + \Theta_\mathrm{H}}{r^2 m} \approx 1 + \frac{\Theta_\mathrm{V} + \Theta_\mathrm{H}}{R_0^2 m} \tag{37.8b}$$

bzw. mit $G = mg$

$$\lambda \approx 1 + \frac{\Theta_\mathrm{V} + \Theta_\mathrm{H}}{r^2 G/g} \approx 1 + \frac{\Theta_\mathrm{V} + \Theta_\mathrm{H}}{R_0^2 G/g} \tag{37.8c}$$

ergibt.

Um die Größe von λ abschätzen zu können, sind in Tabelle 37.1 Werte zusammengestellt.

38. Gesamtwiderstand, Zugkraft, Leistung an den Antriebsrädern

Nach Gl. (27.13) war die Summe der Antriebsmomente $M_\mathrm{V} + M_\mathrm{H}$ bezogen auf den Abstand Achse—Fahrbahn r

$$\frac{M_\mathrm{V} + M_\mathrm{H}}{r} = \left[\frac{G}{g} + \frac{\Theta_\mathrm{V}}{r R_\mathrm{V}} + \frac{\Theta_\mathrm{H}}{r R_\mathrm{H}}\right] \ddot{x} + G \sin \alpha + W_\mathrm{L} + W_\mathrm{R}.$$

38. Gesamtwiderstand, Zugkraft, Leistung an den Antriebsrädern

In den letzten Abschnitten haben wir alle Einzelwiderstände, die auf der rechten Seite der obigen Gleichung stehen, behandelt. Mit den inzwischen eingeführten Bezeichnungen

Beschleunigungswiderstand $W_B = \lambda G \ddot{x}/g$,

Steigungswiderstand $W_{St} = Gp$,

Luftwiderstand $W_L = c_W F (\varrho/2) v_{res}^2$,

Radwiderstand $W_R = f_R (G \cos \alpha - A) \approx f_R G$

ergibt sich in anderer Schreibweise, wenn weiterhin

$$M_R = M_V + M_H \tag{38.1}$$

(M_R ist die Summe aller an den Rädern wirkenden Momente) gesetzt wird,

$$\frac{M_R}{r} = W_B + W_{St} + W_L + W_R \tag{38.2}$$

oder, wenn man die obigen Beziehungen einsetzt,

$$\frac{M_R}{r} = G \left[\lambda \frac{\ddot{x}}{g} + p + f_R \right] + c_W F \frac{\varrho}{2} v_{res}^2. \tag{38.3}$$

Nach Gl. (38.3) setzt sich der Gesamtwiderstand aus zwei Anteilen zusammen: eine Gruppe der Widerstände ist von der Geschwindigkeit weitgehend unabhängig, während der Luftwiderstand mit dem Quadrat der Geschwindigkeit steigt, s. Bild 38.1.

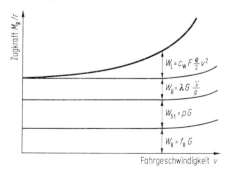

Bild 38.1 Zur Überwindung der Fahrwiderstände erforderliches Antriebsmoment M_R, bezogen auf den Abstand Achsmitte–Fahrbahn r, über der Fahrgeschwindigkeit v (Windgeschwindigkeit $w = 0$).

Das Wort „weitgehend" bezieht sich auf den Radwiderstand. Wir sahen, daß der Rollwiderstand (Abschn. 6) bei höheren Geschwindigkeiten zunimmt und daß zudem bei der Fahrt auf unebenen Straßen eine Geschwindigkeitsabhängigkeit vorhanden ist.

Dennoch wird allgemein

$$M_R/r = a + bv^2 \tag{38.4}$$

geschrieben. Dabei enthält das Glied b nicht nur den Luftwiderstand, sondern auch den Anteil des Rollwiderstandes, der mit dem Quadrat der Geschwindigkeit steigt.

Wenn aus Fahrversuchen der Faktor b bestimmt wurde und als „Luftwiderstand" bezeichnet wird, so ist darin, je nachdem bei welcher Geschwindigkeit die Untersuchungen durchgeführt wurden, auch ein Teil des Rollwiderstandes enthalten.

Manchmal wird auch noch ein lineares Glied eingefügt, das ebenfalls einen Teil des Rollwiderstandes erfassen soll; entsprechend Gl. (6.5) wird dann

$$M_R/r = a + cv + bv^2.$$

Wir werden im weiteren die Gl. (38.3) verwenden und uns — wenn nötig — daran erinnern, daß f_R nicht unabhängig von der Geschwindigkeit ist.

Wenn wir aber f_R als Konstante ansehen, dann unterscheiden sich die beiden Anteile in Gl. (38.3) auch dadurch, daß der geschwindigkeitsunabhängige Teil dem Gewicht proportional, während der Luftwiderstand vom Gewicht unabhängig ist.

Der Ausdruck M_R dividiert durch r hat die Dimension einer Kraft, und deshalb wird häufig M_R/r als *Zugkraft* Z bezeichnet.

$$Z = \frac{M_R}{r} = W_B + W_{St} + W_R + W_L = G\left[\lambda \frac{\ddot{x}}{g} + p + f_R\right] + c_W F \frac{\varrho}{2} v_{res}^2. \tag{38.5}$$

Dies wollen wir auch tun, um einmal die Schreibweise zu vereinfachen und zum anderen den üblichen Gepflogenheiten zu folgen. Nur müssen wir immer wissen, daß Z *nicht* die Summe der Umfangskräfte zwischen Rad und Fahrbahn ist, sondern nur ein Ausdruck für Moment M_R durch r! Das ist gleichungsmäßig leicht zu übersehen, indem in Gl. (27.13) die Gl. (27.10) eingesetzt wird.

$$Z = \frac{M_R}{r} = \frac{M_V + M_H}{r} = U_V + U_H + \left[\frac{\Theta_V}{rR_V} + \frac{\Theta_H}{rR_H}\right]\ddot{x} + W_R. \tag{38.6}$$

Die an den Rädern aufzubringende Leistung ist allgemein Summe aller Momente mal Winkelgeschwindigkeit, also beim hier behandelten Zweiachsfahrzeug

$$N_R = M_V \dot{\varphi}_V + M_H \dot{\varphi}_H. \tag{38.7}$$

Führen wir statt der Winkelgeschwindigkeit $\dot{\varphi}_V$ und $\dot{\varphi}_H$ die gebräuchlichere translatorische Geschwindigkeit $\dot{x} = v$ ein, so ist mit Gl. (10.6), die den Schlupf der Räder berücksichtigt,

$$\dot{x} = v = R_V \dot{\varphi}_V = R_H \dot{\varphi}_H \tag{38.8}$$

38. Gesamtwiderstand, Zugkraft, Leistung an den Antriebsrädern 119

die Leistung

$$N_\mathrm{R} = \left(\frac{M_\mathrm{V}}{R_\mathrm{V}} + \frac{M_\mathrm{H}}{R_\mathrm{H}}\right) v. \tag{38.9}$$

Bei Einachsantrieb vereinfachen sich die Gleichungen. Aus Gl. (38.7) wird mit (38.1)

$$N_\mathrm{R} = M_\mathrm{R}\dot{\varphi}_\mathrm{R}, \tag{38.10}$$

aus Gl. (38.8) wird dann

$$\dot{x} = v = R\dot{\varphi}_\mathrm{R}, \tag{38.11}$$

und durch Erweiterung der Gl. (38.9) mit r erhalten wir den in Gl. (38.5) behandelten Ausdruck M_R/r, so daß sich ergibt

$$N_\mathrm{R} = \frac{r}{R}\frac{M_\mathrm{R}}{r}v = \frac{r}{R} Z v. \tag{38.12}$$

In der Größe R ist der Schlupf s implizit enthalten; wird er nach Gl. (10.8b) eingesetzt, so wird für den hier vorliegenden Treibschlupf

$$N_\mathrm{R} = \frac{r}{R_0}\frac{1}{1-s}\frac{M_\mathrm{R}}{r}v = \frac{r}{R_0}\frac{1}{1-s} Z v \tag{38.13}$$

bzw. in der Schreibweise mit den Einzelwiderständen

$$\begin{aligned}N_\mathrm{R} &= \frac{r}{R_0}\frac{1}{1-s}[W_\mathrm{B} + W_\mathrm{St} + W_\mathrm{R} + W_\mathrm{L}]v \\ &= \frac{r}{R_0}\frac{1}{1-s}\left[G\left(\lambda\frac{\ddot{x}}{g} + p + f_\mathrm{R}\right)v + c_\mathrm{W}F\frac{\varrho}{2}v_\mathrm{res}^2 v\right].\end{aligned} \tag{38.14}$$

Meistens wird der Einfluß des Schlupfes vernachlässigt und zudem $r \approx R_0$ gesetzt, so daß sich für die Antriebsleistung an den Rädern der einfache Ausdruck entsprechend Gl. (38.5) ergibt

$$N_\mathrm{R} \approx \frac{M_\mathrm{R}}{r}v = Zv = (W_\mathrm{B} + W_\mathrm{St} + W_\mathrm{R} + W_\mathrm{L})v \tag{38.14a}$$

und im einzelnen, wenn zudem Windstille angenommen wird,

$$N_\mathrm{R} \approx Zv = G\left(\lambda\frac{\ddot{x}}{g} + p + f_\mathrm{R}\right)v + c_\mathrm{W}F\frac{\varrho}{2}v^3. \tag{38.14b}$$

Im Leistungsschaubild nach Bild 38.2 wachsen also Radwiderstandsleistung $W_R v$, Steigungsleistung $W_{St} v$, Beschleunigungsleistung $W_B v$ mit der Geschwindigkeit v proportional[1] an, die Luftwiderstandsleistung $W_L v$ mit v^3, mit der dritten Potenz der Fahrgeschwindigkeit.

In Wirklichkeit ist durch den Schlupf die Leistung am Rad größer als nach dieser vereinfachten Formel und Darstellung. Und zwar — wie wir noch in Kap. VII sehen werden — hauptsächlich bei kleinen Geschwindigkeiten, denn da treten in der Regel die größten Umfangskräfte

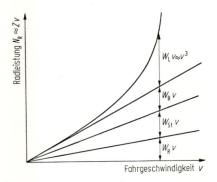

Bild 38.2 Verlauf der Einzelanteile der Antriebsleistung am Rad über der Fahrgeschwindigkeit.

Bild 38.3 Einfluß des Schlupfes auf die Antriebsleistung.

und damit auch die größten Schlupfwerte auf, s. Bild 38.3. In Sonderfällen muß nicht bei der Fahrgeschwindigkeit $v = 0$ auch die Leistung $N_R = 0$ sein, wie z. B. beim Anfahren eines Fahrzeuges am Berg bei Schneeglätte, wenn die Räder durchdrehen, aber das von den Antriebsrädern aufgebrachte Moment nicht ausreicht, das Fahrzeug voranzutreiben.

Zum Schluß seien noch einige häufige Umrechnungswerte genannt. Die in den Gleichungen angegebenen Geschwindigkeiten werden in m/s eingesetzt, da auch die anderen Ausdrücke Einheiten mit m und s haben.

Gegenüber der Geschwindigkeit in km/h ist

$$\frac{v}{\text{km/h}} = 3{,}6 \, \frac{v}{\text{m/s}}, \qquad (38.15)$$

für die Leistung N_R in PS gilt (nach der vereinfachten Gl. (38.14b))

$$\frac{N_R}{\text{PS}} = \frac{1}{270} \, \frac{Z}{\text{kp}} \, \frac{v}{\text{km/h}}. \qquad (38.16)$$

---

[1] Dies gilt bei der Radwiderstandsleistung nur für kleine Geschwindigkeiten, sonst näherungsweise.

Die Beziehung zwischen Leistung N_R und Drehmoment M_R lautet

$$\frac{N_R}{\mathrm{PS}} = \frac{1}{716{,}2} \frac{M_R}{\mathrm{mkp}} \frac{n_R}{\mathrm{U/min}}, \tag{38.17}$$

wobei statt der Winkelgeschwindigkeit $\dot{\varphi}_R$ die minutliche Umdrehungszahl n_R

$$\frac{\dot{\varphi}_R}{1/\mathrm{s}} = \frac{2\pi}{60} \frac{n_R}{\mathrm{U/min}} \approx \frac{1}{10} \frac{n_R}{\mathrm{U/min}} \tag{38.18}$$

eingesetzt wurde.
Diese Beziehung lautet als Größengleichung geschrieben

$$\dot{\varphi}_R = 2\pi n_R. \tag{38.19}$$

39. Zugwiderstand

Der Einfachheit halber begannen wir in Abschn. 27 mit der Behandlung eines zweiachsigen oder zweirädrigen Fahrzeugs. Die Widerstandsgleichungen gelten aber auch für mehrachsige Einzelfahrzeuge (z. B. verschiedene Lkw), Fahrzeuggruppen (z. B. Sattelschlepper, Gelenkfahrzeuge) oder Fahrzeuge mit Anhänger (z. B. Lkw mit Anhänger).
Benutzen wir Gl. (38.3)

$$\frac{M_R}{r} = G\left[\lambda \frac{\ddot{x}}{g} + p + f_R\right] + c_W F \frac{\varrho}{2} v_{\mathrm{res}}^2,$$

so ist für G das gesamte Gewicht des Fahrzeuges einzusetzen. Im Faktor λ müssen alle rotatorischen Massen berücksichtigt werden. Ist der Radwiderstandsbeiwert nicht an allen Rädern gleich, so müssen entsprechend Gl. (34.3) die Radwiderstände einzeln addiert werden, d. h. statt $f_R G$ muß $f_{R,1} P_1 + f_{R,2} P_2 + \cdots$ gesetzt werden. Der Luftwiderstandsbeiwert c_W muß natürlich für den gesamten Fahrzeugverband eingesetzt werden und nicht etwa die Summe der Widerstände der einzelnen Fahrzeuge, denn der Anhänger läuft im „Windschatten" des Zugfahrzeuges. Deshalb erhöht sich der Luftwiderstand des gesamten Zuges gegenüber dem Zugwagen nach Tabelle 30.1 nur um 15%.

VI. Antrieb, Motorkennung, Wandler

Nachdem wir in Kap. V die Widerstände und damit die *erforderlichen* Drehmomente und Antriebsleistungen kennengelernt haben, betrachten wir nun die von der Antriebsmaschine *angebotenen* Momente und Leistungen. Die erforderlichen Momente und Leistungen sind — wie wir gesehen haben — eine Funktion der Fahrgeschwindigkeit, diese Funktion nennen wir *Bedarfskennung*. Die angebotenen Momente und Leistungen sind ebenfalls mit der Fahrgeschwindigkeit veränderlich, diese Funktion nennen wir zur Unterscheidung *Lieferkennung*.

40. Antriebsmaschine konstanter Leistung, Kraftschlußgrenze

Die Bedarfskennung für ein Fahrzeug ist, wie wir aus Bild 38.1 und 38.2 entnehmen, ein Kennfeld. In der Abszissenrichtung steht die Fahrgeschwindigkeit, die vom Fahrer (bis zu dem Grenzwert der Höchstgeschwindigkeit) frei gewählt wird, und in Ordinatenrichtung ergibt sich das Drehmoment bzw. die Leistung aus den Bedingungen Fahrt auf der Ebene, in der Steigung oder im Gefälle und aus der Größe der Beschleunigung.

Damit nun der Fahrer mit seinem Fahrzeug dieses Bedarfskenn*feld* „bestreichen" kann, ergibt sich für den Antrieb die notwendige Bedingung, ebenfalls ein Kenn*feld* zu liefern, das sog. Lieferkennfeld.

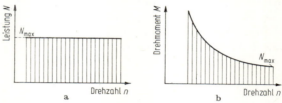

Bild 40.1 Lieferkennung, begrenzt durch konstante Leistung N_{max}, a) in der Leistungsdarstellung, b) in der Drehmomentendarstellung.

Das Lieferkennfeld wird durch eine Kennlinie, meistens Vollastkurve genannt, nach oben begrenzt, über die hinaus ein höheres Moment M oder eine höhere Leistung N nicht abgegeben werden kann. Ein hervorzuhebender Punkt aus dieser Kennlinie, die z. B. die Leistung N in Abhängigkeit der Drehzahl n, die der Fahrgeschwindigkeit v proportional ist, darstellt, ist die maximale Leistung N_{max}. Sie steht leider nicht über den ganzen Drehzahlbereich zur Verfügung, sondern wird nur bei einer einzigen Drehzahl abgegeben. Wäre das nicht der Fall, sondern würde die Antriebsmaschine N_{max} bei jeder Drehzahl zur Verfügung stellen (Bild 40.1a), so wäre sie zweifelsohne besser.

Das Drehmoment M dieser Kennung ist über der Drehzahl entsprechend der Gl. (38.17)

$$N_{max} \sim M n \quad \text{bzw.} \quad M \sim \frac{N_{max}}{n} \tag{40.1}$$

eine Hyperbel (Bild 40.1b). Diese Hyperbel wird sehr häufig als „ideale Zugkrafthyperbel" bezeichnet. (Zugkraft Z ist nach Gl. (38.5) proportional dem Moment.)

40. Antriebsmaschine konstanter Leistung, Kraftschlußgrenze

Die Linie $N_{\max}$ ist in Bild 40.1a nicht bis auf $n = 0$ durchgezogen, weil das nach Gl. (40.1) ein unendlich hohes Drehmoment bei der Drehzahl Null bedeutet. Das wäre — auch wenn es dies gäbe — bei einem Landfahrzeug ohnehin unnötig, da das maximal abzugebende Drehmoment $M_{\max}$ durch den Kraftschluß zwischen Rad und Fahrbahn begrenzt wird. Nach Gl. (4.3) und (5.5) aus dem Ersten Teil „Rad und Reifen" ist

$$M = (U + W_\mathrm{R})r + \Theta_\mathrm{R}\ddot{\varphi}. \tag{40.2}$$

Das maximale Drehmoment ist durch die maximal mögliche Umfangskraft $U_{\max}$ und diese wiederum nach Gl. (9.1) durch den Haft-

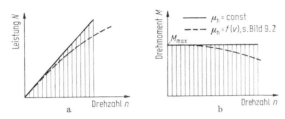

Bild 40.2 Begrenzung des Kennfeldes durch den Haftbeiwert μ_h
a) in der Leistungsdarstellung, b) in der Drehmomentendarstellung.

beiwert μ_h und die vertikale Radlast P gegeben. Vernachlässigen wir das Beschleunigungsglied $\Theta_\mathrm{R}\ddot{\varphi}$ und den Rollwiderstand W_R, so ist

bzw.
$$M_{\max} \approx \mu_\mathrm{h} P r \tag{40.3}$$
$$N \sim M_{\max} n \approx \mu_\mathrm{h} P r n.$$

Wird der Haftbeiwert μ_h als von der Fahrgeschwindigkeit und damit auch von der Drehzahl n unabhängig angenommen, so ergibt das Kennungen nach Bild 40.2 (ausgezogen). Wird der Abfall von μ_h mit berücksichtigt, dann sind die Kurven degressiv bzw. abnehmend (gestrichelt).

Diese Grenzen brauchen nicht überschritten zu werden, weil sonst die Räder durchdrehen (M, N und P beziehen sich auf die angetriebenen Räder!).

Beide Kennlinien nach Bild 40.1 und 40.2 zusammen ergeben die sog. „ideale Kennung" nach Bild 40.3 oder, besser gesagt, sie begrenzen in „idealer" Weise das Lieferkennfeld eines Antriebes[1]. In Bild 40.3

---

[1] Die Verwendung des Wortes ideal in diesem Zusammenhang ist allgemein üblich. Ob damit auch gerechtfertigt, das sei dahingestellt, denn man kann sich vorstellen, daß erst durch die gemeinsame Betrachtung von Antrieb und Fahrzeug

wurde noch eine dritte Grenze, die maximale Drehzahlgrenze n_{max} eingezeichnet, die entweder durch den Motor oder durch die Höchstgeschwindigkeit des Fahrzeugs gegeben ist.

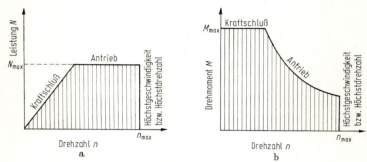

Bild 40.3 Durch Kraftschluß, Maximalleistung und Höchstdrehzahl begrenzte „ideale" Lieferkennung
a) in der Leistungsdarstellung, b) in der Drehmomentendarstellung.

41. Kennungen von Antriebsmaschinen

Wir wollen in einem grundsätzlichen Vergleich einige charakteristische Fahrzeugantriebe einander gegenüberstellen.

41.1 Dampfantrieb

Die älteste Antriebsmaschine für Fahrzeuge ist die Kolbendampfmaschine, deren Kennfeld nach Bild 41.1 dem idealen Kennfeld sehr nahe kommt, wie man besonders aus dem Leistungsschaubild erkennt.

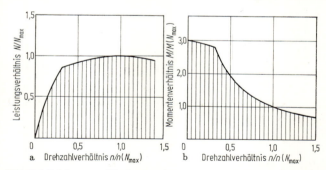

Bild 41.1 Leistungs- und Drehmomentenkennung der Kolbendampfmaschine.

eine ideale Kennung definiert werden kann. Aus diesem Grund hat der Verfasser das Wort ideal in Anführungsstriche gesetzt.

Es ist aber auf jeden Fall zu beachten, daß ein Antriebsaggregat mit „idealer" Kennung insgesamt noch nicht ideal sein muß, weil dafür noch andere Gesichtspunkte gelten, wie Energieverbrauch, Gewicht, Volumen, Preis.

41. Kennungen von Antriebsmaschinen

Betriebspunkte innerhalb des Kennfeldes unterhalb der Vollastkennlinie werden durch Füllungsänderung erreicht.

Auch bei Schienenfahrzeugen ist die Kolbendampfmaschine heute fast völlig durch Elektro- und Verbrennungsmotoren verdrängt worden.

41.2 Elektrische Antriebe

Bei den elektromotorischen Antrieben finden wir hauptsächlich Gleichstrommotoren (meistens bei Vorort- und Stadtbahnen, wie S-, U- und Straßenbahnen) und Wechselstrommotoren (bei Vollbahnen, ent-

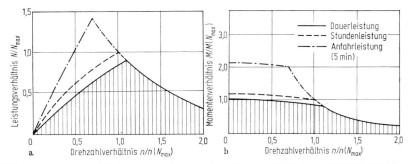

Bild 41.2 Leistungs- und Drehmomentenkennung eines Gleichstrommotors in Reihenschlußschaltung für verschiedene Belastungsdauern.

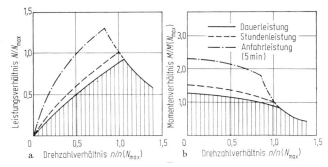

Bild 41.3 Leistungs- und Drehmomentenkennung eines Wechselstrommotors in Reihenschlußschaltung für verschiedene Belastungsdauern.

weder mit $16^2/_3$ oder 50 Hz), und zwar in beiden Fällen mit Reihenschlußcharakteristik, wobei sich die Momentenkennlinien, wie die Bilder 41.2b und 41.3b zeigen, der Zugkrafthyperbel annähern; nicht genau, wie aus den Leistungsschaubildern 41.2a und 41.3a deutlich wird, da die maximale Leistung über der Drehzahl nicht konstant bleibt. In den Bildern sind drei Maximalwerte bzw. drei Kennlinien angegeben worden, die Dauerleistung sowie die Anfahrleistung und die Stundenleistung.

Die Anfahr- und die Stundenleistungen sind größer als die Dauerleistungen. Sie sind wegen der Erwärmung der Motoren nur zeitlich begrenzt verfügbar. Gerade die Möglichkeit, aus Elektromotoren kurzzeitig hohe Leistungen abzunehmen und damit den Fahrzeugen hohe Beschleunigungen und große Bergsteigfähigkeit zu geben, haben dem elektrischen Antrieb bei Schienenfahrzeugen zur schnellen Verbreitung verholfen.

Betriebspunkte innerhalb des Kennfeldes werden durch folgende Formen der elektrischen Steuerung erreicht:

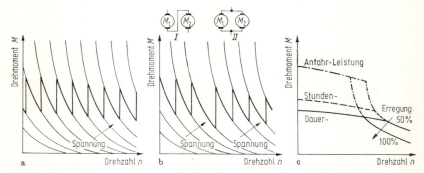

Bild 41.4 Verschiedene Arten der elektrischen Steuerung zur Überdeckung der Kennfelder bei Elektromotoren a) bei Spannungsänderung, b) bei Serien- und Parallelschaltung, c) Feldschwächung.

a) Veränderung der Motorspannung, s. Bild 41.4a (bei Gleichstrommotoren durch Vorschaltwiderstände, bei Wechselstrommotoren mit Hilfe des Stufentransformators. Neuerdings werden für beide Spannungsarten immer häufiger Halbleiter-Steuerungen eingesetzt).

b) Veränderung der Schaltung der Motoren, Wechsel von Serien- auf Parallelschaltung und umgekehrt, s. Bild 41.4b (natürlich nur möglich, wenn mehrere Motoren im Fahrzeug vorhanden sind, was bei Schienenfahrzeugen aber üblich ist). Wird fast nur bei Gleichstromantrieb angewendet.

c) Feldschwächung der Fahrmotoren, nach Bild 41.4c, die nur bei Gleichstrommotoren angewendet wird.

41.3 Brennkraftmaschinen

Bei Kraftfahrzeugen werden fast nur Verbrennungsmotoren als Antriebsmaschinen eingesetzt, deren Kennfeld am Beispiel des Ottomotors (das des Dieselmotors ist sehr ähnlich) Bild 41.5 zeigt. Im Gegensatz zu der Forderung, daß die Leistung über einen weiten Drehzahlbereich konstant sein soll, ist beim Verbrennungsmotor das Drehmoment annähernd konstant und die Leistung zu niedrigen Drehzahlen hin stark abfallend. Weiterhin ist an dieser Antriebsmaschine bemerkenswert, daß

42. Brauchbarkeit der Antriebsmaschinen für den Fahrzeugbetrieb

wegen des Verbrennungsvorganges erst ab einer bestimmten Drehzahl ein Drehmoment abgegeben wird. Man spricht von „Drehzahl-, Drehmoment- oder Leistungslücke".

Bild 41.6 zeigt das Kennfeld einer Gasturbine, und zwar in einer Zweiwellenanordnung. (Die Einwellenanordnung kommt wegen der ungünstigen Vollastkennlinie für den Fahrzeugbetrieb nicht in Frage.)

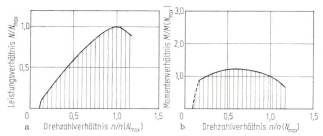

Bild 41.5 Leistungs- und Drehmomentenkennung eines Ottomotors.

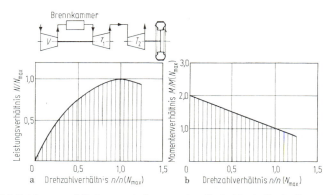

Bild 41.6 Leistungs- und Drehmomentenkennung einer Gasturbine in Zweiwellenanordnung.
V Verdichter, T_1 Turbine zum Verdichterantrieb, T_2 Turbine zum Fahrzeugantrieb.

Hier haben wir keine Lücke, es wird schon bei der Drehzahl Null ein Moment abgegeben, das mit zunehmender Drehzahl etwa linear abfällt.

Betriebspunkte innerhalb des Kennfeldes werden durch Steuerung der Brennstoff- und Luftmenge erreicht.

42. Brauchbarkeit der Antriebsmaschinen für den Fahrzeugbetrieb

Nachdem wir die Kennfelder der verschiedenen Antriebsmaschinen kennengelernt haben, wollen wir prüfen, inwieweit sie für den Fahrzeugantrieb geeignet sind.

In Bild 42.1 ist das Bedarfskennfeld eines Kraftfahrzeuges mit den dort angegebenen Daten dargestellt. Als Parameter ist die Steigung p in % eingetragen, die auch — wenn man den Einfluß der rotatorischen Massen vernachlässigt — ein Maß für die Beschleunigung ist. Weiterhin sind in das Diagramm die Lieferkennungen der Dampfmaschine, des

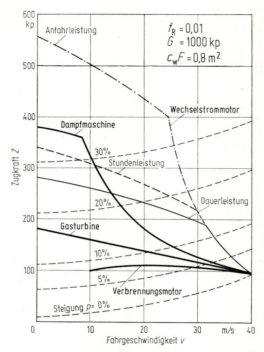

Bild 42.1 Bedarfskennfeld eines Kraftfahrzeuges und Lieferkennungen verschiedener Antriebsmaschinen für gleiche Höchstgeschwindigkeit.

Wechselstrommotors (mit Dauer-, Stunden- und Anfahrleistungskurve), der Gasturbine und des Verbrennungsmotors eingezeichnet. Dabei wurde folgendes angenommen bzw. vorausgesetzt:

a) Mit den Antriebsmaschinen wird die gleiche Höchstgeschwindigkeit von 40 m/s erreicht.

b) Die Kolbendampfmaschine und der Wechselstrommotor können über die Drehzahl $n(N_{max})$ bei maximaler Leistung N_{max} wesentlich hinausdrehen, während das beim Verbrennungsmotor und auch bei der Gasturbine kaum der Fall ist. Aus den Bildern des Abschn. 41 wurde

42. Brauchbarkeit der Antriebsmaschinen für den Fahrzeugbetrieb

deshalb entnommen

Dampfmaschine $\qquad v_{\max} \sim 1{,}4\,n\,(N_{\max})$,

Wechselstrommotor (Stundenleistung) $\quad v_{\max} \sim 1{,}4\,n\,(N_{\max})$,

Verbrennungsmotor, Gasturbine $\qquad v_{\max} \sim n\,(N_{\max})$.

c) Das Gewicht aller Antriebsmaschinen (mit Brennstoff) soll gleich groß sein, so daß das Gesamtgewicht des Fahrzeuges mit $G = 1\,000$ kp konstant bleibt.

Bild 42.1 zeigt, daß Dampfmaschine und Wechselstrommotor das gesamte Bedarfskennfeld gut überstreichen. Mit der Dampfmaschine kann hier über 30% Steigung erreicht werden, mit dem Elektromotor dauernd etwas unter 30%, für eine Stunde lang über 30%. Mit der Gasturbine hingegen kann auch bei sehr niedriger Geschwindigkeit ($v \approx 0$) nur weniger als 20%, mit dem Verbrennungsmotor nicht einmal 10% Steigung befahren werden. Für den elektrischen Antrieb zeigt zudem noch die Kurve der Anfahrleistung, daß eine große Reserve für kurzzeitige Steigungsfahrten oder zum Beschleunigen verfügbar ist.

Diese aus Bild 42.1 bezüglich des Kennfeldes herausgelesene Überlegenheit des Wechselstrommotors und der Dampfmaschine gegenüber der Gasturbine und dem Verbrennungsmotor — mit der erwähnten Drehzahllücke — ist nicht ganz zutreffend. Zwar ist die Höchstgeschwindigkeit aller Fahrzeuge gleich, aber die maximale Leistung $N_{\max}$ ist für die einzelnen Antriebe unterschiedlich. Bei Gasturbine und Verbrennungsmotor liegt sie bei der maximalen, bei den beiden anderen bei niedrigerer Geschwindigkeit. Die maximalen Leistungen in Bild 42.1 verhalten sich wie

Verbrennungsmotor, Gasturbine $\quad N_{\max} = \text{,,1''}$

Dampfmaschine $\qquad N_{\max} = \text{,,1,04''}$

Elektromotor, Dauerleistung $\qquad N_{\max} = \text{,,1,62''}$

Stundenleistung $\qquad N_{\max} = \text{,,1,78''}$

Anfahrleistung $\qquad N_{\max} = \text{,,2,70''}$

Das heißt, die Brennkraftmaschinen und die Dampfmaschinen haben zwar ungefähr die gleiche Maximalleistung, aber nach Bild 42.1 spricht die Überlegenheit im Kennfeld eindeutig für die Dampfmaschine.

In Bild 42.2 werden noch einmal die Kennungen der Brennkraftmaschinen mit dem Elektromotor verglichen, aber jetzt gegenüber Bild 42.1 so, daß die maximale Leistung von Gasturbine und Verbrennungsmotor gleich der maximalen Dauerleistung des Wechselstrommotors ist. (Um die festgesetzte Höchstgeschwindigkeit von 40 m/s nicht zu überschreiten, wird die Vollastkurve bei den Brennkraftmaschinen durch einen Regler bei der entsprechenden Drehzahl abgeregelt, d. h., bei der Höchstgeschwindigkeit laufen die Maschinen im Teillastgebiet.) Wir sehen, daß auch dann der Verbrennungsmotor dem elektrischen Antrieb unterlegen ist, wobei noch die Drehzahllücke hinzukommt. Die Gasturbine ist besser, sie ist ungefähr so gut wie der Wechselstrommotor, wenn man die Dauerleistung zum Vergleich heranzieht, jedoch schlechter, wenn die Stunden- und Anfahrleistungen berücksichtigt werden.

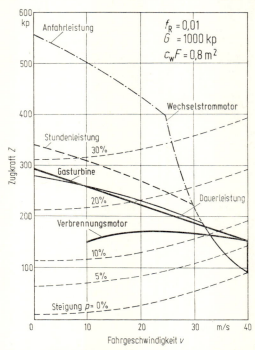

Bild 42.2 Bedarfskennfeld eines Kraftfahrzeuges und Lieferkennungen verschiedener Antriebsmaschinen gleicher maximaler Fahrgeschwindigkeit und Leistung. Gasturbine und Verbrennungsmotor geben die maximale Leistung bei $v = 40$ m/s, der Wechselstrommotor die Dauerleistung bei etwas über 30 m/s ab.

Wir erkennen hieraus:

1. Dampfmaschinen und elektrische Antriebe sind vom Kennfeld her wesentlich besser für den Fahrzeugantrieb geeignet als Brennkraftmaschinen. Bei diesen muß die ungünstige Kennung „gewandelt" werden, s. Abschn. 44 bis 46.

2. Durch größere Dimensionierung, durch Einbau höherer Leistungen können nach Bild 42.2 die ungünstigen Kennungseigenschaften der Brennkraftmaschinen verbessert werden (allerdings nicht üblich).

Die Gegenüberstellung der einzelnen Antriebsmaschinen war bewußt einseitig nur auf das Kennfeld ausgerichtet, weil dieses im Augenblick interessiert. Andere Eigenschaften sind ebenso wichtig, wenn nicht noch wichtiger. So hat sich der Verbrennungsmotor im Kraftfahrzeug beim Individualverkehr trotz der schlechten Kennung deshalb durchgesetzt, weil er günstig im Preis, im Bauvolumen und -gewicht ist, weil die Energiebevorratung einfach ist (leichter Treibstoff in leichtem Behälter) und weil an vielen Stellen auf der Fahrstrecke nachgetankt werden kann.

43. Verbrennungsmotor

Wir wollen die Vollastkennlinie der meist angewendeten Antriebsmaschine, des Verbrennungsmotors, betrachten und seine wichtigsten Eigenschaften in Tabellen und Diagrammen zusammenfassen.

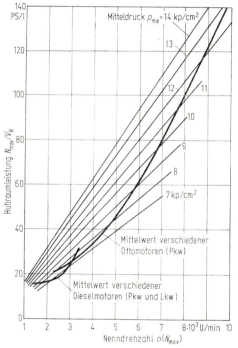

Bild 43.1 Hubraumleistung von Verbrennungsmotoren in Abhängigkeit von Nenndrehzahl und Mitteldruck. Zum Teil aus TOMALA, H., FORSTNER, E.: Zwei neue Porsche-Wagen Typ 901 und GTS 904. ATZ 66 (1964) Nr. 5, S. 133—139.

Ein charakteristischer Kennwert ist die Hubraumleistung, die auf das Hubvolumen V_H bezogene maximale Leistung N_{max}. Nach Bild 43.1 nimmt dieser Wert mit der Drehzahl bei maximaler Leistung zu. In dieses Diagramm sind noch die Mitteldrücke p_{me} mit eingetragen. Danach ist die Steigerung der Literleistung auf die Drehzahlsteigerung und in geringerem Maße für höhere Drehzahlen auf die Steigerung des Mitteldruckes zurückzuführen.

Den für die fahrzeugtechnische Anwendung wichtigen Drehmomentenverlauf über der Drehzahl können wir nach Bild 43.2 durch mehrere Punkte charakterisieren, und zwar durch das Moment $M(N_{max})$ bei der

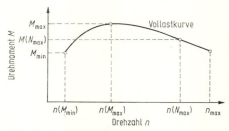

Bild 43.2 Charakteristische Punkte der Vollastkennlinie eines Verbrennungsmotors in der Drehmomentendarstellung.

maximalen Leistung und die zugehörige Drehzahl $n(N_{max})$ und als zweiten Punkt das maximale Drehmoment M_{max} bei der Drehzahl $n(M_{max})$. In der Tabelle 43.1 sind Mittelwerte von den Verhältnissen dieser Drehmomente und Drehzahlen von 40 Pkw, 20 Sportwagen und 45 Lkw angegeben.

Tabelle 43.1 *Mittelwerte von Drehmomenten- und Drehzahlverhältnissen für die Punkte maximalen Drehmoments M_{max} und maximaler Leistung N_{max}*

Motor	Fahrzeuge	$M_{max}/M(N_{max})$	$n(N_{max})/n(M_{max})$
Otto	Pkw	1,18	1,81
	Sportwagen	1,14	1,5
Diesel	Lkw	1,11	1,63

Die Werte der einzelnen Motoren schwanken um diese Mittelwerte sehr stark, wie die folgenden Bilder zeigen. Ein Zusammenhang zwischen dem Momentenverhältnis und dem Drehzahlverhältnis ist, wie Bild 43.3a für Ottomotoren zeigt, nur sehr schwach vorhanden. Hingegen ergibt sich eine bessere Korrelation zwischen dem Momentenverhältnis und der Hubraumleistung nach Bild 43.3b. Das heißt, je höher die Literleistung, um so flacher wird die Drehmomentenkurve. Innerhalb des Streufeldes ist der Einfluß der Drehzahl $n(N_{max})$ zu erkennen. Der Zusammenhang zwischen dem Drehzahlverhältnis und der Literleistung

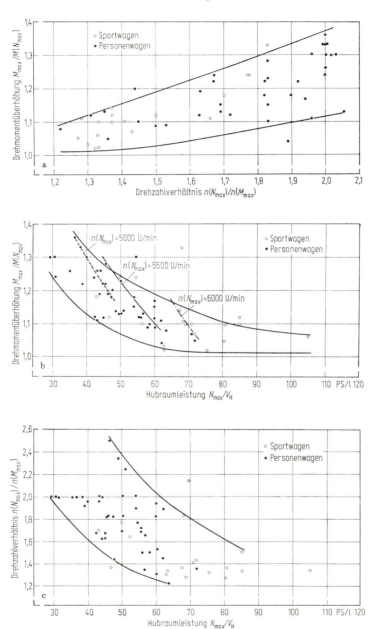

Bild 43.3 a) Abhängigkeit der Drehmomentenüberhöhung von dem Drehzahlverhältnis, b) Abhängigkeit der Drehmomentenüberhöhung von der Hubraumleistung, c) Abhängigkeit des Drehzahlverhältnisses von der Hubraumleistung bei Ottomotoren von Sport- und Personenwagen.

ist nach Bild 43.3c hingegen nur schwach ausgeprägt. Insgesamt gesehen rücken mit wachsender spezifischer Leistung die Drehzahlen für maximales Moment dichter an die für maximale Leistung heran.

In Bild 43.2 ist noch ein dritter Punkt, der durch das Moment M_{min} bei der Drehzahl $n(M_{min})$ charakterisiert wird, eingetragen. Dieser Punkt liegt auf der Vollastkurve (entspricht also z. B. voll geöffneter Drosselklappe oder durchgetretenem Gaspedal im Kraftfahrzeug); die Drehzahl $n(M_{min})$ ist also nicht mit der Leerlaufdrehzahl zu verwechseln, die niedriger liegt.

Als vierter Punkt ist auf der Vollastkennlinie in Bild 43.2 der Punkt maximaler Drehzahl n_{max} eingetragen.

Für beide Punkte sind in Tabelle 43.2 noch grobe Richtzahlen angegeben.

Tabelle 43.2 *Anhaltswerte zur Ermittlung des minimalen Momentes M_{min} und der zugehörigen Drehzahl $n(M_{min})$ bei Vollast sowie der maximalen Drehzahl n_{max}. Aus* FÖRSTER, H. J.: Wandlungsbereich und Stufung bei Fahrzeuggetrieben. Automobil-Industrie Dez. 1963, S. 107—130.

Motor	$n_{max}/n(N_{max})$	M_{min}/M_{max}	$n_{max}/n(M_{min})$
Otto	1,10 ... 1,20	0,9	≈ 4
Diesel	$\approx 1,0$ Begrenzung durch Regler	0,9	≈ 3

44. Kennungswandler[1], allgemein

Der Vergleich der „idealen Lieferkennung" nach Abschn. 40 mit den wirklichen Kennungen der Antriebsmaschinen zeigt, daß einige Aggregate dem Ideal nahekommen, andere, wie der Verbrennungsmotor und auch die Gasturbine, völlig ungeeignet sind. Um diesen Nachteil gegenüber den sonstigen Vorteilen des geringen Leistungsgewichtes, der einfachen Speicherung des Brennstoffes auszugleichen, muß die Kennung so „gewandelt" werden, daß sie dem Ideal nahekommt. Diese Wandlung für den Verbrennungsmotor muß zwei Bedingungen erfüllen:

1. die Lücke zwischen der Drehzahl Null und der minimalen muß überbrückt werden, um vom Stillstand anfahren zu können,

2. der Leistungs- bzw. Drehmomentenverlauf muß so geändert werden, daß er sich den „idealen" Kennungen annähert.

---

[1] Dieser Ausdruck wurde von Prof. Dr.-Ing. P. KOESSLER eingeführt, s. Stand der Kraftfahrzeugtechnik, Kennungswandler für Triebwerke mit Verbrennungsmotoren. VDI-Z. 91 (1949) Nr. 12, S. 285—292.

In Bild 44.1 ist in einem Blockschaltbild schematisch die Funktion des *Kennungswandlers* angedeutet. Eingegeben wird eine Leistung N_E, ein Drehmoment M_E und eine Drehzahl n_E, und am Ausgang erhält man die entsprechenden Ausgangswerte. Der Wandler arbeitet nicht verlustlos, so daß bei einem Wirkungsgrad η eine Verlustleistung der Größe $(1 - \eta) N_E$ auftritt.

Entsprechend den beiden oben genannten Bedingungen unterscheidet man

a) den Drehzahlwandler (im Sprachgebrauch meist Kupplung genannt) mit der kennzeichnenden Eigenschaft

$$M_E = M_A \quad \text{und} \quad n_E \neq n_A,$$

b) den Drehmomenten-(Drehzahl-)wandler (meistens Getriebe, z. B. Schaltgetriebe mit Achsgetriebe, genannt)

$$M_E \neq M_A \quad \text{und gleichzeitig} \quad n_E \neq n_A.$$

In den folgenden zwei Abschnitten wird eine Übersicht über die beiden Typen von Wandlern gegeben, die im Kraftfahrzeug meistens kombiniert auftreten.

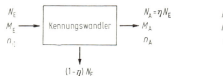 

Bild 44.1 Kennungswandler schematisch.
E Eingang, *A* Ausgang.

Bild 45.1 Drehzahlwandler schematisch.
E Eingang, *A* Ausgang.

45. Drehzahlwandler

Bild 45.1 zeigt das Blockschaltbild für einen Drehzahlwandler, das dem von Bild 44.1 bis auf

$$M_E = M_A \tag{45.1}$$

gleicht.

Eine weitere allgemeine Aussage, die für alle Drehzahlwandler gilt, läßt sich über den Wirkungsgrad η machen. Die Leistungen ergeben sich zu

Eingangsleistung $\qquad N_E \sim M_E n_E,$

Ausgangsleistung $\qquad N_A \sim M_A n_A.$

Der Wirkungsgrad ist, da die Momente gleich sind,

$$\eta = \frac{N_A}{N_E} = \frac{n_A}{n_E}. \tag{45.2}$$

Das Verhältnis der Momente und den Wirkungsgrad über dem Drehzahlverhältnis zeigt Bild 45.2. M_A/M_E ist konstant, η steigt linear mit n_A/n_E an und ist bei $n_A = n_E$ gleich eins. Die Verlustleistung, die in Wärme umgesetzt wird und, um hohe Temperaturen zu vermeiden, abgeführt werden muß, beträgt

$$N_E - N_A = (1 - \eta) N_E = \left(1 - \frac{n_A}{n_E}\right) N_E = s N_E. \qquad (45.3)$$

Dabei bezeichnet man

$$s = 1 - \frac{n_A}{n_E} = \frac{n_E - n_A}{n_E} = 1 - \eta \qquad (45.4)$$

als Schlupf, der uns schon vom Reifen her bekannt ist. Hier ist er definiert als Differenz von Ein- und Ausgangsdrehzahl bezogen auf die Eingangs-

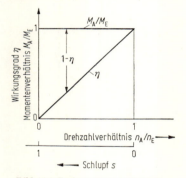

Bild 45.2 Drehmomentenverhältnis M_A/M_E und Wirkungsgrad η über Drehzahlverhältnis n_A/n_E und Schlupf s bei einem Drehzahlwandler.

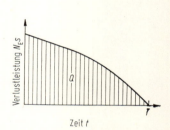

Bild 45.3 Verlustwärme Q bei einem Einkuppelvorgang.

drehzahl. Wenn Schlupf vorhanden ist, so sagt Gl. (45.3), entsteht auch Wärme. Die Wärmemenge während der Zeitdauer T ist

$$Q = \int_0^T (N_E - N_A)\,dt,$$

$$Q = \int_0^T N_E s\,dt, \qquad (45.5)$$

also die Fläche unter der $N_E s$-Kurve in Bild 45.3. Über die Wärmemenge Q kann man grundsätzlich zwei Arten von Drehzahlwandlern unterscheiden:

45. Drehzahlwandler

a) diejenigen, die nur eine begrenzte Wärmemenge aufnehmen können und bei denen deshalb die Drehzahlwandlung zeitlich begrenzt werden muß (typisch hierfür ist die Reibungskupplung), und

b) diejenigen, bei denen die Drehzahlwandlung nicht zeitlich begrenzt ist (und die die entstehende Wärmemenge an ein Kühlmittel abgeben; hierzu gehört die hydrodynamische Kupplung, meistens Föttinger-Kupplung genannt).

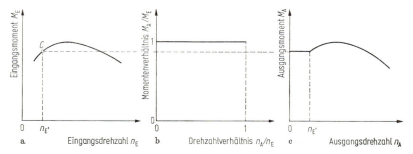

Bild 45.4 Überbrücken der Drehzahllücke des Verbrennungsmotors mit einem Drehzahlwandler in Momentendarstellung. a) Motorkennung, b) Kennlinie des Drehzahlwandlers, c) Kennung von Motor und Wandler.

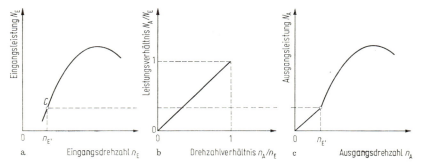

Bild 45.5 Überbrücken der Drehzahllücke des Verbrennungsmotors mit einem Drehzahlwandler in Leistungsdarstellung.

In Bild 45.4 wird nun in einfacher Darstellung gezeigt, wie mit der Kupplung die Drehzahllücke des Motors zu schließen ist. Nehmen wir an, daß während des Einkuppelns der Motor auf der Vollastkurve in Punkt C gehalten werden kann; dann wird auf der Ausgangsseite ein Moment in derselben Höhe abgegeben, bei von der Eingangsdrehzahl verschiedener Ausgangsdrehzahl, bis durch die Bewegung des Fahrzeuges Drehzahlgleichheit $n_A = n_E = n_{E'}$ erreicht ist.

In Bild 45.5 ist der Kupplungsvorgang noch in den Leistungskurven dargestellt.

46. Drehmomentenwandler

Für den Drehmomentenwandler gilt das allgemeine Blockschaltbild nach Bild 44.1. Die charakteristischen Werte sind

Eingangsleistung $\qquad N_E \sim M_E n_E,$ \hfill (46.1)

Ausgangsleistung $\qquad N_A \sim M_A n_A,$ \hfill (46.2)

Wirkungsgrad $\qquad \eta = \dfrac{N_A}{N_E} = \dfrac{M_A}{M_E} \dfrac{n_A}{n_E}.$ \hfill (46.3)

Daraus ergibt sich das Momentenverhältnis zu

$$\frac{M_A}{M_E} = \eta \frac{n_E}{n_A}. \qquad (46.4)$$

An Hand dieser Gl. (46.4) können wir zwei Arten von Drehmomentenwandlern unterscheiden:

a) Drehmomentenwandler mit fester Übersetzung, sog. Stufengetriebe, die meistens in Form von Zahnradgetrieben ausgebildet sind. Im Fahrzeug kennen wir zwei Arten Getriebe: mit *einer* festen Über-

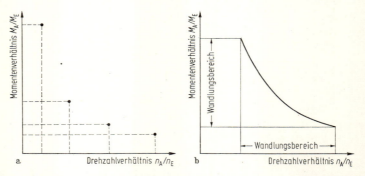

Bild 46.1 Momenten- und Drehzahlverhältnisse M_A/M_E und n_A/n_E a) bei festen Übersetzungen (Stufengetriebe mit 4 Gängen), b) bei kontinuierlich veränderlicher Übersetzung (stufenloses Getriebe).

setzung, z. B. Achsgetriebe, und Schaltgetriebe mit *mehreren* festen Übersetzungen, zwischen denen gewählt werden kann. Bild 46.1a zeigt hierfür die Drehmomenten-Drehzahl-Wandlung.

b) Drehmomentenwandler mit kontinuierlich veränderlicher Übersetzung, sog. stufenlose Getriebe. Bild 46.1b zeigt als Beispiel eine Kennung, deren Wandlung nur auf einen bestimmten Bereich beschränkt ist. Im Fahrzeug am meisten angewendet wird das Föttinger-Getriebe, bei dem allerdings der Wandlungsbereich bei $n_A/n_E = 0$ beginnt, so daß bei einer bestimmten Motordrehzahl $n_E \neq 0$ aus dem Stand $n_A = 0$ angefahren werden kann.

Diese beiden Arten von Wandlern betrachten wir im folgenden noch etwas genauer.

46.1 Zusammenarbeit Motor und Stufengetriebe

Ein Antriebsmotor mit einem Kennpunkt (nur bei einer Drehzahl n_E Abgabe eines Drehmomentes M_E) oder einer Kennlinie (M_E nur eine Funktion der Drehzahl n_E) ist in der Kombination mit einem Stufengetriebe unbrauchbar. Denn man erhielte mit z. B. einem Viergang-Getriebe nur vier Kennpunkte oder vier Kennlinien, aber nicht ein Kennfeld, wie es in Abschn. 40 gefordert und in Bild 40.3 gezeigt wurde. Ein Motor, der mit einem Stufengetriebe zusammenarbeiten soll, muß also ein Kennfeld (M_E eine Funktion von n_E und eines weiteren Para-

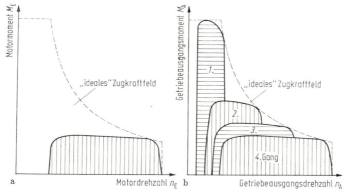

Bild 46.2 Wandlung eines Motorkennfeldes durch ein Viergang-Getriebe in der Momentendarstellung. a) Kennfeld des Motors, b) Kennfeld von Motor und Viergang-Getriebe.

meters, z. B. Gaspedalstellung) besitzen. Dann werden z. B. bei einem Viergang-Getriebe aus dem einen Kennfeld vier Kennfelder. Und damit wird, wie Bild 46.2 sehr deutlich zeigt, aus dem nicht zu verwendenden Kennfeld des Motors allein nach a durch das Stufengetriebe ein Gesamtkennfeld nach b, das sich dem „idealen" Feld gut anpaßt. Zwischen der rechten Begrenzung der gewandelten Motorkennlinien und der Zugkrafthyperbel gibt es noch Lücken. Wie wir noch in Abschn. 50 sehen werden, besteht nun die Kunst der Getriebeauslegung, d. h. die Wahl der einzelnen Übersetzungen (Index $i = 1., 2., \ldots$ Gang)

$$i_i = (n_E/n_A)_i \qquad (46.5)$$

darin, diese Lücken so zu legen, daß sie am wenigsten stören.

Die Lücke zwischen den linken Begrenzungen der Motor-Getriebe-Kennungen und der Ordinatenachse wird — wie in Abschn. 45 beschrieben — durch den Drehzahlwandler überbrückt.

Bild 46.3 zeigt den Unterschied zwischen Motor- und Motor-Getriebe-Kennfeld in der Leistungs-Drehzahldarstellung, dabei wurde vereinfachend angenommen, daß für alle vier Gänge der Wirkungsgrad $\eta = 1$ ist.

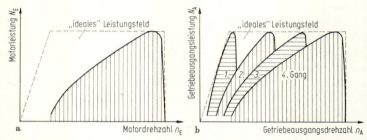

Bild 46.3 Wandlung eines Motorkennfeldes durch ein Viergang-Getriebe in der Leistungsdarstellung. a) Kennfeld des Motors, b) Kennfeld von Motor und Viergang-Getriebe.

46.2 Zusammenarbeit Motor und stufenloses Getriebe

Beim stufenlosen Getriebe haben wir nach Bild 46.1 im Gegensatz zum Stufengetriebe eine Kennlinie. Deshalb gibt ein Kennpunkt des Motors eine Kennlinie von Motor und stufenlosem Wandler und eine

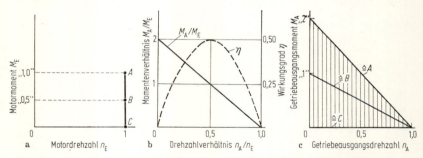

Bild 46.4 Wandlung einer einfachen Motorkennlinie durch ein stufenloses Getriebe. a) Motorkennlinie, b) Wandlerkennlinie, c) Kennfeld am Wandlerausgang.

Kennlinie des Motors ein Kennfeld der Kombination. Das heißt, bei Verwendung eines stufenlosen Getriebes würden wir für den Motor demnach kein Kennfeld brauchen, sondern nur eine Kennlinie. Bild 46.4 soll dies verdeutlichen. Dazu wurde vereinfachend angenommen, daß einmal die Motorkennlinie $M_E = f(n_E)$ die senkrechte Kennlinie A bis C nach a ist und daß zum anderen die Wandlerkennlinie nach b ebenfalls durch eine Gerade charakterisiert wird. Durch Multiplikation ergibt sich aus den beiden Diagrammen das Kennfeld nach c am Wandlerausgang. Dem Kennpunkt A im Motorfeld a entspricht die Kennlinie A im Motor-Wandlerfeld c, entsprechend für die Punkte B und C. Deshalb gehört zur Kennlinie $\overline{AC}$ im Motordiagramm a das schraffierte Kennfeld im Wandlerdiagramm c.

Es sei noch darauf hingewiesen, daß durch die Annahme der Wandlercharakteristik nach b der Wirkungsgradverlauf $\eta = f(n_A/n_E)$ — zu berechnen nach Gl. (46.3) — bestimmt ist.

Ein Motor mit beliebiger Motorkenn*linie* und ein beliebiges stufenloses Getriebe geben im allgemeinen noch keine arbeitsfähige Kombination ab, wie am Beispiel des Föttinger-Drehmomentenwandlers

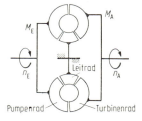

Bild 46.5 Prinzipieller Aufbau eines Föttinger-Drehmomentenwandlers.

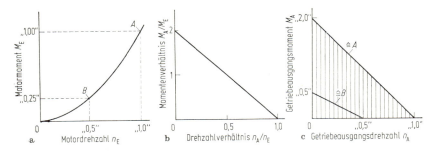

Bild 46.6 Wandlung durch ein Föttinger-Getriebe. a) Vom Pumpenrad aufgenommenes Moment, b) Wandlerkennlinie, c) Kennfeld am Wandlerausgang.

gezeigt werden soll. Er besteht aus einem Pumpen-, einem Turbinen- und einem Leitrad (Bild 46.5). Das Pumpenrad dreht sich meistens mit der Motordrehzahl und nimmt wie alle Strömungsmaschinenräder ein Moment

$$M_E \sim n^2_E \qquad (46.6)$$

auf. Es verlangt damit vom Motor eine Kennlinie, die proportional dem Quadrat der Drehzahl n_E ist, s. Bild 46.6a. Würde nun ein Föttingergetriebe mit einem Motor nach Bild 46.4a kombiniert, dann ergäbe die

Parabel des Pumpenrades mit der Senkrechten des Motors höchstens einen Schnittpunkt, also nur einen Betriebspunkt und damit am Wandlerausgang nur eine Kenn*linie* und kein Kennfeld.

Wird nun andererseits ein Verbrennungsmotor, der ein Kennfeld hat, mit einem Föttinger-Getriebe kombiniert, dann wird vom gesamten Kennfeld nur eine Linie benutzt, nämlich die von I nach II in Bild 46.7.

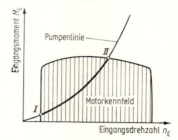

Bild 46.7 Momentenaufnahme des Pumpenrades eines Föttinger-Getriebes im Vergleich zum Motorkennfeld.

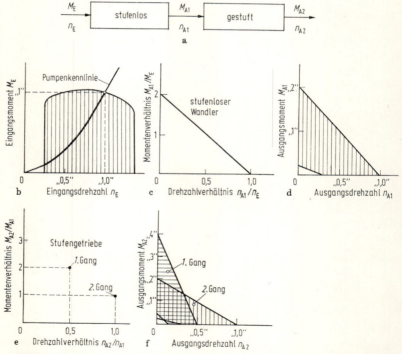

Bild 46.8 Kombination von Verbrennungsmotor, Föttingerwandler und Stufengetriebe.
a) Blockdarstellung, b) Motorkennfeld mit Pumpenkennlinie, c) Kennlinie des Föttingerwandlers, d) Kennfeld am Wandlerausgang, e) Kennung des Stufengetriebes, f) Ausgangskennfeld

(Genau genommen ist die Proportionalitätskonstante für Gl. (46.6) von der Öltemperatur oder bei manchen Konstruktionen vom Ausgangsmoment M_A abhängig, so daß statt der Betriebslinie eine Betriebsfläche verlangt wird, die aber relativ klein ist.)

Zum Schluß sei noch erwähnt, daß Kombinationen von stufenlosen Wandlern mit Stufengetrieben auftreten können, und zwar aus Gründen der mangelnden Drehmomentenübersetzung oder um in Bereichen guter Wirkungsgrade zu arbeiten.

In Bild 46.8 ist der Kombination Verbrennungsmotor und Föttingerwandler, deren Kennungen wir aus den Bildern 46.6 und 46.7 kennen, ein Stufengetriebe mit zwei Gängen nachgeschaltet worden. Dadurch entstehen aus dem einen Kennfeld nach Bild 46.6c zwei sich teilweise überschneidende Felder nach Bild 46.8f. Wegen der Drehzahllücke des Motors fehlt im Kennfeld der Kombination mit dem stufenlosen Wandler in Bild 46.8d der nicht schraffierte Zwickel. Bei $n_{A1} = 0$ ist also nicht $M_{A1} = 0$ möglich, was zum bekannten Kriechen führt.

VII. Fahrleistungen

In den vorangegangenen Kapiteln V und VI haben wir die Größe der Fahrwiderstände und die Kennfelder der Antriebsmaschinen besprochen. Nun betrachten wir beides zusammen und kommen damit zu den Fahrleistungen, d. h. wir berechnen die Höchstgeschwindigkeit eines Fahrzeugs, seine Steig- und Beschleunigungsfähigkeit. In den Beispielen werden wir als Antriebsmaschinen Verbrennungsmotoren mit mechanischen Kennungswandlern wählen.

47. Fahrzustandsschaubilder

Vereinigt man die beiden Diagramme Bedarfs- und Lieferkennfeld in einem einzigen, dann spricht man vom sog. *Fahrzustandsschaubild*. Das Bedarfskennfeld ergibt sich nach Gl. (38.5) in der Momentendarstellung aus

$$\frac{M_{R,\text{Bedarf}}}{r} = W_R + W_{St} + W_L = G(f_R + p) + c_W F \frac{\varrho}{2} v^2. \quad (47.1)$$

Dabei wurde der Beschleunigungswiderstand (und eine zusätzliche Windgeschwindigkeit) vernachlässigt, um eine alleinige Abhängigkeit von der translatorischen Fahrgeschwindigkeit v zu erhalten und um den Schlupf nach Gl. (37.8) nicht berücksichtigen zu müssen. Weiterhin wurde zur Verdeutlichung an das Radmoment M_R der Zusatzindex „Bedarf" angehängt. Ein Bedarfskennfeld ist in Bild 47.1 dargestellt.

144   Zweiter Teil — VII. Fahrleistungen

Das Lieferkennfeld am Rad in der Momentenabhängigkeit zeigt Bild 47.2, das dem Bild 46.2b entspricht, nur daß statt des Index A △ Ausgang jetzt R △ Rad gesetzt wurde. Das Liefermoment $M_{R,\text{Liefer}}$ ist aber nicht als Funktion der gewünschten Translationsgeschwindig-

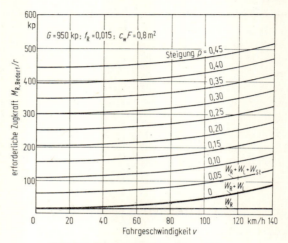

Bild 47.1 Beispiel eines Bedarfskennfeldes.

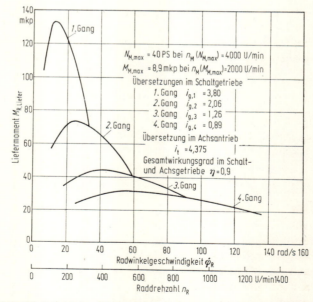

Bild 47.2 Beispiel eines Lieferkennfeldes (Ottomotor mit Viergang-Getriebe).

keit v, sondern der Rotationsgeschwindigkeit des Rades $\dot{\varphi}_R$ bzw. der Raddrehzahl n_R gegeben. Nach Gl. (38.11) ist

$$v = R\dot{\varphi}_R = R_0(1-s)\dot{\varphi}_R. \tag{47.2}$$

Dazu müssen der dynamische Halbmesser R_0 und der Antriebsschlupf s bekannt sein.

47.1 Vereinfachte Fahrzustandsschaubilder

Wird zum einen der Schlupf nicht berücksichtigt, also $s = 0$ gesetzt, und damit Gl. (47.2) zu

$$v = R_0\dot{\varphi}_R \tag{47.3}$$

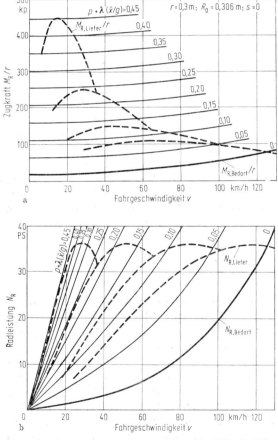

Bild 47.3 Beispiel eines Fahrzustandsschaubildes a) in der Zugkraft-Geschwindigkeits-Darstellung, b) in der Leistungs-Geschwindigkeits-Darstellung.

vereinfacht sowie zum anderen die Geschwindigkeitsabhängigkeit von r und R_0 vernachlässigt, so lassen sich Bedarfs- und Lieferkennfeld aus Bild 47.1 und 47.2 leicht in das Fahrzustandsschaubild nach Bild 47.3a übertragen. (Diese Darstellung trägt auch den Namen *Zugkraft-Geschwindigkeits-Diagramm*.)

Durch die oben genannten Vereinfachungen läßt sich auch rasch ein Fahrzustandsschaubild in der Leistungs-Geschwindigkeits-Darstellung (oft auch *Fahrleistungsschaubild* genannt) nach Bild 47.3b angeben. Die Bedarfsleistung errechnet sich aus Gl. (38.14b) und die Lieferleistung über Bild 46.3b und Gl. (47.3) als Funktion der Fahrgeschwindigkeit.

Da der Schlupf nicht berücksichtigt wird, ist auch der beim Beschleunigungswiderstand auftretende Faktor λ für jeden Gang eine Konstante, so daß an die Kurvenscharen in Bild 47.3 entweder die Steigung p oder der Ausdruck $\lambda \ddot{x}/g$ bzw. nach Gl. (38.5) und (38.14b) die Summe aus beiden geschrieben werden kann.

Diese Darstellungen nach Bild 47.3 mit den oben genannten Vernachlässigungen sind im allgemeinen üblich und werden fast ausschließlich angewendet.

47.2 Exakte Darstellung

Wir wollen uns nun mit der exakten Darstellung beschäftigen. Nach Gl. (47.2) muß der Schlupf s berücksichtigt werden, dessen Größe sich — wie wir von Abschn. 10 her wissen — aus der Kraftschlußbeanspruchungs-Schlupf-Kurve entnehmen läßt. Bild 47.4a zeigt ein solches Diagramm. Dabei wurde die dimensionslose Darstellung an der Ordinate verlassen und die Umfangskraft U (bzw. $U/2$, falls zwei Reifen auf der Antriebsachse) aufgetragen, die sich bei Einachsantrieb z. B. mit Gl. (27.6) oder (27.9) und Gl. (5.7) bei unbeschleunigter Fahrt aus dem Liefermoment zu

$$U_{\text{V,H}} = \frac{M_{\text{R,Liefer}}}{r} - W_{\text{R,V,H}} \qquad (47.4)$$

berechnen läßt. Mit dieser Gleichung und dem Diagramm nach Bild 47.2 ergibt sich Bild 47.4b. Aus den Bildern a und b zusammen können wir für gleiche Umfangskräfte U zu jeder Winkelgeschwindigkeit $\dot{\varphi}_R$ den zugehörigen Schlupf s ermitteln und damit über Gl. (47.2) die gewünschte Beziehung zwischen $\dot{\varphi}_R$ und v. Jetzt erst können wir die Lieferkennung $M_{\text{R,Liefer}}$ über der Fahrgeschwindigkeit v auftragen. Als Ergebnis erhält man z. B. das Bild 47.5, in dem die Auswirkung der zwei in Bild 47.4a gezeigten, verschiedenen Schlupfkurven auf das Zugkraft-Geschwindigkeits-Diagramm des 3. Ganges deutlich wird. Zum Vergleich wurde noch die Lieferkennung bei Schlupf Null eingezeichnet. Danach rückt bei Berücksichtigung des Schlupfes die Antriebskennung nach links, und

47. Fahrzustandsschaubilder 147

zwar um so mehr, je flacher der Anstieg bei der Umfangskraft-Schlupf-Kurve und (hier nicht dargestellt, aber selbstverständlich) je größer das Antriebsmoment bzw. die Umfangskraft ist. Wir erkennen also hieran,

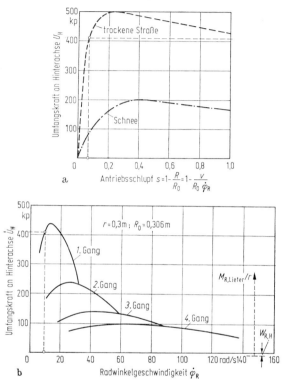

Bild 47.4 Zur Ermittlung der Lieferkennung in Abhängigkeit von der Fahrgeschwindigkeit. a) Umfangskraft U_H über Antriebsschlupf s für zwei Fahrbahnzustände, b) aus der Lieferkennung ermittelte Umfangskraft U_H über Radwinkelgeschwindigkeit $\dot{\varphi}_R$ am Beispiel eines Fahrzeuges mit Viergang-Getriebe.

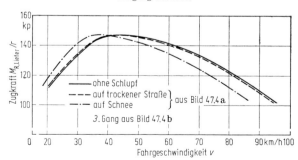

Bild 47.5 Einfluß des Schlupfes bei verschiedenem Kraftschlußverhalten auf die Vollastkennlinie des 3. Ganges nach Bild 47.4.

10*

148 Zweiter Teil — VII. Fahrleistungen

daß sich die Vollastkennlinie einer Antriebsmaschine bei Übergang von der Drehzahl- auf die Fahrgeschwindigkeitsdarstellung in einem schmalen Bereich verschieben kann, dessen Größe bei gleichem Reifen von der Straßendecke und den Witterungsbedingungen abhängt.

Aus Bild 11.2 wissen wir weiter, daß besonders auf nassen Straßen die Kraftschlußbeanspruchungs-Schlupf-Kurve eine Funktion der Geschwindigkeit ist. Will man dies auch berücksichtigen, so kann man eine andere Diagrammkombination wählen, um den Schlupf zu bestimmen

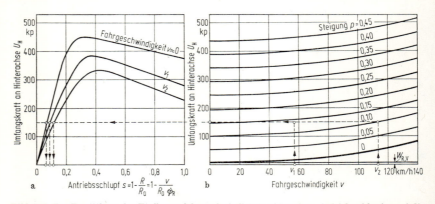

Bild 47.6 Zur Ermittlung des Einflusses fahrgeschwindigkeitsabhängigen Antriebsschlupfes auf die Lieferkennung. a) Umfangskraft U_H über dem Antriebsschlupf s für verschiedene Fahrgeschwindigkeiten v, b) Bedarfskennung U_H über Fahrgeschwindigkeit v.

und die Geschwindigkeit nach Gl. (47.2) zu berechnen. Die Größe der Umfangskraft wird nicht aus der Lieferkennung, sondern aus der Bedarfskennung nach Gl. (27.10) bei Einachsantrieb und unbeschleunigter Fahrt aus

$$U_V + U_H = W_{St} + W_L = Gp + c_W F(\varrho/2) v^2, \qquad (47.5)$$

für Hinterachsantrieb also z.B. mit $U_V = -W_{R,V}$ zu $U_H = W_{St} + W_L + W_{R,V}$ berechnet und der Schlupf s über Bild 47.6 ermittelt. Das eingezeichnete Beispiel zeigt, daß bei gleicher Umfangskraft durch die Geschwindigkeitsabhängigkeit die Schlupfwerte variieren.

Weiterhin sei darauf hingewiesen, daß nicht, wie für Bild 47.3a und 47.6a angenommen, bei den verschiedenen Umfangskräften die Radlast P konstant ist. Sie ändert sich vielmehr, mit zunehmender Steigung wird z. B. bei Hinterachsantrieb die Vertikallast P größer, so daß also auch dies berücksichtigt werden müßte, s. Kap. VIII.

Bei beschleunigter Fahrt wird alles noch komplizierter als bei stationärer, weil dann auch in die Bedarfskennung durch die Beschleunigung der rotatorischen Teile über den Faktor λ der Schlupf eingeht, s. Gl. (37.8).

Zuletzt kann noch bedacht werden, daß auch die Größen r und R_0 von der Geschwindigkeit abhängen.

In den folgenden Abschnitten werden wir immer mit den einfachen Diagrammen nach Bild 47.3 beginnen und dann, falls notwendig, uns der genaueren Darstellung entsinnen.

Dabei werden wir öfter Rad- und Motorleistungen und -momente umrechnen müssen. Die bekannten Gl. (46.3) bis (46.5) lauten, wenn für die Indizes E $\triangle$ Eingang und A $\triangle$ Ausgang jetzt M $\triangle$ Motor und R $\triangle$ Rad gesetzt wird,

Leistung: $$N_R = \eta N_M, \quad (47.6)$$

Drehzahlübersetzungsverhältnis: $$i = n_M/n_R = \dot{\varphi}_M/\dot{\varphi}_R, \quad (47.7)$$

Moment: $$M_R = i\eta M_M. \quad (47.8)$$

Die Darstellung der Gl. (47.2) als zugeschnittene Größengleichung lautet nach Einführung der Motordrehzahl n_M mit Hilfe von Gl. (38.19) und (47.7)

$$\frac{v}{\text{km/h}} = \frac{1}{2{,}65\,i}\,\frac{R}{\text{m}}\,\frac{n_M}{\text{U/min}} = \frac{1-s}{2{,}65\,i}\,\frac{R_0}{\text{m}}\,\frac{n_M}{\text{U/min}}. \quad (47.9)$$

Im weiteren werden wir die Indizes „Liefer" und „Bedarf" nicht mehr verwenden — sie haben nur in diesem Abschnitt zur Klarstellung gedient —, da in jedem Fahrzustand

$$M_{R,\text{Bedarf}} = M_{R,\text{Liefer}} \quad (47.10)$$

sein muß.

48. Höchstgeschwindigkeit in der Ebene

Der Schnittpunkt der Widerstandskurven bei $p = 0$ (und $\ddot{x} = 0$) mit der Lieferkennung (im letzten Gang) in den Bildern 47.3a und b ergibt die Höchstgeschwindigkeit $v_{\max}$ in der Ebene. Sie läßt sich auch, wenn alle Fahrzeug- und Motordaten bekannt sind, aus der Zugkraftgleichung

$$\frac{M_R}{r} = \frac{i\eta}{r}M_M = W_R + W_L = f_R G + c_W F \frac{\varrho}{2} v_{\max}^2 \quad (48.1)$$

oder aus der Leistungsgleichung

$$N_R = \eta N_M = \frac{r}{R_0}\frac{1}{1-s}(W_R + W_L)v_{\max}$$

$$= \frac{r}{R_0}\frac{1}{1-s}\left(f_R G v_{\max} + c_W F \frac{\varrho}{2} v_{\max}^3\right) \quad (48.2)$$

berechnen.

Für die Konzeption eines neuen Wagens ist der umgekehrte Fall der Berechnung wichtig, nämlich zu bekannten (oder geschätzten) Fahrzeugdaten und vorgegebener Höchstgeschwindigkeit Motor- und Kennungswandler-Daten zu finden.

Nach der einfachen (hauptsächlich schlupffreien) Betrachtung von Abschn. 47.1 ist die Motorleistung N_M bei v_{max}

$$N_M(v_{max}) \approx \frac{1}{\eta}\left[f_R G v_{max} + c_W F \frac{\varrho}{2} v_{max}^3\right]. \tag{48.3}$$

Wird nun ein Motor nach dieser Leistung ausgelegt oder dessen Vollastkennlinie z. B. nach Abschn. 43 geschätzt, so wird $N_M(v_{max})$ (nach Bild 48.1 a) bei einer bestimmten Drehzahl — $n_M(v_{max})$ genannt —

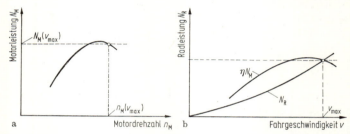

Bild 48.1 Zur Ermittlung der Höchstgeschwindigkeit v_{max}. a) Vollastkennlinie des Motors, Leistung N_M über Drehzahl n_M, b) am Rad verfügbare Leistung ηN_M und durch die Widerstände erforderliche Leistung N_R über der Fahrgeschwindigkeit v.

abgegeben. Der Zusammenhang zwischen dieser Drehzahl und der Fahrgeschwindigkeit v_{max} ergibt sich nach Gl. (47.3) und (38.19)

$$v_{max} \approx \frac{R_0}{i} \dot{\varphi}_M(v_{max}) = \frac{2\pi R_0}{i} n_M(v_{max}). \tag{48.4}$$

Aus dieser Gleichung errechnet sich die Übersetzung i, die die kleinste Übersetzung ist, zu

$$i_{min} \approx R_0 \frac{\dot{\varphi}_M(v_{max})}{v_{max}} = 2\pi R_0 \frac{n_M(v_{max})}{v_{max}}. \tag{48.5}$$

Mit dem Wert i_{min} und dem schon bekannten (oder geschätzten) Wirkungsgrad η läßt sich nun die Vollastkennlinie N_M aus Bild 48.1 a in Bild 48.1 b übertragen.

Abschließend könnte man die Berechnung nach den exakten Gleichungen mit den Reifendaten durchführen; die Abweichungen jedoch werden nicht sehr groß sein, da die Umfangskraft bei Höchstgeschwindigkeit normalerweise klein und damit der Antriebsschlupf gering ist.

48. Höchstgeschwindigkeit in der Ebene

Die Zuordnung von Höchstgeschwindigkeit, Motorleistung und minimalem Übersetzungsverhältnis läßt sich sehr einfach für den Sonderfall bestimmen, bei dem die Widerstandskurve die Leistungskennlinie der Antriebsmaschine gerade bei dem Punkt der maximalen Leistung $N_{M,max}$ schneidet, s. Bild 48.2b. Dann ist

$$N_R(v_{max}) = \eta \, N_{M,max}, \tag{48.6}$$

und die zur Höchstgeschwindigkeit gehörende Motordrehzahl beträgt

$$n_M(v_{max}) = n_M(N_{M,max}). \tag{48.7}$$

Von diesem Sonderfall aus, der in Bild 48.3 eingetragen und mit 1 gekennzeichnet ist, wollen wir zwei weitere, allgemeinere Fälle unterscheiden lernen.

Fall 2: Die Höchstgeschwindigkeit wird bei einer Motordrehzahl erreicht, die oberhalb der Drehzahl der maximalen Motorleistung $n_M(N_{M,max})$ liegt (und selbstverständlich unterhalb der höchsten Motor-

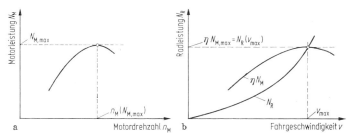

Bild 48.2 Sonderfall zu Bild 48.1, Höchstgeschwindigkeit v_{max} bei maximaler Motorleistung N_{max}.

drehzahl $n_{M,max}$). Dadurch wird die maximale Fahrgeschwindigkeit v_{max} kleiner als in Fall 1, aber bei $v < v_{max}$ ist die Überschußleistung höher, Bergsteig- und Beschleunigungsfähigkeit werden verbessert, s. Abschn. 49 und 50.

Fall 3: Die zur Höchstgeschwindigkeit des Fahrzeuges gehörende Motordrehzahl liegt unter der Drehzahl bei maximaler Leistung. Der Motor dreht bei v_{max} niedriger und wird geschont, deshalb heißt eine entsprechende Übersetzung *Schongang* oder auch *Spargang*, weil hierdurch der Treibstoffverbrauch (s. Abschn. 51) gesenkt wird. Als großer Nachteil ergibt sich dabei eine mangelnde Überschußleistung. Deshalb hat sich diese Auslegung nur als Kombination von 1 und 3 durchgesetzt, so daß bei normaler Fahrt der Spargang benutzt werden kann und beim Beschleunigen ein Fall 1 entsprechender direkter Gang.

Diese verschiedenen Fälle kommen auch im Betrieb eines Fahrzeuges dadurch vor, daß sich die Widerstandslinien nach Bild 48.4 verschieben können, und zwar ergeben sich durch Be- und Entladung verschiedene Gewichte und bei Lkw z. B. zusätzlich veränderte $c_W F$-Werte.

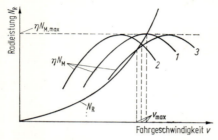

Bild 48.3 Höchstgeschwindigkeit bei verschiedenen Antriebsübersetzungen. 1. v_{max} bei $N_{M,max}$, 2. v_{max} oberhalb $N_{M,max}$, 3. v_{max} unterhalb $N_{M,max}$.

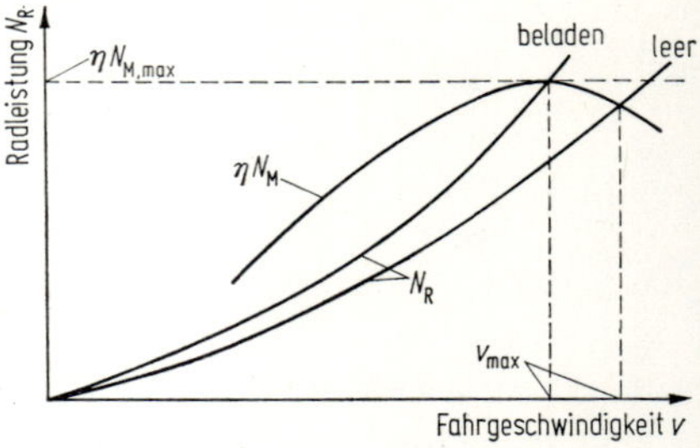

Bild 48.4 Einfluß des Beladungszustandes auf die Höchstgeschwindigkeit.

Statt mit den einzelnen Größen N_R, f_R, G usw. zu rechnen, können bezogene Größen verwendet werden: z. B. dadurch, daß Gl. (48.2) bzw. (48.3) durch das Gewicht G dividiert wird.

$$\frac{N_R(v_{max})}{G} = \eta \frac{N_M(v_{max})}{G} = \frac{r}{R_0} \frac{1}{1-s} \left(f_R v_{max} + \frac{\varrho}{2} \frac{c_W F}{G} v_{max}^3 \right)$$
$$\approx f_R v_{max} + \frac{\varrho}{2} \frac{c_W F}{G} v_{max}^3. \tag{48.8}$$

Die Verhältniswerte N/G nennt man *Leistungsgewichte*, die im allgemeinen in der Einheit PS/Mp ausgedrückt werden. In Bild 48.5 ist die Größe der bezogenen Motorleistung $N_M(v_{max})/G$ bei einem f_R/η-Wert und unterschiedlichen $c_W F/\eta G$ eingezeichnet. Diesen rechnerisch ermittelten Kurven wird im Diagramm die von Herstellern angegebene bezogene maximale Motorleistung $N_{M,max}/G$ als Funktion der Maximalgeschwindigkeit gegenübergestellt.

Zum Schluß werden an Hand von Zahlenbeispielen die Übersetzungsverhältnisse i_{min} abgeschätzt. Es ist etwa
bei Pkw mit Ottomotor

$$n_M(v_{max}) \approx 4000 - 5500 \text{ U/min},$$
$$v_{max} \approx 120 - 200 \text{ km/h},$$
$$R_0 \approx 0{,}3 \text{ m},$$

mit Gl. (47.9) und $s \approx 0$ wird

$$i_{min} = \left(\frac{4000}{120} \ldots \frac{5500}{200} \right) \frac{0{,}3}{2{,}65} \approx 3{,}8 \ldots 3{,}1;$$

bei schweren Lkw mit Dieselmotor

$$n_M(v_{max}) \approx 2500 \text{ U/min},$$
$$v_{max} \approx 80 \text{ km/h},$$
$$R_0 \approx 0{,}52 \text{ m},$$
$$i_{min} = \frac{2500 \cdot 0{,}52}{2{,}65 \cdot 80} \approx 6{,}1.$$

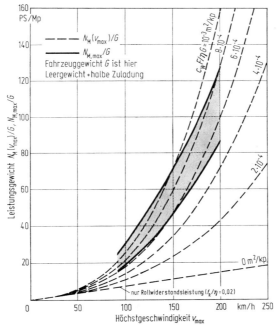

Bild 48.5 Leistungsgewichte $N_M(v_{max})/G$ für verschiedene Widerstandsdaten und Leistungsgewichte $N_{M,max}/G$ ausgeführter Pkw (schraffierter Bereich) über der Höchstgeschwindigkeit.

49. Steigfähigkeit

Ist die Fahrgeschwindigkeit v kleiner als die Höchstgeschwindigkeit v_{max}, dann kann nach Bild 47.3 die Überschußzugkraft, d. h. die Differenz zwischen bezogenem Radmoment M_R/r und den Widerständen $W_R + W_L$ zum Befahren von Steigungen genutzt werden. Nach Gl. (38.2) ist bei unbeschleunigter Fahrt

$$W_{St} = pG = \frac{M_R}{r} - (W_R + W_L), \tag{49.1}$$

woraus sich die befahrbare Steigung p ergibt. Mit zunehmender Steigung p verringert[1] sich die mögliche Fahrgeschwindigkeit v.

Bild 49.1 zeigt, wie die Steigfähigkeit $p = f(v)$ vom Beladungszustand G abhängt. Dies bestimmt man am einfachsten, indem in Gl. (47.1) die vom Gewicht abhängigen Glieder zusammengefaßt werden.

$$W_R + W_{St} = (f_R + p)G = \frac{M_R}{r} - W_L. \qquad (49.2)$$

Dann wird in Bild 49.1 $M_R/r - W_L$ über der Geschwindigkeit aufgetragen und für das jeweilige Gewicht durch G dividiert, so daß Ordi-

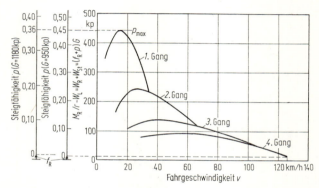

Bild 49.1 Steigfähigkeit für ein Beispiel bei zwei verschiedenen Fahrzeuggewichten G über der Fahrgeschwindigkeit v.

natenmaßstäbe für p entstehen, die um f_R von Null verschoben beginnen

$$p = \frac{1}{G}\left(\frac{M_R}{r} - W_L\right) - f_R. \qquad (49.3)$$

Die maximale Steigfähigkeit innerhalb eines Ganges (bei einem Brennkraftmotor mit Schaltgetriebe) fällt, wie Bild 49.2 zeigt, nicht mit dem maximalen Moment $M_{R,max}$ zusammen, sondern liegt wegen des mit der Geschwindigkeit zunehmenden Luftwiderstandes bei kleinerer Geschwindigkeit v. Dies zeigt die Bedeutung des Momentenverlaufs links vom maximalen Moment (gestrichelt in Bild 49.2 angegeben), weil bei dort hohem Moment in manchen Steigungen dem Fahrer ein Zurückschalten erspart bleibt.

---

[1] Bei Gefällefahrt (p negativ) kann die Fahrgeschwindigkeit über der maximalen Geschwindigkeit in der Ebene liegen, falls (der Fahrer will und) der Antrieb diese Drehzahlen zuläßt.

49. Steigfähigkeit

Die größte Steigung p_{max} überhaupt wird im ersten Gang, bei der größten Übersetzung i_{max} erreicht bzw. umgekehrt, i_{max} wird so ausgelegt, daß eine bestimmte Steigung p_{max} befahren werden kann. Aus Gl. (49.2), wo der Luftwiderstand W_L wegen der kleinen Fahrgeschwindigkeit vernachlässigt werden kann, folgt

$$\frac{M_{R,max}}{r} = W_R + W_{St,max} = (f_R + p_{max})G. \tag{49.4}$$

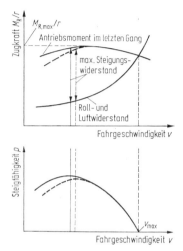

Bild 49.2 Einfluß des Drehmomentenverlaufes unterhalb des Maximums $M_{R,max}$ auf die Steigfähigkeit.

$M_{R,max}$ wiederum ergibt sich aus dem maximalen Motormoment $M_{M,max}$ — das hier verwendet werden kann, da der Luftwiderstand unbedeutend ist —, der größten Übersetzung i_{max} und dem Wirkungsgrad η der Momentenübertragung bis zum Rad nach Gl. (47.8)

$$M_{R,max} = i_{max}\eta M_{M,max}. \tag{49.5}$$

Aus beiden Gleichungen ergibt sich

$$\frac{i_{max}\eta M_{M,max}}{r} = (f_R + p_{max})G \tag{49.6}$$

und die maximale Übersetzung zu

$$i_{max} = \frac{(f_R + p_{max})Gr}{\eta M_{M,max}}. \tag{49.7}$$

Die dabei erzielte Fahrgeschwindigkeit ist nach Gl. (47.2), (38.19) und (47.7)

$$v = 2\pi \frac{R\,n_M(M_{M,\max})}{i_{\max}} = 2\pi \frac{R}{r} \frac{\eta M_{M,\max} n_M(M_{M,\max})}{(f_R + p_{\max})G} \qquad (49.8\text{a})$$

bzw. mit den in Gl. (47.9) verwendeten Einheiten

$$\frac{v}{\text{km/h}} = \frac{1}{2{,}65\,i_{\max}} \frac{R}{\text{m}} \frac{n_M(M_{M,\max})}{\text{U/min}}$$

$$= \frac{\eta}{2{,}65(f_R + p_{\max})} \frac{R}{r} \frac{M_{M,\max}}{\text{mkp}} \frac{n_M(M_{M,\max})}{\text{U/min}} \frac{\text{kp}}{G}. \qquad (49.8\text{b})$$

Folgende Zahlenbeispiele zeigen die Anwendung:
Für einen Pkw seien

$$f_R = 0{,}015, \quad p_{\max} = 0{,}30\ (30\%), \quad r = 0{,}3\ \text{m}, \quad G = 1400\ \text{kp},$$

$$M_{M,\max} = 13{,}2\ \text{mkp}, \quad n_M(M_{M,\max}) = 2200\ \text{U/min}, \quad \eta \approx 0{,}87.$$

$$i_{\max} = \frac{(0{,}015 + 0{,}30) \cdot 1400 \cdot 0{,}3}{0{,}87 \cdot 13{,}2} = 11{,}5.$$

Nehmen wir von Abschn. 48 ein $i_{\min} \approx 3{,}5$, so ist

$$i_{\max}/i_{\min} = 3{,}3,$$

d. h. das Schaltgetriebe muß die Übersetzung zwischen 1 (Höchstgeschwindigkeit) und 3,3 (maximale Steigung) überdecken.

Die Fahrgeschwindigkeit beträgt bei der maximalen Steigung und bei $R \approx r$

$$v = \frac{0{,}3 \cdot 2200}{2{,}65 \cdot 11{,}5} = 21{,}7\ \text{km/h}.$$

Da bei den großen Steigungen nach Bild 49.1 die Umfangskräfte an den Antriebsrädern groß sind, muß der Schlupf durch $R = R_0(1-s)$ berücksichtigt werden, der exakt aus dem entsprechenden Reifendiagramm zu entnehmen ist. Er wird hier mit $s = 0{,}15$ abgeschätzt; dadurch vermindert sich die Fahrgeschwindigkeit v bei $R_0 = 0{,}3$ auf

$$v = \frac{0{,}3 \cdot 0{,}85 \cdot 2200}{2{,}65 \cdot 11{,}5} = 18{,}4\ \text{km/h}.$$

Für einen Lkw mit den Daten

$$r = 0{,}52\ \text{m}, \quad M_{M,\max} = 90\ \text{mkp}, \quad n_M(M_{M,\max}) = 1400\ \text{U/min},$$

$$G = 16\,000\ \text{kp (beladen, ohne Anhänger)},$$

$$G = 32\,000\ \text{kp (beladen, mit Anhänger)}$$

49. Steigfähigkeit

bei gleichem f_R, p_{max} und η wird

$$i_{max} = \frac{(0{,}015 + 0{,}30)(32\,000 \text{ bzw. } 16\,000)\,0{,}52}{0{,}87 \cdot 90} \approx 66 \text{ bzw. } 33;$$

mit $i_{min} = 6$ aus Abschn. 48 ergibt sich ein Verhältnis von

$$i_{max}/i_{min} = 11 \text{ bzw. } 5{,}5.$$

Die Fahrgeschwindigkeiten bei der maximalen Steigung betragen

$$v\left(\frac{R}{r} \approx 1\right) = \frac{0{,}52 \cdot 1400}{2{,}65 \,(66 \text{ bzw. } 33)} \approx 4{,}2 \text{ bzw. } 8{,}3 \text{ km/h}.$$

Beim Lkw ist gegenüber dem Pkw der Bereich der Übersetzung wesentlich größer. Dies liegt letztlich an der relativ kleinen maximalen Geschwindigkeit v_{max} oder, anders ausgedrückt, an dem verhältnismäßig kleinen Luftwiderstand W_L gegenüber den gewichtsabhängigen Widerständen $W_R + W_{St}$.

Wegen des großen Übersetzungsbereiches besitzen Lkw mehr Gänge (mehr Zwischenübersetzungen) als Pkw, um möglichst nahe der idealen Zugkrafthyperbel zu liegen. Zahlenangaben über die Bergsteigfähigkeit verschiedener Fahrzeuge in den einzelnen Gängen sind in Tabelle 49.1 zusammengestellt.

Abschließend wäre noch zu prüfen, ob der Kraftschluß zum Befahren der maximalen Steigungen überhaupt ausreicht. Das wird in Kap. VIII nachgeholt.

Wir kehren noch einmal zu Bild 49.2 zurück und sehen uns die Steigfähigkeit im letzten Gang an. Dabei werden wir erkennen, daß mit größer werdender Maximalgeschwindigkeit auch die Steigfähigkeit im letzten Gang zunimmt[1].

Für die Höchstgeschwindigkeit gilt (vereinfachend Fall 1 aus Bild 48.3 angenommen)

$$M_R(N_{R,max}) = i_{min}\eta\, M_M(N_{M,max}) = [f_R G + (\varrho/2)\, c_w F v_{max}^2]\, r. \qquad (49.9)$$

Beim maximalen Motormoment $M_{M,max}$ kann eine Steigung p befahren werden (wegen Bild 49.2 nicht die maximale Steigung in diesem Gang!), die sich aus

$$M_R = i_{min}\eta\, M_{M,max} = [(f_R + p)\, G + (\varrho/2)\, c_w F v^2]\, r \qquad (49.10)$$

ergibt und sich zu

$$p = f_R \left[\frac{M_{M,max}}{M_M(N_{M,max})} - 1 \right] + \frac{\varrho}{2} \frac{c_w F}{G} v_{max}^2 \left\{ \left[\frac{M_{M,max}}{M_M(N_{M,max})} - 1 \right] + \right.$$

$$\left. + \left[1 - \frac{n_M^2(M_{M,max})}{n_M^2(N_{M,max})} \right] \right\} \qquad (49.11)$$

---

[1] Vgl. FLÖSSEL, W.: Bergsteigfähigkeit und Literleistung, Stuttgart 1950.

158 Zweiter Teil — VII. Fahrleistungen

Pkw

Tabelle 49.1 *Bergsteigfähigkeit [%] von Pkw und Lkw in den verschiedenen Gängen*

Wagentyp	Gang 1.	2.	3.	4.	Zuladung: halbe bzw. volle Nutzlast
Audi 80 PS	46	25	16	10	halb
Autobianchi Primula	35	21	12,5	7	voll
BMW 2000	71	32	18	12	halb
Citroën 2CV	26	13	7	3,5	voll
Fiat 124	36	20	11,5	6,5	voll
Fiat Neckar 1100	32	18	10,5	6	voll
Ford 12 M	38,2	21,7	12,7	7,8	halb
Mercedes 200	57	32	18	10	halb
Mercedes 250 SE	70	32	17,5	11,2	halb
Opel Kadett 45 PS	39	20,5	11,5	6,5	halb
Opel Kadett Caravan L	38	19	11	6,5	halb
Opel Rekord 1,7 l	46	25	14	9	halb
Opel Admiral 2,8 l	47	27	17	11	voll
Renault R 4	32	15	6		voll
Renault R 16	32	18,5	11,5	5,5	voll
VW Variant 1600 A	41,5	21,5	12	7,5	halb

Lkw

Wagentyp	Gewicht [Mp]	Gang 1.	2.	3.	4.	5.	6.
Fiat 645 N	7,4	27	13,6	7,6	4,4	2,3	
Faun F 610/465 V*	16	49,6	25,5	16,1	9,9	5,8	2,9
	38	40,4	9,3	13,3	8,0	4,4	1,8
		17,8		5,6	3,0	1,3	0,1
		14,8	7,6	4,4	2,2	0,7	0,1
Faun 910/40 V8 × 4	32	23	14	8,5	4,5	2,5	,1
Magirus D 12 FL	12	28,3	13,7	6,5	2,8	1,4	
$i_{\text{Achsantr.}} = 7{,}03$	22	14,3	6,7	2,1	0,8	—	

Tabelle 49.1 (Fortsetzung)

Lkw Wagentyp	Gewicht [Mp]	Gang 1.	2.	3.	4.	5.	6.
Magirus D 12 FL $i = 8{,}56$	12	36	17,2	8,4	3,9	2,4	
	22	18,1	8,6	3,9	1,4	0,4	
Magirus 100 D 7/8 FL $i = 5{,}37$	7,5	37,4	19,3	10,2	5,1	2,3	
	16,6	15	7,6	3,7	1,4	0,2	
Magirus 100 D 7/8 FL $i = 5{,}86$	7,5	41,7	21,5	11,3	5,8	2,7	
	16,6	16,6	8,6	4,2	1,8	0,4	
MAN 13215 BF $i = 6{,}78$*	38	19,9	10,4	5,5	2,6	1,2	0,6	0,4
MAN 13215 BF $i = 7{,}22$*	38	21,4	11,3	8,6	4,0	1,9	1,4	0,7	0,5
Krupp SF 380* $i = 7{,}2$	38	18	9,8	7,5	4,4	2,8	1,4	1,2	1,0	0,04
Mercedes Benz LP 1418*	14,5	31,8	15,6	6,9	4,0	2,2		0,8
	30,5	13,8	6,5	2,6	1,2	—	
Mercedes Benz LPK 1620 $i = 7{,}35$	16	40,4	21,3	12,1	6,7	4,4	2,3
	38	14,9	7,9	4,2	1,9	0,9	0,2
Mercedes Benz LPK 1620 $i = 8{,}38$	16	47,3	24,6	14,1	7,8	5,2	3,2
	38	17,3	9,3	5,0	2,4	1,3	0,4
Mercedes Benz LPS 2020*	38	14,7	7,8	4,1	1,9	0,8	0,3	—
Steyr 680 E*	12	51,5	24,8	18,8	12,9	6,7	5,1	3,9	2,6
	24	22,8	11,1	8,7	5,7	4,4	2,7	1,8	1,2	0,5
Volvo FB 88	38	18,5	12,5	8,4	5,8	3,5	2

* mit Zwischengetriebe.

berechnet. Dabei wurden unter Vernachlässigung des Schlupfes und des Unterschiedes zwischen den Größen R_0 und r die Fahrgeschwindigkeiten v proportional den Motordrehzahlen n_M gesetzt.

Folgendes Beispiel wird die Anwendung und die Bedeutung der Gl. (49.11) zeigen. Für einen Pkw gelten die Werte:

$$v_{\max} = 40 \text{ m/s} = 144 \text{ km/h}, \quad f_R = 0{,}01, \quad c_w F/G = 10^{-3} \text{ m}^2/\text{kp}$$

und für einen Ottomotor nach Tabelle 43.1

$$M_{M,\max}/M_M(N_{M,\max}) = 1{,}18, \qquad n_M(N_{M,\max})/n_M(M_{M,\max}) = 1{,}81,$$

$$p = 0{,}01\,[0{,}18] + 10^{-1}\,\{[0{,}18] + [0{,}7]\} \approx 0{,}09 \triangleq 9\%.$$

Danach kann also dieses Fahrzeug im letzten Gang eine 9%ige Steigung befahren (wegen Bild 49.2 sogar etwas mehr), und die Fahrgeschwindigkeit fällt dabei auf $v = v_{\max}/1{,}81 \approx 22$ m/s ≈ 80 km/h ab.

Das Zahlenbeispiel zeigt, daß hauptsächlich die zweite eckige Klammer innerhalb der geschweiften, d. h. hauptsächlich das Drehzahlverhältnis $n(N_{M,\max})/n(M_{M,\max})$ und weniger das Momentenverhältnis $M_{M,\max}/M_M(N_{M,\max})$ maßgebend ist. Es ist also wichtig, daß das maximale Moment $M_{M,\max}$ bei möglichst kleiner Drehzahl abgegeben wird, um ein großes Drehzahlverhältnis zu erhalten. Einen so ausgelegten Motor nennt man „elastisch", weil der Fahrer weniger zum Zurückschalten gezwungen wird.

Dabei wird allerdings vorausgesetzt, daß dieser „elastische" Motor die gleiche Maximalleistung $N_{M,\max}$ abgibt, um die gleiche Höchstgeschwindigkeit zu erreichen.

Würde bei einem anderen Motor, der eine niedrigere Maximalleistung bei gleichen Verhältnisdaten besitzt, nur $v_{\max} = 30$ m/s $= 108$ km/h erreicht, dann errechnet sich p zu

$$p = 10^{-2} \cdot 0{,}18 + 5{,}6 \cdot 10^{-2}\{0{,}18 + 0{,}7\} \approx 0{,}05 \triangleq 5\%.$$

Durch die Erniedrigung der Höchstgeschwindigkeit infolge niedrigerer Motorleistung nimmt also die Steigfähigkeit ab, die hier bei nur $v = 30/1{,}81 = 16{,}6$ m/s $=$ $= 60$ km/h erreicht wird. Wir sehen also daraus, daß es auch eine „Fahrzeugelastizität" gibt, die durch den Faktor vor der geschweiften Klammer $(c_w F/G)v_{\max}^2$ bestimmt wird.

Es wird sehr häufig die Meinung vertreten, daß ein Motor mit geringerer Leistung, dafür aber einem guten Drehmomentenverlauf vorteilhafter wäre. Das ist an Hand unserer beiden Beispiele leicht nachzuprüfen, wobei wir fordern, daß das zweite Fahrzeug mit $v_{\max} = 30$ m/s die Steigfähigkeit des ersten besitzen soll, nämlich $p = 9\%$ bei $v = 22$ m/s.

Daraus ergibt sich ein Drehzahlverhältnis $n_M(N_{M,\max})/n_M(M_{M,\max}) = 30/22 =$ $= 1{,}36$ und das gesuchte Momentenverhältnis aus Gl. (49.11) zu $M_{M,\max}/$ $M_M(N_{M,\max}) = 1{,}97$. Ein derartiges Verhältnis ist bei einem Brennkraftmotor nicht möglich (in diesem Beispiel würde das sogar bedeuten, daß die Leistung bei maximaler Steigung größer als bei maximaler Geschwindigkeit wäre). Wir sehen also an unserem Beispiel, daß für den letzten Gang das Fahrzeug mit der höheren Endgeschwindigkeit dem Fahrzeug mit der niedrigeren immer überlegen ist.

50. Beschleunigungsfähigkeit

Als letzte Einflußgröße auf die Fahrleistungen wird der Beschleunigungswiderstand $W_B = \lambda G \ddot{x}/g$ behandelt. Aus

$$M_R/r = \lambda G \ddot{x}/g + W_R + W_L + W_{st} \tag{50.1}$$

ergibt sich bei Fahrt in der Ebene ($W_{st} = 0$) die Beschleunigung $\ddot{x}$ bezogen auf die Erdbeschleunigung g zu

$$\frac{\ddot{x}}{g} = \frac{M_R/r - (W_R + W_L)}{\lambda G}. \tag{50.2}$$

Wäre der Faktor λ, der die rotatorisch zu beschleunigenden Massen berücksichtigt, über dem gesamten Geschwindigkeitsbereich konstant, dann wäre die Beschleunigung $\ddot{x}$ proportional der Überschußzugkraft, s. Bild 50.1b.

Für den Spezialfall $\lambda = 1$, d. h. rotatorische Massen sind vernachlässigbar klein, ergibt sich durch Vergleich der Gl. (50.2) mit (49.1)

$$\frac{\ddot{x}}{g}(\lambda = 1) = p, \tag{50.3}$$

d. h., die Größe der bezogenen Beschleunigung ist gleich der zu befahrenden Steigung. (Bei einer bestimmten Geschwindigkeit würde eine Steigung von $p = 0{,}1 \triangleq 10\%$ einer Beschleunigung in der Ebene von $\ddot{x} = 0{,}1g \triangleq 10\%$ der Erdbeschleunigung entsprechen.) Damit entsprächen sich auch die Diagramme 50.1b und c sowie 49.1.

Aus Abschn. 37 wissen wir aber, daß $\lambda > 1$ und außerdem je nach Drehzahlübersetzung zwischen Motor und Rädern veränderlich ist. Damit gilt nicht mehr Gl. (50.3), sondern

$$\frac{\ddot{x}}{g} = \frac{p}{\lambda} < p. \tag{50.4}$$

In Bild 50.1c sind für das vierstufige Schaltgetriebe die für jede Stufe voneinander verschiedenen λ-Werte berücksichtigt. Wir erkennen hieraus, daß im letzten, im vierten Gang, der Einfluß von λ sehr gering ist, also fast Gl. (50.3) gilt, während im ersten Gang die Beschleunigung wesentlich kleiner ist, als aus der Überschußzugkraft bzw. aus der Steigfähigkeit oder der Kurve für $\lambda = 1$ zu erwarten wäre.

Deshalb wird der erste Gang im allgemeinen nicht nach der Beschleunigungsfähigkeit, sondern nach der Steigfähigkeit nach Gl. (49.7) ausgelegt.

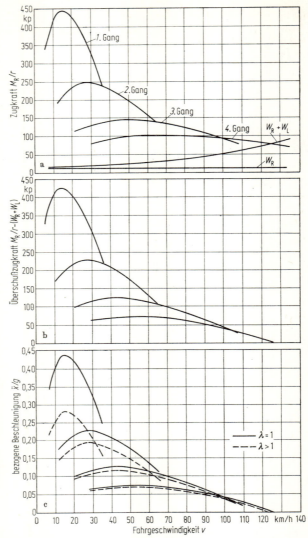

Bild 50.1 Beschleunigungsfähigkeit für ein Beispiel. a) Zugkraft, b) Überschußzugkraft, c) auf die Erdbeschleunigung bezogene Beschleunigung ohne und mit Berücksichtigung der rotatorischen Massen über der Fahrgeschwindigkeit v.

50.1 Geschwindigkeiten, Wege, Zeiten

Die Beschleunigung $\ddot{x}$ ist nach Bild 50.1c nicht konstant, sondern eine Funktion der Geschwindigkeit v

$$\ddot{x} = \mathrm{d}\dot{x}/\mathrm{d}t = \mathrm{d}v/\mathrm{d}t = f(v). \qquad (50.5)$$

50. Beschleunigungsfähigkeit

Die Angabe eines Beschleunigungswertes ist also wenig sinnvoll (beim Bremsen, s. Kap. IX, ist es anders) und darum auch nicht gebräuchlich. Man macht vielmehr Pauschalangaben wie: das Fahrzeug beschleunigt von 0 auf 80 km/h in 8,7 s, oder: eine Strecke von 1 km Länge wurde vom Stand aus in 30 s zurückgelegt. Außerdem sind entsprechende Messungen leicht durchzuführen.

Wir brauchen aber auch Geschwindigkeiten, Wege und Zeiten, um den Fahrtverlauf auf einer vorgegebenen Strecke zu berechnen. Deshalb betrachten wir im folgenden die Integrale von $\ddot{x} = f(v)$.

Nach Gl. (50.5) ist der Zusammenhang zwischen der Zeit und der Geschwindigkeit

$$t = \int \frac{1}{f(v)} \, dv + c_1 \qquad (50.6\,\text{a})$$

bzw. die Zeitdauer Δt zur Beschleunigung des Fahrzeuges von v_1 auf v_2

$$\Delta t = \int_{v_1}^{v_2} \frac{1}{f(v)} \, dv. \qquad (50.6\,\text{b})$$

Den Verlauf von $t(v)$ zeigt Bild 50.2c. Er wird gewonnen aus Bild 50.2a, wenn $\ddot{x} = f(v)$ festliegt. Im ersten Bereich wird gekuppelt (Drehzahllücke geschlossen) und in den folgenden Bereichen in den einzelnen Gängen des Viergang-Getriebes gefahren. Dabei sind die Umschaltpunkte festgelegt und hier zur Vereinfachung keine Schaltpausen angenommen. In Bild 50.2b ist die reziproke Funktion aufgetragen, die schließlich integriert den Geschwindigkeits-Zeit-Verlauf in Bild c ergibt.

Der Weg-Zeit-Verlauf ergibt sich durch Integration von $v = dx/dt$ zu

$$x = \int v \, dt + c_2 \qquad (50.7\,\text{a})$$

bzw. die Wegstrecke Δx zwischen den Zeiten t_1 und t_2 zu

$$\Delta x = \int_{t_1}^{t_2} v \, dt. \qquad (50.7\,\text{b})$$

Den Verlauf für einen Beschleunigungsvorgang zeigt Bild 50.2d, das aus Bild c hervorgeht. Die Steigung der Weg-Zeit-Kurve nähert sich asymptotisch an $v_{\max}$.

Man kann auch den Geschwindigkeits-Weg-Verlauf (z. B. zur Beantwortung der Frage, welcher Weg beim Anfahren bis zum Erreichen einer bestimmten Geschwindigkeit zurückzulegen ist) ableiten, ausgehend von

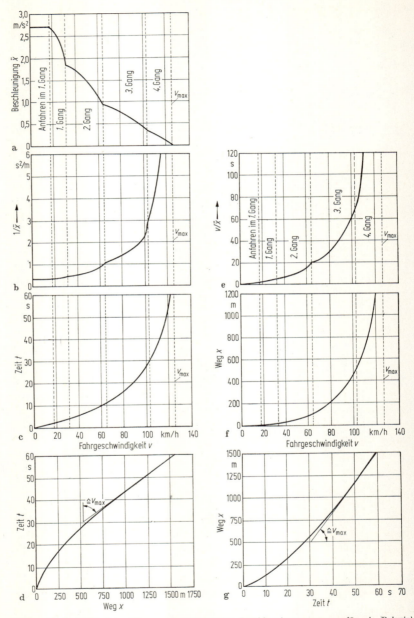

Bild 50.2 Geschwindigkeiten, Wege und Zeiten beim Beschleunigungsvorgang für ein Beispiel. a) Beschleunigung $\ddot{x}$ über Fahrgeschwindigkeit v (vgl. Bild 50.1c für $\lambda > 1$), b) Reziprokwert der Beschleunigung zur Integration von c) Zeit t über der Geschwindigkeit v und d) Zeit t über Weg x, e) $v/\ddot{x}$ zur Integration von f) Weg x über der Geschwindigkeit v und g) Weg x über der Zeit t.

Gl. (50.5), durch

$$f(v) = \ddot{x} = \frac{\mathrm{d}v}{\mathrm{d}t} = \frac{\mathrm{d}v}{\mathrm{d}x}\frac{\mathrm{d}x}{\mathrm{d}t} = v\frac{\mathrm{d}v}{\mathrm{d}x}$$

zu

$$x = \int \frac{v}{f(v)}\,\mathrm{d}v + c_3 \qquad (50.8\,\mathrm{a})$$

bzw. die Wegstrecke für eine Geschwindigkeitsdifferenz

$$\varDelta x = \int_{v_1}^{v_2} \frac{v}{f(v)}\,\mathrm{d}v. \qquad (50.8\,\mathrm{b})$$

Die Bilder 50.2e und f zeigen dies in Diagrammen. Daraus ist wieder die Weg-Zeit-Funktion

$$\frac{\mathrm{d}x}{\mathrm{d}t} = v(x),$$

$$t = \int \frac{\mathrm{d}x}{v(x)} + c_4 \qquad (50.9\,\mathrm{a})$$

bzw. die Zeitdauer

$$\varDelta t = \int_{v_1}^{v_2} \frac{\mathrm{d}x}{v(x)} \qquad (50.9\,\mathrm{b})$$

zu gewinnen, was in Bild 50.2g dargestellt ist.

50.2 Fahrzeuge mit idealer Zugkraftkennlinie

Wir wenden nun die Kenntnisse des vorangegangenen Unterabschnittes auf Beispielfahrzeuge mit Antriebsaggregaten, die als ideale Kennlinie Zugkrafthyperbeln haben, an.

In Bild 50.3a ist die Widerstandslinie eines Fahrzeuges bestimmten Gewichtes, Roll- und Luftwiderstandes gezeichnet. Dieses Fahrzeug wird mit zwei verschiedenen Antriebsaggregaten ausgerüstet, mit dem als A bezeichneten, das eine Maximalgeschwindigkeit von $v_{\max} = 50$ m/s $= 180$ km/h ergibt, und mit dem Aggregat C, das $v_{\max} = 40$ m/s $= 144$ km/h liefert. Die Kraftschlußgrenze ist gleich.

Für eine weitere Variante B ist eine niedrigere Kraftschlußgrenze (entweder ist der Haftbeiwert μ_h oder die Vertikallast der Antriebsachse kleiner) bei einer sonst gleichen Leistung wie A (an der Höchstgeschwindigkeit zu erkennen) angenommen.

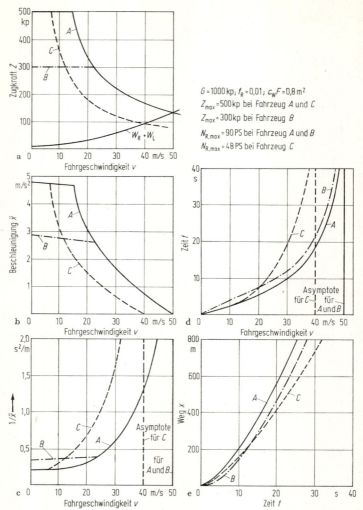

Bild 50.3 Geschwindigkeiten, Wege und Zeiten für drei Beispiele idealer Zugkraftkennlinien. a) Zugkraft Z, b) Beschleunigung $\ddot{x}$, c) reziproke Beschleunigung $1/\ddot{x}$ und d) Zeit t über der Fahrgeschwindigkeit, e) Weg x über Zeit t.

Über die Bilder 50.3b und c wurde, wie in Abschn. 50.1 beschrieben, das Geschwindigkeits-Zeit-Schaubild d gewonnen, dem folgende grundsätzliche Aussagen zu entnehmen sind:

Die Geschwindigkeits-Zeit-Kurven nähern sich dem Asymptotenwert v_{max} an. Da dieser für A höher liegt als für C, beschleunigt deshalb auch Fahrzeug A besser als Fahrzeug C, d. h. A erhöht die Geschwindigkeit um einen bestimmten Wert schneller als C. Damit erhalten wir das erste grundsätzliche Ergebnis, ein Fahrzeug, dessen Leistung für eine hohe Endgeschwindigkeit ausgelegt ist, beschleunigt auch gut. Diese Aussage, die zunächst nur für Fahrzeuge mit idealen Antriebsaggregaten richtig ist, gilt — wie Bild 50.4 zeigt — auch für Fahrzeuge mit Verbrennungsmotoren und Stufengetrieben.

Für kleine Geschwindigkeitsbereiche — in unserem Beispiel von 0...8 m/s — gilt diese Feststellung allerdings nicht, weil dann nicht die Leistung, sondern die Kraftschlußgrenze maßgebend ist, und die ist bei Fahrzeug A und C gleich.

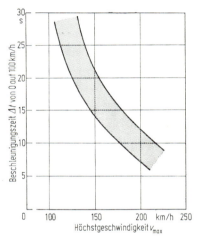

Bild 50.4 Zusammenhang zwischen Beschleunigungszeit und Höchstgeschwindigkeit von ausgeführten Pkw.

Vergleicht man Fahrzeug A mit B, so zeigt sich, daß beide im Geschwindigkeitsbereich zwischen 23 und 50 m/s völlig gleichwertig sind, nur zwischen 0 und 23 m/s sind sie wegen der unterschiedlichen Kraftschlußgrenze verschieden. Das Fahrzeug B beschleunigt demzufolge aus kleineren Geschwindigkeiten langsamer als Fahrzeug A.

Vergleicht man nun noch B und C, also Fahrzeuge mit unterschiedlichen Kraftschlußgrenzen und Leistungen, so ist Fahrzeug C mit der höheren Kraftschlußgrenze im kleinen Geschwindigkeitsbereich Fahrzeug B überlegen, während bei höherer Geschwindigkeit das leistungsstärkere Fahrzeug B besser wird.

Aus Bild 50.3e, dem Weg-Zeit-Schaubild, kann man die gleiche Tendenz erkennen. Die Wegkurven schmiegen sich bei den höheren Zeiten an die Steigung v_{max} an. Die Fahrzeuge B und C, die bei rund 7 s gleiche Geschwindigkeit erreichen, legen einen gleichen Weg erst nach 13 s zurück. Oder anders ausgedrückt: beide Fahrzeuge beschleunigen von 0 bis 20 m/s in etwa der gleichen Zeit, nämlich in 7 s, dennoch — vielleicht zunächst überraschend — hat der Wagen C dabei eine hier um 25 m größere Wegstrecke zurückgelegt. Dann holt aber Fahrzeug B auf und überholt C.

50.3 Übersetzung der Zwischengänge

Von der idealen Zugkraftkennlinie gehen wir auf die Bedingungen beim Verbrennungsmotor mit angeschlossenem Stufengetriebe über und behandeln dazu ein Kennfeld entsprechend Bild 50.1.

Von den Gängen ist — wie in Abschn. 48 und 49 geschildert — der letzte Gang durch die Vorgabe der Höchstgeschwindigkeit und der erste meistens durch die Bergsteigfähigkeit bestimmt. Die Zwischengänge, bei einem Viergang-Getriebe also der zweite und dritte Gang, werden häufig nach der Beschleunigungsfähigkeit ausgelegt. Dies kann experimentell oder theoretisch nach Abschn. 50.1 geschehen.

Um einen Einblick in die Auswirkung der Zwischengänge zu bekommen, sei ein Viergang-Getriebe betrachtet, bei dem einmal nur die

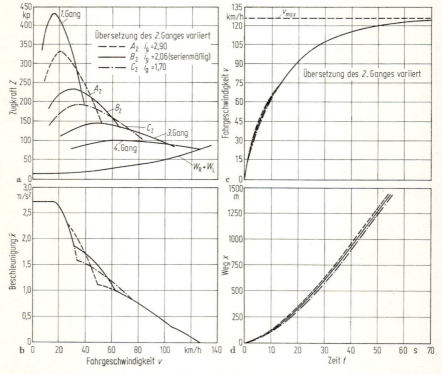

Bild 50.5 Auswirkung verschiedener Übersetzungen des 2. Ganges auf Geschwindigkeits-Zeit- und Weg-Zeit-Verlauf. a) Zugkraft Z über Fahrgeschwindigkeit v, b) Beschleunigung $\ddot{x}$ über Fahrgeschwindigkeit v, c) Fahrgeschwindigkeit v über Zeit t, d) Weg x über Zeit t.

Übersetzung des 2. Ganges (s. Bild 50.5) und zum anderen nur diejenige des 3. Ganges (s. Bild 50.6) variiert wurde. In den Bildern a sind drei verschiedene Übersetzungen A, B und C eingezeichnet worden, für die sich in Bild b die Beschleunigungs-Geschwindigkeits-Diagramme ergeben.

Wie schon in den vorangegangenen Abschnitten gesagt, kann als Beurteilungsmaßstab die Angabe der Zeit für das Erreichen einer bestimmten Geschwindigkeit oder das Zurücklegen eines bestimmten Weges dienen. Die zweite Möglichkeit wird als die geeignetere benutzt.

Wenn wir uns an die eigene Fahrweise in Städten, auf Landstraßen und Autobahnen erinnern, so spielt der 1-km-Test vom Stillstand aus kaum eine Rolle. An der Ampel wird versucht, vom Stillstand aus bis zu einer bestimmten Geschwindigkeitsgrenze (z. B. 50 km/h) möglichst viel Weg zurückzulegen, also gegenüber dem anderen vorn zu sein. Dieses Rennen ist unterhalb einer 1-km-Grenze beendet. Viel wichtiger ist aber, daß man zügig überholen kann, d. h. bei der heutigen Verkehrs-

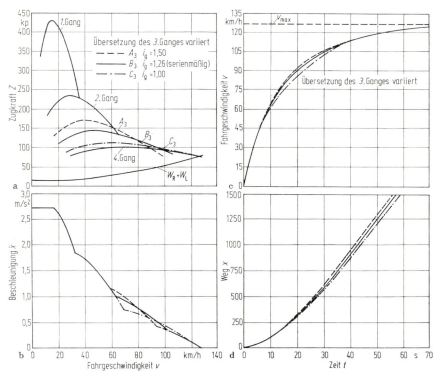

Bild 50.6 Auswirkung verschiedener Übersetzungen des 3. Ganges auf Geschwindigkeits-Zeit- und Weg-Zeit-Verlauf. a) Zugkraft Z über Fahrgeschwindigkeit v, b) Beschleunigung $\ddot{x}$ über Fahrgeschwindigkeit v, c) Fahrgeschwindigkeit v über Zeit t, d) Weg x über Zeit t.

dichte meistens, daß ein Fahrzeug einem anderen mit gleicher Geschwindigkeit folgt und dann bei freier Straße beschleunigt und versucht, auf möglichst kurzem Weg zu überholen. Die Ausgangsgeschwindigkeit kann nun sehr verschieden sein, in der Stadt unter 50 km/h z. B., auf Landstraßen und Autobahnen beim Überholen von Lastwagen 80 km/h, beim Überholen von Pkw darüber.

Die drei Auslegungen der Zwischengänge sind nach den Bildern 50.5 b bis d und 50.6 b bis d je nach Verkehrssituation verschieden gut. Für das Anfahren aus dem Stand sind die Übersetzungen A_2 und A_3 geeignet. Innerhalb jeweils eines bestimmten Geschwindigkeitsbereiches wird durch höhere Beschleunigung sowohl der Geschwindigkeits-Zeit-Verlauf als auch der Weg-Zeit-Verlauf günstig. Für die Fahrstrecke ist es sogar so, daß der mit diesen Übersetzungen einmal erzielte Vorsprung erhalten bleibt.

Hingegen bringen die Übersetzungen C_2 und C_3 Vorteile beim Beschleunigen aus höherer Geschwindigkeit, beispielsweise kann mit der Übersetzung C_3 von 70...110 km/h in 23 s beschleunigt werden, während man mit A_3 24 s benötigt. Diese 1 s Unterschied ist für die Fahrzeit sicherlich nicht wichtig, für einen Überholvorgang aber vielleicht der sich hier ergebende Wegunterschied von 75 m.

Die serienmäßige[1] Übersetzung ist B, was einen günstigen Kompromiß zwischen den Varianten A und C darstellt. Dabei muß auch der Beladungszustand, also unterschiedliches Gewicht mit einbezogen werden.

Einen Anhalt für die Auslegung geben die ausgeführten Beispiele, die in Bild 50.7 zusammengestellt sind.

Ganz allgemein ist zu sagen, daß weniger Getriebestufen, hier also ein 3-Gang- statt eines 4-Gang-Getriebes die Drehmomenten- und damit auch die Beschleunigungslücken gegenüber der idealen Zugkrafthyperbel vergrößern und damit schlechter sind. (Nur beim Durchschalten aller oder mehrerer Gänge kann ein 3-Gang-Getriebe wegen des Fehlens einer Schaltpause — s. Abschn. 50.4 — besser sein.)

Zum Schluß sei noch an Fall 2 des Bildes 48.3 erinnert, an Hand dessen gezeigt wurde, daß auch durch Auslegung des letzten Ganges die Beschleunigungsfähigkeit eines Fahrzeuges allerdings bei etwas kleinerer Höchstgeschwindigkeit, verbunden mit höheren Motordrehzahlen und höherem Verbrauch vergrößert werden kann.

50.4 Zugkraftunterbrechung

Während des Schaltens mit Zugkraftunterbrechung, wie es normalerweise von einem zum anderen Gang beim Kraftfahrzeug geschieht, wirkt kein Antriebsmoment, aber es wirken die Widerstände. Es gilt also

---
[1] dem VW 1300 entsprechende

50. Beschleunigungsfähigkeit

nach Gl. (50.1)

$$\frac{M_R}{r} = 0 = \lambda G \frac{\ddot{x}}{g} + W_R + W_L + W_{St}.$$

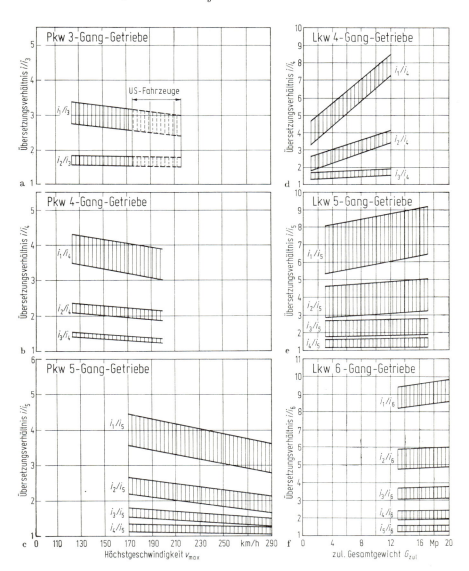

Bild 50.7 Übersetzung der Zwischengänge, a bis c) für Pkw in Abhängigkeit von der Höchstgeschwindigkeit, d bis f) für Lkw in Abhängigkeit vom zulässigen Gesamtgewicht.

Das Fahrzeug wird also verzögert zu

$$\ddot{x} = \frac{\mathrm{d}v}{\mathrm{d}t} = -\frac{1}{\lambda G/g}(W_\mathrm{R} + W_\mathrm{L} + W_\mathrm{St}) \qquad (50.10)$$

und bei Fahrt in der Ebene

$$\frac{\mathrm{d}v}{\mathrm{d}t} = -\frac{1}{\lambda G/g}\left(f_\mathrm{R} G + \frac{\varrho}{2} c_\mathrm{W} F v^2\right). \qquad (50.11)$$

Bei kleinen Geschwindigkeiten ist die Verzögerung wegen des zu vernachlässigenden Luftwiderstandes eine Konstante, bei höheren Geschwindigkeiten wird die Verzögerung immer größer. Darum sollte bei nicht zu hohen Geschwindigkeiten umgeschaltet werden, zumal noch bei höheren Geschwindigkeiten und damit höheren Motordrehzahlen das Überschußmoment immer kleiner wird.

Bei genauerer Betrachtung ist das Moment M_R nicht Null, sondern es ist negativ, denn auch bei ausgekuppeltem Motor wirken die Verluste im Triebwerk als Bremsmoment (vgl. Abschn. 57).

In Tabelle 50.1 sind Anhaltswerte für die Schaltdauern angegeben.

Tabelle 50.1 *Anhaltswerte für Schaltdauern.*
Aus REICHENBÄCHER, H.: Gestaltung von Fahrzeuggetrieben, Berlin/Göttingen/Heidelberg 1955

Konstruktion	Schaltdauern
Zwischengas + Doppeltkuppeln	2,6 s
mit Synchronisationseinrichtung	0,8 s

51. Treibstoffverbrauch

Legt ein Fahrzeug eine bestimmte Wegstrecke L zurück, so muß wegen der in Kap. V ausführlich erläuterten Fahrwiderstände eine Arbeit A geleistet werden, die sich aus dem Antriebsmoment M_R und dem Radwinkelweg φ_R zu

$$A = \int_0^{L/R} M_\mathrm{R}\, \mathrm{d}\varphi_\mathrm{R} \qquad (51.1)$$

ergibt. Mit

$$x = R\varphi_\mathrm{R}$$

51. Treibstoffverbrauch

entsprechend Gl. (38.11) und der Zugkraft Z, nach Gl. (38.5) umgeformt, wird über den translatorischen Weg L

$$A = \int_0^L \frac{r}{R} Z \, dx. \tag{51.2}$$

Die Arbeit wird letztlich aus der Energie des Treibstoffes bestritten. Die Energie dieses Treibstoffes wird üblicherweise durch die Brennstoffmenge B — Einheit meistens kg oder l — und durch den Heizwert H — Einheit kcal/kg oder kcal/l — angegeben. Bei der Umwandlung der Energie in Arbeit treten Verluste auf, die man durch einen Wirkungsgrad charakterisiert. Wir geben zwei Wirkungsgrade an, den effektiven Wirkungsgrad η_e des Motors für die Umwandlung der Energie des Treibstoffes in Arbeit am Schwungrad und η_m für die Verluste vom Motorausgang bis zu den Rädern.

Damit wird

$$\eta_e \eta_m B H = A. \tag{51.3}$$

Die verbrauchte Brennstoffmenge B wird häufig auf eine Wegstrecke L bezogen, die sich zu

$$L = \int_0^L dx = \int_0^L v \, dt \tag{51.4}$$

ergibt. Dieser spezifische Verbrauch B/L, meistens in l/100 km angegeben, errechnet sich zu

$$\frac{B}{L} = \frac{1}{\eta_e \eta_m H} \frac{1}{L} \int_0^L \frac{r}{R} Z \, dx. \tag{51.5}$$

Für den Spezialfall konstanter Zugkraft $Z =$ const bei unbeschleunigter Fahrt wird mit Gl. (38.5)

$$\frac{B}{L} = \frac{(r/R)Z}{\eta_e \eta_m H} = \frac{r/R}{\eta_e \eta_m H} (W_R + W_L + W_{St})$$

$$= \frac{r/R}{\eta_e \eta_m H} \left[(f_R + p) G + c_w F \frac{\varrho}{2} v_{res}^2 \right]. \tag{51.6}$$

Bei Annahme konstanter Wirkungsgrade ist der spezifische Brennstoffverbrauch proportional den Fahrwiderständen, s. Bild 51.1. Das heißt also, um wenig Treibstoff zu verbrauchen, müssen der Roll- und der Luftwiderstand klein sein. Weiterhin müssen beide Wirkungsgrade hoch sein.

Der Wirkungsgrad eines guten Motors ist mit der grob überschlägigen Annahme, daß ein Drittel des Heizwertes des Brennstoffes an das Kühlwasser abgegeben wird, ein Drittel mit dem Abgas verlorengeht und ein Drittel als mechanische Arbeit gewonnen wird, ungefähr $\eta_e \approx 0{,}3$. Der Wirkungsgrad η_m für die Kraftübertragung zu den Rädern ist wesentlich höher, er liegt bei Verwendung eines mechanischen Schaltgetriebes über $\eta_m = 0{,}8$.

Ein Beispiel für einen Pkw soll die Rechnung erläutern:

$G = 1000$ kp, $f_R = 0{,}015$, $p = 0$, $\varrho = 1/8$ kps²/m⁴, $c_w F = 0{,}8$ m²,
$v = 20$ m/s $(= 72$ km/h$)$, $\eta_e = 0{,}3$, $\eta_m = 0{,}8$, $H = 7300$ kcal/l $= 7300 \cdot 427$ mkp/l,
$r/R \approx 1$.

$$\frac{B}{L} = \frac{0{,}015 \cdot 1000 + 0{,}8 \cdot 400 \cdot 1/16}{0{,}3 \cdot 0{,}8 \cdot 7300 \cdot 427} = 4{,}7 \cdot 10^{-5} \text{ l/m} = 4{,}7 \text{ l/100 km}.$$

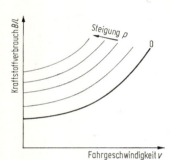

Bild 51.1 Kraftstoffmenge B bezogen auf Fahrstrecke L für unterschiedliche Steigungen p über der Fahrgeschwindigkeit v.

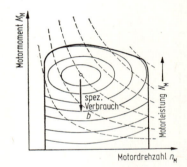

Bild 51.2 Verbrauchskennfeld eines Verbrennungsmotors.

Die Berechnung des Treibstoffverbrauches wird schon bei der Fahrt mit konstanter Zugkraft dadurch erschwert, daß die Wirkungsgrade nicht konstant sind, sondern von der Belastung, der Fahrgeschwindigkeit bzw. Drehzahl abhängen. Am stärksten veränderlich ist der Wirkungsgrad η_e, der zudem den überwiegenden Einfluß hat und deshalb hier betrachtet werden soll. Das übliche Motorkennfeld zeigt Bild 51.2, in dem das Drehmoment M_M über der Drehzahl n_M mit den Hyperbeln konstanter Leistung N_M aufgetragen ist. Weiterhin sind die sog. „Muschelkurven", die Linien konstanten spezifischen Verbrauches b — fast immer mit der Einheit g/PSh angegeben — eingezeichnet.

Überträgt man nun unter Vernachlässigung des mechanischen z. B. Wirkungsgrades — $\eta_m = 1$ — das Motorkennfeld in ein Kennfeld mit Stufengetriebe als Drehmomentenwandler, so ergibt sich Bild 51.3, in dem sich bis auf den Maßstab nichts an den spezifischen Verbrauchskurven geändert hat. Die Kennfelder b sind so noch schlecht zu verwerten, so

51. Treibstoffverbrauch

daß sie in die oben genannten Werte B/L umgerechnet werden, wofür man

$$\frac{B/L}{1/100 \text{ km}} = 10^{-1} \frac{b}{\text{g/PSh}} \frac{N_R}{\text{PS}} \frac{\text{km/h}}{v} \frac{\text{g/cm}^3}{\varrho_K}$$

erhält, wobei ϱ_K die Dichte des Treibstoffes ist. Das Ergebnis der Umrechnung in l/100 km zeigt Bild 51.4. Der Verlauf des Kraftstoffverbrauches B/L über der Fahrgeschwindigkeit — für $\eta_e \neq$ const — ist in Bild 51.5 dargestellt.

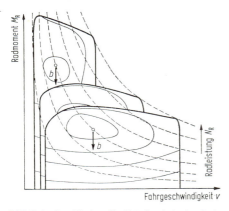
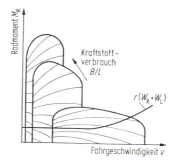

Bild 51.3 Spezifische Kraftstoffverbräuche b im Lieferkennfeld eines Fahrzeuges mit Verbrennungsmotor und Dreigang-Getriebe, aus Bild 51.2 abzuleiten.

Bild 51.4 Kraftstoffverbrauch B/L im Lieferkennfeld eines Fahrzeuges mit Verbrennungsmotor und Dreigang-Getriebe, aus Bild 51.3 abzuleiten.

Vergleichen wir nun dieses Bild mit den Ergebnissen aus Bild 51.1, bei denen der Wirkungsgrad η_e und damit der spezifische Brennstoffverbrauch b konstant über das ganze Motorfeld war. Dort wuchs der Brennstoffverbrauch mit zunehmender Fahrgeschwindigkeit entsprechend dem Anstieg des Luftwiderstandes, bei Berücksichtigung des veränderlichen Wirkungsgrades hingegen ergibt sich bei einer bestimmten Fahrgeschwindigkeit und innerhalb eines bestimmten Ganges ein Minimum, wie in Bild 51.5 dargestellt.

Aus Bild 51.6 kann man noch entnehmen, in welchem Gang zweckmäßig zu fahren ist. Hier wurden die Differenzen der Verbräuche im 2. und 3. Gang aus Bild 51.4 ermittelt und entsprechende Bereiche eingetragen. In dem gekennzeichneten Geschwindigkeitsbereich ist es möglich, sowohl im 3. als auch im 2. Gang zu fahren. Die Fahrt im niedrigen Gang ergibt aber einen Mehrverbrauch, wie die Felder in Bild 51.6 zeigen. Ganz allgemein kann festgestellt werden: um geringen

Treibstoffverbrauch zu erzielen, fahre man möglichst lange im größeren Gang. JANTE[1] hat diese Regel schematisch in einem Diagramm klar veranschaulicht, Bild 51.7.

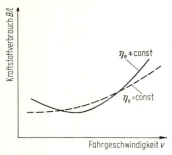 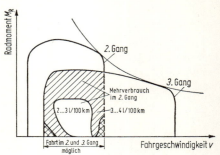

Bild 51.5 Kraftstoffverbrauch B/L über der Fahrgeschwindigkeit v bei veränderlichem effektivem Wirkungsgrad η_e des Motors im Vergleich zu konstant angenommenem η_e (unbeschleunigte Fahrt in der Ebene).

Bild 51.6 Vergleich der Kraftstoffverbräuche bei Fahrt in verschiedenen, sich überdeckenden Getriebegängen.

Zum Schluß dieses Abschnittes sind einige Verbräuche, sog. Normverbräuche, von Kraftfahrzeugen zusammengestellt, die, wie in Bild 51.8 angegeben, bei einer bestimmten Beladung und bei einem bestimmten Verhältnis zur Höchstgeschwindigkeit gemessen wurden.

Bild 51.7 Schematische Gegenüberstellung wirtschaftlicher und unwirtschaftlicher Wahl der Getriebegänge nach JANTE[1].

Da alle Lastkraftwagen durch gesetzliche Bindung die gleiche Höchstgeschwindigkeit haben, ist hier auch die Geschwindigkeit, bei der der Kraftstoffverbrauch gemessen wird, gleich. Somit ist die Größe des Kraftstoffverbrauches nur noch von G, f_R, $c_w F$ und natürlich von η_e, η_m und H abhängig. Wie Bild 51.8 zeigt und nach Umformung von Gl. (51.6) mit $r/R \approx 1$ und $p = 0$ aus

$$\frac{B}{L} \approx \frac{G}{\eta_e \eta_m H}\left(f_R + \frac{c_w F \varrho}{2G}\, v^2_{\text{Meß}}\right) \tag{51.7}$$

---

[1] JANTE, A.: Kraftfahrtmechanik, Teil 1, Leipzig 1955.

abzulesen ist, ist der auf den Weg bezogene Verbrauch B/L ungefähr proportional dem Fahrzeuggewicht G. Danach wäre der Verbrauch auch noch auf das Gewicht bezogen eine Konstante. Dies ist nach Bild 51.8 nicht genau der Fall; leichtere Fahrzeuge mit entsprechend kleineren Motoren haben einen relativ höheren Verbrauch.

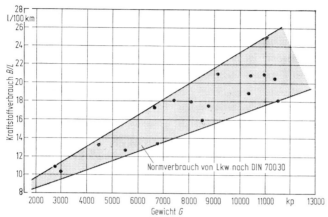

Kraftstoffverbrauch nach DIN 70030

Serienmäßiges Fahrzeug, handelsüblicher Kraftstoff, $G = G_{leer} + \frac{G_{zul} - G_{leer}}{2}$, ebene, trockene Prüfstrecke von 10 km Länge in beiden Richtungen durchfahren ($|p| \leq 1,5\%$), $w \leq 3$ m/s, Luftdruck 745...765 Torr, $\vartheta = 10...30°C$, $v = 3/4\, v_{max} = $ const, dabei $v \leq 110$ km/h, Normverbrauch = 1,1 · gemessenem Verbrauch [l/100 km]
Faktor 1,1 berücksichtigt ungünstige Umstände im normalen Straßenverkehr

Bild 51.8 Kraftstoff-Normverbräuche von Lastkraftwagen über dem Fahrzeuggewicht.

Bei Pkw sind die Höchstgeschwindigkeiten sehr verschieden, andererseits schreibt die Norm vor, daß nicht über $v = 110$ km/h gemessen werden soll. Deshalb gibt es bei Pkw keinen Zusammenhang mit v_{max}. auch, wie Bild 51.9 zeigt, keine lineare Abhängigkeit vom Gewicht G, sondern eine degressive. Diese rührt daher, daß leichte Fahrzeuge im allgemeinen langsamer sind, also bei $3/4$ der Höchstgeschwindigkeit vermessen werden, während schwere Fahrzeuge mit höheren Maximalgeschwindigkeiten bei 110 km/h zu testen sind, was dann weniger als $3/4$ der Höchstgeschwindigkeit ist.

Weiterhin sind in dieses Diagramm Werte für „Testverbräuche" eingetragen worden, die von einer Zeitschrift für Fahrten mit nicht konstanter Fahrgeschwindigkeit, die sich jeweils aus Fahrten im Stadtverkehr, auf Landstraßen und Autobahnen zusammensetzten, ermittelt wurden. Danach bringt die ungleichmäßige Fahrt einen Mehrverbrauch, und zwar, wie die Mittellinien von Test- und Normverbrauch zeigen, von ungefähr 3...4 l/100 km, bei Fahrzeugen mit höheren Gewichten sogar noch mehr.

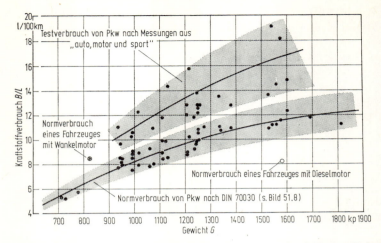

Bild 51.9 Kraftstoff-Normverbräuche von Personenkraftwagen und im Vergleich dazu Verbräuche bei ungleichmäßiger „Testfahrt".

VIII. Fahrgrenzen

Aus Abschn. 9 wissen wir, daß die Verbindung zwischen Rad und Fahrbahn kraftschlüssig ist und daß ein Rad nur rollt, wenn die Umfangskraft

$$U \leqq \mu_\mathrm{h} P$$

ist. Um ermitteln zu können, wie groß die Horizontalkraft werden darf, muß die Radlast P bekannt sein. Den „Haftbeiwert" μ_h haben wir in Abschn. 9 schon kennengelernt.

52. Größe der Vertikallasten

Die Größe von P_V und P_H, das sind die Achslasten (also die Vertikallasten aller Räder einer Achse) eines zweiachsigen Fahrzeuges, errechnen wir aus den Gleichungen von Abschn. 27.

Nach Gl. (27.5) ist

$$P_\mathrm{V} = Z_\mathrm{V} + G_\mathrm{V} \cos \alpha.$$

Z_V ergibt sich aus Gl. (27.2) und (27.3) zu

$$Z_\mathrm{V} l = G_\mathrm{A} l_{\mathrm{H,A}} \cos \alpha - A l_{\mathrm{H,A}} - (M_\mathrm{V} + M_\mathrm{H}) -$$
$$- (X_\mathrm{V} + X_\mathrm{H})(h_\mathrm{A} - r) + (M_\mathrm{W})_{\mathrm{SP,A}}.$$

52. Größe der Vertikallasten

Werden für $X_V + X_H$ und $M_V + M_H$ die Gl. (27.1) und (27.11) sowie (27.10) eingesetzt und die Ausdrücke geordnet, so ist

$$Z_V l = G_A l_{H,A} \cos \alpha - A l_{H,A} + (M_W)_{SP,A} - W_L h_A - [G_A h_A + (G_V + G_H)r]\left(\frac{\ddot{x}}{g} + \sin \alpha\right) - r\left(W_R + \frac{\Theta_V}{r}\ddot{\varphi}_V + \frac{\Theta_H}{r}\ddot{\varphi}_H\right).$$

Damit ergibt sich dann die Achslast P_V aus

$$P_V l = (G_V l + G_A l_{H,A}) \cos \alpha - A l_{H,A} + (M_W)_{SP,A} - W_L h_A - [G_A h_A + (G_V + G_H)r]\left(\frac{\ddot{x}}{g} + \sin \alpha\right) - r\left(W_R + \frac{\Theta_V}{r}\ddot{\varphi}_V + \frac{\Theta_H}{r}\ddot{\varphi}_H\right). \quad (52.1)$$

Einige Ausdrücke in Gl. (52.1) können dadurch vereinfacht werden, daß statt der Einzelschwerpunkte SP_A, SP_V und SP_H der Gesamtschwer-

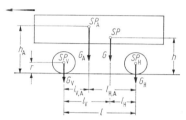

Bild 52.1 Zur Ermittlung des Gesamtschwerpunktes aus den Einzelschwerpunkten.

punkt SP eingeführt wird. Dessen Lage ergibt sich nach Bild 52.1 zu

$$Gh = G_A h_A + (G_V + G_H)r, \quad (52.2)$$

$$Gl_H = G_V l + G_A l_{H,A}, \quad (52.3)$$

$$Gl_V = G_H l + G_A l_{V,A}. \quad (52.4)$$

Werden diese Ausdrücke in Gl. (52.1) eingesetzt, so ist

$$P_V l = G l_H \cos \alpha - A l_{H,A} + (M_W)_{SP,A} - W_L h_A - Gh\left(\frac{\ddot{x}}{g} + \sin \alpha\right) - r\left(W_R + \frac{\Theta_V}{r}\ddot{\varphi}_V + \frac{\Theta_H}{r}\ddot{\varphi}_H\right).$$

Aus dieser Gleichung wiederum läßt sich der statische Anteil herausziehen, der gleichbedeutend mit der statischen Achslast des stehenden Fahrzeuges ist und mit $P_{V,stat}$ bezeichnet wird.

$$P_{V,stat} = G\left[\frac{l_H}{l} \cos \alpha - \frac{h}{l} \sin \alpha\right]. \quad (52.5)$$

Weiterhin lassen sich die drei Ausdrücke für die Windbelastung $-(Al_{\text{H,A}} - (M_{\text{W}})_{\text{SP,A}} + W_{\text{L}}h_{\text{A}})$ vereinfachen. In Kap. IV, besonders in den Abschn. 28 und 31, wurden diese drei Größen diskutiert. Wir erkennen, daß

$$Al_{\text{H,A}} - (M_{\text{W}})_{\text{SP,A}} + W_{\text{L}}h_{\text{A}} = A_{\text{V}}l \qquad (52.6)$$

ist, also nichts anderes als die Komponente des Auftriebes, die am Vorderrad wirkt. Der zugehörige Auftriebsbeiwert $c_{\text{A,V}}$ ist in Tabelle 31.1 für verschiedene Fahrzeuge angegeben.

Mit den Gl. (52.5) und (52.6) und Ersatz der Winkelbeschleunigungen $\ddot{\varphi}_{\text{V}}$ und $\ddot{\varphi}_{\text{H}}$ durch die translatorische Beschleunigung $\ddot{x}$ unter Berücksichtigung des Schlupfes nach Gl. (14.2) und (14.4) wird die vertikale Achslast

$$P_{\text{V}} = P_{\text{V,stat}} - A_{\text{V}} - \left[\frac{G}{g}\frac{h}{l} + \frac{\Theta_{\text{V}}}{R_{\text{V}}l} + \frac{\Theta_{\text{H}}}{R_{\text{H}}l}\right]\ddot{x} - \frac{r}{l}W_{\text{R}}. \qquad (52.7)$$

Die Hinterachslast errechnet sich aus den entsprechenden Formeln. Einfacher jedoch ist die Bestimmung aus der Überlegung, daß nach Bild 27.1 die Summe der Radlasten senkrecht auf der Fahrbahn gleich der Gewichtskomponente $G\cos\alpha$ minus dem Auftrieb A sein muß

$$P_{\text{V}} + P_{\text{H}} = G\cos\alpha - A. \qquad (52.8)$$

Damit wird

$$P_{\text{H}} = P_{\text{H,stat}} - A_{\text{H}} + \left[\frac{G}{g}\frac{h}{l} + \frac{\Theta_{\text{V}}}{R_{\text{V}}l} + \frac{\Theta_{\text{H}}}{R_{\text{H}}l}\right]\ddot{x} + \frac{r}{l}W_{\text{R}} \qquad (52.9)$$

und

$$P_{\text{H,stat}} = G\left[\frac{l_{\text{V}}}{l}\cos\alpha + \frac{h}{l}\sin\alpha\right]. \qquad (52.10)$$

Für die Vertikallasten ist festzustellen, daß sie zunächst einmal von dem statischen Anteil abhängen. In der Ebene ($\alpha = 0$) werden die Lasten durch die Schwerpunktlage in Längsrichtung, also von den Verhältnissen l_{V}/l bzw. l_{H}/l bestimmt. In der Steigung ($\alpha > 0$) wird die Vorderachslast hauptsächlich durch den Ausdruck $(h/l)\sin\alpha \approx (h/l) \times \tan\alpha \approx (h/l)p$ vermindert, hingegen die Hinterachslast um denselben Wert vermehrt. Bei Gefällefahrt ist es umgekehrt. Es geht also die Höhe des Schwerpunktes im Verhältnis zum Radstand ein.

Weiterhin werden die Achslasten durch den Auftrieb verändert, und zwar nach Tabelle 31.1 meistens vermindert; diese Verminderung wird mit wachsender Geschwindigkeit (s. Bild 53.1 a) und erhöhter seitlicher Anströmung größer.

Beim Beschleunigen wird die Vorderachse entlastet, die Hinterachse belastet. Beim Verzögern ist es umgekehrt. Diese Ent- bzw. Belastung setzt sich aus zwei Anteilen zusammen, wovon einer aus dem Moment der translatorisch bewegten Masse herrührt, $(G/g)\,(h/l)\,\ddot{x}$. Dabei geht wieder die Schwerpunkthöhe h im Verhältnis zum Radstand l ein. Der andere Anteil entsteht aus der Beschleunigung der rotatorischen Massen, charakterisiert durch die Trägheitsmomente Θ_V und Θ_H.

Als letztes geht noch ein Glied mit dem Rollwiderstand ein, das aber zahlenmäßig keine große Rolle spielt.

Man ersieht das aus folgendem Beispiel:

$\ddot{x} = 0, \quad \alpha = 0, \quad G = 1000 \text{ kp}, \quad l_\mathrm{H}/l = 0{,}5, \quad r/l = 0{,}3/2{,}50, \quad f_\mathrm{R} = 0{,}015.$

$P_\mathrm{H} = 500 \text{ kp} + \dfrac{0{,}3}{2{,}50} \cdot 0{,}015 \cdot 1000 \text{ kp} = 500 \text{ kp} + 1{,}8 \text{ kp}.$

Damit ist das Glied $(r/l)\, W_\mathrm{R}$ in Gl. (52.7) und (52.9) zu vernachlässigen.

In der Tabelle 53.1 sind die Vertikallasten zusammengefaßt eingetragen.

53. Kraftschlußbeanspruchung bei Vorder- bzw. Hinterachsantrieb

So wie die Gleichungen der Vertikallasten für Beschleunigung und Verzögerung gelten, kann die gesamte Kraftschlußbeanspruchung, das Verhältnis Umfangs- zu Vertikalkraft für Antrieb und Bremsen aufgestellt werden. Im folgenden werden wir nur den Antrieb betrachten, die Anwendung für Bremsen folgt in Kap. IX.

Zunächst behandeln wir den Antrieb durch eine Achse. Die Größe des Antriebsmomentes ist in Abschn. 38 durch Gl. (38.5) mit

$$\frac{M_\mathrm{R}}{r} = G\left[\lambda\,\frac{\ddot{x}}{g} + p + f_\mathrm{R}\right] + c_\mathrm{W} F\,\frac{\varrho}{2}\, v_\mathrm{res}^2$$

gegeben, und es ist für

Vorderachsantrieb

$$M_\mathrm{V} = M_\mathrm{R}\ (\text{s. o.}), \qquad M_\mathrm{H} = 0, \tag{53.1}$$

Hinterachsantrieb

$$M_\mathrm{V} = 0, \qquad M_\mathrm{H} = M_\mathrm{R}\ (\text{s. o.}). \tag{53.2}$$

Mit diesen Momentenangaben lassen sich aus Gl. (27.6), (27.9) und (5.7) die Umfangskräfte U_V und U_H berechnen

$$U_\mathrm{V} = \frac{M_\mathrm{V}}{r} - \frac{\Theta_\mathrm{V}}{r}\ddot{\varphi} - W_{\mathrm{R},\mathrm{V}} \qquad U_\mathrm{H} = \frac{M_\mathrm{H}}{r} - \frac{\Theta_\mathrm{H}}{r}\ddot{\varphi} - W_{\mathrm{R},\mathrm{H}}. \tag{53.3}$$

Wenn eine von beiden Umfangskräften bekannt ist, folgt die andere aus Gl. (27.10)

$$U_\mathrm{V} + U_\mathrm{H} = G\left[\frac{\ddot{x}}{g} + p\right] + W_\mathrm{L} = G\frac{\ddot{x}}{g} + W_\mathrm{St} + W_\mathrm{L}. \qquad (53.4)$$

Für den Hinterachsantrieb — nur dieses Beispiel soll im einzelnen durchgerechnet werden — ergibt sich dann die Umfangskraft an der Vorderachse zu

$$U_\mathrm{V} = -\frac{\Theta_\mathrm{V}}{r}\ddot{\varphi} - W_\mathrm{R,V} = -\frac{\Theta_\mathrm{V}}{R_\mathrm{V} r}\ddot{x} - W_\mathrm{R,V}. \qquad (53.5)$$

Danach setzt sich die Größe der Umfangskraft am Laufrad, also am momentenfreien Rad aus dem rotatorischen Beschleunigungsglied $(\Theta_\mathrm{V}/r)\ddot{\varphi}$ und dem Rollwiderstand $W_\mathrm{R,V}$ zusammen.

Für die Hinter- und Antriebsachse ist nach Gl. (53.4)

$$\begin{aligned}U_\mathrm{H} &= G\frac{\ddot{x}}{g} + W_\mathrm{St} + W_\mathrm{L} - U_\mathrm{V}\\&= G\left[\frac{\ddot{x}}{g} + p\right] + c_\mathrm{W} F\,\frac{\varrho}{2}\,v_\mathrm{res}^2 + \frac{\Theta_\mathrm{V}}{R_\mathrm{V} r}\ddot{x} + W_\mathrm{R,V}. \qquad (53.6)\end{aligned}$$

Danach ergeben sich die Umfangskräfte der Antriebsräder aus dem Luft- und Steigungswiderstand, weiterhin aus dem translatorischen Anteil der Beschleunigungskraft $G\ddot{x}/g = m\ddot{x}$ und durch die Reaktion der Umfangskraft der Vorderachse $-U_\mathrm{V} = (\Theta_\mathrm{V}/R_\mathrm{V} r)\ddot{x} + W_\mathrm{R,V}$. U_H hängt *nicht* vom rotatorischen Beschleunigungsanteil an der Hinterachse $(\Theta_\mathrm{H}/R_\mathrm{H} r)\ddot{x}$ und dem Rollwiderstand an der Hinterachse $W_\mathrm{R,H}$ ab. Das ist ja — wie schon an Hand von Gl. (38.6) betont — der Unterschied zwischen der Umfangskraft U_H und der Zugkraft $Z = M_\mathrm{H}/r$.

Mit den eben abgeleiteten Gleichungen sind neben den Vertikalkräften auch die Umfangskräfte bekannt, so daß nun die Kraftschlußbeanspruchungen errechnet werden können. Sie betragen wieder für das Beispiel des Hinterachsantriebes an der Vorderachse

$$f_\mathrm{V} = \frac{U_\mathrm{V}}{P_\mathrm{V}} = \frac{-(\Theta_\mathrm{V}/R_\mathrm{V} r)\ddot{x} - W_\mathrm{R,V}}{P_\mathrm{V,stat} - A_\mathrm{V} - \left[\dfrac{G}{g}\dfrac{h}{l} + \dfrac{\Theta_\mathrm{V}}{R_\mathrm{V} l} + \dfrac{\Theta_\mathrm{H}}{R_\mathrm{H} l}\right]\ddot{x}} \qquad (53.7)$$

und an der Hinterachse

$$f_\mathrm{H} = \frac{U_\mathrm{H}}{P_\mathrm{H}} = \frac{[G/g + \Theta_\mathrm{V}/R_\mathrm{V} r]\ddot{x} + Gp + W_\mathrm{R,V} + c_\mathrm{W} F\,(\varrho/2)\,v_\mathrm{res}^2}{P_\mathrm{H,stat} - A_\mathrm{H} + \left[\dfrac{G}{g}\dfrac{h}{l} + \dfrac{\Theta_\mathrm{V}}{R_\mathrm{V} l} + \dfrac{\Theta_\mathrm{H}}{R_\mathrm{H} l}\right]\ddot{x}}. \qquad (53.8)$$

Tabelle 53.1 *Zusammenstellung von Vertikallasten, Umfangskräften und Kraftschlußbeanspruchungen für Vorder- und Hinterachse bei Einzelachsantrieb*

	Vorderachse		Hinterachse	
	Vorderachsantrieb	Hinterachsantrieb	Vorderachsantrieb	Hinterachsantrieb
Vertikallasten P_i	$P_V = P_{V,\text{stat}} - A_V - \left[\dfrac{G}{g}\dfrac{h}{l} + \dfrac{\Theta_V}{R_V l} + \dfrac{\Theta_H}{R_H l}\right]\ddot{x}$	$P_V = P_{V,\text{stat}} - A_V - \left[\dfrac{G}{g}\dfrac{h}{l} + \dfrac{\Theta_V}{R_V l} + \dfrac{\Theta_H}{R_H l}\right]\ddot{x}$	$P_H = P_{H,\text{stat}} - A_H + \left[\dfrac{G}{g}\dfrac{h}{l} + \dfrac{\Theta_V}{R_V l} + \dfrac{\Theta_H}{R_H l}\right]\ddot{x}$	$P_H = P_{H,\text{stat}} - A_H + \left[\dfrac{G}{g}\dfrac{h}{l} + \dfrac{\Theta_V}{R_V l} + \dfrac{\Theta_H}{R_H l}\right]\ddot{x}$
Statische Vertikallasten	$P_{V,\text{stat}} = G\left[\dfrac{l_H}{l}\cos\alpha - \dfrac{h}{l}\sin\alpha\right] \approx G\left[\dfrac{l_H}{l} - \dfrac{h}{l}p\right]$	$P_{V,\text{stat}} = G\left[\dfrac{l_H}{l}\cos\alpha - \dfrac{h}{l}\sin\alpha\right] \approx G\left[\dfrac{l_H}{l} - \dfrac{h}{l}p\right]$	$P_{H,\text{stat}} = G\left[\dfrac{l_V}{l}\cos\alpha + \dfrac{h}{l}\sin\alpha\right] \approx G\left[\dfrac{l_V}{l} + \dfrac{h}{l}p\right]$	$P_{H,\text{stat}} = G\left[\dfrac{l_V}{l}\cos\alpha + \dfrac{h}{l}\sin\alpha\right] \approx G\left[\dfrac{l_V}{l} + \dfrac{h}{l}p\right]$
Umfangskräfte U_i	$U_V = \left[\dfrac{G}{g} + \dfrac{\Theta_H}{R_{Hr}}\right]\ddot{x} + Gp + W_{R,H} + c_W F \dfrac{\varrho}{2} v_{\text{res}}^2$	$U_V = -\dfrac{\Theta_V}{R_V r}\ddot{x} - W_{R,V}$	$U_H = -\dfrac{\Theta_H}{R_H r}\ddot{x} - W_{R,H}$	$U_H = \left[\dfrac{G}{g} + \dfrac{\Theta_V}{R_V r}\right]\ddot{x} + Gp + W_{R,V} + c_W F \dfrac{\varrho}{2} v_{\text{res}}^2$
Kraftschlußbeanspruchung, allgemein	$f_V = U_V/P_V$	$f_V = U_V/P_V$	$f_H = U_H/P_H$	$f_H = U_H/P_H$
bei unbeschleunigter Fahrt in der Ebene ($\ddot{x}=0$, $p=0$)	$f_V = \dfrac{W_{R,H} + c_W F \dfrac{\varrho}{2} v_{\text{res}}^2}{P_{V,\text{stat}} - A_V}$	$f_V = \dfrac{-W_{R,V}}{P_{V,\text{stat}} - A_V}$	$f_H = \dfrac{-W_{R,H}}{P_{H,\text{stat}} - A_H}$	$f_H = \dfrac{W_{R,V} + c_W F \dfrac{\varrho}{2} v_{\text{res}}^2}{P_{H,\text{stat}} - A_H}$
näherungsweise	$f_V \approx \dfrac{W_{R,H} + c_W F \dfrac{\varrho}{2} v_{\text{res}}^2}{P_{V,\text{stat}}}$	$f_V \approx -f_R \approx 0$	$f_H \approx -f_R \approx 0$	$f_H \approx \dfrac{W_{R,V} + c_W F \dfrac{\varrho}{2} v_{\text{res}}^2}{P_{H,\text{stat}}}$
bei Steigungsfahrt ($\ddot{x}=0$, v klein, d.h. $A_i \approx 0$, $W_L \approx 0$, Rollwiderstand vernachlässigt)	$f_V \approx \dfrac{p}{\dfrac{l_H}{l} - \dfrac{h}{l}p}$	$f_V \approx 0$	$f_H \approx 0$	$f_H \approx \dfrac{p}{\dfrac{l_V}{l} + \dfrac{h}{l}p}$
bei beschleunigter Fahrt ($p=0$, v klein, Rollwiderstand vernachlässigt)	$f_V \approx \dfrac{G\ddot{x}/g - \dfrac{\Theta_V}{R_V l}\ddot{x}}{G\left[\dfrac{l_H}{l} - \dfrac{h}{l}\dfrac{\ddot{x}}{g}\right]}$	$f_V \approx 0$	$f_H \approx 0$	$f_H \approx \dfrac{G\ddot{x}/g + \dfrac{\Theta_H}{R_H l}\ddot{x}}{G\left[\dfrac{l_V}{l} + \dfrac{h}{l}\dfrac{\ddot{x}}{g}\right]}$

184 Zweiter Teil — VIII. Fahrgrenzen

Die entsprechenden Formeln für den Vorderachsantrieb wurden gemeinsam mit denen für Hinterachsantrieb in Tabelle 53.1 zusammengestellt. Darin werden einige Vereinfachungen vorgenommen. Die Kraftschlußbeanspruchung der Laufräder, also die der Vorderräder bei Hinterachsantrieb und die der Hinterräder bei Vorderachsantrieb, ist absolut und gegenüber der der Antriebsräder klein, so daß sie zu Null gesetzt wurde. Weiterhin ist das Trägheitsmoment der Laufräder gegenüber

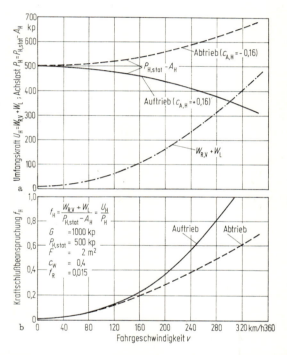

Bild 53.1 Auswirkung von Auf- und Abtrieb auf die Kraftschlußbeanspruchung bei Hinterachsantrieb. a) Achslast und Umfangskraft der Hinterachse über der Fahrgeschwindigkeit, b) Kraftschlußbeanspruchung über der Fahrgeschwindigkeit.

dem der Antriebsräder, an denen ja noch nach Abschn. 37 der ganze Antrieb angeschlossen ist, zu vernachlässigen. Zudem wurden noch die Ausdrücke für die statischen Vertikallasten mit $\cos \alpha \approx 1$, $\sin \alpha \approx \tan \alpha = p$, was für normale Straßensteigungen zulässig ist, vereinfacht.

Wir beginnen nun die Gleichungen auszuwerten, zunächst für die Fahrt in der Ebene, dann für die Steigungsfahrt und anschließend für die beschleunigte Fahrt.

53.1 Unbeschleunigte Fahrt in der Ebene

Die Gleichungen für die einzelnen Achsen sind in Tabelle 53.1 angegeben. Die Kraftschlußbeanspruchung steigt mit der Fahrgeschwindigkeit an, und zwar stärker als quadratisch, weil die Achse durch den Auftrieb entlastet wird. Bild 53.1 zeigt ein Beispiel. Die Größe der Kraftschlußbeanspruchung ist für Lkw-Geschwindigkeiten und normale Pkw-Geschwindigkeiten relativ klein, so daß dieser Fahrzustand für die Grenze, also für das Durchdrehen der Antriebsräder ziemlich belanglos ist. Dies würde aber bei Glatteis oder Schneeglätte und Geschwindigkeiten von etwa 150 km/h eintreten.

Wachsen aber die Geschwindigkeiten auf 300 km/h und mehr an, dann sind — in unserem Beispiel — die Kraftschlußbeanspruchungen so groß, daß sogar der Haftbeiwert μ_h auf trockener Straße überschritten werden kann.

Bild 53.1b zeigt eine der Möglichkeiten, die Kraftschlußbeanspruchung zu verringern, nämlich die, die Karosserieform so zu ändern, daß statt des üblicherweise wirkenden Auftriebes ein Abtrieb, also eine Vergrößerung der vertikalen Radlast erzeugt wird.

Weitere Möglichkeiten sind: Verschiebung des Schwerpunktes so, daß die Antriebsachse stärker belastet wird. Verringerung des Luftwiderstandes im Verhältnis zur Vertikallast der Antriebsachse. Prinzipielle Unterschiede zwischen Vorder- und Hinterachsantrieb bestehen nicht.

53.2 Steigungsfahrt (unbeschleunigt)

In Tabelle 53.1 sind Näherungsformeln angegeben, bei denen eine große Steigung und dadurch eine kleine Fahrgeschwindigkeit angenommen wird, so daß die Luftkräfte vernachlässigt werden können. Werden außerdem die hier vergleichsweise unerheblichen Rollwiderstände noch vernachlässigt, dann erhalten wir leicht diskutierbare Formeln, die sofort den prinzipiellen Nachteil des Vorderradantriebs zeigen. Durch die Entlastung der Vorderräder wird bei gleicher Horizontalkraft die Kraftschlußbeanspruchung höher als beim Hinterachsantrieb, oder anders ausgedrückt, bei gleichem Haftwert kann das vorderradangetriebene Fahrzeug nur eine kleinere Steigung befahren als das hinterradangetriebene. Hierbei ist allerdings stillschweigend vorausgesetzt, daß beide Fahrzeuge die gleiche Schwerpunktlage haben, s. Bild 53.2.

Die Kraftschlußbeanspruchung des vorderradangetriebenen Wagens wird verbessert, wenn der Schwerpunkt weiter nach vorn gelegt wird, s. Bild 53.2a. Ein Niedrigerlegen des Schwerpunktes, das aus anderen Gründen (s. Vierter Teil „Kurshaltung") immer vorteilhaft ist, bringt nach Bild 53.2b nur eine geringfügige Verbesserung. Sollen Vorder- und Hinterradantrieb für eine bestimmte Grenzsteigung p^* gleichwertig sein, d. h. soll $f_V = f_H$ sein, dann muß nach der Näherungsformel für Fahrzeuge mit gleichem Radstand l und Schwerpunkthöhe h gelten

$$\frac{p^*}{\dfrac{l_{\mathrm{H,V}}}{l} - \dfrac{h}{l} p^*} = \frac{p^*}{\dfrac{l_{\mathrm{V,H}}}{l} + \dfrac{h}{l} p^*}.$$

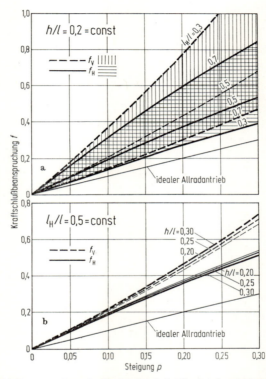

Bild 53.2 Kraftschlußbeanspruchung der Vorderachse f_V bei Vorderachsantrieb und der Hinterachse f_H bei Hinterachsantrieb in Abhängigkeit von der Steigung p, a) für verschiedene Schwerpunktlagen in Längsrichtung, b) für verschiedene Schwerpunkthöhen.

Dabei wurde ein zweiter Index eingeführt, z. B. $l_{\mathrm{H,V}}$ für die Länge l_H bei Vorderradantrieb. Daraus ergibt sich

$$\frac{l_{\mathrm{H,V}} - l_{\mathrm{V,H}}}{l} = 2 \, \frac{h}{l} \, p^*. \tag{53.9}$$

Sollen z. B. zwei Fahrzeuge mit $h = 60$ cm, $l = 240$ cm auf einer Steigung von $p^* = 0{,}28 \triangleq 28\%$ gleichwertig sein, dann muß beim Vorderachsantrieb der Schwerpunkt um $l_{\mathrm{H,V}} - l_{\mathrm{V,H}} = 2 \cdot \dfrac{60}{240} \cdot 0{,}28 \cdot l = 0{,}14 l = 33{,}6$ cm gegenüber Hinterachsantrieb nach vorn geschoben werden.

53. Kraftschlußbeanspruchung bei Vorder- bzw. Hinterachsantrieb

Nach der Auslegung des ersten Ganges auf Steigfähigkeit nach Abschn. 49 blieb noch zu kontrollieren, ob der notwendige Kraftschluß bei der maximalen Steigung (z. B. auf trockenen Straßen) überhaupt vorhanden ist. Für Bild 53.3a wurde die maximale Steigung p_{max} aus der Überschußzugkraft nach Bild 49.1 berechnet und daraus mit den Gleichungen für die Kraftschlußbeanspruchung aus Tabelle 53.1 die

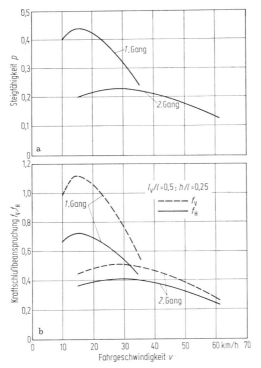

Bild 53.3 Einfluß von Vorder- oder Hinterachsantrieb auf die Kraftschlußbeanspruchung bei Steigungsfahrt. a) Durch Lieferkennung gegebene Steigfähigkeit aus Bild 49.1 mit $G = 950$ kp, b) Kraftschlußbeanspruchung f_V bei Vorderachsantrieb und f_H bei Hinterachsantrieb über der Fahrgeschwindigkeit.

Werte f_V und f_H für Vorder- und Hinterradantrieb ermittelt. Bei Hinterachsantrieb ist für die größte Steigung von $p = 0{,}45 \triangleq 45\%$ ein Mindesthaftbeiwert von $\mu_h \approx 0{,}7$ und bei Vorderradantrieb von $\mu_h \approx 1{,}1$ notwendig (wieder gleiche Schwerpunktlage vorausgesetzt).

53.3 Beschleunigte Fahrt (in der Ebene)

Dieser Fahrzustand ist der Steigungsfahrt sehr ähnlich, sogar identisch, wenn Luft- und Rollwiderstände wie im vorangegangenen Abschnitt und zusätzlich der Einfluß der rotatorischen Massen vernachlässigt werden. Dann tritt an die Stelle der Steigung p das Beschleunigungsverhältnis $\ddot{x}/g$.

$$p \approx \ddot{x}/g. \tag{53.10}$$

Das heißt, in grober Näherung gelten die Betrachtungen der Kraftschlußbeanspruchungen für Steigungsfahrt und beschleunigte Fahrt gleichermaßen.

Genauer gesehen werden die Radlasten nicht nur durch den Anteil $G(h/l)(\ddot{x}/g)$, dem bei der Steigungsfahrt der Ausdruck $G(h/l)p$ entspricht, verändert, sondern bei der beschleunigten Fahrt noch durch den Einfluß der rotatorischen Massen $[\Theta_\mathrm{V}/(R_\mathrm{V}l) + \Theta_\mathrm{H}/(R_\mathrm{H}l)]\ddot{x}$. In Tabelle 53.1 sind Näherungsformeln für die Kraftschlußbeanspruchungen aufgeführt. Dabei wurden die Luftkräfte vernachlässigt und die Trägheitsmomente der Laufräder gegenüber denen des Triebwerkes und der Antriebsräder. Da sich nun Θ_V bei Vorderachsantrieb bzw. Θ_H bei Hinterachsantrieb mit der gewählten Übersetzung in Drehmomentenwandlern ändern, liegt es nahe, den nach Gl. (37.8) bekannten Faktor λ einzuführen.

Es ist dann

$$f_\mathrm{V} \approx \frac{\ddot{x}/g}{\dfrac{l_\mathrm{H}}{l} - \left[\dfrac{h}{l} + \dfrac{r}{l}(\lambda - 1)\right]\dfrac{\ddot{x}}{g}}, \quad f_\mathrm{H} \approx \frac{\ddot{x}/g}{\dfrac{l_\mathrm{V}}{l} + \left[\dfrac{h}{l} + \dfrac{r}{l}(\lambda - 1)\right]\dfrac{\ddot{x}}{g}}. \tag{53.11}$$

Die Kraftschlußbeanspruchung ändert sich also außer mit der Beschleunigung $\ddot{x}$ noch nach der Getriebeübersetzung (nach der Gangwahl im Stufengetriebe). Nach Bild 50.1 sind $\ddot{x}$ und λ voneinander abhängig und ergeben für die Vollastkennlinie eine Funktion $\ddot{x} = f(v)$. Daraus läßt sich der Nenner von Gl. (53.11), der der Achslast $P_\mathrm{V,H}$ bezogen auf das Gesamtgewicht G entspricht, ausrechnen. Ein Ergebnis zeigt Bild 53.4a für die Hinterachslast eines Fahrzeugs. Danach ist im ersten Gang die Radlaständerung durch die rotatorischen Massen — ausgedrückt durch $(r/l)(\lambda - 1)(\ddot{x}/g)$ — im Verhältnis zu der durch den translatorischen Anteil $(h/l)(\ddot{x}/g)$ nicht zu vernachlässigen.

Die Kraftschlußbeanspruchung in den beiden unteren Gängen zeigt dann Bild 53.4b. Sie liegt im Vergleich zu den Werten bei der Steigungsfahrt nach Bild 53.3 darunter, und zwar sowohl für den Vorderrad- als auch für den Hinterradantrieb. Das liegt daran, daß von dem Antriebsmoment her gesehen nach Gl. (50.4) die bezogene Beschleunigung $\ddot{x}/g$ kleiner als die Steigung p ist oder, anders ausgedrückt, bei gleich großem Antriebsmoment ist die Umfangskraft bei der beschleunigten Fahrt

53. Kraftschlußbeanspruchung bei Vorder- bzw. Hinterachsantrieb

kleiner als bei der Steigungsfahrt, da ein Teil des Momentes zur Beschleunigung der rotatorischen Massen verbraucht wird. Der Einfluß der rotatorischen Massen auf die Radlaständerung, die beim Hinterachsantrieb im Sinne einer Verminderung der Kraftschlußbeanspruchung

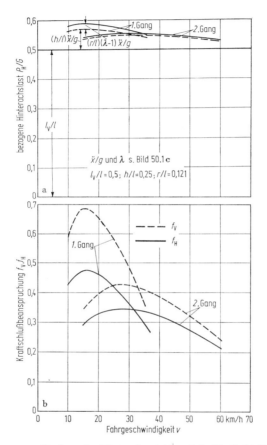

Bild 53.4 Einfluß von Vorder- oder Hinterachsantrieb auf die Kraftschlußbeanspruchung bei beschleunigter Fahrt. a) Anteile der Hinterachslast P_H, bezogen auf das Fahrzeuggewicht G, b) Kraftschlußbeanspruchung f_V bei Vorderachsantrieb und f_H bei Hinterachsantrieb über der Fahrgeschwindigkeit.

und beim Vorderachsantrieb im Sinne einer Erhöhung wirkt, ist nicht bedeutend. (Denn wäre umgekehrt der Einfluß der Trägheitsmomente auf die Verminderung der Radlaständerung größer als auf die Verkleinerung der Umfangskraft, müßte f_V bei der beschleunigten Fahrt größer als f_V bei Steigungsfahrt sein.)

54. Allradantrieb

Wie der Name dieser Antriebsart sagt, werden alle Räder angetrieben, d. h. es ist für ein zweiachsiges Fahrzeug $M_V > 0$ und $M_H > 0$. Die Aufteilung der vom Antriebsmotor zur Verfügung gestellten Leistung auf die beiden Achsen steht meistens in einem festen Verhältnis (z. B. durch ein Zwischengetriebe mit Zahnradstufen), sie kann aber auch veränderlich sein. Die Aufteilung des erforderlichen Gesamtmomentes

$$M_R = M_V + M_H = r[W_B + W_{St} + W_R + W_L]$$

auf die Achsen sei

$$M_H = i M_R \qquad (54.1)$$

und

$$M_V = (1 - i) M_R. \qquad (54.2)$$

Ideal ist die Aufteilung des Momentes, für die die Kraftschlußbeanspruchungen an Vorder- und Hinterachse gleich sind. Wir werden sehen, wie und ob das zu erreichen ist.

Mit Gl. (53.3) ergeben sich die Umfangskräfte zu

$$U_V = (1 - i) \frac{M_R}{r} - \frac{\Theta_V}{R_V r} \ddot{x} - W_{R,V},$$

$$U_H = i \frac{M_R}{r} - \frac{\Theta_H}{R_H r} \ddot{x} - W_{R,H}.$$

Nach Division durch P_V und P_H erhalten wir die Kraftschlußbeanspruchungen f_V und f_H

$$f_V = \frac{(1 - i)[W_B + W_{St} + W_R + W_L] - (\Theta_V / R_V r) \ddot{x} - W_{R,V}}{P_{V,\text{stat}} - A_V - \left[\dfrac{G}{g}\dfrac{h}{l} + \dfrac{\Theta_V}{R_V l} + \dfrac{\Theta_H}{R_H l}\right] \ddot{x}}, \qquad (54.3)$$

$$f_H = \frac{i[W_B + W_{St} + W_R + W_L] - (\Theta_H / R_H r) \ddot{x} - W_{R,H}}{P_{H,\text{stat}} - A_H + \left[\dfrac{G}{g}\dfrac{h}{l} + \dfrac{\Theta_V}{R_V l} + \dfrac{\Theta_H}{R_H l}\right] \ddot{x}}. \qquad (54.4)$$

Wir betrachten zur einfacheren Übersicht nacheinander wieder Spezialfälle.

54.1 Unbeschleunigte Fahrt in der Ebene

Mit $W_B = W_{St} = 0$ ergeben sich die Kraftschlußbeanspruchungen zu

$$f_V = \frac{(1 - i)(W_R + W_L) - W_{R,V}}{P_{V,\text{stat}} - A_V}, \quad f_H = \frac{i(W_R + W_L) - W_{R,H}}{P_{H,\text{stat}} - A_H}. \qquad (54.5)$$

54. Allradantrieb

Die ideale Momentenverteilung, nach der, wie oben schon gesagt, $f_V = f_H$ ist, errechnet sich zu

$$i = \frac{M_H}{M_R} = \frac{W_{R,H}}{W_R + W_L} + \frac{W_L}{W_R + W_L} \frac{P_{H,\text{stat}} - A_H}{G - (A_V + A_H)}. \qquad (54.6)$$

Zur Diskussion dieser Gleichung betrachten wir zwei praktisch vorkommende Sonderfälle:

a) Meistens haben Fahrzeuge Allradantrieb bekommen, um in unwegsamem Gelände voranzukommen (Bau- und Militärfahrzeuge). Da die Fahrgeschwindigkeit klein ist, können die Luftkräfte vernachlässigt werden. Dann ist

$$i = \frac{M_H}{M_R} = \frac{W_{R,H}}{W_R}. \qquad (54.7)$$

Mit der Annahme, daß die Rollwiderstandsbeiwerte für Vorder- und Hinterachse gleich sind, was nicht sein muß, weil im Sand z. B. der Rollwiderstand der einzelbereiften Vorderachse anders ist als der der doppelbereiften Hinterachse, wird näherungsweise

$$i = \frac{M_H}{M_R} \approx \frac{P_{H,\text{stat}}}{G} = \frac{l_V}{l}. \qquad (54.8)$$

Das Verhältnis der Einzelachsmomente ist

$$\frac{M_V}{M_H} = \frac{W_{R,V}}{W_{R,H}} \approx \frac{P_{V,\text{stat}}}{P_{H,\text{stat}}} = \frac{l_H}{l}. \qquad (54.9)$$

Die Momente sind also entsprechend den Rollwiderständen an den einzelnen Achsen oder näherungsweise entsprechend den statischen Achslasten aufzuteilen.

b) Nach Bild 53.1 treten an Fahrzeugen mit Einachsantrieb bei hohen Geschwindigkeiten so große Kraftschlußbeanspruchungen auf, daß sich der Allradantrieb lohnt. Da dabei der Luftwiderstand W_L wesentlich größer als der Rollwiderstand W_R ist, vereinfacht sich Gl. (54.6) zu

$$i = \frac{M_H}{M_R} = \frac{P_{H,\text{stat}} - A_H}{G - (A_V + A_H)} = \frac{\dfrac{l_V}{l} G - c_{A,H} F \dfrac{\varrho}{2} v_{\text{res}}^2}{G - (c_{A,V} + c_{A,H}) F \dfrac{\varrho}{2} v_{\text{res}}^2}. \qquad (54.10)$$

Die Aufteilung der Momente auf die einzelnen Achsen ist nicht konstant, sondern von der Geschwindigkeit v_{res} abhängig. Nur in dem Fall $A_V = A_H \approx 0$ ist das Verhältnis i eine Konstante.

54.2 Steigungsfahrt (unbeschleunigt)

Betrachten wir Fahrten mit kleinen Fahrgeschwindigkeiten, so ist

$$f_V = \frac{(1-i)(W_R + W_{St}) - W_{R,V}}{P_{V,stat}}$$

$$= \frac{(1-i)G(f_R \cos\alpha + \sin\alpha) - f_R P_{V,stat}}{P_{V,stat}}, \quad (54.11)$$

$$f_H = \frac{i(W_R + W_{St}) - W_{R,H}}{P_{H,stat}} = \frac{iG(f_R \cos\alpha + \sin\alpha) - f_R P_{H,stat}}{P_{H,stat}}.$$

Statt der Steigung p wurde nach Gl. (36.1) der exakte Ausdruck $\sin\alpha$ eingesetzt, weil mit Allradantrieb große Steigungen befahren werden können, bei denen die Vereinfachung $\sin\alpha \approx \tan\alpha = p$ größere Fehler bringt. Beim Rollwiderstand wurden die Radlasten exakt mit $W_{R,V} = f_R P_{V,stat}$, $W_{R,H} = f_R P_{H,stat}$ und $W_R = f_R(P_{V,stat} + P_{H,stat})$ unter der Annahme gleicher Rollwiderstandsbeiwerte an Vorder- und Hinterachse berücksichtigt.

Das ideale Momentenverhältnis bei gleicher Kraftschlußbeanspruchung ergibt sich zu

$$i = \frac{M_H}{M_R} = \frac{P_{H,stat}}{G \cos\alpha} = \frac{l_V}{l} + \frac{h}{l} \tan\alpha. \quad (54.12)$$

Gl. (54.12) stimmt mit Gl. (54.8) für $\alpha = 0$, $\cos\alpha = 1$ überein. Weiterhin ergibt sich aus dieser Gleichung, daß sich die ideale Momentenverteilung mit der Größe der Steigung p ändert.

Setzt man das ideale Momentenverhältnis nach Gl. (54.12) in Gl. (54.11) ein, so ist $f_H = \tan\alpha$, d. h. die Kraftschlußbeanspruchung an der Hinterachse, die laut Voraussetzung gleich der der Vorderachse sein soll, ist

$$f_V = f_H = \tan\alpha = p. \quad (54.13)$$

Danach ist also bei der idealen Momentenaufteilung die maximale Steigung α_{max} durch den Haftbeiwert

$$\mu_h = \tan\alpha_{max} = p_{max} \quad (54.14)$$

gegeben. Bei $\mu_h = 1$ ist $\alpha_{max} = 45°$ entsprechend $p = 1{,}0 \triangleq 100\%$.

Beim Allradantrieb ist die Kraftschlußbeanspruchung selbstverständlich kleiner als bei Einzelachsantrieb. In Bild 53.2 wurde auch der Allradantrieb mit eingezeichnet.

Auch bei beschleunigter Fahrt müßte sich im Idealfall die Momentenverteilung mit der Höhe der Beschleunigung ändern.

IX. Bremsung

Die Bremsung verlangt als Gegenteil des Antriebs negative Momente an den Rädern und damit negative Umfangskräfte zwischen Reifen und Fahrbahn. Das führt in der Ebene zu einer Verzögerung über die Fahrwiderstände hinaus, also zu einer negativen Beschleunigung des Fahrzeuges. So wie für den Antrieb die Steigungsfahrt, ist für die Bremsung die Gefällefahrt wichtig. Auch hier werden wir ausführlich auf die Kraftschlußbeanspruchung eingehen.

Insgesamt sind die Vorgänge beim Antrieb und bei der Bremsung sehr ähnlich, deshalb sind sie in diesem Zweiten Teil vereint. In der Wirkung sind sie insofern unterschiedlich, als bei der Bremsung (bis auf die Motor- und Festhaltebremsung und bei Ausfall eines Teiles der Anlage) immer eine Allradbremsung vorliegt und im allgemeinen die Größe der absoluten Momente und Umfangskräfte größer als beim Antrieb ist, so daß auch die Verzögerungen größer als die Beschleunigungen sind.

Im folgenden Abschn. 55 werden die Aufgaben der Bremsen genannt, und es wird ein Überblick über die Umwandlung mechanischer Energie in Wärme gegeben. Ab Abschn. 56 werden wieder nur dynamische Probleme behandelt.

55. Aufgaben der Bremsanlagen, Umwandlung in Wärme

Die Bremsanlage eines Fahrzeuges dient zu folgenden Zwecken:

a) Verzögerungsbremsung: Verringern der Geschwindigkeit, gegebenenfalls bis zum Anhalten,

b) Beharrungsbremsung: Verhindern unerwünschter Beschleunigung bei Talfahrt,

c) Festhaltebremsung: Verhüten unerwünschter Bewegung des ruhenden Fahrzeuges.

Die Festhaltebremsung ist ein Kraftproblem. Das Fahrzeug muß gegenüber der Fahrbahn mit einer bestimmten Umfangskraft festgehalten werden, damit es auf abschüssiger Straße nicht wegrollt (oder auf der Ebene unerwünscht verschoben wird). Die Größe des notwendigen Bremsmomentes bei einem bestimmten Gefälle p und die dabei auftretende Kraftschlußbeanspruchung kann aus Abschn. 49 und 53 entnommen werden, und zwar — wenn wie hier stets nur eine Achse abgebremst wird — anhand der Gleichungen für den Einachsantrieb.

Die Verzögerungs- und Beharrungsbremsung nach a und b ist neben den mechanischen Zusammenhängen von Momenten, Kräften, Verzögerungen, Kraftschlußbeanspruchungen noch ein Energieproblem. Die mechanische Energie des Fahrzeuges in Form von potentieller oder kinetischer Energie muß in eine andere Energieform umgewandelt werden. Diese andere Energieform ist, wenn man vom Luftwiderstand, der durch spezielle Luftwiderstandsbremsen vergrößert werden kann, absieht, die Wärmeenergie. Sie entsteht durch den Rollwiderstand in den Reifen und durch den Reibvorgang in der Bremse. Um eine Vorstellung von der Größe dieser Energie zu bekommen, soll diese berechnet werden. Dabei wird sich zeigen, daß z. B. für lange Gefällefahrten eine sog.

d) Dauerbremse, die die Reibungsbremse entlastet,

installiert werden muß.

55.1 Arbeit und Leistung bei der Verzögerungsbremsung

Soll ein Fahrzeug von der Masse m bzw. dem Gewicht $G = mg$, das in der Ebene mit der Ausgangsgeschwindigkeit v_A fährt, auf die Endgeschwindigkeit v_E abgebremst werden, so muß bei Berücksichtigung des rotatorischen Anteiles die mechanische Energie

$$A = \frac{m}{2}(v_A^2 - v_E^2) + \frac{\Theta}{2}(\dot{\varphi}_A^2 - \dot{\varphi}_E^2) \tag{55.1}$$

in Wärmeenergie umgewandelt werden (unter Vernachlässigung des Luftwiderstandes). Im Fall der Stoppbremsung, also Abbremsen bis zum Stillstand, $v_E = 0$, ist

$$A = \frac{m}{2}v_A^2 + \frac{\Theta}{2}\dot{\varphi}_A^2. \tag{55.2}$$

Sind alle rotierenden Teile wie in Abschn. 37 auf die Drehzahl des Rades bezogen, dann ist mit $v = R\dot{\varphi}$ nach Gl. (10.4)

$$A = \frac{m}{2}\left(1 + \frac{\Theta}{R^2 m}\right)v_A^2 \approx \frac{\lambda m}{2}v_A^2, \tag{55.3}$$

wobei der Klammerausdruck nach Gl. (37.8b) näherungsweise λ entspricht.

Um eine Vorstellung von der Größe der Energie zu bekommen, betrachten wir folgendes Beispiel: ein Fahrzeug, das 1000 kp wiegt, soll von $v_A = 30$ m/s $= 108$ km/h zum Stillstand abgebremst werden. Die Arbeit beträgt bei $\lambda \approx 1$
$A \approx 1/2 \cdot 100 \cdot 900 = 4{,}5 \cdot 10^4$ mkp ≈ 100 kcal. Das heißt, mit dieser Bremsarbeit kann 1 kg $\triangleq$ 1 l Wasser von 0 auf 100 °C erhitzt werden.

Die Bremsleistung N oder der Wärmeanfall pro Zeiteinheit ist

$$N = dA/dt. \tag{55.4}$$

Ist während der Bremsung die Verzögerung $\ddot{x} = $ const, dann ändert sich die Geschwindigkeit zu

$$\dot{x} = v = v_A + \int_0^t \ddot{x}\, dt = v_A + \ddot{x}t, \tag{55.5}$$

wenn der Einfachheit halber der Zeitpunkt des Bremsbeginnes zu Null gesetzt wird. Dabei ist bei der Verzögerung für $\ddot{x}$ ein negativer Wert einzusetzen.

55. Aufgaben der Bremsanlagen, Umwandlung in Wärme

Aus den letzten drei Gleichungen ergibt sich die Bremsleistung (ebenfalls als negativer Wert) zu

$$N = \lambda m \ddot{x}(v_A + \ddot{x}t). \tag{55.6}$$

Sie ändert sich mit der Fahrgeschwindigkeit, ist bei hoher Fahrgeschwindigkeit, d. h. am Anfang der Bremsung am größten und nimmt mit der Bremsdauer ab.

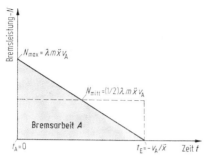

Bild 55.1 Verlauf der Bremsleistung über der Zeit bei konstanter Verzögerung.

Die Bremsleistung ist natürlich Null, wenn die Fahrgeschwindigkeit Null ist. Dies wird nach der Zeit t_E erreicht, die sich aus

$$v = v_A + \ddot{x} t_E = 0$$

berechnet, s. Bild 55.1:

$$t_E = \frac{v_A}{-\ddot{x}}.$$

Die mittlere Bremsleistung über der Zeitdauer t_E bei einer Stoppbremsung ist dann

$$N_{\text{mittel}} = \frac{1}{2} \lambda m \ddot{x} v_A. \tag{55.7}$$

Der Flächeninhalt unter der Leistungskurve ist natürlich die Bremsarbeit nach Gl. (55.3).

Um auch eine Vorstellung von der Größe der Leistung zu bekommen, nehmen wir wieder das oben genannte Beispiel an, bei dem ein Fahrzeug mit 1 000 kp Gewicht von 30 m/s bis auf den Stillstand abgebremst wird. Und zwar soll die Verzögerung $\ddot{x} = -5$ m/s² ≈ $-0,5g$ betragen. Das ergibt eine mittlere Leistung $N_{\text{mittel}} =$
= 1/2 · 100 · (−5) · 30 = −7 500 mkp/s = −100 PS.

Diese mittlere Bremsleistung entsteht während der Zeitdauer

$$t_E = \frac{30}{5} = 6 \text{ s}.$$

55.2 Arbeit und Leistung bei der Beharrungsbremsung

Beginnt ein Fahrzeug nach Bild 55.2 mit der Geschwindigkeit v_A einen Berg der Höhe $h = h_A - h_E$ herabzufahren und besitzt am Ende des Gefälles die Geschwindigkeit v_E, so errechnet sich die Bremsarbeit A aus der Differenz der Summe von potentieller Energie E_pot und kinetischer Energie E_kin zu Anfang und zu Ende des Vorganges zu

$$(E_\text{pot} + E_\text{kin})_\text{A} = (E_\text{pot} + E_\text{kin})_\text{E} + A,$$

$$Gh_\text{A} + \frac{\lambda m}{2} v_\text{A}^2 = Gh_\text{E} + \frac{\lambda m}{2} v_\text{E}^2 + A,$$

$$A = Gh + \frac{\lambda m}{2} (v_\text{A}^2 - v_\text{E}^2). \tag{55.8}$$

Von Beharrungsfahrt spricht man dann, wenn die Geschwindigkeit konstant bleibt. Dann ist also

$$A = Gh. \tag{55.9}$$

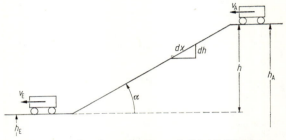

Bild 55.2 Zur Berechnung der Bremsarbeit bei Gefällefahrt.

Die Bremsleistung ist wieder nach Gl. (55.4)

$$N = \frac{dA}{dt} = \frac{dA}{dh} \frac{dh}{dt}, \tag{55.10}$$

wobei nach Bild 55.2 $dh = dx \sin \alpha$ ist. Setzt man nach Gl. (36.2) $\sin \alpha$ der Steigung p gleich, dann ist

$$N = Gpv. \tag{55.11}$$

Nehmen wir wieder als Beispiel unser 1000 kp wiegendes Fahrzeug, das ein 8%-Autobahngefälle mit $v = 20$ m/s herabfahren soll, dann muß folgende Bremsleistung aufgebracht werden:

$$N = 1000 \cdot (-0{,}08) \cdot 20 = -1600 \text{ mkp/s} \approx -20 \text{ PS}.$$

Vergleicht man nun die 20 PS bei der Talfahrt mit den 100 PS mittlere Leistung bei der Stoppbremsung, dann erscheint die Talfahrt zunächst als harmlose Bremsung. Die Stoppbremsung dauert aber nur kurze Zeit, in unserem Beispiel $t_\text{E} = 6$ s, während der die Wärme noch überwiegend in den Bremsen gespeichert werden kann und zum geringeren Teil an den Fahrtwind abgegeben wird. Die gespeicherte Wärme wird erst nach der Bremsung an die Luft abgegeben, die Bremse kühlt sich ab. Bei der Talfahrt, also einer Beharrungsbremsung, stellt sich hingegen bald ein Beharrungszustand ein. Die Bremsenteile haben dann eine bestimmte Temperatur angenommen, und der weiter anfallende Wärmestrom (= Bremsleistung) muß an den Fahrtwind abgegeben werden. Geschieht das nicht, so steigt die Temperatur in den Bremsenteilen an, die Bremse erhitzt sich zunehmend, was zu verminderter

Bremswirkung und damit zur Überbeanspruchung führen kann. Durch Benutzen eines niedrigeren Ganges, also Fahren mit niedrigerer Geschwindigkeit, kann dann die Bremsleistung und damit die pro Zeiteinheit notwendige Wärmeabgabe gesenkt werden.

Wir sehen daraus, daß die Güte (Warmfestigkeit) der Bremsen am Fahrzeug die Fahrgeschwindigkeit bei der Talfahrt bestimmt.

Die Wärmeabgabe pro Zeiteinheit kann an einem Motor als Vergleich abgeschätzt werden. Das 1000 kp schwere Auto hat z. B. einen 30-PS-Motor. Bei Motoren gilt als Faustregel, daß von der Brennstoffenergie 1/3 als mechanische Leistung, 1/3 an die Kühlung (Luft, Wasser), 1/3 an die Auspuffgase abgegeben werden. Das heißt, daß beim angenommenen Motor etwa eine Wärmemenge pro Zeiteinheit entsprechend 30 PS an die Kühlluft abgegeben werden muß. Vergleicht man nun das Kühlsystem eines luftgekühlten Motors (verrippte Zylinder, Zylinderkopf, Ventilator, Kühlluftkanäle) mit der Kühlung einer Bremse (Bremse versteckt in der Felge untergebracht, Kühlung nur durch Fahrtwind, außer bei Sportwagen keine geplante Kühlluftzuführung), dann erkennt man sehr leicht, daß eine Bremse nicht dafür eingerichtet ist, fortwährend hohe Wärmeleistungen abzugeben.

Deshalb muß man nach Lösungen suchen. Am bekanntesten dürfte der Fahrschulhinweis sein, in *dem* Gang den Berg hinabzufahren, mit dem man den Berg hinaufgefahren wäre. Man benutzt also den Motor als Bremse. Besonders ausgebildet ist das bei Schwerfahrzeugen, die eine Motorbremse haben. Dabei arbeitet der Motor als Kompressor, als „arbeitsverzehrende" Maschine. Weiterhin kommen hydraulische und elektrische Zusatzbremsen in Betracht, die wesentlich mehr mechanische Energie pro Zeiteinheit als Wärme abgeben können als Reibungsbremsen und deshalb als „Dauerbremsen" geeignet sind.

Es bleibt zu erwähnen, daß auch gehäufte Stoppbremsungen oder allgemein gesagt Verzögerungsbremsungen zu einer Überhitzung der Bremsenteile führen können.

56. Bremsmomente, Bremskräfte, Abbremsung

Wir kommen wieder auf die Bewegungsgleichungen von Abschn. 27 zurück, die schon in Kap. V auf den Antrieb angewendet wurden und nun für die Abbremsung eines Fahrzeugs benutzt werden. Sehen wir uns hierzu die Gl. (38.1) und (38.5) an. Die Summe der Momente an den Rädern ist danach

$$\frac{M_R}{r} = \frac{M_V + M_H}{r} = W_B + W_{St} + W_R + W_L$$

$$= G\left(\lambda \frac{\ddot{x}}{g} + p + f_R\right) + c_W F \frac{\varrho}{2} v_{res}^2. \quad (56.1)$$

Werden an den Rädern Bremsmomente aufgebracht, also negative M_R, dann muß, da der Roll- und Luftwiderstand nicht kleiner Null sein kann, $G(\lambda \ddot{x}/g + p)$ negativ sein und absolut genommen größer als $Gf_R + c_W F(\varrho/2)v_{res}^2$. Das heißt, für zwei Spezialfälle erläutert: Durch ein Bremsmoment wird das Fahrzeug bei Fahrt in der Ebene ($p = 0$) verzögert ($\ddot{x}$ negativ), oder es kann mit konstanter Geschwindigkeit ($\ddot{x} = \dot{v} = 0$) einen Berg hinabfahren (p negativ).

Die kleinen Werte für Verzögerung und Gefälle, die sich bei nicht vorhandenem Moment einstellen, errechnen sich aus Gl. (56.1) zu

$$\lambda \frac{\ddot{x}}{g} + p = -\left[f_R + \frac{c_W F}{G} \frac{\varrho}{2} v_{res}^2\right]. \tag{56.2}$$

Die folgenden Beispiele zeigen, daß diese Werte wirklich klein sind: Ist der Rollwiderstandsbeiwert $f_R = 0{,}01$ und wird der Luftwiderstand vernachlässigt, dann ist eine Gefällefahrt bei konstanter Fahrgeschwindigkeit in einem Gefälle von $p = -0{,}01 \triangleq -1\%$ möglich, oder es wird auf der Ebene eine Verzögerung — bei $\lambda \approx 1$ — von $\ddot{x} = -0{,}01 g \approx -0{,}1$ m/s² erzielt. Wird der Luftwiderstand berücksichtigt bei $v = 20$ m/s, $c_W F = 0{,}8$ m², $G = 1000$ kp, $\varrho = 1/8$ kps²/m⁴, dann erhöhen sich die Werte auf $p = -(0{,}01 + 0{,}8/1000 \cdot 1/16 \cdot 400) = -(0{,}01 + 0{,}02) \triangleq -3\%$ bzw. $\ddot{x} \approx -0{,}3$ m/s².

Diese kleinen Werte sind in der Praxis aber nicht unwichtig, da nach der Energiebetrachtung im Abschn. 55 die Wärmeentwicklung entsprechend diesen Werten vermindert wird. Dies gilt ganz besonders für Gefällefahrten, da kleine Straßenneigungen, wie Tabelle 36.1a zeigt, sehr häufig vorkommen.

Zur Berechnung der Kraftschlußbeanspruchung müssen die Umfangskräfte und die Vertikallasten bekannt sein. Die letzteren können aus Abschn. 52 entnommen werden, die Umfangskräfte werden in Abschn. 59 berechnet. Sie sind hier als *Bremskräfte* gegenüber Bild 27.1 negativ gerichtet und werden mit

$$B_V = -U_V; \qquad B_H = -U_H \tag{56.3}$$

bezeichnet.

Die Summe der Umfangskräfte ist nach Gl. (53.4)

$$U_V + U_H = G\left[\frac{\ddot{x}}{g} + p\right] + c_W F \frac{\varrho}{2} v_{res}^2. \tag{56.4}$$

Eine weitere Abkürzung hat sich für das Verhältnis der Verzögerung (= negative Beschleunigung) zur Erdbeschleunigung eingebürgert, die man *Abbremsung a* nennt[1],

$$a = \frac{-\ddot{x}}{g}. \tag{56.5}$$

Dieser Ausdruck ist dimensionslos und hat außerdem den Vorteil, daß in den Rechnungen das negative Vorzeichen für die Verzögerung wegfällt.

---

[1] Sie wird meistens in Prozenten angegeben, wir schließen uns dem aber — wie bei der Steigung p — nicht an.

Kehren wir zu den Bremsmomenten zurück. Diese können vom Fahrer eines Pkw mit Stufenschaltgetriebe aus betrachtet auf viererlei Arten aufgebracht werden:

1. Fahrer nimmt den Fuß vom Gaspedal. Dann müssen die Antriebsräder den Drehmomentenwandler und den Antriebsmotor durchdrehen. Das ergibt ein Bremsmoment an den Antriebsrädern. Je nach Wahl des Ganges kann die Größe des Bremsmomentes verändert werden, wie oben bereits angedeutet.

2. Fahrer nimmt den Fuß vom Gaspedal und tritt die Kupplung. Dabei ist der Antriebsmotor abgekuppelt, die Räder drehen nur noch den Drehmomentenwandler durch, was im allgemeinen ein wesentlich kleineres Bremsmoment ergibt.

3. Fahrer tritt Bremse und Kupplung. Hier wird die eigentliche Bremsanlage, die Reibungsbremse, betätigt, mit der hohe Verzögerungen zu erzielen sind. Dabei wird nicht nur die Masse des Fahrzeuges translatorisch verzögert, sondern auch die rotatorischen Massen, die Räder, die Bremstrommeln und der Drehmomentenwandler — ausgedrückt im Faktor λ in Gl. (56.2) — müssen abgebremst werden.

Beim Treten des Bremspedals werden im allgemeinen alle Räder eines Fahrzeuges abgebremst, während in den Fällen 1 und 2 nur ein Bremsmoment an den Antriebsrädern aufgebracht wird.

4. Fahrer tritt Bremse und läßt den Motor eingekuppelt. Dann kommt zu dem Moment der eigentlichen Bremse noch das Schleppmoment des Motors hinzu. Obgleich das Gesamtmoment größer ist, wird die Verzögerung — wie auch die Erfahrung lehrt — nicht immer größer. Und zwar dann nicht, wenn das notwendige Moment zur Abbremsung der durch den Motor vermehrten rotatorischen Massen größer als das Schleppmoment des Motors ist.

Wir behandeln in den folgenden Abschnitten die Fälle 1 und 3. Der Fall 1 ist für die Bergabfahrt sehr wichtig; durch die Verluste im Triebwerk wird die Gefällegrenze, mit der bei gleichbleibender Geschwindigkeit ohne Betätigung der eigentlichen Bremse und damit ohne Wärmeentwicklung an der Reibungsbremse gefahren werden kann, gegenüber Gl. (56.2) wesentlich erhöht. Sie kann durch Dauerbremsen noch weiter gesteigert werden. Der Fall 3 ist für die Bremsung wichtig, bei der der Kraftschluß zwischen Reifen und Straße stark beansprucht wird.

57. Beharrungsbremsung durch den Motor

Unser Vorgehen in diesem Abschnitt ähnelt dem in Kap. VII, wo wir die Antriebsleistung des Motors und die Widerstände des Kraftfahrzeuges gemeinsam betrachteten. Hier sehen wir uns die negative

Antriebsleistung, d. h. die Bremsleistung des Motors an und vergleichen sie mit den negativen Widerständen des Fahrzeuges, d. h. mit dem Antrieb bei Gefällefahrt.

In Bild 57.1 sind einige Ergebnisse für Diesel- und Ottomotoren zusammengefaßt, aus denen das Bremsmoment M_M über der Drehzahl n_M entnommen werden kann.

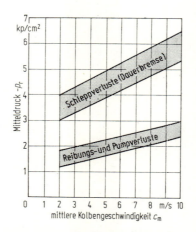

Bild 57.1 Erhöhung der negativen mittleren Drücke p_r durch die Dauer-(Motor-)bremse gegenüber den Reibungs- und Pumpverlusten eines Motors, dargestellt über der mittleren Kolbengeschwindigkeit. Nach LÖHNER, K., STAHL, G.: Die Schleppleistung von Viertakt-Dieselmotoren bei Talfahrt. ATZ 58 (1956) Nr. 11, S. 301—307.

Dieses Bild zeigt den negativen Druck (Reibungsdruck) p_r über der mittleren Kolbengeschwindigkeit c_m. Das Bremsmoment für Viertaktmotoren ist

$$\frac{M_M}{\text{mkp}} = 0{,}796 \frac{p_r}{\text{kp/cm}^2} \frac{V_H}{l}$$

mit dem Hubvolumen V_H. Die Drehzahl n_M ist mit der mittleren Kolbengeschwindigkeit c_m und dem Hub s wie folgt verknüpft:

$$\frac{c_m}{\text{m/s}} = \frac{1}{30} \frac{s}{\text{m}} \frac{n_M}{\text{U/min}}.$$

Das an den Antriebsrädern zur Verfügung stehende Bremsmoment M_R ist mit dem Übersetzungsverhältnis i des Drehmomentenwandlers und dessen Wirkungsgrad η während des Bremsens entsprechend Gl. (47.8) — nur daß hier für die negativen Momente der Wirkungsgrad η im

57. Beharrungsbremsung durch den Motor

Nenner steht, weil die mechanischen Verluste ebenfalls bremsen helfen —

$$M_\mathrm{R} = \frac{1}{\eta} i M_\mathrm{M}. \qquad (57.1)$$

Die Fahrgeschwindigkeit v ergibt sich aus der Drehzahl n_M nach Gl. (47.9), wobei wir auch hier zur Vereinfachung den Einfluß des Schlupfes vernachlässigen.

Damit kennen wir das angebotene Bremsmoment des Triebwerkes als Funktion der Fahrgeschwindigkeit. Das erforderliche Bremsmoment für eine Fahrt im Gefälle p bei konstanter Fahrgeschwindigkeit ergibt sich nach Gl. (56.1) zu

$$\frac{M_\mathrm{R}}{r} = G(p + f_\mathrm{R}) + c_\mathrm{W} F \frac{\varrho}{2} v_\mathrm{res}^2. \qquad (57.2)$$

Aus beiden zusammen erhalten wir ein Kennfeld nach Bild 57.2, aus dem zu entnehmen ist, welches Gefälle bei welcher Fahrgeschwindigkeit allein durch Abbremsung mit Motor und Drehmomentenwandler gefahren werden kann.

Das Kennfeld ist mit negativer Ordinate gezeichnet, weil es sich um Bremsmomente handelt, und ist damit eine Fortsetzung der aus Kap. VII bekannten Fahrleistungsschaubilder. Das Lieferkennfeld des Motors mit Kennungswandler reicht von der Vollastkennlinie bis zu der gezeichneten Bremskennlinie. Nimmt der Fahrer den Fuß vom Gaspedal, dann gibt es im Bremsbereich kein Feld, sondern nur eine Linie. Ein

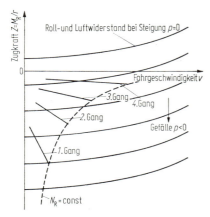

Bild 57.2 Fahrzustandsschaubild eines Fahrzeuges bei Gefällefahrt, dargestellt durch die aus dem Bremsmoment ($-M_\mathrm{R}$) des Motors sich ergebende negative Zugkraft Z in den verschiedenen Gängen über der Fahrgeschwindigkeit v.

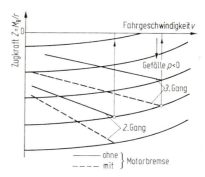

Bild 57.3 Vergleich der möglichen Fahrgeschwindigkeiten eines Fahrzeuges mit und ohne Motorbremse bei gleichem Gefälle.

gewisses Gefälle kann z. B. im 4. Gang nur mit einer bestimmten Geschwindigkeit befahren werden. Ist die Geschwindigkeit zu hoch, so muß mit der Reibungsbremse zusätzlich abgebremst oder es muß zurückgeschaltet werden. Im 3. Gang stellt sich dann im Beharrungsfall eine niedrigere, aber auch wieder ganz bestimmte Fahrgeschwindigkeit ein.

In Abschn. 55 wurde schon angedeutet, daß mit sog. Dauerbremsen größere Gefälle ohne Benutzung der Reibungsbremse befahren werden können. In Bild 57.1 ist die Erhöhung des Mitteldruckes des geschleppten Motors durch solch eine Einrichtung eingezeichnet. Es zeigt sich, daß dadurch das Bremsmoment gegenüber den normalen Reibungs- und Pumpverlusten ungefähr auf das Doppelte vermehrt wird.

Aus dem Bremsschaubild 57.3 erkennt man, daß mit Motorbremse nicht nur ein größeres Gefälle, sondern ein bestimmtes Gefälle in einem höheren Gang befahren werden kann und damit auch mit einer höheren Geschwindigkeit. Das heißt, die Motorbremse schont nicht nur die Reibungsbremse, sondern es wird auch eine höhere Durchschnittsgeschwindigkeit möglich.

58. Bremswege bei Verzögerungsbremsung

Muß das Fahrzeug schnell abgebremst werden, dann kann als Merkmal für die Güte der Bremsanlage insgesamt die Kürze des Bremsweges angesehen werden. Er hängt von verschiedenen Einflüssen ab, die im folgenden besprochen werden.

58.1 Bremsvorgang

Bild 58.1 zeigt den Bremsvorgang in verschiedenen Einzelbildern jeweils über der Zeit aufgetragen. Die einzelnen Zeitabschnitte gliedern sich wie folgt:

Zwischen dem Erkennen des Hindernisses und dem Einsatz der Fußkraft P_F am Bremspedal vergeht die Reaktionsdauer t_r, die die Reaktionsauslösedauer, die Umsetzdauer des Fußes vom Gaspedal auf das Bremspedal und die Dauer für die Überwindung des Spieles am Bremspedal beinhaltet.

Während der Betätigungsschwelldauer t_b soll die Fußkraft P_F von Null auf einen Höchstwert ansteigen (Bild 58.1a).

Zwischen Einsetzen der Betätigungskraft und Einsetzen der Bremskräfte und damit der Verzögerung $\ddot{x}$ vergeht die Ansprechdauer t_a (Bild 58.1b). Es muß das Spiel in Gelenken und Lagern überwunden werden, die Bremsbeläge müssen sich an die Bremstrommeln anlegen.

Während der Zeiten $t_r + t_a$ ist, wenn man die bremsende Wirkung der Antriebsteile — der Motor ist nach Voraussetzung 3 von S. 199 abgekuppelt — vernachlässigt, die Fahrgeschwindigkeit konstant und gleich der Ausgangsgeschwindigkeit v_A, so daß während dieser Zeit das Fahrzeug einen relativ großen Weg zurücklegt.

Bis die Verzögerung ihren Höchstwert erreicht, vergeht die Schwelldauer t_s, die größer als die Betätigungsschwelldauer t_b ist.

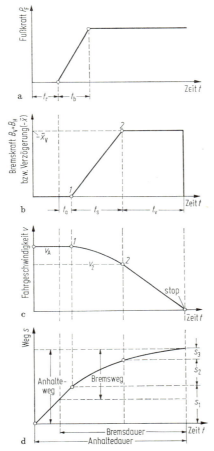

Bild 58.1 Bremsvorgang. a und b) Idealisierte Verläufe der Fußkraft, der Bremskraft bzw. der Verzögerung über der Zeit, c) daraus sich ergebender Fahrgeschwindigkeits- und d) Wegverlauf über der Zeit. t_r Reaktions-, t_b Betätigungsschwell-, t_a Ansprech-, t_s Schwell-, t_v Vollbremsdauer, v_A Ausgangsgeschwindigkeit.

Im weiteren Zeitverlauf wurde die Fußkraft als konstant angenommen, ebenso die Verzögerung $\ddot{x}_v$ während der Zeitdauer t_v.

Die Zusammenhänge zwischen der Verzögerung $\ddot{x}$ und den Bremsmomenten M_V, M_H sowie den Bremskräften B_V, B_H sind in Gl. (56.1), (56.3) und (56.4) angegeben.

Aus dem zeitlichen Verlauf der Verzögerung nach Bild 58.1 b ergibt sich durch Integration der Verlauf der Geschwindigkeit (Bild c) und der des Weges (Bild d).

58.2 Anhalteweg

Er setzt sich nach Bild 58.1 d zusammen:

a) aus dem Weg während der Zeitdauer $t_r + t_a$ zu

$$s_1 = v_A(t_r + t_a), \qquad (58.1)$$

b) aus dem Weg während der Schwelldauer t_s: Er berechnet sich über die Beschleunigung, die sich nach Bild 58.1 b nach

$$\ddot{x} = \frac{\ddot{x}_v}{t_s} t \qquad (58.2)$$

ändert (bei der Verzögerung ist für $\ddot{x}_v$ wieder ein negativer Wert einzusetzen), und über die Fahrgeschwindigkeit

$$v = v_A + \int \frac{\ddot{x}_v}{t_s} t \, dt = v_A + \frac{\ddot{x}_v}{2 t_s} t^2 \qquad (58.3)$$

zu

$$s_2 = \int_0^{t_s} v \, dt = v_A t_s + \frac{\ddot{x}_v}{6} t_s^2. \qquad (58.4)$$

c) Aus dem Weg während der Bremsdauer t_v: Da nach Bild 58.1 b die Verzögerung $\ddot{x} = \ddot{x}_v = $ const ist, beträgt die Fahrgeschwindigkeit

$$v = v_2 + \ddot{x}_v \int dt = v_2 + \ddot{x}_v t, \qquad (58.5)$$

wobei v_2 nach Bild 58.1 c die Fahrgeschwindigkeit am Anfang des Zeitabschnittes c ist und gleichzeitig am Ende des Zeitabschnittes b nach der Zeitdauer t_s erreicht wird. v_2 errechnet sich aus Gl. (58.3) zu

$$v_2 = v_A + \frac{\ddot{x}_v}{2} t_s. \qquad (58.6)$$

Die Dauer t_v, nach der die Fahrgeschwindigkeit dann auf Null abgesunken ist, ergibt sich aus Gl. (58.5) und (58.6)

$$t_v = \frac{v_2}{-\ddot{x}_v} = \frac{v_A}{-\ddot{x}_v} - \frac{t_s}{2}. \qquad (58.7)$$

58. Bremswege bei Verzögerungsbremsung

Der Bremsweg s_3 während t_v beträgt

$$s_3 = \int_0^{t_v} v\,\mathrm{d}t = v_2 t_v + \frac{\ddot{x}_v}{2} t_v^2 = -\frac{v_2^2}{2\ddot{x}_v}$$

$$= \frac{-1}{2\ddot{x}_v}\left[v_A^2 + \frac{\ddot{x}_v^2}{4} t_s^2 + v_A \ddot{x}_v t_s\right]. \tag{58.8}$$

Der *Anhalteweg* wird aus Gl. (58.1), (58.4) und (58.8)

$$s_{\text{ges}} = s_1 + s_2 + s_3 = v_A\left(t_r + t_a + \frac{t_s}{2}\right) - \frac{v_A^2}{2\ddot{x}_v} + \frac{\ddot{x}_v}{24} t_s^2. \tag{58.9}$$

Zur Veranschaulichung der Einzelanteile betrachten wir ein Beispiel:

$v_A = 30$ m/s $= 108$ km/h, $\ddot{x}_v = -5$ m/s², $t_r = 1$ s, $t_a = 0{,}2$ s, $t_s = 0{,}3$ s.

$$s_{\text{ges}} = 30 \cdot 1{,}35 + \frac{900}{10} - \frac{5}{24} \cdot 9 \cdot 10^{-2} = 40{,}5 + 90 - 0{,}02 = 130{,}52 \text{ m}.$$

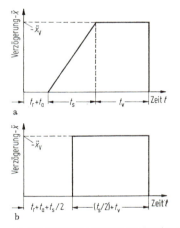

Bild 58.2 Ersatz des Verzögerungs-Zeit-Verlaufes mit linearem Anstieg, a) durch Verlauf mit sprungartigem Anstieg, b) bei gleichem Anhalteweg.

Wie das Beispiel zeigt, kann bei normalen Schwelldauern das dritte Glied in Gl. (58.9) vernachlässigt werden. Es gilt dann näherungsweise

$$s_{\text{ges}} \approx v_A\left(t_r + t_a + \frac{t_s}{2}\right) - \frac{v_A^2}{2\ddot{x}_v}. \tag{58.10}$$

Nach dieser Gleichung kann der Beschleunigungsverlauf nach Bild 58.1b vereinfacht dargestellt werden (Bild 58.2a). Statt der drei Zeitabschnitte $t_r + t_a$, t_s und t_v brauchen wir nur zwei zu betrachten, nämlich

$t_r + t_a + t_s/2$ und $t_s/2 + t_v$. Während der ersten Zeitdauer ist nach Bild 58.2b die Verzögerung Null und springt danach auf den Wert $\ddot{x}_v$.

Führen wir außerdem noch die Abbremsung $a_v = -\ddot{x}_v/g$ nach Gl. (56.5) ein, um nicht immer $\ddot{x}_v$ negativ einsetzen zu müssen, dann formt sich Gl. (58.10) um zu

$$s_{ges} \approx v_A \left(t_r + t_a + \frac{t_s}{2} \right) + \frac{v_A^2}{2 a_v g}. \tag{58.11}$$

Die Anhaltedauer

$$t_{ges} = t_r + t_a + t_s + t_v$$

ergibt sich mit Gl. (58.7) zu

$$t_{ges} = \left(t_r + t_a + \frac{t_s}{2} \right) + \frac{v_A}{-\ddot{x}_v} = \left(t_r + t_a + \frac{t_s}{2} \right) + \frac{v_A}{a_v g}. \tag{58.12}$$

Mit den oben genannten Zahlenwerten ist

$$t_{ges} = (1{,}0 + 0{,}2 + 0{,}15) + 30/5 = 7{,}35 \text{ s}.$$

58.3 Bremswegverlängerung gegenüber einer idealen Abbremsung

Bei einer *Gefahrenbremsung* muß der Bremsweg so kurz wie möglich sein, der Fahrer wird also versuchen, mit der maximal möglichen Verzögerung $\ddot{x}_{max}$ bzw. maximal möglichen Abbremsung $a_{max} = -\ddot{x}_{max}/g$ sein Fahrzeug abzubremsen. Dabei würde nach Gl. (58.11) ein minimaler Anhalteweg

$$s_{min} = v_A \left(t_r + t_a + \frac{t_s}{2} \right) + \frac{v_A^2}{2 a_{max} g} \tag{58.13}$$

erreicht werden. Wir bezeichnen als maximal mögliche Verzögerung $\ddot{x}_{max}$ die Verzögerung, bei der beide Räder eine Achse noch nicht blokkieren, also noch nicht rutschen und damit noch Seitenführungskräfte aufnehmen können[1].

Diese Verzögerung ist im allgemeinen nicht gleich der maximalen Verzögerung $\ddot{x}_{id}$ oder Abbremsung $a_{id} = -\ddot{x}_{id}/g$, die im *Idealfall* für einen bestimmten Beladungs- und für einen bestimmten Straßenzustand bei technisch richtiger Auslegung erreicht werden könnte. Denn normalerweise blockieren die Räder an einer Achse, z. B. an der Hinter-

---

[1] Ein bis zur Kraftschlußgrenze beanspruchtes rollendes Rad kann natürlich auch keine Seitenkräfte mehr aufnehmen. Das heißt, $\ddot{x}_{max}$ soll die Verzögerung sein, bei der die Räder durch Brems- und Seitenkräfte gerade noch nicht blockkieren.

58. Bremswege bei Verzögerungsbremsung

achse, während die der Vorderachse dies noch nicht tun. An der Hinterachse ist die maximale Bremskraft dann schon erreicht, an der Vorderachse dagegen noch nicht; hierbei wird also Bremskraft und damit insgesamt Verzögerung verschenkt. Damit ist $|\ddot{x}_{max}| \leq |\ddot{x}_{id}|$ bzw. $a_{max} \leq a_{id}$.

Weiterhin wäre bei einem mit idealen Bremsen ausgerüsteten Fahrzeug die Ansprechdauer $t_a = 0$ und die Schwelldauer gleich der Betätigungsdauer $t_s = t_b$. Bei diesem idealen Fahrzeug wäre demnach der Anhalteweg

$$s_{id} = v_A \left(t_r + \frac{t_b}{2} \right) + \frac{v_A^2}{2 a_{id} g}. \tag{58.14}$$

Die beiden Bremswege s_{min} und s_{id} könnte man ins Verhältnis setzen und damit einen dimensionslosen Bewertungsfaktor s_{min}/s_{id} bekommen. In der Praxis kommt es aber auf den Bremsweg an. Deshalb wird als Gütewert die Differenz der Bremswege genommen, der damit zwar nicht dimensionslos, dafür aber vorstellbar wird.

$$\Delta s = s_{min} - s_{id} = v_A \left[t_a + \frac{1}{2}(t_s - t_b) \right] + \frac{v_A^2}{2 a_{id} g} \left[\frac{a_{id}}{a_{max}} - 1 \right]. \tag{58.15}$$

Die ideale Verzögerung $\ddot{x}_{id}$ bzw. ideale Abbremsung a_{id}, bei der beide Achsen gleichzeitig[1] die Kraftschlußgrenze erreichen, läßt sich nach Gl. (56.3) bis (56.5) bei Fahrt auf der Ebene und unter Vernachlässigung des Luftwiderstandes einfach berechnen. Es ist

$$B_V + B_H = G \frac{-\ddot{x}_{id}}{g} = G a_{id}. \tag{58.16}$$

Die maximal erreichbare Bremskraft für jedes einzelne Rad ist nach Abschn. 9 durch Haftbeiwert μ_h und Vertikallast P gegeben

$$B_V = \mu_h P_V; \quad B_H = \mu_h P_H.$$

Die Summe der Bremskräfte kann also höchstens

$$B_V + B_H = \mu_h (P_V + P_H) = \mu_h G \tag{58.17}$$

sein (Auftrieb vernachlässigt). Durch Gleichsetzen der Gl. (58.16) und (58.17) ergibt sich im Idealfall die höchste Verzögerung zu

$$\frac{-\ddot{x}_{id}}{g} = a_{id} = \mu_h. \tag{58.18}$$

---

[1] An sich sollten nicht alle Räder gleichzeitig blockieren, sondern nur ungefähr. Denn einen Fahrzustand mit nur *einer* blockierten Achse kann der Fahrer leichter beherrschen.

Setzen wir dies in Gl. (58.15) ein, so ist die Bremswegverlängerung

$$\Delta s = v_\mathrm{A} \left[t_\mathrm{a} + \frac{1}{2}(t_\mathrm{s} - t_\mathrm{b}) \right] + \frac{v_\mathrm{A}^2}{2\mu_\mathrm{h} g} \left[\frac{\mu_\mathrm{h}}{a_\mathrm{max}} - 1 \right]. \qquad (58.19)$$

Rechnen wir wieder ein Beispiel: $\mu_\mathrm{h} = 0{,}7$, $\ddot{x}_\mathrm{max} = -5$ m/s² entsprechend $a_\mathrm{max} \approx 0{,}5$, $t_\mathrm{a} = 0{,}2$ s, $t_\mathrm{s} = 0{,}3$ s bei $t_\mathrm{b} = 0{,}2$ s. Bei $v_\mathrm{A} = 30$ m/s ist

$$\Delta s = 30\,(0{,}2 + 0{,}05) + \frac{900}{2 \cdot 0{,}7 \cdot 9{,}81}\left(\frac{0{,}7}{0{,}5} - 1\right) = 7{,}5 + 25{,}8 = 33{,}3 \text{ m},$$

bei $v_\mathrm{A} = 20$ m/s wird $\Delta s = 5 + 11{,}5 = 16{,}5$ m.

Die Bremswegverlängerung Δs gegenüber dem Idealfall ergibt sich aus zwei Anteilen (wie der Gesamtbremsweg auch), aus einem Zeit-

Tabelle 58.1 *Häufigkeit gemessener Reaktions-, Reaktionsauslöse-, Umsetz- und Betätigungsschwelldauern* (gemessen im Institut für Fahrzeugtechnik der TU Braunschweig an Männern im Alter von 25 bis 40 Jahren)

a) Reaktionsdauern, Mittelwerte aus Stand- und Fahrversuchen (Reaktionsaufforderung durch Bremsleuchte, $A = 70$ mm, s. Bild)

Von den Versuchspersonen erreichten	Reaktionsdauern t_r kleiner als
10%	0,44 s
50%	0,52 s
90%	0,65 s

b) Reaktionsauslöse- und Umsetzdauern, Mittelwerte aus Stand- und Fahrversuchen

Von den Versuchspersonen erreichten	Reaktionsauslösedauern kleiner als	Umsetzdauern kleiner als		
		$A = 130$ mm	$A = 70$ mm	$A = 0$ mm
10%	0,28 s	0,17 s	0,16 s	0,13 s
50%	0,33 s	0,21 s	0,19 s	0,16 s
90%	0,41 s	0,26 s	0,21 s	0,18 s

c) Betätigungsschwelldauern, Mittelwerte aus Standversuchen

Von den Versuchspersonen erreichten	Betätigungsschwelldauern t_b		
	Bremsbetätigung hart (37 kp/0,5 g)	Bremsbetätigung mittel (21 kp/0,5 g)	Bremsbetätigung weich (11 kp/0,5 g)
10%	0,06 s	0,05 s	0,06 s
50%	0,13 s	0,09 s	0,09 s
90%	0,36 s	0,35 s	0,36 s

anteil $\left[t_\mathrm{a} + \dfrac{1}{2}\,(t_\mathrm{s} - t_\mathrm{b})\right]$ und aus dem Verhältnis zweier Verzögerungen $\ddot{x}_\mathrm{id}/\ddot{x}_\mathrm{max} = \mu_\mathrm{h}/a_\mathrm{max}$, der idealen zur maximal möglichen. Um den Bremsweg kurz zu halten, muß der Zeitanteil klein sein, am besten Null, und der Quotient der Verzögerungen möglichst den Wert 1 erreichen.

Aussagen über den Zeitanteil zu machen, gehört nicht in diesen Rahmen, weil dann auf das Innere einer Bremsanlage, also auf ein einzelnes Aggregat eingegangen werden muß. Es werden nur in Tabelle 58.1 einige Werte zusammengestellt. Hingegen können wir aus der Betrachtung am Gesamtfahrzeug auf das Verhältnis der Verzögerungen eingehen. Das ist, wie wir in Abschn. 59 sehen werden, gleichbedeutend mit der Untersuchung der Bremskraftverteilung auf die Räder an Vorder- und Hinterachse.

59. Kraftschlußbeanspruchung bei Verzögerungsbremsung, Gütegrad

Durch die Fußkraft P_F am Bremspedal werden an den Reibungsbremsen und damit an den Rädern Bremsmomente aufgebracht, wie in Bild 59.1 angedeutet. Diese negativen Momente wirken erst ab einer

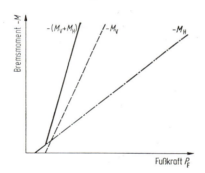

Bild 59.1 Bremsmomente an der Vorderachse M_V und an der Hinterachse M_H sowie deren Summe als Funktion der Fußkraft (lineare Anstiege als Beispiel).

bestimmten Fußkraft, da in der Bremsanlage einige Widerstände (Kräfte von Rückholfedern, Reibung) überwunden werden müssen. Der anschließende Momentenanstieg über P_F ist häufig — jedoch nicht immer — linear.

Die Summe der Bremsmomente ergibt nach Gl. (56.1) eine Verzögerung bzw. Abbremsung

$$a = \frac{-\ddot{x}}{g} = \frac{1}{\lambda}\left[\frac{(-M_\mathrm{R})}{rG} + p + f_\mathrm{R} + \frac{c_\mathrm{w}F}{G}\frac{\varrho}{2}v_\mathrm{res}^2\right]. \qquad (59.1)$$

(M_R ist als Bremsmoment negativ einzusetzen.)

Weiterhin bestimmen die Bremsmomente an den Rädern die für den Kraftschluß wichtigen Umfangskräfte. Sie betragen nach Gl. (27.6) und (27.9) und bei Berücksichtigung der durch Gl. (56.3) eingeführten Bezeichnungen B_V und B_H für die Bremskräfte

$$-U_V = B_V = \frac{(-M_V)}{r} - \frac{\Theta_V}{r}(-\ddot{\varphi}_V) + W_{R,V}, \qquad (59.2)$$

$$-U_H = B_H = \frac{(-M_H)}{r} - \frac{\Theta_H}{r}(-\ddot{\varphi}_H) + W_{R,H}. \qquad (59.3)$$

(Da die Momente M und die Winkelbeschleunigungen $\ddot{\varphi}$ negativ sind, werden die Klammerausdrücke positiv.)

Um die Kraftschlußbeanspruchung zu erhalten, müssen die Bremskräfte durch die Vertikallasten dividiert werden. Diese sind — wie in Abschn. 52 angegeben — wieder von der Verzögerung, also nach Gl. (59.1) von der Summe der Bremsmomente u. a. abhängig.

Der Zusammenhang zwischen Fußkraft, Bremsmomenten, Abbremsung, Bremskräften, Vertikallasten und Kraftschlußbeanspruchungen bei einer Verzögerungsbremsung ist nicht einfach zu übersehen, wie wir übrigens schon vom Antrieb aus Abschn. 53.3 wissen. Deshalb vereinfachen wir die Berechnung durch Vernachlässigung einiger Größen, und zwar

1. Roll- und Luftwiderstand, die das Fahrzeug zusätzlich abbremsen, werden nicht berücksichtigt,

2. das Fahrzeug fährt in der Ebene,

3. die rotatorischen Massen und

4. der Schlupf werden vernachlässigt.

Damit wird aus Gl. (59.2) und (59.3)

$$B_V \approx -M_V/r, \qquad B_H \approx -M_H/r \qquad (59.4)$$

und aus Bild 59.1 unter Vernachlässigung von Feder- und Reibungskräften die Darstellung nach Bild 59.2a. Aus der Summe der beiden Bremskräfte errechnet sich nach Gl. (56.3) und (56.4)

$$B_V + B_H = G\frac{-\ddot{x}}{g} = Ga \qquad (59.5)$$

die Verzögerung $\ddot{x}$ bzw. die Abbremsung a, die in dem Diagramm gleich als zweiter Ordinatenmaßstab mit eingezeichnet wurde.

Die Größe der vertikalen Achslasten ist mit den obengenannten Vernachlässigungen, und wenn zudem noch der Auftrieb nicht berück-

59. Kraftschlußbeanspruchung bei Verzögerungsbremsung, Gütegrad

sichtigt wird, nach Gl. (52.7) und (52.9)

$$P_\text{V} = P_\text{V,stat} + G \frac{h}{l} a, \tag{59.6}$$

$$P_\text{H} = P_\text{H,stat} - G \frac{h}{l} a. \tag{59.7}$$

Bild 59.2b zeigt, daß mit zunehmender Abbremsung die Achslast an der Vorderachse steigt und die an der Hinterachse fällt.

Die Kraftschlußbeanspruchung errechnet sich schließlich aus

$$f_\text{V} = B_\text{V}/P_\text{V}, \qquad f_\text{H} = B_\text{H}/P_\text{H}. \tag{59.8}$$

Dabei müssen jeweils die zur gleichen Abbremsung a gehörenden Werte von B und P durcheinander dividiert werden. Die Ergebnisse sind ebenfalls in Bild 59.2b eingetragen. Sie sind bis auf einen Punkt an Vorder- und Hinterachse verschieden groß. Danach wird bei diesem Beispiel bis 50% Abbremsung der Kraftschluß an der Vorderachse

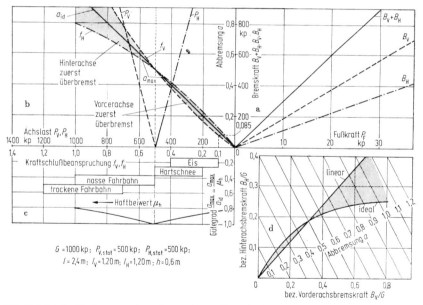

Bild 59.2 Kraftschlußbeanspruchung bei gegebener Bremskraftverteilung. a) Bremskräfte B_V und B_H an Vorder- und Hinterachse über der Fußkraft P_F, b) Änderung der Achslasten P_V und P_H sowie Verlauf der Kraftschlußbeanspruchungen f_V und f_H an Vorder- und Hinterachse in Abhängigkeit von der Abbremsung a, c) Verlauf des Gütegrades $a_\text{max}/\mu_\text{h}$, d) Vergleich einer idealen mit einer linearen Bremskraftverteilung, dargestellt als Hinterachsbremskraft B_H in Abhängigkeit von der Vorderachsbremskraft B_V, jeweils bezogen auf das Fahrzeuggewicht G mit der Abbremsung a als Parameter.

stärker beansprucht als an der Hinterachse, bei 50% genau gleich, über 50% an der Hinterachse stärker als an der Vorderachse.

An der Abszisse kann man neben der Kraftschlußbeanspruchung f_1 auch den Haftbeiwert μ_h, also die maximal mögliche Kraftschlußbeanspruchung vermerken. Dann sagt nämlich das Diagramm aus, daß auf vereister Straße mit $\mu_h = 0{,}1$ nur eine maximale Abbremsung von $a_{max} = 0{,}085$ bei rollenden Rädern möglich ist. Versucht man, die Abbremsung zu steigern, dann rutschen die Vorderräder, während die Hinterräder noch rollen, d. h. die Vorderachse ist „überbremst". Auf trockener Betonstraße mit $\mu_h = 0{,}8$ hingegen ist zuerst die Hinterachse überbremst. In Bild 59.2b sind die verschiedenen Bereiche des Überbremsens dunkel getönt.

Weiterhin können wir aus dem Diagramm entnehmen, wie groß bei gegebenem μ_h die maximal mögliche Abbremsung a_{max} ist, wenn kein Rad blockieren soll, wie am Beispiel von $\mu_h = 0{,}1$ schon gezeigt. Da nach Gl. (58.18) der Haftbeiwert μ_h und die größte, ideale Verzögerung $\ddot{x}_{id}$ bzw. ideale Abbremsung a_{id} zusammenhängen, kann man den Quotient $\ddot{x}_{max}/\ddot{x}_{id} = a_{max}/a_{id} = a_{max}/\mu_h$ bilden. Damit haben wir einen der Werte gefunden, der nach Gl. (58.15) für die Bremswegverlängerung maßgebend ist. Der Quotient wurde in Bild 59.2c eingetragen und liegt bei diesem Beispiel und den üblichen Haftbeiwerten auf der Straße zwischen 0,8 und 1.

Der Quotient $a_{max}/a_{id} = a_{max}/\mu_h$ wird häufig als *Gütegrad* für die Bremsauslegung angesehen. Wir werden darüber noch in Abschn. 60 diskutieren, wenn wir nach Lösungen suchen, die dem Ideal, a_{max}/a_{id} sei für alle auftretenden μ_h-Werte gleich 1, nahekommen.

59.1 Veränderung der Abbremsung über der Fahrgeschwindigkeit

Wir beschäftigen uns hier mit Verzögerungsbremsungen, d. h. mit Bewegungsvorgängen bei veränderlicher Fahrgeschwindigkeit. Da nach Abschn. 9 der Höchstbeiwert μ_h zwischen Reifen und Straße von der Fahrgeschwindigkeit abhängt, muß auch die maximal mögliche Abbremsung a_{max} eine Funktion der Geschwindigkeit sein.

Um dies zu erläutern, sehen wir uns Bild 59.3 an, in dem in Bild a das Diagramm von Bild 59.2c nochmals aufgezeichnet und in Bild b der Abfall von μ_h mit der Fahrgeschwindigkeit v für eine trockene und eine nasse Straße dargestellt[1] wurde. Daraus wurden die maximalen Abbremsungen a_{max} für die trockene und die nasse Straße über der Fahrgeschwindigkeit v errechnet und in Bild c dargestellt. Sie nehmen mit fallender Fahrgeschwindigkeit zu, bzw. sie können zunehmen, wenn der

---

[1] Gegenüber Bild 9.2 ist der Geschwindigkeitsabfall zur Verdeutlichung des Folgenden übertrieben eingezeichnet.

Fahrer am Bremspedal so dosiert, daß immer die Kraftschlußbeanspruchung an den stärker beanspruchten Rädern gleich dem Haftbeiwert μ_h ist.

Weiterhin ersieht man bei der Ableitung des Diagrammes c, daß bei dem vorgegebenen Verlauf des Gütegrades nach Bild a auf der trockenen Straße immer die Räder der Hinterachse mit dem maximalen Wert μ_h kraftschlußmäßig beansprucht werden können, d. h. daß der Fahrer durch falsches Dosieren am Bremspedal zuerst die Hinterachse zum

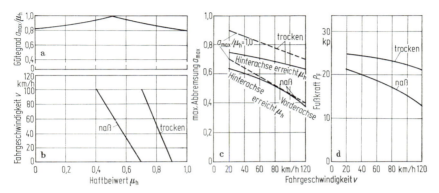

Bild 59.3 Gegenseitige Beeinflussung der Geschwindigkeitsverläufe von Haftbeiwert, Abbremsung und Fußkraft. a) Gütegrad über dem Haftbeiwert (aus Bild 59.2c), b) Beispiele für Abnahme des Haftbeiwertes mit der Fahrgeschwindigkeit für trockene und nasse Straße, c) aus a und b abgeleitete maximal mögliche Abbremsung über der Fahrgeschwindigkeit über die zwei Straßen unter der Voraussetzung nicht blockierender Räder, d) zu a_{max} gehörende Fußkraft unter der Voraussetzung nicht blockierender Räder (nach Bild 59.2a).

Blockieren bringt. Dies gilt für den ganzen Geschwindigkeitsbereich. Auf der nassen Straße hingegen besteht die Gefahr, daß die Hinterachse zuerst blockiert, nur zwischen 0 bis etwa 90 km/h, während über 90 km/h die Räder der Vorderachse zuerst blockieren können.

Mit gestrichelten Linien ist noch in Bild 59.3c die ideale Abbremsung a_{id} über der Fahrgeschwindigkeit eingetragen, also die Abbremsung, die möglich wäre, wenn bei jedem μ_h-Wert die Kraftschlußbeanspruchungen an Vorder- und Hinterachse gleich sein könnten.

In Bild 59.3d ist noch die Fußkraft P_F eines „idealen Fahrers" über v aufgetragen, der gerade so dosiert, daß an den Rädern der maßgeblichen Achse immer der Haftbeiwert μ_h vorliegt und so das Fahrzeug mit a_{max} abgebremst wird, der aber andererseits nicht so stark auf das Bremspedal tritt, daß die Räder blockieren und damit das Fahrzeug eventuell seitlich wegrutscht. Nach Bild d muß der Fahrer die Fußkraft mit der Fahrgeschwindigkeit und der Straßenbeschaffenheit ändern (er muß ebenso alles einkalkulieren, was sonst die Kurven in Bild a und b verändert, wie unterschiedliche Reifen, variable Beladung, Veränderung des Zusammenhanges von Fußkraft und Bremskräften). Dies alles vom Fahrer zu verlangen, ist zuviel, man muß ihn darum unterstützen. Das wäre dadurch möglich, daß die Haftbeiwerte μ_h unabhängig von der Geschwindigkeit würden und wenig, möglichst gar nicht mit der Straßendecke (Beton, Asphalt) und mit der Beschaffenheit (trocken, naß, Schnee, Eis) variierten. Wäre dieser Wunschtraum erfüllbar, dann wäre keine Veränderung der Fußkraft mit der Fahrgeschwindigkeit und bei Fahrten auf verschiedenen Fahrbahnen nötig, um immer mit a_{max} zu verzögern. Dennoch könnte der Fahrer noch Fehler machen und durch zu starkes Bremsen die Räder zum Blockieren und das Fahrzeug zum Schleudern bringen oder durch zu weniges Bremsen den Bremsweg verlängern und dadurch vielleicht einen Zusammenstoß verursachen. Die Folgen des zu starken Bremsens könnte ein „Blockierregler" vermeiden, der das Blockieren der Räder verhindert.

Wir erkennen jetzt auch nachträglich, daß die Darstellung nach Bild 58.1 a und b mit der über der Zeit konstanten Fußkraft P_F und Verzögerung $\ddot{x}_v$ nur für Bremsvorgänge gelten kann, die eine Verzögerung unterhalb von a_{max} bewirken.

59.2 Veränderung der Bremskraftverteilung

Wir wollen nach der gemeinsamen Behandlung von Mensch—Bremse—Reifen—Fahrbahn oder Fußkraft—Abbremsung—Kraftschlußbeanspruchung—Haftbeiwert—Fahrgeschwindigkeit uns nun wieder mehr der Bremse allein, den Diagrammen in Bild 59.2 zuwenden.

Der Verlauf der Kraftschlußbeanspruchungen f_V und f_H über der Abbremsung a nach Bild 59.2b und der des Gütegrades a_{max}/μ_h über μ_h kann durch andere Aufteilung der Bremsmomente M_V und M_H an Vorder- und Hinterachse verändert werden. Um dies zu zeigen, wird — wie beim Allradantrieb in Abschn. 54 — ein Momentenverhältnis

$$i = \frac{M_H}{M_V + M_H}, \qquad 1 - i = \frac{M_V}{M_V + M_H} \tag{59.9}$$

definiert. Mit den auf S. 210 genannten Vereinfachungen und Gl. (59.5) wird aus dem Bremsmomentenverhältnis ein Bremskraftverhältnis

$$i = \frac{B_H}{B_V + B_H} = \frac{B_H}{Ga}, \qquad 1 - i = \frac{B_V}{B_V + B_H} = \frac{B_V}{Ga}. \tag{59.10}$$

Obgleich von der Konstruktion her die Brems*momente* auf die Räder der Achsen verteilt werden[1], spricht man immer vom Brems*kraft*verhältnis oder von der Brems*kraft*verteilung. Dies wollen wir auch tun,

---
[1] Genau genommen nur die Spannkräfte.

59. Kraftschlußbeanspruchung bei Verzögerungsbremsung, Gütegrad

obwohl es nicht richtig ist, wenn wir uns an die Vernachlässigungen in Gl. (59.4) erinnern.

In Bild 59.2a ist das Verhältnis konstant und beträgt $i = 3/8$. Verändern wir lediglich das Verhältnis, in dem B_H vergrößert, B_V dafür verkleinert wird, und lassen die Summe $B_V + B_H$ und damit auch die Abbremsung und die Radlaständerungen über der Fußkraft gleich, so wird der Bereich für Hinterachsüberbremsung größer und der für Vorderachsüberbremsung kleiner werden. Der Schnittpunkt der Kurven, bei dem $f_V = f_H$ bzw. $a_{max}/\mu_h = 1$ ist, rutscht zu niedrigeren μ_h-Werten hin. Wird dagegen i verkleinert, dann liegt der Schnittpunkt bei höheren μ_h-Werten.

Wir können das mathematisch formulieren, wenn in Gl. (59.8) die Gl. (59.10), (59.6) und (59.7) eingesetzt werden. Dann ist

$$f_V = \frac{1-i}{\frac{l_H}{l}\frac{1}{a}+\frac{h}{l}}, \qquad f_H = \frac{i}{\frac{l_V}{l}\frac{1}{a}-\frac{h}{l}}. \qquad (59.11)$$

Ist $f_V = f_H$, dann wird $a = a_{id}$, und da nach Gl. (58.18) $a_{id} = \mu_h$ ist, errechnet sich aus Gl. (59.11) die Bedingung

$$\frac{a_{max}}{\mu_h} = 1 \quad \text{für} \quad i = \frac{l_V}{l} - \frac{h}{l}\mu_h. \qquad (59.12)$$

In einem Beispiel kontrollieren wir Bild 59.2 nach: $a_{max}/\mu_h = 1$ bei $\mu_h = 0{,}5$. Mit $l_V/l = 0{,}5$ und $h/l = 0{,}25$ muß $i = 0{,}5 - 0{,}125 = 0{,}375 = 3/8$ sein. Nach Bild a ist bei $P_F = 27$ kp tatsächlich $B_H/(B_V + B_H) = 300/800 = 3/8$.

Der Verlauf des Gütegrades a_{max}/μ_h über μ_h berechnet sich aus zwei Abschnitten:

für den Bereich der Vorderachsüberbremsung aus Gl. (59.11)

$$f_V = \frac{1-i}{\frac{l_H}{l}\frac{1}{a_{max}}+\frac{h}{l}} = \mu_h$$

zu

$$\frac{a_{max}}{\mu_h} = \frac{l_H/l}{1-i-\frac{h}{l}\mu_h} \qquad (59.13\text{a})$$

und für den Bereich der Hinterachsüberbremsung entsprechend zu

$$\frac{a_{max}}{\mu_h} = \frac{l_V/l}{i+\frac{h}{l}\mu_h}. \qquad (59.13\text{b})$$

Um die Kurve des Gütegrades grob zu skizzieren, genügen drei Punkte. Der eine ist durch Gl. (59.12) gegeben, die beiden anderen errechnen sich aus Gl. (59.13)

$$\frac{a_{\max}}{\mu_\mathrm{h}}(\mu_\mathrm{h}=0) = \frac{l_\mathrm{H}/l}{1-i}, \qquad (59.14\,\mathrm{a})$$

$$\frac{a_{\max}}{\mu_\mathrm{h}}(\mu_\mathrm{h}=1) = \frac{l_\mathrm{V}/l}{i+\dfrac{h}{l}}, \qquad (59.14\,\mathrm{b})$$

wobei bei den Gleichungen vorausgesetzt wurde, daß bei $\mu_\mathrm{h}=1$ die Hinterachse überbremst ist und bei $\mu_\mathrm{h}=0$ die Vorderachse.

Wird das Bremskraftverhältnis verkleinert, die ideale Verteilung zu höheren μ_h-Werten hin verschoben, so wird allerdings der Gütegrad bei kleinen μ_h-Werten schlechter, d. h. auf Glatteis und auf Schnee ist die maximale Verzögerung kleiner. Bei Vergrößerung des Verhältnisses i ist bei diesen Straßenzuständen die Abbremsung besser, dafür auf Straßen mit hohen μ_h-Werten schlechter.

Welche Auslegung nun zweckmäßig ist, werden wir in Abschn. 61 behandeln.

Es sei aber noch darauf hingewiesen, daß sich die Bremskraftverteilung im Betrieb ändern kann, weil sich in der einzelnen Reibungsbremse am Rad die physikalischen Werte ändern können. So bleibt meistens der Gleitbeiwert zwischen Bremsbelag und Trommel bei Trommelbremsen oder zwischen Belag und Scheibe bei Scheibenbremsen über der Gleitgeschwindigkeit, die der Fahrgeschwindigkeit verhältig ist, oder über der Temperatur nicht konstant. Ändern sich die Bremskräfte so, daß das Verhältnis i nach wie vor konstant bleibt, so wirkt sich das nicht auf die Kraftschlußbeanspruchungen, sondern nur auf die Fußkraft aus. Verändern sich hingegen die Bremskräfte B_V und B_H nicht um den gleichen Prozentsatz, dann verschiebt sich der Gütegradverlauf.

59.3 Begrenzung der Bremskräfte

Zum Schluß dieses Abschnittes seien noch einige Worte über den Zusammenhang von Fuß- und Bremskräften gesagt. Bei Muskelkraftbremsen, bei denen die Fußkraft mechanisch oder meistens hydraulisch ohne jede Unterstützung auf die Bremse weiter übertragen wird, besteht fast immer die lineare Funktion

$$P_\mathrm{F} \sim B_\mathrm{V} + B_\mathrm{H} = Ga. \qquad (59.15)$$

Die Bremsanlage sollte nun so ausgelegt werden, daß mit üblichen Fußkräften die vom Kraftschluß her gesehene größte Abbremsung erreicht wird.

Da nach Gl. (59.15) mit zunehmendem Fahrzeuggewicht G die Fußkraft ansteigen müßte, die Muskelkraft andererseits aber einen bestimmten Wert nicht übersteigen kann, müssen Hilfskräfte die Fußkraft unterstützen (z. B. Unterdruck bei Pkw oder Überdruck bei Lkw). Die Hilfskräfte (Hilfsdrücke) können nur bis zu einem Maximalwert (maximaler Druck) wirken, darüber hinaus kann die Bremskraft $B_V + B_H$ nur durch Muskelkraft weiter gesteigert werden. Bild 59.4 zeigt den Zusammenhang zwischen Fußkraft P_F und Bremskräften bei einer hydraulischen Übertragung mit dem Druck p_{hydr}.

Es gibt noch die sog. Fremdkraftbremse, bei der überhaupt keine kraftmäßige Verbindung zwischen Bremspedal und Bremse besteht. Mit dem Fuß wird nur eine Steuereinrichtung betätigt. Die Kennung

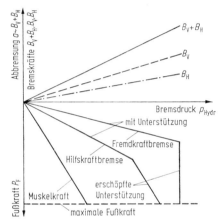

Bild 59.4 Zusammenhang zwischen Abbremsung, Bremsdruck und Fußkraft für verschiedene Übertragungseinrichtungen.

ist ebenfalls in Bild 59.4 über dem Hydraulikdruck p_{hydr} dargestellt (obgleich die ausschließlich bei den schweren Lkw angewendeten Fremdkraftbremsen meistens Druckluftbremsen sind). Ist der Maximaldruck erreicht, dann kann auch eine höhere Fußkraft dem Fahrzeug keine größere Verzögerung geben.

60. Ideale Bremskraftverteilung

Nach Bild 59.2 ist bei konstantem Bremskraftverhältnis der Gütegrad a_{max}/μ_h nur bei einem bestimmten Haftbeiwert gleich 1, bei anderen μ_h-Werten wird also nicht der kürzestmögliche Bremsweg erreicht. Wir können aber nun rückwärts danach fragen, wie die Bremskraftverteilung aussehen muß, damit der Gütewert für jeden Haftbeiwert 1 ist.

Das ist dann der Fall, wenn an jeder Achse das Verhältnis Bremskraft zu Achslast für jede Verzögerung und damit für jeden Haftbeiwert μ_h gleich ist

$$\frac{B_{V,id}}{P_V} = \frac{B_{H,id}}{P_H},$$

$$f_V = f_H = f. \qquad (60.1)$$

Da die Achslasten P_V und P_H nach Gl. (59.6) und (59.7) — in vereinfachter Form — bekannt sind, besteht zwischen den beiden Bremskräften die Beziehung

$$\frac{B_{V,id}}{B_{H,id}} = \frac{P_{V,stat} + G(h/l)a}{P_{H,stat} - G(h/l)a} = \frac{l_H/l + (h/l)a}{l_V/l - (h/l)a}. \qquad (60.2)$$

In Bild 60.1 ist diese Beziehung für ein Beispiel dargestellt. Danach muß die Vorderachse mit zunehmender Abbremsung stärker als die Hinterachse gebremst werden. Diese Bremskraftverteilung nennt man die *ideale Bremskraftverteilung*.

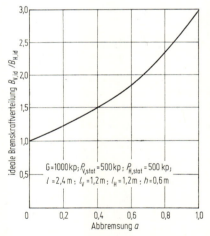

Bild 60.1 Ideale Bremskraftverteilung als Funktion der Abbremsung.

Dies bedeutet aber noch nicht, daß es in bezug auf die Fußkraft für die ideale Verteilung nur eine Lösung gibt, man kann sich theoretisch unendlich viele Lösungen vorstellen. Die Bremskraft an der Hinterachse B_H als Funktion der Fußkraft P_H kann z. B. wie bisher in Bild 59.2 eine Gerade sein, dann wird aus der Bremskraft an der Vorderachse B_V eine progressive Kurve (s. Bild 60.2a), oder B_V in Abhängigkeit von

60. Ideale Bremskraftverteilung

P_F ist eine Gerade, dann hat B_H einen degressiven Verlauf (s. Bild 60.2 b). Beim ersten Fall erhält durch den Anstieg der Vorderachsbremskraft B_V auch die Gesamtbremskraft $B_V + B_H$ und demzufolge auch die Abbremsung a einen progressiven Verlauf über der Fußkraft. Danach ergibt bei kleinen Fußkräften eine relativ große Änderung der Fußkraft nur eine kleine Änderung der Kraftschlußbeanspruchung. Das könnte bedeuten, daß ein so ausgelegtes Fahrzeug auf Glatteis gefühlvoll zu

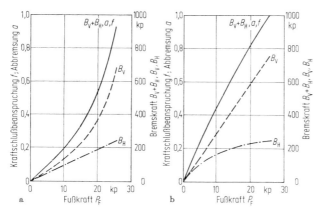

Bild 60.2 Verläufe der Kraftschlußbeanspruchung, der damit identischen Abbremsung und der Bremskräfte über der Fußkraft bei idealer Bremskraftverteilung, wenn a) B_H und b) B_V linear von P_F abhängen (Fahrzeugdaten s. Bild 60.1).

bremsen ist. Bei großen Fußkräften ist es hingegen umgekehrt. Beim zweiten Fall — linearer Anstieg der Vorderachsbremskraft B_V über P_F — hat die Bremskraft B_H einen degressiven Verlauf, ebenso die Gesamtbremskraft $B_V + B_H$. Das heißt, daß man schon bei kleinen Fußkräften relativ große Abbremsung bzw. Kraftschlußausnutzung bekommt.

Man kann sich noch einen dritten Spezialfall der idealen Bremskraftverteilung denken, nämlich den linearer Kraftschlußausnutzung f oder Abbremsung a oder Bremskraft $B_V + B_H$ über der Fußkraft P_F. Dann müssen beide Bremskräfte B_V und B_H nicht linear sein, und zwar muß die Vorderachsbremskraft B_V progressiv und die Hinterachsbremskraft B_H degressiv ansteigen.

Dies sind drei Spezialfälle, aber man kann sich vorstellen, daß man der einen Bremskraft irgendeinen Verlauf gibt, derjenige der anderen ergibt sich dann nach Bild 60.1.

Für die Gesamtbetrachtung Fahrzeug—Mensch ist es wichtig, die Zusammenhänge Fußkraft—Bremskräfte—Abbremsung zu kennen. Für die „ideale" Bremskraftverteilung, bei der für jede Abbremsung die Kraftschlußbeanspruchungen an allen Rädern gleich groß sein sollen, ist nach Gl. (60.2) nur die Beziehung zwischen $B_{V,id}$ und $B_{H,id}$ maßgebend. Deshalb ist auch die Darstellung nach Bild 60.3 gebräuchlich, nach der die Bremskräfte die Koordinaten bilden und die Abbremsung der Parameter ist. In dieses Diagramm wurde auch gleich die konstante Bremskraftverteilung (auch lineare genannt) nach Bild 59.2 eingetragen, und man sieht wieder aus dem Vergleich zu der idealen Kurve, bei welcher Achse die Gefahr einer Überbremsung vorliegt.

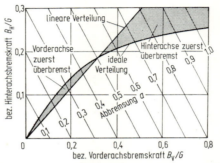

Bild 60.3 Vergleich einer idealen mit einer linearen Bremskraftverteilung, dargestellt als Hinterachsbremskraft B_H in Abhängigkeit von der Vorderachsbremskraft B_V, jeweils bezogen auf das Fahrzeuggewicht G mit der Abbremsung a als Parameter.

In letzter Zeit wird immer häufiger in Pkw versucht, die ideale Bremskraftverteilung durch eine geknickt-lineare Kennung nach Bild 60.4a anzunähern, und zwar durch Konstruktionen, bei denen die Bremskräfte B_H an den Rädern der Hinterachse gegenüber denen der Vorderachse gemindert werden (Bild 60.4b). Das Umschalten von der einen zur

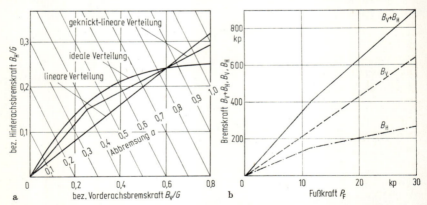

Bild 60.4 Geknickt-lineare Bremskraftverteilung. a) Vergleich der linearen, geknickt-linearen und idealen Bremskraftverteilung, dargestellt als Hinterachsbremskraft B_H in Abhängigkeit von der Vorderachsbremskraft B_V, jeweils bezogen auf das Fahrzeuggewicht G mit der Abbremsung a als Parameter, b) Verwirklichung der geknickten Verteilung durch verringerten Anstieg der Bremskraft B_H an der Hinterachse über der Fußkraft P_F von einem bestimmten Wert an.

anderen Steigung am Knickpunkt kann durch den Druck bei einer z. B. hydraulischen Übertragungseinrichtung gesteuert werden oder bei einer bestimmten Abbremsung erfolgen.

In Abschn. 61 werden wir auf die Wirkung der geknickten Kennung zurückkommen.

61. Auslegung der Bremskraftverteilung

Kehren wir zur konstanten Bremskraftverteilung nach Abschn. 59, gleichbedeutend mit der linearen Kennung nach Bild 60.3, zurück und fragen, nach welchen Gesichtspunkten der Wert i festgelegt wird.

In Deutschland ist bei Pkw das Bremskraftverhältnis so gewählt[1], daß bei einer Abbremsung von $a = 0{,}8\ldots0{,}85$ und leerem, nur mit dem Fahrer besetztem Wagen der Gütegrad $a_{max}/\mu_h = 1$, also die Kraftschlußbeanspruchung an allen Rädern gleich groß ist. Für das Bremskraftverhältnis bekommt man als Faustformel[2]

$$i = \frac{l_{v,leer}}{l} - 0{,}17, \qquad (61.1)$$

die der Gl. (59.12) entspricht, wenn $\mu_h = 0{,}80\ldots0{,}85$ und $h_{leer}/l = 0{,}21\ldots0{,}20$ eingesetzt wird.

Durch ein solches Bremskraftverhältnis, das niedriger als das in Bild 59.2 liegt, wird bewirkt, daß nur bei hohen μ_h-Werten, z. B. über 0,85, die Räder der Hinterachse überbremst sind. Das wiederum bedeutet z. B. nach den in Bild 59.3b zugrunde gelegten Reibungs-Geschwindigkeits-Verläufen, daß auf der nassen Straße immer und auf der trockenen Fahrbahn von hohen Geschwindigkeiten herab bis zu 50 km/h zuerst die Vorderräder blockieren.

Diese Auslegung, die das Überbremsen der Hinterachse in einem großen μ_h-Bereich vermeidet, wird gewählt, weil blockierende Räder an der Hinterachse eine Drehbewegung des Wagens um seine Hochachse einleiten, die von Normalfahrern schwer beherrscht wird. Wie diese Schleuderbewegung zustande kommt, sei anhand des Bildes 61.1 vereinfachend erklärt. In Bild a sollen die mit B_V abgebremsten Vorderräder noch rollen und noch nicht entsprechend dem höchsten Kraftschlußbeiwert μ_h beansprucht sein, während die Hinterräder ihn schon überschritten haben und gleiten. Liegt durch eine Störung die Massenkraft $m\ddot{x} = Ga$ nicht mehr in Fahrzeuglängsrichtung, sondern unter einem Winkel α dazu, so ergibt sich eine senkrecht zur Längsachse stehende

---

[1] Siehe STRIEN, H.: Bremskraftverteilung bei Personenwagen. ATZ 67 (1965) Nr. 8, S. 240 ff.
[2] Nach einer Angabe von Dr. STRIEN (1968).

Störkraftkomponente Y, die durch Seitenkräfte an den Rädern im Gleichgewicht gehalten wird. Weil die Hinterräder rutschen, kann die Seitenkraft praktisch nur an den Vorderrädern aufgebracht werden. Das daraus entstehende Kräftepaar $S_V l_V = Y l_V$ beschleunigt das Fahrzeug um die Hochachse und vergrößert dabei die schon eingeleitete, durch den Winkel α gekennzeichnete Drehung.

Sind hingegen wie in Bild b die Vorderräder blockiert, so entsteht bei gleicher Störung ein andersherum drehendes Moment $S_H l_H$, das den Winkel α verkleinert. Das Fahrzeug bewegt sich mit gleitenden Vorderrädern in etwa der alten Fahrtrichtung weiter.

Für Geradeausfahrt ist darum das Überbremsen der Vorderräder vorzuziehen. Wird dagegen in einer Kurve die Vorderachse überbremst, so rutscht das Fahrzeug aus der Kurve hinaus. Deshalb sollten nach

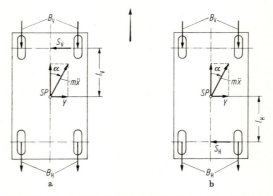

Bild 61.1 Zur Erklärung des Fahrverhaltens bei blockierenden
a) Hinterrädern, instabil, b) Vorderrädern, stabil.

früheren Überlegungen die Hinterräder zuerst blockieren, um die Lenkfähigkeit der Vorderräder zu erhalten. Auch bei Geradeausfahrt, so wurde weiter argumentiert, kann man Schleudern des Hecks durch Lenkung korrigieren.

Untersuchungen[1] haben aber gezeigt, daß ein Fahrer, der in einer unvorhergesehenen Situation plötzlich so scharf bremst, daß die Räder blockieren, bei einer beginnenden Schleuderbewegung des Wagens meistens nicht gegenlenkt bzw. nicht schnell genug oder gar falsch, genau so, wie er nicht richtig handelt, wenn er das Bremspedal weitertritt, statt es loszulassen. Dies oder dosiertes Bremsen wäre physikalisch

---

[1] Zum Beispiel STARKS, LISTER: Experimental Investigations on the Braking Performance of Motor Vehicles. Proc. IME, Automobile Division, 1 (1954/55) S. 31—44.

61. Auslegung der Bremskraftverteilung

gesehen das Einfachste, weil dann die zuvor blockierten Räder wieder Seitenkräfte aufnehmen können und der Schleudervorgang abgefangen wird.

In Bild 61.2 ist die Bremskraftverteilung des Fahrzeugs aus Bild 59.2 so abgeändert worden, daß die Hinterachse erst bei $\mu_h > 0{,}85$ zuerst blockiert. Nach Gl. (59.12) beträgt das konstante Verhältnis $i = 0{,}5 - 0{,}25 \cdot 0{,}85 \approx 0{,}29$.

Dem mit dieser Auslegung erzielten Vorteil stehen zwei Nachteile gegenüber, einmal wird — wie schon in Abschn. 59 genannt — die maximal mögliche Abbremsung a_{max} gegenüber dem idealen Wert

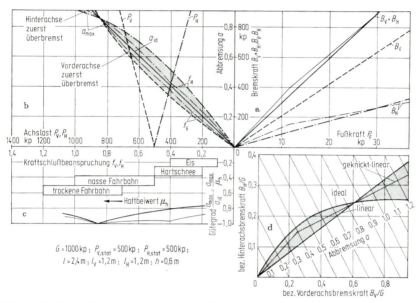

Bild 61.2 Kraftschlußbeanspruchung bei gegebener Bremskraftverteilung. Im Unterschied zu Bild 59.2 liegt der Gütegrad $a_{max}/\mu_h = 1$ bei $\mu_h = 0{,}85$. In den Bildern a bis c gehören die starken Linien zur linearen, die dünnen zur geknickt-linearen Bremskraftverteilung.

$a_{id} = \mu_h$ bei schlechten Kraftschlußverhältnissen verkleinert, der Kraftschluß wird schlechter ausgenutzt, und zum anderen werden bei den am häufigsten auftretenden Bremsungen im unteren Verzögerungsbereich hauptsächlich die Vorderradbremsen benutzt.

Diese Nachteile können aber abgebaut werden, wenn eine geknickt lineare Kennung nach Bild 60.4 verwirklicht wird. Nach der in Bild 61.2d gezeichneten Auslegung wird nach wie vor die ideale Abbremsung bei $\mu_h = 0{,}85$ erreicht, der Knickpunkt wird bei $a = 0{,}4$ so gelegt, daß im Bereich $\mu_h < 0{,}85$ immer die Vorderachse zuerst blockiert. Nach Bild a werden bei mäßigen Verzögerungen nun die Hinterradbremsen stärker zur Mitarbeit herangezogen, und nach den Bildern b und c sind die Kraftschlußbeanspruchungen an den Rädern gleichmäßiger.

62. Kraftschlußbeanspruchung bei veränderlicher Beladung

Bisher gingen alle Überlegungen von einem Beladungszustand aus. Da sich aber bei Fahrzeugen — abgesehen von einigen Spezialfahrzeugen — die *Beladung ändert*, müssen wir auch die Auswirkungen auf die Brem-

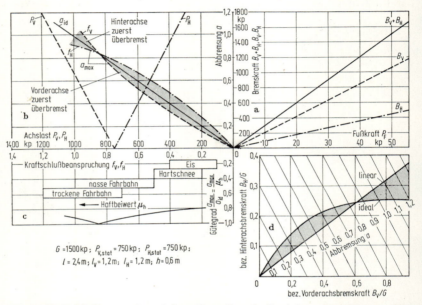

Bild 62.1 Kraftschlußbeanspruchung bei gegebener Bremskraftverteilung. Das Fahrzeug gleicht dem Beispiel in Bild 61.2, nur wurde es bei festgehaltenem Schwerpunkt mit 500 kp beladen.

sung betrachten. Wir gehen von dem Beispiel aus, das in Bild 61.2 behandelt wurde. Die dort genannten Daten sollen für einen leeren, nur mit dem Fahrer besetzten Pkw gelten.

Zunächst soll das Fahrzeug so beladen werden, daß sich die *Schwerpunktlage nicht ändert*, und zwar weder in Längsrichtung ($l_V/l = $ const) noch in der Höhe ($h/l = $ const)[1]. Außerdem sollen sich weder die Bremskräfte zueinander noch zu der Fußkraft ändern (Bild 62.1). Durch die gleiche Schwerpunktlage wird nach den Gl. (59.13) der Verlauf des Gütegrades a_{max}/μ_h über dem Höchstbeiwert μ_h nicht geändert. Er ist

---

[1] Vorstellbar bei einem 5sitzigen Pkw mit Motor hinten und Kofferraum vorn.

62. Kraftschlußbeanspruchung bei veränderlicher Beladung

also für das beladene und leere Fahrzeug gleich. Geändert hat sich für den Fahrer spürbar die Abhängigkeit der Abbremsung a von der Fußkraft P_F. Durch das höhere Gewicht des beladenen Wagens muß er, um die gleiche Verzögerung zu erzielen, stärker treten. Man kann das, wenn die Fußkräfte beim beladenen Fahrzeug nicht sehr groß sind, auch umgekehrt sehen: beim leeren Fahrzeug muß feinfühliger getreten werden.

Im Normalfall *ändert* sich aber die *Schwerpunktlage* durch die Zuladung, nicht so sehr in ihrer Höhenlage als mehr in der Längsrichtung. In Bild 62.2 sind die Diagramme für ein Fahrzeug zusammengestellt,

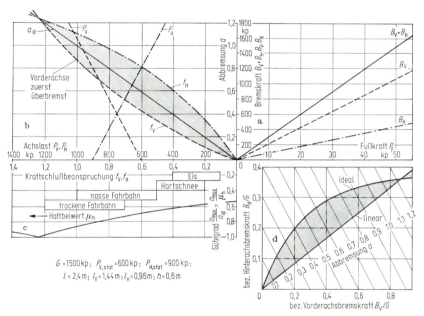

Bild 62.2 Kraftschlußbeanspruchung bei gegebener Bremskraftverteilung. Das Fahrzeug wurde gegenüber dem Bild 62.1 so beladen, daß der Schwerpunkt nach hinten wandert.

bei dem die Zuladung von 500 kp gegenüber dem Fahrzeug aus Bild Bild 62.1 zu 80% auf die Hinterachse kommt[1]. Durch die Schwerpunktverschiebung nach hinten (l_V/l wird größer, h/l wurde als konstant angenommen) wird nach Gl. (59.12) und Bild 62.2c die ideale Abbremsung bei einem $\mu_h = 1{,}24$ erreicht. Das heißt, beim beladenen Fahrzeug wird immer die Vorderachse überbremst sein, dadurch wird der Fahrzustand immer stabil sein. Dafür werden die Vorderradbremsen stark

---

[1] Vorstellbar bei einem 5sitzigen Pkw mit Motor vorn und Kofferraum hinten.

15 Mitschke

beansprucht, und die maximal mögliche Verzögerung ist in einem sehr großen μ_h-Bereich schlecht.

Allgemein wird sich bei fester Bremskraftverteilung und bei veränderlicher Schwerpunktlage der Gütegradverlauf $a_{\max}/\mu_\mathrm{h} = f(\mu_\mathrm{h})$ ändern. Wir wollen nun die Frage stellen: wie kann man die Bremskräfte dem Beladungszustand anpassen?

Es wäre zu fordern, daß die Bremskräfte proportional den dynamischen Radlasten geregelt werden sollen, also

$$B_{\mathrm{V,id}} \sim P_\mathrm{V} = P_{\mathrm{V,stat}} + G\,\frac{h}{l}\,a,$$

$$B_{\mathrm{H,id}} \sim P_\mathrm{H} = P_{\mathrm{H,stat}} - G\,\frac{h}{l}\,a. \qquad (62.1)$$

Damit würden nicht nur die statischen Beladungsänderungen $P_{\mathrm{V,stat}}$ und damit die Gewichtsänderung G berücksichtigt, sondern auch die Schwerpunkthöhenänderung h und noch die Achslastverschiebung durch die Verzögerung. Wir haben von dieser Bremskraftverteilung schon anhand der Gl. (60.2) gesprochen.

Diese Art der Bremskraftveränderung nennt man *dynamische Bremskraftsteuerung*, weil sie auch den dynamischen Vorgang und nicht nur den statischen berücksichtigt. Dynamisch zu regeln ist aber nicht leicht, denn während des Bremskraftanstieges, d. h. während der Schwellzeit muß der Regler auf veränderliche Verzögerungen oder deren Wirkung ansprechen und sie richtig ausregeln. Man tut deshalb häufig den halben, aber technisch einfacheren Schritt und regelt statisch. Bei der sog. *statischen Bremskraftsteuerung* sind die Bremskräfte proportional den statischen Radlasten

$$B_\mathrm{V} \sim P_{\mathrm{V,stat}}, \qquad B_\mathrm{H} \sim P_{\mathrm{H,stat}}, \qquad (62.2)$$

und die Veränderung in der Schwerpunkthöhe wird nicht mit erfaßt.

In Bild 62.3 sehen wir die Auswirkung. Die vordere Bremskraft B_V wurde gegenüber dem leeren Wagen entsprechend der bezogenen Vorderachslaständerung 600/500 auf 6/5, die hintere B_H entsprechend 900/500 auf 9/5 erhöht. Dadurch wird der Verlauf des Gütegrades über μ_h sehr ähnlich dem des leeren Fahrzeuges nach Bild 61.2c. Wir können also feststellen: Mit Hilfe der statischen Bremskraftsteuerung wird die Beladungsänderung bzw. die Schwerpunktverschiebung so ausgeglichen, daß die Kraftschlußverhältnisse zwischen Reifen und Fahrbahn etwa gleich bleiben.

62. Kraftschlußbeanspruchung bei veränderlicher Beladung

In dem hier diskutierten Fall, bei dem sich hauptsächlich die Hinterachslast ändert, würde man, um eine Steuereinrichtung zu sparen, höchstwahrscheinlich nur die Bremskraft an der Hinterachse verändern.

Die lastabhängige Steuerung kann auch mit geknickt-linearen Kennungen durchgeführt werden.

Man kann mit der lastabhängigen Steuerung der Bremskräfte B_V und B_H versuchen, die Verläufe der Bremskräfte über der Fußkraft so zu legen, daß unabhängig von der Beladung die Fußkraft der Ab-

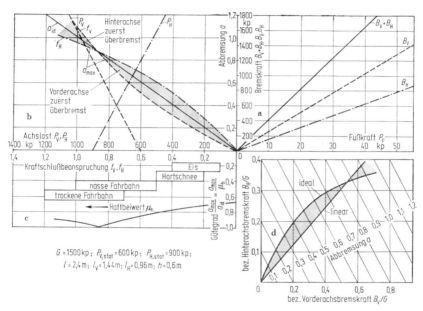

Bild 62.3 Kraftschlußbeanspruchung bei gegebener Bremskraftverteilung. Gegenüber dem Fahrzeug in Bild 62.2 wurde die lineare Bremskraftverteilung den statischen Achslasten angepaßt.

bremsung verhältig ist (vgl. Bild 62.3 mit Bild 61.2). Welchen Vorteil das brächte, sieht man, wenn wie üblich die Fußkraft den Bremskräften $B_V + B_H$ proportional ist. Dann gehört zum leeren Fahrzeug eine kleine und zum beladenen Wagen bei gleicher Abbremsung eine große Fußkraft. Je größer die Beladungsunterschiede nun sind (z. B. Faktor 2), um so größer ist auch das Verhältnis in den Fußkräften (z. B. 2), dazu kommen noch die Unterschiede in der maximal möglichen Abbremsung, die durch Fahrbahn- und Reifenzustand und die Bremsenauslegung gegeben sind, und in der vom Fahrer gewollten Abbremsung.

Dieser große Kraftbereich, der für den Fahrerfuß gut dosierbar sein soll, könnte durch die oben genannte Steuerung (z. B. um den Faktor 2) vermindert werden[1].

63. Abbremsung zwischen Zugfahrzeug und Anhänger

In den letzten Abschnitten wurde die Abstimmung der Bremskräfte an zwei Achsen eines Fahrzeuges behandelt. Im folgenden soll kurz auf das Problem der Abbremsung eines Zuges, also zweier Fahrzeuge eingegangen werden. Der Fahrer im Zugwagen bremst zugleich den Zug-

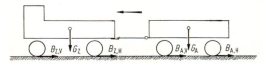

Bild 63.1 Bremskräfte B_Z am Zugwagen und B_A am Anhänger mit zugehörigen Gewichten G_Z und G_A.

wagen mit dem Gewicht G_Z und den Anhänger mit dem Gewicht G_A ab. Die Summe der Bremskräfte B_Z am Zugwagen gibt, wenn er allein fährt, eine Abbremsung

$$a_Z = B_Z/G_Z = (B_{Z,V} + B_{Z,H})/G_Z, \qquad (63.1)$$

und die Bremskräfte B_A am Anhänger ergäben, wenn er auch allein führe, eine Abbremsung

$$a_A = B_A/G_A = (B_{A,V} + B_{A,H})/G_A, \qquad (63.2)$$

s. Bild 63.1. Die Gesamtabbremsung des Zuges ist

$$a = \frac{B_Z + B_A}{G_Z + G_A} = a_Z \frac{G_Z}{G_Z + G_A} + a_A \frac{G_A}{G_Z + G_A}. \qquad (63.3)$$

Eine verschiedene Abbremsung zwischen Zugwagen und Anhänger ist unerwünscht, weil dann der Zugwagen ein Teil der Bremskräfte vom Anhänger oder umgekehrt übernehmen muß. Dies bedeutet nämlich gleichzeitig, daß zwischen den Fahrzeugen eine Deichselkraft D auftritt. Wird der Anhänger weniger abgebremst, dann drückt die Deichselkraft D, wie in Bild 63.2 angedeutet, in einer Kurve oder bei einer gestörten Geradeausfahrt das Zugfahrzeug seitlich weg, und der gesamte Zug neigt zum Einknicken. Deshalb ist zu fordern:

$$a_Z = a_A, \qquad B_Z/G_Z = B_A/G_A, \qquad (63.4)$$

---

[1] MITSCHKE, M., RUNGE, D.: Lastabhängige Bremskraftregelung an Sattelzügen. ATZ 68 (1966) S. 50—55 und 253—256.

63. Abbremsung zwischen Zugfahrzeug und Anhänger

die Bremskräfte müssen im Verhältnis der Gewichte aufgeteilt werden.

Die Änderung der Gewichte von Zugwagen und Anhänger durch wechselnde Beladungszustände muß darum entsprechend Bild 63.3 und Gl. (63.4) so berücksichtigt werden, daß

$$B_A = \frac{G_A}{G_Z} B_Z. \tag{63.5}$$

Daher sind zwei Dinge als wichtig festzuhalten:

1. Zwischen der Bremskraft am Anhänger und der am Zugfahrzeug muß ein proportionales Verhältnis bestehen.

2. Hat wie üblich nur der Anhänger ein Steuergerät zur Berücksichtigung der Beladung (dieses Ventil befindet sich am Hänger und wird meist von Hand betätigt), so ist seine Einstellung nicht von dem Ge-

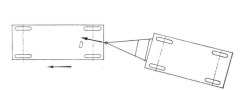

Bild 63.2 Deichselkraft D, hervorgerufen durch eine gegenüber dem Zugwagen geringere Abbremsung des Anhängers.

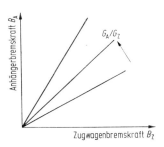

Bild 63.3 Ideale Abhängigkeit der Anhänger- von der Zugwagenbremskraft bei verschiedenen Verhältnissen Anhängergewicht G_A zu Zugwagengewicht G_Z.

wicht des Anhängers allein abhängig, sondern von dem Verhältnis der Gewichte des Zugwagens und des Anhängers. Soll die Einstellung unabhängig von der Beladung des Motorwagens richtig sein, so müssen auch dort die Bremskräfte an die Beladung angepaßt werden. Selbsttätige lastabhängige Steuergeräte sind daher nur dann sinnvoll, wenn sie an beiden Fahrzeugen des Zuges verwendet werden.

Beim Sattelzug muß zwischen Zugwagen und Sattelauflieger beim Bremsen eine „Deichselkraft D" auftreten, da ein Teil des Aufliegergewichtes auf der Zugmaschine abgestützt wird. Um die damit von vornherein bestehende Gefahr des Einknickens zu vermindern, müssen die Bremsen an den Achsen sorgfältig aufeinander abgestimmt werden, und ihre Wirkung muß mit der Beladung veränderlich sein[1].

---

[1] Siehe Fußnote S. 228.

64. Blockierendes Rad

In Abschn. 59 bis 63 wurden Bewegungsvorgänge formelmäßig behandelt, bei denen die Fußkraft, die Bremskräfte, die translatorischen und rotatorischen Verzögerungen, die Radlasten und die Kraftschlußbeanspruchungen über der Zeit konstant waren. Trotzdem wurde häufig von „Überbremsen" und „Blockieren", also an sich zeitlich veränderlichen Fußkräften und Beschleunigungen gesprochen, um darauf hinzuweisen, daß gleitende Räder zu gefährlichen Bewegungszuständen führen können.

Wie der Bewegungsablauf vom noch rollenden zum gleitenden Rad vor sich geht, soll in diesem Abschnitt behandelt werden. Dazu müssen folgende Betrachtungen zusammengefaßt werden:

1. Wir benötigen die Bewegungsgleichungen des Rades (Abschn. 4) oder die der Räder einer Achse (Abschn. 27), besonders die Beziehungen zwischen Moment aus Trägheitswirkung $\Theta_R \ddot{\varphi}$, Bremsmoment M, Umfangskraft U oder B und der Radlast P.

2. Wir benutzen die Kraftschlußbeanspruchungs-Schlupf-Kurve (Abschn. 10), die einerseits die Abhängigkeit der Umfangskraft vom Schlupf bringt und andererseits durch die Definition des Schlupfes einen Zusammenhang zwischen translatorischer $\dot{x}$ und rotatorischer Geschwindigkeit $\dot{\varphi}$ gibt.

3. Wir müssen uns eine Abhängigkeit der Fußkraft P_F bzw. der Bremsmomente M über der Zeit t vorgeben.

4. Über die Bewegungsgleichungen des gesamten Fahrzeuges (Abschn. 27) ergibt sich aus der zeitlichen Änderung der Bremsmomente eine Veränderung der Verzögerungen $\ddot{x}$ und $\ddot{\varphi}$.

5. Als Folge wiederum ändert sich die Radlast P.

Aus der Aufzählung ist abzusehen, daß die formelmäßige Betrachtung eines Fahrzeuges mit blockierenden Rädern nicht leicht ist. Um uns dennoch mit einfachen Mitteln einen Überblick zu verschaffen, werden einige Vereinfachungen eingeführt[1], die die Brauchbarkeit der Ergebnisse nicht beeinträchtigen. Wir werden daraus eine ziemlich gute Vorstellung über die Größe der Winkelverzögerungen und über die Zeitdauern bekommen, in denen das noch rollende Rad zum Gleiten übergeht. Damit sind auch Abschätzungen für Anforderungen an „Blockierverhinderer", Geräte, die das Blockieren an Rädern verhindern sollen, möglich.

Die Vereinfachungen lauten:

a) Die translatorische Verzögerung sei $\ddot{x} = 0$, also $\dot{x} = v = $ const. Da der Blockiervorgang sehr kurz ist, ist der Fehler nicht groß.

---
[1] MITSCHKE, M., WIEGNER, P.: Der Blockiervorgang eines gebremsten Rades. ATZ 72 (1970) Nr. 10, S. 359—363.

b) Die Radlast sei $P = \text{const}$.

c) die Kraftschlußbeanspruchungs-Schlupf-Kurve wird in zwei Geradenstücke aufgeteilt (Bild 64.1), um die mathematische Behandlung zu ermöglichen:

Bereich $0 \leq s \leq s_c$

$$f = \frac{B}{P} = \frac{\mu_h}{s_c} s. \qquad (64.1)$$

Bereich $s_c \leq s \leq 1$

$$f = \frac{B}{P} = \frac{\mu_h - \mu_g s_c}{1 - s_c} - \frac{\mu_h - \mu_g}{1 - s_c} s. \qquad (64.2)$$

Dabei wurde für die negative Umfangskraft nach Gl. (56.3) die Bremskraft B gesetzt.

d) Es wird angenommen, daß die Kurve nach Bild 64.1 auch für instationäre, also für zeitlich veränderliche Schlupfwerte gelte. (Ein Einlaufverhalten des Reifens wie in Abschn. 26, allerdings dort für den seitlichen Schlupf, wird nicht berücksichtigt.)

Die Steigerung der Fußkraft bzw. der Momente am Rad sei proportional mit der Zeit (Bild 64.2)

$$M = -ct. \qquad (64.3)$$

Diese drei Gleichungen werden in die Momentengleichung (4.3) des Rades

$$\Theta_R \ddot{\varphi} = M + Br, \qquad (64.4)$$

in der wieder statt der negativen Umfangskraft die Größe B gesetzt und das Bodenmoment M_P vernachlässigt wurde, eingeführt. Für den Schlupf müssen wir noch Gl. (10.3a)

$$s = 1 - \frac{\dot{\varphi}}{\dot{\varphi}_0} \qquad (64.5)$$

sowie Gl. (10.4)

$$\dot{x} = v = R_0 \dot{\varphi}_0 \qquad (64.6)$$

hinzunehmen.

Ehe wir im einzelnen die Lösung der Gleichungen suchen, nehmen wir das Ergebnis vorweg und sehen uns anhand von Bild 64.3 die Kurvenverläufe an.

Laut Vereinbarung ist nach Bild a die translatorische Geschwindigkeit über der Zeit konstant und nach Bild b das Bremsmoment linear ansteigend. Die Winkelgeschwindigkeit $\dot{\varphi}$ nach Bild c fällt vom Ausgangswert $\dot{\varphi}_0$ ab und erreicht nach der Zeit t_c den Wert $\dot{\varphi}_c$, bei dem gerade der Höchstwert μ_h auf der Kraftschlußbeanspruchungs-Schlupf-Kurve erreicht ist. Der zugehörige Schlupf s_c ist dann nach Bild d ebenfalls erreicht. Danach beginnt das Rad zu blockieren, der Kraftschluß fällt nach Bild 64.1 von μ_h auf μ_g ab, außerdem tritt der Fahrer, der von dem Blockiervorgang nichts merken soll, das Bremspedal weiter durch (Bild 64.3 b), die Winkelgeschwindigkeit des Rades verringert sich schnell auf den Wert Null, der Schlupf auf die Größe Eins. Die Winkelverzögerung $\ddot{\varphi}$ als Ableitung der Winkelgeschwindigkeit erreicht nach Bild e im ersten Schlupfbereich schnell den Wert $\ddot{\varphi}_c$, im zweiten Bereich wächst

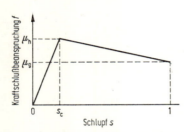

Bild 64.1 Ersatz der Kraftschluß-Schlupf-Kurve durch zwei Geradenstücke.

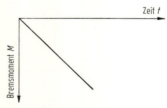

Bild 64.2 Linearer Bremsmomentenanstieg über der Zeit.

Bild 64.3 Bewegungsvorgänge am blockierenden Rad als Funktion der Zeit für ein Beispiel. a) Fahrgeschwindigkeit des Fahrzeuges bzw. translatorische Geschwindigkeit des Radmittelpunktes (vereinfachende Annahme), b) Bremsmomentenanstieg, c) Abnahme der Winkelgeschwindigkeit des Rades, d) Schlupfverlauf, e) Verlauf der Winkelverzögerung des Rades. Nach der Zeitdauer t_c wird der Haftbeiwert überschritten, nach $t_c + t_0^*$ blockiert das Rad.

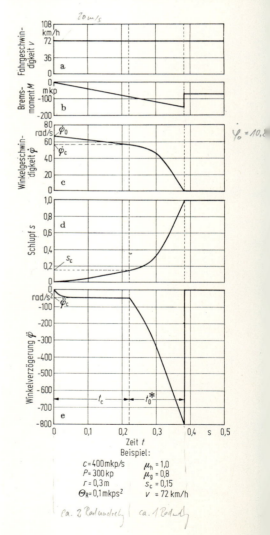

sie weiter und erreicht absolut gesehen sehr große Werte. Am nicht rotierenden Rad ($\dot\varphi = 0$, $\ddot\varphi = 0$) beträgt das notwendige Bremsmoment nach Gl. (64.4) nur noch $M = -Br = -\mu_g P r$.

64.1 Lösung im Bereich $0 \leq s \leq s_c$

Mit Gl. (64.1) und (64.3) bis (64.5) ergibt sich eine Differentialgleichung

$$\ddot\varphi + \frac{\mu_h P r}{s_c \Theta_R \dot\varphi_0} \dot\varphi = \frac{\mu_h P r}{s_c \Theta_R} - \frac{c}{\Theta_R} t. \tag{64.7}$$

Die Lösung lautet

$$\frac{\dot\varphi(t)}{\dot\varphi_0} = 1 - \frac{c s_c}{\mu_h P r}\left[t - \frac{s_c \Theta_R \dot\varphi_0}{\mu_h P r}\left(1 - \frac{1}{\exp\dfrac{\mu_h P r}{s_c \Theta_R \dot\varphi_0} t}\right)\right]. \tag{64.8}$$

Die Exponentialfunktion spielt nur bei sehr kleinen Zeiten eine Rolle (sozusagen als Übergangsfunktion von der Ausgangsgeschwindigkeit $\dot\varphi_0$ zur abnehmenden Winkelgeschwindigkeit), sonst nimmt $\dot\varphi(t)$, wie auch Bild 64.3c zeigt, linear ab, so daß Gl. (64.8) durch

$$\frac{\dot\varphi(t)}{\dot\varphi_0} \approx 1 + \frac{c s_c^2 \Theta_R \dot\varphi_0}{\mu_h^2 P^2 r^2} - \frac{c s_c}{\mu_h P r} t \tag{64.9}$$

angenähert werden kann.

Die zeitliche Abhängigkeit des Schlupfes ist leicht über Gl. (64.5) und die der Winkelverzögerung durch Differentiation von Gl. (64.8) zu finden. $\ddot\varphi$ ist bis auf den Übergang durch die Exponentialfunktion nach Gl. (64.9) eine Konstante

$$\frac{\ddot\varphi(t)}{\dot\varphi_0} = -\frac{c s_c}{\mu_h P r}. \tag{64.10}$$

Die Zeitdauer t_c bis zum Erreichen des Haftbeiwertes μ_h bzw. des dazugehörigen Schlupfes

$$s_c = 1 - \frac{\dot\varphi_c}{\dot\varphi_0} \tag{64.11}$$

errechnet sich aus Gl. (64.9) mit sehr guter Annäherung zu

$$t_c \approx \frac{s_c \Theta_R \dot\varphi_0}{\mu_h P r} + \frac{\mu_h P r}{c}. \tag{64.12}$$

In dieser Zeit wurde das Moment auf

$$M_c = -c t_c \tag{64.13}$$

und die Verzögerung auf

$$\frac{\ddot\varphi_c}{\dot\varphi_0} = -\frac{c s_c}{\mu_h P r} \tag{64.14}$$

gesteigert (entspricht Gl. (64.10)).

64.2 Lösung im Bereich $s_c \leqq s \leqq 1$

Führt man in diesem Bereich als neue unabhängige Variable der Zeit t^* ein, die über die Gleichung

$$t^* = t - t_c \qquad (64.15)$$

mit der Variablen t des vorangegangenen Schlupfbereiches verknüpft ist, so ergibt sich mit Gl. (64.2) bis (64.5) und (64.13) eine Differentialgleichung, die im Aufbau der im ersten Bereich geltenden Gl. (64.7) identisch ist,

$$\ddot{\varphi} - \frac{(\mu_h - \mu_g)Pr}{(1-s_c)\Theta_R \dot{\varphi}_0} \dot{\varphi} = -\left[\frac{cs_c\dot{\varphi}_0}{\mu_h Pr} + \frac{(\mu_h - \mu_g)Pr}{\Theta_R}\right] + \frac{c}{\Theta_R} t^*. \qquad (64.16)$$

Die Lösung lautet

$$\frac{\dot{\varphi}(t^*)}{\dot{\varphi}_0} = \frac{(1-s_c)c}{(\mu_h - \mu_g)Pr}\left[\frac{Pr(\mu_h - \mu_g)}{c} + t^* + \right.$$

$$\left. + \frac{\dot{\varphi}_0 \Theta_R(\mu_h - s_c\mu_g)}{\mu_h(\mu_h - \mu_g)Pr}\left(1 - \exp\frac{(\mu_h - \mu_g)Pr}{(1-s_c)\Theta_R \dot{\varphi}_0} t^*\right)\right] \qquad (64.17\,\mathrm{a})$$

oder bezogen auf die Winkelgeschwindigkeit $\dot{\varphi}_c$, die beim Schlupf s_c und bei dem Kraftschlußwert μ_h erreicht wird,

$$\frac{\dot{\varphi}(t^*)}{\dot{\varphi}_c} = 1 + \frac{c}{(\mu_h - \mu_g)Pr} t^* +$$

$$+ \frac{\Theta_R \dot{\varphi}_c(\mu_h - s_c\mu_g)}{(Pr)^2(1-s_c)\mu_h(\mu_h - \mu_g)^2}\left(1 - \exp\frac{(\mu_h - \mu_g)Pr}{\Theta_R \dot{\varphi}_c} t^*\right). \qquad (64.17\,\mathrm{b})$$

Die Winkelverzögerung ergibt sich aus Gl. (64.17a) zu

$$\frac{\ddot{\varphi}(t^*)}{\dot{\varphi}_0} = -\frac{cs_c}{\mu_h Pr} + \frac{c(\mu_h - s_c\mu_g)}{\mu_h(\mu_h - \mu_g)Pr}\left[1 - \exp\frac{(\mu_h - \mu_g)Pr}{(1-s_c)\Theta_R \dot{\varphi}_0} t^*\right] \qquad (64.18\,\mathrm{a})$$

oder, wenn die Winkelbeschleunigung $\ddot{\varphi}_c$ und die Winkelgeschwindigkeit $\dot{\varphi}_c$ eingeführt werden, zu

$$\frac{\ddot{\varphi}(t^*)}{\ddot{\varphi}_c} = 1 - \frac{\mu_h - s_c\mu_g}{(\mu_h - \mu_g)s_c}\left[1 - \exp\frac{(\mu_h - \mu_g)Pr}{\Theta_R \dot{\varphi}_c} t^*\right]. \qquad (64.18\,\mathrm{b})$$

Im zweiten Abschnitt spielt die Exponentialfunktion eine bestimmende Rolle, so daß sich die oben genannten Gleichungen nicht wie die für den ersten Schlupfabschnitt geltende Gl. (64.8) vereinfachen lassen. Dadurch kann auch die Zeitdauer t_0^*, in der der Schlupf von $s = s_c$ bis $s = 1$ durchlaufen wird bzw. die Winkelgeschwindigkeit von $\dot{\varphi} = \dot{\varphi}_c$ bis $\dot{\varphi} = 0$ herabsinkt, nicht exakt angegeben werden. Näherungsweise läßt sich t_0^* aus Gl. (64.17b) bestimmen, wenn die Exponentialfunktion in eine Reihe entwickelt und nach dem quadratischen Glied abgebrochen wird. Dann ist mit $\dot{\varphi}(t^* = t_0^*) = 0$ die Zeitdauer

$$t_0^* \approx -\frac{s_c \Theta_R \dot{\varphi}_c}{(\mu_h - s_c\mu_g)Pr} + \sqrt{\left[\frac{s_c \Theta_R \dot{\varphi}_c}{(\mu_h - s_c\mu_g)Pr}\right]^2 + \frac{2\mu_h \Theta_R \dot{\varphi}_c}{c(\mu_h - s_c\mu_g)}}. \qquad (64.19)$$

64.3 Für den Blockiervorgang wichtige Größen

Wir wollen nun, nachdem anhand von Bild 64.3 der typische zeitliche Verlauf der Geschwindigkeitsverminderung und der Verzögerung am Rad gezeigt und mit Gleichungen belegt wurde, die Größe charakteristischer Werte diskutieren.

Soweit bisher bekannt geworden, beginnen die gebauten Blockierverhinderer bei steigendem Bremsmoment dann zu arbeiten, wenn eine bestimmte Verzögerungsschwelle überschritten wird. Dabei muß das Bremsmoment schnell abgebaut werden, um ein Blockieren des Rades zu verhindern. Deshalb sehen wir als charakteristisches Diagramm das Verzögerungsschaubild 64.3e an und besprechen daraus zwei kennzeichnende Werte:

a) die Drehverzögerung $\ddot{\varphi}_c$, bei der der Haftbeiwert erreicht bzw. gerade überschritten wird und bei welcher der Blockierverhinderer den Impuls zum Ansprechen bekommen soll,

b) die Zeitdauer t_0^*, in der er reagiert haben muß, wenn er wirklich das Gleiten der Räder verhindern soll.

Die Winkelverzögerung $\ddot{\varphi}_c$ hängt nach Gl. (64.14) neben den Raddaten P und r von drei Größen ab:

1. von der Ausgangsgeschwindigkeit $\dot{\varphi}_0$,
2. von dem Anstieg der Kraftschlußbeanspruchungs-Schlupf-Kurve μ_h/s_c (durch Reifen und Fahrbahn gegeben) und
3. von dem durch den Fahrerfuß bewirkten Momentenanstieg c.

Dadurch schwankt $\ddot{\varphi}_c$ in einem sehr weiten Bereich, was an dem folgenden Beispiel für ein Pkw-Rad mit $P = 300$ kp und $r = 0,3$ m gezeigt werden soll:

Die Ausgangsgeschwindigkeit $\dot{\varphi}_0$ kann entsprechend den translatorischen Geschwindigkeiten von 10 bis 50 m/s variieren, der Momentenanstieg $c = M/\Delta t \approx$ $\approx Br/\Delta t \approx \mu_h Pr/\Delta t$ zwischen 100 und 500 mkp/s (entspricht einem $M = 100$ mkp nach $\Delta t = 1,0 \ldots 0,2$ s), und die bekannt gewordenen Kraftschluß-Schlupf-Kurven können mit der von Glatteis bedeckten bis zur trockenen Fahrbahn Werte für $\mu_h/s_c \approx 1 \ldots 7$ entnommen werden. Setzt man voraus, daß diese Werte ohne Einschränkung miteinander kombiniert werden können, dann ergibt sich ein Verhältnis der Extremwerte zu $\ddot{\varphi}_{c,\text{max}}/\ddot{\varphi}_{c,\text{min}} = 175$.

Kombiniert man hingegen die Werte sinnvoll, indem man entweder auf trockenen und nassen Straßen (μ_h/s_c im Mittel bei 4,5) bei hohen Geschwindigkeiten vorsichtig bremst — also kleine Momentenanstiege am Bremspedal wählt — und bei niedrigen Geschwindigkeiten schnell bremst oder indem man auf Glatteis oder Schnee ($\mu_h \approx 1$) langsam fährt und außerdem c klein hält, so beträgt für beide Fälle $\ddot{\varphi}_c \approx -40$ rad/s². Da man sich unter diesem Wert wenig vorstellen kann, wird $\ddot{\varphi}_c$ in translatorische Verzögerung umgerechnet (was nichts mit der Fahrzeugverzögerung zu tun hat!), es ist $\ddot{x}_c = R_0 \ddot{\varphi}_c = -12$ m/s² $= -1,2g$ bei $R_0 \approx 0,3$ m.

Die Zeitdauer t_0^* ist näherungsweise aus Gl. (64.19) berechenbar, sie beträgt einige Hundertstel- bis Zehntel-Sekunden. Diese Größe hängt hauptsächlich von der Fahrgeschwindigkeit bzw. der Winkelgeschwindigkeit $\dot{\varphi}_c$ beim Schlupf s_c ab.

Dritter Teil

Fahrzeugschwingungen

Nach Tabelle 2.1 aus Abschn. 2 wenden wir uns nun den Hub- und Nickbewegungen, also der Bewegung in z-Richtung und der Drehbewegung φ um die Querachse y zu. Beide Bewegungen charakterisieren diejenigen Schwingungen eines Fahrzeuges, mit denen wir uns in den folgenden Kapiteln beschäftigen wollen.

Schwingbewegungen treten hauptsächlich beim Befahren von unebenen Fahrbahnen auf. Sie beanspruchen die Fahrgäste durch die Erschütterungen und belasten über die statische Last hinaus das Fahrzeug und die Fahrbahn. Die Schwingungen beeinflussen ferner die Fahrsicherheit dadurch, daß die vertikale Radlast schwankt. Diese Änderungen können so stark sein, daß die Vertikallast zu Null wird, wodurch keine Horizontalkräfte mehr zwischen Rad und Fahrbahn übertragen werden können (s. Abschn. 15).

65. Schwingungsersatzschema eines Fahrzeuges

Vor Beginn jeder Rechnung muß ein Ersatzsystem gewählt werden, das möglichst gut der Wirklichkeit entspricht. Ein relativ einfaches, für die Rechnung aber schon außerordentlich kompliziertes System zeigt Bild 65.1. Der Aufbau des Fahrzeuges mit der Masse[1] m_2 und dem hier wichtigen Trägheitsmoment um die Querachse Θ_y stützt sich über vier Federn mit den zugehörigen vier Dämpfern auf die Räder ab. Die Räder haben die Massen[2] m_1. Diese wiederum stützen sich über die Reifenfedern und die Reifendämpfung auf der unebenen Fahrbahn ab. Auf dem Aufbau ist ein Einmassensystem mit der Masse m_3 gezeichnet, das z. B. die Masse Sitz + Mensch darstellt, die sich über die Sitzfede-

---

[1] m_2 muß nicht mit der bisher m_A genannten Masse identisch sein, weil sich m_A aus mehreren gegeneinander schwingenden Einzelmassen zusammensetzen kann, z. B. aus der steif angenommenen Karosserie mit der Masse m_2 und den abgefederten Insassen.

[2] Auch zwischen m_1 und m_R muß unterschieden werden, weil nicht immer die gesamte Radmasse m_R als schwingende Masse angesehen werden darf.

65. Schwingungsersatzschema eines Fahrzeuges 237

rung und Sitzdämpfung auf dem Aufbau abstützt. Dieses System hat schon 7 Freiheitsgrade, 2 für den Aufbau, 1 für jedes Rad, insgesamt für das vierrädrige Fahrzeug also 4 weitere Freiheitsgrade, plus 1 für den Fahrer. Die Zahl der Freiheitsgrade erhöht sich um je 1 für jeden weiteren Insassen im Fahrzeug.

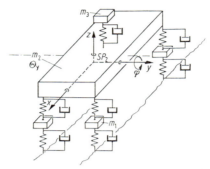

Bild 65.1 Einfaches räumliches Schwingungsersatzschema für ein vierrädriges Fahrzeug.

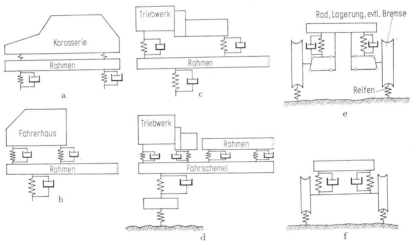

Bild 65.2 Verschiedene Schwingungsersatz-Teilsysteme. a und b) Aufbauten auf Rahmen, c und d) Triebwerk auf Rahmen, e und f) Radaufhängungen.

Damit ist aber das Schwingungssystem noch nicht völlig erfaßt; z. B. besteht der Aufbau nicht aus einer Einzelmasse, sondern er kann noch weiter aufgeteilt werden: bei Pkw und Omnibussen nach Bild 65.2a in einen Rahmen und eine Karosserie, die durch Gummifedern gegeneinander abgefedert sind, oder beim Lkw nach Bild b, indem auf dem Rahmen das Fahrerhaus federnd und dämpfend gelagert ist. Weiterhin befindet sich in dem sogenannten Aufbau noch ein Triebwerk, bestehend aus Motor, Drehzahl- und Drehmomentenwandler, die ebenfalls meistens über Gummilagerungen im Rahmen gelagert sind, s. Bild c. Sehr häufig werden die Achsen in einem Hilfsrahmen montiert, der anschließend in das Fahrzeug eingebaut wird. Wird dieser Hilfsrahmen elastisch in dem Aufbau des Fahrzeuges gelagert, dann erhalten wir weitere Freiheitsgrade für die Schwingungen des Systems. Bild d zeigt eine solche Anordnung für eine Vorderachse, bei der auf dem Hilfsrahmen, dem sog. Fahrschemel, noch das Triebwerk sitzt.

Weiterhin ist in Bild 65.1 die Radführung nicht mit eingezeichnet, so wie es in Bild 65.2e am Beispiel des Doppelquerlenkers gezeigt wird. Die vom Rad auf den Aufbau übertragenen Kräfte werden nicht nur über Federn und Dämpfer, sondern auch über Gelenke übertragen.

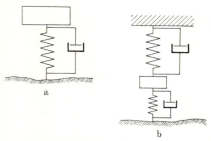
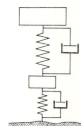

Bild 65.3 Einmassen-Ersatzsysteme
a) für einen Teil des Aufbaus, b) für die Achse.

Bild 65.4 Feder- und dämpfergekoppeltes Zweimassen-System als Ersatz für Aufbauanteil und Achse.

Bild 65.2f zeigt eine weitere, häufig verwendete Radaufhängung, die sog. Starrachse, bei der die Drehachsen der Räder rechts und links starr miteinander verbunden sind.

Die Aufzählung an Hand der einzelnen Bilder macht sicherlich deutlich, daß das Schwingungssystem eines Fahrzeuges sehr kompliziert ist, weil es sehr viele Freiheitsgrade hat, und daß damit als Folge auch die Behandlung der Schwingungseigenschaften eines Fahrzeuges wegen der vielen Differentialgleichungen nicht leicht sein kann.

Dabei wurden in der bisherigen Aufzählung nur diskrete Schwinger, also starre Einzelmassen genannt, und es wurde noch nicht auf kontinuierliche Schwinger eingegangen, wie es für die Erklärung z. B. einer Biegeschwingung des Rahmens erforderlich wäre. Die Aufbauten von Pkw haben Eigenfrequenzen ab 20 Hz, die Rahmen von Lkw ab 6 Hz. Die Schwingungen dieser Bauteile sollen hier zur Vereinfachung vernachlässigt bleiben.

Um einen Einblick in das Schwingungsverhalten zu erhalten, beginnen wir mit einem einfachen System. Das einfachste Schwingungsgebilde ist das Einmassensystem nach Bild 65.3a, das aus einer Masse,

65. Schwingungsersatzschema eines Fahrzeuges

einer Feder und einem Dämpfer besteht. Ein weiteres einfaches Feder-Massesystem zeigt Bild 65.3b. Es entspricht einer Radanordnung, wenn man sich vorstellt, daß sich der Aufbau nicht bewegt. Setzt man die beiden Systeme aus Bild 65.3 zusammen, hat man schon einen wesentlichen Teil des Fahrzeugsystems als feder- und dämpfergekoppeltes Zweimassensystem. Die obere Masse ist ein Teil des Aufbaues, die untere Masse entspricht der eines Rades (Bild 65.4).

Ein System mit 4 Freiheitsgraden zeigt Bild 65.5a. Es stellt ein Fahrzeug von der Seite her gesehen dar unter der Voraussetzung, daß die Unebenheiten für die rechten und linken Räder gleich sind und daß

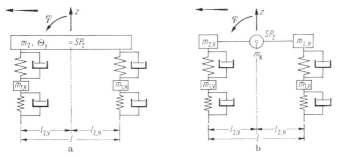

Bild 65.5 Ebenes Schwingungsersatzsystem für das Zweiachs-Fahrzeug. a) Fahrzeugaufbau mit Masse m_2 und Trägheitsmoment Θ_y, b) ersetzt durch drei Punktmassen.

außerdem das Fahrzeug zur Längsachse symmetrisch ist, d. h. daß das Fahrzeug keine Wankbewegungen durchführt, sondern nur Hub- und Nickschwingungen.

Dann deutet der obere Rechtkant die gesamte Masse des Aufbaues m_2 mit dem Trägheitsmoment Θ_y um den Schwerpunkt SP_2 an. Die Radmasse der beiden Vorderräder ist zusammengefaßt $m_{1,V}$, die der beiden Hinterräder $m_{1,H}$. Ebenso kennzeichnen die gezeichneten Federn und Dämpfer jeweils alle entsprechenden Bauteile einer Achse. Es läßt sich eine Ähnlichkeit zwischen dem System nach Bild 65.5a und dem Zweimassensystem nach Bild 65.4 dadurch herstellen, daß die Aufbaumasse in drei Einzelmassen nach Bild 65.5b aufgeteilt wird, in eine Masse $m_{2,V}$ über der Vorderachse, eine Masse $m_{2,H}$ über der Hinterachse und eine sog. Koppelmasse m_K, die im Schwerpunkt SP_2 zu denken ist. Die drei Massen sollen durch masselose Stangen miteinander starr verbunden sein; ihre Größe ergibt sich aus den drei Bedingungen, daß die Gesamtmasse konstant bleiben muß

$$m_{2,V} + m_K + m_{2,H} = m_2, \qquad (65.1)$$

daß die Schwerpunktlage erhalten bleiben soll

$$m_{2,\mathrm{V}} l_{2,\mathrm{V}} - m_{2,\mathrm{H}} l_{2,\mathrm{H}} = 0 \tag{65.2}$$

und daß auch das Trägheitsmoment Θ_y seine Größe behält

$$\Theta_\mathrm{y} = m_2 i^2 = m_{2,\mathrm{V}} l_{2,\mathrm{V}}^2 + m_{2,\mathrm{H}} l_{2,\mathrm{H}}^2. \tag{65.3}$$

Dabei ist der Trägheitsradius i eingeführt worden. Weiterhin sind $l_{2,\mathrm{V}}$, $l_{2,\mathrm{H}}$ die waagerechten Abstände des Aufbauschwerpunktes zu den Rädern, l ist der Radstand. Aus diesen drei Gleichungen ergeben sich die Einzelmassen zu

$$m_{2,\mathrm{V}} = m_2 \frac{i^2}{l_{2,\mathrm{V}} l}, \quad m_{2,\mathrm{H}} = m_2 \frac{i^2}{l_{2,\mathrm{H}} l}, \quad m_\mathrm{K} = m_2 \left(1 - \frac{i^2}{l_{2,\mathrm{V}} l_{2,\mathrm{H}}}\right). \tag{65.4}$$

Die Koppelmasse ist anschaulich darstellbar: Für den Sonderfall $m_\mathrm{K} = 0$ bleiben die Bewegungen der Massen $m_{2,\mathrm{V}}$ und $m_{2,\mathrm{H}}$ über der vorderen und hinteren Achse voneinander unabhängig, d. h. wird das Fahrzeug an der Vorderachse angeregt, dann bewegt sich die Masse $m_{2,\mathrm{V}}$, aber nicht die Masse $m_{2,\mathrm{H}}$ und umgekehrt. Ist hingegen die Koppelmasse von Null verschieden, dann beeinflussen sich die Bewegungen, d. h. beim Anstoß an der Vorderachse bewegt sich nach wie vor die Masse $m_{2,\mathrm{V}}$, aber auch die Masse $m_{2,\mathrm{H}}$. Für den Sonderfall $m_\mathrm{K} = 0$, der nach dem Ergebnis einiger Messungen am Personenwagen annähernd zutrifft, ist die Ähnlichkeit zwischen dem Viermassensystem und dem Zweimassensystem offensichtlich. Man kann also jedes der beiden Achssysteme für sich getrennt betrachten, wenn nur die Bewegung von $m_{2,\mathrm{V}}$ oder $m_{2,\mathrm{H}}$ und nicht die eines zwischen den Massen liegenden Punktes interessiert.

Es sei noch darauf hingewiesen, daß nach Gl. (65.4) die Koppelmasse auch negativ sein kann. Eine Masse kann selbstverständlich nicht negativ werden. m_K ist also nur eine Rechnungsgröße, der man, weil sie die Dimension einer Masse hat, auch den Namen einer Masse gegeben hat.

X. Einmassensystem

Dieses Kapitel dient zur Vorbereitung auf die nachfolgenden Überlegungen und soll gleichzeitig für die Leser eine kleine Wiederholung der Schwingungslehre sein. Als Beispiel für die Einführung wird ein einfaches Einmassensystem verwendet, das als Ersatzsystem für Sitz—Mensch, für Motorlagerung sowie für landwirtschaftliche Fahrzeuge und Baumaschinen (diese federn nur auf dem Reifen) angesehen werden kann, wenn nur vertikale Bewegungen betrachtet werden.

66. Eigenschwingungen, Stabilität

Bild 66.1 zeigt ein Einmassensystem mit der Masse m, die sich in z-Richtung bewegt. $z = 0$ entspricht der statischen Ruhelage, d. h. die Einfederung durch das Gewicht mg ist schon berücksichtigt. Die Bewegungsgleichung lautet dann

$$m\ddot{z} = -P_F - P_D \tag{66.1}$$

mit der Federkraft (dynamische Zusatzkraft)

$$P_F = c(z - h) \tag{66.2}$$

und der Dämpferkraft

$$P_D = k(\dot{z} - \dot{h}). \tag{66.3}$$

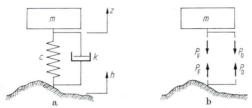

Bild 66.1 Einmassensystem. a) Schema mit Masse m, Federkonstante c und Dämpfungskonstante k, b) angreifende Federkraft P_F und Dämpferkraft P_D.

Beide Kräfte sind proportional der Relativbewegung $z_{rel} = (z - h)$ bzw. der Relativgeschwindigkeit $\dot{z}_{rel} = (\dot{z} - \dot{h})$ mit den Proportionalitätskonstanten c, der Federkonstanten, und k, der Dämpfungskonstanten (Bild 66.2).

Wir haben damit ein lineares System und durch Einsetzen von (66.2) und (66.3) in (66.1) eine lineare Differentialgleichung

$$m\ddot{z} + k\dot{z} + cz = k\dot{h} + ch. \tag{66.4}$$

Die auf der rechten Seite der Gleichung stehende, von der Zeit t abhängige Funktion h bzw. $\dot{h}$ regt das System zu Schwingungen an und wird als „Erregerfunktion" bezeichnet.

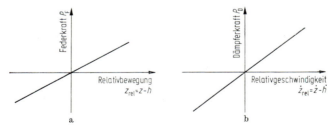

Bild 66.2 Lineare Kennlinien für a) Feder und b) Dämpfer.

Die Lösung der obigen Gleichung setzt sich aus zwei Teillösungen zusammen: aus der Lösung z_h der homogenen Gleichung, bei der die rechte Seite zu Null gesetzt wird, und aus dem Partikularintegral z_p der inhomogenen Gleichung, bei der die rechte Seite nicht Null ist. Die Gesamtlösung der linearen Differentialgleichung lautet dann

$$z = z_h + z_p. \qquad (66.5)$$

In diesem Abschnitt beschäftigen wir uns nur mit der Lösung der homogenen Gleichung

$$m\ddot{z} + k\dot{z} + cz = 0.$$

Durch Division mit m und nach Einführung der Abkürzungen (die später noch benannt werden)

$$\sigma = \frac{k}{2m} \qquad (66.6)$$

und

$$\nu^2 = \frac{c}{m} \qquad (66.7)$$

ist

$$\ddot{z} + 2\sigma\dot{z} + \nu^2 z = 0. \qquad (66.8)$$

Der Ansatz für die Lösung dieser linearen, homogenen Gleichung ist (wie aus der Mathematik bekannt)

$$z_h = A e^{\lambda t}. \qquad (66.9)$$

Wird dieser Ansatz und dessen Ableitungen $\dot{z}_h = A\lambda e^{\lambda t}$ und $\ddot{z}_h = A\lambda^2 e^{\lambda t}$ in Gl. (66.8) eingesetzt, so gilt

$$(\lambda^2 + 2\sigma\lambda + \nu^2)A e^{\lambda t} = 0. \qquad (66.10)$$

In dieser Gleichung kann $A e^{\lambda t}$ nicht gleich Null sein, weil dann nach Gl. (66.9) gar keine Bewegung z aufträte, was ja nicht der Sinn dieser Rechnung sein kann. Folglich ist

$$\lambda^2 + 2\sigma\lambda + \nu^2 = 0. \qquad (66.11)$$

Aus dieser sog. „charakteristischen Gleichung" ergeben sich zwei Lösungen

$$\lambda_{1,2} = -\sigma \pm \sqrt{\sigma^2 - \nu^2} \qquad (66.12)$$

und damit auch für die Bewegung nach Gl. (66.9)

$$z_h = A_1 e^{\lambda_1 t} + A_2 e^{\lambda_2 t}. \qquad (66.13)$$

Der zeitliche Verlauf der Bewegung wird charakterisiert durch die beiden λ-Werte[1], die wir nun diskutieren wollen. Es sind vier Fälle zu unterscheiden:

Fall a: $\sqrt{\sigma^2 - \nu^2}$ sei reell, d. h. es sei $\sigma^2 > \nu^2$. Ist außerdem σ positiv, dann ist λ_2 ein negativer Wert. λ_1 hingegen ist nur dann negativ, wenn ν^2 ebenfalls positiv ist, weil nur dann der Wurzelausdruck $\sqrt{\sigma^2 - \nu^2} < \sigma$ ist.

In diesem Fall gehen beide Summanden in Gl. (66.13) mit wachsender Zeit t gegen Null. Das System kehrt also, wie in Bild 66.3a gezeigt, in die Ruhelage $z_h = 0$ zurück, die Bewegung ist stabil.

Fall b: Ist hingegen ν^2 negativ, dann wird $\sqrt{\sigma^2 - \nu^2} > \sigma$ und demzufolge λ_1 positiv. Damit wächst $e^{\lambda_1 t}$ mit der Zeit gegen ∞, $e^{\lambda_2 t}$ geht gegen 0, insgesamt wächst also $z_h \to \infty$, das System kehrt nicht in die Nullage zurück, es ist instabil.

---

[1] Daher kommt der Name für Gl. (66.11) „charakteristische Gleichung".

66. Eigenschwingungen, Stabilität

Ebenfalls einen instabilen Vorgang erhält man bei reellem $\sqrt{\sigma^2 - \nu^2}$, positivem ν^2, aber negativem σ. Dann werden sowohl λ_1 und λ_2 positiv, und damit wird auch $z_h \to \infty$ laufen (s. Bild 66.3b).

Sind sowohl σ als auch ν^2 negativ, gibt es auch einen instabilen Vorgang, weil λ_1 positiv wird.

Fall c: Ist der Wurzelausdruck nicht mehr reell, sondern, weil $\nu^2 > \sigma^2$ ist, imaginär, dann lauten die Wurzeln mit $\sqrt{\sigma^2 - \nu^2} = i\nu_g$

$$\lambda_{1,2} = -\sigma \pm i\nu_g.$$

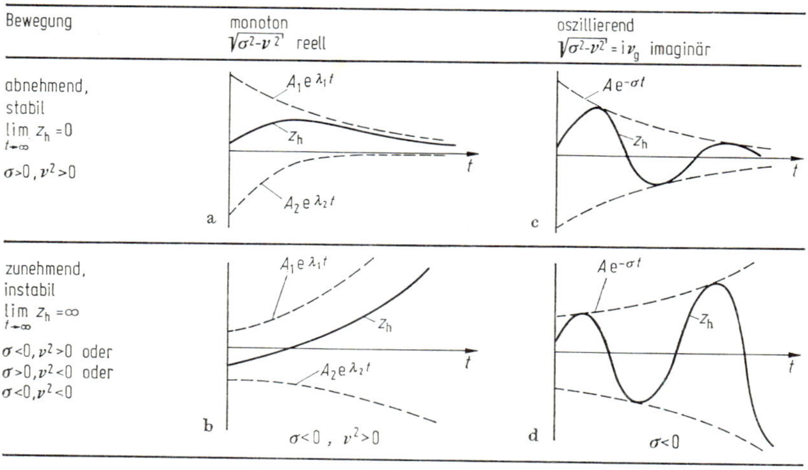

Bewegung	monoton $\sqrt{\sigma^2-\nu^2}$ reell	oszillierend $\sqrt{\sigma^2-\nu^2}=i\nu_g$ imaginär
abnehmend, stabil $\lim_{t\to\infty} z_h = 0$ $\sigma>0, \nu^2>0$	a	c
zunehmend, instabil $\lim_{t\to\infty} z_h = \infty$ $\sigma<0, \nu^2>0$ oder $\sigma>0, \nu^2<0$ oder $\sigma<0, \nu^2<0$	b $\sigma<0, \nu^2>0$	d $\sigma<0$

Bild 66.3 Zur Diskussion der charakteristischen Gleichung $\lambda_{1,2} = -\sigma \pm \sqrt{\sigma^2 - \nu^2}$ für das Einmassensystem.

Zu den konjugiert komplexen Wurzeln der charakteristischen Gleichung gehören auch konjugiert komplexe Amplituden

$$A_{1,2} = \frac{1}{2}(B \pm iC),$$

so daß entsprechend Gl. (66.13) die Bewegung nach

$$z_h = \frac{1}{2}(B + iC) \cdot e^{(-\sigma + i\nu_g)t} + \frac{1}{2}(B - iC) \cdot e^{(-\sigma - i\nu_g)t}$$

abläuft. Umgeschrieben ist

$$z_h = \frac{1}{2}Be^{-\sigma t}(e^{i\nu_g t} + e^{-i\nu_g t}) + \frac{1}{2}iCe^{-\sigma t}(e^{i\nu_g t} - e^{i\nu_g t})$$

und mit Hilfe der Eulerschen Gleichung

$$e^{\pm i\nu_g t} = \cos\nu_g t \pm i\sin\nu_g t$$

wird

$$z_h = e^{-\sigma t}(B\cos\nu_g t - C\sin\nu_g t). \tag{66.14}$$

16*

Die Bewegung ist nach Bild 66.3c also eine Schwingung mit der Kreisfrequenz ν_g, deren Amplitude bei positivem σ nach der Funktion $e^{-\sigma t}$ abklingt. Gl. (66.14) kann umgeformt werden

$$z_h = A e^{-\sigma t} \sin(\nu_g t + \alpha) \qquad (66.15)$$

mit der Amplitude

$$A = \sqrt{B^2 + C^2} \qquad (66.16)$$

und dem Phasenwinkel[1]

$$\tan \alpha = \frac{B}{-C} \qquad (66.17)$$

(Ableitung kommt in Abschn. 67). Diese abklingende Schwingung, meistens „gedämpfte Eigenschwingung" genannt, wird charakterisiert durch den Wert σ, der angibt, wie schnell die Schwingung abklingt und deshalb als

Abklingkonstante $\qquad \sigma = \dfrac{k}{2m}, \qquad$ (s. (66.6)),

bezeichnet wird, und durch die sog.

gedämpfte Eigenkreisfrequenz $\qquad \nu_g = \sqrt{\nu^2 - \sigma^2}. \qquad (66.18)$

Ist $\sigma = 0$, so klingt die Schwingung nicht ab, ist also ungedämpft. Dann ist $\nu_g = \nu$ und wird deshalb als

ungedämpfte Eigenkreisfrequenz $\qquad \nu = \sqrt{\dfrac{c}{m}}, \qquad$ (s. (66.7)),

bezeichnet[2].

Als weitere Größe wird das dimensionslose

Dämpfungsmaß $\qquad D = \dfrac{\sigma}{\nu} = \dfrac{k}{2\sqrt{cm}} \qquad (66.19)$

eingeführt und später häufig benutzt. In Gl. (66.18) eingesetzt wird

$$\nu_g = \nu \sqrt{1 - D^2}, \qquad (66.20)$$

das nach der Darstellung in Bild 66.4 einen Kreis ergibt. Ist $0 < D < 1$, dann gibt es eine gedämpfte Schwingung, für $D > 1$ gibt es die Kriechbewegung nach Bild 66.3a.

Bei Fahrzeugschwingungen liegt D häufig um $D = 0{,}25$. Nach Bild 66.4 gilt damit in etwa $\nu_g \approx \nu$.

Fall d: Ist der Wurzelausdruck in Gl. (66.12) imaginär, aber $\sigma < 0$, ergibt sich wie unter c eine Schwingung mit der Frequenz ν_g, deren Amplitude aber nicht mehr abklingt, sondern zunimmt. Es ist eine aufschaukelnde Schwingung, sie ist instabil, s. Bild 66.3d.

---

[1] Das negative Zeichen im Nenner weist darauf hin, daß α im 4. Quadranten liegt.

[2] Für die Eigenfrequenzen, in der Dimension Anzahl der Schwingungen pro s (Einheit Hz), wird keine eigene Abkürzung eingeführt, sondern einfach $\nu_g/2\pi$ bzw. $\nu/2\pi$ geschrieben.

In Bild 66.3 sind in Spalten und Zeilen monotone und oszillierende sowie stabile und instabile Bewegungen geordnet und die zugehörigen Kriterien angeschrieben.

Danach kann noch zusammenfassend festgestellt werden, daß die Bewegung nur dann stabil ist, wenn alle Koeffizienten der charakteristischen Gleichung, also sowohl σ als auch ν^2 positiv sind.

Bei Schwingungsbewegungen, die wir hier betrachten werden, und auch bei dem Beispiel nach Bild 66.1, dem Einmassensystem, ist das immer der Fall. Meistens haben wir, weil — wie schon erwähnt — $D \approx 0{,}25$ beträgt, gedämpfte Schwingungen zu betrachten. Bei der Fahrtrichtungshaltung, die in Kap. XVIII besprochen wird, lernen wir auch instabile Vorgänge kennen.

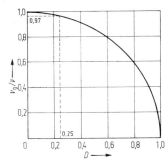

Bild 66.4 Abhängigkeit des Verhältnisses der gedämpften Eigenkreisfrequenz ν_g zur ungedämpften Eigenkreisfrequenz ν vom Dämpfungsmaß D.

67. Erregerschwingungen

Nun betrachten wir die vollständige Gl. (66.4) und suchen nach Gl. (66.5) die Lösung z_p. Diese Lösung ist bei stabilen Systemen, zu denen die Federungssysteme gehören, sehr wichtig: Nach Gl. (66.5) und (66.15) wird die Bewegung z des Systems nach einiger Zeit nur von z_p bestimmt, weil z_h mit der Zeit gegen Null geht.

Die am häufigsten verwendete Erreger- oder Störfunktion ist die harmonische Funktion

$$h = b \sin \omega t. \tag{67.1}$$

Es ist üblich und für das Aufsuchen der Lösung zweckmäßiger, die Erregerfunktion nicht in der Form von Gl. (67.1), sondern in komplexen Ausdrücken zu schreiben.

Dazu müssen wir uns an folgendes erinnern:

Ein Zeiger der Länge b drehe sich nach Bild 67.1a im mathematisch positiven Sinne mit der Winkelgeschwindigkeit ω. Wird nun diese Bewegung auf eine Gerade projiziert, dann ergibt die Projektion eine harmonische Bewegung. Ist diese Gerade z. B. die Ordinate in Bild a und wird mit der Zeitzählung bei Durchgang des Zeigers durch die Abszissenachse begonnen, so ist die Projektion die Sinuskurve $y = b \sin \omega t$ nach Bild b. Wäre die Gerade die Abszissenachse, dann wäre die Projektion eine Kosinusfunktion $x = b \cos \omega t$, bei einer zur Abszissenachse um den Winkel α geneigten Geraden die Funktion $b \cos (\omega t - \alpha)$.

Die Lage des mit „Diagrammvektor" bezeichneten Zeigers in der Ebene von Bild 67.1a kann man mathematisch beschreiben, indem man die Richtung und die

Länge des Vektors durch seine Koordinaten angibt. Die komplexen Zahlen stellen ein solches Koordinatensystem dar, indem die positive Richtung der reellen Achse mit $+1$ und die der imaginären Achse mit $+\mathrm{i}$ bezeichnet wird.

Damit heißt der Diagrammvektor — zur Kennzeichnung der komplexen Schreibweise mit deutschen Buchstaben bezeichnet — nach Bild 67.2

$$\mathfrak{b} = b_{\mathrm{Re}} + \mathrm{i} b_{\mathrm{Im}}. \tag{67.2}$$

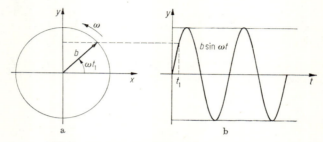

Bild 67.1 Zur Darstellung der harmonischen Bewegung
a) in der Zeigerdarstellung, b) als Zeitfunktion.

Die Länge des Vektors $|\mathfrak{b}|$ errechnet sich aus

$$|\mathfrak{b}|^2 = b^2 = b_{\mathrm{Re}}^2 + b_{\mathrm{Im}}^2$$

und der Winkel α zu

$$\tan \alpha = \frac{b_{\mathrm{Im}}}{b_{\mathrm{Re}}}.$$

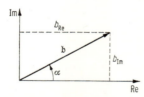

Bild 67.2 Darstellung des Zeigers $\mathfrak{b}$ in der komplexen Zahlenebene mit dem Realteil b_{Re} und dem Imaginärteil b_{Im}.

Setzt man in Gl. (67.2) für

$$b_{\mathrm{Re}} = b \cos \alpha \quad \text{und} \quad b_{\mathrm{Im}} = b \sin \alpha,$$

dann ist mit der Eulerschen Formel

$$\mathfrak{b} = b \cos \alpha + \mathrm{i} b \sin \alpha = b \mathrm{e}^{\mathrm{i}\alpha}. \tag{67.3}$$

Ist nun α kein konstanter Wert, sondern zeitlich veränderlich, z. B. nach Bild 67.1 mit ωt, dann wird der sich drehende Diagrammvektor durch

$$\mathfrak{b} = b \mathrm{e}^{\mathrm{i}\omega t}$$

67. Erregerschwingungen

beschrieben. Er ist ein spezieller Vektor, weil er bei $t = 0$ gerade durch die reelle Achse geht.

Allgemein gilt für einen Vektor $\mathfrak{b}'$, dessen Winkel α' aus einem konstanten Anteil α und einem veränderlichen Anteil ωt besteht,

$$\mathfrak{b}' = b\,\mathrm{e}^{\mathrm{i}(\alpha+\omega t)} = b\,\mathrm{e}^{\mathrm{i}\alpha}\mathrm{e}^{\mathrm{i}\omega t}$$

und mit Gl. (67.3)

$$\mathfrak{b}' = \mathfrak{b}\,\mathrm{e}^{\mathrm{i}\omega t}. \tag{67.4}$$

$\mathfrak{b} = b\,\mathrm{e}^{\mathrm{i}\alpha}$ nennt man die komplexe Amplitude, sie gibt Betrag und Lage des Vektors $\mathfrak{b}'$ zur Zeit $t = 0$ an.

Die Erregerfunktion $h = b \sin \omega t$ nach Gl. (67.1) ergibt sich dann als Projektion des Diagrammvektors auf die i-Achse (mit Gl. (67.4))

$$h = \operatorname{Im}(\mathfrak{b}') = \operatorname{Im}(\mathfrak{b}\,\mathrm{e}^{\mathrm{i}\omega t}).$$

Von nun an wird diese Schreibweise vereinfacht, indem man als Projektionsachse wie oben die imaginäre Achse verabredet, aber nicht mehr hinschreibt, sondern einfach setzt

$$h = \mathfrak{b}\,\mathrm{e}^{\mathrm{i}\omega t}. \tag{67.5}$$

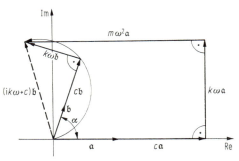

Bild 67.3 Zeigerdiagramm zur Darstellung der erzwungenen Schwingung eines Einmassen-Systems nach Gl. (67.7).

Nach diesen Vorüberlegungen schreibt sich der Lösungsansatz der inhomogenen Gl. (66.4), da bei linearen Systemen und harmonischer Erregung auch die erzwungenen Bewegungen und Kräfte harmonisch sind,

$$z_\mathrm{p} = \mathfrak{a}\,\mathrm{e}^{\mathrm{i}\omega t}. \tag{67.6}$$

Eingesetzt in Gl. (66.4) ergibt sich

$$[-m\omega^2 + \mathrm{i}k\omega + c]\mathfrak{a} = [\mathrm{i}k\omega + c]\mathfrak{b}. \tag{67.7}$$

Bei gegebenem $\mathfrak{b}$ ist also $\mathfrak{a}$ berechenbar. Diese Gleichung komplexer Größen läßt sich auch in der Gaußschen Ebene darstellen.

Wir gehen zunächst umgekehrt vor und nehmen an, $\mathfrak{a}$ sei bekannt. Wir legen $\mathfrak{a}$ in die reelle Achse und geben dem Vektor eine bestimmte Länge $|\mathfrak{a}|$ (s. Bild 67.3). Sie ist nach Gl. (67.7) mit c zu multiplizieren. Darauf senkrecht steht ein Vektor $k\omega \mathfrak{a}$, dessen Länge von k und dem gewählten ω abhängt. Darauf wiederum senkrecht und in Richtung der negativen reellen Achse zeigend steht $m\omega^2 \mathfrak{a}$. Die Resultierende aus den drei Vektoren ist nach Gl. (67.7) gleich $(ik\omega + c)\mathfrak{b}$. Da $ik\omega\mathfrak{b}$ und $c\mathfrak{b}$ aufeinander senkrecht stehen, ist leicht $c\mathfrak{b}$ und Vektor $\mathfrak{b}$ zu finden.

Hieraus ersehen wir, daß die Längen der Zeiger $|\mathfrak{a}|$ und $|\mathfrak{b}|$ in der Gaußschen Ebene verschieden groß sind und daß zwischen $\mathfrak{a}$ und $\mathfrak{b}$ eine Phasenverschiebung α besteht.

Bild 67.4 zeigt die Lage der Zeiger $\mathfrak{a}$ und $\mathfrak{b}$ für verschiedene ω.

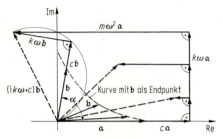

Bild 67.4 Zeigerdiagramm entsprechend Bild 67.3 für verschiedene Erregerfrequenzen ω.

Aus diesem Zeigerfeld können $|\mathfrak{b}|$ und α entnommen werden. Man kann das Amplitudenverhältnis $|\mathfrak{a}/\mathfrak{b}| = a/b$ und den Phasenwinkel α aber auch getrennt über der Erregerfrequenz auftragen (Bild 67.5). a/b nennt man oft *Vergrößerungsverhältnis* oder *Vergrößerungsfaktor*.

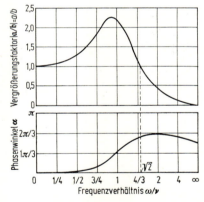

Bild 67.5 Vergrößerungsfaktor a/b und Phasenwinkel α der Schwingwege beim Einmassensystem über der Erregerkreisfrequenz ω als dem Vielfachen der Eigenkreisfrequenz ν für das Dämpfungsmaß $D = 0{,}25$. Aus KLOTTER, K.: Technische Schwingungslehre, Berlin/Göttingen/Heidelberg 1951.

Bei $\omega = 0$ ist $a = b$ und $\alpha = 0$. In der Nähe der Eigenkreisfrequenz $\omega \approx \nu$ — im Resonanzfall — wird a am größten und geht dann mit wachsendem ω gegen Null.

Vergrößerungsfaktor und Phasenwinkel lassen sich aus dem komplexen Vergrößerungsfaktor, gewonnen aus Gl. (67.7),

$$\frac{\mathfrak{a}}{\mathfrak{b}} = \frac{c + ik\omega}{(-m\omega^2 + c) + ik\omega}$$

bestimmen. Wird durch c dividiert, das Frequenzverhältnis $\eta = \omega/\nu$ mit der ungedämpften Eigenkreisfrequenz $\nu = \sqrt{c/m}$ nach Gl. (66.7) und das Dämpfungsmaß $D = k/(2\sqrt{cm}) = k\nu/(2c)$ nach Gl. (66.19) eingeführt, so ist

$$\frac{\mathfrak{a}}{\mathfrak{b}} = \frac{1 + i2D\eta}{(1-\eta^2) + i2D\eta}. \qquad (67.8)$$

Das Amplitudenverhältnis ist also nur von zwei dimensionslosen Größen abhängig, dem Dämpfungsmaß D und dem Frequenzverhältnis η.

Schreibt man allgemein

$$\frac{\mathfrak{a}}{\mathfrak{b}} = \frac{A + iB}{C + iD},$$

so erhält man den Vergrößerungsfaktor

$$\left|\frac{\mathfrak{a}}{\mathfrak{b}}\right| = \frac{a}{b} = \sqrt{\frac{A^2 + B^2}{C^2 + D^2}} \qquad (67.9)$$

und den Phasenwinkel

$$\tan \alpha = \frac{BC - AD}{AC + BD}. \qquad (67.10)$$

68. Einfach abgefederte Fahrzeuge

Das Einmassensystem kann nach Abschn. 65 als Teil eines Zweimassensystems angesehen werden, das bereits recht gut die Schwingungseigenschaften eines Kraftfahrzeuges wiedergibt. Man kann es ebenfalls

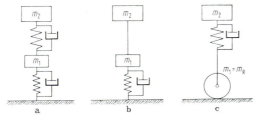

Bild 68.1 Teilsysteme verschiedener Fahrzeuge. a) Normales Kraftfahrzeug, b) nur auf Reifen gefedertes Fahrzeug, c) nur zwischen starren Rädern und Aufbau gefedertes Fahrzeug.

für Ackerschlepper oder Baumaschinen verwenden, die zwischen „Aufbau" und „Achse" nicht gefedert, sondern fest miteinander verbunden sind.

Dann wird aus dem Zweimassensystem nach Bild 68.1a das Einmassensystem nach Bild b, das nur über den Reifen gegenüber der Fahrbahn abgefedert und gedämpft ist. Die Reifendämpfung ist eine Gummidämpfung, bei der — wie wir aus Abschn. 19 wissen — nicht $k = $ const, sondern $k\omega = $ const ist. Mit diesem System kann man näherungsweise die Schwingungseigenschaften von Bau- und landwirtschaftlichen Fahrzeugen behandeln, die hauptsächlich auf unwegsamem Gelände fahren.

Aus dem Zweimassensystem nach Bild a kann ein weiteres System mit einem Freiheitsgrad nach Bild c abgeleitet werden, das als Ersatzsystem für ein einfaches Schienenfahrzeug anzusehen ist. Hier ist der Wagenkörper gegenüber der Achse gefedert und (meistens durch Reibung) gedämpft, während die Räder ungefedert auf der Schiene laufen. Für die Beurteilung der Fahrzeuge wird aus der Partikularlösung der sinusförmig erzwungenen Schwingung der Vergrößerungsfaktor für die Aufbaubeschleunigung $\ddot{z}_p$ und der für die dynamische Radlastschwankung P_{dyn} gebildet (die Begründung wird in Kap. XI angegeben).

Die Aufbaubeschleunigung $\ddot{z}_p$, die als Maß für die Schwingbequemlichkeit der Insassen genommen werden kann, errechnet sich aus Gl. (67.6) zu

$$\ddot{z}_p = -\omega^2 \mathfrak{a} e^{i\omega t}, \tag{68.1}$$

und der Vergrößerungsfaktor lautet $|\omega^2 \mathfrak{a}/\mathfrak{b}| = \omega^2 a/b$.

Die Radlastschwankung als Maß für die Fahrsicherheit nach Abschn. 15 ergibt sich mit ihrer komplexen Amplitude $\mathfrak{a}_P$ zu

$$P_{dyn} = \mathfrak{a}_P e^{i\omega t}, \tag{68.2}$$

und das Vergrößerungsverhältnis ist $|\mathfrak{a}_P/\mathfrak{b}| = a_P/b$.

In Tabelle 68.1 sind diese Vergrößerungsfaktoren für die an Hand von Bild 68.1 beschriebenen Fahrzeuge — jetzt mit B und C bezeichnet — formelmäßig eingetragen. Dazu sind die Asymptotenwerte für $\omega \to \infty$ sowie Eigenfrequenzen, Dämpfungsmaße und einige Abkürzungen genannt. Diese Formeln gelten nur, solange das Rad bzw. der Reifen den Boden nicht verläßt, da sonst die Voraussetzung des linearen Schwingungssystems nicht mehr erfüllt ist.

Um später für die vergleichende Betrachtung mit dem komplizierteren Zweimassensystem (Fahrzeug D in Tabelle 68.1) einheitliche Bezeichnungen zu bekommen, wurden in der Tabelle gegenüber Gl. (68.1) die komplexe Amplitude $\mathfrak{a}$ mit dem Index 2 und die Massen, die Feder- und Dämpfungskonstanten mit den Indizes 1 oder 2 versehen.

In Bild 68.2 sind die Vergrößerungsfaktoren der Aufbaubeschleunigung und der dynamischen Radlastschwankung über der Erregerkreisfrequenz ω für die Fahrzeuge B und C. Als Vergleich wurde hierzu noch das Fahrzeug A genommen, das nach Tabelle 68.1 völlig ungefedert und damit auch ungedämpft ist und einem einfachen Ackerwagen entspricht. Dieses Fahrzeug gibt schon von sehr kleinen Erregerfrequenzen an hohe Beschleunigungs- und Radlastschwankungen. Die Kurven gehen rasch gegen unendlich, was mit der Wirklichkeit natürlich nicht übereinstimmt, weil vorher das Rad vom Boden abspringt.

Das Fahrzeug B ist hingegen schon wesentlich besser. Hier setzen die ungünstigeren Schwingungseigenschaften gegenüber Fahrzeug A

68. Einfach abgefederte Fahrzeuge

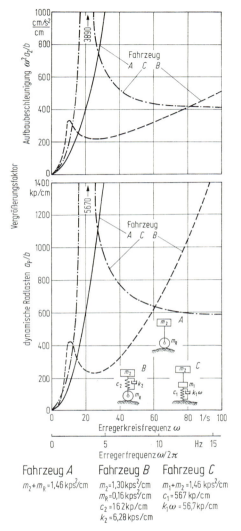

Bild 68.2 Vergrößerungsfaktoren für Aufbaubeschleunigungen und für dynamische Radlasten der Fahrzeuge A, B und C nach Tabelle 68.1 über der Erregerfrequenz.

Fahrzeug A
$m_2 + m_R = 1{,}46\,\text{kps}^2/\text{cm}$

Fahrzeug B
$m_2 = 1{,}30\,\text{kps}^2/\text{cm}$
$m_R = 0{,}16\,\text{kps}^2/\text{cm}$
$c_2 = 162\,\text{kp/cm}$
$k_2 = 6{,}28\,\text{kps/cm}$

Fahrzeug C
$m_1 + m_2 = 1{,}46\,\text{kps}^2/\text{cm}$
$c_1 = 567\,\text{kp/cm}$
$k_1\omega = 56{,}7\,\text{kp/cm}$

erst bei wesentlich höheren ω-Werten ein, wodurch das Fahrzeug B, wie wir noch in Abschn. 70 sehen werden, mit höheren Fahrgeschwindigkeiten betrieben werden kann. (Dies führte vom pferdebespannten, langsamen Ackerwagen zu dem schnelleren, gefederten Kutschenwagen.)

Tabelle 68.1 *Zusammenstellung verschiedener Fahrzeug-Ersatzsysteme, Beschreibung, schwankung und verwendete Abkürzungen.* Aus MITSCHKE, M.: Beitrag

Fahrzeugsysteme	A	B	C
Besonderheiten	Ungefedertes Fahrzeug	Federung und Dämpfung (meist allerdings Reibungsdämpfung) zwischen Aufbau und Achse	Keine Federung zwischen Achse und Aufbau, dafür durch Luftreifen gefedertes Rad $k_1\omega = k_1^* = $ const
Auswahl der Anwendungsgebiete	Ackerwagen	Schienenfahrzeuge, Pferdekutschen (Grenzfall zu D, vollgummibereiftes Fahrzeug, c_1-Wert sehr groß)	Ackerschlepper, -wagen, schwere Arbeitsgeräte (Baumaschinen u. dgl., die auf unwegsamem Gelände fahren)
Vergrößerungsverhältnis Aufbaubeschleunigung $\left(\dfrac{\omega^2 a_2}{b}\right)^2$	ω^4	$\omega^4 \dfrac{1 + 4D_2^2 \eta_2^2}{(1-\eta_2^2)^2 + 4D_2^2 \eta_2^2}$	$\omega^4 \dfrac{1 + 4D_1^{*2}}{(1-\eta^2)^2 + 4D_1^{*2}}$
Asymptote $\omega \to \infty$	ω^4	$v_2^4(1 + 4D_2^2\eta_2^2)$	$v^4(1 + 4D_1^{*2})$
Vergrößerungsverhältnis Radlast $\left(\dfrac{a_P}{b}\right)^2$	$m^2\omega^4$	$m^2\omega^4 \dfrac{\left(1 - \dfrac{m_R}{m}\eta_2^2\right)^2 + 4D_2^2\eta_2^2}{(1-\eta_2^2)^2 + 4D_2^2\eta_2^2}$	$c_1^2\eta^4 \dfrac{1 + 4D_1^{*2}}{(1-\eta^2)^2 + 4D_1^{*2}}$
Asymptote $\omega \to \infty$	$m^2\omega^4$	$m^2 v_2^4\left[\left(1 - \dfrac{m_R}{m}\eta_2^2\right)^2 + 4D_2^2\eta_2^2\right]$	$c_1^2(1 + 4D_1^{*2})$
Besondere Abkürzungen	$m = m_2 + m_R$	$m = m_2 + m_R$	$m = m_2 + m_1$ $\eta = \dfrac{\omega}{v}$ $v^2 = \dfrac{c_1}{m}$

Abkürzungen: Frequenzverhältnis $\eta_2 = \dfrac{\omega}{v_2}$, $\eta_1 = \dfrac{\omega}{v_1}$, $\eta_R = \dfrac{\omega}{v_R}$;

ungekoppelte, ungedämpfte Eigenkreisfrequenzen $v_2 = \sqrt{\dfrac{c_2}{m_2}}$, $v_1 = \sqrt{\dfrac{c}{m_1}}$, $v_R = \sqrt{\dfrac{c_1}{m_R}}$; $c = c_1 + $

68. Einfach abgefederte Fahrzeuge 253

zugehörige Vergrößerungsfaktoren für Aufbaubeschleunigung und für Radlast-zur Untersuchung der Fahrzeugschwingungen. DKF Heft 157 (1962)

D	E
Federung und Dämpfung zwischen Achse und Aufbau sowie zwischen Achse und Straße $k_1\omega = k_1^* = \text{const}$	wie D, nur $k_1 = \text{const}$, dazu ungefedertes Rad
fast alle Straßenfahrzeuge	Schienenfahrzeuge mit Drehgestell vereinfacht
$\omega^4 \left(\dfrac{c_1}{c}\right)^2 \dfrac{(1+4D_1^{*2})(1+4D_2^2\eta_2^2)}{N_{\text{Re}}^2 + N_{\text{Im}}^2}$	$\omega^4 \left(\dfrac{c_1}{c}\right)^2 \dfrac{(1+4D_1^2\eta_1^2)(1+4D_2^2\eta_2^2)}{N_{\text{Re}}^2 + N_{\text{Im}}^2}$
0	$\nu_1^2 \nu_2^2 \, 4D_1^2 \, 4D_2^2 = \left(\dfrac{k_1 k_2}{m_1 m_2}\right)^2$
$c_1^2 \eta_1^4 \dfrac{Z}{N_{\text{Re}}^2 + N_{\text{Im}}^2}$	$c_1^2 \left(\eta_R^4 + \eta_1^2 \dfrac{Z}{N_{\text{Re}}^2 + N_{\text{Im}}^2}\right)$
$c_1^2(1+4D_1^{*2})$	$c_1^2 \left\{[1+4D_1^2\eta_1^2] + 2\left(\dfrac{\nu_1}{\nu_R}\right)^2 \left\{\eta_1^2 + \left[2D_2\left(\dfrac{\nu_2}{\nu_1}\right)^2 + 2D\dfrac{\nu_2}{\nu_1}\right]\right.\right.$ $\left.\left. \times 2D_1\eta_1\eta_2 - (1+\mu)\left[4D_1D_2\left(\dfrac{\nu_2}{\nu_1}\right)^2 + \left(\dfrac{\nu_2}{\nu_1}\right)\right](1- \right.\right.$ $\left.\left. -4D_1D_2\eta_1\eta_2 + 4D_2^2 + 4D_1D_2) + 4DD_2\left(\dfrac{\nu_2}{\nu_1}\right)\right]\right\}\right\}$
$N_{\text{Re}} = (1-\eta_2^2)(1-\eta_1^2) - \dfrac{c_2}{c} - \dfrac{c_1}{c} 4D_2 D_1^* \eta_2$	$N_{\text{Re}} = (1-\eta_2^2)(1-\eta_1^2) - \dfrac{c_2}{c} - \dfrac{c_1}{c} 4D_2 D_1 \eta_2 \eta_1$
$N_{\text{Im}} = 2D_2\eta_2\left(\dfrac{c_1}{c} - \eta_1^2 - \dfrac{c_2}{c}\eta_2^2\right) + \dfrac{c_1}{c} 2D_1^*(1-\eta_2^2)$	$N_{\text{Im}} = 2D_2\eta_2\left(1 - \eta_1^2 - 2\dfrac{c_2}{c}\right) + 2D\eta_1(1-\eta_2^2)$
$Z = (1+\mu)^2(1+4D_1^{*2})(1+4D_2^2\eta_2^2)$ $+ (1+4D_1^{*2})\eta_2^2[\eta_2^2 - 2(1+\mu)]$	$Z = \eta_1^2\{(1+\mu)^2(1+4D_1^2\eta_1^2)(1+4D_2^2\eta_2^2)$ $+ (1+4D_1^2\eta_1^2)\eta_2^2[\eta_2^2 - 2(1+\mu)]\}$ $+ 2\eta_R^2 \{N_{\text{Re}}[(1-4D_1D_2\eta_1\eta_2)(1+\mu) - \eta_2^2]$ $+ N_{\text{Im}}[(2D_1\eta_1 + 2D_2\eta_2)(1+\mu) - 2D_1\eta_1\eta_2^2]\}$

Dämpfungsmaße $D_2 = \dfrac{k_2 \nu_2}{2c_2}$, $D_1 = \dfrac{k_1 \nu_1}{2c_1}$, $D_1^* = \dfrac{k_1^*}{2c_1}$, $D = \dfrac{(k_2+k_1)\nu_1}{2c}$; Massenverhältnis $\mu = \dfrac{m_2}{m_1}$.

Das Fahrzeug C, das nur mit Lufttreifen ausgerüstet ist, ergibt bei hohen Erregerfrequenzen niedrigere Beschleunigungs- und Radlastwerte als Fahrzeug B. Der Asymptotenwert für $\omega \to \infty$ geht nicht mehr gegen ∞, sondern gegen konstante Werte. Das ist in dem Unterschied zwischen Stoßdämpfer und Gummidämpfung, also zwischen $k = \text{const}$ und $k\omega = \text{const}$, begründet. Beim Stoßdämpfer wächst mit der Frequenz die Dämpferkraft gegen ∞, bei der Gummidämpfung oder allgemein Werkstoffdämpfung erreicht sie einen konstanten Wert. Dennoch ist das Fahrzeug nicht für hohe Geschwindigkeiten geeignet, weil im Bereich der Eigenfrequenz ν die Vergrößerungsfaktoren hohe Spitzenwerte aufweisen. Der Grund dafür ist die geringe Gummidämpfung, die nicht wesentlich gesteigert werden kann (nach Abschn. 6 schon deshalb nicht, weil sonst der Rollwiderstand ansteigt). Die Eigenfrequenz des Fahrzeugs C liegt höher als die des Fahrzeugs B, weil die Reifenfederung rund 10mal so hart ist wie die Feder zwischen Aufbau und Radsatz bei Fahrzeug B.

Die Größe der Eigenkreisfrequenz des Fahrzeugs C

$$\nu = \sqrt{c_1/m} \qquad (68.3)$$

kann durch Einsetzen von $c_1 = P_{\text{stat}}/s$ nach Gl. (18.4) und $P_{\text{stat}} = mg$ zu

$$\nu = \sqrt{g/s} \qquad (68.4)$$

errechnet werden. Wird die Frequenz in Hz ausgedrückt, die Erdbeschleunigung mit $g = 981$ cm/s² eingesetzt, so wird aus Gl. (68.4)

$$\frac{\nu/2\pi}{\text{Hz}} \approx \sqrt{25 \frac{\text{cm}}{s}}. \qquad (68.4\text{a})$$

Mit den aus Bild 18.2 entnommenen Werten $s \approx (1{,}7\ldots 2{,}9)$ cm ist $\nu/2\pi \approx (3{,}8\ldots 2{,}9)$ Hz.

Die Ausrüstung der Fahrzeuge C mit Lufttreifen hat meistens nicht den Zweck, die Schwingungseigenschaften zu vervollkommen, sondern die Fahrbahn, in diesem Fall den Ackerboden, durch geringere Flächenpressung zwischen Reifen und Fahrbahn gegenüber einem starren Rad zu schonen und durch geringere Einsinktiefe auch den Rollwiderstand zu vermindern.

Im folgenden wird für das Fahrzeug B anhand von Bild 68.3 gezeigt, wie sich durch Wahl der Fahrzeugdaten die Schwingungseigenschaften verändern. Die nun folgenden Betrachtungen sind auch als Vorüberlegungen für die Behandlung des Kraftfahrzeuges in Kap. XII anzusehen.

68. Einfach abgefederte Fahrzeuge

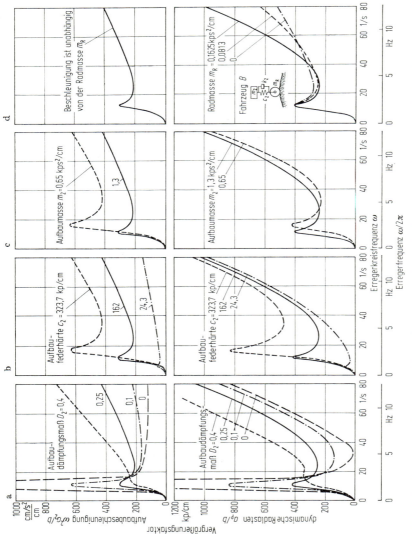

Bild 68.3 Einfluß der Veränderung von Fahrzeugdaten auf den Verlauf der Vergrößerungsfaktoren der Aufbaubeschleunigungen und der dynamischen Radlasten beim Fahrzeug B (Ausgangsdaten s. Bild 68.2).

Bei konstanten c_2-, m_2- und m_R-Werten und veränderlichem Dämpfungsmaß D_2, Bild 68.3a, werden die Beschleunigungen und Radlasten im Resonanzgebiet mit wachsendem D_2 kleiner, also günstiger, hingegen bei höheren ω-Werten größer und verschlechtern dort die Fahreigenschaften. Man muß also einen Kompromiß schließen und schlägt oft $D_2 = 0{,}25 \ldots 0{,}30$ vor.

Bei verändertem c_2, d. h. auch bei veränderter Eigenkreisfrequenz ν_2, Bild 68.3b, werden mit kleiner werdender Federkonstante Aufbaubeschleunigung und Radlasten im gesamten Frequenzbereich kleiner, Fahrkomfort und Fahrsicherheit werden also verbessert. Allerdings ist die Verbesserung für die dynamischen Radlasten bei höheren Frequenzen gegenüber der für die Beschleunigungen geringer, so daß die Aufbaufederkonstante c_2 den Fahrkomfort stärker als die Fahrsicherheit beeinflußt.

Bei einem Fahrzeug ändert sich durch Zuladung die Aufbaumasse m_2. Nach Bild 68.3c werden mit wachsender Masse die Aufbaubeschleunigungen kleiner. Dies bestätigt die bekannte Tatsache, daß der Fahrkomfort im leeren Fahrzeug schlechter als im beladenen ist. Die Radlastschwankungen bleiben praktisch gleich, die Fahrsicherheit hingegen nicht. Das dafür nach Gl. (15.3) maßgebende Verhältnis $P_{\mathrm{dyn}}/P_{\mathrm{stat}}$, dynamische Radlastschwankung zu statischer Radlast

$$\frac{P_{\mathrm{dyn}}}{P_{\mathrm{stat}}} \triangleq \frac{a_P}{b} \frac{1}{P_{\mathrm{stat}}} \qquad (68.5)$$

wird bei kleinerem P_{stat} größer. Das heißt, das leere Fahrzeug ist gegenüber dem beladenen unsicherer, da das Rad mehr zum Abspringen neigt.

Als vierte und letzte Größe ist noch die Radmasse verändert worden. Je leichter das Rad, Bild 68.3d, um so kleiner ist die Fahrbahnbelastung. An der Beschleunigung ändert sich nach Tabelle 68.1 nichts, solange das Rad nicht abspringt.

Der Nachteil dieses Fahrzeuges B, daß Beschleunigungen und Radlasten bei großen ω-Werten stark ansteigen, bleibt trotz aller Variation der vier Größen. Der Grund hierfür, nämlich die Zunahme der Dämpferkraft mit wachsendem ω, wurde oben beim Vergleich zwischen Fahrzeug B und C genannt.

Um diesen Mangel zu vermeiden, werden in Tabelle 68.2 vier Lösungsmöglichkeiten B 1 bis B 4 gezeigt und dem Normalfahrzeug B dieser Gruppe gegenübergestellt.

Bei B 1 ist statt des Stoßdämpfers eine Gummidämpfung angebracht. Die weiteren drei Systeme haben eine Zusatzfeder, durch die bei höheren Frequenzen der Stoßdämpfer nicht mehr voll anspricht; bei unendlich hoher Frequenz verhält er sich wie ein starrer Körper. Die Fahrzeuge B 2 bis B 4 haben gegenüber B 1 mit der Gummidämpfung den Vorteil, daß ein beliebig starker Dämpfer eingebaut werden kann, während bei der Gummidämpfung nur ein Dämpfungsmaß von $D_2^* \approx 0{,}1$ zu verwirklichen ist.

68. Einfach abgefederte Fahrzeuge

Tabelle 68.2 enthält die Vergrößerungsfaktoren für die Aufbaubeschleunigungen und für die Radlasten, für die Beschleunigungen außerdem Grenzwerte für $\omega \to \infty$. In der letzten Spalte ist angegeben, wie groß die Federkonstante der Zusatzfeder bzw. das Dämpfungsmaß der Gummidämpfung sein müssen, wenn die Beschleuni-

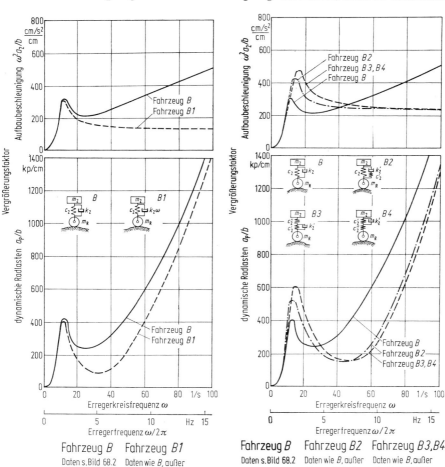

Fahrzeug B   Fahrzeug B1
Daten s. Bild 68.2   Daten wie B, außer
                     $k_2\omega = 70$ kp/cm

Bild 68.4 Einfluß der Dämpfungsart auf den Verlauf der Vergrößerungsfaktoren. Fahrzeug B: geschwindigkeitsproportionale Dämpfung mit $k_2 =$ const, Fahrzeug B 1: Material-Dämpfung mit $k_2\omega =$ const.

Fahrzeug B   Fahrzeug B2   Fahrzeug B3, B4
Daten s. Bild 68.2 Daten wie B, außer   Daten wie B, außer
                 $c_2' = c_2 = 81$ kp/cm $c_2' = c_2' = 324$ kp/cm

Bild 68.5 Einfluß gefederter Dämpferanlenkungen auf den Verlauf der Vergrößerungsfaktoren (vgl. Tabelle 68.2).

gung bei der Resonanzspitze $\eta_2 = 1$ für die Systeme mit der zweiten Feder nicht größer als beim Normalfahrzeug B sein soll. Für Fahrzeug B 2 ist diese Bedingung nicht zu erfüllen. Die Fahrzeuge B 3 und B 4 ergeben dieselben Schwingbewegungen, wenn ihre Dämpfungsmaße D_2 gleich groß sind.

17 Mitschke

Tabelle 68.2 *Zusammenstellung von Einmassensystemen verschiedener Dämpfungsart und Radlastschwankung und verwendete Abkürzungen.* Aus MITSCHKE, M.:

Fahrzeugsysteme	B	B_1
Besonderheiten	Normal	Gummidämpfung $k_2\omega = $ const
Vergrößerungsverhältnis Aufbaubeschleunigung $\left(\dfrac{\omega^2 a_2}{b}\right)^2$	$\omega^4 \dfrac{1 + 4D_2^2\eta_2^2}{(1-\eta_2^2) + 4D_2^2\eta_2^2}$	$\omega^4 \dfrac{1 + 4D_2^{*2}}{(1-\eta_2^2)^2 + 4D_2^{*2}}$
Grenzwert der Aufbaubeschleunigung (ω bzw. $\eta_2 \to \infty$)	∞	$v_2^4(1 + 4D_2^{*2})$
Vergrößerungsverhältnis dynamische Radlast $\left(\dfrac{a_P}{b}\right)^2$	$m^2\omega^4 \dfrac{\left(1-\dfrac{m_R}{m}\eta_2^2\right)^2 + 4D_2^2\eta_2^2}{(1-\eta_2^2)^2 + 4D_2^2\eta_2^2}$	$m^2\omega^4 \dfrac{\left(1-\dfrac{m_R}{m}\eta_2^2\right)^2 + 4D_2^{*2}}{(1-\eta_2^2) + 4D_2^{*2}}$
Besondere Abkürzungen	———	$D_2^* = \dfrac{k_2\omega}{2c_2}$
Ermittlung der neuen Dämpfungsmaße (s. Text)	———	$D_2^* = D_2$

Abkürzungen: $\eta_2 = \dfrac{\omega}{v_2}$, $v_2^2 = \dfrac{c_2}{m_2}$, $m = m_2 + m_R$, $D_2 = \dfrac{k_2 v_2}{2c_2}$.

In Bild 68.4 und 68.5 sind die aus den Vergrößerungsfaktoren berechneten Resonanzkurven der Fahrzeuge B 1 bis B 4 denen von Fahrzeug B gegenübergestellt. Nach Bild 68.4 bringt die Gummidämpfung eine Verminderung der Aufbaubeschleunigung und der Radlasten. Da aber $D_2^* = D_2 \approx 0{,}22$ gesetzt wurde, was nach einer obigen Bemerkung nicht verwirklicht werden kann, ist das Fahrzeug B 1 in Wirklichkeit nicht so gut auszuführen. Die Amplituden im Resonanzgebiet werden dann entsprechend Bild 68.3a größer als die von Fahrzeug B sein.

und Dämpferanlenkung, zugehörigen Vergrößerungsfaktoren für Aufbaubeschleunigung
Beitrag zur Untersuchung der Fahrzeugschwingungen. DKF Heft 157 (1962)

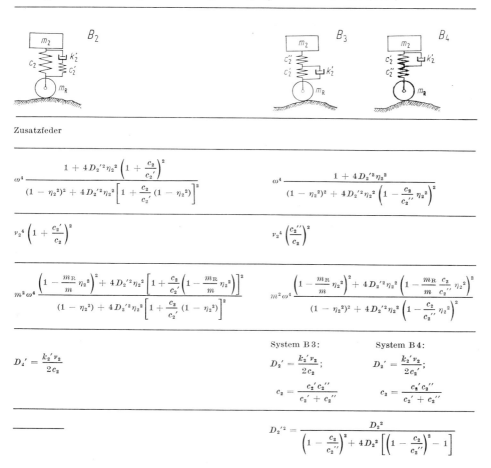

Zusatzfeder

$\omega^4 \dfrac{1 + 4D_2'^2\eta_2^2\left(1 + \dfrac{c_2}{c_2'}\right)^2}{(1-\eta_2^2)^2 + 4D_2'^2\eta_2^2\left[1 + \dfrac{c_2}{c_2'}(1-\eta_2^2)\right]^2}$	$\omega^4 \dfrac{1 + 4D_2'^2\eta_2^2}{(1-\eta_2^2)^2 + 4D_2'^2\eta_2^2\left(1 - \dfrac{c_2}{c_2''}\eta_2^2\right)^2}$
$\nu_2^4\left(1 + \dfrac{c_2'}{c_2}\right)^2$	$\nu_2^4\left(\dfrac{c_2''}{c_2}\right)^2$
$m^2\omega^4 \dfrac{\left(1 - \dfrac{m_R}{m}\eta_2^2\right)^2 + 4D_2'^2\eta_2^2\left[1 + \dfrac{c_2}{c_2'}\left(1 - \dfrac{m_R}{m}\eta_2^2\right)\right]^2}{(1-\eta_2^2) + 4D_2'^2\eta_2^2\left[1 + \dfrac{c_2}{c_2'}(1-\eta_2^2)\right]^2}$	$m^2\omega^4 \dfrac{\left(1 - \dfrac{m_R}{m}\eta_2^2\right)^2 + 4D_2'^2\eta_2^2\left(1 - \dfrac{m_R}{m}\dfrac{c_2}{c_2''}\eta_2^2\right)^2}{(1-\eta_2^2)^2 + 4D_2'^2\eta_2^2\left(1 - \dfrac{c_2}{c_2''}\eta_2^2\right)^2}$
$D_2' = \dfrac{k_2'\nu_2}{2c_2}$	System B3: $D_2' = \dfrac{k_2'\nu_2}{2c_2}$; $c_2 = \dfrac{c_2'c_2''}{c_2'+c_2''}$ System B4: $D_2' = \dfrac{k_2'\nu_2}{2c_2}$; $c_2 = \dfrac{c_2'c_2''}{c_2'+c_2''}$
—	$D_2'^2 = \dfrac{D_2^2}{\left(1-\dfrac{c_2}{c_2''}\right)^2 + 4D_2^2\left[\left(1-\dfrac{c_2}{c_2''}\right)^2 - 1\right]}$

Die Fahrzeuge B 2 bis B 4, deren Resonanzkurven nach Bild 68.5 keine nennenswerten Unterschiede aufweisen, besitzen, wie erwünscht, bei höheren Frequenzen kleinere Amplituden als Fahrzeug B, im Resonanzgebiet dagegen größere.

69. Radsystem

Ein weiteres Einmassensystem wurde im Abschn. 65 an Hand von Bild 65.3b erwähnt. Das sog. Radsystem ist neben dem in Abschn. 66 bis 68 behandelten Einmassensystem das zweite Teilsystem des federgekoppelten Zweimassensystems nach Bild 65.4. Die Berechnung der Eigen- und Erregerschwingungen des Radsystems geschieht analog zu Abschn. 66 und 67, nur greifen jetzt nach Bild 69.1 an der Radmasse m_1 je zwei Feder- und Dämpferkräfte an. Die obere Feder und der obere Dämpfer mit den Konstanten c_2 und k_2 entsprechen den in Bild 66.1 gezeigten. Die untere Feder und der untere Dämpfer mit den Werten c_1

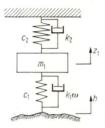

Bild 69.1 Einmassensystem, sog. Radsystem. Schema mit Achsmasse m_1, Reifenfederkonstante c_1, Reifendämpfungskonstante $k_1\omega$, Aufbaufederkonstante c_2, Aufbaudämpfungskonstante k_2.

und k_1 stellen die Eigenschaften eines Reifens dar, über den das System durch die Erregerfunktion h zu Schwingungen angefacht wird.

Als wichtigen, in Kap. XII immer wieder benutzten Wert wollen wir uns nur die

$$\text{ungedämpfte Eigenkreisfrequenz} \quad \nu_1 = \sqrt{\frac{c_1 + c_2}{m_1}} \tag{69.1}$$

merken.

XI. Schwingungsanregung, Beurteilungsmaßstäbe, regellose Schwingungen

In Kap. X wurden teilweise Grundlagen aus der Schwingungslehre wiederholt und schon einige fahrzeugtechnische Folgerungen gezogen. In diesem Kapitel werden wir auf die für unser Fahrzeug wichtigen Probleme wie Schwingungsanregungen und Beurteilungsmaßstäbe eingehen und weiterhin eine mathematische Methode zur Behandlung regelloser Schwingungen kennenlernen.

70. Anregung durch Fahrbahnunebenheiten

Wir betrachteten bei der Behandlung der Erregerschwingungen die harmonische Funktion (in reeller und in komplexer Schreibweise)

$$h = b \sin \omega t = \mathfrak{b} e^{i\omega t}. \tag{70.1}$$

70. Anregung durch Fahrbahnunebenheiten

Diese Störfunktion kann man sich nach Bild 70.1a als sog. *Wellenstraße* vorstellen, über die ein Fahrzeug fährt und so zu Schwingungen angeregt wird. Zunächst sind die Unebenheiten h der Straße nicht von der Zeit t, sondern von dem Weg x abhängig; der Zusammenhang ergibt sich erst über die Fahrgeschwindigkeit des Fahrzeugs. Nach Bild 70.1b lautet die wegabhängige Unebenheitsfunktion

$$h = b \sin \Omega x = \mathfrak{b} e^{i\Omega x} \qquad (70.2)$$

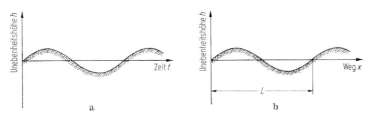

Bild 70.1 Sinusförmige Unebenheitsfunktion, a) zeitabhängig, b) wegabhängig.

mit der *Wegkreisfrequenz*

$$\Omega = \frac{2\pi}{L} \qquad (70.3)$$

und der Wellenlänge L.

Bei Fahrt mit der konstanten Geschwindigkeit v errechnet sich der Zusammenhang zwischen dem Weg x und der Zeit t einfach zu

$$x = vt. \qquad (70.4)$$

Die entsprechende Verbindung zwischen der *Wegkreisfrequenz* Ω und der *Zeitkreisfrequenz* ω ergibt sich durch Gleichsetzen der Gl. (70.1) und (70.2) und damit aus der Folgerung, daß $\Omega x = \omega t$ sein muß. Mit Gl. (70.4) ist $\Omega vt = \omega t$, also

$$\omega = v\Omega = 2\pi \frac{v}{L}. \qquad (70.5)$$

Bei konstanter Wellenlänge L wächst also die Erregerkreisfrequenz ω mit wachsender Fahrgeschwindigkeit v an. Man kann für eine bestimmte Wellenlänge L z. B. die Resonanzkurve des Fahrzeuges B nach Bild 68.2 so umzeichnen, daß an der Abszisse statt der Erregerkreisfrequenz ω die Fahrgeschwindigkeit v steht, Bild 70.2a. Dies kann man sich so vorstellen, daß das Einachsfahrzeug B über eine Sinusstraße bestimmter

Wellenlänge L nacheinander mit verschiedenen Geschwindigkeiten fährt. Bei niedriger Geschwindigkeit v_1 ist die Beschleunigungsamplitude $\omega^2 a_2$ bezogen auf die Unebenheitsamplitude b klein. Bei v_2 ist gerade der Resonanzfall erreicht, Erregerkreisfrequenz ω ist gleich Eigenkreisfrequenz ν. Bei weiterer Erhöhung der Fahrgeschwindigkeit sinken die Beschleunigungen wieder ab, um ab v_3 wieder anzusteigen.

Man kann sich aber auch die Abhängigkeit des Vergrößerungsfaktors von der Erregerkreisfrequenz ω so vorstellen, daß das Fahrzeug mit gleicher Geschwindigkeit v über Straßen verschiedener Wellenlänge L fährt.

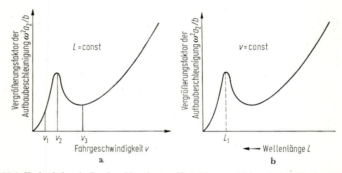

Bild 70.2 Verlauf des Aufbaubeschleunigungs-Vergrößerungsfaktors beim Einmassensystem
a) auf einer Wellenstraße mit konstanter Wellenlänge L bei verschiedenen Fahrgeschwindigkeiten,
b) auf Wellenstraßen mit verschiedenen Wellenlängen L bei konstanter Fahrgeschwindigkeit v.

Nach Bild 70.2b ergeben die Wellenlänge L_1 und sehr kurze Wellen hohe Beschleunigungswerte.

Aus dem bisher Gesagten geht hervor, daß nur die Erregerkreisfrequenz ω, also die Kombination von Fahrgeschwindigkeit v und Wellenlänge L für die Schwingungserregung maßgebend ist[1]. Natürlich ist auch noch die Größe der Amplitude b wichtig, denn wäre sie Null, d. h. wäre die Straße eben, brauchten wir uns mit Schwingungen kaum zu beschäftigen. Den Zusammenhang zwischen ω, v und L zeigt in doppeltlogarithmischer Darstellung Bild 70.3. Die eingezeichneten Eigenfrequenzen des Aufbaues $\nu_2/2\pi$ und der Räder $\nu_1/2\pi$, die üblicherweise beim Kraftfahrzeug vorkommen und in Kap. XII noch genauer besprochen werden, und die daraus abgeleiteten Frequenzgrenzen zeigen, daß bei Geschwindigkeiten zwischen 36 und 180 km/h Wellenlängen von 0,3 bis 100 m für die Schwingungsbetrachtung interessant sind.

---

[1] Erst später werden wir bei der Betrachtung des Zweiachsfahrzeuges sehen, daß neben ω auch noch das Verhältnis Radstand l zu Wellenlänge L beachtet werden muß.

70. Anregung durch Fahrbahnunebenheiten

Geringere Fahrgeschwindigkeiten und damit kleinere Wellenlängen zu betrachten, ist wenig sinnvoll, weil dann bei einem normalen Fahrzeug auf normaler Fahrbahn die Schwingungsgrößen sehr klein und unbedeutend sind. Außerdem muß bei der Betrachtung kleinerer Wellen beachtet werden, daß der Reifen ihnen u. U. nicht mehr folgen kann,

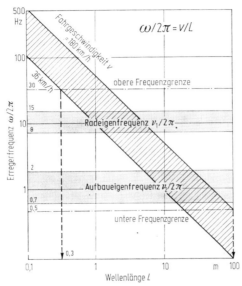

Bild 70.3 Aus Eigenfrequenzen und Fahrgeschwindigkeiten resultierende Bereiche für Erregerfrequenzen und Wellenlängen von Unebenheiten.

wenn man Vertiefungen betrachtet bzw. die Federkonstante des Reifens sich erniedrigt, wenn es sich um Erhöhungen handelt (vgl. Abschn. 18).

Die Betrachtung der Wellenstraße, also der Erregung durch eine einzige Sinusfunktion, kann man durch Einführung einer periodischen Unebenheitsfunktion erweitern (s. Bild 70.4a). Sie läßt sich durch eine Summe von Sinusschwingungen beschreiben

$$h(x) = b_0 + b_1 \sin(\Omega x + \varepsilon_1) + b_2 \sin(2\Omega x + \varepsilon_2) + \cdots$$
$$+ b_n \sin(n\Omega x + \varepsilon_n). \tag{70.6}$$

Wir haben nicht nur eine Amplitude, sondern mehrere Amplituden b_1, b_2, allgemein b_n, die zu den Kreisfrequenzen $\Omega_1 = \Omega$, $\Omega_2 = 2\Omega$, allgemein $\Omega_n = n\Omega$ gehören, wobei

$$\Omega = \frac{2\pi}{X} \tag{70.7}$$

ist, wenn X die Periodenlänge bedeutet. Daraus können wir ein sog. diskretes Amplitudenspektrum nach Bild 70.4b aufzeichnen, in dem die Amplituden über den einzelnen Frequenzen aufgetragen werden. Dementsprechend wirken nach Gl. (70.5) auf das schwingungsfähige

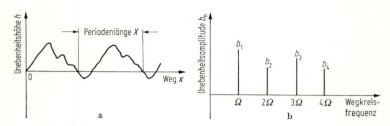

Bild 70.4 a) Periodische Unebenheitsfunktion und b) zugehöriges diskretes Amplitudenspektrum.

Fahrzeugsystem bei einer Fahrgeschwindigkeit v gleichzeitig mehrere Erregerkreisfrequenzen $\omega_1 = \omega$, $\omega_2 = 2\omega$, ... $\omega_n = n\omega$. Nach Bild 70.5a stellen sich zu den verschiedenen Kreisfrequenzen $\omega_1, \omega_2, \ldots \omega_n$ auch verschiedene Vergrößerungsfaktoren $(\omega^2 a_2/b)_1, (\omega^2 a_2/b)_2, \ldots (\omega^2 a_2/b)_n$

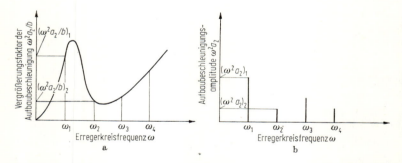

Bild 70.5 Zur Ermittlung der Aufbaubeschleunigungsamplituden. a) Abgreifen der Vergrößerungsfaktoren für diskrete Erregerfrequenzen, b) die nach der Multiplikation mit den zugehörigen Unebenheitsamplituden nach Bild 70.4b sich ergebenden Aufbaubeschleunigungsamplituden.

und bei Berücksichtigung der nicht gleich großen Anregungsamplituden $b_1, b_2, \ldots b_n$ die Beschleunigungsamplituden $(\omega^2 a_2)_1 = (\omega^2 a_2/b)_1 b_1$, $(\omega^2 a_2)_2 = (\omega^2 a_2/b)_2 b_2, \ldots (\omega^2 a_2)_n = (\omega^2 a_2/b)_n b_n$ am Fahrzeug ein, s. Bild 70.5b. Diese Teilschwingungen der genannten Frequenzen und Amplituden ergeben, wenn noch die hier nicht behandelten Phasen-

70. Anregung durch Fahrbahnunebenheiten

winkel $\alpha_1, \alpha_2, \ldots \alpha_n$ berücksichtigt werden, die Aufbaubeschleunigung[1]

$$\ddot{z}_2(t) = -\left(\frac{\omega^2 a_2}{b}\right)_1 b_1 \sin(\omega t + \alpha_1) - \left(\frac{\omega^2 a_2}{b}\right)_2 b_2 \sin(2\omega t + \alpha_2) - \cdots$$

$$- \left(\frac{\omega^2 a_2}{b}\right)_n b_n \sin(n\omega t + \alpha_n). \tag{70.8}$$

Die Erregung nach Gl. (70.6) sowie die Lösung nach Gl. (70.8) kann man auch in komplexer Schreibweise zu

$$h(x) = \sum_{k=1}^{n} \mathfrak{b}_k e^{ik\Omega x}, \tag{70.9}$$

$$\ddot{z}_2(t) = \sum_{k=1}^{n} -(\omega^2 \mathfrak{a}_2)_k e^{ik\omega t} = \sum_{k=1}^{n} -\left(\frac{\omega^2 \mathfrak{a}_2}{\mathfrak{b}}\right)_k \mathfrak{b}_k e^{ik\omega t} \tag{70.10}$$

schreiben.

In Wirklichkeit gibt es weder Wellenstraßen noch periodische Unebenheitsfunktionen, sondern unregelmäßige Unebenheiten auf der Straße. Dennoch sind die bisherigen Betrachtungen nicht unnütz, weil sich damit eine mathematische Formulierung für beliebige Unebenheiten ableiten läßt.

Der Übergang von der periodischen Funktion zur völlig unregelmäßigen Unebenheitsfunktion ist dadurch leicht möglich, daß wir uns vorstellen, daß die Periodenlänge X sehr groß, einige 100 m oder einige

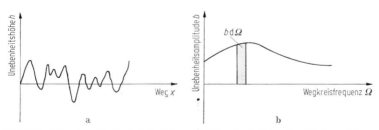

Bild 70.6 a) Regellose Unebenheitsfunktion und b) kontinuierliches Amplitudenspektrum.

km lang wird. Dies hat zur Folge, daß der Abstand der Frequenzen $\Omega_1, \Omega_2, \ldots$ nach Gl. (70.7) immer kleiner wird. Im Grenzfall bei einer unendlich langen Periodenlänge X kommt man vom diskreten Spektrum nach Bild 70.4b zum kontinuierlichen Spektrum nach Bild 70.6b.

---

[1] Das Addieren der Einzelschwingungen (sog. Superpositionsgesetz) ist nur bei linearen Systemen richtig.

Mathematisch gesehen bedeutet dieser Schritt den Übergang aus der Summenformel (70.9) zum Integral

$$h(x) = \int_0^\infty b \sin(\Omega x + \varepsilon)\, d\Omega = \int_{-\infty}^{+\infty} \mathfrak{b}\, e^{i\Omega x}\, d\Omega. \qquad (70.11)$$

Dabei ist in der zweiten Schreibweise wieder die komplexe Form gewählt worden mit der komplexen Amplitude $\mathfrak{b}$, die von Ω abhängig ist. Zu beachten ist beim Vergleich der beiden Gleichungen (70.9) und (70.11), daß die Amplituden $\mathfrak{b}$ verschiedene Dimensionen haben. In Gl. (70.9) ist die Dimension von $\mathfrak{b}_k$ die einer

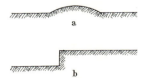

Bild 70.7 Besondere Formen von Einzelhindernissen.
a) Sinushalbwelle, b) Sprungfunktion.

Länge, da die Unebenheitshöhe h ebenfalls eine Länge ist. In (70.11) ist die Dimension von $\mathfrak{b}\, d\Omega$ eine Länge, d. h. da Ω die Dimension 1/Länge hat, hat $\mathfrak{b}$ die Dimension (Länge²).

Dementsprechend sind auch die Amplitudenspektren am Fahrzeug kontinuierliche Spektren und lauten, wenn wie bisher die Aufbaubeschleunigung betrachtet wird,

$$\ddot{z}_2(t) = -\int_0^\infty \omega^2 a_2 \sin(\omega t + \alpha)\, d\omega = -\int_{-\infty}^{+\infty} \omega^2 \mathfrak{a}_2\, e^{i\omega t}\, d\omega. \qquad (70.12)$$

Zum Abschluß dieses Abschnittes sei noch erwähnt, daß es manchmal üblich ist, nach Bild 70.7 die Unebenheitsfunktion durch halbe Sinuswellen und Sprungfunktionen als Annäherung für das Überfahren von Bahnübergängen, Kanaldeckeln und Bürgersteigen zu beschreiben. Wir werden dies nicht tun, sondern uns auf den allgemeinen Fall der unregelmäßigen Unebenheiten konzentrieren.

71. Anregung durch Rad und Reifen

Auch bei völlig ebener Straße können rotierende Teile das Fahrzeug zu Schwingungen anregen. Wir behandeln als Beispiel für sich drehende Teile die Räder und Reifen. Wir können drei Einzeleinflüsse unterscheiden:

a) Reifenungleichförmigkeit[1],

b) Höhenschläge von Rad und Reifen und

c) Unwucht,

---

[1] In der Industrie wird unter Reifenungleichförmigkeit (englisch tire nonuniformity) häufig die Summe von Anteil a und b verstanden.

71. Anregung durch Rad und Reifen

von denen die beiden ersten relativ neu in der allgemeinen Schwingungsbetrachtung sind, während der Einfluß der Unwucht bekannt und für diese Betrachtung, weil ausreichend klein zu halten, nicht wichtig ist.

Die *Reifenungleichförmigkeit* kann man sich an Hand eines einfachen „Federrades" nach Bild 71.1 vorstellen. Zwischen der Felge und dem Laufband des Reifens sitzen Elementarfedern, die die Federeigenschaften des Reifens charakterisieren sollen. Wird nun der Reifen um das Maß z_1, an der Achse gemessen, eingedrückt, dann entsteht zwischen Rad und Fahrbahn eine Kraft

$$P = c_1 z_1, \tag{71.1}$$

wobei c_1 die Federkonstante aller der Elementarfedern ist, die gerade im Latsch einfedern.

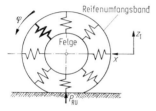
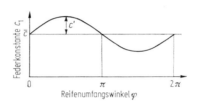

Bild 71.1 Idealisierte Darstellung der Reifen-Ungleichförmigkeit durch verschieden steife Elementarfedern und dadurch entstehende Radlastschwankung P_{RU}.

Bild 71.2 Vereinfachte Darstellung der über dem Umfang veränderlichen Reifenfedersteifigkeit.

Beim Abrollen des Rades um den Winkel φ bleibt die Kraft P konstant, solange die Federn gleichmäßig steif sind. Sind diese Federn hingegen ungleich, dann wird bei festgehaltener Achse ($z_1 = $ const) auch die Kraft P im Rhythmus der Federhärten schwanken.

Wird die Änderung nach Bild 71.2 vereinfachend als sinusförmig angenommen

$$c_1 = \bar{c} + c_1' \sin \varphi, \tag{71.2}$$

so ergibt sich die Kraft zu

$$P = (\bar{c} + c_1' \sin \varphi) z_1. \tag{71.3}$$

Die Kraftschwankung über dem Umfang, die durch die Reifenungleichförmigkeit entsteht und deshalb mit P_{RU} bezeichnet wird, beträgt dann nach Gl. (71.3)

$$P_{RU} = c_1' z_1 \sin \varphi. \tag{71.4}$$

Für die Schwingungsbetrachtungen ist nicht der Umlaufwinkel φ, sondern die Zeit t wichtig. Sie wird eingeführt über den Zusammenhang zwischen translatorischem Weg x und Winkelweg $\varphi = x/R$ aus Gl. (10.4) sowie über die Beziehung $v = x/t$ bei konstanter Fahrgeschwindigkeit zu

$$\varphi = \frac{v}{R}\,t = \omega t \qquad (71.5)$$

mit der Erregerkreisfrequenz

$$\omega = \frac{v}{R}. \qquad (71.6)$$

Nun können wir unsere Betrachtungen noch erweitern, indem wir uns vorstellen, die Schwankung sei nicht als sinusförmig, sondern als periodisch anzusehen. Dann kann man Gl. (71.2) wie bei den Unebenheiten im vorigen Abschnitt (vgl. Gl. (70.6) und (70.9)) durch die Fouriersche Reihe verallgemeinern

$$c_1 = \bar{c} + \sum_{k=1}^{n} c'_k \sin(k\omega t + \alpha_k), \qquad (71.7)$$

dabei ist α_k der Phasenwinkel zwischen den einzelnen Harmonischen. Die Kraftschwankung ergibt sich dann zu

$$P_{\mathrm{RU}} = z_1 \sum_{k=1}^{n} c'_k \sin(k\omega t + \alpha_k) \qquad (71.8)$$

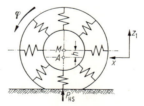

Bild 71.3 Darstellung des Höhenschlages am Beispiel eines um das Maß h exzentrisch gelagerten Rades und dadurch hervorgerufene Radlastschwankung P_{HS}.

bzw. die Gesamtkraft bei konstanter Achshöhe z_1 mit dem statischen Anteil $\bar{c}z_1$ zu

$$P = \bar{c}z_1 + P_{\mathrm{RU}}. \qquad (71.9)$$

Die Wirkung des *Höhenschlages* kann man sich ebenfalls an einem Federrad klarmachen, bei dem wir nun annehmen, daß der Reifen gleichmäßig ist ($c' = 0$ und damit $c_1 = \bar{c}$), dafür die Radachse aber nicht durch den Mittelpunkt M eines kreisrunden Rades, sondern durch den Punkt A geht, der um das Maß h exzentrisch liegt, s. Bild 71.3. Bei konstant gehaltenem Achsabstand (z_1 = const) werden beim Abrollen um den Winkel φ die Federn des Rades annäherungsweise sinusförmig um

$$h_s = h \sin \varphi \tag{71.10}$$

zusammengedrückt und entlastet. Dadurch entsteht mit der Federkonstanten c_1 eine Kraftschwankung durch den Höhenschlag, die mit P_{HS} bezeichnet wird, von der Größe

$$P_{HS} = c_1 h \sin \varphi = c_1 h \sin \omega t. \tag{71.11}$$

Auch beim Höhenschlag bzw. bei Unrundheiten ist es vorstellbar, daß Schwankungen mit 2ω usw. vorkommen und sich überlagern können, so daß der Höhenschlag h_s eine Funktion

$$h_s = \sum_{k=1}^{n} h_k \sin (k\omega t + \beta_k) \tag{71.12}$$

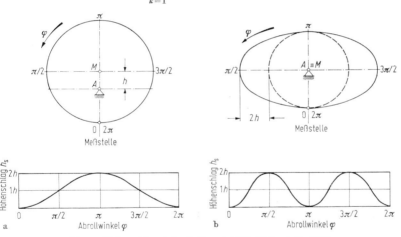

Bild 71.4 Höhenschlag a) durch Exzentrizität, b) durch Ovalität.

ist und die Kraftschwankung

$$P_{HS} = c_1 \sum_{k=1}^{n} h_k \sin (k\omega t + \beta_k) \tag{71.13}$$

beträgt. (β_k ist der Phasenwinkel zwischen den einzelnen Harmonischen.)

Unter den einzelnen Harmonischen $k = 1$ und $k = 2$ kann man sich mit Hilfe des Bildes 71.4 leicht etwas vorstellen.

In Bild 71.4a wird ein kreisrundes Rad exzentrisch gelagert. Das Abtasten des Höhenschlages h_s als Funktion der Radumdrehung φ ergibt eine sinusförmige Funktion mit der Periode 2π. (Da mit Meßstelle 1 begonnen wurde, ist die Kurve des

Höhenschlages nicht symmetrisch zur Nullinie.) In Bild b ist das Rad zwar in der Mitte gelagert, aber nicht mehr kreisrund, sondern es hat eine ellipsenähnliche Form. Der Höhenschlag in Abhängigkeit von φ zeigt nun eine Periode mit π, d. h. die Erregerfrequenz ist doppelt so groß wie bei einem exzentrisch gelagerten kreisrunden Rad. Die Erregerfrequenz kann noch höher sein, wenn weitere „Beulen" im Rad bzw. Reifen sind.

Die Kraftschwankung durch eine *Unwucht*, P_{UW} benannt, beträgt nach Bild 71.5 mit der Masse m_U und dem zugehörigen Radius r_U

$$P_{UW} = m_U r_U \omega^2 \sin(\omega t + \gamma). \tag{71.14}$$

Sie steigt also quadratisch mit der Erregerfrequenz bzw. nach Gl. (71.6) mit der Fahrgeschwindigkeit v an, was in der Gleichung für die Reifenungleichförmigkeit (71.8) und in der Gleichung für den Höhenschlag (71.13) nicht auftritt. γ ist in der obigen Gleichung (71.14) wieder ein Phasenwinkel.

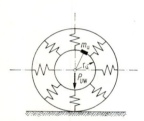
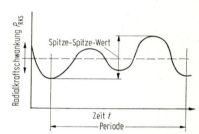

Bild 71.5 Idealisierte Darstellung einer Unwucht und dadurch hervorgerufene Kraftschwankung P_{UW}.

Bild 71.6 Verlauf der mit der Radumdrehung periodischen Radialkraftschwankung in Abhängigkeit von der Zeit.

Nimmt man nun die drei Kraftschwankungen zusammen, so spricht man allgemein von *Radialkraftschwankungen*. Sie betragen

$$P_{RKS} = P_{RU} + P_{HS} + P_{UW} \tag{71.15}$$

bzw. ausgeschrieben nach Gl. (71.8), (71.13) und (71.14) mit einer kleinen Vernachlässigung

$$P_{RKS} = z_1 \sum_{k=1}^{n} c'_k \sin(k\omega t + \alpha_k) + c_1 \sum_{k=1}^{n} h_k \sin(k\omega t + \beta_k) +$$
$$+ m_U r_U \omega^2 \sin(\omega t + \gamma). \tag{71.16}$$

Bei Reifenversuchen erhält man ein Diagramm ähnlich Bild 71.6, in dem die Vertikallast P bzw. die Radialkraftschwankung P_{RKS} eine Funktion der Zeit t ist. Sie ist mit dem Umlauf periodisch und kann mit

71. Anregung durch Rad und Reifen 271

Hilfe der Frequenzanalyse in einzelne harmonische Anteile zerlegt werden, und zwar in der Form

$$P_{\text{RKS}} = \sum_{k=1}^{n} A_k \sin(k\omega t + \delta_k). \tag{71.17}$$

Aus dem Vergleich der Gl. (71.16) und (71.17) ergibt sich, daß die Amplituden A_1 bzw. A_2 usw. sich aus $c_1' z_1, c_1 h_1, m_U r_U \omega^2$ bzw. $c_2' z_1, c_1 h_2$ usw. zusammensetzen. Zwar kann nicht direkt gesagt werden, wie groß z. B. der Anteil der Reifenungleichförmigkeit in der Amplitude A_1 ist, dennoch dürften die bisherigen theoretischen Erklärungen einen Einblick in die Materie gegeben haben.

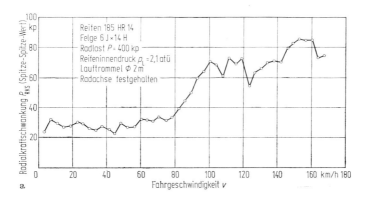

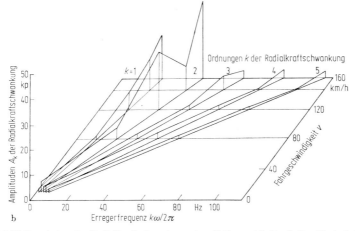

Bild 71.7 Meßergebnisse der Radialkraftschwankung eines Reifens. a) Spitze-Spitze-Werte je Periode über der Fahrgeschwindigkeit v, b) Amplituden A_k der Radialkraftschwankung in Abhängigkeit von der Fahrgeschwindigkeit v und der Ordnungszahl k.

Bild 71.7a zeigt die Abhängigkeit der größten Radialkraftschwankung in der Periode (sog. Spitze-Spitze-Wert, s. Bild 71.6) für einen Reifen bestimmter Last und bestimmten Luftdruckes über der Fahrgeschwindigkeit v.

In Bild 71.7b wird die Analyse der Radialkraftschwankung des gleichen Reifens räumlich dargestellt. In der Ebene ist der Zusammenhang zwischen Frequenz $k\omega/2\pi$, Fahrgeschwindigkeit v und Ordnung k der Fourier-Analyse gezeigt, die sich nach Gl. (71.6) zu

$$k\frac{\omega}{2\pi} = k\frac{v}{2\pi R} = k\frac{v}{U} \tag{71.18}$$

mit dem Abrollumfang $U = 2\pi R$ ergibt. Senkrecht zur Ebene sind die Amplituden A_k entsprechend Gl. (71.17) aufgetragen.

72. Schwingbequemlichkeit

In Abschn. 68 wurden bei der Einführung in die schwingungstechnische Betrachtung der Fahrzeuge zwei Beurteilungsmaßstäbe, nämlich Beschleunigung und Radlastschwankung genannt. In diesem Abschnitt soll zunächst auf die mit der Beschleunigung zusammenhängende Schwingbequemlichkeit näher eingegangen werden.

Als Maßstab für die Beanspruchung der Ladung auf einem Fahrzeug interessieren im allgemeinen nur die Größtwerte der Beschleunigung, weil durch sie angegeben werden kann, ob das Gut unzulässig verformt oder zerstört wird. Andere Werte der Beschleunigung sind erst dann zu berücksichtigen, wenn während des Transportes die Zeitfestigkeit der Ladung eine Rolle spielt, was im allgemeinen nicht der Fall ist.

Der Mensch hingegen, der ein kompliziertes, schwingungsfähiges Gebilde darstellt, reagiert nicht allein auf die Größe der Beschleunigungen. Er unterscheidet in seiner Empfindung auch, mit welcher Frequenz und in welcher Richtung die Schwingungen auf seinen Körper einwirken, wobei die Empfindlichkeit gegenüber den Bewegungen auch von seiner Körperhaltung abhängt. Über den Einfluß mechanischer Schwingungen auf den Menschen sind zahlreiche Untersuchungen durchgeführt worden; in Bild 72.1 sind die Ergebnisse *einer* Arbeit dargestellt. Bei diesen Versuchen wurden mehrere Versuchspersonen auf einen Schwingtisch gesetzt, der mit verschiedenen Frequenzen und verschiedener Amplitude, aber jeweils mit einer einzigen Sinusschwingung erregt wurde. Die Versuchspersonen mußten nun die Schwingungen nach vorher angegebenen Definitionen beurteilen. Das Diagramm zeigt die Beschleunigung des Schwingtisches unterhalb der Versuchsperson in Abhängigkeit von der Frequenz bei konstanter *Wahrnehmungsstärke*.

72. Schwingbequemlichkeit

Diese Untersuchungen können nicht ohne Einschränkung auf Fahrzeugschwingungen angewendet werden, weil — wie bei der Betrachtung der Fahrbahnunebenheiten in Abschn. 70 gezeigt wurde — dort nicht eine einzelne, sondern eine Summe von unendlich vielen Sinusschwingungen auf den Menschen einwirkt. Folglich brauchen wir auch einen Maßstab dafür, wie sich die Schwingempfindung ändert, wenn mehrere

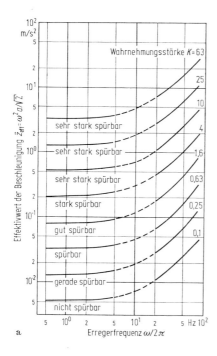
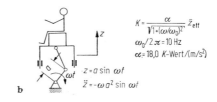

Bild 72.1 Wahrnehmungsstärke K sinusförmiger Beschleunigungsverläufe beim sitzenden Menschen in Abhängigkeit vom Effektivwert der Beschleunigung und der Erregerfrequenz, vertikale Anregung. Aus VDI-Richtlinie 2057 (1963).

Schwingungen gleichzeitig einwirken. Einen Hinweis gibt die in Bild 72.1 genannte VDI-Richtlinie, die aussagt, daß die K-Werte der einzelnen Schwingungen zu bestimmen sind und die Summe der K^2-Werte gebildet werden muß.

$$K_{\text{ges}} = \sqrt{\sum_{k=1}^{n} K_k^2}. \tag{72.1}$$

Diese Aussage ist gleichbedeutend damit, daß für die Schwingempfindung nur die Amplitude und Frequenz und die Wirkungsrichtung der einzelnen Sinusschwingungen wichtig ist, nicht die Phasenlage der einzelnen Schwingungen untereinander. Dies konnte durch Versuche noch nicht genügend untermauert werden. Daher wurden Untersuchun-

274   Dritter Teil — XI. Schwingungsanregung, Beurteilungsmaßstäbe

gen in fahrenden Fahrzeugen[1] durchgeführt, wobei gleichzeitig die Beschleunigung am Gesäß der Versuchspersonen gemessen und ihre Aussagen notiert wurden. Nach Bild 72.2 gibt es einen linearen Zusammen-

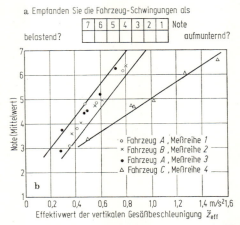

Bild 72.2 Zusammenhang zwischen subjektiver Aussage über das Schwingempfinden und physikalischem Meßwert. a) Frage an die Versuchsperson (Beifahrer in Pkw), b) daraus ermittelte Durchschnittsnoten über alle Beifahrer in Abhängigkeit vom gemessenen Effektivwert der vertikalen Gesäßbeschleunigung aus Messungen in mehreren Pkw auf verschieden unebenen Straßen. Siehe KIRSCHKE, L.: Diss., Braunschweig 1969.

hang zwischen Aussage und Effektivwert der Beschleunigung. Zur Beschreibung der während der Fahrt auftretenden unregelmäßigen Bewegungen wurde ein statistischer Mittelwert, der sog. Effektivwert $\sqrt{\overline{\ddot{z}^2}}$ verwendet. Er ist Wurzelausdruck des quadratischen Mittelwertes

$$\ddot{z}_{\text{eff}} = \sqrt{\overline{\ddot{z}^2}} = \sqrt{\frac{1}{T}\int_0^T \ddot{z}^2 \, dt}, \qquad (72.2)$$

der sich aus einem Beschleunigungs-Zeit-Schrieb $\ddot{z}(t)$ der Zeitdauer T ergibt. Das Ergebnis entspricht insofern Gl. (72.1) und damit der Aussage nach der VDI-Richtlinie, als auch beim quadratischen Mittelwert der Phasenwinkel keine Rolle spielt.

Neben dieser allgemeinen Aussage, die Schwingbequemlichkeit wird durch die Größe der Beschleunigung beurteilt, sei noch aus anderen Untersuchungen[2] festgehalten, daß der Mensch Bewegungen senkrecht

---

[1] MITSCHKE, M.: Schwingempfinden von Menschen im fahrenden Fahrzeug. ATZ 71 (1969) Nr. 7, S. 217—222. — KIRSCHKE, L.: Diss., Braunschweig 1969.
[2] JACKLIN, H. W.: Human reaction to vibration. SAE J. 39 (1936) S. 401.

zur Wirbelsäule schlechter verträgt als Schwingungen in Richtung der Wirbelsäule. Damit müssen bei sitzenden Menschen die Nickschwingungen und die seitlichen Schwingungen ebenfalls beachtet werden.

Aus den vorliegenden Veröffentlichungen kann man weiterhin Eigenfrequenzen des Körpers sitzender Menschen entnehmen, die in der Tabelle 72.1 zusammengestellt sind[1].

Tabelle 72.1 *Eigenfrequenzen des menschlichen Körpers*

System	Bewegungs-Richtung	Eigenfrequenz [Hz]	Bemerkung
gesamter menschlicher Körper	vertikal	4...6	Hauptresonanz
		11...15	nach COERMANN[2] geringe Resonanz, nicht bei allen Menschen feststellbar
		20...30	geringe Resonanz
	horizontal	2 Resonanzstellen, 1...3	
Kopf	vertikal	4...6	gegenüber Körper
		20(...30)	eigentliche Resonanz des Kopfes, Amplitude jedoch wesentlich kleiner als bei 4...6 Hz
	horizontal	1 2	gegenüber Körper

73. Belastungen, Fahrsicherheit

Auch die Größe der Kräfte und der Spannungen an Bauteilen, der Relativwege und -geschwindigkeiten zwischen Achse und Aufbau, der dynamischen Radlastschwankungen — die nach Abschn. 15 eines der Kriterien für die Fahrsicherheit darstellt — ist beim Überfahren der normalen Straßenunebenheiten in ihrem zeitlichen Verlauf unregelmäßig. Anstatt nun den zeitlichen Verlauf in seine verschiedenfrequenten Anteile aufzuspalten, wie es in Abschn. 70 bei den Unebenheiten gemacht wurde,

---

[1] DIECKMANN, D.: Die Wirkung mechanischer Schwingungen in Kraftfahrzeugen auf den Menschen. ATZ 59 (1957) Nr. 10, S. 297—302. — Ders.: Einfluß vertikaler mechanischer Schwingungen auf den Menschen. Internat. Z. angew. Physiol. einschl. Arbeitsphysiol. 16 (1957) S. 519—564.

[2] COERMANN, R.: The mechanical impedance of the human body in sitting and standing position at low frequencies. Vibration Research, 1963.

und diese Anteile verschieden zu bewerten, wie es in Abschn. 72 bei der Schwingempfindung geschah, ist es hier üblich, die Häufigkeit der auftretenden Ausschläge zu betrachten.

Als Beispiel sei die Funktion $Q(t)$ in Bild 73.1a genannt, wobei Q ganz allgemein für eine beliebige Schwingungsgröße stehen soll. Diese Funktion wertet man nach Häufigkeit dadurch aus, daß zunächst parallel zur Zeitachse t Linien konstanten Abstands ΔQ gezogen werden.

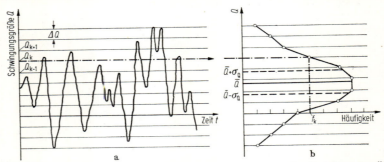

Bild 73.1 a) Zeitfunktion einer Schwingungsgröße $Q(t)$ und b) zugehörige Verteilung der Überschreitungshäufigkeiten. $\bar{Q}$ Mittelwert, σ_Q^2 Streuung.

Diese Ordinatenhöhen werden mit Q_1, Q_2, allgemein mit Q_k benannt. Danach zählt man die Schnittpunkte der Kurve $Q(t)$ mit den Linien konstanter Ordinatenhöhe Q_k. Diese Anzahl — f_k genannt — wird in dem Häufigkeitsdiagramm Bild 73.1b eingetragen[1]. Wird das auch für die Schnittpunkte mit den anderen Parallelen getan, so gibt es eine Häufigkeitsverteilung — keine Häufigkeitskurve, weil man nur eine endliche Anzahl von Punkten hat.

Zur Beschreibung dieser Häufigkeitsverteilung gibt es zwei grundlegende statistische Maßzahlen, den Mittelwert $\bar{Q}$ und die Streuung σ_Q^2. Der Mittelwert errechnet sich aus

$$\bar{Q} = \frac{1}{N}\left[Q_1 f_1 + Q_2 f_2 + \cdots + Q_k f_k + \cdots\right],$$

also aus der Summe der Produkte von Überschreitungen der Ordinatenhöhe Q_k und ihrer Häufigkeit f_k, dividiert durch die Summe der Anzahl aller Überschreitungen

$$N = f_1 + f_2 + \cdots + f_k + \cdots = \sum_{k=1}^{n} f_k. \tag{73.1}$$

---

[1] In diesem Beispiel werden nur die Schnittpunkte mit der nach oben gehenden Q-Kurve gezählt (Ermittlung der sog. Überschreitungshäufigkeiten). Je nach Aufgabenstellung werden noch andere „Klassierverfahren" verwendet; so ist es z. B. auch üblich, die in die Klassenbreite ΔQ fallenden Maximalwerte (Spitzen) zu zählen. Weiterhin sei erwähnt, daß ΔQ nicht konstant sein muß.

73. Belastungen, Fahrsicherheit

Kürzer geschrieben läßt sich der Mittelwert zu

$$\bar{Q} = \frac{1}{N} \sum_{k=1}^{n} Q_k f_k \qquad (73.2)$$

angeben. Er muß nicht identisch mit dem häufigsten Klassenwert sein. Dies ist nur dann der Fall, wenn die Häufigkeitsverteilung symmetrisch ist.

Bei gleichem Mittelwert $\bar{Q}$ können nach Bild 73.2 — in dem zur Verdeutlichung symmetrische Verteilung und gleiche Häufigkeit für die Mittelwerte angenommen wurde — die Häufigkeitsverteilungen verschieden aussehen. Im Fall b treten Werte, die größer oder kleiner sind

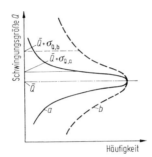

Bild 73.2 Symmetrische Häufigkeitsverteilungen a und b mit gleichem Mittelwert $\bar{Q}$, aber unterschiedlicher Standardabweichung σ_Q.

als $\bar{Q}$, häufiger auf als im Fall a, d. h. der Verlauf der Funktion $Q(t)$ streut im Fall b stärker um $\bar{Q}$ als im Fall a. Um dies auch zahlenmäßig auszudrücken, definiert man diese Abweichung um den Mittelwert $\bar{Q}$ als Streuung

$$\sigma_Q^2 = \frac{1}{N} \sum_{k=1}^{n} (Q_k - \bar{Q})^2 f_k. \qquad (73.3)$$

Der Wert σ_Q selber wird *mittlere quadratische Abweichung* oder *Standardabweichung* genannt. Er ist in den Bildern 73.1b und 73.2 mit eingetragen[1].

---

[1] Im Anschluß hieran könnte man den Übergang von der Klassenbreite ΔQ auf dQ und vom Summenzeichen auf das Integralzeichen vornehmen und daran die Begriffe Verteilungsdichte, Wahrscheinlichkeit und die spezielle, aber sehr häufig vorkommende Gaußsche Normalverteilung besprechen. Da dies aber für das Verständnis im folgenden nicht unbedingt erforderlich ist, wird darauf nicht eingegangen.

Es wird nun die Anwendung der statistischen Begriffe innerhalb der Fahrzeugtechnik am Beispiel der dynamischen Radlastschwankung gezeigt. Nach Gl. (15.2) ist

$$P = P_{\text{stat}} + P_{\text{dyn}}. \tag{73.4}$$

Angewendet auf Gl. (73.3) ergibt sich die Streuung zu

$$\sigma_P^2 = \frac{1}{N} \sum_{k=1}^{n} (P_{\text{stat}} + P_{\text{dyn},k} - \overline{P})^2 f_k.$$

Da nach Versuchsergebnissen die statische Radlast P_{stat} meistens gleich dem Mittelwert der Radlaständerung $\overline{P}$ ist,

$$P_{\text{stat}} = \overline{P}, \tag{73.5}$$

erhält man für die Streuung

$$\sigma_P^2 = \frac{1}{N} \sum_{k=1}^{n} P_{\text{dyn},k}^2 f_k. \tag{73.6}$$

Die Schreibweise von Gl. (73.6) ähnelt sehr der des (linearen) Mittelwertes $\overline{Q}$ nach Gl. (73.2), nur daß jetzt die Veränderliche im Quadrat vorkommt. Deshalb definiert man einen

quadratischen Mittelwert $\overline{Q^2} = \dfrac{1}{N} \sum\limits_{k=1}^{n} Q_k^2 f_k.$ \hfill (73.7)

Angewandt auf Gl. (73.6) ist

$$\overline{P_{\text{dyn}}^2} = \frac{1}{N} \sum_{k=1}^{n} P_{\text{dyn},k}^2 f_k = \sigma_P^2, \tag{73.8}$$

d. h. im Fall der Radlastschwankung ist der quadratische Mittelwert gleich der Streuung.

Die Radlastschwankungen sollen — wie in Abschn. 15 erläutert — mit Rücksicht auf Fahrsicherheit, Fahrzeug- und Fahrbahnbeanspruchung möglichst klein sein, d. h. $\overline{P_{\text{dyn}}^2} = \sigma_P^2$ soll klein sein.

Ihre absolute Größe wirkt sich je nach der statischen Radlast P_{stat} verschieden stark aus; z. B. beeinträchtigt eine Standard-Abweichung von $\sigma_P = 100$ kp bei einem Lastwagen mit $P_{\text{stat}} = 2000$ kp die Fahrsicherheit kaum, bei einem Pkw mit nur 300 kp Radlast jedoch sehr wesentlich.

Um diesen Einfluß zu berücksichtigen, bezieht man nach Gl. (15.3) zur Beurteilung der Fahrsicherheit die dynamische Radlast auf die statische

$$\frac{\sigma_P}{P_{stat}} = \frac{\sqrt{\overline{P_{dyn}^2}}}{P_{stat}}. \tag{73.9}$$

Bei einem bestimmten Fahrzeug ändert sich die statische Radlast P_{stat} mit der Beladung. Darum muß, um annähernd gleiche Fahrsicherheit zu erzielen, die Forderung aufgestellt werden, daß sich

$$\sigma_P = \sqrt{\overline{P_{dyn}^2}} \sim P_{stat} \tag{73.10}$$

ändert, d. h. daß am leeren Fahrzeug die Radlastschwankungen kleiner als beim vollbeladenen Fahrzeug sein müssen.

74. Berechnung regelloser Schwingungen

Fassen wir wichtige mathematische Ausdrücke aus den letzten Kapiteln zusammen, so haben wir folgendes kennengelernt:

Die vom Weg x abhängige Unebenheitsfunktion der Straße kann mit dem Fourierschen Integral nach Gl. (70.11) durch

$$h(x) = \int_{-\infty}^{+\infty} \mathfrak{h}\, e^{i\Omega x}\, d\Omega \tag{74.1}$$

beschrieben werden. An dem mit der Fahrgeschwindigkeit v darüber fahrenden Fahrzeug stellen sich Bewegungen und Belastungen ein, die ebenfalls mit dem Fourierschen Integral beschrieben werden können, z. B. für die Aufbaubeschleunigung nach Gl. (70.12)

$$\ddot{z}_2(t) = -\int_{-\infty}^{+\infty} \omega^2 \mathfrak{a}_2 e^{i\omega t}\, d\omega. \tag{74.2}$$

Als Beurteilungsmaßstäbe lernten wir einmal als Maß für die Schwingempfindung den quadratischen Mittelwert nach Gl. (72.2)

$$\overline{\ddot{z}_2^2} = \frac{1}{T} \int_0^T \ddot{z}_2^2\, dt \tag{74.3}$$

bzw. den Wurzelwert daraus kennen und als einen der Maßstäbe für die Fahrsicherheit den quadratischen Mittelwert der Radlastschwankung nach Gl. (73.8)

$$\overline{P_{dyn}^2} = \sigma_P^2 = \frac{1}{N} \sum_{k=1}^{n} P_{dyn,k}^2 f_k. \tag{74.4}$$

Es gibt nun eine Möglichkeit, diese Maßstäbe trotz des unregelmäßigen Schwingungsverlaufes zu berechnen. Dazu führen wir wieder die allgemeine Funktion Q ein und verlassen die spezielle Betrachtung von Beschleunigungen und Radlasten. Gl. (74.2) entspricht mit der komplexen Amplitude q der Gleichung

$$Q(t) = \int_{-\infty}^{+\infty} q e^{i\omega t} \, d\omega. \tag{74.5}$$

Dem quadratischen Mittelwert nach Gl. (74.3), der zum Unterschied zu Gl. (74.4) ein quadratischer Mittelwert über der Zeit ist, entspricht die Gleichung

$$\overline{Q^2} = \frac{1}{T} \int_0^T Q^2(t) \, dt \tag{74.6}$$

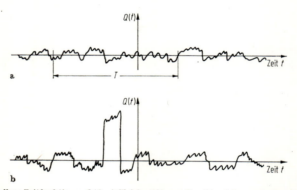

Bild 74.1 Regellose Zeitfunktionen $Q(t)$. a) Gleichmäßig regellos, b) mit hervorstechendem Einzelwert.

und den quadratischen Mittelwert über die Häufigkeitsverteilung nach Gl. (74.4) erfaßt der Ausdruck

$$\overline{Q^2} = \frac{1}{N} \sum_{k=1}^n Q_k^2 f_k. \tag{74.7}$$

Die beiden quadratischen Mittelwerte lassen sich für den Spezialfall der „gleichmäßig regellosen" Schwingung ineinander überführen. Sehen wir uns dazu Bild 74.1 an. Wir greifen aus der Funktion $Q(t)$ ein Stück der Länge T heraus und bestimmen hierfür $\overline{Q}$ und $\overline{Q^2}$. Nehmen wir nun nacheinander andere Stücke derselben Länge T, so werden sich im allgemeinen andere Zahlen für die Mittelwerte $\overline{Q}$ und $\overline{Q^2}$ ergeben. Ganz offensichtlich ist das in Bild 74.1b der Fall, bei dem die Funktion einen hervorstehenden Einzelwert besitzt. In Bild 74.1a hingegen ergibt $Q(t)$

74. Berechnung regelloser Schwingungen

für jedes beliebige Teilstück T die gleichen Mittelwerte, die Funktion ist „gleichmäßig regellos". Für diesen Fall können die beiden quadratischen Mittelwerte gleichgesetzt werden

$$\overline{Q^2} = \frac{1}{T} \int_0^T Q^2(t)\, dt = \frac{1}{N} \sum_{k=1}^n Q_k^2 f_k. \tag{74.8}$$

Mit dieser Voraussetzung erhält man nach Einsetzen von Gl. (74.5) in den Integralausdruck von Gl. (74.8), ohne auf die Ausrechnung einzugehen, die wichtige Formel[1]

$$\overline{Q^2} = \int_0^\infty \lim_{T\to\infty} \frac{4\pi}{T} |\mathfrak{q}|^2\, d\omega. \tag{74.9}$$

Der $\lim\limits_{T\to\infty}$ besagt, daß dieser einfache Ausdruck nur dann herauskommt, wenn eine sehr große Zeitspanne T (mathematisch eine unendlich große) aus der Funktion $Q(t)$ betrachtet wird. Den Ausdruck

$$\Phi(\omega) = \lim_{T\to\infty} \frac{4\pi}{T} |\mathfrak{q}(\omega)|^2 = \lim_{T\to\infty} \frac{4\pi}{T} q^2(\omega) \tag{74.10}$$

nennt man *spektrale Dichte* oder *Leistungsdichtespektrum* (englisch power spectral density), er ist von der Kreisfrequenz ω abhängig, da ja die Größe der Amplitude $\mathfrak{q}$ von ω abhängt. Das Auftreten von $|\mathfrak{q}|^2$ bedeutet, daß nur die absolute Größe der Amplitude $|\mathfrak{q}| = q$ und nicht der Phasenwinkel für die Berechnung des quadratischen Mittelwertes eine Rolle spielt. Durch Einsetzen von Gl. (74.10) in Gl. (74.9) kann abkürzend geschrieben werden

$$\overline{Q^2} = \int_0^\infty \Phi(\omega)\, d\omega. \tag{74.11}$$

Hiermit ist also ein Zusammenhang zwischen Amplitudenspektrum $q(\omega)$ und quadratischem Mittelwert hergestellt, der sich auch, wie wir später sehen werden, berechnen läßt.

Das Spektrum $q(\omega)$ am Fahrzeug können wir aus den Unebenheiten der Straße und dem gewählten Schwingungssystem berechnen. Dies ist einfach durch Erweiterung mit $|\mathfrak{b}(\omega)|^2 = b^2(\omega)$ in Gl. (74.9) möglich

$$\overline{Q^2} = \int_0^\infty \lim_{T\to\infty} \frac{4\pi}{T} \left(\frac{q}{b}\right)^2 b^2\, d\omega.$$

---
[1] Tsien, H. S.: Technische Kybernetik, Stuttgart 1957.

Durch Umschreiben ergibt sich dann

$$\overline{Q^2} = \int_0^\infty \left(\frac{q}{b}\right)^2 \lim_{T\to\infty} \frac{4\pi}{T} b^2 \, d\omega. \tag{74.12}$$

Der Ausdruck

$$\Phi_h(\omega) = \lim_{T\to\infty} \frac{4\pi}{T} b^2(\omega) \tag{74.13}$$

läßt sich — vgl. mit Gl. (74.10) — als spektrale Dichte für Unebenheiten und Fahrgeschwindigkeit, ω enthält ja beides, deuten. Der Quotient $(q/b)^2$ ist uns von der Behandlung der Erregerschwingungen aus Abschn. 67 und 68 her bekannt, es ist das Quadrat des absoluten Amplitudenverhältnisses und entspricht z. B. den Bildern 68.2, 68.3, 68.4 usw.

Fassen wir zum Schluß wieder Gl. (74.12) und (74.13) zusammen, so ist

$$\overline{Q^2} = \int_0^\infty \left(\frac{q}{b}\right)^2 \Phi_h(\omega) \, d\omega. \tag{74.14}$$

Die Anwendung auf unsere beiden Maßstäbe lautet dann:

Schwingbequemlichkeit $\quad \overline{\ddot{z}_2^2} = \int_0^\infty \left(\frac{\omega^2 a_2}{b}\right)^2 \Phi_h(\omega) \, d\omega \tag{74.15}$

und

Fahrsicherheit $\quad \overline{P_{\text{dyn}}^2} = \int_0^\infty \left(\frac{a_P}{b}\right)^2 \Phi_h(\omega) \, d\omega \tag{74.16}$

ergeben sich aus den jeweiligen Vergrößerungsfaktoren $\omega^2 a_2/b$ bzw. a_P/b und der spektralen Dichte $\Phi_h(\omega)$ für Unebenheiten und Fahrgeschwindigkeit.

Da der Vergrößerungsfaktor nur aus linearen Differentialgleichungen abgeleitet wird, ist auch die Berechnung von quadratischen Mittelwerten nur für lineare Schwingsysteme möglich[1]. Weiterhin sei darauf hingewiesen, daß die Eigenschwingungen bei der Berechnung der quadratischen Mittelwerte keine Rolle spielen, denn der Vergrößerungsfaktor ergibt sich aus der Behandlung der erzwungenen Schwingungen.

---

[1] Für nichtlineare Systeme s. Abschn. 88 und SCHLITT, H.: Stochastische Vorgänge in linearen und nichtlinearen Regelkreisen, Braunschweig 1968.

75. Spektrale Dichte der Fahrbahnunebenheiten

Die spektrale Dichte $\Phi_h(\omega)$ aus dem vorigen Abschnitt enthält die Unebenheiten und die Fahrgeschwindigkeit. Sinnvoller wäre es, eine spektrale Dichte $\Phi_h(\Omega)$ zu definieren, die nur die Unebenheiten enthält, und einen Zusammenhang zu $\Phi_h(\omega)$ zu finden, den wir für Gl. (74.14) bis (74.16) brauchen.

Entsprechend der Definition nach Gl. (74.13)

$$\Phi_h(\omega) = \lim_{T \to \infty} \frac{4\pi}{T} b^2(\omega) \tag{75.1}$$

würde die wegabhängige spektrale Dichte lauten

$$\Phi_h(\Omega) = \lim_{X \to \infty} \frac{4\pi}{X} b^2(\Omega). \tag{75.2}$$

Statt der Zeitdauer T ist das Straßenstück der Länge X und statt $b(\omega)$ ist $b(\Omega)$ eingesetzt worden.

Die von der Wegkreisfrequenz Ω abhängige komplexe Unebenheitsamplitude $\mathfrak{b}(\Omega)$ gehört nach Gl. (70.11) zur wegabhängigen Unebenheitsfunktion

$$h(x) = \int_{-\infty}^{+\infty} \mathfrak{b}(\Omega) e^{i\Omega x} \, d\Omega \tag{75.3}$$

und die von der Zeitkreisfrequenz ω abhängige komplexe Amplitude $\mathfrak{b}(\omega)$ zur zeitabhängigen Unebenheitsfunktion

$$h(t) = \int_{-\infty}^{+\infty} \mathfrak{b}(\omega) e^{i\omega t} \, d\omega. \tag{75.4}$$

Durch Gleichsetzen und Einführung von

$$v = \frac{x}{t} = \frac{X}{T} \tag{75.5}$$

nach Gl. (70.4) und $\omega = v\Omega$ nach Gl. (70.5) ergibt sich über

$$\int_{-\infty}^{+\infty} \mathfrak{b}(\omega) e^{i\omega t} \, d\omega = \int_{-\infty}^{+\infty} \mathfrak{b}(\Omega) e^{i\Omega x} \, d\Omega = \int_{-\infty}^{+\infty} \frac{\mathfrak{b}(\Omega)}{v} e^{i\omega t} \, d\omega$$

der Zusammenhang

$$\mathfrak{b}(\omega) = \frac{1}{v}\,\mathfrak{b}(\Omega) \tag{75.6}$$

und damit durch Vergleich von Gl. (75.1) mit (75.2) auch

$$\Phi_\mathrm{h}(\omega) = \frac{1}{v}\,\Phi_\mathrm{h}(\Omega). \tag{75.7}$$

Bild 75.1 zeigt den Zusammenhang zwischen zeit- und wegabhängigen Amplitudenspektren $\mathfrak{b}$ und spektralen Dichten Φ_h. Aus den gegebenen Spektren $\mathfrak{b}(\Omega)$ und $\Phi_\mathrm{h}(\Omega)$ ergibt sich über der gewählten Geschwindigkeit aus Ω nach Gl. (70.5) ω und nach Gl. (75.6) und (75.7) $\mathfrak{b}(\omega)$ und $\Phi_\mathrm{h}(\omega)$.

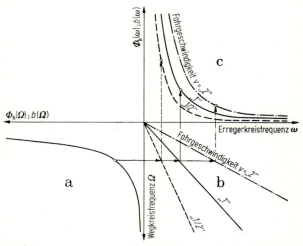

Bild 75.1 Zusammenhang zwischen weg- und zeitabhängigen spektralen Dichten und Amplitudenspektren. a) Spektrale Dichte $\Phi_\mathrm{h}(\Omega)$ und Amplitudenspektrum $\mathfrak{b}(\Omega)$ der Unebenheiten in Abhängigkeit von der Wegkreisfrequenz Ω, b) Beziehung zwischen Weg- und Erreger-Kreisfrequenz bei verschiedenen Fahrgeschwindigkeiten v, c) spektrale Dichte $\Phi_\mathrm{h}(\omega)$ und Amplitudenspektrum $\mathfrak{b}(\omega)$ der Unebenheiten und der Fahrgeschwindigkeiten in Abhängigkeit von der Erregerkreisfrequenz ω.

Bild 75.2 zeigt einige Spektren $\Phi_\mathrm{h}(\Omega)$ in doppeltlogarithmischer Auftragung. Die Größe der Unebenheitsdichte nimmt mit wachsender Wegkreisfrequenz Ω oder kleiner werdender Wellenlänge L im großen und ganzen ab, d. h. lange Wellenlängen treten mit großer, kurze mit kleiner Spektraldichte auf. Im Bereich kürzerer Wellenlängen treten besonders bei Pflasterstraßen und plastisch verformbaren Fahrbahnbauarten Anhebungen im Spektrum auf, die auf periodische Anteile in der regellosen Unebenheitsfunktion deuten[1].

---

[1] Näheres s. BRAUN, H.: Diss., Braunschweig 1969.

75. Spektrale Dichte der Fahrbahnunebenheiten

Werden diese Anteile nicht berücksichtigt, dann lassen sich die spektralen Dichten in der doppeltlogarithmischen Darstellung durch Geraden annähern und durch die Gleichung

$$\Phi_h(\Omega) = \Phi_h(\Omega_0) \left[\frac{\Omega}{\Omega_0}\right]^{-w} \qquad (75.8)$$

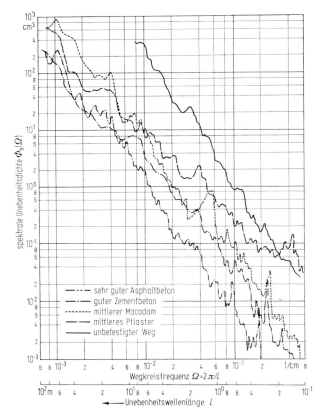

Bild 75.2 Spektrale Dichte der Unebenheiten $\Phi(\Omega)$ in Abhängigkeit von Wegkreisfrequenz Ω und Unebenheitswellenlänge L für verschiedene Fahrbahnen. Aus BRAUN, H.: Untersuchungen über Fahrbahnunebenheiten. DKF Heft 186 (1966).

ausdrücken. Dabei bedeutet Ω_0 eine Bezugswegkreisfrequenz, $\Phi_h(\Omega_0)$ gibt als *Unebenheitsmaß* an, ob eine Straße gut oder schlecht ist, und w als *Welligkeit* ist ein Maß dafür, ob eine Straße hauptsächlich lange Wellen oder auch kurze Wellen mit beachtlichem Dichtewert enthält. Tabelle 75.1 enthält eine Zusammenstellung von Mittelwerten.

Tabelle 75.1 *Mittelwerte zur Beschreibung von Fahrbahnspektren nach Gl.* (75.8) *für Fahrbahnen verschiedener Bauart und unterschiedlichen Oberflächenzustandes* $\Omega_0 = 10^{-2}$ 1/cm. Aus BRAUN, H.: Diss., Braunschweig 1969

Fahrbahn-Bauart	Fahrbahn-Zustand	Mittelwerte	
		w	$\Phi_h(\Omega_0)$ [cm³]
Zement-Beton	sehr gut	2,29	0,6
	gut	1,97	4,5
	mittel	1,97	8,7
	schlecht	1,72	56,3
Asphalt-Beton	sehr gut	2,20	1,3
	gut	2,18	6,0
	mittel	2,18	22,3
Macadam	gut	2,26	8,9
	mittel	2,26	20,8
	schlecht	2,15	42,9
	sehr schlecht	2,15	158
Pflaster	gut	1,75	13,7
	mittel	1,75	22,8
	schlecht	1,81	36,4
	sehr schlecht	1,81	323
Unbefestigte Fahrbahnen	gut	2,25	31,8
	mittel	2,25	155
	schlecht	2,14	602
	sehr schlecht	2,14	16300

XII. Schwingungen des Aufbaues und des Rades (feder- und dämpfergekoppeltes Zweimassensystem)

Wir fassen die beiden Einmassensysteme aus Abschn. 66 und 69 zu einem Zweimassensystem nach Bild 76.1a zusammen, das dem wirklichen Fahrzeug — wie wir schon in Abschn. 65 gesehen hatten — sehr nahe kommt. Deshalb werden wir hier besonders stark den Einfluß der einzelnen Bauelemente auf das Schwingverhalten diskutieren und dabei die in Kap. X und XI behandelten Berechnungsmethoden und aufgestellten Beurteilungsmaßstäbe verwenden. Im Vergleich zu dem Bild 65.5b müßten die Massen m, die Federkonstanten c, die Dämpferkonstanten k sowie die Bewegungen z und h neben den Indizes 1 oder 2 noch die Indizes V bzw. H bekommen, je nachdem, ob das Zweimassensystem den vorderen oder hinteren Teil des Fahrzeuges darstellen soll. Um die Schreibarbeit zu vereinfachen, werden wir die Indizes V und H weglassen und uns im Kap. XIV daran erinnern.

Die Masse m_2 (genauer $m_{2,\mathrm{V}}$ oder $m_{2,\mathrm{H}}$) umfaßt alle mit der Aufbaufeder abgefederten Fahrzeugteile, also z. B. Rahmen, Karosserie, Ladefläche und auch die gegenüber diesem Fahrzeughauptteil abgefederten Massen, wie z. B. Motor und Insassen. Zur Vereinfachung werden wir die Abfederung der letztgenannten Teile hier nicht berücksichtigen, sondern alle von der Aufbaufeder getragenen Teile als starres Ganzes behandeln.

76. Bewegungsgleichungen, Eigenfrequenzen

Die Bewegungsgleichungen lauten mit den Kräften nach Bild 76.1 b

$$P_{\mathrm{F},2} = c_2(z_2 - z_1), \quad P_{\mathrm{D},2} = k_2(\dot z_2 - \dot z_1), \tag{76.1a}$$

$$P_{\mathrm{F},1} = c_1(z_1 - h), \quad P_{\mathrm{D},1} = k_1(\dot z_1 - \dot h), \tag{76.1b}$$

$$m_2 \ddot z_2 + k_2(\dot z_2 - \dot z_1) + c_2(z_2 - z_1) = 0, \tag{76.2}$$

$$m_1 \ddot z_1 - k_2(\dot z_2 - \dot z_1) - c_2(z_2 - z_1) = k_1(\dot h - \dot z_1) + c_1(h - z_1). \tag{76.3}$$

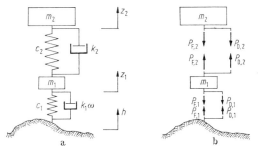

Bild 76.1 Feder- und dämpfergekoppeltes Zweimassensystem als Teil eines Fahrzeuges. a) Anteilige Aufbaumasse m_2, Aufbaufederkonstante c_2, Aufbaudämpferkonstante k_2, Achsmasse m_1, Reifenfederkonstante c_1, Reifendämpferkonstante $k_1\omega$, b) angreifende Feder- und Dämpferkräfte.

Die Summe der letzten beiden Kräfte

$$P_{\mathrm{dyn}} = P_{\mathrm{F},1} + P_{\mathrm{D},1} = c_1(h - z_1) + k_1(\dot h - \dot z_1) \tag{76.4}$$

ist die dynamische Änderung der vertikalen Radlast, auch Radlastschwankung genannt. Sie ergibt sich aus der vertikalen Eindrückung des Reifens oder — wie man aus der Addition der Gl. (76.2) und (76.3) ersieht — aus der Summe der Massenbeschleunigungen

$$P_{\text{dyn}} = m_2 \ddot{z}_2 + m_1 \ddot{z}_1. \tag{76.5}$$

Die ungedämpften Eigenkreisfrequenzen sind näherungsweise

$$\nu_2 = \sqrt{\frac{c_2}{m_2}}, \tag{76.6}$$

$$\nu_1 = \sqrt{\frac{c_1 + c_2}{m_1}} \tag{76.7}$$

und durch Gl. (66.7) und (69.1) bekannt.

Die exakten Werte errechnen sich aus dem homogenen Teil der Bewegungsgleichungen (76.2) und (76.3) mit den Ansätzen $z_2 = A_2 e^{\lambda t}$ und $z_1 = A_1 e^{\lambda t}$ und $k_1 = k_2 = 0$ zu

$$\lambda_{1,2}^2 = -\frac{1}{2}(\nu_2^2 + \nu_1^2) \mp \sqrt{\frac{1}{4}(\nu_2^2 + \nu_1^2)^2 - \frac{c_1 c_2}{m_1 m_2}}.$$

Beide λ^2-Werte sind negativ, also λ_1 und λ_2 imaginär, d. h. nach Abschn. 66 führt das System Schwingungen aus. Die positiven Werte aus der obigen Gleichung sind die Quadrate der ungedämpften Eigenkreisfrequenzen ν_1' und ν_2' des gekoppelten Zweimassensystems:

$$\nu_{1,2}'^2 = \frac{1}{2}(\nu_2^2 + \nu_1^2) \pm \frac{1}{2}(\nu_2^2 + \nu_1^2)\sqrt{1 - \frac{4 c_1 c_2}{m_1 m_2 (\nu_2^2 + \nu_1^2)^2}}. \tag{76.8}$$

Durch Reihenentwicklung $\sqrt{1+x} \approx 1 + (1/2)x$ kann man angenähert ausrechnen

$$\nu_2'^2 \approx \frac{c_1 c_2}{m_1 m_2 (\nu_2^2 + \nu_1^2)} = \frac{c_1 c_2}{c_1 m_2 + c_2 (m_2 + m_1)}. \tag{76.9}$$

Vernachlässigt man noch die Radmasse m_1 gegenüber der Aufbaumasse m_2, dann ergibt sich

$$\nu_2'^2 \approx \frac{c_1}{c_1 + c_2} \nu_2^2 < \nu_2^2. \tag{76.10}$$

Der Unterschied zwischen der gekoppelten und nicht gekoppelten Eigenfrequenz — beide für ungedämpfte Eigenschwingungen — ist also nicht groß.
Die zweite Lösung lautet, wenn ν_2^2 gegenüber ν_1^2 vernachlässigt wird,

$$\nu_1'^2 \approx \nu_1^2, \tag{76.11}$$

weil $\nu_1 \approx 10 \nu_2$ ist und $c_1/m_1 \approx \nu_1^2$ gesetzt werden kann. Das heißt, die Radeigenfrequenz ändert sich durch die Kopplung praktisch nicht.

77. Erregerschwingungen, Vergleich Kraftfahrzeug — einfach abgefederte Fahrzeuge

Mit der regellosen Unebenheitsfunktion nach Gl. (75.4)

$$h = \int_{-\infty}^{+\infty} \mathfrak{b}\, e^{i\omega t}\, d\omega \tag{77.1}$$

und den zugehörigen Lösungsansätzen entsprechend Gl. (70.12)

$$z_1 = \int_{-\infty}^{+\infty} \mathfrak{a}_1 e^{i\omega t}\, d\omega; \quad z_2 = \int_{-\infty}^{+\infty} \mathfrak{a}_2 e^{i\omega t}\, d\omega \tag{77.2}$$

erhält man die komplexen Gleichungen

$$[(-m_2\omega^2 + c_2) + i\omega k_2]\mathfrak{a}_2 - [c_2 + i\omega k_2]\mathfrak{a}_1 = 0, \tag{77.3}$$

$$-[c_2 + i\omega k_2]\mathfrak{a}_2 + [(-m_1\omega^2 + c_1 + c_2) + i\omega(k_1 + k_2)]\mathfrak{a}_1$$
$$= [c_1 + i\omega k_1]\mathfrak{b}. \tag{77.4}$$

Die Vergrößerungsfaktoren, d. h. die Verhältnisse von am Fahrzeug sich einstellenden Amplituden zur erregenden Amplitude, lauten für die Aufbaubeschleunigung als maßgebende Größe für die Schwingbequemlichkeit

$$\left(\frac{\omega^2 a_2}{b}\right)^2 = \omega^4 \left(\frac{c_1}{c}\right)^2 \frac{(1 + 4D_1^{*2})(1 + 4D_2^2\eta_2^2)}{N_{\text{Re}}^2 + N_{\text{Im}}^2} \tag{77.5}$$

und für die dynamische Radlastschwankung als eine Kenngröße für die Fahrsicherheit

$$\left(\frac{a_P}{b}\right)^2 = c_1^2 \eta_1^4 \frac{Z}{N_{\text{Re}}^2 + N_{\text{Im}}^2}. \tag{77.6}$$

Diese für die schwingungstechnische Beurteilung eines Fahrzeugs wichtigen Gl. (77.5) und (77.6) sind mit den Abkürzungen in Tabelle 68.1 unter „Fahrzeugsystem D" aufgenommen worden.

Ehe im einzelnen auf die Wirkung der verschiedenen Fahrzeugteile eingegangen wird, soll an Hand der Vergrößerungsfaktoren ein Vergleich zu den in Abschn. 68 behandelten einfacheren Schwingungssystemen gezogen werden. Nach Bild 77.1 haben die Vergrößerungsfaktoren für das Zweimassensystem zwei Resonanzspitzen, die erste liegt ungefähr bei der Aufbaueigenkreisfrequenz ν_2, die zweite bei der Achseigenkreisfrequenz ν_1. Gegenüber dem Fahrzeug B ergibt sich der große Unterschied, daß Beschleunigungen und Radlastschwankungen mit größer werdender

290 Dritter Teil — XII. Schwingungen des Aufbaues und des Rades

Erregerkreisfrequenz ω nicht mehr gegen Unendlich wachsen, sondern endlich bleiben. Das war — historisch betrachtet — durch die Erfindung des Luftreifens möglich, also durch die Einführung einer weiteren Feder (mit c_1) und damit automatisch durch die Schaffung der gefederten Zwischenmasse m_1 (die, weil zuvor ungefedert, noch bis heute gelegent-

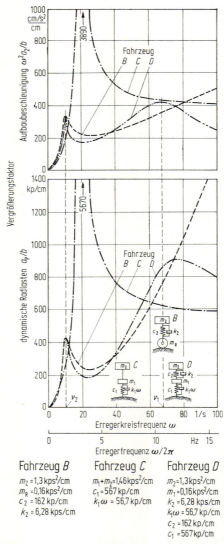

Bild 77.1 Vergrößerungsfaktoren für Aufbaubeschleunigungen und für dynamische Radlasten der Fahrzeuge B, C und D nach Tabelle 68.1 über der Erregerfrequenz.

lich als *ungefederte Masse* bezeichnet wird). Da höhere ω-Werte bei bestimmter Unebenheitsverteilung auf der Straße sich durch größere Fahrgeschwindigkeiten ergeben, war es seit der Erfindung des Lufteifens möglich, schneller zu fahren, ohne daß die Beschleunigungen und die Radlastschwankungen anstiegen, d. h. ohne daß die Schwingbequemlichkeit verschlechtert und die Fahrsicherheit vermindert wurde.

Gegenüber dem Fahrzeug C, das diesen Lufteifen hat, bringt erst der Einbau der Zwischenmasse und die Einführung der Aufbaufeder (mit c_2) die Möglichkeit, auch einen so kräftigen Dämpfer (mit k_2) einzubauen, daß die Vergrößerungsfaktoren im Resonanzgebiet klein bleiben. Danach ist Fahrzeug D ebenfalls Fahrzeug C überlegen, weil es kleinere Schwingempfindungen und höhere Fahrsicherheit ergibt.

78. Fahrzeug — Straße — Fahrgeschwindigkeit

Diesen in der Überschrift genannten Zusammenhang haben wir in den Abschn. 74 und 75 kennengelernt. Wiederholen wir es noch einmal am Beispiel der dynamischen Radlastschwankung P_{dyn}. Nach Gl. (74.16) läßt sich der quadratische Mittelwert

$$\overline{P_{\text{dyn}}^2} = \int_0^\infty \left(\frac{a_P}{b}\right)^2 \Phi_\text{h}(\omega)\,\mathrm{d}\omega \qquad (78.1)$$

aus dem Vergrößerungsfaktor der Radlastschwankung a_P/b und der spektralen Dichte $\Phi_\text{h}(\omega)$ berechnen. Diese wiederum ergibt sich nach Gl. (75.7)

$$\Phi_\text{h}(\omega) = \frac{1}{v}\,\Phi_\text{h}(\Omega) \qquad (78.2)$$

aus der Fahrgeschwindigkeit v und der spektralen Dichte der Unebenheiten $\Phi_\text{h}(\Omega)$. Als dritte Beziehung zwischen Zeitkreisfrequenz ω und Wegkreisfrequenz Ω benötigen wird nach Gl. (70.5)

$$\omega = v\Omega. \qquad (78.3)$$

Diesen formelmäßigen Zusammenhang können wir uns durch die Diagrammansammlung in Bild 78.1 veranschaulichen. In Bild a ist eine z. B. aus Bild 75.2 oder Tabelle 75.1 gegebene Unebenheitsdichte $\Phi_\text{h}(\Omega)$ gezeichnet. Aus ihr erhält man über Bild b nach den Gl. (78.3) und (78.2) die spektrale Dichte für Straßenunebenheiten und Fahrgeschwindigkeit $\Phi_\text{h}(\omega)$ in Bild c. Den Vergrößerungsfaktor für die Radlastschwankung a_P/b zeigt Bild d, er wurde nach den Gleichungen in Tabelle 68.1

berechnet. Die Multiplikation des quadrierten Vergrößerungsfaktors mit der spektralen Dichte von Straße und Geschwindigkeit ergibt nach Bild e die spektrale Dichte der Radlastschwankung $(a_P/b)^2\,\Phi_h(\omega)$. Der Flächeninhalt unter der Kurve ist nach Gl. (78.1) gleich dem quadratischen Mittelwert der Radlastschwankung $\overline{P^2_{\text{dyn}}}$ bzw. nach Gl. (73.8) gleich der Streuung σ_P^2.

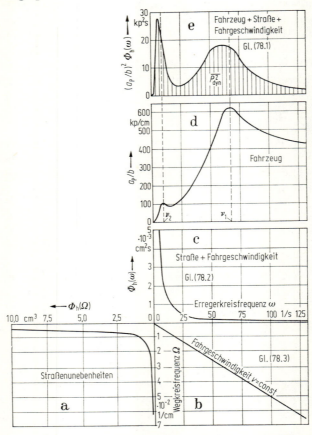

Bild 78.1 Ermittlung des quadratischen Mittelwertes der Radlastschwankung $\overline{P^2_{\text{dyn}}}$. a bis c) Zusammenhang zwischen weg- und zeitabhängigen spektralen Dichten (vgl. Bild 75.1), d) Vergrößerungsfaktor der Radlastschwankung a_P/b über der Erregerkreisfrequenz ω, e) spektrale Dichte der Radlastschwankung $(a_P/b)^2\,\Phi_h(\omega)$.

Dieses Bild 78.1 zeigt also in übersichtlicher Form, wie Straßenunebenheiten, Fahrgeschwindigkeit und Fahrzeugeigenschaften gemeinsam die Größe der Schwingungen, in diesem Beispiel der Radlastschwankungen, bestimmen.

78. Fahrzeug — Straße — Fahrgeschwindigkeit

Man kann diesen Zusammenhang auch rechnerisch einfach übersehen, wenn für die spektrale Dichte der Unebenheiten $\Phi_\mathrm{h}(\Omega)$ die Näherungsgleichung (75.8) eingeführt wird. Mit Gl. (78.1) bis (78.3) ergibt sich dann

$$\overline{P_\mathrm{dyn}^2} = \Phi_\mathrm{h}(\Omega_0)\Omega_0^w \, v^{w-1} \int_0^\infty \left(\frac{a_\mathrm{P}}{b}\right)^2 \omega^{-w} \, \mathrm{d}\omega. \tag{78.4}$$

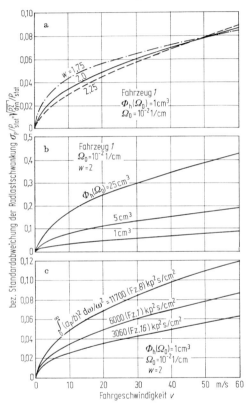

Bild 78.2 Einfluß der Fahrgeschwindigkeit v und a) der Welligkeit w des Unebenheitsspektrums, b) des Unebenheitsmaßes $\Phi_\mathrm{h}(\Omega_0)$ und c) von Fahrzeugdaten auf die Größe der Standardabweichung der Radlastschwankung σ_P bezogen auf die statische Radlast P_stat. Fahrzeugdaten s. Tabelle 78.2.

Danach hängt die Höhe der Radlastschwankungen von dem Unebenheitsmaß $\Phi_\mathrm{h}(\Omega_0)$ und der Welligkeit w der Straße, von der Fahrgeschwindigkeit v bzw. von v^{w-1} und dem Integralausdruck, der die Fahrzeugeigenschaften enthält, ab.

Bild 78.2 zeigt die Wirkung der einzelnen Einflußgrößen auf die Höhe der Standardabweichung der Radlastschwankung σ_P (also auf den

Wurzelwert des quadratischen Mittelwertes mit der Einheit kp). Bild a gibt den Anstieg von σ_P mit wachsender Fahrgeschwindigkeit v bei verschiedenen Welligkeitswerten w an. Da nach den Messungen für die Mehrzahl der Straßen (vgl. Tabelle 75.1) $w \approx 2$ gilt, ist die Standardabweichung nach Gl. (78.4)

$$\sigma_P \sim \sqrt{v}, \qquad (78.5)$$

d. h., die Radlastschwankung wächst ungefähr mit der Quadratwurzel aus der Fahrgeschwindigkeit an.

Bild 78.2b zeigt den Einfluß des Unebenheitsmaßes $\Phi_h(\Omega_0)$, das nach Tabelle 75.1 in einem weiten Bereich schwanken kann. Hier ist immer die Standardabweichung von der Quadratwurzel des Unebenheitsmaßes abhängig.

$$\sigma_P \sim \sqrt{\Phi_h(\Omega_0)}. \qquad (78.6)$$

Aus Bild 78.2c erkennt man schließlich die Bedeutung des Fahrzeuges, dessen Eigenschaften sich in dem Integralausdruck niederschlagen. Für $w = 2$ läßt sich eine entsprechende Beziehung zu Gl. (78.5) herleiten[1]

$$\sigma_P \sim \sqrt{\int_0^\infty \left(\frac{a_P}{b}\right)^2 \frac{d\omega}{\omega^2}}. \qquad (78.7)$$

Alle in diesem Abschnitt angestellten Überlegungen, die am Beispiel der Radlastschwankung bzw. ihres quadratischen Mittelwertes $\sigma_P^2 = \overline{P_{\text{dyn}}^2}$ oder ihrer Standardabweichung σ_P gezeigt wurden, gelten auch für andere Schwingungsgrößen. Soll z. B. die für die Schwingbequemlichkeit wichtige Aufbaubeschleunigung $\ddot{z}_2$ berechnet werden, so wird statt des bisherigen Vergrößerungsfaktors a_P/b nun $\omega^2 a_2/b$ eingesetzt. Bild 78.3 zeigt im Vergleich zu Bild 78.2a die Standardabweichung der Aufbaubeschleunigung $\sigma_{\ddot{z}_2}$ als Funktion der Fahrgeschwindigkeit bei verschiedenen Welligkeiten w.

Mit der Standardabweichung verbindet sich eine anschauliche Beurteilung der regellosen Schwingungsgröße, falls deren Verteilungsfunktion eine Gaußsche Normalverteilung ist. Es läßt sich — ohne auf die Schreibweise der Wahrscheinlichkeitsrechnung einzugehen — aussagen: Die Wahrscheinlichkeit, daß die Schwingungsgröße $Q(t)$ den Wert $\overline{Q} + \lambda\sigma_Q$ über- bzw. den Wert $\overline{Q} - \lambda\sigma_Q$ unterschreitet, beträgt S. Den Zusammenhang zwischen λ und S zeigt Tabelle 78.1.

Wählen wir, um uns die Aussage klar zu machen, das Beispiel der Radlastschwankung, die nach zahlreichen Messungen in etwa normalverteilt ist. Nach Bild 78.2a beträgt bei einer statischen Radlast $P_{\text{stat}} = \overline{P} = 700$ kp, $v = 20$ m/s und $w = 2$ die Standardabweichung $\sigma_P = 35$ kp. Es ist also zu erwarten, daß in

---

[1] Beim linearen Einachssystem ist der Integrand unabhängig von $\Phi_h(\Omega_0)$ und v.

78. Fahrzeug — Straße — Fahrgeschwindigkeit

$S = 31{,}7\%$ aller Fälle die Radlast von $P = 700 + 1 \cdot 35 = 735$ kp über- und von $P = 700 - 1 \cdot 35 = 665$ kp unterschritten wird. Man kann auch so formulieren, daß in $1 - S = 68{,}3\%$ aller Fälle die Radlast zwischen 735 und 665 kp liegt. Bei z. B. $\lambda = 3$ wird in $S = 0{,}3\%$ aller Fälle die Radlast $P = 700 + 3 \cdot 35 = 805$ kp über- bzw. $P = 700 - 3 \cdot 35 = 595$ kp unterschritten.

Tabelle 78.1 *Wahrscheinlichkeit S des Überschreitens von Vielfachen $\pm \lambda \sigma$ der Standardabweichung σ bei Gaußscher Verteilung*

λ	1	2	2,58	3	3,29
S	31,7%	4,6%	1%	0,3%	0,1%
$(1 - S)$	68,3%	95,4%	99%	99,7%	99,9%

Die Anwendung auf die Aufbaubeschleunigung ist noch einfacher, weil der lineare Mittelwert $\overline{\ddot{z}_2} = 0$ ist[1]. Mit $\sigma_{\ddot{z}_2} = 36$ cm/s² nach Bild 78.3 bei $v = 20$ m/s und $w = 2$ ergibt sich u. a., daß in 31,7% aller Fälle die Beschleunigung die Grenzwerte $\pm \sigma_{\ddot{z}_2} = \pm 36$ cm/s² überschreitet bzw. in 68,3% der Fälle innerhalb der genannten Grenzen liegt.

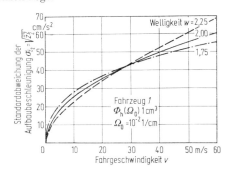

Bild 78.3 Einfluß der Fahrgeschwindigkeit v und der Welligkeit w des Unebenheitsspektrums auf die Standardabweichungen der Aufbaubeschleunigung. Fahrzeugdaten s. Tabelle 78.2.

Nun kehren wir zur Bestimmung des quadratischen Mittelwertes zurück, für den das Quadrat des Vergrößerungsfaktors mit der spektralen Dichte zu multiplizieren ist, und sehen uns genauer den Kurvenverlauf der Vergrößerungsfaktoren über der Erregerfrequenz ω an. Die Resonanzspitze bei der Aufbaueigenkreisfrequenz ν_2 ist nach Bild 78.1 d wesentlich schlanker als die bei der Achseigenkreisfrequenz ν_1. Durch die Multiplikation mit $\Phi_h(\omega)$ wird der Wert $(a_P/b)^2 \Phi_h(\omega)$ bei ν_2 gegenüber dem Vergrößerungsfaktor a_P/b stark vergrößert, während der Wert bei ν_1 relativ dazu verkleinert wird. Die Unebenheiten geben also dem Frequenzbereich

---

[1] Eigentlich ist $\overline{\ddot{z}_2} = -g$, was aber wegen der konstanten Erdbeschleunigung für die Schwingempfindung uninteressant ist.

Tabelle 78.2 *Zusammenstellung schwingungs-*

Beispielfahrzeug	Achsmasse m_1 [kps²/cm]	Anteilige Aufbaumasse m_2 [kps²/cm]	Reifenfederkonstante c_1 [kp/cm]	Aufbaufederkonstante c_2 [kp/cm]	Reifendämpfungskennwert $k_1^* = k_1\omega$ [kps/cm]	Aufbaudämpfungskonstante k_2 [kps/cm]
1				48,3		
2				12,1		3,26
3				24,2		
4				96,6		
5				12,1		1,64
6	0,102	0,612		24,2		2,32
7			350	96,6	35,0	4,62
8						1,08
9				48,3		2,17
10						4,34
11						5,32
12	0,178	0,536		42,5		2,95
13	0,055	0,659		52,2		3,50
14			466		26,2	
15		0,612	280		43,8	
16			233		52,5	
17			350	48,3		
18		1,22				
19	0,102	0,856	466			3,26
20		0,612				
21		1,22	650		35,0	
22			350			
23		0,612		34,2		
24			466			

78. Fahrzeug — Straße — Fahrgeschwindigkeit

technischer Daten der verwendeten Beispielfahrzeuge

Massenverhältnis $m_{2,\text{leer}}/m_1$	Beladungsverhältnis $m_{2,\text{bel}}/m_{2,\text{leer}}$	Reifenkennwert P_{stat}/c_1 [cm]	Achseigenfrequenz $v_1/2\pi$ [Hz]	Aufbaueigenfrequenz $v_2/2\pi$ [Hz]	Reifendämpfungsmaß D_1^*	Aufbaudämpfungsmaß D_2
6	1,0	2,0	9,95	1,41	0,05	0,3
			9,48	0,71		0,6
			9,64	1,0		0,42
			10,53	2,0		0,212
			9,48	0,71		0,3
			9,64	1,0		
			10,53	2,0		
			9,95	1,41		0,1
						0,2
						0,4
						0,5
3			7,47	1,41		0,3
12			13,61			
		1,5	11,30		0,028	
		2,5	9,03		0,078	
		3,0	8,36		0,113	
		2,0	9,95		0	
6	2,0	2,76		1,0	0,037	0,212
	1,41	2,0	11,30	1,18		0,254
	1,0	1,50		1,41		0,3
	2,0	2,0	13,17	1,0	0,027	0,212
	1,0		9,77	1,18	0,05	0,36
						0,254
			11,15		0,037	0,36

um die Aufbaueigenfrequenz ein stärkeres Gewicht als dem um die Achseigenfrequenz. Für die Flächenbildung nach Bild 78.1e trägt jedoch das Frequenzgebiet um v_1 wegen seiner breiten Form sehr wesentlich bei.

Vergleicht man in Bild 77.1 die Vergrößerungsfaktoren der Beschleunigung und der Radlastschwankung miteinander, so ist festzuhalten, daß das Frequenzgebiet um v_1 bei der Radlast stärker betont wird als bei der Beschleunigung. Das liegt an zwei Dingen: Einmal ist der Unterschied zwischen den Maxima bei v_1 und v_2 für die Radlastschwankung größer als für die Aufbaubeschleunigung, und zum anderen geht der Vergrößerungsfaktor $\omega^2 a_2/b$ nach Tabelle 68.1 asymptotisch gegen Null, während a_P/b sich dem endlichen Wert c_1 nähert.

Der Einfluß höherer Erregerfrequenzen wird auf die Fahrsicherheit größer als auf die Aufbaubeschleunigung sein. (Ein weiterer Grund wird noch in Abschn. 85 bei der Behandlung der Sitzfederung genannt.)

In den folgenden Abschnitten werden die Daten an dem durch das Zweimassensystem repräsentierten Fahrzeug variiert und die Wirkung an der Größe der Aufbaubeschleunigungen und der Radlastschwankungen diskutiert. Die den Rechnungen zugrunde liegenden „Beispielfahrzeuge" sind in Tabelle 78.2 zusammengestellt.

79. Einfluß der Aufbaufederkonstanten c_2

Bei den Fahrzeugen 1, 2, 3 und 4 (Bild 79.1) wurde nur c_2 so variiert, daß sich die Aufbaueigenfrequenz $v_2/2\pi$ von 2,0 Hz bis auf 0,7 Hz herab veränderte. Die hohe Frequenz von 2,0 Hz kommt heute bei Personen befördernden Fahrzeugen kaum mehr vor, die niedrige Eigenfrequenz ist mit der Einführung niveauregelnder Federungen erreichbar geworden. Den Einfluß dieser relativ großen Änderung der Aufbaufederkonstanten auf die Form des Vergrößerungsfaktors zeigen die Bilder 79.1a und d.

Wesentliche Unterschiede ergeben sich im Bereich der Aufbaueigenfrequenz. Aufbaubeschleunigung und dynamische Radlastschwankungen werden bei kleinen ω-Werten mit weicher werdender Federung geringer. Zwar erniedrigen sich die Aufbaueigenfrequenzen nur mit der Quadratwurzel aus c_2, aber die Maximalwerte der Resonanzspitzen nehmen ungefähr proportional mit c_2 ab, so daß eine nur klein erscheinende Verminderung der Eigenkreisfrequenz v_2 doch eine maßgebende Erhöhung des Fahrkomforts und der Fahrsicherheit bei kleinen Erregerfrequenzen erbringt. In dem Frequenzgebiet, bei dem die Erregerfrequenz ungefähr gleich der Achseigenfrequenz ist, wirkt sich die Veränderung der Achsfederung nicht so stark wie bei der Aufbauresonanzspitze aus. Es ist aber zu beachten, daß sich mit kleinerem c_2 die Aufbaubeschleunigung verringert, während sich die dynamischen Radlasten etwas vergrößern. Insgesamt wird also im gesamten Frequenzbereich die Aufbaubeschleu-

79. Einfluß der Aufbaufederkonstanten c_2

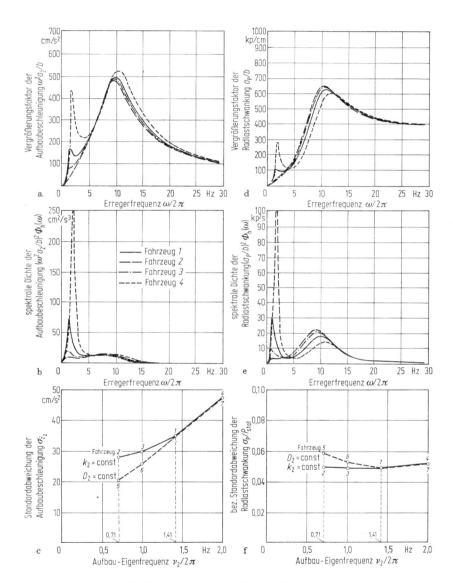

Bild 79.1 Einfluß der Aufbaufederkonstanten auf Aufbaubeschleunigung und Radlastschwankung. a und d) Vergrößerungsfaktoren für Aufbaudämpfungskonstante k_2 = const, b und e) spektrale Dichten für k_2 = const, c und f) Standardabweichungen für Aufbaudämpfungskonstante k_2 = const und Aufbaudämpfungsmaß D_2 = const. Fahrzeugdaten s. Tabelle 78.2. Fahrgeschwindigkeit $v = 20$ m/s. Unebenheitsspektrum nach Gl. (75.8) mit $\Omega_0 = 10^{-2}$ cm^{-1}, $\Phi_h(\Omega_0) = 1$ cm^3, $w = 2$.

nigung mit abnehmendem c_2 kleiner, während sich die Radlastschwankungen teilweise vermindern, teilweise vergrößern.

Die Bilder 79.1 b und e zeigen die spektralen Dichten der Aufbaubeschleunigung $(\omega^2 a_2/b)^2 \Phi_\mathrm{h}(\omega)$ und der Radlastschwankung $(a_\mathrm{P}/b)^2 \Phi_\mathrm{h}(\omega)$ nach Multiplikation der quadrierten Vergrößerungsfaktoren mit der in der Bildunterschrift zu 79.1 angegebenen spektralen Unebenheitsdichte bei der Fahrgeschwindigkeit von $v = 20$ m/s. Sie zeigen — wie im vorigen Abschnitt beschrieben — deutlich die Anhebung bei den kleinen Frequenzen und machen dadurch die Wirkung weicherer Federn auf die Fahreigenschaften sichtbar.

Aus der Integration dieser Kurven ergeben sich nach Gl. (74.15) und (74.16) die Standardabweichungen für die Aufbaubeschleunigung $\sigma_{\ddot z_2} = \sqrt{\overline{\ddot z_2^2}}$ und für die auf die statische Last bezogene Radlastschwankung $\sigma_\mathrm{P}/P_\mathrm{stat} = \sqrt{\overline{P_\mathrm{dyn}^2}}/P_\mathrm{stat}$, die als Funktion der Aufbaueigenfrequenz $\nu_2/2\pi$ in den Bildern 79.1 c und f dargestellt sind. Die Kurven mit $k_2 = $ const — denn bis jetzt wurde nur c_2 verändert — zeigen, daß die Radlastschwankung und damit die Fahrsicherheit durch eine weichere Federung kaum verändert wird, während die Aufbaubeschleunigung sinkt und daher der Komfort steigt.

Die Verbesserung der Schwingbeweglichkeit ist für die durch Sitze abgefederten Insassen — wie meist der Fall — noch größer. Wir werden das in Abschn. 85 näher behandeln. Es sei aber schon jetzt darauf hingewiesen, daß die Sitzfederung die Amplituden im Bereich der Achseigenfrequenz in erheblichem Maße mindert, so daß den Frequenzen um die Aufbaueigenfrequenz größere Bedeutung zukommt. Da sich nun die Veränderung der Federhärte c_2 gerade in diesem Bereich auswirkt, werden auch die Insassen die Veränderungen von Aufbaufederung und Eigenfrequenz ν_2 stärker spüren, als aus Bild 79.1 c hervorgeht.

Dem Einbau von weichen Federn sind von der Konstruktion her bestimmte Grenzen gesetzt. Je stärker der Gedanke des Leichtbaues in den Fahrzeugbau einging, um so größer wurde der Gewichtsunterschied zwischen leerem und vollbeladenem Fahrzeug. Um so größer wurden damit die erforderlichen Federwege zwischen den beiden Beladungszuständen und ein um so größerer Raum mußte für die Relativbewegung zwischen Achse und Aufbau vorgesehen werden. Aus Platzgründen verbot sich damit von selbst der Einbau sehr weicher Federn.

Die Auswirkungen zeigt Bild 79.2: je größer die Beladungsunterschiede nach b sind, um so höher sind auch die Eigenfrequenzen der leeren Wagen nach a. Darüber hinaus machen die Diagramme deutlich, daß große und schwere Wagen geringere relative Beladungsunterschiede als kleine und leichte Fahrzeuge haben. Das liegt einfach daran, daß fast alle Pkw — ob groß oder klein — mit ungefähr dem gleichen

79. Einfluß der Aufbaufederkonstanten c_2

Gewicht beladen werden dürfen. Darum sind also größere, schwerere[1] Wagen im allgemeinen weicher und damit komfortabler gefedert. Weitere Angaben über Eigenfrequenzen enthält Tabelle 79.1.

Tabelle 79.1 *Zusammenstellung von Aufbaueigenfrequenzen*

Fahrzeuge	Aufbaueigenfrequenzen $v_2/2\pi$
Omnibusse 1958 mit Stahlfedern	1,3...2,0 Hz je nach Beladung
mit Luftfedern	$\leq$ 1,3 Hz
Doppeldeckbusse, London	$\approx$ 1,4 Hz beladen
Pkw: s. Bild 79.2	
Sportwagen:	
Daimler Benz 1930	$\approx$ 3 Hz
Porsche Rennsportwagen 1957	1,7 Hz vorn und hinten

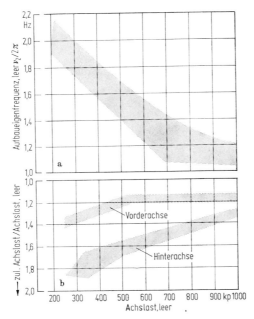

Bild 79.2 Zusammenhang zwischen a) Aufbaueigenfrequenz und Achslast und b) zulässiger Achslast und Achslast des leeren Fahrzeuges für verschiedene Pkw bis Baujahr 1964.

---

[1] Da Fahrzeuge nicht unnütz schwer gebaut werden, entsprechen sich Baugröße und Gewicht.

302 Dritter Teil — XII. Schwingungen des Aufbaues und des Rades

Der Federweg Δf_{ges}, der maximal zur Verfügung stehen muß, ergibt sich nach Bild 79.3 aus dem Federdiagramm zu

$$\Delta f_{\text{ges}} = \Delta f_{\text{stat}} + f_{\text{dyn, bel}} + f_{\text{dyn, leer}} \tag{79.1}$$

aus der Eindrückung Δf_{stat} durch die größtmögliche Beladungsdifferenz und aus den durch die Fahrzeugschwingungen entstehenden Federwegen f_{dyn} bei vollem und leerem Wagen. Mit den dazugehörigen Aufbaugewichten $G_{2,\text{bel}}$ und $G_{2,\text{leer}}$ wird $\Delta f_{\text{stat}} = (G_{2,\text{bel}} - G_{2,\text{leer}})/c_2$. Mit $f_{\text{dyn, bel}} = f_{\text{dyn, leer}}$ ist

$$\Delta f_{\text{ges}} = \frac{G_{2,\text{bel}}}{c_2}\left(1 - \frac{G_{2,\text{leer}}}{G_{2,\text{bel}}}\right) + 2 f_{\text{dyn}} = \frac{G_{2,\text{leer}}}{c_2}\left(\frac{G_{2,\text{bel}}}{G_{2,\text{leer}}} - 1\right) + 2 f_{\text{dyn}}. \tag{79.2}$$

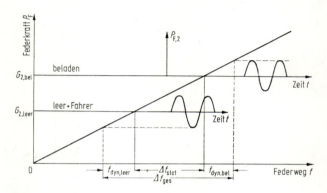

Bild 79.3 Federkraft-Federweg-Diagramm (lineare Federkennung).

Mit den ungekoppelten, ungedämpften Eigenkreisfrequenzen wird mit Gl. (76.6)

$$\frac{\Delta f_{\text{ges}}}{\text{cm}} \approx 25 \frac{\text{Hz}^2}{(\nu_2/2\pi)^2_{\text{bel}}}\left(1 - \frac{G_{2,\text{leer}}}{G_{2,\text{bel}}}\right) + 2\frac{f_{\text{dyn}}}{\text{cm}}$$

$$= 25 \frac{\text{Hz}^2}{(\nu_2/2\pi)^2_{\text{leer}}}\left(\frac{G_{2,\text{bel}}}{G_{2,\text{leer}}} - 1\right) + 2\frac{f_{\text{dyn}}}{\text{cm}}. \tag{79.3}$$

Aus Bild 79.4, das die Auswertung von Gl. (79.3) zeigt, mit $2 f_{\text{dyn}} = 5{,}7$ cm, ist deutlich zu erkennen, daß mit abnehmender Eigenfrequenz $(\nu_2/2\pi)$ und mit zunehmendem Beladungsunterschied $G_{2,\text{bel}}/G_{2,\text{leer}}$ die erforderlichen Federwege sehr groß werden.

Die Niveauregulierung gestattet eine weiche Auslegung der Federn. Sie hält bei unterschiedlicher Beladung den Abstand Achse—Aufbau konstant. Dadurch wird $\Delta f_{\text{stat}} = 0$ und der Gesamtfederweg auf

$$\Delta f_{\text{ges}} = 2 f_{\text{dyn}} \tag{79.4}$$

vermindert. Damit kann der gesamte verfügbare Federweg allein für die dynamischen Federwege ausgenutzt werden.

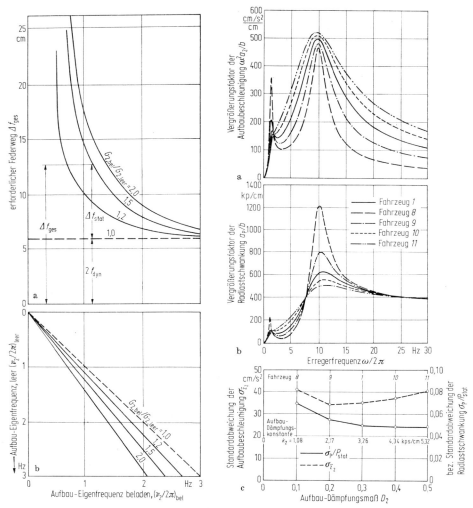

Bild 79.4 a) Erforderlicher Federweg und b) Aufbaueigenfrequenz des leeren Fahrzeuges in Abhängigkeit von der Aufbaueigenfrequenz (beladen) und dem Federlastverhältnis $G_{2,\text{bel}}/G_{2,\text{leer}}$.

Bild 80.1 Einfluß der Aufbaudämpfungskonstanten k_2 auf Aufbaubeschleunigung und Radlastschwankung. a und b) Vergrößerungsfaktoren, c) Standardabweichungen. Fahrzeugdaten s. Tabelle 78.2. Fahrbahn und Geschwindigkeit s. Bild 79.1.

80. Einfluß der Aufbaudämpfungskonstanten k_2

Bei den Fahrzeugen 1 und 8...11 wird nach Tabelle 78.2 bei unverändert gehaltenen anderen Daten der Dämpfungsfaktor k_2 und damit das Dämpfungsmaß $D_2 = k_2/(2\sqrt{c_2 m_2})$ variiert. In Bild 80.1 wurde das

Ergebnis der Rechnung aufgetragen. In der Nähe der ersten Resonanzspitze, bei Erregerfrequenzen $\omega/2\pi$ nahe der Aufbaueigenfrequenz $\nu_2/2\pi$, werden nach Bild a und b Aufbaubeschleunigung und dynamische Radlast mit kleiner werdender Dämpfung vergrößert. Im Gebiet der Achseigenfrequenz gilt diese Feststellung nur für die Radlastschwankung, während die Amplituden für die Aufbaubeschleunigungen mit kleinerer Dämpfung kleiner werden[1]. Der Dämpfer ist bei hohen Erregerfrequenzen für den Aufbau ein Stoßverstärker, er vermindert den Fahrkomfort. Für die Radlast ist er jedoch ein Stoßverminderer, er erhöht die Fahrsicherheit.

Wie sich nun der unterschiedliche Einfluß von k_2 in den beiden Resonanzgebieten für die zwei Schwingungsgrößen insgesamt auswirkt, zeigen die Verläufe der Standardabweichungen über dem Dämpfungswert in Bild 80.1c. Der für den Komfort maßgebende Wert $\sigma_{\ddot{z}_2}$ hat nach diesen Rechenbeispielen bei dem Dämpfungsmaß $D_2 \approx 0{,}2$ ein Minimum, während die für die Fahrsicherheit wichtige Größe σ_P/P_stat bei $D_2 = 0{,}4$ bis 0,5 einen, allerdings sehr wenig ausgeprägten, Minimalwert zeigt. Es muß also ein Kompromiß für Aufbaubeschleunigung und Radlastschwankung gefunden werden, der bei $D_2 \approx 0{,}3$ liegen dürfte. Gegenüber $D_2 \approx 0{,}2$ hat sich der Komfort und gegenüber $D_2 = 0{,}4\ldots 0{,}5$ die Fahrsicherheit kaum verschlechtert.

Dieser Wert gilt streng genommen nur für die hier diskutierten Beispielfahrzeuge, bei denen die sonstigen Schwingungsdaten alle gleich gehalten wurden. So gibt es z. B. für jeden Beladungszustand einen anderen Kompromißwert, worauf wir noch in Abschn. 84 zu sprechen kommen.

Auch bei Veränderung von c_2, also beim Einbau weicherer oder härterer Federn, sollte man prüfen, wie die Schwingungseigenschaften durch Anpassung der k_2- an die c_2-Werte optimiert werden können. Wir kommen damit nochmals auf die Bilder 79.1a und d zurück, in denen c_2 und damit $\nu_2/2\pi$ in den Grenzen 2,0...0,7 Hz verändert wurden, die Dämpfungskonstante k_2 aber gleich gelassen wurde. Das entspricht nach Tabelle 78.2 einer Variation des Dämpfungsmaßes D_2 von etwa 0,2...0,6. Bei den Beispielfahrzeugen 5, 6 und 7 wurde die Aufbaueigenfrequenz in dem gleichen Maß verändert, die Dämpfung aber zum Vergleich so abgewandelt, daß D_2 mit 0,3 konstant blieb. Das Ergebnis, gleich in Form der Standardabweichung in den Bildern 79.1c und f mit eingetragen, gibt an, daß die Auslegung mit dem konstanten Dämpfungsmaß D_2 den Einbau von weichen Federn in bezug auf den Fahrkomfort noch

---

[1] Für den Extremfall $k_2 = 0$, $D_2 = 0$ gilt diese Bemerkung nicht, dabei ist der Wert $\omega^2 a_2/b$ für $\omega = \nu_1$ sehr groß. Das Amplitudenverhältnis bei der Achseigenfrequenz wird also bei relativ kleinem Dämpfungsfaktor ein Minimum haben.

weiter verbessert, die Fahrsicherheit aber vermindert[1]. Wir erkennen also, daß der für Aufbaubeschleunigung und Radlastschwankung zu suchende Kompromißwert D_2 mit weicherer Federung zunehmen wird. In unseren Beispielen wird er für $\nu_2/2\pi = 0{,}7$ Hz zwischen $D_2 = 0{,}3$ und $0{,}6$ liegen.

81. Einfluß der Radmasse m_1

Gegenüber Fahrzeug 1 wurde die Radmasse bei Beispielfahrzeug 12 auf das Doppelte vergrößert, bei Fahrzeug 13 auf die Hälfte vermindert, die Aufbaumasse m_2 wurde, um die Radlast $P_\text{stat} = $ const zu halten, entsprechend angepaßt. Eine starke Änderung der Radmasse kann nicht allein durch Leichtbau erreicht werden, sondern auch durch Wahl einer anderen Achsbauart (z. B. bei Antriebsachsen Übergang von der Starrachse auf Einzelradaufhängung oder bei Einzelradaufhängung durch Verlegen der Bremse vom Rad an das Differential). Tabelle 81.1 gibt Anhaltswerte für die Größe von m_1.

Tabelle 81.1 *Verhältnis der auf das Rad entfallenden Aufbaumasse des leeren Fahrzeuges $m_{2,\text{leer}}$ zu Radmasse m_1*

Fahrzeug	$m_{2,\text{leer}}/m_1$		Bemerkung
	Vorderachse	Hinterachse	
Fiat 124	8,9	7,5	starre
Ford Capri	7,96	5,2	Hinterachse
Ford Escort	10,35	5,57	
Opel GT Coupé	8,6	5,94	
BMW 2500	12,3	9,7	Einzelrad-
DAF 55	9,5	10,5	aufhängung
Simca 1100	9,4	11,6	an Hinterachse
VW 411	8,6	10,4	

Die kleinere Achsmasse erhöht nach Gl. (76.7) die Achseigenkreisfrequenz ν_1, deshalb liegt in den Bildern 81.1a und b die zweite Resonanzspitze bei größeren Erregerfrequenzen. Die Amplituden bei $\omega \approx \nu_1$ nehmen mit kleinerem m_1 ab, bei der Aufbaubeschleunigung allerdings

---

[1] Konstantes D_2 hat gegenüber konstantem k_2 noch den Nachteil größerer dynamischer Federwege, d. h. es muß mehr Platz vorgesehen werden.

306 Dritter Teil — XII. Schwingungen des Aufbaues und des Rades

nicht in dem Maße wie bei der Radlastschwankung. Da zur Ermittlung der Standardabweichung der Flächeninhalt bestimmt werden muß,

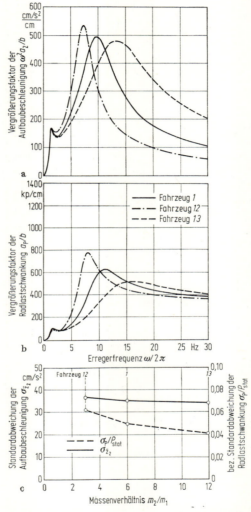

Bild 81.1 Einfluß der Radmasse m_1 auf Aufbaubeschleunigung und Radlastschwankung. a und b) Vergrößerungsfaktoren, c) Standardabweichungen. Fahrzeugdaten s. Tabelle 78.2. Fahrbahn und Geschwindigkeit s. Bild 79.1.

sind nicht allein die Spitzenwerte, sondern die Gesamtverläufe der Vergrößerungsfaktoren wichtig, und deshalb sei erwähnt, daß die Resonanzkurven in der Nähe der Achseigenfrequenz bei kleinerem m_1 völliger sind.

Bild 81.1c faßt das eben Gesagte zusammen: Der Fahrkomfort wird durch eine kleinere Radmasse kaum beeinflußt[1], die Fahrsicherheit wird erhöht.

82. Einfluß der Reifendaten

Die Reifeneigenschaften werden nach unserem Schwingungsmodell durch die Federkonstante c_1 und durch den Dämpfungswert k_1 beschrieben. In Abschn. 18 wurde schon die Größe von c_1 bzw. der für alle Reifendimensionen fast gleiche Wert P_{stat}/c_1 und in Abschn. 19 die Gummidämpfung $k_1\omega$ und der dimensionslose Wert $k_1\omega/c_1$ ($= 2D_1^*$ nach Tabelle 68.1) besprochen. Jetzt wird die Wirkung auf die Schwingbewegung gezeigt.

Durch die Verwendung weicherer Reifen sinkt nach den Bildern 82.1a und b die Größe der zweiten Resonanzspitze bei Aufbaubeschleunigungen und Radlasten ungefähr proportional mit c_1. Bei der Radlastschwankung verringert sich weiterhin genau proportional mit c_1 (vgl. Tabelle 68.1) der Asymptotenwert. Sonst ist nur noch, da mit kleinerem c_1 die Achseigenfrequenz kleiner wird, die Verschiebung der zweiten Resonanzspitze zu kleineren ω-Werten zu vermerken. In der Nähe der ersten Spitze, im Frequenzbereich $\omega \approx \nu_2$, ändert sich praktisch nichts.

Ein weicher Reifen kann also die Amplituden im Gebiet der zweiten Resonanzspitze, ähnlich wie eine weiche Aufbaufederung die in der ersten, wesentlich vermindern. Seine Anwendung ist, wie Bild 82.1e zeigt, zu empfehlen, zumal zwischen Schwingbequemlichkeit und Fahrsicherheit kein Kompromiß zu schließen ist. Ein weicherer Reifen bedeutet nach den Überlegungen in Kap. II die Verwendung eines voluminöseren Reifens und nicht einfach z. B. die Verminderung des Luftdruckes. Deshalb wurde bei den Beispielfahrzeugen 14 bis 16 nicht nur c_1, sondern auch, da für Reifen unterschiedlichen Volumens verschieden große Gummimengen zur Ummantelung nötig sind, $k_1\omega$ verändert, und zwar so, daß $k_1\omega \sim P_{\text{stat}}/c_1$ ist.

In den Bildern 82.1c und d wurde nur die Reifendämpfungskonstante $k_1\omega$ variiert; vorstellbar, als wären Reifen gleichen Luftvolumens und damit mit gleichem c_1 mit mehr oder weniger dickem Gummi oder mit einem Material verschieden großer Dämpfung ausgestattet. Gegenüber Fahrzeug 1 wurde bei Fahrzeug 17 die Reifendämpfung überhaupt vernachlässigt ($k_1\omega = 0$, $D_1^* = 0$). An den Vergrößerungsfaktoren ändert sich, gemessen an der großen Variation, relativ wenig. Im Gebiet der

---

[1] Die Sitzfederung wird jedoch durch den größeren Abstand der Eigenfrequenzen nach den Bildern 85.4c und 85.5 wirksamer.

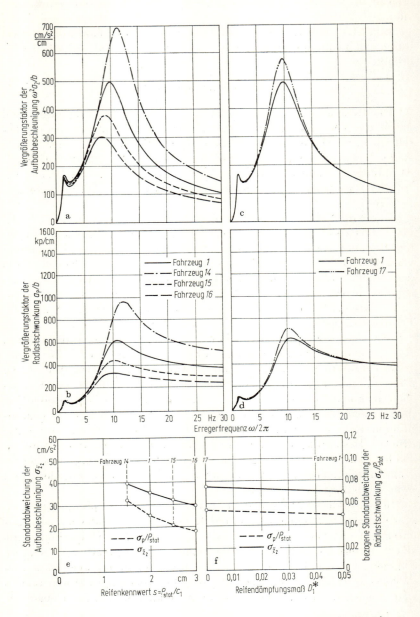

Bild 82.1 Einfluß der Reifenfederkonstanten c_1 und des Reifendämpfungsmaßes D_1^* auf a und b) Vergrößerungsfaktoren für verschiedene c_1, c und d) Vergrößerungsfaktoren für verschiedene D_1^*, e und f) Standardabweichungen.

Achsresonanz werden mit wachsender Dämpfung die Amplituden kleiner, die Asymptote für die dynamische Radlast nach Tabelle 68.1 geringfügig größer. Insgesamt ist eine kleine Verbesserung mit wachsender Reifendämpfung zu erwarten.

Indirekt liegt aber eine Verschlechterung vor; denn eine größere Dämpfung bewirkt eine für den Reifen schädliche größere Erwärmung (s. Abschn. 16). Zum Ausgleich müßte die Reifeneindrückung verkleinert werden, weil die Eindrückung auch die wegabhängige Reifendämpfungskraft und damit die Dämpfungsarbeit bestimmt. Kleinere Reifeneindrückung bedeutet aber größere Federkonstante c_1 und wesentliche Verschlechterung der Schwingungseigenschaften. Deshalb sollte die Reifendämpfung möglichst klein sein, um die Reifenfederung weicher machen zu können.

Insgesamt gesehen trägt der Reifen wenig zur Gesamtdämpfung des Fahrzeugs bei, diese Aufgabe wird hauptsächlich durch den Stoßdämpfer erfüllt. Aus diesem Grund wird sehr häufig auch die Rechnung vereinfacht, indem $k_1\omega = 0$ bzw. $D_1^* = 0$ gesetzt wird.

83. Einfluß der Aufbaumasse m_2 (Beladungsänderung)

Nur bei wenigen Fahrzeugen bleibt die Aufbaumasse konstant. Bei fast allen ist sie mit der Zuladung veränderlich. Bild 83.1 zeigt den Einfluß der Beladungsänderung auf die Vergrößerungsfaktoren für die Aufbaubeschleunigung $\omega^2 a_2/b$ und für die Radlastschwankung a_P/b sowie auf die zugehörigen Standardabweichungen $\sigma_{\ddot{z}_2}$ und σ_P. Dabei entspricht das Beispiel 18 dem vollbeladenen, Beispiel 19 dem teilbeladenen Fahrzeug, und Beispiel 20 sei der leere (nur mit dem Fahrer besetzte) Wagen. Außer der Aufbaumasse m_2 wird nichts verändert, weder m_1, k_2, c_2, k_1 noch c_1.

Nach Bild 83.1a wird der Vergrößerungsfaktor der Aufbaubeschleunigung und damit auch die Standardabweichung $\sigma_{\ddot{z}_2}$ nach Diagramm e mit zunehmender Beladung kleiner. Der Vergrößerungsfaktor der Radlastschwankung hingegen verändert sich nach Bild b relativ wenig, die Fahrsicherheit wird dennoch nach Bild f mit anwachsendem m_2 besser, da auch P_{stat} größer wird. Vom beladenen Fahrzeug aus gesehen hat also der leere bzw. teilbeladene Wagen den schlechteren Fahrkomfort und die geringere Fahrsicherheit. Einen Anhalt für die Beladungsveränderungen über die verschiedenen Achsen in Pkw gibt Bild 79.2b. Über Hinterachsen bei Pkw mit Motor vorn und Kofferraum hinten können, besonders bei kleineren Wagen, sehr wohl Änderungen von m_2 um den Faktor 2 auftreten. Dieser Wert ist auch bei Omnibussen zu finden, bei Lkw kann er über der Antriebsachse bei 3 und bei Anhängern um 4 liegen.

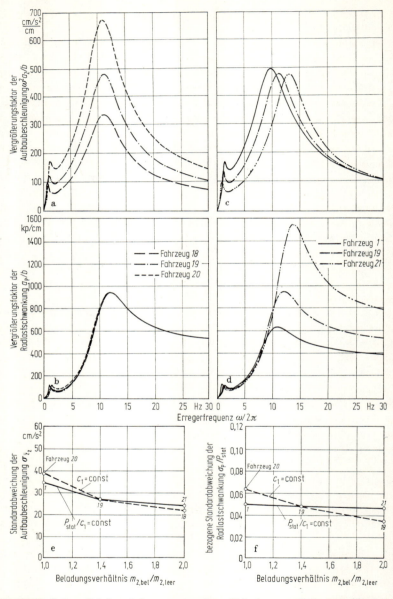

Bild 83.1 Einfluß von Beladungsänderungen m_2 und von Maßnahmen zur Verbesserung der Schwingungseigenschaften des leeren Fahrzeuges auf Aufbaubeschleunigung und Radlastschwankung. a und b) Vergrößerungsfaktoren für verschiedene Beladungen m_2, c und d) Vergrößerungsfaktoren für verschiedene Beladungszustände bei angepaßter Reifenfederkonstante c_1, P_{stat}/c_1 = const, e und f) Standardabweichungen. Fahrzeugdaten s. Tabelle 78.2. Fahrbahn und Geschwindigkeit s. Bild 79.1.

84. Anpassung der Fahrzeugdaten an die Beladung

Nach dem im vorangegangenen Abschn. 83 Gesagten hat das leere Fahrzeug gegenüber dem beladenen über den gesamten Frequenzbereich hinweg die ungünstigeren Schwingungseigenschaften. Wir wollen nun untersuchen, inwieweit das geändert werden kann. Die Amplituden für Aufbaubeschleunigung und Radlastschwankung werden nach den Ergebnissen des Abschn. 79 im Frequenzbereich $\omega \approx \nu_2$ durch Verminderung der Aufbaufederkonstanten c_2 und im Bereich $\omega \approx \nu_1$ nach den Ausführungen in Abschn. 82 durch Verkleinern der Reifenfederkonstanten c_1 verbessert. Eine Anpassung an die kleinere Beladung könnte demnach durch Veränderung von c_2 und c_1 geschehen.

Betrachten wir zunächst die Variation der Federkonstanten c_1 mit der Beladungsänderung. Sie wird indirekt in den Betriebsanleitungen der Fahrzeuge mit der Aufforderung, den Luftdruck im Reifen der Beladung anzupassen, angegeben.

Es wurde für die Rechnung, deren Ergebnisse in den Bildern 83.1c und d dargestellt sind, an den Beispielfahrzeugen 1 und 21 angenommen, der Luftdruck verändere die Reifenfederkonstante c_1 so, daß der charakteristische Wert $P_{\text{stat}}/c_1 = 2$ cm für alle Beladungszustände konstant bleibt. Im Vergleich zu den Bildern a und b, bei denen diese Anpassung nicht erfolgte, zeigt sich die in Abschn. 82 diskutierte Wirkung: Nur im Gebiet der Achseigenfrequenz $\omega \approx \nu_1$ werden die Amplituden der Aufbaubeschleunigung und der Radlastschwankung sowie bei dieser noch der Asymptotenwert wesentlich beeinflußt.

Nach den Bildern e und f bewirkt die Änderung des Luftdruckes und damit der Reifenfederkonstanten c_1 am leeren Fahrzeug gegenüber dem teilbeladenen, daß die Fahrsicherheit kaum geringer und die Schwingbequemlichkeit nicht mehr so schlecht ist.

Die Aussage für den Fahrkomfort werden wir in Abschn. 85 bei der Behandlung der Sitzfederung noch korrigieren müssen. Es wurde schon in Abschn. 79 darauf hingewiesen, daß die Sitzfederung die Frequenzen um die Achseigenfrequenz in erheblichem Maße schluckt, so daß den Frequenzen um die Aufbaueigenfrequenz größere Bedeutung zukommt. Da nun, wie Bild 83.1c im Vergleich zu Bild a zeigt, durch die Luftdruckanpassung die Amplituden um die Aufbaueigenfrequenz praktisch nicht verändert wurden, ist der Komfortgewinn nicht so spürbar, wie Bild e uns vermuten läßt. Dies wäre nur dann der Fall, wenn der Fahrer oder z. B. die wenigen Fahrgäste in einem großen Omnibus auf ungefederten Stühlen säßen.

(Die Erhöhung der Aufbaubeschleunigung und der Radlastschwankung am vollbeladenen Fahrzeug durch die Erhöhung von c_1 bedeutet zwar eine Verschlechterung, diese ist aber wegen der in Abschn. 16 genannten Reifenerwärmung bei höheren Geschwindigkeiten erforderlich.)

Um noch einfacher vergleichen zu können, werden in Tabelle 84.1 die Standardabweichungen der verschiedenen leeren Fahrzeuge absolut und prozentual denen des teilbeladenen Wagens 19 gegenübergestellt. Durch die Anpassung der Reifenfederkonstanten c_1 ist das leere Fahrzeug 1 in der bezogenen Radlastschwankung nur 4%, in der Aufbaubeschleunigung allerdings noch 21% schlechter als Fahrzeug 19.

Beim leeren Fahrzeug 22 wurde noch zusätzlich die Aufbaufederkonstante c_2 der Beladung angepaßt, und zwar so, daß nun die Aufbaueigenfrequenz $v_2 = \sqrt{c_2/m_2}$ gleich der des teilbeladenen Wagens 19 ist. Nach Abschn. 79 bewirkt eine Verminderung von c_2 hauptsächlich eine Verkleinerung der Amplituden der Aufbaubeschleunigung im Frequenzbereich $\omega \approx v_2$, so daß jetzt das leere Fahrzeug wesentlich besser im Fahrkomfort wird und nach Tabelle 84.1 nur noch um 9% schlechter ist als das teilbeladene Fahrzeug 19. Die Verbesserung in der Fahrsicherheit ist so unbedeutend, daß wir ihr keine Aufmerksamkeit zu schenken brauchen.

Tabelle 84.1 *Vergleich der Standardabweichungen der Aufbaubeschleunigungen und der bezogenen Radlastschwankungen zwischen teilbeladenem Fahrzeug und leeren Fahrzeugen mit lastabhängig angepaßten Reifenkonstanten c_1, Aufbaufedersteifigkeit c_2 und Aufbaudämpfungsmaßen D_2. Fahrgeschwindigkeit $v = 10$ m/s. Unebenheitsspektrum nach Gl. (75.8) mit $\Omega_0 = 10^{-2}$ cm^{-1}, $\Phi_h(\Omega_0) = 1$ cm^3, $w = 2$*

Beispielfahrzeug (Tab. 78.2)	Eigenschaften	$\sigma_{\ddot{z}_2}$		σ_P/P_{stat}	
		[cm/s²]	[%]	[1]	[%]
19	teilbeladen	0,291	100	0,0473	100
20	leer, sonst wie 19	0,389	134	0,0632	134
1	leer, wie 20, jedoch P_{stat}/c_1 wie 19	0,352	121	0,0494	104
22	leer, wie 20, jedoch P_{stat}/c_1 und v_2 wie 19	0,318	109	0,0492	104
23	leer, wie 20, jedoch P_{stat}/c_1, v_2 und D_2 wie 19	0,289	99	0,0526	111
24	leer, wie 20, jedoch v_2 wie 19	0,361	124	0,0633	134

Wird nun auch noch die Dämpfungskonstante k_2 dem veränderten c_2-Wert und damit der veränderten Beladung m_2 so angeglichen, daß das Dämpfungsmaß D_2 = const gesetzt wird, so wissen wir aus den Betrachtungen des Abschn. 80, daß die Aufbaubeschleunigung kleiner, die Radlastschwankung hingegen größer wird. Die Zahlen in Tabelle 84.1 sagen aus, daß das leere Fahrzeug 23 im Fahrkomfort praktisch (99%) gleich dem teilbeladenen Fahrzeug 19, in der Fahrsicherheit aber um 11% schlechter ist.

Zusammenfassend können wir also festhalten: Um für verschiedene Beladungszustände Fahrkomfort und Fahrsicherheit annähernd gleich

84. Anpassung der Fahrzeugdaten an die Beladung

zu halten, sollte

$$v_2 = \sqrt{c_2/m_2} = \text{const} \tag{84.1}$$

und

$$P_{\text{stat}}/c_1 = \text{const} \tag{84.2}$$

erfüllt sein. Eine weitere Verbesserung des Fahrkomforts, allerdings auf Kosten größerer Radlastschwankung, wird durch

$$D_2 = \text{const} \tag{84.3}$$

erzielt.

Konstante Aufbaueigenkreisfrequenz v_2 bei veränderlicher Beladung wird annähernd durch Verwendung einer Luftfederung mit Niveauregelung[1] oder einer Feder mit gekrümmter Kennlinie erreicht. Diese ist leicht aus $v_2^2 = c_2/m_2$ zu berechnen, wenn man die Federkonstante c_2 als Tangente an die Federkraft (P_F)-Relativweg (f)-Kennlinie auffaßt

$$c_2 = \frac{dP_F}{df}$$

und die Federkraft gleich dem Aufbaugewicht

$$P_F = m_2 g$$

setzt. Dann ist

$$v_2^2 = \frac{dP_F}{df} \frac{g}{P_F},$$

und integriert mit der Konstanten $P_{F,0} = P_F(f=0)$ lautet die Federkennlinie konstanter Eigenfrequenz

$$P_F = P_{F,0} \exp(v_2^2 f/g). \tag{84.4}$$

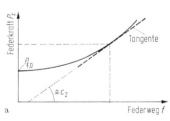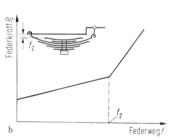

Bild 84.1 Federkennlinien a) konstanter Eigenfrequenz und b) deren Annäherung durch Stufenblattfeder.

Bild 84.1a zeigt den Verlauf, der z. B. an der Hinterachse von Lkw durch Hintereinanderschaltung von zwei Blattfedern nach Bild b angenähert wird, wobei die zweite erst von einem bestimmten Federweg f_2 an mitträgt.

---

[1] JANTE, A.: Grundsätzliche Möglichkeiten der Luftfederung. Kraftfahrzeugtechnik (1956) S. 44—47 und 165. — BUSCHMANN-KOESSLER: Taschenbuch für den Kraftfahrzeugingenieur, Stuttgart 1963, S. 599.

Eine automatische Anpassung der Reifenfederkonstanten c_1 an die Beladung ist in der Serie bis heute nicht ausgeführt, obgleich Vorrichtungen zur Veränderung des Reifenluftdruckes während der Fahrt von Versuchsausführungen und aus dem Einsatz von Straßenwalzen bekannt sind. In der Tabelle 84.1 ist noch ein Fahrzeug 24 aufgeführt, bei dem nur $\nu_2 = $ const und nicht $P_{stat}/c_1 = $ const gehalten wurde. Dies entspricht einem Wagen mit automatischer c_2-Anpassung, bei dem aber vergessen wurde, auch den Reifenluftdruck der Beladung anzugleichen. Dadurch wird gegenüber Fahrzeug 20 nur eine Verbesserung des Komforts erreicht.

Eine beladungsabhängige Dämpfung ist schon häufig diskutiert worden, aber, soweit bekannt, noch nicht serienmäßig eingebaut[1].

XIII. Sitzfederung, Radaufhängung, nichtlineare Kennungen

Nachdem wir im vorangegangenen Kapitel einen Überblick über die Einflüsse der wichtigsten Fahrzeugdaten auf die Schwingungseigenschaften bekommen haben, sollen diese Betrachtungen hier erweitert und verfeinert werden. Zunächst wird der Mensch nicht mehr als Teil der starren Aufbaumasse m_2 betrachtet, danach wird der Einfluß der Radaufhängung, d. h. der Anlenkung der Radmasse m_1 am Fahrzeug, untersucht, und schließlich wird der Einfluß von nichtlinearen Feder- und Dämpferkennungen abgeschätzt.

85. Sitzfederung

Im Gegensatz zu den vereinfachenden Annahmen im vorangegangenen Kapitel sitzt der Mensch fast immer über den Sitz gefedert und gedämpft im Fahrzeug. Damit sind nach Bild 85.1 die Bewegungen am Gesäß

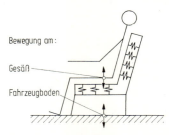

Bild 85.1 Sitzfederung zwischen Fahrzeugboden und Insassen.

unterschiedlich von denen am Fahrzeugboden und die für die Schwingbequemlichkeit nach Abschn. 72 maßgebenden Gesäßbeschleunigungen verschieden von den bisher berechneten Fahrzeugbeschleunigungen $\ddot{z}_2$ in Kap. XII.

---

[1] KLANNER, R.: Kraftfahrzeug mit belastungsunabhängigem Fahrverhalten. ATZ 69 (1967) Nr. 3, S. 67—73.

85. Sitzfederung

Um nun über den Fahrkomfort wirklichkeitsnähere Aussagen machen zu können, muß ein Ersatzsystem „Sitz—Mensch" bekannt sein, mit dem man die Gesäßbewegungen aus den anregenden Fahrzeugbewegungen berechnen kann. Aus Bild 85.2, das den Vergrößerungsfaktor Gesäß- zu Fahrzeugbeschleunigung über der Erregerfrequenz $\omega/2\pi$ als Ergebnis

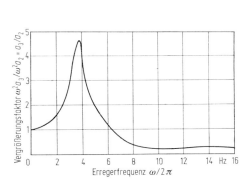

Bild 85.2 Während der Fahrt gemessener Vergrößerungsfaktor der Vertikalbeschleunigungen Gesäß $(\omega^2 a_3)$/Aufbau $(\omega^2 a_2)$. Aus MITSCHKE, M.: Schwingempfinden von Menschen im fahrenden Fahrzeug. ATZ 71 (1969) Nr. 7, S. 217—222.

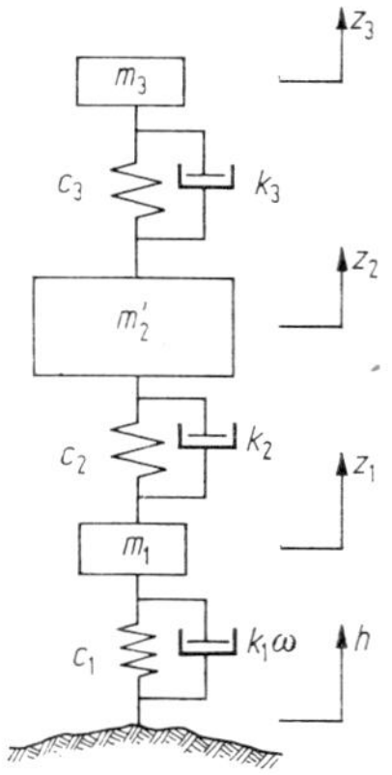

Bild 85.3 Schwingungsersatzsystem für die Anordnung Sitz—Mensch (Index 3) auf dem bisherigen Fahrzeugersatzsystem mit zwei Freiheitsgraden (Index 2 und 1 nach Bild 76.1).

zahlreicher Fahrversuche zeigt, erkennt man durch Vergleich mit Bild 67.5, daß man das Schwingungssystem Sitz—Mensch als Einmassensystem auffassen kann. Dadurch lassen sich die Gesäßbeschleunigungen als Maß für das Schwingempfinden berechnen, wenn wir nach Bild 85.3 die bisherige Masse m_2 in die Masse der Karosserie m_2' und die des Insassen m_3 aufteilen und zwischen beiden die Sitzfederung mit der Federkonstanten c_3 und die Sitzdämpfung mit der Dämpfungskonstanten k_3 einführen.

Nach Gl. (72.2) ist zur Beurteilung des Fahrkomforts der quadratische Mittelwert der Gesäßbeschleunigung $\overline{\ddot{z}_3^2}$ zu berechnen, der sich entsprechend Gl. (74.15) aus dem Vergrößerungsfaktor $\omega^2 a_3/b$ — also aus dem Verhältnis der Beschleunigungsamplitude zur Unebenheitsamplitude — und der spektralen Dichte $\Phi_h(\omega)$ zu

$$\overline{\ddot{z}_3^2} = \int\limits_0^\infty \left(\frac{\omega^2 a_3}{b}\right)^2 \Phi_h(\omega)\, d\omega \tag{85.1}$$

ergibt.

316 Dritter Teil — XIII. Sitzfederung, Radaufhängung, nichtlineare Kennungen

Der Vergrößerungsfaktor errechnet sich aus den drei Bewegungsgleichungen

$$m_3 \ddot{z}_3 + k_3(\dot{z}_3 - \dot{z}_2) + c_2(z_3 - z_2) = 0, \qquad (85.2)$$

$$m'_2 \ddot{z}_2 + k_2(\dot{z}_2 - \dot{z}_1) + c_2(z_2 - z_1) + m_3 \ddot{z}_3 = 0, \qquad (85.3)$$

$$m_1 \ddot{z}_1 - k_2(\dot{z}_2 - \dot{z}_1) - c_2(z_2 - z_1) = k_1(\dot{h} - \dot{z}_1) + c_1(h - z_1), \qquad (85.4)$$

wobei im Vergleich zum bisherigen Zweimassensystem die Gl. (85.3) gegenüber Gl. (76.2) um die Massenkraft $m_3 \ddot{z}_3$ erweitert wurde. Gl. (85.4), die Bewegungsgleichung der Achsmasse, wird durch die Einführung des Sitz-Systems nicht beeinflußt; sie entspricht Gl. (76.3).

Der Vergrößerungsfaktor ist aus diesen drei Gleichungen mit heutigen schnellen Rechenmaschinen sehr leicht zu berechnen. Auf die Angabe von exakten Ergebnissen wird aber hier verzichtet, dafür soll eine das Verständnis unterstützende Näherungslösung gezeigt werden.

Wegen des kleinen Massenverhältnisses m_3/m'_2 wird angenommen, daß zwar der Aufbau das System Sitz—Mensch zu Schwingungen anregt, aber die Bewegungen des Menschen nicht die des Aufbaus beeinflussen. Dadurch kann in Gl. (85.3) $m_3 \ddot{z}_3$ vernachlässigt und wieder die bisherige Masse $m_2 = m'_2 + m_3$ eingeführt werden. Somit werden aus dem System mit drei Differentialgleichungen (85.2) bis (85.4) zwei Systeme mit einmal den zwei altbekannten Gleichungen (76.2) und (76.3) und zum anderen mit der Bewegungsgleichung (66.4) eines Einmassensystems mit der Erregung $z_2(t)$. Auch der Vergrößerungsfaktor $\omega^2 a_3/b$ in Gl. (85.1) läßt sich dann in zwei voneinander unabhängige Glieder aufspalten

$$\frac{\omega^2 a_3}{b} = \frac{a_3}{a_2} \frac{\omega^2 a_2}{b}. \qquad (85.5)$$

Dabei stellt der erste Faktor das Vergrößerungsverhältnis eines Einmassensystems nach Gl. (67.8), Bild 67.5 und der zweite den für die Aufbaubeschleunigung des Zweimassensystems maßgebenden Vergrößerungsfaktor nach Gl. (77.5) dar.

Die beiden Teil-Vergrößerungsfaktoren sind in den Bildern 85.4a und b abgebildet.

Dabei wurde der Wirklichkeit entsprechend die Eigenkreisfrequenz Sitz—Mensch

$$\nu_3 = \sqrt{\frac{c_3}{m_3}} \qquad (85.6)$$

etwas über derjenigen des Aufbaus ν_2 angenommen. Aus der Multiplikation entsprechend Gl. (85.5) in Bild 85.4c ergibt sich, daß die Resonanzspitze $\omega \approx \nu_1$ stark unterdrückt wird, während das Gebiet um die Aufbaueigenfrequenz durch das Sitz—Mensch-System betont wird. Darauf wurde schon in Abschn. 79 und 84 bei der Beurteilung der Vergrößerungsfaktoren und Standardabweichungen für die Aufbaubeschleunigungen hingewiesen, aber jetzt erst konnte die Begründung nachgeliefert werden.

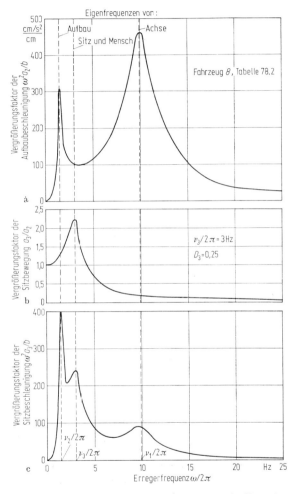

Bild 85.4 Schwingungsisolierung durch Sitz. Zusammenhang der Vergrößerungsfaktoren
a) Aufbaubeschleunigung/Unebenheiten, b) Sitzbewegung/Aufbaubewegung,
c) Sitzbeschleunigung/Unebenheiten.

Fassen wir deshalb mit dieser eben gewonnenen neuen Erkenntnis zusammen, welche Fahrzeugdaten im wesentlichen für die Schwingbequemlichkeit von auf abgefederten Sitzen ruhenden Menschen verantwortlich sind: Es sind alle die Größen, die den Vergrößerungsfaktor der Aufbaubeschleunigung $\omega^2 a_2/b$ im Frequenzbereich $\omega \approx \nu_2$ günstig beeinflussen, also

    a) niedrige Aufbaufederkonstante c_2 (weiche Feder), gleichbedeutend mit niedriger Aufbaueigenkreisfrequenz ν_2 (Abschn. 79),

    b) Anpassung der Federkonstanten c_2 bzw. Eigenkreisfrequenz ν_2 an die Beladung (Abschn. 84).

Die Dämpfungskonstante k_2 oder das Dämpfungsmaß D_2 sollte nicht zu stark sein, weil sonst nach Bild 80.1a die Beschleunigungsamplituden bei den Kreisfrequenzen ω über ν_2 zu groß werden, andererseits nicht zu schwach, da dann die Resonanzüberhöhung zu unangenehm wird.

Dies gilt natürlich nur für die vom Sitz abgefederten Körperteile, während Füße und Teile der Beine sowie Hände und Teile der Arme des lenkenden Fahrers nicht von den höherfrequenten Anteilen abgeschirmt werden.

Für eine möglichst wirksame Schwingungsisolierung wird man bei der Abstimmung der Sitzfederung das Zusammenlegen zweier Resonanzstellen vermeiden, d. h. man wird die Eigenkreisfrequenz Sitz—Mensch ν_3 nicht gleich der des Aufbaues ν_2 machen. Das Niedrigerlegen, also etwa $\nu_3/2\pi$ bei 0,9 Hz, wenn die niedrigste Aufbaufrequenz $\nu_2/2\pi$ bei 1,3 Hz liegt, wurde noch nicht ausgeführt. Die Sitzfederung hätte dann einen statischen Federweg von rund 30 cm und müßte darum mit einer Niveauregulierung versehen werden. Eine Eigenschwingungszahl höher als die höchste Aufbaueigenfrequenz ist hingegen üblich. Man trifft Werte, die bei 3 Hz liegen[1]. Ein zu weiter Abstand von den Aufbaueigenfrequenzen ist nicht zu empfehlen; die Anregungen im Resonanzgebiet werden zwar kleiner, die Beschleunigungen durch die härtere Feder jedoch größer. Außerdem rückt man dann in die Nähe der Hauptresonanz des menschlichen Körpers, die nach Tabelle 72.1 bei 4…6 Hz liegt.

Eine Erhöhung der Eigenfrequenz des Systems Sitz—Mensch über diese Körperresonanz hinaus oder gar über die Achseigenfrequenz bringt keine Vorteile: in diesem Falle würden weder die Bewegungen mit Aufbau- noch die mit Achseigenfrequenz unterdrückt. Bild 85.5 zeigt, wie die einzelnen Eigenfrequenzen zueinander liegen sollten.

Neben der Eigenfrequenz ist noch das Dämpfungsmaß wichtig, das nach Abschn. 68 bei 0,25 liegen sollte, aber wegen fehlender „energieverzehrender" Einrichtungen im Sitz meist wesentlich darunter liegt[2].

Zum Schluß sei daran erinnert, daß neben der Schwingungsisolierung nicht der Hauptzweck der Sitzfederung vergessen werden darf, nämlich

---

[1] WINKELHOLZ, E.-A.: Diss., Braunschweig 1967.

[2] Nach WINKELHOLZ, E.-A.: Diss., Braunschweig 1967, folgt die Sitzdämpfungskraft nur teilweise dem Gesetz $k_3(\dot z_3 - \dot z_2)$.

Verminderung der Flächenpressung und Stützung der verschiedenen Körperteile.

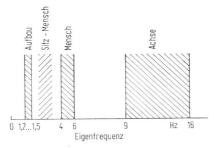

Bild 85.5 Zweckmäßige Lage der Eigenfrequenzen des Systems Sitz–Mensch im Vergleich zu den übrigen wichtigen Resonanzstellen des Fahrzeuges und des Menschen.

86. Einfluß der Radaufhängungen

Bei der Behandlung des Zweimassensystems in Kap. XII waren Rad und Aufbau nur über Feder und Dämpfer miteinander verbunden. Bild 86.1 zeigt zwei Anwendungen: die Starrachse und die Hülsenführungsachse. Bei der letzten stützen die Hülsenführungen die Horizontalkräfte und Momente zwischen den Rädern und dem Aufbau ab,

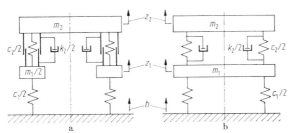

Bild 86.1 Schwingungsersatzsystem zweier Radaufhängungen, von vorn gesehen. a) Hülsenführungsachse, b) Starrachse. Die Massen führen nur Hubschwingungen aus.

während bei der Starrachse diese Aufgabe entweder die Federn in Form von Blattfedern oder mehrere Lenker übernehmen. Hierfür gelten also Gl. (76.2) und (76.3) und die in Abschn. 77 angegebenen Vergrößerungsfaktoren. Dabei betrachten wir nach wie vor nur Hubschwingungen, d. h. nach Bild 86.1 keine Wankbewegungen, also keine Winkelbewegungen um eine senkrecht zur Zeichenebene stehende Achse. Bei einem in dieser Ebene symmetrischen Fahrzeug ist die Betrachtung gleichbedeutend mit der Annahme, daß die Unebenheiten in der linken und rechten Reifenspur gleich sind (reine Querwellen).

Als nächstes sei die Doppel-Querlenker-Ausführung in Bild 86.2 betrachtet, bei der aber zur Vereinfachung die Lenker I und II als masselos angenommen werden sollen. Der einzige Unterschied gegenüber den bisherigen Bewegungsgleichungen ist der, daß in ihnen nun nicht mehr die Feder- und Dämpferkonstanten c_2 und k_2, sondern die Ausdrücke $c_2(f_F/f_L)^2$ und $k_2(f_D/f_L)^2$ stehen, weil die Relativbewegungen an Federn und Dämpfern kleiner als die in den Gleichungen vorkommenden Größen $(z_2 - z_1)$ bzw. $(\dot z_2 - \dot z_1)$ sind. Die neu auftauchenden Faktoren enthalten die Quadrate der Hebelverhältnisse. (Die geänderten Ausdrücke sind in Tabelle 86.1 zusammengefaßt.)

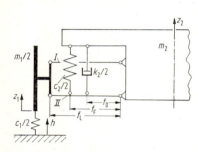

Bild 86.2 Schwingungsersatzsystem einer Radaufhängung mit Doppelquerlenkern, die Lenker I und II sind masselos.

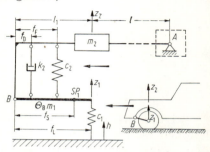

Bild 86.3 Schwingungsersatzsystem einer Achsaufhängung mit Längslenker in der Seitenansicht. Beide Lenker (der linke und der rechte) haben zusammen die Masse m_1 und um den Punkt B das Trägheitsmoment Θ_B.

Als weitere Radaufhängung wird die Kurbelachse nach Bild 86.3 behandelt, bei der nun nicht mehr der Kurbelarm als masselos und die Radmasse m_1 als punktförmig konzentriert angesehen werden sollen, sondern bei der sich die Masse m_1 über die Kurbel (Rad, Bremse usw. gehören dazu) um den Schwerpunkt SP_1 verteilt. Bild 86.3 zeigt das Fahrzeug von der Seite mit einer, da es nach links fährt, gezogenen Kurbel. Die Masse m_2 ist entsprechend Bild 65.5 eine Teilmasse (z. B. $m_{2,v}$), die andere Teilmasse ist für unsere Rechnung unwichtig, wenn — wie immer noch vorausgesetzt — die Koppelmasse $m_K = 0$ ist. Deshalb wurde in Bild 86.3 in der Entfernung des Radstandes l ein Gelenkpunkt A eingezeichnet.

Den Einfluß des massenbehafteten Anlenkarmes und des Gelenkpunktes B ersehen wir am besten aus den Bewegungsgleichungen[1]:

$$\left\{ m_2 + m_1 \frac{l+l_1}{l}\left[1 - \frac{f_S}{f_L}(2-\varkappa)\right]\right\} \ddot z_2 + m_1 \frac{f_S}{f_L}(1-\varkappa)\ddot z_1 +$$
$$+ k_2\left(\frac{f_D}{f_L}\right)^2(\dot z_2 - \dot z_1) + c_2\left(\frac{f_F}{f_L}\right)^2(z_2 - z_1) = 0, \qquad (86.1)$$

---
[1] MITSCHKE, M.: Schwingungstechnische Betrachtung verschiedener Achsanordnungen. ATZ 64 (1962) Nr. 3, S. 90—98.

86. Einfluß der Radaufhängungen

$$m_1 \left(\frac{i_\mathrm{B}}{f_\mathrm{L}}\right)^2 \ddot{z}_1 + m_1 \frac{l+l_1}{l} \frac{f_\mathrm{S}}{f_\mathrm{L}} (1-\varkappa) \ddot{z}_2 + k_2 \left(\frac{f_\mathrm{D}}{f_\mathrm{L}}\right)^2 (\dot{z}_1 - \dot{z}_2) +$$

$$+ c_2 \left(\frac{f_\mathrm{F}}{f_\mathrm{L}}\right)^2 (z_1 - z_2) = c_1(h - z_1). \tag{86.2}$$

Dabei steht die Abkürzung $\varkappa$ für

$$\varkappa = \frac{i_\mathrm{B}^2}{f_\mathrm{S} f_\mathrm{L}} \tag{86.3}$$

mit dem Trägheitsradius i_B um den Gelenkpunkt B.

Im Unterschied zu den Bewegungsgleichungen (76.2) und (76.3), die nach dem oben Gesagten z. B. für die Starrachse gelten, weisen Gl. (86.1) und (86.2) eine Beschleunigungskopplung auf. In der Gl. (86.1) für den Aufbau steht ein Glied mit der Achsbeschleunigung $\ddot{z}_1$ und ein Summand mit der Aufbaubeschleunigung $\ddot{z}_2$. Das bedeutet nach Bild 86.4 nichts anderes, als daß nun zwischen Achse und Aufbau drei Kräfte $P_{\mathrm{F},2}$, $P_{\mathrm{D},2}$ und P_B wirken, die über die Feder, den Dämpfer und, neu hinzukommend, über den Gelenkpunkt B übertragen werden. Da diesem keine federnden und dämpfenden Eigenschaften zuerkannt wurden, überträgt er die Beschleunigung direkt.

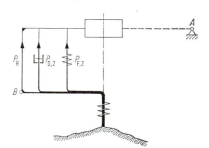 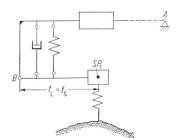

Bild 86.4 Zwischen Aufbau und Längslenker (vgl. Bild 86.3) wirkende Kräfte. $P_{\mathrm{F},2}$ Federkraft, $P_{\mathrm{D},2}$ Dämpferkraft, P_B Gelenkkraft.

Bild 86.5 Schwingungsersatzsystem eines Fahrzeuges mit Längslenker entsprechend Bild 86.3, jedoch Längslenker masselos und Radmasse punktförmig über Radaufstandspunkt konzentriert.

Dies kann vermieden werden, wenn die in Gl. (86.1) und (86.2) stehende Größe $1 - \varkappa = 0$ bzw. $\varkappa = 1$ ist, dann gehen wie bei unseren früheren Betrachtungen die dynamischen[1] Kräfte nur über Feder und Dämpfer. Diese Bedingung gilt nur für einen bestimmten Punkt auf der

---

[1] Statische Kräfte können auch bei $\varkappa = 1$ über den Gelenkpunkt gehen, nämlich immer dann, wenn $f_\mathrm{F} \gtrless f_\mathrm{L}$ ist, wenn also die Wirkungslinie der Aufbaufederkraft nicht durch den Radaufstandspunkt geht.

Kurbel, den man *Stoß-* oder *Schwingungsmittelpunkt* nennt und der bei $\varkappa = 1$ gleichzeitig Gelenkpunkt sein muß.

Bei einem mathematischen Pendel — punktförmig konzentrierte Masse am masselosen Hebel nach Bild 86.5 — ist dies automatisch erfüllt, denn es ist $f_\mathrm{L} = f_\mathrm{S} = i_\mathrm{B}$ und damit $\varkappa = 1$. In diesem Spezialfall vereinfachen sich auch die anderen Beschleunigungsglieder, in Gl. (86.1) bleibt in der geschweiften Klammer nur noch m_2 stehen, und in Gl. (86.2) ist $(i_\mathrm{B}/f_\mathrm{L})^2 = 1$. Damit sind bis auf die hier berücksichtigten Hebelverhältnisse an Feder und Dämpfer die Gleichungen identisch mit Gl. (76.2) und (76.3)[1].

Als letztes wird ein Fahrzeugteil mit Pendelachse nach Bild 86.6 betrachtet; seine Bewegungsgleichungen lauten

$$\left\{ m_2 + m_1 \left[1 - \frac{f_\mathrm{S}}{f_\mathrm{L}}(2 - \varkappa) \right] \right\} \ddot{z}_2 + m_1 \frac{f_\mathrm{S}}{f_\mathrm{L}}(1 - \varkappa)\ddot{z}_1 + k_2 \left(\frac{f_\mathrm{D}}{f_\mathrm{L}}\right)^2 (\dot{z}_2 - \dot{z}_1) +$$

$$+ c_2 \left(\frac{f_\mathrm{F}}{f_\mathrm{L}}\right)^2 (z_2 - z_1) = S \frac{r}{f_\mathrm{L}}, \qquad (86.4)$$

$$m_1 \left(\frac{i_\mathrm{B}}{f_\mathrm{L}}\right)^2 \ddot{z}_1 + m_1 \frac{f_\mathrm{S}}{f_\mathrm{L}}(1 - \varkappa)\ddot{z}_2 + k_2 \left(\frac{f_\mathrm{D}}{f_\mathrm{L}}\right)^2 (\dot{z}_1 - \dot{z}_2) +$$

$$+ c_2 \left(\frac{f_\mathrm{F}}{f_\mathrm{L}}\right)^2 (z_1 - z_2) = c_1 (h - z_1) - S \frac{r}{f_\mathrm{L}}. \qquad (86.5)$$

Die linken Seiten der Gleichungen sind bis auf den fehlenden Quotienten $(l + l_1)/l$ den Gl. (86.1) und (86.2) des Fahrzeuges mit Kurbelachse identisch. Auf der rechten Seite tritt zusätzlich die Seitenkraft S (nach Bild 86.6 an jedem Rad $S/2$) auf, die durch Spuränderungen als Folge der Schwingbewegungen hervorgerufen wird.

Die seitliche Bewegung y_1 des Felgenpunktes C in Bild 86.6 errechnet sich aus der Relativbewegung $(z_2 - z_1)$ zu

$$y_1 = \frac{R_\mathrm{F}}{f_\mathrm{L}}(z_2 - z_1) \qquad (86.6)$$

und ergibt nach Gl. (26.1) eine Seitenkraft

$$\dot{S} + \frac{c_\mathrm{s} v}{\delta} S = -c_\mathrm{s} \frac{R_\mathrm{F}}{f_\mathrm{L}}(\dot{z}_2 - \dot{z}_1). \qquad (86.7)$$

---

[1] Bei Aufstellung dieser Gleichungen wurde vernachlässigt, daß beim Überfahren der Unebenheiten neben den vertikalen Radlastschwankungen noch horizontale Kräfte entstehen und daß durch die beim Ein- und Ausfedern entstehenden Radstandsänderungen Zusatzmomente durch rotatorische Beschleunigungen der Räder wirken.

86. Einfluß der Radaufhängungen

Tabelle 86.1 *Abkürzungen in Gl. (86.8) und (86.9) für die Fahrzeuge mit verschiedenen Radaufhängungen*
(Die Werte c_2 und k_2 sind die Konstanten beider Federn und Dämpfer an der Achse, ebenso sind c_1, c_S und δ die Summen der Kennwerte beider Reifen, m_1 ist die Achsmasse, evtl. gleich zweimal Radmasse)

Fahrzeugdaten		Starrachse Hülsenführungsachse	Doppel-Querlenker (Masse der Lenker vernachlässigt)	Kurbelachse	Pendelachse
Aufbaumasse M_2	[kps²/cm]	m_2	m_2	$m_2 + m_1 \dfrac{l+l_1}{l}\left[1 - \dfrac{f_S}{f_L}(2-\varkappa)\right]$	$m_2 + m_1\left[1 - \dfrac{f_S}{f_L}(2-\varkappa)\right]$
Achsmasse M_1	[kps²/cm]	m_1	m_1	$m_1\left(\dfrac{i_B}{f_L}\right)^2$	$m_1\left(\dfrac{i_B}{f_L}\right)^2$
Aufbaufederkonstante C_2	[kp/cm]	c_2	$c_2\left(\dfrac{f_F}{f_L}\right)^2$	$c_2\left(\dfrac{f_F}{f_L}\right)^2$	$c_2\left(\dfrac{f_F}{f_L}\right)^2 + c_S \dfrac{R_{Fr}}{f_L^2} \dfrac{1}{1+\left(\dfrac{c_S}{\delta}\dfrac{v}{\omega}\right)^2}$
Aufbaudämpfungskonstante K_2	[kps/cm]	k_2	$k_2\left(\dfrac{f_D}{f_L}\right)^2$	$k_2\left(\dfrac{f_D}{f_L}\right)^2$	$k_2\left(\dfrac{f_D}{f_L}\right)^2 + \dfrac{1}{\omega}c_S\dfrac{R_{Fr}}{f_L^2} \dfrac{\dfrac{c_S}{\delta}\dfrac{v}{\omega}}{1+\left(\dfrac{c_S}{\delta}\dfrac{v}{\omega}\right)^2}$
Kopplungsfaktoren λ_1		0	0	$m_1\dfrac{f_S}{f_L}(1-\varkappa)$	$m_1\dfrac{f_S}{f_L}(1-\varkappa)$
Kopplungsfaktoren λ_2		0	0	$m_1\dfrac{l+l_1}{l}\dfrac{f_S}{f_L}(1-\varkappa)$	$m_1\dfrac{f_S}{f_L}(1-\varkappa)$

324 Dritter Teil — XIII. Sitzfederung, Radaufhängung, nichtlineare Kennungen

Dies ist eine weitere Bewegungsgleichung, die neben Gl. (86.4) und (86.5) die Schwingbewegung eines Fahrzeuges mit Spuränderung beschreibt.

Mit den aus Gl. (77.1) und (77.2) bekannten Ansätzen für z_2, z_1 und h erhält man die folgenden komplexen Gleichungen, die allgemein jede der hier genannten Radaufhängungen mit erfassen,

$$[(-M_2\omega^2 + C_2) + i\omega K_2]\mathfrak{a}_2 - [(\lambda_2\omega^2 + C_2) + i\omega K_2]\mathfrak{a}_1 = 0, \quad (86.8)$$

$$-[(\lambda_1\omega^2 + C_2) + i\omega K_2]\mathfrak{a}_2 + [(-M_1\omega^2 + c_1 + C_2) + i\omega K_2]\mathfrak{a}_1 = c_1\mathfrak{b}. \quad (86.9)$$

Die Abkürzungen für die einzelnen Achsanordnungen sind verschieden und in Tabelle 86.1 zusammengestellt.

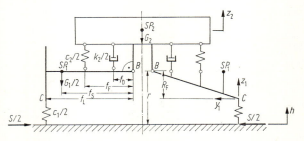

Bild 86.6 Schwingungsersatzsystem für eine Zweigelenk-Pendelachsanordnung, von vorn gesehen. Links: Andeutung von Pendelachse und Felge. Rechts: Verbindung des Gelenkpunktes B mit dem unteren Felgenpunkt C.

An diesen Gleichungen bzw. aus den daraus zu bildenden Vergrößerungsfaktoren können wir nun die Einflüsse der Radaufhängung auf Fahrkomfort (Aufbaubeschleunigung) und Fahrsicherheit (Radlastschwankung) diskutieren. Die Gl. (86.8) und (86.9) sind (bis auf die vernachlässigte Reifendämpfung) so geschrieben, daß sie mit Gl. (77.3) und (77.4), die den Ausgang der bisherigen Schwingungsbetrachtung bilden, verglichen werden können.

86.1 Einfluß der Reifenverformung

Sind die Faktoren λ_1 und λ_2 für die Beschleunigungskopplung Null, dann ist der Aufbau der oben genannten vier Gleichungen (77.3) und (86.8) sowie (77.4) und (86.9) identisch, und es entsprechen sich $M_2 \triangle m_2$, $M_1 \triangle m_1$, $C_2 \triangle c_2$ und $K_2 \triangle k_2$.

Die Spuränderung macht sich in der „Aufbaufeder-" und „-dämpfungskonstanten" bemerkbar. Zu $c_2(f_F/f_L)^2$ kommt noch ein Summand, der sich aus den seitlichen Reifendaten Federkonstante c_s, Seitenkraftbeiwert δ und den geometrischen Größen Abstand Radmitte — Fahrbahn r,

86. Einfluß der Radaufhängungen

Felgenradius R_F und Lenkerlänge f_L zusammensetzt. Die Größe des Summanden ändert sich aber noch mit dem Quotienten aus der Fahrgeschwindigkeit v und der Erregerfrequenz ω bzw., da nach Gl. (70.5) $v/\omega = L/2\pi$ ist, mit der Wellenlänge der Unebenheiten L.

In Bild 86.7a ist die Federkonstante C_2 über der Unebenheitswellenlänge L aufgetragen. Danach wird die Aufbaufederung durch die Spurverschiebung der Räder beim Überfahren kurzer Unebenheiten verhärtet. Diese zusätzliche Versteifung der Federung ist um so geringer, je kleiner $c_S R_F r/f_L^2$ ist, d. h. je weicher der Reifen in seitlicher Richtung und je kleiner der Abstand Pendelgelenkpunkt — Fahrbahn im Verhältnis zur Pendelarmlänge ist. Mit zunehmender Wellenlänge wird die Verhärtung kleiner und geht schließlich asymptotisch gegen Null, die Spuränderung beeinflußt die Federung nicht mehr.

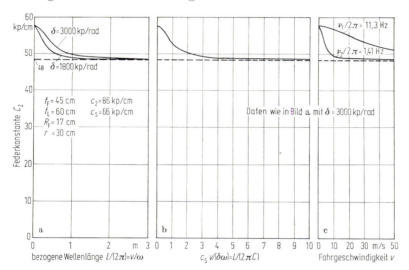

Bild 86.7 Einfluß der seitlichen Reifenverformung auf die wirksame Federsteifigkeit C_2 in Abhängigkeit von a) der Wellenlänge L bei verschiedenen Seitenkraftbeiwerten δ, b) dem Verhältnis Wellenlänge L zu Einlauflänge $C = \delta/c_S$, c) der Fahrgeschwindigkeit v bei der Aufbaueigenfrequenz $\nu_2/2\pi$ und Achseigenfrequenz $\nu_1/2\pi$ am Beispiel eines Fahrzeuges mit Pendelachse.

Die beiden Grenzwerte von C_2 für $L = 0$ und $L \to \infty$ können am Fahrzeug festgestellt werden, indem man die Dämpfer ausbaut und das stehende Fahrzeug unter möglichst geringem Energieaufwand erregt. Die sich einstellende Schwingung hat die Aufbaueigenfrequenz ν_2. Führt man dies bei Pendelachswagen durch, so erhält man den C_2-Wert für $L = 0$, wenn die Reifen normal auf der Fahrbahn stehen, und den C_2-Wert für $L \to \infty$, wenn man die Reifen auf leicht seitenverschiebliche Platten stellt.

Nach Bild 86.7a spielt als Parameter noch der Seitenkraft-Schräglaufwinkel-Beiwert δ eine Rolle, der aber nach Bild b verschwindet, wenn man als Abszisse statt $L/2\pi = v/\omega$ den vollständigen Ausdruck $(c_S/\delta)(v/\omega)$ wählt. Das ist mit Gl. (26.5) und (70.5) die sehr anschauliche Beziehung

$$\frac{c_S}{\delta}\frac{v}{\omega} = \frac{1}{2\pi}\frac{L}{C} \tag{86.10}$$

der Wellenlänge L zur Einlauflänge C (vgl. auch Bild 26.3).

Auch die Aufbaudämpfungsrate K_2 ist von der Art der Radaufhängung abhängig. Bei der Starrachse ist bei Hubanregung, wie bekannt, $K_2 = k_2$, bei Längslenker- und Pendelachsen geht das Quadrat der Hebelverhältnisse ein, d. h. $K_2 = k_2(f_D/f_L)^2$. Außerdem tritt bei der Pendelachse nach Tabelle 86.1 eine Verstärkung der Dämpfung durch die Spurverschiebung auf.

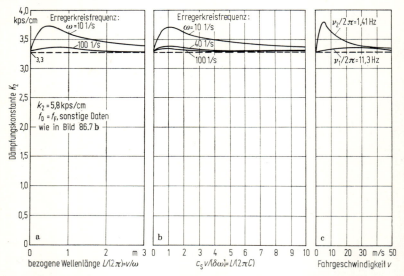

Bild 86.8 Einfluß der seitlichen Reifenverformung auf die wirksame Aufbaudämpfungskonstante K_2 in Abhängigkeit von a) der Wellenlänge L bei verschiedenen Erregerkreisfrequenzen ω, b) dem Verhältnis Wellenlänge L zu Einlauflänge $C = \delta/c_S$ bei verschiedenen Erregerkreisfrequenzen ω, c) der Fahrgeschwindigkeit v bei der Aufbaueigenfrequenz $\nu_2/2\pi$ und Achseigenfrequenz $\nu_1/2\pi$ am Beispiel eines Fahrzeuges mit Pendelachse.

K_2 hängt jedoch nicht wie C_2 allein von der Unebenheitswellenlänge L bzw. $L/2\pi = v/\omega$, sondern auch von v und ω bzw. L und ω ab. Bild 86.8a zeigt den Verlauf von K_2 über L bzw. Bild b K_2 über L/C mit ω als Parameter.

Bei sehr kleinen und sehr großen Wellenlängen ist die Zusatzdämpfung praktisch Null. Bei der durch die Reifendaten bestimmten mittleren Wellenlänge $L/2\pi = \delta/c_S$ bzw. $L = 2\pi C$ tritt ein Maximum auf, dessen Größe außer vom Reifen und den Längen an der Pendelachse auch von der Erregerfrequenz bestimmt wird.

Um den Verlauf der Vergrößerungsfaktoren über der Erregerfrequenz erklären zu können, wurde noch in den Bildern 86.7c und 86.8c die Ab-

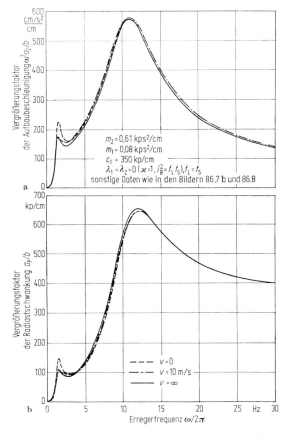

Bild 86.9 Einfluß der seitlichen Reifenverformung bei der Pendelachse auf die Vergrößerungsfaktoren a) der Aufbaubeschleunigung, b) der Radlastschwankung in Abhängigkeit von der Erregerfrequenz bei verschiedenen Fahrgeschwindigkeiten v. Beschleunigungskopplung ist Null.

hängigkeit der Feder- und Dämpferkonstanten C_2 und K_2 von der Fahrgeschwindigkeit v mit den Parametern $\omega = v_2$ und $\omega = v_1$, in deren Nähe die Resonanzspitzen zu erwarten sind, gezeichnet. Da sich C_2 nach den Bildern 79.1a und d praktisch nur im Aufbauresonanzgebiet auswirkt, ist auch in Bild 86.7c nur der Verlauf von C_2 für $\omega = v_2$ wichtig. Danach beeinflußt ab $v = 10$ m/s die Spurverschiebung praktisch nicht mehr die Federung.

Nach Bild 86.8c vergrößert sich die Dämpfungskonstante K_2 nur wesentlich bei der Erregerkreisfrequenz $\omega = \nu_2$. Die Spurverschiebung bewirkt bei der sehr kleinen und deshalb meistens uninteressanten Geschwindigkeit von $v = 5$ m/s $= 18$ km/h eine Vermehrung um rund 10% und wird mit wachsender Geschwindigkeit rasch kleiner.

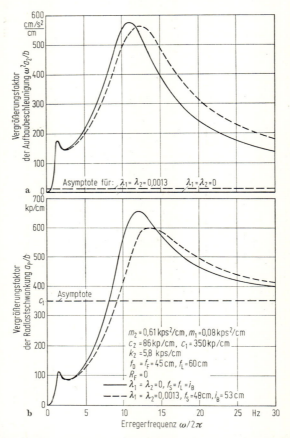

Bild 86.10 Einfluß der Beschleunigungskopplung (gekennzeichnet durch $\lambda_1 = \lambda_2$) auf die Vergrößerungsfaktoren a) der Aufbaubeschleunigung, b) der Radlastschwankung über der Erregerfrequenz. Seitliche Reifenverformung ist Null.

Zusammenfassend kann also festgestellt werden, daß die Spurverschiebung die Vergrößerungsfaktoren für Aufbaubeschleunigung und Radlastschwankung wenig beeinflussen wird. Bild 86.9 bestätigt dies, schon ab $v = 10$ m/s $= 36$ km/h sind kaum Unterschiede zu $v \to \infty$ festzustellen. (Die Spurverschiebung spielt dann keine Rolle mehr, die Pendelachse verhält sich gleich einer Achsanordnung ohne Spurverschiebung.)

86.2 Einfluß der Beschleunigungskopplung

Dieser Einfluß kann nicht auf Bekanntes zurückgeführt werden, deshalb müssen die in Bild 86.10 dargestellten Vergrößerungsfaktoren direkt diskutiert werden. Die Beschleunigungskopplung über das Gelenk wirkt sich praktisch nur im Achsresonanzgebiet und bei höheren Frequenzen aus. Die Größe der Aufbaubeschleunigung ist bei $\omega \approx \nu_1$ fast unverändert geblieben, während die Radlastschwankung kleiner geworden ist. Wichtig erscheint, daß sich im Bereich $\omega > \nu_1$ die Aufbaubeschleunigung durch die Kopplung wesentlich vergrößert. Auch ist die Asymptote für die Aufbaubeschleunigung nicht mehr wie bisher (s. Tabelle 86.1) Null, sondern beträgt

$$\lim_{\omega \to \infty} \left(\frac{\omega^2 a_2}{b} \right) = c_1 \sqrt{1 + 4 D_1^{*2}} \frac{1}{M_2} \left| \frac{\lambda_2}{1 - \lambda_2} \right|. \qquad (86.11)$$

Um die Übertragung von Vibrationen und Geräuschen zu vermindern, werden Lenker meistens nicht metallisch, sondern in Gummi gelagert. Die Asymptote für die Radlastschwankung ändert sich durch die Beschleunigungskopplung nicht.

87. Trampeln der Starrachse

Wenn man über verschiedene Rad- oder Achsaufhängungen spricht und deren Eigenschaften — wie im vorigen Abschnitt geschehen — vergleicht, dann muß als eine spezifische Eigenart der Starrachse *Trampeln* erwähnt werden. Das ist (s. Bild 86.1b) die Winkelbewegung ψ_1 um eine Achse senkrecht zur Zeichenebene, die dann auftritt, wenn die Unebenheiten in der linken und rechten Spur verschieden sind. Durch die starre Kopplung der Drehachsen des linken und rechten Rades ergibt das eine Schwingungsform, die bei Fahrzeugen mit Einzelradaufhängung nicht vorkommt, weil — wie man aus Bild 86.1a erkennt — sich die Bewegung des einen, z. B. des linken Rades nur über Feder und Dämpfer auf die Aufbaumasse und dann über Feder und Dämpfer der rechten Seite auf das rechte Rad übertragen kann.

Die allgemeine Behandlung der Fahrzeugschwingungen bei unterschiedlichen Unebenheiten in linker und rechter Spur ist sehr schwierig, weil die Bewegung des Aufbaues beim Vierradfahrzeug von vier Punkten aus angeregt wird, vorn und hinten, jeweils rechts und links. Die Unebenheiten sind im allgemeinen rechts und links verschieden, vorn und hinten hingegen — gleiche Spurweite vorausgesetzt — wirken gleich, jedoch durch den Radstand bedingt, zeitverschoben auf das Fahrzeug ein.

Das Problem kann dadurch wesentlich vereinfacht werden, daß die Bewegung des Aufbaus vernachlässigt und nur die der Achse bzw. bei Einzelradaufhängung die der Räder erfaßt wird. Das Ergebnis ist nur

330 Dritter Teil — XIII. Sitzfederung, Radaufhängung, nichtlineare Kennungen

dann brauchbar, wenn die erregenden Frequenzen wesentlich über den Aufbaueigenfrequenzen liegen. Da die Trampeleigenfrequenz ebenso wie die Hubeigenfrequenz der Achse bei 10 bis 15 Hz liegt, die Aufbaufrequenzen jedoch eine Zehnerpotenz kleiner sind, ist die folgende vereinfachte Betrachtung zur Berechnung der Größe der Radlastschwankung zulässig. Die Bewegungsgleichungen für die Starrachse nach Bild 87.1

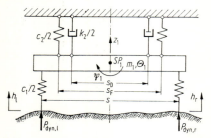 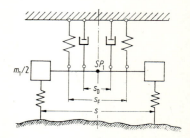

Bild 87.1 Zur Berechnung der Trampelbewegung einer Starrachse mit der Masse m_1 und dem Trägheitsmoment Θ_1 um SP_1 durch Anregung mit verschiedenen Unebenheiten am linken und rechten Rad, $h_1 \neq h_r$. Die Bewegung des Aufbaues wird vernachlässigt.

Bild 87.2 Fahrzeug mit Starrachse (von vorn gesehen, vgl. Bild 87.1), bei der die Achsmasse punktförmig über den Reifenaufstandspunkten konzentriert ist.

mit den zwei Freiheitsgraden der Hubbewegung z_1 und der Trampelbewegung ψ_1 lauten — Symmetrie der Achse, der Federn, der Dämpfer und der Reifen vorausgesetzt und Reifendämpfung vernachlässigt —

$$m_1 \ddot{z}_1 + k_2 \dot{z}_1 + (c_1 + c_2) z_1 = \frac{1}{2} c_1 (h_1 + h_r), \qquad (87.1)$$

$$\Theta_1 \ddot{\psi}_1 + k_2 \left(\frac{s_D}{2}\right)^2 \dot{\psi}_1 + \left[c_1 \left(\frac{s}{2}\right)^2 + c_2 \left(\frac{s_F}{2}\right)^2\right] \psi_1 = c_1 \left(\frac{s}{2}\right)^2 \frac{h_1 - h_r}{s}. \qquad (87.2)$$

Durch die angenommene Symmetrie sind die Bewegungen entkoppelt. Die Winkelbewegung ist Null, wenn $h_1 = h_r$, die Unebenheiten rechts und links gleich sind. Die Anregung für das Trampeln ist nicht nur klein, wenn die Differenz $(h_1 - h_r)$ klein, sondern auch wenn die Spurweite s groß ist.

Die ungedämpften Eigenkreisfrequenzen und die Dämpfungsmaße sind für die Hubbewegung

$$\nu_H = \sqrt{\frac{c_1 + c_2}{m_1}}, \qquad (87.3)$$

$$D_H = \frac{k_2}{2 \sqrt{(c_1 + c_2) m_1}} \qquad (87.4)$$

87. Trampeln der Starrachse

und für die Trampelbewegung

$$v_\mathrm{T} = \sqrt{\frac{c_1(s/2)^2 + c_2(s_\mathrm{F}/2)^2}{\Theta_1}}, \qquad (87.5)$$

$$D_\mathrm{T} = \frac{k_2(s_\mathrm{D}/2)^2}{2\sqrt{[c_1(s/2)^2 + c_2(s_\mathrm{F}/2)^2]\Theta_1}}. \qquad (87.6)$$

Die Größen dieser Werte kann man abschätzen. Da c_2 wesentlich kleiner als c_1 ist, ist näherungsweise $v_\mathrm{H} \approx \sqrt{c_1/m_1}$. Wäre nach Bild 87.2 die Masse m_1 über den beiden Radaufstandspunkten je zur Hälfte punktförmig konzentriert, so wäre $\Theta_1 = m_1(s/2)^2$. Da das nicht der Fall ist, sondern ein Teil der Massen innen liegt, wird $\Theta_1 < m_1(s/2)^2$ und

$$v_\mathrm{T} > \sqrt{\frac{c_1(s/2)^2}{m_1(s/2)^2}} = \sqrt{c_1/m_1}$$

sein. Danach liegt also die Trampeleigenfrequenz höher als die Hubeigenfrequenz

$$v_\mathrm{T} > v_\mathrm{H}. \qquad (87.7)$$

Mit den gleichen Überlegungen kommt man beim Vergleich der Dämpfungsmaße zu der Aussage

$$D_\mathrm{T} < D_\mathrm{H}(s_\mathrm{D}/s)^2 < D_\mathrm{H}. \qquad (87.8)$$

Die Trampelbewegung ist wesentlich schlechter gedämpft als die Hubbewegung, weil die Spurweite der Dämpferanlenkung kleiner als die Reifenspurweite ist, $s_\mathrm{D} < s$.

Kleine Dämpfungen lassen nach Bild 80.1b hohe Radlastschwankungen im Achsresonanzgebiet erwarten. Dies bestätigt auch Bild 87.3, in dem für die Starrachse die Radlastschwankung bei reiner Hubanregung $h_1 = h_r$ mit der bei reiner Wankanregung $h_1 = -h_r$ verglichen wird. Ebenfalls in das Diagramm wurde der Vergrößerungsfaktor der Radlastschwankung für die Einzelradaufhängung eingezeichnet. Dort gibt es keinen Unterschied bei Hub- und Wankanregung, und dadurch wird die Radlastschwankung bei gemischter Anregung kleiner als bei der trampelnden Starrachse. Um den Fahrbahnkontakt der Starrachse zu verbessern, muß das im Vergleich zur Einzelradaufhängung zu kleine Dämpfungsmaß D_T erhöht werden, es muß — außer der selbstverständlichen Forderung nach möglichst großem Abstand s_D für die

Dämpferanlenkung — der Dämpfungsfaktor k_2 und damit D_H vergrößert werden. Hierdurch wird aber (s. Bild 80.1a) die Aufbaubeschleunigung vergrößert und der Fahrkomfort vermindert.

Wir können also festhalten, daß der zwischen Komfort und Sicherheit einzugehende Kompromiß bei der Starrachse schwieriger als bei der Einzelradaufhängung zu finden ist.

Sehr häufig wird aber als einziger Nachteil etwas anderes genannt: Wird die Starrachse als Antriebsachse verwendet, so ist bei ihr wegen des mitschwingenden Achsantriebes die „ungefederte Masse" größer als

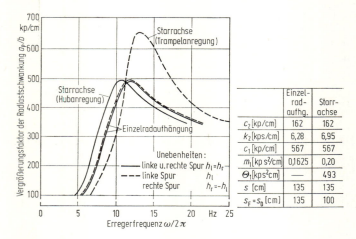

Bild 87.3 Vergleich zwischen Vergrößerungsfaktoren der Radlastschwankung für Starrachse und Einzelradaufhängung bei Hubanregung ($h_l = h_r$) und Trampelanregung ($h_l = -h_r$).

bei der „unabhängigen" Radaufhängung. Die größere Achsmasse ergibt, wie wir aus Abschn. 81, Bild 81.1c wissen, größere Radlastschwankungen. Dies ist für die Starrachse prinzipiell nachteilig, nur ist der Einfluß nicht so bedeutend, wie häufig hingestellt[1]. Das Wesentliche ist vielmehr — und das auch bei sehr leichten, nicht angetriebenen Starrachsen — die Erhöhung der Radlastschwankungen durch die oben genannten Trampelbewegungen. Dies zeigt auch Bild 87.3.

---

[1] In Bild 87.3 ist das Maximum der Resonanzkurve bei Hubanregung für beide Anordnungen gleich hoch, weil die größere Achsmasse m_1 der Starrachse stärker gedämpft wurde. Dies bedeutet nach dem oben Gesagten eine Verschlechterung des Fahrkomforts. Aber auch eine Verminderung der Fahrsicherheit wird bei Hubanregung dadurch hervorgerufen, daß die Achseigenfrequenz der Starrachse kleiner ist und damit für die Bestimmung der Standardabweichung mit einem höheren Wert der spektralen Dichte $\Phi_h(\omega)$ multipliziert werden muß.

88. Nichtlineare Feder- und Dämpferkennungen, Linearisierung

Bis jetzt wurden in diesem Dritten Teil „Fahrzeugschwingungen" nur lineare Feder- und Dämpferkennungen nach Bild 66.2 behandelt, weil diese Art der Kennlinien (mehr oder weniger angenähert) im Fahrzeug vorkommt und die Lösung der Bewegungsgleichungen sehr einfach ist. Wegen der Gültigkeit des Superpositionsgesetzes kann man in diesem Falle jede Erregung des Systems einzeln betrachten und zum Schluß alle Ergebnisse addieren. Für die Berechnung der Fahrzeugschwingungen ist dies vorteilhaft, da die Unebenheiten einer Straße, wie in Abschn. 70 an Hand von Gl. (70.11) erörtert wurde, als Überlagerung unendlich vieler Sinusschwingungen aufzufassen sind.

Beim nichtlinearen System hingegen gilt das Superpositionsgesetz nicht, d. h., man muß alle Erregerschwingungen gleichzeitig auf das System einwirken lassen. Die mathematische Formulierung für den nichtlinearen Schwinger ist deshalb unvergleichlich schwieriger als für den linearen. Im folgenden soll deshalb auch nicht ein Einblick in die Theorie der nichtlinearen Schwinger gegeben werden, sondern es soll mit Hilfe einer Näherungsbetrachtung die Wirkung nichtlinearer Feder- und Dämpferkennungen in der Tendenz abgeschätzt werden. Um genaue Ergebnisse zu erhalten, müssen Rechnungen auf Analog- oder Digitalrechenmaschinen durchgeführt werden.

Für einen Überblick wurde das Zweimassensystem mit nichtlinearer Federkennung zwischen Rad und Aufbau auf einer Analogrechenmaschine behandelt[1]. Als Störgrößen wurden harmonische Schwingungen und ein regelloser Vorgang mit ähnlicher Verteilung der spektralen Dichte wie auf mittelguten Straßen verwendet. Das Ergebnis der Berechnungen, z. B. die Größe der Aufbaubeschleunigung als Funktion der Zeit, wurde einer Frequenzanalyse unterzogen. Bild 88.1 zeigt das Resultat im Vergleich zu dem eines linearen Systems.

Die lineare Federkennung in Bild a ergibt bei sinusförmiger Anregung die „gerade" Resonanzkurve in Bild c, die aus Kap. XII schon bekannt ist. Bei der nichtlinearen, progressiven Federkennung in Bild b, die sich aus einem linearen und einem kubischen Anteil zusammensetzt, wird die Resonanzkurve in Bild d „schief", sie ist nach höheren Frequenzen hin überhängend. Außerdem wird mit wachsender Unebenheitsamplitude b auch der Vergrößerungsfaktor größer, während dieser sich bei der linearen Federkennung nicht ändert. Diese beiden Unterschiede gegenüber dem linearen System wirken sich nur in dem Frequenzbereich

---

[1] MITSCHKE, M.: Nichtlineare Feder- und Dämpferkennungen im Kraftfahrzeug. ATZ 71 (1969) Nr. 1, S. 14—21. — MÜHE, P.: Der Einfluß von Nichtlinearitäten in Feder- und Dämpferkennlinie auf die Schwingungseigenschaften von Kraftfahrzeugen. Diss., Braunschweig 1968.

334 Dritter Teil — XIII. Sitzfederung, Radaufhängung, nichtlineare Kennungen

aus, in dem die Erregerfrequenz $\omega/2\pi$ in der Nähe der Aufbaueigenfrequenz liegt. Im zweiten Resonanzgebiet in der Nähe der Achseigenfrequenz verwischen sich die Unterschiede. Dies liegt daran, daß sich

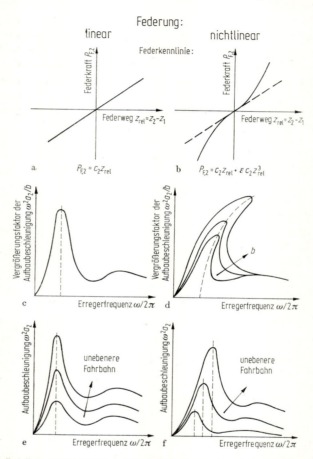

Bild 88.1 Einfluß linearer und nichtlinearer Federkennungen auf den Verlauf der Beschleunigungsamplituden über der Erregerfrequenz. a und b) Federkennlinien, c und d) Vergrößerungsfaktoren der Aufbaubeschleunigung für eine einzelne sinusförmige Anregung mit der Amplitude b und der Erregerfrequenz $\omega/2\pi$, e und f) Amplitudenspektren der Aufbaubeschleunigung bei stochastischer Anregung in Abhängigkeit von der Erregerfrequenz.

der Einfluß der Feder zwischen Rad und Aufbau nach Abschn. 79 hauptsächlich im Aufbauresonanzgebiet bemerkbar macht.

Bei statistischer Anregung, also bei gleichzeitiger Erregung durch unendlich viele Sinusschwingungen, bleibt bei linearer Federkennung der Charakter des Vergrößerungsfaktors erhalten, er wird nur durch die

88. Nichtlineare Feder- und Dämpferkennungen, Linearisierung

spektrale Dichte der Unebenheiten „verzerrt". Ist die Fahrbahn unebener, z. B. zweimal so uneben, dann werden auch die Beschleunigungsamplituden zweimal so groß, s. Bild 88.1e.

Das Ergebnis bei nichtlinearer Federkennung und statistischer Anregung unterscheidet sich gegenüber dem bei einer einzigen harmonischen Erregung sehr bemerkenswert, s. Bild 88.1f. Die „schiefe" Resonanzkurve ist nicht mehr zu erkennen, sie ist „gerade" geworden und gleicht der eines linearen Schwingers. Erst wenn die Fahrbahn unebener wird, erkennt man einen Unterschied im Aufbauresonanzgebiet. Die Amplituden der Beschleunigung werden nicht nur größer, sondern der Maximalwert verschiebt sich auch zu höheren Erregerfrequenzen. Vergleicht man diese Kurven mit Bild 79.1b, in dem die Auswirkung verschieden harter linearer Federn gezeigt wird, so können die Kurven in Bild 88.1f so gedeutet werden, als ob mit zunehmender Unebenheit die Feder immer härter wird. Dies ist auch einleuchtend, denn je unebener die Fahrbahn ist, um so größer wird auch der Relativweg $z_{rel} = z_2 - z_1$ an der Feder und um so mehr kommt der progressive Teil der Federkennung zur Wirkung.

Auf Grund dieses Ergebnisses nach Bild 88.1f ist eine Linearisierung von nichtlinearen Systemen möglich. Dazu wird die Summe der Feder- und Dämpferkräfte mit der Funktion

$$P_{F,2} + P_{D,2} = g(z_{rel}, \dot{z}_{rel}) \tag{88.1}$$

zusammengefaßt (vgl. die Kräfte bei linearen Kennungen in Gl. (76.1a)). Die Bewegungsgleichungen lauten dann für das Zweimassensystem

$$m_2 \ddot{z}_2 + g(z_{rel}, \dot{z}_{rel}) = 0, \tag{88.2}$$

$$m_1 \ddot{z}_1 - g(z_{rel}, \dot{z}_{rel}) = c_1 (h - z_1). \tag{88.3}$$

Werden diese beiden Gleichungen linearisiert, also in eine Form wie in Gl. (76.2) und (76.3) gebracht, so entsteht ein Fehler der Größe[1] $e(z_{rel}, \dot{z}_{rel})$. Wird dieser eingeführt und werden zur Unterscheidung die linearisierten Feder- und Dämpferraten $c_{2,lin}$ und $k_{2,lin}$ genannt, so ist

$$m_2 \ddot{z}_2 + k_{2,lin} \dot{z}_{rel} + c_{2,lin} z_{rel} + e(z_{rel}, \dot{z}_{rel}) = 0, \tag{88.4}$$

$$m_1 \ddot{z}_1 - k_{2,lin} \dot{z}_{rel} - c_{2,lin} z_{rel} - e(z_{rel}, \dot{z}_{rel}) = c_1 (h - z_1). \tag{88.5}$$

---

[1] CRANDALL, ST. H.: Random Vibration, Vol. 2, Massachusetts Institute of Technology, Cambridge, Mass., 1963.

Die Ersatzkonstanten $k_{2,\text{lin}}$ und $c_{2,\text{lin}}$ sind dann richtig gewählt, wenn der Gesamtfehler $e(z_{\text{rel}}, \dot z_{\text{rel}})$ — quadratisch gemittelt[1] über eine groß gewählte Zeitspanne T — ein Minimum ist. Dies führt zu den Bestimmungsgleichungen für

$$k_{2,\text{lin}} = \frac{\dfrac{1}{T}\displaystyle\int_{-T/2}^{+T/2} \dot z_{\text{rel}}\, g(z_{\text{rel}}, \dot z_{\text{rel}})\, dt}{\dfrac{1}{T}\displaystyle\int_{-T/2}^{+T/2} \dot z_{\text{rel}}^{2}\, dt}, \qquad (88.6)$$

$$c_{2,\text{lin}} = \frac{\dfrac{1}{T}\displaystyle\int_{-T/2}^{+T/2} z_{\text{rel}}\, g(z_{\text{rel}}, \dot z_{\text{rel}})\, dt}{\dfrac{1}{T}\displaystyle\int_{-T/2}^{+T/2} z_{\text{rel}}^{2}\, dt}, \qquad (88.7)$$

also zu Ausdrücken, die das nichtlineare Problem zu linearisieren gestatten.

Zwei Beispiele zeigen die Anwendung:

Ist die Federkennlinie linear $g(z_{\text{rel}}, \dot z_{\text{rel}}) = c_2 z_{\text{rel}}$, dann ist

$$c_{2,\text{lin}} = c_2 \frac{\displaystyle\int_{-T/2}^{+T/2} z_{\text{rel}}^{2}\, dt}{\displaystyle\int_{-T/2}^{+T/2} z_{\text{rel}}^{2}\, dt} = c_2.$$

Eine Federkennung nach Bild 88.1b $g(z_{\text{rel}}) = c_2 z_{\text{rel}} + \varepsilon c_2 z_{\text{rel}}^{3}$ ergibt

$$c_{2,\text{lin}} = \frac{\displaystyle\int_{-T/2}^{+T/2} (c_2 z_{\text{rel}} + \varepsilon c_2 z_{\text{rel}}^{3})\, z_{\text{rel}}\, dt}{\displaystyle\int_{-T/2}^{+T/2} z_{\text{rel}}^{2}\, dt} = c_2 + \varepsilon\, c_2 \frac{\displaystyle\int_{-T/2}^{+T/2} z_{\text{rel}}^{4}\, dt}{\displaystyle\int_{-T/2}^{+T/2} z_{\text{rel}}^{2}\, dt}.$$

Nimmt man an, der zu einem Minimum gemachte Fehler $e(z_{\text{rel}}, \dot z_{\text{rel}})$ sei vernachlässigbar klein, so sehen die Ersatzgleichungen für Gl. (88.2) und (88.3) wie folgt aus:

$$m_2 \ddot z_2 + k_{2,\text{lin}}(\dot z_2 - \dot z_1) + c_{2,\text{lin}}(z_2 - z_1) = 0, \qquad (88.8)$$

$$m_1 \ddot z_1 - k_{2,\text{lin}}(\dot z_2 - \dot z_1) - c_{2,\text{lin}}(z_2 - z_1) = c_1(h - z_1). \qquad (88.9)$$

Damit ist es gelungen, das schwierigere nichtlineare Problem auf das bei Vernachlässigung des Fehlergliedes einfachere lineare zurück-

---

[1] Dies hat von der Sache her nichts mit den quadratischen Mittelwerten in Abschn. 74 zu tun, mit denen man dort Fahrkomfort und Fahrsicherheit beurteilte. Hier wird nur deshalb quadratisch gemittelt, um immer positive Werte zu bekommen.

88. Nichtlineare Feder- und Dämpferkennungen, Linearisierung

zuführen. Diese Umformungen gelten auch bei einer regellosen Unebenheitsanregung $h(t)$, denn über die Art der Anregung wurden bisher keine Annahmen getroffen.

Leider lassen sich Gl. (88.6) und (88.7) nur in einigen Spezialfällen ausrechnen. Dennoch ermöglichen sie einen Einblick in das nichtlineare Problem. Wir wollen nun die Erkenntnisse an einigen wichtigen Beispielen anwenden.

88.1 Nichtlineare Federkennungen

Wir beginnen mit der Kombination aus einer linearen und einer quadratischen Federkennung in der Form

$$P_{F,2} = c_2 z_{rel} + \varepsilon c_2 z_{rel}^2, \qquad (88.10)$$

wobei — wie bisher — $z_{rel} = 0$ die statische Nullage angibt, s. Bild 88.2. Diese Federkennung ist z. B. eine Näherung für die Federkennlinie mit konstanter Eigenkreisfrequenz ν_2 nach Gl. (84.4) und für die Luftfederung.

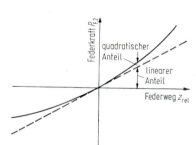
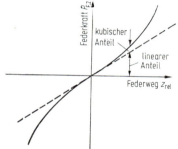

Bild 88.2 Nichtlineare Federkennung mit linearem und quadratischem Anteil, $P_{F,2} = c_2 z_{rel} + \varepsilon c_2 z_{rel}^2$.

Bild 88.3 Nichtlineare Federkennung mit linearem und kubischem Anteil, $P_{F,2} = c_2 z_{rel} + \varepsilon c_2 z_{rel}^3$.

Die linearisierte Federkonstante $c_{2,\text{lin}}$ für diese nichtlineare Kennung ist nach Gl. (88.7)

$$c_{2,\text{lin}} = c_2 + \varepsilon c_2 \frac{\int_{-T/2}^{+T/2} z_{rel}^3 \, dt}{\int_{-T/2}^{+T/2} z_{rel}^2 \, dt} . \qquad (88.11)$$

Setzt man voraus, daß der Relativweg z_{rel} als Funktion der Zeit t in seiner Verteilung ungefähr symmetrisch zur t-Achse ist, dann ist $\int z_{rel}^3 \, dt \approx 0$. Das heißt, die linearisierte Federkonstante $c_{2,\text{lin}}$ ist ungefähr dem linearen Anteil gleich,

$$c_{2,\text{lin}} \approx c_2, \qquad (88.12)$$

der quadratische Anteil spielt keine Rolle.

Als nächstes wird die Summe aus linearer und kubischer Federkennung

$$P_{F,2} = c_2 z_{rel} + \varepsilon c_2 z_{rel}^3 \qquad (88.13)$$

behandelt. Sie ist nach Bild 88.3 antisymmetrisch. Solche progressiven ($\varepsilon > 0$) Kennlinien gibt es z. B. bei der Luftfederung mit besonders geformten Kolben. Sie soll gegenüber der linearen Federung eine Verkleinerung der Schwingamplituden bringen, sie stellt sozusagen eine weiche Federung mit eingebautem Anschlagpuffer dar. Für diese nichtlineare Federkennung läßt sich die linearisierte Federkonstante nach Gl. (88.7) ausrechnen[1]. Sie lautet

$$c_{2,lin} = c_2 + 3\varepsilon c_2 \overline{z_{rel}^2}. \qquad (88.14)$$

Je größer der quadratische Mittelwert des Relativweges $\overline{z_{rel}^2}$ wird, um so härter wirkt die Feder. Die Größe des Federweges wiederum ändert sich mit der Straßengüte und mit der Fahrgeschwindigkeit. Mit dieser Umrechnung und den Ergebnissen für das lineare System aus Abschn. 79 kann die Wirkung der nichtlinearen progressiven Feder abgeschätzt werden. So ergibt sich nach Bild 79.1a, daß diese Feder bei Fahrt auf guten Straßen oder mit kleiner Fahrgeschwindigkeit, also kleinem $\overline{z_{rel}^2}$ wie eine weiche Feder arbeitet, der Vergrößerungsfaktor der Aufbaubeschleunigung ähnelt der des Beispielfahrzeuges 2 oder 3. Auf schlechten Straßen oder bei hohen Fahrgeschwindigkeiten wird $\overline{z_{rel}^2}$ größer, die Feder härter, die Resonanzkurve ist denen der Fahrzeuge 1 oder 4 vergleichbar. Das heißt, der Komfort verringert sich mehr als proportional mit wachsender Unebenheit und Fahrgeschwindigkeit, die dynamischen Radlastschwankungen werden im Gebiet der Aufbauresonanz größer, im Gebiet der Achsresonanz kleiner.

88.2 Nichtlineare Dämpferkennungen

Bild 88.4 zeigt ein Beispiel für eine nichtlineare (hydraulische) Stoßdämpferkennung nach dem Gesetz

$$P_{D,2} = k_2 \dot{z}_{rel} + \text{sgn}(\dot{z}_{rel}) \varepsilon k_2 \dot{z}_{rel}^2 \qquad (88.15)$$

mit $\varepsilon > 0$. Auch hier läßt sich der linearisierte Wert

$$k_{2,lin} = k_2 + \varepsilon k_2 \frac{\int\limits_{-T/2}^{+T/2} \text{sgn}(\dot{z}_{rel}) \dot{z}_{rel}^3 \, dt}{\int\limits_{-T/2}^{+T/2} \dot{z}_{rel}^2 \, dt} \qquad (88.16)$$

---

[1] CRAMER, H.: Mathematical Methods of Statistics, Princeton, N. J., 1946.

88. Nichtlineare Feder- und Dämpferkennungen, Linearisierung

nicht formelmäßig ausrechnen. Doch kann man abschätzen, daß mit wachsender Relativgeschwindigkeit der Zähler wegen des Exponenten 3 schneller wächst als der Nenner, so daß insgesamt $k_{2,\text{lin}}$ größer wird.

Mit Hilfe der Diagramme aus den Bildern 80.1a und b können wir nun qualitative Aussagen über die progressive Dämpferkennung machen[1]. Auf guten Straßen und bei kleiner Fahrgeschwindigkeit ist $\dot{z}_{\text{rel}}$ und damit auch $k_{2,\text{lin}}$ klein. Deshalb ist der Fahrkomfort gut; der Radlast-Vergrößerungs-Faktor ist zwar hoch, was aber wegen der

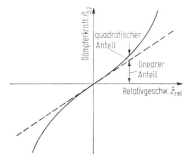

Bild 88.4 Nichtlineare Dämpferkennung mit linearem und quadratischem (antisymmetrischem) Anteil $P_{D,2} = k_2 \dot{z}_{\text{rel}} + \text{sgn}(\dot{z}_{\text{rel}}) \varepsilon k_2 \dot{z}_{\text{rel}}^2$.

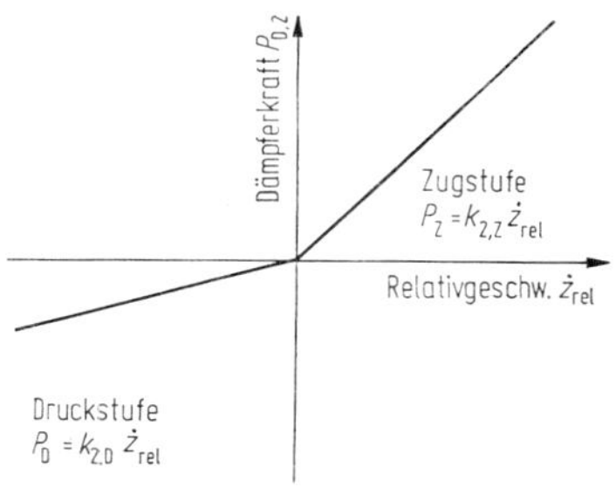

Bild 88.5 Übliche Kennung hydraulischer Stoßdämpfer, jeweils lineare Kennung in Zug- und Druckstufe.

kleinen Anregungen kein Nachteil ist. Bei höheren Fahrgeschwindigkeiten und auf schlechten Straßen wird $\dot{z}_{\text{rel}}$ und ebenfalls $k_{2,\text{lin}}$ nach Gl. (88.16) größer, der Komfort nach Bild 80.1c wird mehr als proportional[2] schlechter, die Größe der Radlastschwankungen dadurch weniger als proportional erhöht. Diese progressive Kennung sorgt also auf diese Weise durch eine Anpassung der Dämpfung an den Fahrbahnzustand dafür, daß die Radlastschwankungen auf Kosten des Komforts klein gehalten werden.

Die Kennungen fast aller produzierten hydraulischen Stoßdämpfer folgen keinem linearen Gesetz, sondern sind, wie Bild 88.5 zeigt, geknickt linear. Die Stoßdämpferkraft $P_{D,2}$ ist zwar auch der Relativgeschwindigkeit $\dot{z}_{\text{rel}}$ proportional, nur ist die Proportionalitätskonstante $k_{2,Z}$ für die Zugstufe eine andere als die Konstante $k_{2,D}$ für die Druckstufe.

$$P_{D,2} = k_{2,Z} \dot{z}_{\text{rel}} \quad \text{für} \quad \dot{z}_{\text{rel}} > 0,$$

$$P_{D,2} = k_{2,D} \dot{z}_{\text{rel}} \quad \text{für} \quad \dot{z}_{\text{rel}} < 0. \tag{88.17}$$

---

[1] Vgl. auch HOFFMANN, H. J.: Diss., Braunschweig 1957.
[2] Vorausgesetzt, daß das Grunddämpfungsmaß nach Bild 80.1c im oder rechts vom Minimum liegt.

Sind die beiden Dämpfungswerte nicht zu unterschiedlich, so daß die Verteilung der Relativgeschwindigkeit $\dot{z}_{\mathrm{rel}}$ um die Zeitachse t einigermaßen symmetrisch bleibt, so kann durch

$$k_{2,\mathrm{lin}} = \frac{k_{2,\mathrm{Z}} + k_{2,\mathrm{D}}}{2} \qquad (88.18)$$

linearisiert werden. Bei größeren Unterschieden von $k_{2,\mathrm{Z}}$ und $k_{2,\mathrm{D}}$ ist das, wie Bild 88.6 zeigt, nicht möglich. Die Dämpferrelativgeschwindigkeit ist nicht mehr um die Zeitachse symmetrisch, und dadurch steigen Aufbaubeschleunigung und Radlastschwankung an. Das heißt, ein geknickt linearer Dämpfer wirkt sich gegenüber einer linearen Kennung so aus, als ob die Straße unebener oder die Fahrgeschwindigkeit höher wäre[1].

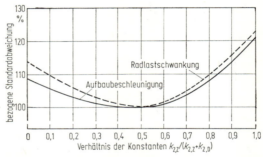

Bild 88.6 Bezogene Standardabweichung der Aufbaubeschleunigung und der Radlastschwankung über dem Verhältnis der Aufbaudämpfungskonstanten bei einer Kennung nach Bild 88.5. $k_{2,\mathrm{Z}}$ Konstante in der Zugstufe, $k_{2,\mathrm{D}}$ in der Druckstufe. Aus Goes, F.: Diss., Braunschweig 1963.

88.3 Reibungsdämpfung

Die Reibung, die in jeder Radaufhängung vorkommt und deren Wirkung deshalb bekannt sein muß, wird durch die Gleichung

$$P_{\mathrm{D},2} = \mathrm{sgn}\,(\dot{z}_{\mathrm{rel}}) K_{\mathrm{r}} \qquad (88.19)$$

und durch Bild 88.7a erfaßt. Es ist nicht möglich, von diesem Verlauf die linearisierte Dämpfungskonstante nach Gl. (88.6) exakt auszurechnen. Doch kann man die Wirkung in der Tendenz abschätzen. Es muß für den Zähler der Gleichung das Gesetz der Reibungsdämpfung nach Gl. (88.19) mit der Relativgeschwindigkeit $\dot{z}_{\mathrm{rel}}$ multipliziert werden, so daß das Produkt $P_{\mathrm{D},2}\dot{z}_{\mathrm{rel}}$ nach Bild 88.7c für jede Zeit t positiv ist. Vergrößert sich nun durch schnelleres Fahren oder durch Befahren schlechterer Straßen die Relativgeschwindigkeit auf den doppelten Wert, so wird der Flächeninhalt unter $P_{\mathrm{D},2}\dot{z}_{\mathrm{rel}}$, also die Größe des Zählers

---

[1] Goes, F.: Diss., Braunschweig 1963.

88. Nichtlineare Feder- und Dämpferkennungen, Linearisierung

der Gl. (88.6) ebenfalls doppelt so groß. Der Nenner hingegen, in dem das Quadrat der Relativgeschwindigkeit steht, vervierfacht sich. Folglich wird die linearisierte Dämpfungskonstante mit größer werdender

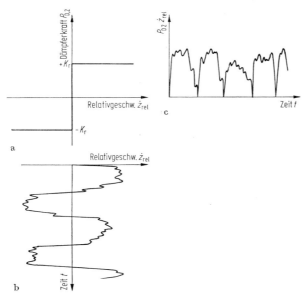

Bild 88.7 Zur Ableitung eines gleichwertigen Dämpfungsfaktors für die Reibungsdämpfung. a) Kennung einer Reibungsdämpfung, $P_{D,2} = (\text{sgn}\ \dot{z}_{rel})K_r$, b) Verlauf der Relativgeschwindigkeit über der Zeit, c) Verlauf des Produktes aus Dämpferkraft $P_{D,2}$ und Relativgeschwindigkeit $\dot{z}_{rel}$ über der Zeit.

Relativgeschwindigkeit kleiner, oder umgekehrt mit kleinerer Relativgeschwindigkeit wird der Einfluß der Reibung größer. Hat ein Fahrzeug nach Bild 88.8a neben der Reibungsdämpfung noch eine hydraulische Dämpfung, dann lautet die gleichwertige Dämpfungskonstante

$$k_{2,\text{lin}} = k_2 + K_r \frac{\int\limits_{-T/2}^{+T/2} \text{sgn}(\dot{z}_{rel})\dot{z}_{rel}\, dt}{\int\limits_{-T/2}^{+T/2} \dot{z}_{rel}^2\, dt} \qquad (88.20)$$

(vgl. Bild 88.8b). Auf der schlechten Straße und bei hohen Fahrgeschwindigkeiten ist der Einfluß der Reibung gering. Je ebener die Straße wird oder je kleiner die Fahrgeschwindigkeit ist, um so stärker wird die Dämpfung, weil der Anteil der Reibungsdämpfung relativ größer wird. Dadurch werden nach den Bildern 80.1a und b die Aufbaubeschleunigungen und Radlasten im Aufbauresonanzgebiet kleiner, im Achsresonanzgebiet und im Zwischenresonanzgebiet werden die Beschleunigungen

342 Dritter Teil — XIII. Sitzfederung, Radaufhängung, nichtlineare Kennungen

dagegen größer. Die Radlastschwankungen werden im Zwischenresonanzgebiet ebenfalls größer, dafür im Achsresonanzgebiet kleiner. Insgesamt bringt also die Reibung Nachteile für den Komfort, d. h. für die Beschleunigung im Aufbau, denn die „Stöße kommen stärker durch". Für die Radlastschwankung ist die Reibung dagegen nicht schädlich.

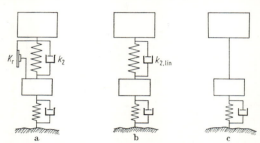

Bild 88.8 a) Zweimassensystem mit linearem Dämpfungsfaktor k_2 und Reibkraft K_r, b) Zusammenfassung der beiden Dämpfungen nach a zu einem gleichwertigen linearen Dämpfungsfaktor $k_{2,\text{lin}}$, c) Reibungsdämpfung blockiert die Relativbewegung zwischen Aufbau und Achse.

Auf guter Straße blockiert die Reibungsdämpfung die Relativbewegung zwischen Achse und Aufbau, und wir erhalten aus dem Zweimassensystem ein Einmassensystem nach Bild 88.8c, bei dem Achse und Aufbau „starr" miteinander verbunden sind. Tritt nun durch eine Unebenheit eine Kraft zwischen den Massen auf, die größer als die Reibungskraft ist, dann setzt eine Relativbewegung ein, aus dem Einmassensystem wird wieder ein Schwinger mit zwei Freiheitsgraden.

Um den Fahrkomfort auf guten Straßen oder bei kleinen Fahrgeschwindigkeiten (boulevard riding) zu verbessern, muß die Reibung klein, möglichst Null sein. Es mag zunächst unnötig erscheinen, für die Fahrt auf guten Straßen oder bei kleinen Geschwindigkeiten die Beschleunigungen zu vermindern, weil sie absolut gesehen ohnehin klein sind; aber es ist bekannt, daß die Insassen gerade auf guten Straßen oder bei langsamer Fahrt die Schwingungen eines Fahrzeugs verstärkt empfinden bzw., weil sie sie nicht vermuten, erstaunt feststellen.

Leider kann die Reibungsdämpfung niemals zu Null gemacht werden; deshalb muß die hydraulische Dämpfung im Stoßdämpfer der Reibungsdämpfung angepaßt werden. Das heißt, für die Fahrt auf guten Straßen, also für die Fahrt mit kleinen Relativgeschwindigkeiten zwischen Achse und Aufbau, wird eine kleine hydraulische Dämpfungskraft und auf schlechten Straßen, also bei großen Relativgeschwindigkeiten, eine große gebraucht, so daß die Summe von Reibungsdämpfung und hydraulischer Dämpfung ungefähr gleich groß bleibt und nicht von der Straßengüte bzw. der Relativgeschwindigkeit abhängt. MÜHE[1] zeigt

---

[1] MÜHE, P.: Diss., Braunschweig 1968.

89. Bewegungsgleichungen, Vergrößerungsfaktoren, $m_K = 0$

in einem Fall, daß ein Kompromiß möglich ist, wenn zu der Reibungsdämpfung eine hydraulische Dämpfung mit dem Exponenten 1,5 addiert wird.

$$P_{D,2} = K_r(\text{sgn } \dot{z}_{\text{rel}}) + k_2(\text{sgn } \dot{z}_{\text{rel}}) \dot{z}_{\text{rel}}^{1,5}. \tag{88.21}$$

XIV. Zweiachsfahrzeug

In Kap. XII betrachteten wir das Zweimassensystem als Näherung für ein Teilsystem des zweiachsigen Fahrzeugs. Exakt gilt das nur für Aufbaupunkte senkrecht über den Achsen, wenn nach Bild 65.5b die Koppelmasse $m_K = 0$ ist.

Im folgenden werden wir uns die Bewegung beliebiger Aufbaupunkte — zunächst unter der Annahme $m_K = 0$, später auch ohne diese Vereinfachung — ansehen und die Größe der Nickbeschleunigungen diskutieren.

89. Bewegungsgleichungen, Vergrößerungsfaktoren, $m_K = 0$

In Bild 89.1 sind zwei Zweimassensysteme im Abstand des Radstandes l aneinandergefügt. Zur Unterscheidung geben wir den Daten des vorderen Systems den Index V, denen des hinteren Systems den

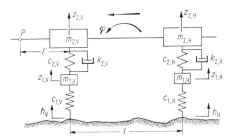

Bild 89.1 Schwingungsersatzsystem eines zweiachsigen Fahrzeugs für den Sonderfall Koppelmasse $m_K = 0$, im Seitenriß (Zusammensetzung aus zwei Zweimassensystemen nach Bild 76.1). V Vorderachse, H Hinterachse, φ Nickwinkel, P beliebiger Sitzpunkt.

Index H. Die Bewegungsgleichungen lauten entsprechend Gl. (76.2) und (76.3) unter Vernachlässigung der Reifendämpfung

$$m_{2,V}\ddot{z}_{2,V} + k_{2,V}(\dot{z}_{2,V} - \dot{z}_{1,V}) + c_{2,V}(z_{2,V} - z_{1,V}) = 0, \tag{89.1}$$

$$m_{2,H}\ddot{z}_{2,H} + k_{2,H}(\dot{z}_{2,H} - \dot{z}_{1,H}) + c_{2,H}(z_{2,H} - z_{1,H}) = 0, \tag{89.2}$$

$$m_{1,V}\ddot{z}_{1,V} - k_{2,V}(\dot{z}_{2,V} - \dot{z}_{1,V}) - c_{2,V}(z_{2,V} - z_{1,V}) = c_{1,V}(h_V - z_{1,V}), \tag{89.3}$$

$$m_{1,H}\ddot{z}_{1,H} - k_{2,H}(\dot{z}_{2,H} - \dot{z}_{1,H}) - c_{2,H}(z_{2,H} - z_{1,H}) = c_{1,H}(h_H - z_{1,H}). \tag{89.4}$$

Die Vergrößerungsfaktoren nennen sich jetzt für die Aufbaubeschleunigungen über den Radaufstandspunkten $\omega^2 \mathfrak{a}_{2,V}/\mathfrak{b}_V$ und $\omega^2 \mathfrak{a}_{2,H}/\mathfrak{b}_H$ und für die dynamischen Radlastschwankungen $\mathfrak{a}_{P,V}/\mathfrak{b}_V$ und $\mathfrak{a}_{P,H}/\mathfrak{b}_H$. Ihre Werte ändern sich, da die Koppelmasse $m_K = 0$ ist, gegenüber den in Kap. XII gezeigten und in Tabelle 68.1 genannten nicht.

Neu hinzu kommt, daß auch die Hubbewegung z_2 eines Punktes P berechnet werden kann, der zwischen den Rädern, davor oder dahinter liegt, allgemein den Abstand l' zur Vorderachse (s. Bild 89.1) hat[1]. z_2 ergibt sich zu

$$z_2 = z_{2,V} + \frac{l'}{l}(z_{2,V} - z_{2,H}) \qquad (89.5)$$

bzw. die Amplitude $\omega^2 \mathfrak{a}_2$ der Beschleunigung $\ddot{z}_2$, die ein Maßstab für die Schwingbequemlichkeit ist, zu

$$\omega^2 \mathfrak{a}_2 = \omega^2 \mathfrak{a}_{2,V} + \frac{l'}{l}(\omega^2 \mathfrak{a}_{2,V} - \omega^2 \mathfrak{a}_{2,H}). \qquad (89.6)$$

Weiterhin wurde in Abschn. 72 erwähnt, daß nicht nur die vertikale Bewegung allein für den Komfort maßgebend ist, sondern auch die horizontalen Bewegungen, die in der Winkelbewegung φ ihre Ursache haben. φ berechnet sich nach Bild 89.1 aus

$$\varphi = \frac{1}{l}(z_{2,V} - z_{2,H}). \qquad (89.7)$$

Nehmen wir als Maß für den Komfort die Amplitude $\omega^2 \mathfrak{a}_\varphi$ der Nickwinkelbeschleunigung $\ddot{\varphi}$, so lautet der Maßstab

$$\omega^2 \mathfrak{a}_\varphi = \frac{1}{l}(\omega^2 \mathfrak{a}_{2,V} - \omega^2 \mathfrak{a}_{2,H}). \qquad (89.8)$$

Um Vergrößerungsfaktoren zu erhalten, müssen die Amplituden $\omega^2 \mathfrak{a}_2$ und $\omega^2 \mathfrak{a}_\varphi$ durch die Unebenheitsamplitude dividiert werden. Davon gibt es aber zwei, die eine errechnet sich aus der die Räder der Vorderachse anregenden Unebenheitsfunktion

$$h_V(t) = \int_{-\infty}^{+\infty} \mathfrak{b}_V e^{i\omega t}\, d\omega \qquad (89.9)$$

und die andere aus der entsprechenden Funktion für die Hinterachse

$$h_H(t) = \int_{-\infty}^{+\infty} \mathfrak{b}_H e^{i\omega t}\, d\omega \qquad (89.10)$$

---

[1] Liegt der Punkt P hinter der Vorderachse, so ist l' als negativer Wert einzusetzen.

(vgl. Gl. (77.1)). Fahren die vorderen und hinteren Räder in der gleichen Spur, so besteht zwischen den beiden Unebenheitsfunktionen h_V und h_H nur eine zeitliche Verschiebung Δt

$$h_\mathrm{V}(t) = h_\mathrm{H}(t + \Delta t). \tag{89.11}$$

Δt ergibt sich aus dem Radstand l und der Fahrgeschwindigkeit v zu

$$\Delta t = l/v. \tag{89.12}$$

Die Phasenverschiebung beträgt mit Gl. (70.5)

$$\omega \Delta t = \omega l/v = 2\pi l/L, \tag{89.13}$$

wodurch zwischen den komplexen Amplituden die Beziehung

$$\mathfrak{b}_\mathrm{V}(\omega) = \mathfrak{b}_\mathrm{H}(\omega)\mathrm{e}^{\mathrm{i}\omega \Delta t} \tag{89.14}$$

besteht. Die reellen Amplituden sind gleich

$$|\mathfrak{b}_\mathrm{V}| = |\mathfrak{b}_\mathrm{H}| = |\mathfrak{b}| \quad \text{bzw.} \quad b_\mathrm{V} = b_\mathrm{H} = b. \tag{89.15}$$

Den Verlauf des Vergrößerungsfaktors über der Erregerfrequenz ω für Nick- und Hubbeschleunigung an jedem Aufbaupunkt kann man am leichtesten für den Sonderfall ableiten, daß das vordere und hintere Schwingungssystem nach Bild 89.1 gleich sind; dann sind auch die Vergrößerungsfaktoren $\omega^2 a_{2,\mathrm{V}}/b$ und $\omega^2 a_{2,\mathrm{H}}/b$ nach Bild 89.2b bzw. c gleich. Die Nickbewegung ist nach Gl. (89.7) Null, wenn die Aufbaubewegungen über den Achsen $z_{2,\mathrm{V}} = z_{2,\mathrm{H}}$ oder, mit der eben eingeführten Annahme gleicher Teilsysteme, wenn die Anregungen durch die Unebenheiten $h_\mathrm{V} = h_\mathrm{H}$ sind. Diese Bedingung wiederum ist nur dann erfüllt, wenn der in Gl. (89.13) genannte Phasenwinkel $\omega \Delta t = 0$, $2\pi, 4\pi, \ldots$ ist. In Bild 89.2a wurde $\omega \Delta t$ für einen bestimmten Radstand l und für eine gewisse Fahrgeschwindigkeit v über der Erregerfrequenz ω aufgetragen. Die Schnittpunkte dieser Geraden mit den ganzzahlig Vielfachen von 2π ergeben keine Nickanregung, und damit ist bei diesen Frequenzen auch der Vergrößerungsfaktor für die Nickbeschleunigung $\omega^2 a_\varphi/b$ in Bild 89.2c Null.

Ist hingegen der Phasenwinkel $\omega \Delta t = \pi, 3\pi, 5\pi, \ldots$, also das ungerad-ganzzahlige Vielfache von π, dann ist $h_\mathrm{V} = -h_\mathrm{H}$, somit $z_{2,\mathrm{V}} = -z_{2,\mathrm{H}}$ und der Nickwinkel nach Gl. (89.7) mit dem Wert $\varphi = 2z_{2,\mathrm{V}}/l$ für diese Erregerfrequenz am größten. Durch diese reine Nickanregung wird auch der Vergrößerungsfaktor der Nickbeschleunigung $\omega^2 a_\varphi/b$, wie Bild 89.2c zeigt, groß[1].

---

[1] Daß der Vergrößerungsfaktor $\omega^2 a_\varphi/b$ dann den Wert von $(1/100) \omega^2 a_{2,\mathrm{V}}/b$ erreicht, gilt nach Gl. (89.17) für den Radstand $l = 2$ m $= 200$ cm.

Für den betrachteten Sonderfall, Koppelmasse m_K sei Null und die vorderen und hinteren Teilsysteme seien schwingungstechnisch gleich[1], ergeben sich die markanten Werte, wenn n eine beliebige ganze positive

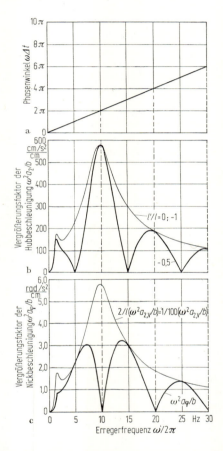

Bild 89.2 Zur Ableitung des Verlaufes der Vergrößerungsfaktoren über der Erregerfrequenz für Hub- und Nickbeschleunigungen. a) Phasenverschiebungen zwischen den Anregungen an Vorder- und Hinterachse über der Erregerfrequenz, b) Vergrößerungsfaktoren für die Hubbeschleunigungen an Aufbaupunkten über Vorderachse ($l'/l = 0$) und Hinterachse ($l'/l = -1$) sowie in Mitte Radstand ($l'/l = -0,5$), c) Vergrößerungsfaktor der Nickbeschleunigung. Zum Vergleich wurde die auf $l/2$ bezogene Hubbeschleunigung über der Vorderachse (gleich der über der Hinterachse) mit eingezeichnet. Teilsystem vorn und hinten jeweils Fahrzeug 1 aus Tabelle 78.2, $m_K = 0$, $l = 2\,\mathrm{m}$, $v = 20\,\mathrm{m/s}$.

---

[1] Schwingungstechnisch gleich bedeutet nicht nur, daß alle Daten gleich sind, $m_{2,V} = m_{2,H}$, $c_{2,V} = c_{2,H}, \ldots$, sondern daß die Daten des einen Systems das Vielfache des anderen sind, also $m_{2,V} = \alpha m_{2,H}$, $c_{2,V} = \alpha c_{2,H}, \ldots$ und damit $\nu_{2,V} = \nu_{2,H}$, $D_{2,V} = D_{2,H}, \ldots$ bleibt.

$$\frac{\omega^2 a_\varphi}{b}(\omega \Delta t = n \cdot 2\pi) = 0, \tag{89.16}$$

$$\frac{\omega^2 a_\varphi}{b}[\omega \Delta t = (2n+1)\pi] = \frac{2}{l}\frac{\omega^2 a_{2,\mathrm{V}}}{b}. \tag{89.17}$$

Liegt der Phasenwinkel zwischen den eben diskutierten Werten 0, $\pi, 2\pi, 3\pi \ldots$, dann gibt es eine gemischte Hub- und Nickanregung, und demzufolge stellen sich für die Vergrößerungsfaktoren Zwischenwerte ein. Aus der zweigipfligen Resonanzkurve für die Aufbaupunkte über den Achsen wird eine Art Girlandenkurve für den Vergrößerungsfaktor der Nick- und der Hubbeschleunigung.

Die Hubbeschleunigung des Aufbaupunktes in Mitte Radstand $z_2(l' = -l/2)$ erhält man ähnlich wie die Nickbeschleunigung, nur daß die Berührungspunkte mit der Einhüllenden bei $2\pi, 4\pi, \ldots$ und die Nullwerte bei $\pi, 3\pi, \ldots$ liegen. Bei reiner Nickanregung bewegt sich der Punkt in Radstandsmitte nicht, und bei reiner Hubanregung vollführt er die gleichen Bewegungen wie die Aufbaupunkte über den Achsen. Auch hier entsteht nach Bild 89.2b eine Girlandenkurve. Die hervorstechenden Werte lauten entsprechend Gl. (89.16) und (89.17) formuliert

$$\frac{\omega^2 a_2}{b}\left(\omega \Delta t = n \cdot 2\pi;\ l' = -\frac{l}{2}\right) = \frac{\omega^2 a_{2,\mathrm{V}}}{b}, \tag{89.18}$$

$$\frac{\omega^2 a_2}{b}\left(\omega \Delta t = (2n+1)\pi;\ l' = -\frac{l}{2}\right) = 0. \tag{89.19}$$

Eine Verallgemeinerung der hier diskutierten Spezialfälle folgt in den nächsten Abschnitten. Wir sehen aber aus den letzten vier Gleichungen und aus Bild 89.2, daß Hub- und Nickbeschleunigungen klein sein können, wenn die Beschleunigungen über den Achsen klein sind. Das heißt, daß die in Kap. XII am einfacheren Zweimassensystem getroffenen Aussagen über den Fahrkomfort immer noch gültig sind und anwendbar bleiben.

90. Einfluß der Fahrgeschwindigkeit

In Abschn. 78 haben wir die Auswirkung der Fahrgeschwindigkeit auf die Größe der Standardabweichung von dynamischen Radlastschwankungen und von Beschleunigungen der über den Achsen liegenden Aufbaupunkte diskutiert.

Beim Zweimassensystem mit nur einer Anregung geht die Variation der Fahrgeschwindigkeit nach den Bildern 78.1 b und c nur in die spektrale Dichte $\Phi_h(\omega)$ ein, während sie beim Zweiachsfahrzeug auch den Verlauf der Vergrößerungsfaktoren über der Erregerfrequenz verändert.

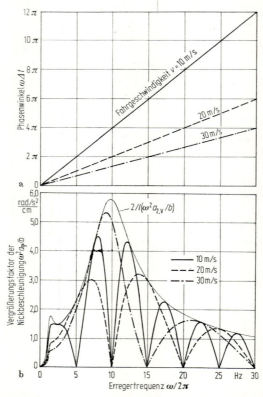

Bild 90.1 Einfluß der Fahrgeschwindigkeit v auf den Verlauf a) der Phasenverschiebung zwischen der Anregung an Vorder- und Hinterachse, b) des Vergrößerungsfaktors der Nickbeschleunigung. Als Hüllkurve wurde die auf $l/2$ bezogene Hubbeschleunigung über der Vorderachse eingezeichnet, s. Gl. (89.17). Teilsystem vorn und hinten jeweils Fahrzeug 1 aus Tabelle 78.2, $m_K = 0$, $l = 2$ m, $v = 20$ m/s.

Bild 90.1 zeigt dies für die Nickbeschleunigung. Bei $v = 10$ m/s gibt es nach Bild a in dem untersuchten Frequenzbereich 7 Stellen, bei denen der Phasenwinkel $\omega \Delta t$ das ganzzahlig Vielfache von 2π beträgt, bei denen also reine Hubanregung auftritt und demzufolge nach Bild b der Vergrößerungsfaktor $\omega^2 a_\varphi / b$ Null ist. Bei $v = 20$ m/s gibt es 4, bei $v = 30$ m/s nur noch 3 solcher Stellen. Mit wachsender Fahrgeschwindigkeit hat also der Vergrößerungsfaktor weniger Nullstellen und weniger Maxima, die Girlandenkurve wird weiter.

90. Einfluß der Fahrgeschwindigkeit

Bei der Bildung des quadratischen Mittelwertes, der nach Gl. (74.14) für die Nickbeschleunigung

$$\sigma_{\ddot{\varphi}}^2 = \overline{\ddot{\varphi}^2} = \int_0^\infty \left(\frac{\omega^2 a_\varphi}{b}\right)^2 \Phi_h(\omega)\, d\omega \qquad (90.1)$$

lautet, muß also die Fahrgeschwindigkeit beim Vergrößerungsfaktor $\omega^2 a_\varphi/b$ und bei der spektralen Dichte $\Phi_h(\omega)$ berücksichtigt werden, was sich auf den Verlauf der Standardabweichung $\sigma_{\ddot{\varphi}}$ über der Fahrgeschwindigkeit v auswirkt. Wir erinnern uns an das in Abschn. 78 und durch Gl. (78.5) Gesagte: Sind die Vergrößerungsfaktoren von der Fahr-

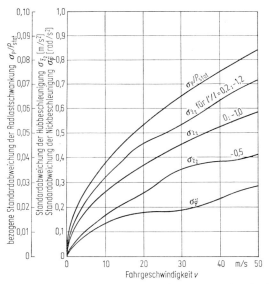

Bild 90.2 Einfluß der Fahrgeschwindigkeit auf den Verlauf der Standardabweichungen von bezogener Radlastschwankung, Hubbeschleunigung in verschiedenen Aufbaupunkten und Nickbeschleunigung. Teilsystem vorn und hinten jeweils Fahrzeug 1 aus Tabelle 78.2, $m_K = 0$, $l = 3$ m. Fahrbahndaten: $\Phi(\Omega_0) = 1$ cm³, $\Omega_0 = 10^{-2}$ cm^{-1}, $w = 2$.

geschwindigkeit unabhängig (wie bei den Radlastschwankungen und den Aufbaubeschleunigungen über den Rädern, falls die Koppelmasse $m_K = 0$ ist), wachsen bei der Welligkeit $w = 2$ die Standardabweichungen verhältig mit der Quadratwurzel der Fahrgeschwindigkeit an, s. Bild 90.2. Im Vergleich dazu gilt das für die Standardabweichungen der Größen, deren Vergrößerungsfaktoren sich mit der Fahrgeschwindigkeit ändern, nur näherungsweise. Für die Daten des Beispielfahrzeuges in Bild 90.2 ist die Standardabweichung für die Nickbeschleunigung

$\sigma_{\ddot{\psi}}$ im Geschwindigkeitsbereich von 20 bis 30 m/s etwas geringer, als es dem $\sqrt{v}$-Verlauf entspräche, die Standardabweichung der Aufbaubeschleunigung in Mitte Radstand $\sigma_{\ddot{z}_2}(l' = -l/2)$ liegt da hingegen höher.

91. Lage der Sitze

Bisher wurde nur die Größe der Hubbeschleunigungen von Aufbaupunkten über den Achsen und in Mitte Radstand diskutiert, im folgenden sollen auch andere Punkte betrachtet und damit die Frage beantwortet werden, wo der (über den Sitz abgefederte) Fahrzeuginsasse die kleinste Anregung erfährt.

Dies geschieht wieder mit Hilfe des Phasenwinkels $\omega \Delta t$ und der vereinfachenden Annahme gleicher Schwingungssysteme vorn und hinten. Beim Phasenwinkel $0, 2\pi, 4\pi, \ldots$ wird das Fahrzeug zu reinen Hubschwingungen angeregt, $z_{2,V} = z_{2,H}$ und $\omega^2 \mathfrak{a}_{2,V} = \omega^2 \mathfrak{a}_{2,H}$, so daß die Beschleunigung jedes Aufbaupunktes gleich ist. Es gilt

$$\frac{\omega^2 a_2}{b} (\omega \Delta t = n \cdot 2\pi) = \frac{\omega^2 a_{2,V}}{b} = \frac{\omega^2 a_{2,H}}{b}. \tag{91.1}$$

Bei reiner Nickanregung, $\omega \Delta t = \pi, 3\pi, \ldots$, ist $z_{2,V} = -z_{2,H}$ bzw. $\omega^2 \mathfrak{a}_{2,V} = -\omega^2 \mathfrak{a}_{2,H}$, und nach Gl. (89.6) ist die Beschleunigung an jedem Aufbaupunkt verschieden

$$\frac{\omega^2 a_2}{b} [\omega \Delta t = (2n+1)\pi] = \left(1 + 2\frac{l'}{l}\right) \frac{\omega^2 a_{2,V}}{b}. \tag{91.2}$$

Die schon aus Bild 89.2b bekannten Spezialfälle der Vergrößerungsfaktoren für die Beschleunigungen über den Achsen

$$\frac{\omega^2 a_2}{b} \left(\omega \Delta t = (2n+1)\pi; \ \frac{l'}{l} = 0\right) = \frac{\omega^2 a_{2,V}}{b}, \tag{91.2a}$$

$$\frac{\omega^2 a_2}{b} \left(\omega \Delta t = (2n+1)\pi; \ \frac{l'}{l} = -1\right) = -\frac{\omega^2 a_{2,V}}{b} = \frac{\omega^2 a_{2,H}}{b} \tag{91.2b}$$

und in Mitte Radstand

$$\frac{\omega^2 a_2}{b} \left(\omega \Delta t = (2n+1)\pi; \ \frac{l'}{l} = -\frac{1}{2}\right) = 0 \tag{91.2c}$$

sind in der Gl. (91.2) enthalten und noch einmal in Bild 91.1b dargestellt.

91. Lage der Sitze

Liegt ein Aufbaupunkt zwischen Mitte Radstand und einer Achse, dann verläuft auch nach Bild 91.1b der Vergrößerungsfaktor zwischen dem von Mitte Radstand und dem vom Aufbaupunkt über der Achse. Bei reiner Hubanregung sind nach Gl. (91.1) die Maximalwerte gleich,

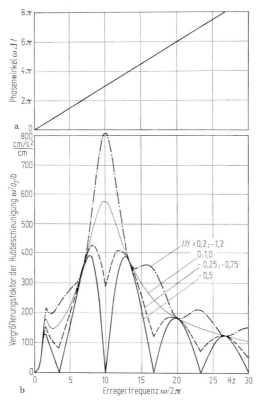

Bild 91.1 Einfluß der Sitzlage. a) Phasenverschiebung zwischen den Anregungen an Vorder- und Hinterachse, b) Vergrößerungsfaktor der Hubbeschleunigung in verschiedenen Aufbaupunkten in Abhängigkeit von der Erregerfrequenz. Teilsysteme vorn und hinten jeweils Fahrzeug 1 aus Tabelle 78.2, $m_K = 0$, $l = 3$ m, $v = 20$ m/s.

und bei reiner Nickanregung und z. B. $l'/l = -0{,}25$ und $-0{,}75$ betragen die Minimalwerte nach Gl. (91.2)

$$\frac{\omega^2 a_2}{b}\left(\omega \Delta t = (2n+1)\pi;\ \frac{l'}{l} = \genfrac{}{}{0pt}{}{-0{,}25}{-0{,}75}\right) = \pm \frac{1}{2}\frac{\omega^2 a_{2,V}}{b}. \quad (91.2\,\mathrm{d})$$

Für Aufbaupunkte vor der Vorderachse oder hinter der Hinterachse wird die Beschleunigung bei Nickanregung sogar größer als bei Hubanregung, z. B. wird bei $l'/l = 0{,}2$ und $-1{,}2$

$$\frac{\omega^2 a_2}{b}\left(\omega \Delta t = (2n+1)\pi;\ \frac{l'}{l} = \begin{matrix}+0{,}2\\-1{,}2\end{matrix}\right) = \pm\, 1{,}4\, \frac{\omega^2 a_{2,\mathrm{V}}}{b},\quad (91.2\mathrm{e})$$

und damit verläuft nach Bild 91.1b die Girlandenkurve oberhalb der zweigipfligen Resonanzkurve.

Da sich der quadratische Mittelwert aus dem Flächeninhalt unter dem mit der spektralen Dichte multiplizierten Vergrößerungsfaktor ergibt, kann man aus Bild 91.1b abschätzen, wie groß die Hubbeschleunigungen an den einzelnen Aufbaupunkten sind. In Mitte Radstand ist die Beschleunigung am kleinsten, sie wird in der Reihenfolge größer: zwischen den Achsen, über den Achsen, vor der Vorder- und hinter der Hinterachse. Bild 90.2 bestätigt diese Aussage. Es zeigt den Verlauf der Standardabweichungen $\sigma_{\ddot{z}_2}$ für verschiedene Aufbaupunkte über der Geschwindigkeit.

Die Nickbeschleunigung ist in allen Punkten gleich.

Kann man sich als Fahrgast in einem Omnibus einen Platz aussuchen, dann sollte man sich also zwischen die Achsen und nicht über sie oder gar vor die Vorder- oder hinter die Hinterachse setzen. Im Pkw werden Fahrer und Beifahrer weniger erschüttert als die kurz vor der Hinterachse im Fond sitzenden Insassen. Der Fahrer in Omnibussen und Lkw, der über oder sogar vor der Vorderachse sitzt, wird durch die Schwingungen stärker beansprucht als der in Mitte Radstand sitzende Pkw-Fahrer, wenn man unterstellt, daß die betrachteten Fahrzeuge schwingungstechnisch gleichwertig sind.

92. Einfluß der Fahrzeuggröße (Radstand)

Unter der noch immer geltenden Voraussetzung $m_\mathrm{K} = 0$ ist eine Betrachtung des Einflusses verschiedenen Radstandes gleichbedeutend mit der Betrachtung verschieden großer Fahrzeuge. (Wird in einem bestimmten Wagen der Radstand variiert, so wird die Koppelmasse verändert; dieser Fall wird erst in Abschn. 95 behandelt.)

Wir gehen in Bild 92.1 von dem schon aus Bild 89.2 bekannten Fahrzeug mit dem Radstand $l = 2$ m aus und sehen uns die Veränderung des Vergrößerungsfaktors für die Hubbeschleunigung in Mitte Radstand $[\omega^2 a_2/b]\,(l'/l = -0{,}5)$ und für die Nickbeschleunigung $\omega^2 a_\varphi/b$ mit der Verlängerung des Radstandes auf 3 m an. Mit zunehmendem l wird nach Gl. (89.13) die Gerade für den Phasenwinkel $\omega \Delta t$ über ω in Bild 92.1a steiler, damit steigt die Anzahl der Extremwerte. Die Größe der Maximal- und Minimalwerte verändert sich bei der Hubbeschleunigung nach Gl. (91.1) und (91.2) nicht, nach wie vor ist für $l'/l = -0{,}5$ der Minimalwert Null, und der Maximalwert berührt die

92. Einfluß der Fahrzeuggröße (Radstand)

zweigipflige Resonanzkurve. Auch die Minimalwerte für die Nickbeschleunigung sind unverändert Null, aber nach Gl. (89.17) verkleinern sich die Maximalwerte bei Verlängerung des Radstandes von 2 auf 3 m auf 2/3. Das heißt, bei der girlandenförmigen Kurve für die Vergrößerungsfaktoren der Hubbeschleunigung wird der Abstand der Extrem-

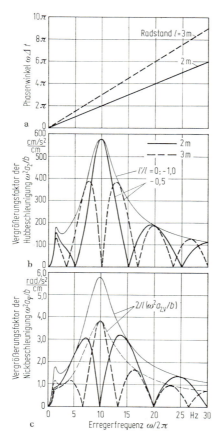

Bild 92.1 Einfluß des Radstandes a) auf die Phasenverschiebung zwischen den Anregungen an Vorder- und Hinterachse, b) auf den Verlauf der Hubbeschleunigung in Radstandsmitte $l'/l = -0,5$, c) auf den Verlauf der Nickbeschleunigung. Als Hüllkurven wurden die auf $l/2$ bezogenen Hubbeschleunigungen über der Vorderachse eingezeichnet. Teilsysteme vorn und hinten jeweils Fahrzeug 1 aus Tabelle 78.2, $m_K = 0$, $v = 20$ m/s.

werte nur enger, bei der Nickbeschleunigung enger und die Größe kleiner. Danach werden sich kleinere und größere — besser gesagt längere — Fahrzeuge kaum in der Hubbeschleunigung, mehr in der Nickbeschleunigung unterscheiden.

Bild 92.2 zeigt, daß die Standardabweichung für die Nickbeschleunigung mit zunehmendem Radstand kleiner wird, die für die Hubbeschleunigung teils kleiner ($l'/l = -0{,}5$), teils größer ($l'/l = 0{,}2$ bzw. $-1{,}2$) wird, teils exakt gleich ($l'/l = 0$ bzw. $-1{,}0$) bleibt. Im Bereich zwischen 2 und 3 m, meistens jedoch noch zwischen 2,5 und 3 m liegen die Radstände der Pkw, zwischen 4 bis 6 m die der Lkw und Omnibusse. Da in der Gruppe der Personenkraftwagen die komfortableren Wagen — den Insassen mehr Platz bietende Fahrzeuge — den größeren Radstand haben, geben sie damit auch automatisch hinsichtlich der Nickbewegungen gegenüber den Kleinwagen die bessere Fahrannehmlichkeit.

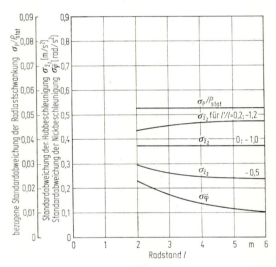

Bild 92.2 Einfluß des Radstandes auf den Verlauf der Standardabweichungen von bezogenen Radlastschwankungen, Hubbeschleunigungen in verschiedenen Sitzpunkten und Nickbeschleunigungen. Teilsysteme vorn und hinten jeweils Fahrzeug 1 aus Tabelle 78.2, $m_K = 0$, $v = 20$ m/s. Fahrbahndaten: $\Phi(\Omega_0) = 1 \text{ cm}^3$, $\Omega_0 = 10^{-2} \text{ cm}^{-1}$, $w = 2$.

93. Verschiedene Abstimmung der vorderen und hinteren Teilsysteme

In Abschn. 89 wurde erwähnt, daß die Nickbeschleunigungen und die Hubbeschleunigungen an irgendeinem Aufbaupunkt klein bleiben, wenn die Aufbaubeschleunigungen über den Achsen gering sind. Daraus könnte man ablesen: Werden die bisher in Abschn. 90 bis 92 betrachteten Fahrzeuge mit gleichen Teilsystemen vorn und hinten derartig abgeändert, daß ein Teilsystem verschlechtert wird, so muß sich auch der gesamte Fahrkomfort im gleichen Sinne ändern. Andererseits ist zu bedenken, daß bei reiner Hubanregung $\omega \Delta t = n \cdot 2\pi$ der Aufbau nun nicht mehr Hubbewegungen allein, sondern, da $z_{2,V} \neq z_{2,H}$ und

93. Verschiedene Abstimmung der vorderen und hinteren Teilsysteme

$\omega^2 a_{2,V} \neq \omega^2 a_{2,H}$ ist, auch Nickbewegungen ausführt und daß sich dadurch vielleicht eine Verminderung der Beschleunigungen und damit eine Verbesserung des Komforts ergibt.

Bild 93.1 zeigt die Vergrößerungsfaktoren für Nick- und Hubbeschleunigungen für zwei Fahrzeuge mit verschiedenen Teilsystemen. Die Diagramme a bis c gelten für einen Wagen, dessen vorderes System die Daten des Fahrzeuges 1 und dessen hinteres System die des Fahrzeuges 4 aus Tabelle 78.2 hat, d. h. das hintere System besitzt eine härtere Aufbaufeder als das vordere, es ist $c_{2,H} > c_{2,V}$. Wie wir aus Abschn. 79 wissen, können dadurch die Vergrößerungsfaktoren für die Hubbeschleunigungen der Aufbaupunkte über den Achsen $\omega^2 a_{2,V}/b$ und $\omega^2 a_{2,H}/b$ nur im Gebiet der Aufbaueigenfrequenz nennenswert differieren. In den anderen Frequenzgebieten — so zeigt Bild 93.1a — sind die Unterschiede gering. Die Maximalwerte für die Hubbeschleunigung in Radstandsmitte ($l'/l = -0{,}5$) liegen nach Bild a zwischen den beiden zweigipfligen Resonanzkurven. Die Hubbeschleunigungen in der Entfernung $0{,}2\,l$ vor der Vorderachse ($l'/l = 0{,}2$) und $0{,}2\,l$ hinter der Hinterachse ($l'/l = -1{,}2$) unterscheiden sich nach Bild b praktisch nur im Gebiet der kleinen Erregerfrequenz ω. In Bild c ist schließlich der Vergrößerungsfaktor für die Nickbeschleunigungen dargestellt.

Die Diagramme d und e gelten für ein Fahrzeug mit den Daten des Fahrzeuges 1 an der Vorderachse und denen des Fahrzeuges 14 nach Tabelle 78.2 an der Hinterachse. Das hintere Teilsystem hat härtere Reifen, $c_{1,H} > c_{1,V}$. Da nach Abschn. 82 verschiedene Reifenfederkonstanten die Vergrößerungsfaktoren nur im Bereich der Achseigenfrequenz ändern, ist nach Bild d dort auch $\omega^2 a_{2,H}/b > \omega^2 a_{2,V}/b$. Die Hubbeschleunigungen der Aufbaupunkte vor der Vorderachse und hinter der Hinterachse in Bild e unterscheiden sich ebenfalls nur in dem höheren Frequenzbereich. Die Minima der Hubbeschleunigung in Radstandsmitte nach Bild d und die der Nickbeschleunigungen nach Bild f sind wegen der verschiedenen Teilsysteme nun nicht mehr Null, sondern haben einen bestimmten Wert. Er ist um so größer, je unterschiedlicher die Vergrößerungsfaktoren der Hubbeschleunigungen über den Achsen sind (vgl. in Bild 93.1d die Werte für $[\omega^2 a_2/b](l'/l = -0{,}5)$ bei $\omega/2\pi = 4$ und 12 Hz).

In Tabelle 93.1 sind die Standardabweichungen für Radlastschwankungen, Hub- und Nickbeschleunigungen zusammengetragen. Es können die in Bild 93.1 diskutierten Fahrzeuge mit dem symmetrischen Fahrzeug (vorn 1, hinten 1) und einem weiteren Fahrzeug (vorn 1, hinten 13), dessen hinteres Teilsystem eine kleinere Achsmasse ($m_{1,H} < m_{1,V}$) besitzt, verglichen werden. Bis auf kleine durch Aufrundungen entstandene Abweichungen kann man daraus entnehmen, daß das Fahrzeug 1-13 wegen der geringeren Achsmasse hinten besser als das

Fahrzeug 1-1 ist und dieses wiederum gegenüber 1-4 wegen der weicheren Aufbaufeder und gegenüber 1-14 wegen des weicheren Reifens die kleineren Beschleunigungen ergibt.

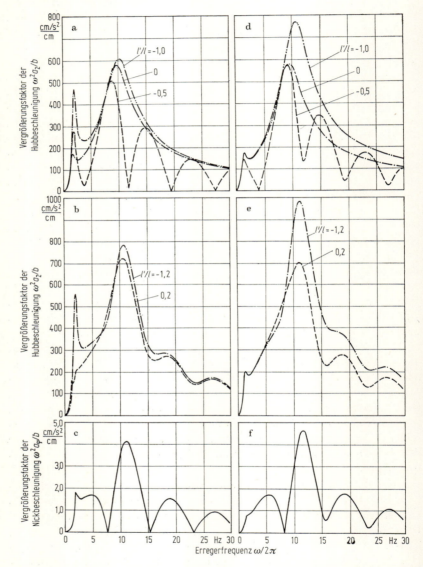

Bild 93.1 Verlauf der Vergrößerungsfaktoren für verschiedene Teilsysteme vorn und hinten. a bis c) Vorn Fahrzeug 1, hinten Fahrzeug 4, d bis f) vorn Fahrzeug 1, hinten Fahrzeug 14, jeweils nach Tabelle 78.2, $m_K = 0$, $l = 2,5$ m, $v = 20$ m/s.

93. Verschiedene Abstimmung der vorderen und hinteren Teilsysteme 357

Tabelle 93.1 *Standardabweichung für Radlastschwankung, Hub- und Nickbeschleunigungen für Fahrzeuge mit $m_K = 0$, verschiedenen Teilsystemen vorn und hinten. $v = 20$ m/s, $l = 2{,}5$ m. Fahrbahndaten: $\Phi_h(\Omega_0) = 1$ cm³, $\Omega_0 = 10^{-2}$ 1/cm, $w = 2$*

Fahrzeug ($m_K=0$) Teilsystem (vgl. Tabelle 78.2)		Standardabweichung der		Nick-beschleunigung $\sigma_{\ddot\varphi}$ [rad/s²]	Hubbeschleunigung $\sigma_{\ddot z_2}$ [cm/s²] der Aufbaupunkte				
		bezogenen Radlast-schwankung							
vorn	hinten	$\dfrac{\sigma_{P,V}}{P_{stat}}$	$\dfrac{\sigma_{P,H}}{P_{stat}}$		$l'/l = +0{,}2$	$l'/l = 0$	$l'/l = -0{,}5$	$l'/l = -1{,}0$	$l'/l = -1{,}2$
1	1	0,053	0,053	20	45	37	28	37	45
1	4 ($c_{2,V} < c_{2,H}$)	0,053	0,058	24	44	37	34	52	61
1	14 ($c_{1,V} < c_{1,H}$)	0,053	0,068	21	45	37	30	42	50
1	13 ($m_{1,V} > m_{1,H}$)	0,053	0,044	19	45	37	28	36	43

Nach diesen Stichproben darf man wohl folgern:

Man führe die beiden Teilsysteme schwingungstechnisch so gut wie möglich aus, eine gegenseitige Abstimmung der beiden Systeme scheint nicht nötig zu sein.

Dies ist zweifelsohne ein erfreuliches Ergebnis, weil es den Aufwand für die Auslegung einer Federung vermindert. Es muß hier wieder darauf hingewiesen werden, daß das Ergebnis nur für den Fall $m_K = 0$ gilt.

94. Bewegungsgleichungen, $m_K \neq 0$

Zum Schluß behandeln wir den allgemeinen Fall der ebenen Fahrzeugschwingungen im Seitenriß (Bild 94.1) mit Koppelmasse $m_K \neq 0$. Die Bewegungsgleichungen lauten, wenn man sie so schreibt, daß die Ähnlichkeit zu denen von Abschn. 89 möglichst groß ist,

$$m_{2,V}^* \ddot{z}_{2,V} + k_{2,V}(\dot{z}_{2,V} - \dot{z}_{1,V}) + c_{2,V}(z_{2,V} - z_{1,V}) + m_K \frac{l_{2,V} l_{2,H}}{l^2} \ddot{z}_{2,H} = 0, \tag{94.1}$$

$$m_{2,H}^* \ddot{z}_{2,H} + k_{2,H}(\dot{z}_{2,H} - \dot{z}_{1,H}) + c_{2,H}(z_{2,H} - z_{1,H}) + m_K \frac{l_{2,V} l_{2,H}}{l^2} \ddot{z}_{2,V} = 0. \tag{94.2}$$

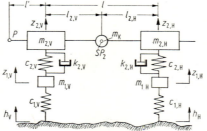

Bild 94.1 Schwingungsersatzsystem eines zweiachsigen Fahrzeuges im Seitenriß. Im Vergleich zu Bild 89.1 mit Koppelmasse $m_K \neq 0$.

Die Gleichungen für die Achsmassen sind identisch den Gl. (89.3) und (89.4).

Die Aufbaugleichungen (94.1) und (94.2) unterscheiden sich durch die Koppelmasse m_K gegenüber den Gl. (89.1) und (89.2) in je zwei Ausdrücken: Statt $m_{2,V}$ und $m_{2,H}$ ist jetzt mit Gl. (65.1), (65.3) und (65.4)

$$m_{2,V}^* = m_{2,V} + m_K \left(\frac{l_{2,H}}{l}\right)^2 = \frac{1}{l^2}(\Theta_y + l_{2,H}^2 m_2),$$

$$m_{2,H}^* = m_{2,H} + m_K \left(\frac{l_{2,V}}{l}\right)^2 = \frac{1}{l^2}(\Theta_y + l_{2,V}^2 m_2) \tag{94.3}$$

einzusetzen, und die beiden Gleichungen sind nun durch die Koppelmasse m_K über die Beschleunigungen gekoppelt. Das heißt, die Bewegung $z_{2,\mathrm{V}}$ der Masse $m_{2,\mathrm{V}}$ wirkt sich nun auf die Masse $m_{2,\mathrm{H}}$ aus, diese befindet sich nicht mehr, um einen Begriff aus Abschn. 86 anzuwenden, im Schwingungs- oder Stoßmittelpunkt.

95. Einfluß der Koppelmasse und des Radstandes

Die Größe der Koppelmasse m_K kann z. B. dadurch variiert werden, daß unter einem gegebenen Aufbau mit konstanter Masse m_2 und konstantem Trägheitsmoment Θ_y nach Bild 95.1 der Radstand l symmetrisch zum Schwerpunkt SP_2 verändert wird. Das kann man sich wohl am besten an einem Omnibus vorstellen, unter dessen Fahrgastraum die

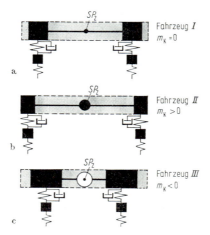

Bild 95.1 Fahrzeugaufbau mit gleicher Masse und gleichem Trägheitsmoment, aber verschiedenem Radstand führt zu a) Koppelmasse $m_\mathrm{K} = 0$, b) Koppelmasse $m_\mathrm{K} > 0$, c) Koppelmasse $m_\mathrm{K} < 0$.

Achsen verschoben werden. Ausgegangen wird von dem Fahrzeug I in Bild a, dessen Koppelmasse $m_\mathrm{K} = 0$ ist, das aus gleichen Teilsystemen vorn und hinten mit den Daten des Fahrzeugs 1 aus Tabelle 78.2 besteht und einen Radstand von $l = 2{,}5$ m hat. Wird der Radstand wie bei Fahrzeug II in Bild b auf $l = 3{,}0$ m vergrößert, so wird die Koppelmasse positiv, $m_\mathrm{K} > 0$, bei einer Verkleinerung auf $l = 2{,}0$ m wie bei Fahrzeug III in Bild c wird $m_\mathrm{K} < 0$. In Tabelle 95.1 sind alle Daten zusammengetragen.

In Bild 95.2 sind die Vergrößerungsfaktoren mehrerer Bewegungsgrößen für verschiedene Koppelmassen einander gegenübergestellt. Betrachten wir zunächst die der Hubbeschleunigungen für die Auf-

Tabelle 95.1 *Daten von Fahrzeugen mit verschiedenen Koppelmassen m_K*
($l_{2,V} = l_{2,H} = l/2$)

Fahrzeug	l [cm]	m_2 [kps²/cm]	Θ_y [kps²cm]	$m_{2,V} = m_{2,H}$ [kps²/cm]	m_K [kps²/cm]	$m_{1,V} = m_{1,H}$ [kps²/cm]	$c_{2,V} = c_{2,H}$ [kp/cm]	$c_{1,V} = c_{1,H}$ [kp/cm]	$k_{2,V} = k_{2,H}$ [kps/cm]
I	250			0,612	0				
II	300	1,224	19 125	0,423	+0,374	0,102	48,3	355	3,26
III	200			0,956	−0,689				

baupunkte über den Achsen nach Bild a. Für die Koppelmasse $m_K = 0$ ergibt sich wieder die bekannte zweigipflige Resonanzkurve, die in diesem Spezialfall gleicher Teilsysteme vorn und hinten für beide gilt. Ist $m_K \neq 0$, so treten mehr als zwei Maxima auf, die Vergrößerungsfaktoren verlaufen über der Erregerfrequenz ω wellenförmig (angedeutet girlandenförmig). Dies ist ein Kennzeichen dafür, daß sich die Bewegungen der Aufbaupunkte über den Achsen gegenseitig beeinflussen. Auffällig ist weiterhin der Unterschied der Vergrößerungsfaktoren für die Hubbeschleunigungen über den Achsen, obgleich ja das Fahrzeug symmetrisch ist. Die Differenzen sind bei diesem Beispiel allerdings nicht sehr groß und bestehen auch nur bei kleinen Erregerfrequenzen, im Bereich der Aufbaueigenfrequenzen.

Bild 95.2b zeigt die Vergrößerungsfaktoren für die Hubbeschleunigungen des Aufbaupunktes in Mitte Radstand, der für alle drei Fahrzeuge zugleich der Schwerpunkt und auch derselbe Karosseriepunkt ist. Der wesentliche Unterschied besteht in der Zahl der Extremwerte, bei $m_K < 0$ und gleichzeitig kleinem Radstand l ist sie geringer als bei $m_K > 0$ und dem großen Radstand.

Der Verlauf der Vergrößerungsfaktoren für die Nickbeschleunigungen nach Bild c ist auch bei $m_K \neq 0$ prinzipiell ähnlich denen für die Hubbeschleunigung Mitte Radstand. Nur die Größe der Amplitudenverhältnisse ist für die Fahrzeuge mit den verschiedenen Koppelmassen — wie man sofort erkennt — unterschiedlich. Das Fahrzeug mit $m_K < 0$ hat den kleinsten Wert.

Die Vergrößerungsfaktoren für die Radlastschwankungen nach Bild 95.2d unterscheiden sich für die einzelnen Koppelmassen nur wenig. Auch hier ist festzustellen, daß sich die Resonanzkurven für $m_K \neq 0$ an Vorder- und Hinterachse im Bereich der kleinen Erregerfrequenzen unterscheiden.

95. Einfluß der Koppelmasse und des Radstandes

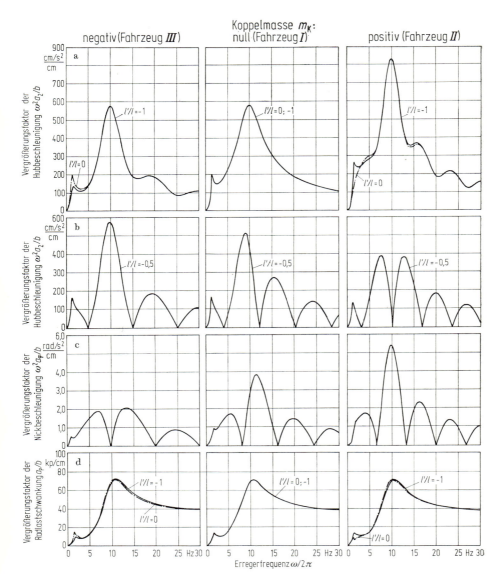

Bild 95.2 Verlauf der Vergrößerungsfaktoren für verschiedene Koppelmassen. Fahrzeuge nach Tabelle 95.1, $v = 20$ m/s.

In Bild 95.3 sind die aus den Vergrößerungsfaktoren und der spektralen Dichte für Straßen und Fahrgeschwindigkeit errechneten Standardabweichungen über der Fahrgeschwindigkeit aufgetragen. Grundsätzlich zeigen alle Kurven den schon bekannten Anstieg über der Fahrgeschwindigkeit.

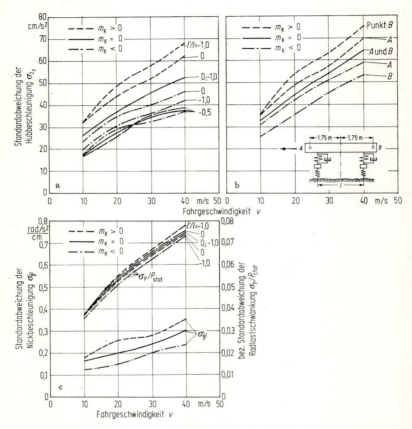

Bild 95.3 Einfluß der Koppelmasse auf den Verlauf der Standardabweichungen über der Fahrgeschwindigkeit. a) Hubbeschleunigungen über den Achsen und in Radstandsmitte, b) Hubbeschleunigungen in gleichen Aufbaupunkten vor und hinter Radstandsmitte, c) Nickbeschleunigungen und bezogene Radlastschwankungen. Fahrzeuge nach Tabelle 95.1. Fahrbahndaten: $\Phi(\Omega_0) = 1 \text{ cm}^3$, $\Omega_0 = 10^{-2} \text{ cm}^{-1}$, $w = 2$.

Die Größe der Hubbeschleunigungen in Radstandsmitte hängt nach Bild 95.3a nur wenig von der Koppelmasse oder den Radständen ab. Bei den gewählten Beispielen ist unterhalb der Fahrgeschwindigkeit von etwa 25 m/s positive Koppelmasse bzw. großer Radstand besser als negatives m_K und gleichzeitig kleines l, oberhalb ist es umgekehrt.

Wesentlich stärker beeinflußt die Größe der Koppelmasse die Standardabweichungen der Hubbeschleunigungen über den Achsen. Ein Fahrzeug mit negativer Koppelmasse gibt kleinere, mit positiver Koppelmasse größere Beschleunigungen als das Fahrzeug mit $m_K = 0$.

Außerdem sind, wie wir schon aus den Vergrößerungsfaktoren des Bildes 95.2a ablesen, die Beschleunigungen über Vorder- und Hinterachse verschieden, bei $m_K < 0$ treten die größeren Werte über der Vorderachse, bei $m_K > 0$ über der Hinterachse auf.

Aus dem eben genannten Vergleich darf man noch keine Schlüsse über Vor- und Nachteile positiver oder negativer Koppelmasse ziehen, da die Aufbaupunkte über den Achsen bei $m_K < 0$ nach Tabelle 95.1 nur 1 m, bei $m_K > 0$ aber 1,5 m von der Radstandsmitte entfernt liegen. Deshalb werden in Bild 95.3b die Hubbeschleunigungen an gleichen Aufbaupunkten, die von Mitte Fahrzeug einen Abstand von 1,75 m haben, betrachtet. Die Unterschiede in den Standardabweichungen für verschiedene Koppelmassen sind für die Punkte über den Achsen nicht mehr ganz so groß wie in Bild a; die oben genannten Aussagen bleiben aber erhalten.

Der Grund, warum bei fast gleicher Hubbeschleunigung in Radstandsmitte die Beschleunigung an entfernt liegenden Punkten bei negativer Koppelmasse kleiner als bei positiver ist, erkennt man aus Bild 96.3c: Die Nickbeschleunigungen sind bei $m_K < 0$ wesentlich geringer als bei $m_K = 0$ oder $m_K > 0$.

Damit können wir als Ergebnis festhalten: Die Größe der Koppelmasse m_K beeinflußt die Höhe der Nickbeschleunigungen wie auch die der Hubbeschleunigungen außerhalb Radstandsmitte. Letzteres gilt für verschiedene Aufbaupunkte um so mehr, je weiter sie von Radstandsmitte entfernt liegen. Eine negative Koppelmasse verringert diese Schwingungswerte und verbessert damit den Komfort.

Auf die Größe der Radlastschwankungen wirkt sich die Koppelmasse praktisch nicht aus, s. Bild 95.3c.

Zuletzt stellen wir noch Fahrzeuge gleichen Radstandes l, aber mit verschiedener Koppelmasse m_K einander gegenüber.

Die Größe der Nickbeschleunigung wird einerseits nach Abschn. 92 bei der Koppelmasse $m_K = 0$ mit wachsendem Radstand verringert, andererseits nach diesem Abschn. 95 vermehrt, falls mit der Vergrößerung des Radstandes auch eine Vergrößerung der Koppelmasse verknüpft ist. Die Wirkung des Radstandes ist also gegenläufig. Bild 95.4a, in dem die Standardabweichung der Nickbeschleunigung über der Fahrgeschwindigkeit aufgetragen ist, zeigt den größeren Einfluß der Koppelmasse. Das Fahrzeug mit dem Radstand $l = 3$ m und Koppelmasse $m_K = 0$ ist ungefähr gleichwertig dem mit dem kleineren Radstand $l = 2$ m und der negativen Koppelmasse, und der Wagen mit dem kürzeren

Radstand $l = 2$ m und $m_K = 0$ ist etwa ebenso gut wie der mit dem längeren Radstand $l = 3$ m und positivem m_K.

Die Größe der Hubbeschleunigung in Radstandsmitte wird nach Bild 95.4 b durch die Koppelmasse überhaupt nicht, sondern nur durch den Radstand beeinflußt. Diese Aussage gilt allgemein für um den Schwerpunkt symmetrische Fahrzeuge. Bei ihnen sind die Hubbewegungen des

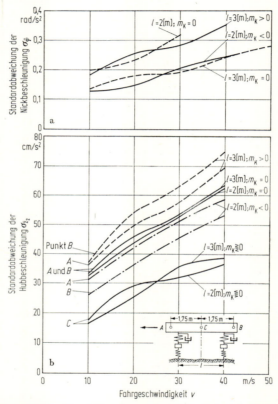

Bild 95.4 Einfluß von Radstand l und Koppelmasse m_K auf den Verlauf der Standardabweichungen von a) Nickbeschleunigungen, b) Hubbeschleunigungen in gleichen Aufbaupunkten über der Fahrgeschwindigkeit. Fahrzeuge mit $m_K \neq 0$: s. Tabelle 95.1, Fahrzeuge mit $m_K = 0$: Teilsysteme vorn und hinten jeweils Fahrzeug 1 aus Tabelle 78.2. Fahrbahndaten: $\Phi(\Omega_0) = 1$ cm³, $\Omega_0 = 10^{-2}$ cm⁻¹. $w = 2$.

Schwerpunktes, der wegen der Symmetrie in Radstandsmitte liegt, nicht mit den Nickbewegungen gekoppelt. Dies ergibt sich aus den Bewegungsgleichungen (96.1) und (96.2) des nächsten Abschnittes mit der Folgerung, daß die Schwerpunktbeschleunigung bei konstanter Aufbaumasse m_2 unabhängig von der Größe des Trägheitsmomentes Θ_y und damit nach Gl. (65.4) von der Koppelmasse m_K ist.

96. Nickeigenfrequenz, Kopplung zwischen vorderer und hinterer Federung

Der Vergleich der Hubbeschleunigungen der von Radstandsmitte gleich weit entfernten Sitzpunkte A und B zeigt nach Bild 95.4b, daß ihre Größe durch den Radstand kaum, aber durch die Koppelmasse wesentlich beeinflußt wird. Das wissen wir schon aus den Bildern 92.2 und 95.3b.

96. Nickeigenfrequenz, Kopplung zwischen vorderer und hinterer Federung

Bisher wurde die Bewegung des Fahrzeugaufbaues durch die Hubbewegungen $z_{2,V}$ und $z_{2,H}$ über den Achsen beschrieben. Man kann dies aber auch durch die Wahl anderer Koordinaten tun, z. B. nach Bild 96.1

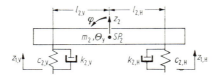

Bild 96.1 Einführung der Hubbewegung z_2 im Schwerpunkt und des Nickwinkels φ zur Beschreibung der Aufbaubewegung.

durch die Wahl der Hubbewegung des Schwerpunktes $z_2 = z_2(SP_2)$ und der Nickbewegung φ. Dann lauten die für den Aufbau geltenden, den Gl. (94.1) und (94.2) entsprechenden Bewegungsgleichungen

$$m_2 \ddot{z}_2 + (k_{2,V} + k_{2,H})\dot{z}_2 + (c_{2,V} + c_{2,H})z_2 -$$
$$- (k_{2,V}l_{2,V} - k_{2,H}l_{2,H})\dot{\varphi} - (c_{2,V}l_{2,V} - c_{2,H}l_{2,H})\varphi -$$
$$- k_{2,V}\dot{z}_{1,V} - k_{2,H}\dot{z}_{1,H} - c_{2,V}z_{1,V} - c_{2,H}z_{1,H} = 0, \quad (96.1)$$

$$\Theta_y \ddot{\varphi} + (k_{2,V}l_{2,V}^2 + k_{2,H}l_{2,H}^2)\dot{\varphi} + (c_{2,V}l_{2,V}^2 + c_{2,H}l_{2,H}^2)\varphi -$$
$$- (k_{2,V}l_{2,V} - k_{2,H}l_{2,H})\dot{z}_2 - (c_{2,V}l_{2,V} - c_{2,H}l_{2,H})z_2 +$$
$$+ k_{2,V}l_{2,V_1}\dot{z}_V - k_{2,H}l_{2,H}\dot{z}_{1,H} + c_{2,V}l_{2,V}z_{1,V} - c_{2,H}l_{2,H}z_{1,H} = 0. \quad (96.2)$$

Hub- und Nickbewegung sind gekoppelt, wenn

$$k_{2,V}l_{2,V} - k_{2,H}l_{2,H} \neq 0,$$
$$c_{2,V}l_{2,V} - c_{2,H}l_{2,H} \neq 0 \quad (96.3)$$

sind[1]. Sind diese Ausdrücke aber Null, dann sind Hub- und Nickschwingungen voneinander unabhängig. Ihre Eigenfrequenzen lauten

---

[1] Daraus sieht man, daß die Art der Kopplung eine Frage der Koordinatenwahl ist. In Abschn. 94 haben wir bei den Koordinaten $z_{2,V}$ und $z_{2,H}$ eine Beschleunigungskopplung, hier bei z_2 und φ eine Geschwindigkeits- und Wegkopplung.

dann:

Hubeigenkreisfrequenz $\quad \nu_{2,\mathrm{Hub}} = \sqrt{\dfrac{c_{2,\mathrm{V}} + c_{2,\mathrm{H}}}{m_2}},$ (96.4)

Nickeigenkreisfrequenz $\quad \nu_{2,\mathrm{Nick}} = \sqrt{\dfrac{c_{2,\mathrm{V}} l_{2,\mathrm{V}}^2 + c_{2,\mathrm{H}} l_{2,\mathrm{H}}^2}{\Theta_y}}.$ (96.5)

Um einen Zusammenhang zu den vorigen Abschnitten und zu dem Begriff der Koppelmasse herzustellen, sei vereinfacht $c_{2,\mathrm{V}} = c_{2,\mathrm{H}}$ und $l_{2,\mathrm{V}} = l_{2,\mathrm{H}}$ gesetzt. Dann wird

$$\nu_{2,\mathrm{Hub}}^2 = 2c_{2,\mathrm{V}}/m_2 \quad \text{und} \quad \nu_{2,\mathrm{Nick}}^2 = 2c_{2,\mathrm{V}} l_{2,\mathrm{V}}^2 / m_2 i^2,$$

und bei Berücksichtigung von Gl. (65.4) ist

$$\nu_{2,\mathrm{Nick}}^2 = \nu_{2,\mathrm{Hub}}^2 \, \frac{1}{1 - m_\mathrm{K}/m_2}. \qquad (96.6)$$

Eine negative Koppelmasse m_K, die nach Abschn. 95 u. a. eine kleine Nickbeschleunigung ergibt, ist gleichbedeutend mit $\nu_{2,\mathrm{Nick}} < \nu_{2,\mathrm{Hub}}$, die Nickeigenfrequenz liegt niedriger als die Hubeigenfrequenz. Das wird zusammen mit den Resultaten des Abschn. 79 verständlich; kleine Beschleunigungen, hier Nickbeschleunigung, werden durch niedrige Eigenfrequenzen, hier durch niedrige Nickeigenfrequenz, erzielt.

Es dürfte sehr schwierig sein, den Aufbau von kleinen Personenkraftwagen, die durch ihren kurzen Radstand nach Bild 92.2 sowieso schon stärker nicken, so auszuführen, daß $m_\mathrm{K} < 0$ ist. Die Massenverteilung liegt bei der gedrängten (weil billigen) Bauweise dieser Fahrzeuge in engen Grenzen fest, so daß eine negative Koppelmasse praktisch nur durch Verkleinerung des Radstandes zu verwirklichen wäre, was jedoch aus Raumgründen nicht möglich ist. (Die zur Mitte hin gerückten Räder und Radkästen vermindern die Beinfreiheit von Fahrer und Beifahrer und verkleinern die Breite der hinteren Sitzbank.)

Einen Ausweg zeigt A. DRECHSEL[1] mit seinem Prinzip der Verbundfederung. Der Grundgedanke kann mit der Bewegungsgleichung (96.2) erklärt werden, wonach die Nickbeschleunigung $\ddot{\varphi}$ bei gegebenem Trägheitsmoment Θ_y klein wird, wenn die angreifenden Momente klein sind. Dies wird erreicht, indem die Gesamtfederkonstanten nach der prinzipiellen Darstellung in Bild 96.2 aufgespalten werden

$$\begin{aligned} c_{2,\mathrm{V}} &= c'_{2,\mathrm{V}} + c''_{2,\mathrm{V}}, \\ c_{2,\mathrm{H}} &= c'_{2,\mathrm{H}} + c''_{2,\mathrm{H}}. \end{aligned} \qquad (96.7)$$

---

[1] MARQUARD, E.: Zur Theorie der Verbundfeder. ATZ 59 (1957) Nr. 11, S. 321—324.

96. Nickeigenfrequenz, Kopplung zwischen vorderer und hinterer Federung

Nur ein Teil der Federn greift am Aufbau an und leitet damit Nickbewegungen ein, während die übrigen Federn miteinander (hier durch einen masselosen Hebel) verbunden sind und nur bei Hubbewegungen

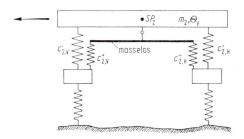

Bild 96.2 Schwingungsersatzschema zur Erläuterung der Verbundfederung im Seitenriß
(Dämpfung nicht eingezeichnet).

ansprechen. Die Größe der Hubeigenkreisfrequenz $\nu_{2,\text{Hub}}$ ist wie bisher $\nu_{2,\text{Hub}}^2 = (c_{2,\text{V}} + c_{2,\text{H}})/m_2$, während die Nickeigenkreisfrequenz sich im günstigen Sinne auf

$$\nu_{2,\text{Nick}}^2 = \frac{c_{2,\text{V}}' l_{2,\text{V}}^2 + c_{2,\text{H}}' l_{2,\text{H}}^2}{\Theta_y} \qquad (96.8)$$

verringert. Betrachtet man wieder ein symmetrisches Fahrzeug, so erhält man entsprechend Gl. (96.6) die Beziehung

$$\nu_{2,\text{Nick}}^2 = \left(\nu_{2,\text{Hub}}^2 - \frac{2 c_{2,\text{V}}''}{m_2}\right) \frac{1}{1 - m_\text{K}/m_2}, \qquad (96.9)$$

die den Einfluß von Feder- und Trägheitskopplung, charakterisiert durch $c_{2,\text{V}}''$ und m_K, zeigt.

Vierter Teil

Lenkung und Kurshaltung

Im Zweiten Teil ,,Antrieb und Bremsen" haben wir uns ausschließlich mit der Geradeausfahrt beschäftigt und betrachten deshalb das Fahrzeug nur im Seitenriß. In diesem Vierten Teil kommt noch die Kurvenfahrt hinzu, und damit wird die Hauptansicht des Fahrzeuges der Grundriß.

Zur Einführung werden einige kinematische Grundüberlegungen vorangestellt.

97. Zentripetalbeschleunigung

Ein Fahrzeugpunkt P nach Bild 97.1 befährt eine Bahnkurve, die in einer Ebene mit dem raumfesten Koordinatensystem x_0, y_0 liegt (Blick von oben). Den Punkt P begleitet auf der Bahnkurve ein anderes Koordinatensystem mit den Einheitsvektoren t und n, das immer so ausgerichtet ist, daß der Vektor t tangential und der Vektor n normal zur Bahnkurve liegen.

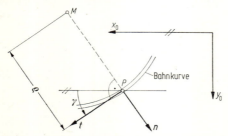 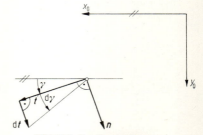

Bild 97.1 Bewegung eines Fahrzeugpunktes P auf einer Bahnkurve mit dem Krümmungsmittelpunkt M und dem Krümmungsradius ϱ.

Bild 97.2 Zur Beschreibung der Zentripetalbeschleunigung durch den Kurswinkel γ.

Der Vektor der Fahrgeschwindigkeit v des Punktes P zeigt in t-Richtung, und es ist deshalb

$$v = |v|\, t = v t. \tag{97.1}$$

Die für die Kräftebetrachtung so wichtige Beschleunigung ergibt sich aus Gl. (97.1) zu

$$\dot v = \dot v\, t + v \dot t = \dot v\, t - \frac{v^2}{\varrho} n. \tag{97.2}$$

97. Zentripetalbeschleunigung

Der Beschleunigungsvektor $\dot{\boldsymbol{v}}$ besteht — wie aus der Technischen Mechanik bekannt — aus zwei Anteilen:

a) aus der Tangentialbeschleunigung $\dot{v}\boldsymbol{t}$, die in Richtung der Geschwindigkeit $\boldsymbol{v}$, also in Richtung des Einheitsvektors $\boldsymbol{t}$ zeigt und den Betrag $\dot{v}$ hat.

$$\text{Tangentialbeschleunigung} = \dot{v}. \qquad (97.3)$$

(Im Zweiten Teil wurde $\dot{v}$ mit $\ddot{x}$ bezeichnet.)

b) aus der Zentripetalbeschleunigung $(v^2/\varrho)\boldsymbol{n}$, die senkrecht zur Fahrgeschwindigkeit $\boldsymbol{v}$ in negative $\boldsymbol{n}$-Richtung zeigt und den Betrag v^2/ϱ hat. Dabei ist ϱ der Krümmungsradius der Bahnkurve.

$$\text{Zentripetalbeschleunigung} = v^2/\varrho. \qquad (97.4)$$

Wenn sich der Krümmungsradius ϱ längs der Bahnkurve ändert, dann steht eine veränderliche Größe im Nenner, was im allgemeinen für die Rechnung unzweckmäßig ist. Es ist praktischer, die Krümmung $1/\varrho$ bzw. den Kurswinkel γ, der die Richtung der Fahrgeschwindigkeit $\boldsymbol{v}$ bzw. die des Einheitsvektors $\boldsymbol{t}$ nach Bild 97.1 zur raumfesten x_0-Koordinatenachse beschreibt, zu benutzen. Da die Änderung eines Einheitsvektors nur senkrecht auf dem Einheitsvektor stehen kann, ist nach Bild 97.2

$$\mathrm{d}\boldsymbol{t} = \mathrm{d}\gamma\,\boldsymbol{n},$$

$$\dot{\boldsymbol{t}} = \dot{\gamma}\boldsymbol{n}. \qquad (97.5)$$

Damit kann auch Gl. (97.2) als

$$\dot{\boldsymbol{v}} = \dot{v}\boldsymbol{t} + v\dot{\gamma}\boldsymbol{n} \qquad (97.6)$$

geschrieben werden, und aus dem Vergleich ergibt sich die Zentripetalbeschleunigung zu

$$v\dot{\gamma} = -v^2/\varrho. \qquad (97.7)$$

(Das Minuszeichen weist darauf hin, daß $\mathrm{d}\gamma$ in Bild 97.2 den Winkel γ verkleinert, wie es nach dem Verlauf der Bahnkurve in Bild 97.1 sein muß.)

97.1 Größe der Zentripetalbeschleunigungen und der Krümmungsradien

In den Richtlinien für den Ausbau von Straßen sind Mindest-Kurvenradien ϱ_{min} vorgeschrieben, deren Größe von der Höhe der Entwurfsgeschwindigkeit v_{Entwurf}, einem Begriff, dem wir schon in Tabelle 36.1 begegnet sind, abhängt. Bild 97.3 zeigt die aus den Wertepaaren be-

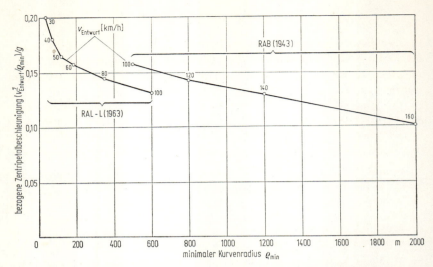

Bild 97.3 Zu erwartende Zentripetalbeschleunigung $v^2_{\text{Entwurf}}/\varrho$ bezogen auf die Erdbeschleunigung g auf Landstraßen und Autobahnen, errechnet aus den vorgeschriebenen Mindestkurvenradien $\varrho_{\min}$ und den zugehörigen Entwurfsgeschwindigkeiten v_{Entwurf} (RAB Bauanweisung der Reichsautobahn, RAL-L Richtlinien für die Anlage von Landstraßen (Linienführung)).

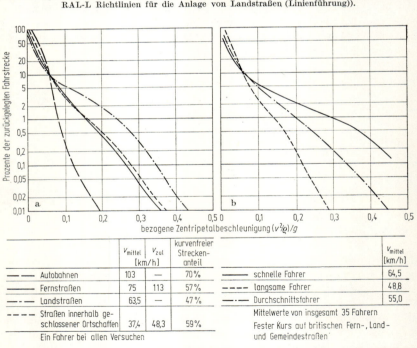

	v_{mittel} [km/h]	v_{zul} [km/h]	kurvenfreier Streckenanteil		v_{mittel} [km/h]
——— Autobahnen	103	—	70%	——— schnelle Fahrer	64,5
——— Fernstraßen	75	113	57%	----- langsame Fahrer	48,8
—·—· Landstraßen	63,5	—	47%	—·—· Durchschnittsfahrer	55,0
----- Straßen innerhalb geschlossener Ortschaften	37,4	48,3	59%	Mittelwerte von insgesamt 35 Fahrern Fester Kurs auf britischen Fern-, Land- und Gemeindestraßen	
Ein Fahrer bei allen Versuchen					

Bild 97.4 Verteilung der erreichten Zentripetalbeschleunigung v^2/ϱ bezogen auf die Erdbeschleunigung g über Prozentanteilen der zurückgelegten Fahrstrecke. a) Ein Fahrer auf verschiedenen Straßen, b) mehrere Fahrer auf einem Straßenkurs. Aus SMITH, J. G., SMITH, J. E.: Lateral forces on vehicles during driving. Automobile Eng. 57 (1967) S. 510–515.

rechneten Zentripetalbeschleunigungen $v^2_{\text{Entwurf}}/\varrho_{\min}$. Sie liegen zwischen 0,1 g und 0,2 g. Physikalisch sind teilweise wesentlich höhere Werte möglich, wie wir in den folgenden Kapiteln, speziell in Abschn. 103 sehen werden.

Die Größe der Zentripetalbeschleunigung, die bei normaler Fahrweise (nicht Rennbetrieb) auftritt, zeigt Bild 97.4. Nach diesen zwei statistischen Auswertungen hängt die Beschleunigungsverteilung von den Fahrern und von der Straße ab. Selten wird der Wert von 0,4 g überschritten.

98. Momentanpol im Grundriß

Betrachten wir die Bewegung eines Fahrzeugs im Grundriß als Bewegung einer Scheibe in der Ebene, dann können wir einen weiteren Begriff aus der Mechanik übernehmen, nämlich den des Momentanpoles. Nach Bild 98.1a bewegt sich das Fahrzeug innerhalb des Zeitelementes dt von der ausgezogenen zu der gestrichelten Lage, und zwar

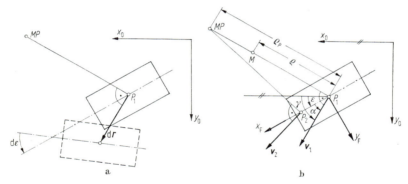

Bild 98.1 a) Schwenkung des Fahrzeuges im Grundriß um den Momentanpol MP, b) zur Erklärung der unterschiedlichen Lage von Momentanpol MP des Fahrzeugs und von Krümmungsmittelpunkt M der Bahnkurve des Fahrzeugpunktes P_1.

verschiebt sich ein bestimmter Punkt P_1 um dr translatorisch, und das Fahrzeug dreht sich außerdem mit dem Winkel dε um die durch P_1 gehende Hochachse. Beide Bewegungen kann man als alleinige Drehung um einen ausgezeichneten Punkt auffassen, den man als momentanen Drehpol oder Momentanpol MP bezeichnet.

Wenn in zwei Punkten P_1 und P_2 die Geschwindigkeitsrichtungen bekannt sind, dann erhält man die Lage des Momentanpoles MP im Schnittpunkt der Senkrechten auf den Geschwindigkeiten, s. Bild 98.1b. Der Schwenkradius ϱ_P zum Momentanpol errechnet sich aus der Winkelgeschwindigkeit $\dot{\varepsilon}$ des Fahrzeuges um die Hochachse (ε beschreibt nach

Bild 98.1b die Schwenkung der fahrzeugfesten x_F- gegenüber der raumfesten x_0-Koordinatenachse) zu

$$\varrho_P = -v_1/\dot{\varepsilon}. \tag{98.1}$$

Dieser Schwenkradius ist wohl zu unterscheiden vom Krümmungsradius ϱ des vorangegangenen Abschn. 97, der sich aus der Bahnkurve ergab. Nach Gl. (97.7) ist angewandt auf Bild 98.1b

$$\varrho = -v_1/\dot{\gamma}, \tag{98.2}$$

wobei $\dot{\gamma}$ die Richtungsänderung der Geschwindigkeit $\boldsymbol{v}_1$ im raumfesten System ist. Zwischen ε und γ besteht nach Bild 98.1b die Beziehung

$$\gamma = \varepsilon + \alpha, \tag{98.3}$$

wobei α der Winkel zwischen der fahrzeugfesten x_F-Achse und der Geschwindigkeitsrichtung ist. Als fahrzeugfeste Achse wird meistens die Symmetrieachse in Längsrichtung benutzt und dann α als Schwimmwinkel bezeichnet (nicht zu verwechseln mit dem Schräglaufwinkel am Reifen, auf den Unterschied wird noch eingegangen). Der Winkel ε wird Gierwinkel, γ wird Kurswinkel genannt.

Wird Gl. (98.3) differenziert in Gl. (98.1) eingesetzt, so ist

$$\varrho_P = v_1/(\dot{\alpha} - \dot{\gamma}), \tag{98.4}$$

d. h. Schwenkhalbmesser ϱ_P des Fahrzeugs um den Momentanpol MP und Krümmungshalbmesser ϱ um den Kurvenmittelpunkt der Bahnkurve sind dann verschieden, wenn sich der Schwimmwinkel mit der Zeit ändert.

Um den Unterschied zu verdeutlichen, werden drei Spezialfälle erwähnt:

a) $\varrho_P = \varrho \rightarrow \dot{\alpha} = 0$, $\alpha = $ const.

Das Fahrzeug bewegt sich auf einem Kreisbogen.

b) $\varrho = \infty \rightarrow \dot{\gamma} = 0$, $\dot{\varepsilon} = \dot{\alpha}$.

Ein Punkt des Fahrzeuges, z. B. Punkt P_1 in Bild 98.1a bewegt sich auf einer Geraden, und das Fahrzeug schwenkt zugleich um P_1. Dann dreht es mit dem Radius $\varrho_P = v_1/\dot{\alpha} = -v_1/\dot{\varepsilon}$ um einen Momentanpol.

c) $\varrho_P = \infty \rightarrow \dot{\varepsilon} = 0$, $\dot{\gamma} = \dot{\alpha}$.

Das Fahrzeug schwenkt nicht, sondern bewegt sich parallel zur Ausgangslage, wobei sich dennoch die Richtung von $\boldsymbol{v}_1$ ändern kann. Dabei wird $\varrho = -v_1/\dot{\gamma} = v_1/\dot{\alpha}$.

XV. Kreisfahrt (einfache Betrachtung)

Für die Beschreibung der Bewegungsvorgänge ist das Aufstellen der Bewegungsgleichungen notwendig. Die dazu erforderlichen Grundgesetze, nämlich der Schwerpunkt- und der Drallsatz müssen nun z. B. bei einem vierrädrigen Fahrzeug auf die vier Räder und auf den Aufbau angewendet werden. Dies ergibt in vektorieller Schreibweise fünf Gleichungen für den Schwerpunktsatz

$$m\,\dot{\boldsymbol{v}}_{\mathrm{SP}} = \sum \boldsymbol{K}$$

und fünf Gleichungen für den Drallsatz

$$\dot{\boldsymbol{D}}_{\mathrm{SP}} = \sum \boldsymbol{M}_{\mathrm{SP}}.$$

Die jeweils vier für die Räder sind schon aus Abschn. 25 durch Gl. (25.5) und (25.12) bekannt. Die Gleichungen für den Aufbau wurden bisher noch nicht aufgestellt, aber wir kennen aus Abschn. 97 schon, wenn Gl. (97.6) auf den Aufbauschwerpunkt SP_A angewendet wird, die translatorische Beschleunigung $\dot{\boldsymbol{v}}_{\mathrm{SP,A}}$ bzw. deren Anteile, die Tangentialbeschleunigung $\dot{v}_{\mathrm{SP,A}}$ und die Zentripetalbeschleunigung $v_{\mathrm{SP,A}}^2/\varrho$.

Ebenso kennen wir aus Abschn. 98 als Ableitung von $\dot{\varepsilon}$ die für den Drallsatz benötigte Gierwinkelbeschleunigung $\ddot{\varepsilon}$.

Weiterhin ist noch die Wankneigung ψ (s. Bild 2.1) bzw. die Beschleunigung $\ddot{\psi}$ zu berücksichtigen, die, wie wir aus der Erfahrung wissen, bei der Kurvenfahrt durch den Angriff der Zentrifugalkraft $mv_{\mathrm{SP}}^2/\varrho$ auftreten.

Diese Bemerkungen dürften gezeigt haben, daß die Betrachtungen in diesem Vierten Teil „Lenkung und Kurshaltung" wesentlich komplizierter sein werden als die im Zweiten Teil und auch als die im Dritten Teil.

Wir benötigen räumliche Darstellungen und entsprechend mehr Bewegungsgleichungen für die Beschreibung der Vorgänge.

Um einen Einblick in den Problemkreis zu bekommen, betrachten wir zunächst einfache Sonderfälle. Der erste ist die Kreisfahrt mit konstanter Fahrgeschwindigkeit, demzufolge auch konstanter Zentripetalbeschleunigung

$$v^2/\varrho = -v\dot{\gamma} = \text{const}.$$

Da sich bei der Kreisfahrt nach Abschn. 98, Fall a, der Schwimmwinkel nicht ändert, ist $\dot{\alpha} = 0$ sowie $\dot{\varepsilon} = \dot{\gamma}$, und beide sind nach der obigen Gleichung konstant. Aus $\dot{\varepsilon} = \text{const}$ folgt $\ddot{\varepsilon} = 0$, dadurch reduziert sich die Bewegungsgleichung um die Hochachse im Drallsatz auf eine einfache Momentenbetrachtung.

374   Vierter Teil — XV. Kreisfahrt (einfache Betrachtung)

Konstante Fliehkraft mv^2/ϱ bedeutet auch konstante Seitenneigung des Fahrzeugs, d. h. $\psi = \text{const}$, $\dot\psi = 0$ und $\ddot\psi = 0$, so daß sich eine weitere Bewegungsgleichung zu einer Betrachtung von Momenten vereinfacht.

In diesem Kap. XV vereinfachen wir aber noch weiter, indem die Neigung des Aufbaues vernachlässigt wird. Wir setzen also $\psi = 0$, was gleichbedeutend mit der Annahme ist, der Schwerpunkt SP des Fahrzeuges liege in Fahrbahnhöhe. Diese Annahme wird in Kap. XVI wieder rückgängig gemacht.

99. Kreisradius — Radeinschlag — Schräglaufwinkel

Bild 99.1 zeigt ein Fahrzeug mit vier Rädern, der Aufbau ist vereinfachend durch ein H-förmiges Gerüst dargestellt. Die Vorderräder können wie beim normalen Kraftfahrzeug durch Betätigung des Lenkrades vom Fahrer eingeschlagen werden. Darüber hinaus können sie

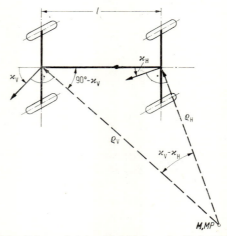

Bild 99.1 Vierrädriges Fahrzeug bei einer Kreisfahrt um den Kreismittelpunkt $M \equiv MP$.

und auch die Hinterräder infolge angreifender Kräfte und Momente bei vorhandenen elastischen Lagerungen (Gummilager) in der Radaufhängung geringfügig einschlagen. Auch die Kinematik der Radaufhängungen ist bei einer durch die Zentrifugalkraft bewirkten Neigung des Wagenaufbaues Ursache von Einschlagwinkeländerungen an den Rädern (sog. Rollenken).

In diesem Abschnitt werden wir laut Überschrift geometrische Zusammenhänge aufstellen.

99. Kreisradius — Radeinschlag — Schräglaufwinkel

Da bei der Kreisfahrt mit konstanter Fahrgeschwindigkeit Momentanpol und Kreismittelpunkt zusammenfallen, kann — wie in Abschn. 98 beschrieben — die Lage des Mittelpunktes M aus den Geschwindigkeitsrichtungen zweier Fahrzeugpunkte bestimmt werden. Wir nehmen an, die Geschwindigkeitsrichtungen der Fahrzeugpunkte in Mitte Vorder- und Hinterachse, gegeben durch die Winkel $\varkappa_V$ und $\varkappa_H$ zur Fahrzeuglängsachse, seien bekannt. Nach dem Sinussatz sind mit dem Radstand l die Kreisradien ϱ_V zur Mitte Vorderachse und entsprechend ϱ_H zur Hinterachse

$$\varrho_V = \frac{l \cos \varkappa_H}{\sin(\varkappa_V - \varkappa_H)}, \quad \varrho_H = \frac{l \cos \varkappa_V}{\sin(\varkappa_V - \varkappa_H)}. \tag{99.1}$$

Das Verhältnis der Radien beträgt

$$\frac{\varrho_V}{\varrho_H} = \frac{\cos \varkappa_V}{\cos \varkappa_H}. \tag{99.2}$$

Wären die Winkel $\varkappa_V$ und $\varkappa_H$ gegeben, so könnte man ϱ_V und ϱ_H berechnen. Im allgemeinen sind aber nicht die Größen $\varkappa_V$ und $\varkappa_H$, die sich auf Mitte Achse beziehen, bekannt, sondern die Winkel $\varkappa_{V,a}$ und $\varkappa_{V,i}$ bzw. $\varkappa_{H,a}$ und $\varkappa_{H,i}$ an dem vorderen

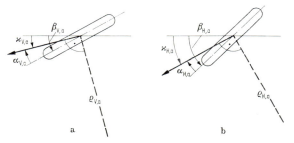

Bild 99.2 Radeinschläge β, Schräglaufwinkel α und Kreisradien ϱ für je ein kurvenäußeres
a) Vorderrad (V) und b) Hinterrad (H).

äußeren und inneren bzw. hinteren äußeren und inneren Rad. Die Winkel setzen sich aus den Radeinschlagwinkeln β_j und den Reifenschräglaufwinkeln α_j zusammen. Im einzelnen gilt — Bild 99.2 zeigt dies nur am Beispiel der kurvenäußeren Räder —

für die Vorderräder

$$\varkappa_{V,a} = \beta_{V,a} - \alpha_{V,a}, \quad \varkappa_{V,i} = \beta_{V,i} - \alpha_{V,i}, \tag{99.3}$$

für die Hinterräder

$$\varkappa_{H,a} = \beta_{H,a} - \alpha_{H,a}, \quad \varkappa_{H,i} = \beta_{H,i} - \alpha_{H,i}. \tag{99.4}$$

Zwischen $\varkappa_{H,a}$, $\varkappa_{H,i}$ und $\varkappa_H$ bestehen nach Bild 99.3 die Beziehungen

$$\tan \varkappa_H = b_H/a_H, \quad \tan \varkappa_{H,a} = \frac{b_H}{a_H + s_H/2}, \quad \tan \varkappa_{H,i} = \frac{b_H}{a_H - s_H/2}.$$

Durch Zusammenfassung dieser drei Gleichungen ergibt sich für die Hinterachse

$$\tan \varkappa_{H,a} + \tan \varkappa_{H,i} = \frac{2(\varrho_H \cos \varkappa_H)^2}{(\varrho_H \cos \varkappa_H)^2 - (s_H/2)^2} \tan \varkappa_H \tag{99.5}$$

und mit der entsprechenden Gleichung für die Vorderachse

$$\tan \varkappa_{V,a} + \tan \varkappa_{V,i} = \frac{2(\varrho_V \cos \varkappa_V)^2}{(\varrho_V \cos \varkappa_V)^2 - (s_V/2)^2} \tan \varkappa_V. \tag{99.6}$$

Die Gl. (99.1), (99.2), (99.5) und (99.6) geben die exakten Beziehungen zwischen Kreisradien, Radeinschlägen und Schräglaufwinkeln wieder. Diese Beziehungen können wir, weil normalerweise die Winkel $\varkappa_j$ klein, d. h. die Kurvenradien groß

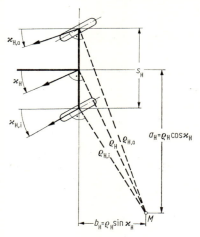

Bild 99.3 Zur Ableitung der kinematischen Beziehungen zwischen kurvenäußerem (a) und kurveninnerem (i) Rad.

gegen die Fahrzeugabmessungen sind, vereinfachen, indem $\sin \varkappa_j \approx \varkappa_j$ und $\cos \varkappa_j \approx 1$ gesetzt wird[1]. Dadurch verwischt sich in den ersten beiden Gleichungen der Unterschied in den Radien, und es ist

$$\varrho_V = \varrho_H = \varrho = \frac{1}{\varkappa_V - \varkappa_H}, \tag{99.7}$$

und aus Gl. (99.5) und (99.6) sowie mit Gl. (99.3) und (99.4) folgt

$$\varkappa_{H,a} + \varkappa_{H,i} = 2\varkappa_H = \beta_{H,a} + \beta_{H,i} - (\alpha_{H,a} + \alpha_{H,i}),$$
$$\varkappa_{V,a} + \varkappa_{V,i} = 2\varkappa_V = \beta_{V,a} + \beta_{V,i} - (\alpha_{V,a} + \alpha_{V,i}). \tag{99.8}$$

---

[1] Der Fehler wird dabei betragen:

$\varkappa_j$ [°]	Relativer Fehler [%]
0...<8	$\leq 1{,}0$
0...<10	$\leq 1{,}5$
0...<15	$\leq 3{,}4$

Ersetzt man die arithmetischen Mittelwerte der Winkel an den kurven-äußeren und -inneren Rädern durch

$$\beta_V = \frac{\beta_{V,a} + \beta_{V,i}}{2}, \quad \beta_H = \frac{\beta_{H,a} + \beta_{H,i}}{2}, \qquad (99.9)$$

$$\alpha_V = \frac{\alpha_{V,a} + \alpha_{V,i}}{2}, \quad \alpha_H = \frac{\alpha_{H,a} + \alpha_{H,i}}{2}, \qquad (99.10)$$

so ergibt sich für den Kreisradius ϱ nach Gl. (99.7) und (99.8) die wichtige Beziehung

$$\varrho = \frac{l}{\beta_V - \beta_H - (\alpha_V - \alpha_H)}. \qquad (99.11)$$

Für unsere späteren Rechnungen brauchen wir noch Gleichungen zwischen den Winkeln an den kurvenäußeren und -inneren Rädern. Nach Bild 99.3 ist nicht nur $b_H = \varrho_H \sin \varkappa_H$, sondern auch

$$b_H = \varrho_{H,a} \sin \varkappa_{H,a} = \varrho_{H,i} \sin \varkappa_{H,i}.$$

Die Unterschiede in den beiden Radien sind maximal gleich der Spurweite, so daß bei großen Radien $\varrho_{H,a} \approx \varrho_{H,i}$ und deshalb — wieder für kleine Winkel — $\varkappa_{H,a} \approx \varkappa_{H,i}$ gilt. Mit Gl. (99.3) und (99.4) bedeutet das für die Summen von Radeinschlag und Schräglauf

$$\beta_{V,a} - \alpha_{V,a} \approx \beta_{V,i} - \alpha_{V,i}, \qquad (99.12)$$

$$\beta_{H,a} - \alpha_{H,a} \approx \beta_{H,i} - \alpha_{H,i}. \qquad (99.13)$$

100. Radeinschlag bei Vernachlässigung der Schräglaufwinkel

Befährt ein Fahrzeug einen Kreis vom Radius ϱ mit so kleiner Geschwindigkeit v, daß auch die Zentripetalbeschleunigung v^2/ϱ klein ist, dann tritt im Schwerpunkt praktisch keine Fliehkraft auf. Damit ist auch die Summe aller Reaktionskräfte, Bild 100.1a, also der zwischen Rad und Fahrbahn wirkenden Seitenkräfte bzw. deren Komponente in Richtung der Fliehkraft, Null. Das bedeutet aber nicht, daß jede einzelne Seitenkraft Null sein muß, wie Bild 100.1b für ein geradeausfahrendes Fahrzeug zeigt.

Durch die sog. Vorspur, also durch entgegengesetzten Einschlag der Vorderräder, wird ein Schräglaufen der Reifen erzwungen. Es treten an den Rädern Schräglaufwinkel und damit Seitenkräfte auf, deren Summe in seitlicher Richtung allerdings Null ist. Die Summe in Längsrichtung ergibt den in Abschn. 34.2 erwähnten Vorspurwiderstand.

Wir befassen uns nun mit der Frage, wie die Räder bei einer Kreisfahrt mit verschwindend kleiner Zentripetalbeschleunigung v^2/ϱ, bei der gleichzeitig auch alle Schräglaufwinkel α_j bzw. alle Seitenkräfte an den Rädern Null sein sollen, eingeschlagen werden müssen. Dies ist insofern von praktischer Bedeutung, als sich ohne Schräglaufwinkel auch kein Reifenverschleiß durch Verformungen und Teilgleiten ergeben kann. Alle Räder drehen sich kraftschlußbeanspruchungsfrei.

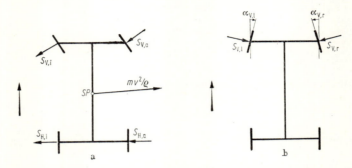

Bild 100.1 a) Seitenkräfte S an den Rädern durch die Fliehkraft mv^2/ϱ, b) Seitenkräfte S_V an den Vorderrädern infolge der bei Geradeausfahrt auftretenden Vorspurwinkel α_V.

Die Bedingung $\alpha_j = 0$ erfordert, daß bei beliebigen Kurvenhalbmessern alle Räder so eingeschlagen werden müssen, daß sich die Senkrechten auf den Radebenen in einem Punkt, dem Kreismittelpunkt M schneiden (Bild 100.2a).

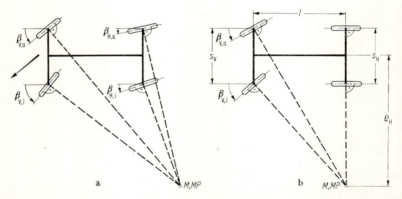

Bild 100.2 Erforderliche Radeinschlagwinkel β für seitenkraftfreies Rollen bei der Fahrgeschwindigkeit $v = 0$ a) bei Allradlenkung, b) bei Vorderradlenkung.

Beim vorderradgelenkten Fahrzeug mit starrgelagerten Hinterradaufhängungen liegt der Kurvenmittelpunkt in Verlängerung der Hinterachse, Bild 100.2b. Die Einschlagwinkel der Vorderräder können nach den Gleichungen aus Abschn. 99 berechnet oder direkt nach Bild 100.2b

100. Radeinschlag bei Vernachlässigung der Schräglaufwinkel

angeschrieben werden.

$$\tan \beta_{V,i} = \frac{l}{\varrho_H - s_V/2}, \quad \tan \beta_{V,a} = \frac{l}{\varrho_H + s_V/2}. \qquad (100.1)$$

Aus der Summe bzw. der Differenz der Reziprokwerte

$$\cot \beta_{V,a} + \cot \beta_{V,i} = 2\varrho_H/l, \qquad (100.2)$$

$$\cot \beta_{V,a} - \cot \beta_{V,i} = s_V/l \qquad (100.3)$$

kann bei vorgegebenen $\beta_{V,i}$ der zugehörige Winkel $\beta_{V,a}$ errechnet werden.

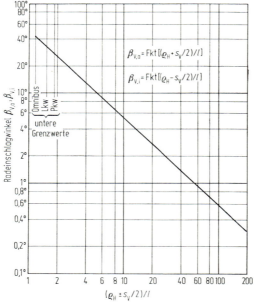

Bild 100.3 Radeinschlagwinkel β der kurvenäußeren und -inneren Vorderräder in Abhängigkeit vom Kurvenradius ϱ_H, der Spurweite der Vorderräder s_V und dem Radstand l (Bedingung: Vorderradlenkung, seitenkraftfreies Rollen, $v = 0$).

Die Betrachtung der Radeinschlagwinkel nach Gl. (100.1) bis (100.3) nahm in der Kraftfahrzeugtechnik zu einer Zeit, als die Seitenkraft-Schräglaufwinkel-Diagramme noch weitgehend unbekannt waren, einen breiten Raum ein und wird allgemein unter das Thema *Lenkgeometrie* gestellt.

In Bild 100.3 sind die Größen der kinematisch einwandfreien Radeinschläge nach Gl. (100.1) in Abhängigkeit der charakteristischen Längen dargestellt.

101. Breitenbedarf

Befährt ein Fahrzeug der Breite b einen Kreis mit dem Radius ϱ_H, so braucht es nach Bild 101.1 Platz für einen Kreisring der Breite B, wobei $B > b$ ist. B ist bei engen Kurven — Befahren von winkligen Stadtstraßen, Einfahrten in Garagen und Höfe, Wenden — groß und darf eine vom Gesetzgeber vorgeschriebene Breite nicht überschreiten. Da diese engen Kreise mit kleiner Geschwindigkeit befahren werden, wird die Fliehkraft vernachlässigt und die oben genannten Beziehungen der Lenkgeometrie zur Ermittlung des Breitenbedarfs B angewendet.

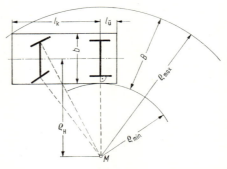

Bild 101.1 Breitenbedarf B eines Zweiachsfahrzeuges bei Kreisfahrt.

Demnach liegt in Bild 101.1 der Kreismittelpunkt M auf der Verlängerung der Hinterachse. Die Radien des Kreisringes und dessen Breite ergeben sich aus

$$\varrho_{\min} = \varrho_H - \frac{b}{2}, \tag{101.1}$$

$$\varrho_{\max} = \sqrt{\left(\varrho_H + \frac{b}{2}\right)^2 + l_K^2}, \tag{101.2}$$

$$B = \varrho_{\max} - \varrho_{\min}. \tag{101.3}$$

Danach ist der Breitenbedarf völlig unabhängig von der Lage der Vorderachse im Fahrzeug und damit von der Größe des Radstandes l, da stets $l < l_K$ ist.

Die Gesamtlänge eines Fahrzeuges könnte an sich bei durch l_K gegebenem B maximal $2l_K$ betragen, wobei der hintere Überhang $l_{\ddot{U}}$ ebenfalls gleich l_K wäre. Dies ist aber vom Gesetzgeber her mit gutem Grund deshalb nicht statthaft, weil ein Verkehrsteilnehmer, z. B. ein Fußgänger, der nach Vorbeifahrt der vorderen Kante des Kraftfahrzeuges in den Kreis mit dem Radius ϱ_{max} tritt, einen Augenblick später von dem ausschwenkenden Heck desselben Fahrzeugs umgerissen wird.

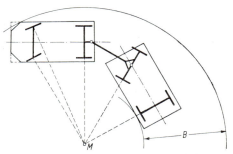

Bild 101.2 Breitenbedarf B eines Lkw mit Anhänger.

Eine weitere rechnerische Behandlung des Breitenbedarfs lohnt sich wenig, weil Abrundungen der Karosserie am Bug (oder Verjüngungen nach Bild 101.2 am Zugfahrzeug) schwer zu erfassen sind. Eine zeich-

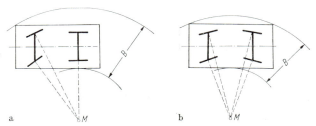

Bild 101.3 Verringerung des Breitenbedarfes B durch Allradlenkung nach b gegenüber Vorderradlenkung nach a bei einem Zweiachsfahrzeug.

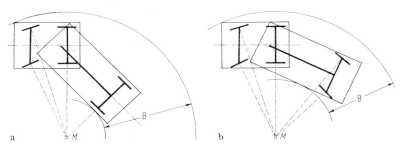

Bild 101.4 Verringerung des Breitenbedarfs B bei einem Sattelschlepper durch Einführung einer gelenkten Achse am Auflieger nach b gegenüber einer ungelenkten nach a.

nerische Ermittlung geht schneller. Besonders dann, wenn das Fahrzeug aus mehreren Einheiten besteht wie Lkw mit Anhänger (Bild 101.2), Gelenkzug oder Sattelschlepper (Bild 101.4).

Ist der Breitenbedarf für ein Fahrzeug größer als zulässig, dann müssen — wenn man von einer Verkleinerung der Abmessungen zunächst einmal absieht — mehrere Achsen gelenkt werden. Als Beispiel am Einzelfahrzeug zeigt Bild 101.3 die Verminderung von B bei Einbau einer gelenkten Hinterachse. In Bild 101.4 sind zwei Sattelschlepper mit nichtgelenkter und gelenkter Achse des Aufliegers (Sattelanhängers) einander gegenübergestellt.

102. Kräfte bei Kreisfahrt

Bild 102.1 zeigt ein Fahrzeug bei Kreisfahrt mit konstanter Fahrgeschwindigkeit und damit konstanter Fliehkraft mv^2/ϱ. Weiterhin sind alle äußeren Kräfte eingezeichnet, wie Antriebskräfte U_j (bzw. bei negativem Vorzeichen Rollwiderstand oder Bremskräfte), Seitenkräfte S_j, Luftwiderstand W_L und seitliche Windkraft N, die im Druckmittelpunkt DP (s. Abschn. 33) eingezeichnet wurde.

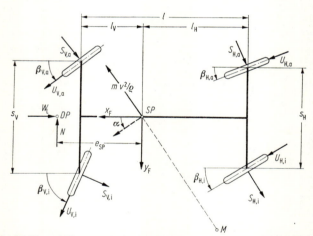

Bild 102.1 Kräfte und kinematische Größen an einem vierrädrigen Fahrzeug bei Kreisfahrt.

Wir können nun drei Gleichungen bezogen auf das fahrzeugfeste x_F-, y_F-System, dessen Koordinatenursprung im Gesamtschwerpunkt SP des Fahrzeuges liegt, aufstellen.

Kräfte in x_F-Richtung:

$$U_{V,a} \cos \beta_{V,a} + U_{V,i} \cos \beta_{V,i} + U_{H,a} \cos \beta_{H,a} + U_{H,i} \cos \beta_{H,i} -$$
$$- S_{V,a} \sin \beta_{V,a} - S_{V,i} \sin \beta_{V,i} - S_{H,a} \sin \beta_{H,a} - S_{H,i} \sin \beta_{H,i} -$$
$$- W_L + m(v^2/\varrho) \sin \alpha = 0. \tag{102.1}$$

Kräfte in y_F-Richtung:

$$U_{V,a} \sin \beta_{V,a} + U_{V,i} \sin \beta_{V,i} + U_{H,a} \sin \beta_{H,a} + U_{H,i} \sin \beta_{H,i} +$$
$$+ S_{V,a} \cos \beta_{V,a} + S_{V,i} \cos \beta_{V,i} + S_{H,a} \cos \beta_{H,a} + S_{H,i} \cos \beta_{H,i} -$$
$$- N - m(v^2/\varrho) \cos \alpha = 0. \qquad (102.2)$$

Momente um die durch SP gehende Hochachse (z_F-Achse):

$$(U_{V,a} \cos \beta_{V,a} - U_{V,i} \cos \beta_{V,i})\frac{s_V}{2} + (U_{H,a} \cos \beta_{H,a} - U_{H,i} \cos \beta_{H,i})\frac{s_H}{2} +$$
$$+ (U_{V,a} \sin \beta_{V,a} + U_{V,i} \sin \beta_{V,i})l_V - (U_{H,a} \sin \beta_{H,a} + U_{H,i} \sin \beta_{H,i})l_H -$$
$$- (S_{V,a} \sin \beta_{V,a} - S_{V,i} \sin \beta_{V,i})\frac{s_V}{2} - (S_{H,a} \sin \beta_{H,a} - S_{H,i} \sin \beta_{H,i})\frac{s_H}{2} +$$
$$+ (S_{V,a} \cos \beta_{V,a} + S_{V,i} \cos \beta_{V,i})l_V - (S_{H,a} \cos \beta_{H,a} + S_{H,i} \cos \beta_{H,i})l_H -$$
$$- N e_{SP} = 0. \qquad (102.3)$$

Weiterhin kommen die Beziehungen zwischen Vertikallasten und Gewicht hinzu. Bei Fahrt mit konstanter Geschwindigkeit v in der Ebene und bei Vernachlässigung des Auftriebes ist nach Gl. (52.7), (52.5), (52.9) und (52.10)

$$P_V = P_{V,\text{stat}} = G\frac{l_H}{l}, \qquad P_H = P_{H,\text{stat}} = G\frac{l_V}{l}. \qquad (102.4)$$

Die Vertikallasten der äußeren und inneren Räder sind, da laut Voraussetzung der Schwerpunkt SP des Gesamtfahrzeuges auf der Fahrbahnebene liegen soll, bei symmetrischer Lastverteilung um die Längsachse gleich groß:

$$P_{V,a} = P_{V,i} = \frac{1}{2}P_V, \qquad P_{H,a} = P_{H,i} = \frac{1}{2}P_H. \qquad (102.5)$$

102.1 Vereinfachung der Gleichungen

Die ersten drei Gleichungen dieses Abschnitts werden übersichtlicher, wenn wir uns auf die Betrachtung von Kreisfahrten mit nicht zu kleinen Radien beschränken.

Der Mindest-Kurvenradius auf Landstraßen ist in Deutschland im Ausnahmefall $\varrho_{\min} = 40$ m. Für die zugehörigen Radeinschläge an den Vorderrädern ergeben die Beziehungen der „Lenkgeometrie" nach Gl. (100.1) mit $l = 2,40$ m, $s_V = 1,30$ m die Werte $\beta_{V,a} \approx 3,4°$ und $\beta_{V,i} = 3,5°$. Der Kosinus dieser Winkel ist ungefähr 1. Die Winkel an den Hinterrädern eines vorderradgelenkten Fahrzeuges, die sich (s. Abschn. 99) z. B. dadurch ergeben, daß die Seitenkräfte die elastisch aufgehängten Räder schwenken, sind kleiner als die an den Vorderrädern, so daß auch $\cos \beta_{H,i} \approx 1$ gesetzt werden darf.

Dann folgt aus Gl. (102.2)

$$S_{V,a} + S_{V,i} + S_{H,a} + S_{H,i} = m(v^2/\varrho) + N - U_{V,a}\sin\beta_{V,a} - U_{V,i}\sin\beta_{V,i} -$$
$$- U_{H,a}\sin\beta_{H,a} - U_{H,i}\sin\beta_{H,i}.$$

Schätzen wir nun weiter die Glieder mit Sinus ab. Bei Hinderradantrieb und konstanter Fahrgeschwindigkeit sind $U_{V,a}$ und $U_{V,i}$ nach Gl. (53.5) gleich dem Rollwiderstand und daher negativ. Bei $G = 1000$ kp, $l_V/l = 0{,}5$, $f_R = 0{,}015$ ist $U_{V,a} = -0{,}015 \cdot 250\,\mathrm{kp} = -3{,}75$ kp und $U_{V,a}\sin\beta_{V,a} = -3{,}75 \cdot 0{,}06 \approx -0{,}23$ kp. Gegenüber der Fliehkraft $m(v^2/\varrho) = G(v^2/\varrho g) = 1000\,(v^2/\varrho g)$ kp ist der Rollwiderstandsanteil schon bei einer Zentripetalbeschleunigung $v^2/\varrho = 0{,}1$ m/s² entsprechend $m(v^2/\varrho) = 10$ kp zu vernachlässigen.

Auch die Glieder mit den Antriebskräften $U_{H,j}\sin\beta_{H,j}$ sind vernachlässigbar klein. Zwar enthalten die Kräfte noch den Luftwiderstand, dafür sind die Winkel $\beta_{H,j}$ kleiner als $\beta_{V,j}$. Damit vereinfacht sich Gl. (102.2) zu

$$S_{V,a} + S_{V,i} + S_{H,a} + S_{H,i} = m(v^2/\varrho) + N. \qquad (102.6)$$

Nun zur Momentengleichung (102.3), von der zunächst die erste Zeile betrachtet wird. Da $\cos\beta_j \approx 1$ ist, entstehen die Ausdrücke $U_{V,a} - U_{V,i}$ und $U_{H,a} - U_{H,i}$. Nehmen wir für die Antriebsachse ein Differential ohne Reibung an, dann sind die Umfangskräfte am äußeren und inneren Rad gleich. Ebenfalls sind die Rollwiderstände an der nicht angetriebenen Achse gleich, da bei gleichen Rollwiderstandsbeiwerten durch die Annahme des Schwerpunktes in Fahrbahnhöhe auch die Vertikallasten gleich sind.

$$U_{V,a} = U_{V,i}, \qquad U_{H,a} = U_{H,i}. \qquad (102.7)$$

Die dritte und vierte Zeile in (102.3) führt für jede der vier Seitenkräfte zu folgendem Ausdruck, z. B. für $S_{V,a}$ zu

$$S_{V,a}\left(l_V\cos\beta_{V,a} - \frac{s_V}{2}\sin\beta_{V,a}\right) \approx S_{V,a}l_V$$

nach dem obengenannten Zahlenbeispiel mit den kleinen Winkeln $\beta_{V,j}$.

Als letztes ist noch die zweite Zeile von (102.3) zu betrachten, die Einzelglieder werden an den zugehörigen Seitenkräften abgeschätzt, z. B. im Ausdruck $l_V(S_{V,a} + U_{V,a}\sin\beta_{V,a})$. Wie schon festgestellt, sind $U_{V,a}$ und erst recht $U_{V,a}\sin\beta_{V,a}$ klein gegenüber $S_{V,a}$, auch wenn $U_{V,a}$ eine Antriebskraft wäre, da wir hier die Fahrt mit konstanter Geschwindigkeit in der Ebene behandeln. Erst bei beschleunigter Fahrt oder bei Steigungsfahrt kann nach Abschn. 53 $U_{V,a}$ groß werden. Damit lautet Gl. (102.3) vereinfacht

$$(S_{V,a} + S_{V,i})l_V - (S_{H,a} + S_{H,i})l_H = Ne_{SP}.$$

Die Gl. (102.1) läßt sich — bis auf $\cos\beta_j = 1$ — nicht vereinfachen, da man die Ausdrücke S_j und β_j nicht vernachlässigen darf. Die S_j sind bei schneller Kurvenfahrt so groß, daß auch die Komponenten $S_j\sin\beta_j$ immer noch die Größenordnung von U_j haben.

Mit

$$U_{V,a} + U_{V,i} = U_V, \qquad U_{H,a} + U_{H,i} = U_H \qquad (102.8)$$

und nach Einführung der auf die Erdbeschleunigung g bezogenen Zentripetalbeschleunigung v^2/ϱ (entsprechend der Abbremsung in Abschn. 56)

$$\frac{v^2/\varrho}{g} = a \tag{102.9}$$

ergeben sich die vereinfachten Gleichungen zu

$$U_V + U_H = W_L - Ga \sin \alpha + S_{V,a} \sin \beta_{V,a} + S_{V,i} \sin \beta_{V,i} +$$
$$+ S_{H,a} \sin \beta_{H,a} + S_{H,i} \sin \beta_{H,i}, \tag{102.10}$$

$$(S_{V,a} + S_{V,i}) + (S_{H,a} + S_{H,i}) = Ga + N, \tag{102.11}$$

$$(S_{V,a} + S_{V,i})l_V - (S_{H,a} + S_{H,i})l_H = N e_{SP}. \tag{102.12}$$

Nach wie vor kommen die Gl. (102.4) und (102.5) für die Vertikallasten hinzu.

103. Schleudergrenze (einfache Betrachtung)

Nach Gl. (102.11) ist, falls kein Seitenwind vorhanden ist, die Summe der Seitenkräfte gleich der Fliehkraft

$$S_{V,a} + S_{V,i} + S_{H,a} + S_{H,i} = Ga. \tag{103.1}$$

Die Kraftschlußbeanspruchung f an jedem Rad ergibt sich nach Abschn. 23 aus der Seitenkraft S_j, der Umfangskraft U_j und der Vertikallast P_j.

Können die Umfangskräfte gegenüber den Seitenkräften vernachlässigt werden, so ist die Kraftschlußbeanspruchung $f_j = S_j/P_j$. In Gl. (103.1) eingesetzt ergibt sich

$$f_{V,a} P_{V,a} + f_{V,i} P_{V,i} + f_{H,a} P_{H,a} + f_{H,i} P_{H,i} = Ga. \tag{103.2}$$

In Abschn. 60 haben wir bei der Abbremsung eines Fahrzeugs erläutert, daß eine ideale Bremskraftverteilung dann vorliegt, wenn alle Räder die gleiche Kraftschlußbeanspruchung besitzen. Dadurch wird bei gegebenem Reibwert die höchste Verzögerung erreicht. Entsprechend ist es hier bei der Kurvenfahrt. Werden die Seitenkräfte an den Rädern so verteilt, daß die gleiche Kraftschlußbeanspruchung f erreicht wird, dann ist

$$f(P_{V,a} + P_{V,i} + P_{H,a} + P_{H,i}) = fG = Ga,$$

$$f = a = \frac{v^2/\varrho}{g}. \tag{103.3}$$

Die höchste Zentripetalbeschleunigung ergibt sich beim Haftbeiwert μ_h. Wird er überschritten, dann gleitet das Fahrzeug seitlich weg, es „schleudert".

$$\frac{v^2/\varrho}{g} = a \leqq \mu_h. \tag{103.4}$$

Das Gleichheitszeichen gilt also nur für ein ideales Fahrzeug und bei gleichzeitiger Vernachlässigung der Umfangskräfte.

Durch Überhöhung der Straße (Bild 103.1) um den Winkel α_q kann die Zentripetalbeschleunigung beim idealen Fahrzeug noch über das eben genannte Maß hinaus gesteigert werden.

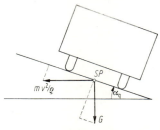

Bild 103.1 Fahrzeug auf einer überhöhten Straße mit der Querneigung α_q.

Die Summe der Seitenkräfte ist

$$\Sigma S_j = m(v^2/\varrho) \cos \alpha_q - G \sin \alpha_q \tag{103.5}$$

und die Summe der Vertikallasten

$$\Sigma P_j = G \cos \alpha_q + m(v^2/\varrho) \sin \alpha_q. \tag{103.6}$$

Damit wird — wieder bei idealer Kraftschlußbeanspruchung —

$$f = \frac{\Sigma S_j}{\Sigma P_j} = \frac{a \cos \alpha_q - \sin \alpha_q}{\cos \alpha_q + a \sin \alpha_q} = \frac{a - \tan \alpha_q}{1 + a \tan \alpha_q},$$

und es gilt ähnlich Gl. (103.4)

$$\frac{v^2/\varrho}{g} = a \leqq \frac{\mu_h + \tan \alpha_q}{1 - \mu_h \tan \alpha_q}. \tag{103.7}$$

Zum Beispiel bei $\mu_h = 1{,}0$ und $\tan \alpha_q = 0{,}1$ ($\triangle 10\%$ Überhöhung) ist

$$\frac{v^2/\varrho}{g} = \frac{1{,}0 + 0{,}1}{1 - 1{,}0 \cdot 0{,}1} = \frac{1{,}1}{0{,}9} = 1{,}21$$

oder bei $\mu_h = 0{,}1$ und $\tan \alpha_q = 0{,}1$

$$\frac{v^2/\varrho}{g} = \frac{0{,}1 + 0{,}1}{1 - 0{,}1 \cdot 0{,}1} = 0{,}2.$$

Das heißt, bei trockener Fahrbahn wird hier die mögliche Zentripetalbeschleunigung um 21%, bei vereister Straße sogar um 100% gesteigert, die Fahrgeschwindigkeit um 10% bzw. um 41%.

Die Querneigung darf nicht zu groß werden, weil dann ein langsam fahrendes Fahrzeug ($v^2/\varrho = 0$) auf vereister Straße quer abrutscht. Die Bedingung für die maximale Querneigung $\alpha_{q,max}$ bei bekanntem minimalem Haftwert $\mu_{h,min}$ ist

$$\tan \alpha_{q,max} \leqq \mu_{h,min}. \tag{103.8}$$

104. Über- und Untersteuern, Radeinschlag

Mit den Kräftegleichungen von Abschn. 102.1, den kinematischen Beziehungen von Abschn. 99 und den Seitenkraft-Schräglaufdiagrammen aus Kap. III behandeln wir nun die Kreisfahrt. Es ist das Ziel, nacheinander den Einfluß verschiedener Fahrzeugdaten kennenzulernen.

Werden die lenkbaren Vorderräder abweichend von den Beziehungen der Lenkgeometrie nach Abschn. 100 parallel eingeschlagen, $\beta_{V,a} = \beta_{V,i}$, und bleiben die Hinterräder in Geradeausstellung, $\beta_{H,a} = \beta_{H,i} = 0$, so sind die Schräglaufwinkel nach Gl. (99.12) und (99.13) an den Rädern einer Achse gleich.

$$\alpha_{V,a} = \alpha_{V,i}, \quad \alpha_{H,a} = \alpha_{H,i}. \tag{104.1}$$

Die Seitenkräfte ergeben sich nach Gl. (102.11) und (102.12) bei Vernachlässigung[1] der Seitenwindkraft N zu

$$S_{V,a} + S_{V,i} = G \frac{l_H}{l} a,$$

$$S_{H,a} + S_{H,i} = G \frac{l_V}{l} a \tag{104.2}$$

und die Vertikallasten nach Gl. (102.4) und (102.5) zu

$$P_{V,a} = P_{V,i} = \frac{1}{2} G \frac{l_H}{l},$$

$$P_{H,a} = P_{H,i} = \frac{1}{2} G \frac{l_V}{l}. \tag{104.3}$$

---

[1] Die Wirkung der seitlichen Luftbelastungen wird in Kap. XVIII diskutiert.

Da das äußere und innere Rad jeder Achse mit der gleichen Vertikallast belastet werden und außerdem achsweise gleiche Schräglaufwinkel auftreten, müssen nach den Schräglaufdiagrammen auch die Seitenkräfte an den Rädern einer Achse gleich groß sein[1].

$$S_{V,a} = S_{V,i} = \frac{1}{2} G \frac{l_H}{l} a,$$

$$S_{H,a} = S_{H,i} = \frac{1}{2} G \frac{l_V}{l} a. \tag{104.4}$$

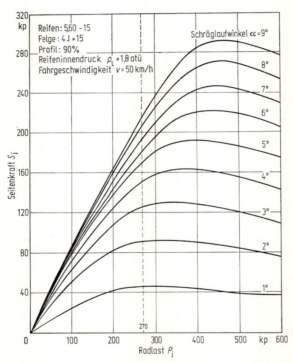

Bild 104.1 Abhängigkeit der Seitenkraft S eines Reifens von der Radlast P für verschiedene Schräglaufwinkel α. Aus KREMPEL, G.: Diss., Karlsruhe 1965.

Mit diesen Gleichungen lassen sich nun die Schräglaufwinkel bestimmen. Dazu folgendes Beispiel: Ein Fahrzeug wiegt $G = 1080$ kp und ist mit den Reifen 5,60-15 nach Bild 104.1 bestückt. Ist der Schwer-

---

[1] Wenn weiterhin gleicher Luftdruck, gleicher Abnutzungszustand usw. vorhanden sind.

104. Über- und Untersteuern, Radeinschlag

punkt in der Mitte, also $l_H/l = l_V/l = 1/2$, so ist die Größe der Seitenkräfte

$$S_{V,a} = S_{V,i} = S_{H,a} = S_{H,i} = (1/4)Ga = 270a\,[\text{kp}]$$

und die der Radlasten

$$P_{V,a} = P_{V,i} = P_{H,a} = P_{H,i} = (1/4)G = 270\,\text{kp}.$$

Aus dem Diagramm nach Bild 104.1 können wir nun die Abhängigkeit der Schräglaufwinkel von der bezogenen Zentripetalbeschleunigung a auftragen. Das Ergebnis ist in Bild 104.2 dargestellt. Da alle Reifen gleich belastet sind, gleiche Seiten- und gleiche Vertikalkräfte haben, sind auch alle Schräglaufwinkel gleich.

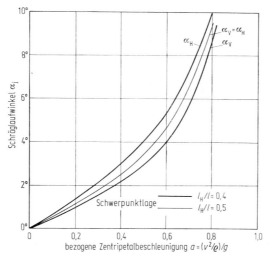

Bild 104.2 Schräglaufwinkel α_V und α_H an Vorder- und Hinterachse in Abhängigkeit von der auf die Erdbeschleunigung g bezogenen Zentripetalbeschleunigung v^2/ϱ für ein hecklastiges ($l_H/l = 0{,}4$) und für ein mittellastiges ($l_H/l = 0{,}5$) Fahrzeug. Reifen nach Bild 104.1.

Anders ist es, wenn der Schwerpunkt nicht in Mitte Radstand, sondern z. B. dahinter liegt, wenn also das Fahrzeug hecklastig ist. Bei $l_H/l = 0{,}4$ wird

$$S_{V,a} = S_{V,i} = 0{,}2Ga = 216a\,[\text{kp}], \quad S_{H,a} = S_{H,i} = 0{,}3Ga = 324a\,[\text{kp}]$$

sowie

$$P_{V,a} = P_{V,i} = 0{,}2G = 216\,\text{kp}, \quad P_{H,a} = P_{H,i} = 0{,}3G = 324\,\text{kp}.$$

Greifen wir nun aus Bild 104.1 die Schräglaufwinkel für die zusammengehörigen Seiten- und Vertikalkräfte ab, so sind — wie Bild 104.2

zeigt — die Schräglaufwinkel an Vorder- und Hinterachse, α_V und α_H, verschieden.

Damit sind wir auf eine typische Eigenschaft der Reifen gestoßen; es können sich bei gleicher Kraftschlußbeanspruchung in seitlicher Richtung S_j/P_j abhängig von der Radlast verschieden große Schräglaufwinkel einstellen. Dies mag überraschen, man ist geneigt anzunehmen, daß auch die Schräglaufwinkel gleich sein müßten. Das ist aber, wie dieses Beispiel zeigt, nicht der Fall. Vielmehr stellen sich an den höher belasteten Rädern größere Schräglaufwinkel ein als an den niedriger belasteten.

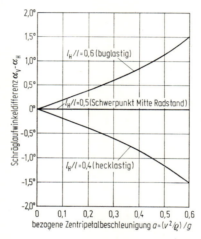

Bild 104.3 Schräglaufwinkeldifferenz als Funktion der bezogenen Zentripetalbeschleunigung für Fahrzeuge mit verschiedenen Schwerpunktlagen l_H/l. Aus Bild 104.2 gewonnen.

Unterschiedliche Schräglaufwinkel wirken sich aber auf die Fahreigenschaft aus. Dies zeigt uns Gl. (99.11)

$$\varrho = \frac{l}{\beta_V - (\alpha_V - \alpha_H)}, \qquad (104.5)$$

in die die Differenz $(\alpha_V - \alpha_H)$ eingeht. (Der Radeinschlagwinkel der Hinterräder sei $\beta_H = 0$.) Bei dem Beispiel des hecklastigen Fahrzeugs mit $l_H/l = 0{,}4$ ist diese Differenz nach Bild 104.3 negativ. Das heißt, bei konstantem Radeinschlag β_V wird der Kreisradius ϱ kleiner. Gehen wir von der Fahrt auf der Straße aus, bei der der Krümmungsradius ϱ durch die Trasse vorgegeben ist, so muß der Radeinschlag beim hecklastigen Fahrzeug verkleinert werden. Tut der Fahrer dies nicht, dann „übersteuert" das Fahrzeug, es befährt einen kleineren Radius.

104. Über- und Untersteuern, Radeinschlag

Liegt der Schwerpunkt nun vor Radstandsmitte ($l_H/l = 0{,}6$), dann vertauschen sich in Bild 104.2 die Indizes für vorn und hinten, und in Bild 104.3 wird die Differenz positiv. Das heißt, der Fahrer muß mit wachsender Geschwindigkeit die Vorderräder mehr einschlagen. Unterläßt er es, dann „untersteuert" das Fahrzeug, es befährt einen größeren Radius.

Die Begriffe *Über-* und *Untersteuern* sind sehr gebräuchlich. Sie erklären sich nach Gl. (104.5) aus dem Vorzeichen der Schräglaufwinkeldifferenz[1], das sich aus der Lage des Schwerpunktes ergab. Allerdings gibt es noch eine große Anzahl anderer Fahrzeuggrößen, die die Schräglaufwinkel in ihrem Wert und ihrer Differenz beeinflussen, so daß wir dies nur als Teilergebnis festhalten dürfen. Wir wollen als nächstes die Veränderung des Vorderradeinschlages β_V bestimmen. Soll ein Radius von $\varrho = 100$ m mit einem Fahrzeug vom Radstand $l = 2{,}4$ m befahren werden, so ist bei der Fahrgeschwindigkeit $v = 0$ nach Gl. (104.5) der Radeinschlag $\beta_V (v = 0) = \beta_{V,0} = l/\varrho = 2{,}4/100 = 1{,}4°$. Der Einschlag β_V für $v > 0$ ist dann bei konstantem Radius nach Gl. (104.5)

$$\beta_V = \beta_{V,0} + (\alpha_V - \alpha_H). \tag{104.6}$$

Bild 104.4 zeigt die Größe von β_V für den Radius $\varrho = 100$ m in Abhängigkeit von der Fahrgeschwindigkeit v. Bei kleiner Zentripetalbeschleunigung, d. h. bei Geschwindigkeiten bis etwa 50 km/h ist die Veränderung der Radeinschläge nicht sehr groß und wahrscheinlich vom Fahrer nicht wahrnehmbar. Bei höheren Beschleunigungen, also höherer Fahrgeschwindigkeit werden die Abweichungen von dem statischen Wert $\beta_{V,0}$ allerdings beträchtlich.

Wir sehen noch etwas Wesentliches: Beim übersteuernden Fahrzeug kann der Radeinschlagwinkel sogar negativ werden, d. h. beim Befahren z. B. einer Linkskurve müssen die Räder nach rechts eingeschlagen werden (sog. Gegenlenken).

Aus Bild 104.2 erkennen wir noch, daß mit steigender Zentripetalbeschleunigung die Schräglaufwinkel stark anwachsen, an den Rädern wird bald die Kraftschlußgrenze erreicht bzw. überschritten, und das Fahrzeug bricht seitlich aus. Auf Grund der Erkenntnisse aus Kap. I, die bei der Behandlung von Kraftschluß und Umfangsschlupf gewonnen wurden, wird zuerst die Achse seitlich wegrutschen, an der der größere Seitenschlupf und damit der größere Schräglaufwinkel auftritt. Beim übersteuernden Fahrzeug werden zuerst die Hinterräder wegrutschen, beim untersteuernden zuerst die Vorderräder.

---

[1] Diese auf der Schräglaufwinkeldifferenz beruhende Definition stammt von OLLEY, M.: Road Manners of the Modern Car. Proceedings of the Institution of Automobile Engineers 41 (1946/47) S. 147—182. Es gibt noch andere Definitionen, s. Abschn. 110, 128 und 133.

Diese Schleudergrenze ist in Bild 104.5 über der Schwerpunktlage aufgetragen. Demnach erreicht man mit einem Fahrzeug, bei dem der Schwerpunkt in Mitte Radstand liegt, die höchste Zentripetalbeschleu-

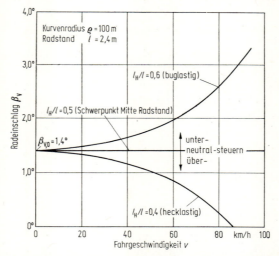

Bild 104.4 Vorderradeinschlagwinkel β_V in Abhängigkeit von der Fahrgeschwindigkeit v bei konstantem Kreisradius ϱ für Fahrzeuge mit verschiedenen Schwerpunktlagen l_H/l. Nach Bild 104.3.

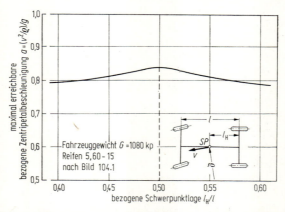

Bild 104.5 Maximal erreichbare Zentripetalbeschleunigung in Abhängigkeit von der Schwerpunktlage. Aus Bild 104.2 gewonnen, Schwerpunkt des Fahrzeuges auf der Fahrbahn.

nigung und damit die höchste Fahrgeschwindigkeit v bei gegebenem Radius ϱ. Ist der Schwerpunkt außermittig, dann wird die maximal erreichbare Seitenbeschleunigung kleiner, weil die Achse mit den größeren Schräglaufwinkeln eher ausbricht.

105. Einfluß der Reifengröße bzw. -bauart

Im Vergleich zur Aussage von Gl. (103.4), die keine Fahrzeugdaten enthält, stellen wir fest, daß die Fahrzeugkonstruktion — hier die Schwerpunktlage — durch die nichtlinearen Eigenschaften des Reifens die Schleudergrenze beeinflußt.

105. Einfluß der Reifengröße bzw. -bauart

Den bisherigen Rechenbeispielen lag die Reifengröße 5,60-15 zugrunde. Wir wählen nun einen größeren Reifen 5,90-15 aus, der bei gleichem Felgendurchmesser von 15 Zoll breiter und in der Konstruktion ein Rennsportreifen ist. Das Seitenkraft-Schräglaufwinkel-Diagramm nach Bild 105.1 zeigt, daß dieser Reifen seitensteifer als der Normal-

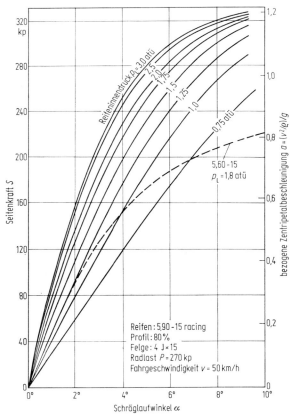

Bild 105.1 Seitenkraft-Schräglaufwinkel-Diagramm eines Rennsport-Reifens für verschiedene Innendrücke im Vergleich zu einer aus Bild 104.1 entnommenen Kennlinie. Auf der rechten Ordinate ist die für ein Fahrzeug mit $G = 1080$ kp und der Schwerpunktlage $l_H/l = 0,5$ sich ergebende bezogene Zentripetalbeschleunigung aufgetragen. Kennfeld des Reifens 5,90-15 aus KREMPEL, G.: Diss., Karlsruhe 1965.

reifen ist, d. h. bei gleicher Seitenkraft, gleicher Vertikallast und gleichem Luftdruck ist der Schräglaufwinkel kleiner. Am Fahrzeug ergeben sich dann, da die Seitenkraft S proportional a ist, bei gleicher Zentripetalbeschleunigung kleinere Schräglaufwinkel an den Rädern.

Liegt der Schwerpunkt nun nicht, wie in Bild 105.1 bei der Festlegung des zweiten Ordinatenmaßstabes für a angenommen, in Mitte Radstand, sondern davor oder dahinter, so führen kleine Schräglaufwinkel an den Vorder- und Hinterrädern auch zu kleinen Schräglaufwinkeldifferenzen $\alpha_V - \alpha_H$ und damit nach Gl. (104.6) und Bild 104.4 auch zu geringen Änderungen des Radeinschlages über der Fahrgeschwindigkeit.

Dieser Rennsportreifen nimmt aber nicht nur bei kleinen Schräglaufwinkeln größere Seitenkräfte als der Normalreifen auf, sondern auch bei größeren Schräglaufwinkeln, er läßt also höhere Zentripetalbeschleunigung zu, er muß einen höheren Haftbeiwert haben.

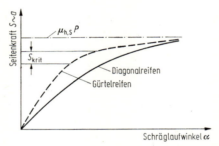

Bild 105.2 Seitenkraft-Schräglaufwinkel-Diagramm für zwei Reifen unterschiedlicher Seitensteifigkeit bei kleinen Schräglaufwinkeln, aber gleicher Rutschgrenze $\mu_{h,s} P$.

Man kann sich aber vorstellen, daß zwei Reifen den gleichen Haftbeiwert $\mu_{h,s}$ haben, der eine jedoch bei kleinen Schräglaufwinkeln seitensteifer ist als der andere. Dies könnte für einen Gürtelreifen gegenüber einem Diagonalreifen, wie in Bild 105.2 angenommen, zutreffen. Nach dieser Darstellung erscheint der Gürtelreifen immer vorteilhaft, er hat bei gleicher Zentripetalbeschleunigung oder gleicher Fahrgeschwindigkeit den geringeren Schräglauf. Dies wirkt sich besonders im Bereich kleiner Winkel und kleiner Seitenkräfte aus. Nachteilig hingegen ist, daß durch den steilen Anstieg der Seitenkräfte bei kleinen Schräglaufwinkeln, aber gleichem Grenzwert $\mu_{h,s} P$ die Kurve stärker abknickt. Oberhalb eines bestimmten Wertebereiches der Seitenkräfte — S_{krit} genannt — nimmt der Schräglauf demnach mit der Seitenkraft wesentlich stärker zu als unterhalb dieses Bereiches. Nachteilig daran ist, daß sich bis zu einer dementsprechenden kritischen Zentripetalbeschleunigung oder Fahrgeschwindigkeit ein gewisses Lenkverhalten und damit ein gewisses

Gefühl für den Fahrer einstellt, daß sich aber bei deren Überschreiten Verhalten und Fahrgefühl stark ändern.

Wir sahen also in diesem Abschnitt, daß das Fahrverhalten eines Fahrzeuges auch durch Reifengröße und -bauart verändert werden kann.

106. Einfluß des Kraftschlusses

Im Ersten Teil des Buches sprachen wir ausführlich über den Kraftschluß und über den Höchstwert μ_h. Er hängt von der Straße (Beton, Asphalt, ...), vom Reifen (Bauart, s. Abschn. 105, Profil, ...), von den Witterungsbedingungen (trocken, naß, vereist, ...) und von der Fahrgeschwindigkeit ab. μ_h beeinflußt, wie wir z. B. aus den Bildern 22.4a und d wissen, die Seitenkraft-Schräglaufwinkel-Kennlinien und damit auch das Fahrverhalten der Kraftfahrzeuge, und zwar in zweierlei Hinsicht: Einmal wird entsprechend Gl. (103.4) die maximal mögliche Zentripetalbeschleunigung verändert, auf nassen, schneebedeckten oder vereisten Straßen muß bei gegebenem Kurvenradius mit geringerer Geschwindigkeit als auf trockener Fahrbahn gefahren werden. Zum anderen wird auf Straßen mit geringerem Haftbeiwert μ_h der Anstieg der Seitenkraft-Schräglaufwinkel-Kurve nach Bild 22.4d flacher, wodurch sich bei einem über- oder untersteuernden Wagen die Schräglaufwinkeldifferenz vergrößert und damit die Veränderung des Radeinschlages über der Fahrgeschwindigkeit verstärkt.

Die Veränderung des Radeinschlages ist nur dann unabhängig von der Straßenbeschaffenheit, wenn $\alpha_V - \alpha_H = 0$ ist, d. h. wenn das Fahrzeug neutralsteuernd ist.

107. Einfluß des Reifenluftdruckes

Als wir in Abschn. 104 die Schwerpunktlage des Fahrzeuges änderten, an Hand der Ergebnisse die Begriffe Über- und Untersteuern erklärten, wurde trotz unterschiedlicher Radlasten an den einzelnen Achsen der Reifenluftdruck zunächst konstant gelassen. Dies ist nicht üblich bzw. gar nicht zu empfehlen. Bei dem höher belasteten Rad muß der Luftdruck im Interesse der Lebensdauer und wegen der Wärmeentwicklung der Reifen (s. Abschn. 16) erhöht und beim niedriger belasteten wegen der Gefahr des Abspringens des Reifens von der Fahrbahn (s. Abschn. 82) vermindert werden.

Zur Betrachtung des Einflusses des Reifenluftdruckes nehmen wir wieder ein Fahrzeug mit dem Schwerpunkt in der Mitte ($l_H/l = 0{,}5$) an, alle Räder werden vertikal gleich belastet, aber in den Reifen der beiden Achsen sei unterschiedlicher Luftdruck. Wir benutzen die Kennlinien des Reifens 5,90-15 bei verschiedenen Luftdrücken aus Bild 105.1. Bild 107.1 zeigt für drei Beispiele folgende Ergebnisse:

Bei gleichem Luftdruck von 1,75 atü an allen vier Rädern ist die Differenz der Schräglaufwinkel $\alpha_V - \alpha_H = 0$, das Fahrzeug also neutralsteuernd. Vermindert man den Luftdruck vorn auf 1,5 atü und erhöht ihn hinten auf 2,0 atü, wird die Schräglaufwinkeldifferenz positiv und das Fahrzeug nach Gl. (104.6) untersteuernd, im umgekehrten Fall übersteuernd.

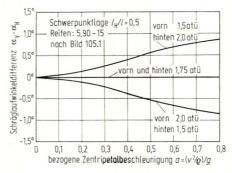

Bild 107.1 Einfluß verschiedener Reifeninnendrücke der Räder an Vorder- und Hinterachse auf den Verlauf der Schräglaufwinkeldifferenz über der bezogenen Zentripetalbeschleunigung.

Kombiniert man nun die beiden Diagramme 104.3 und 107.1, dann zeigt sich folgendes: Bei einem Fahrzeug, dessen Schwerpunkt hinter Radstandsmitte liegt, kann die Übersteuertendenz durch Anpassung des Reifendruckes vermindert werden. Praktisch läßt sich durch den Reifendruck allein aber noch nicht ein neutralsteuerndes Fahrzeug erreichen, es wird übersteuernd bleiben. Für Fahrzeuge mit Schwerpunkt vor Radstandsmitte gilt das Entsprechende.

108. Einfluß des Radsturzes

Viele Radaufhängungen haben die Eigenschaft, daß sich bei Neigung des Fahrzeugaufbaues auch die Räder neigen, also eine Änderung des Radsturzes entsteht. Da die Neigung des Fahrzeugaufbaues mit der Fliehkraft zunimmt, nimmt im allgemeinen auch der Radsturz ξ zu. Unter der Voraussetzung von proportionalen Zusammenhängen ist

$$m(v^2/\varrho) \sim \xi \sim S_\mathfrak{j}. \tag{108.1}$$

Wir nehmen zwar im ganzen Kap. XV an, daß die Schwerpunkthöhe Null sei und daß sich somit der Aufbau nicht neigen kann. Der Grund hierfür war aber nur der, die Radlastveränderungen noch außer Betracht zu lassen. Um den Einfluß des Radsturzes zu erfassen, wird also eine Aufbauneigung zur Entstehung eines Radsturzes zugelassen, die Radlasten werden aber unverändert angenommen.

108. Einfluß des Radsturzes

Bild 108.1 zeigt ein Seitenkraft-Schräglaufwinkel-Diagramm bei veränderlichem Radsturz. Für unser Fahrzeug — wieder mit $G = 1080$ kp und $l_H/l = 0{,}5$ — sollen sich die Räder an der Hinterachse nicht neigen ($\xi = 0$), an der Vorderachse aber — nach Definition in Abschn. 24 —

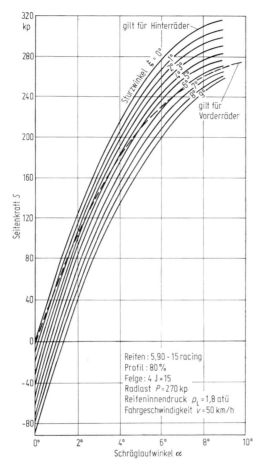

Bild 108.1 Veränderung des Schräglaufwinkels durch Sturz am Beispiel positiven, der Seitenkraft proportionalen Sturzes an den Vorderrädern. Reifenkennfeld aus KREMPEL, G.: Diss., Karlsruhe 1965.

in positivem Sinne, d. h. nach kurvenaußen, und zwar so, daß bei einer Zunahme von 40 kp Seitenkraft sich der Sturzwinkel um 1° erhöht (gestrichelte Linie). Das Ergebnis zeigt Bild 108.1. Durch den Sturz erhöhen sich an den Vorderrädern die Schräglaufwinkel gegenüber denen an den Hinterrädern, dadurch ergibt sich (s. Bild 108.2) eine positive Schräglaufwinkeldifferenz, und das Fahrzeug bekommt nun Untersteuertendenz.

Positiver Sturz an der Hinterachse und Sturz Null an der Vorderachse bringt einen Übersteuereffekt, negativer Sturz jeweils das Gegenteil. Damit ist also die Sturzänderung durch Wanken ebenfalls ein Mittel, um das Lenkverhalten eines Fahrzeuges zu beeinflussen.

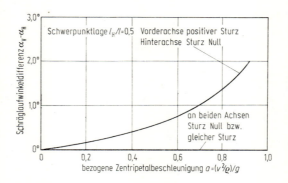

Bild 108.2 Einfluß unterschiedlicher Sturzwinkel an den Rädern der Vorder- und Hinterachse auf die Schräglaufwinkeldifferenz in Abhängigkeit von der bezogenen Zentripetalbeschleunigung. Entwickelt aus Bild 108.1.

Aber auch hier müssen wir die Rutschgrenze beachten. Je größer der Sturzwinkel in positiver Richtung ist, um so größer ist der Schräglaufwinkel für eine bestimmte Seitenkraft. Da große Schräglaufwinkel große Verformungen des Reifens und mehr Teilgleiten im Latsch ergeben, fängt das Rad schon bei kleineren Kräften an wegzurutschen (vgl. Bild 24.2a). Zusammenfassend ist also zu sagen: Der Radsturz beeinflußt im Haftbereich das Lenkverhalten, beeinflußt aber auch die Rutschgrenze.

Weiterhin ist festzuhalten, daß nach Tabelle 21.1 Pkw-Gürtelreifen im Bereich kleiner Schräglaufwinkel nur etwa 1/3 so große Sturzseitenkräfte entwickeln wie konventionelle Reifen, so daß bei Gürtelreifen die Steuerungstendenz über die Sturzänderung weniger zu beeinflussen ist als bei Diagonalreifen.

109. Unterschiedlicher Radeinschlag

Ab Abschn. 104 wurde paralleler Einschlag der Vorderräder angenommen, $\beta_{V,a} = \beta_{V,i}$, so daß auch die Schräglaufwinkel $\alpha_{V,a} = \alpha_{V,i}$ gleich sind. Ist hingegen, wie es die Lenkgeometrie des Abschn. 100 fordert, der Einschlag des kurveninneren Rades um $\Delta\beta$ größer als der des kurvenäußeren

$$\beta_{V,a} + \Delta\beta = \beta_{V,i}, \tag{109.1}$$

so sind auch nach Gl. (99.12) die Schräglaufwinkel unterschiedlich

$$\alpha_{V,a} = \alpha_{V,i} - \Delta\beta. \tag{109.2}$$

Dies führt bei gleichen Radlasten und gleichen Reifen zu verschieden großen Seitenkräften, $S_{V,a} \neq S_{V,i}$. Es gilt wieder allgemein Gl. (104.2)

$$S_{V,a} + S_{V,i} = G \frac{l_H}{l} a. \tag{109.3}$$

Einander zugeordnete Werte erhält man, indem man z. B. von $\alpha_{V,a}$ ausgeht und aus Bild 104.1 das zugehörige $S_{V,a}$ ermittelt. Bei vorgegebenem $\Delta\beta$ ist auch $\alpha_{V,i}$ bekannt, und das ergibt ein $S_{V,i}$. Aus der Summe $S_{V,a} + S_{V,i}$ berechnet sich nach Gl. (109.3) schließlich der Wert a. Das Ergebnis zeigt Bild 109.1[1].

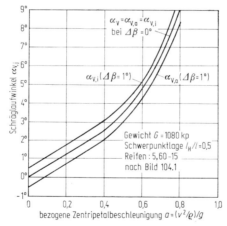

Bild 109.1 Einfluß gleicher ($\Delta\beta = 0$) und unterschiedlicher ($\Delta\beta = 1°$) Radeinschlagwinkel an den Vorderrädern auf die Schräglaufwinkel in Abhängigkeit von der bezogenen Zentripetalbeschleunigung.

Das kurveninnere Rad mit dem größeren Schräglaufwinkel nimmt eine größere Seitenkraft auf und erreicht deshalb die Kraftschlußgrenze früher als das kurvenäußere Rad. (Es gilt nach wie vor, daß die vertikalen Radlasten an beiden Rädern gleich sind.) Damit wird die maximal mögliche Zentripetalbeschleunigung kleiner als im Falle $\Delta\beta = 0$.

---

[1] Vgl. FIALA, E.: Kraftkorrigierte Lenkgeometrie, Lenkgeometrie unter Berücksichtigung des Schräglaufwinkels. ATZ 61 (1959) Nr. 2, S. 29—32.

110. Eigenlenkverhalten der Achsen

Bei der Erklärung des Bildes 99.1 wurde erwähnt, daß sich elastisch aufgehängte Räder durch Seitenkräfte und Momente um die Hochachse verdrehen können und dann einen zusätzlichen, nicht vom Fahrer am Lenkrad eingeleiteten Lenkeinschlag ergeben. An der Vorderachse kommt zur Elastizität der Radaufhängung noch die Nachgiebigkeit in der Lenkung hinzu, so daß der zusätzliche Radeinschlagwinkel an der Vorderachse absolut genommen größer als an der Hinterachse ist.

Weiterhin ist das sog. Rollenken (im Englischen „rollsteering") zu beachten, das sind Radeinschläge, die sich durch die Kinematik der Radaufhängung beim Wanken (engl. = rolling) des Aufbaues ergeben. Das Wanken wird durch die Fliehkraft, die der Summe der Seitenkräfte gleich ist, hervorgerufen. Wir behandeln zwar in diesem Kapitel auf Grund der Annahme eines in Fahrbahnhöhe liegenden Schwerpunktes die Neigung des Aufbaues nicht, wir sehen jedoch, daß sowohl Radeinschläge durch Seitenkräfte und Radaufhängungselastizität als auch Radeinschläge, verursacht durch Fliehkraft und Radaufhängungskinematik, dieselbe Wirkung haben und damit in erster Näherung gleichartig behandelt werden können. Da diese Radeinschläge nicht vom Fahrer eingestellt, sondern durch Kräfte und Momente hervorgerufen werden, spricht man vom *Eigenlenkverhalten*.

Die Ursache für die zusätzlichen Radeinschläge ist für die Räder der Vorder- und Hinterachse zwar gleich, die Auswirkungen auf das Fahrzeug sind aber verschieden.

In Bild 104.4 wurde der Vorderradeinschlag β_V über der Fahrgeschwindigkeit v beim Befahren eines Kreises von bestimmtem Radius aufgetragen. Wird nun zunächst nur an der Vorderachse der Einfluß der Elastizität oder der Kinematik der Radaufhängung berücksichtigt, dann muß der Fahrer, um denselben Kreis zu befahren, am Lenkrad solange drehen, solange korrigieren, bis der in Bild 104.4 angegebene Wert β_V wieder erreicht ist. Das heißt, das Eigenlenkverhalten an der Vorderachse verändert beim Befahren eines vorgegebenen Kreises *nicht* den Radeinschlag der Vorderräder, sondern nur den Einschlag des Lenkrades.

Das Eigenlenkverhalten der Hinterachse beeinflußt ebenfalls den Einschlag am Lenkrad, aber auch — und darin liegt der Unterschied — den Radeinschlag an den Vorderrädern, wie man durch Umformung aus Gl. (99.11) und im Vergleich zu Gl. (104.6) ersieht.

$$\beta_V = l/\varrho + (\alpha_V - \alpha_H) + \beta_H = \beta_{V,0} + (\alpha_V - \alpha_H) + \beta_H. \quad (110.1)$$

Die ersten beiden Summanden $\beta_{V,0} + (\alpha_V - \alpha_H)$ sind in Bild 104.4 aufgetragen. Wir erhalten also den neuen Verlauf von β_V über der Fahrgeschwindigkeit durch Überlagerung von β_H.

110. Eigenlenkverhalten der Achsen

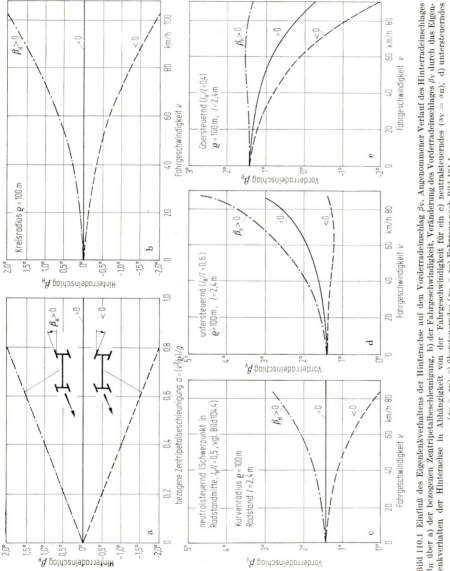

Bild 110.1 Einfluß des Eigenlenkverhaltens der Hinterachse auf den Vorderradeinschlag β_V. Angenommener Verlauf des Hinterradeinschlages β_H über a) der bezogenen Zentripetalbeschleunigung, b) der Fahrgeschwindigkeit. Veränderung des Vorderradeinschlages β_V durch das Eigenlenkverhalten der Hinterachse in Abhängigkeit von der Fahrgeschwindigkeit für ein c) neutralsteuerndes ($\alpha_V = \alpha_H$), d) untersteuerndes ($\alpha_V > \alpha_H$), e) übersteuerndes ($\alpha_V < \alpha_H$) Fahrzeug nach Bild 104.4.

402   Vierter Teil — XV. Kreisfahrt (einfache Betrachtung)

In Bild 110.1a ist der Einschlagwinkel der Hinterräder $\beta_{H,a} = \beta_{H,i} = \beta_H$ als linear abhängig von der Zentripetalbeschleunigung v^2/ϱ angenommen. Und zwar stellt nach Definition aus Abschn. 99 die strichpunktierte Linie den Fall dar, daß bei einer Linkskurve sowohl Vorder- als auch Hinterräder nach links einschlagen, d. h. es ist $\beta_H > 0$. Bei der gestrichelten Linie ist $\beta_H < 0$, die Hinterräder schlagen nach rechts entgegengesetzt zum Einschlag der Vorderräder. In Bild b ist nun die Größe der Hinterradeinschläge β_H für einen Radius $\varrho = 100$ m über der Fahrgeschwindigkeit v aufgetragen, um in Verbindung mit dem Diagramm nach Bild 104.4 die Gl. (110.1) anwenden zu können. In den Bildern c bis e sind die ausgezogenen Linien — sie stellen den Verlauf von β_V beim Hinterradeinschlag $\beta_H = 0$ dar — gleich denen aus Bild 104.4. Demgegenüber verkleinert ein negativer Hinterradeinschlag bei konstantem Vorderradeinschlag den Kreishalbmesser. Bei dem vorgesehenen Radius muß deshalb der Vorderradeinschlag β_V verringert werden, d. h. beim neutralsteuernden Fahrzeug wird β_V mit wachsender Geschwindigkeit kleiner, beim untersteuernden bleibt er — bei der Annahme nach Bild a — ungefähr konstant, beim übersteuernden nimmt er sehr schnell ab und wird schon ab 63 km/h negativ. Beim positiven Einschlag der Hinterräder wird der der Vorderräder größer, was beim übersteuernden Fahrzeug in diesem Beispiel praktisch einen konstanten Einschlag über der Fahrgeschwindigkeit ergibt.

Wir erkennen hieraus, daß das Eigenlenkverhalten der Hinterachse sehr stark den Einschlagwinkel der Vorderräder bestimmt. Es sei darauf hingewiesen, daß die Begriffe über- und untersteuernd nach wie vor durch die Differenz der Schräglaufwinkel definiert sind und nicht — wie man es auch machen könnte — durch die Größe des Radeinschlages an der Vorderachse oder gar durch die Größe des Lenkradeinschlages (s. Abschn. 128).

111. Kurvenwiderstand

Von den in Abschn. 102 aufgestellten Kräfte- bzw. Momentengleichungen haben wir uns Gl. (102.10) noch nicht angesehen. Das wollen wir hier nachholen, um die Frage beantworten zu können, wie sich der Widerstand bzw. die Antriebskraft bei der Kurvenfahrt erhöht. Die Gl. (102.10) lautet

$$U_V + U_H = W_L - Ga \sin \alpha + S_{V,a} \sin \beta_{V,a} + S_{V,i} \sin \beta_{V,i} + \\ + S_{H,a} \sin \beta_{H,a} + S_{H,i} \sin \beta_{H,i}.$$

Mit den Annahmen, der Schwerpunkt liege in Fahrbahnhöhe und die Einschlagwinkel der Räder an den Achsen seien gleich, $\beta_{V,a} = \beta_{V,i}$,

111. Kurvenwiderstand

$\beta_{H,a} = \beta_{H,i}$, folgt $S_{V,a} = S_{V,i}$ und $S_{H,a} = S_{H,i}$. Die obige Gleichung vereinfacht sich unter Verwendung von Gl. (104.2) zu

$$U_V + U_H = W_L - Ga\left(\sin\alpha - \frac{l_H}{l}\sin\beta_V - \frac{l_V}{l}\sin\beta_H\right). \quad (111.1)$$

Unbekannt in dieser Beziehung ist der Schwimmwinkel α, der sich aber leicht aus den Bildern 111.1 und 99.1 ermitteln läßt. Es gilt entsprechend Gl. (99.1)

$$\varrho_H = l\cos\varkappa_V/\sin(\varkappa_V - \varkappa_H)$$

für den Schwerpunktradius:

$$\varrho_{SP} = l_V\cos\varkappa_V/\sin(\varkappa_V - \alpha). \quad (111.2)$$

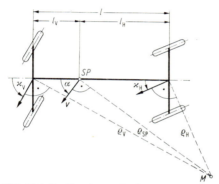

Bild 111.1 Zur Berechnung des Schwimmwinkels α.

Da in Wirklichkeit annähernd $\varrho_H \approx \varrho_{SP}$ ist, wird

$$\sin(\varkappa_V - \alpha) = (l_V/l)\sin(\varkappa_V - \varkappa_H).$$

Mit den Additionstheoremen und Einsetzen von $\cos(\sphericalangle) = 1$ sowie Einführung der Gl. (99.8) bis (99.10) für $\varkappa_V$ und $\varkappa_H$ errechnet sich der Schwimmwinkel aus

$$\sin\alpha = \frac{l_H}{l}(\sin\beta_V - \sin\alpha_V) + \frac{l_V}{l}(\sin\beta_H - \sin\alpha_H). \quad (111.3)$$

Nach Einführung der Gl. (111.3) in Gl. (111.1) ergibt sich die Summe der Umfangskräfte zu

$$U_V + U_H = W_L + Ga\left(\frac{l_H}{l}\sin\alpha_V + \frac{l_V}{l}\sin\alpha_H\right). \quad (111.4)$$

Durch Vergleich mit Gl. (53.4) für unbeschleunigte Fahrt in der Ebene erkennt man, daß der zweite Summand der rechten Seite durch die Kurvenfahrt neu hinzugekommen ist. Er wird — schon in Abschn. 34 — mit Kurvenwiderstand

$$W_{\mathrm{R,K}} = Ga\left(\frac{l_{\mathrm{H}}}{l}\sin\alpha_{\mathrm{V}} + \frac{l_{\mathrm{V}}}{l}\sin\alpha_{\mathrm{H}}\right) \qquad (111.5)$$

bezeichnet. Analog zum Rollwiderstand können wir einen Kurvenwiderstandsbeiwert

$$f_{\mathrm{K}} = \frac{W_{\mathrm{R,K}}}{G} = a\left(\frac{l_{\mathrm{H}}}{l}\sin\alpha_{\mathrm{V}} + \frac{l_{\mathrm{V}}}{l}\sin\alpha_{\mathrm{H}}\right) \qquad (111.6)$$

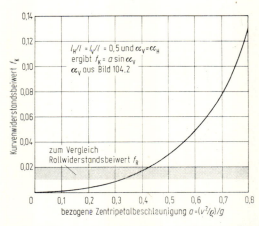

Bild 111.2 Abhängigkeit des Kurvenwiderstandsbeiwertes f_{K} von der bezogenen Zentripetalbeschleunigung a für ein Beispiel.

definieren. Bild 111.2 zeigt den progressiven Anstieg von f_{K} über a, den man sich wie folgt erklären kann: Der Beiwert wächst mit dem Produkt aus der bezogenen Zentripetalbeschleunigung a und den Schräglaufwinkeln. Bei kleinen Seitenkräften S_{j}, also kleinem a ist S_{j} proportional α_{j}, folglich gilt für kleine a

$$f_{\mathrm{K}} \sim a^2 \quad \text{bzw.} \quad f_{\mathrm{K}} \sim \alpha_{\mathrm{j}}^2. \qquad (111.7)$$

Bei größeren Seitenbeschleunigungen hingegen ist S_{j} nicht α_{j} proportional, und deshalb steigt dann f_{K} stärker als mit dem Quadrat von a an.

Da a proportional v^2 ist, wächst also der Kurvenwiderstand bei gegebenem Radius ϱ mit mindestens der *vierten* Potenz der Fahrgeschwindigkeit!

112. Fahrgrenzen bei Kreisfahrt

Addiert man an jedem Rade die Umfangskraft, die sich aus Anteilen des Luft-, Kurven-, eventuell des Steigungs- und Beschleunigungswiderstandes zusammensetzt, und die Seitenkraft geometrisch, so erhält man die Gesamthorizontalkraft und damit die Kraftschlußbeanspruchung. Wird der maximal mögliche Kraftschlußbeiwert, der Haftbeiwert μ_h an beiden Rädern einer Achse überschritten, so bricht das Fahrzeug an dieser Achse seitlich aus. Die Schleuder- oder Rutschgrenze ist erreicht.

Es gibt noch eine weitere Grenze, die durch die installierte Leistung gegeben ist. Der zusätzliche Kurvenwiderstand beansprucht einen Teil dieser Leistung und setzt die Höchstgeschwindigkeit herab, genau so, wie es der Steigungswiderstand beim Befahren einer Steigung tut.

112.1 Fahrgrenze durch Kraftschluß, Änderung des Schräglaufes

Nach Gl. (111.4) und (111.5) ist bei tangential unbeschleunigter Fahrt ($\dot{v} = 0$) in der Ebene die Summe der Umfangskräfte zwischen der Fahrbahn und den Rädern

$$U_\mathrm{V} + U_\mathrm{H} = W_\mathrm{L} + W_\mathrm{R,K}. \tag{112.1}$$

Die Umfangskräfte an den einzelnen Achsen ergeben sich bei Einachsantrieb aus Tabelle 53.1, wenn man den Kurvenwiderstand der Antriebsachse hinzufügt. Formelmäßig errechnen sie sich bei Hinterachsantrieb und den oben genannten Voraussetzungen zu

$$U_\mathrm{H} = W_\mathrm{R,V} + W_\mathrm{L} + W_\mathrm{R,K}, \tag{112.2}$$

$$U_\mathrm{V} = -W_\mathrm{R,V}. \tag{112.3}$$

Zusätzlich wirken nun zwischen Reifen und Straße noch die Seitenkräfte S_V und S_H, die nach Gl. (104.2) mit den dortigen Annahmen bezogen auf die Achse

$$S_\mathrm{V,a} + S_\mathrm{V,i} = S_\mathrm{V} = G\frac{l_\mathrm{H}}{l}a, \qquad S_\mathrm{H,a} + S_\mathrm{H,i} = S_\mathrm{H} = G\frac{l_\mathrm{V}}{l}a \tag{112.4}$$

betragen.

Die Kraftschlußbeanspruchung f_j ergibt sich, wenn man vereinfachend den Kammschen Kreis (Abschn. 23) als gültig ansieht, aus der geometrischen Summe der Horizontalkräfte U_j und S_j, dividiert durch die Vertikallast $P_\mathrm{j} = P_\mathrm{j,stat} - A_\mathrm{j}$ (s. Tabelle 53.1).

406   Vierter Teil — XV. Kreisfahrt (einfache Betrachtung)

Danach beträgt die Kraftschlußbeanspruchung an den Rädern der einzelnen Achse

$$f_\mathrm{V} = \sqrt{U_\mathrm{V}^2 + S_\mathrm{V}^2}/P_\mathrm{V}, \qquad f_\mathrm{H} = \sqrt{U_\mathrm{H}^2 + S_\mathrm{H}^2}/P_\mathrm{H}. \qquad (112.5)$$

Werden der Rollwiderstand $W_{\mathrm{R,V}}$, der Luftwiderstand W_L und der Auftrieb A_V und A_H vernachlässigt sowie die Größe der statischen Achslasten nach Tabelle 53.1 eingesetzt, so gilt bei Hinterradantrieb

$$f_\mathrm{V} \approx a, \quad f_\mathrm{H} \approx \frac{\sqrt{f_\mathrm{K}^2 + (l_\mathrm{V}/l)^2 a^2}}{l_\mathrm{V}/l} = \sqrt{a^2 + \left(\frac{l}{l_\mathrm{V}} f_\mathrm{K}\right)^2}. \qquad (112.6)$$

Bild 112.1 zeigt für ein Beispiel den Kraftschlußverlauf über der bezogenen Zentripetalbeschleunigung a. Die Kraftschlußbeanspruchung ist an der Antriebsachse größer als an der Laufachse. Der Unterschied ist aber sehr gering und tritt erst bei höheren a-Werten (hier ab $a > 0{,}6$ bis 0,7) auf.

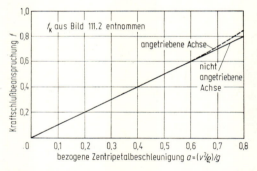

Bild 112.1 Vergrößerung der Kraftschlußbeanspruchung an der angetriebenen gegenüber der nicht angetriebenen Achse infolge des Kurvenwiderstandes in Abhängigkeit von der bezogenen Zentripetalbeschleunigung.

Im Fahrgefühl und bezüglich der Lenkradbewegung macht sich die Umfangskraft viel stärker bemerkbar, weil sie die Schräglaufwinkel ziemlich stark verändert. Erinnern wir uns an Abschn. 23; dort wurde ausgeführt, daß der Schräglaufwinkel größer wird, wenn zur Seitenkraft noch eine Umfangskraft hinzukommt, wie in Bild 112.2 durch dünne Linien dargestellt. Die Umfangskraft ist wegen des Kurvenwiderstandes nicht konstant, sondern nimmt mit der Seitenbeschleunigung zu. Das ergibt die gestrichelte Linie in Bild 112.2. Danach wird bei größeren Zentripetalbeschleunigungen und damit größeren Seitenkräften der Schräglaufwinkel an der Antriebsachse durch die Umfangskraft größer als der an der nicht angetriebenen Achse ohne Umfangskraft. Als Folge hieraus ergibt sich eine Änderung der Schräglaufwinkeldifferenz und damit eine Änderung des Fahrverhaltens des Fahrzeuges[1].

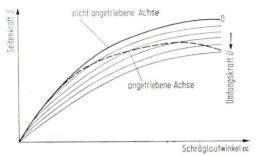

Bild 112.2 Vergrößerung des Schräglaufwinkels α an der Antriebsachse infolge der durch den Kurvenwiderstand erhöhten Umfangskraft U gegenüber der nicht angetriebenen Achse.

Dies macht beispielsweise aus dem neutralsteuernden Fahrzeug nach Bild 104.2 durch die in Bild 112.3a angedeutete Beeinträchtigung des Schräglaufes ein über- oder untersteuerndes Fahrzeug, je nachdem, ob die Hinter- oder die Vorderräder angetrieben werden. Bild 112.3b zeigt die Auswirkung auf den Vorderradeinschlag, der bei Vorderradantrieb ($\alpha_V > \alpha_H$) größer als bei Hinterradantrieb ($\alpha_V < \alpha_H$) ist.

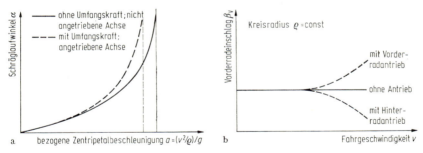

Bild 112.3 a) Schräglaufwinkel in Abhängigkeit von der bezogenen Zentripetalbeschleunigung für eine angetriebene und eine nicht angetriebene Achse, b) Einfluß der Antriebsart auf den Vorderradeinschlag in Abhängigkeit von der Fahrgeschwindigkeit. (Das Fahrzeug ist ohne Antrieb neutralsteuernd, $\alpha_V = \alpha_H$.)

Durch den größer gewordenen Schräglaufwinkel an der Antriebsachse nach Bild 112.3a wird aber der Kurvenwiderstand größer und mit ihm die Umfangskraft. Damit muß das Bild 112.2 korrigiert werden,

---

[1] Das ganze ist ähnlich der Veränderung des Radsturzes durch die Wankneigung, s. Abschn. 108.

was eine weitere Vergrößerung des Schräglaufwinkels ergibt. Die Rechnung muß nochmals durchgeführt werden. Wir nähern uns also iterativ der richtigen Lösung.

Wir erkennen daraus, daß der Antrieb (und entsprechend die Bremsung) einen wichtigen Einfluß auf die Steuerungstendenz ausübt. Verallgemeinern wir die zuvor über das neutralsteuernde Fahrzeug gemachte Aussage, so wird ein übersteuerndes Fahrzeug mit Hinterradantrieb noch mehr übersteuern, das Heck also bei kleineren Geschwindigkeiten ausbrechen. Ein untersteuerndes Fahrzeug mit Heckantrieb hingegen wird zum Neutralsteuern bzw. Übersteuern neigen. Die Änderung der Steuerungsneigung macht sich allerdings erst bei höheren Zentripetalbeschleunigungen bemerkbar.

112.2 Fahrgrenze durch die Antriebsleistung

Das Antriebsmoment an den Rädern muß bei Kurvenfahrt um den Kurvenwiderstand größer werden, es beträgt dann nach Gl. (38.2) bei Windstille und bei unbeschleunigter Fahrt in der Ebene mit dem Kurvenwiderstand $W_{R,K}$ nach Gl. (111.6)[1]

$$\frac{M_R}{r} = W_R + W_L + W_{R,K} = G(f_R + f_K) + \frac{\text{kps}^2}{16\ \text{m}^4} c_W F v^2. \quad (112.7)$$

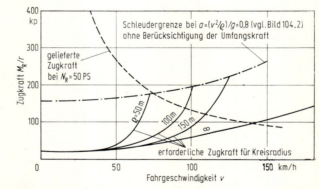

Bild 112.4 Fahrzustandsschaubild für ein Fahrzeug in der Ebene ($p = 0$) bei Kreisfahrt mit verschiedenen Radien ϱ. Die erforderliche Zugkraft wurde nach Gl. (112.7) berechnet. $G = 1000$ kp, $f_R = 0{,}02$, $c_W F = 0{,}8$ m², f_K s. Bild 111.2.

In Bild 112.4 ist das Antriebsmoment über der Fahrgeschwindigkeit für vier verschiedene Kurvenradien ϱ eingezeichnet, wobei die Kurve $\varrho \to \infty$ die Geradeausfahrt darstellt, also nur den Roll- und Luftwiderstand enthält. Die Kurven $\varrho = 50, 100$ und 150 m enden bei bestimmten

---

[1] Die Luftdichte wurde wieder mit $(1/8)$ kps²/m⁴ eingesetzt.

Fahrgeschwindigkeiten, die nach Bild 104.2 durch die Schleudergrenze definiert sind. Der geringe Einfluß der Antriebskräfte auf den Kraftschluß nach Bild 112.1 konnte hierbei unberücksichtigt bleiben. Weiterhin ist im Bild die Hyperbel konstanter, maximaler Leistung am Rad, hier $N_R = 50$ PS eingezeichnet.

Wir erkennen, daß bei großen Kurvenradien ($\varrho \gtrless 50$ m) und damit hohen Fahrgeschwindigkeiten die Fahrgrenze durch die Antriebsleistung gesetzt wird, während bei kleinen Radien ($\varrho < 50$ m) und kleinen Fahrgeschwindigkeiten die Fahrgrenze durch den Kraftschluß gegeben ist. Bei $\varrho \approx 50$ m ergibt sich der Schnittpunkt von Leistungs- und Schleudergrenze.

Die beiden Grenzen verschieben sich je nach eingebauter Leistung, Fahrzeugauslegung und Witterungsbedingungen. So liegt z. B. auf nasser Straße die Schleudergrenze in Bild 112.4 niedriger, und die Kraftschlußgrenze ist bis zu hohen Geschwindigkeiten hinauf die maßgebende Fahrgrenze.

XVI. Kreisfahrt (umfassendere Betrachtungsweise)

Allen Betrachtungen und Berechnungen in Kap. XV lag die Annahme zugrunde, daß der Schwerpunkt SP des Fahrzeuges in Fahrbahnhöhe lag. Dies wird nun fallengelassen.

113. Einfluß von Radlaständerung, Schwerpunkthöhe und Spurweite

Liegt der Gesamtschwerpunkt SP des Fahrzeugs in der Höhe h über der Fahrbahn, dann bilden die Fliehkraft $Ga = G\,v^2/\varrho g$ und die Reaktionskräfte an den Rädern, die Seitenkräfte $S_V = S_{V,a} + S_{V,i}$ und $S_H = S_{H,a} + S_{H,i}$ nach Bild 113.1 ein Moment um die Längsachse der Größe

$$M = Gah. \tag{113.1}$$

Dieses Moment wird über die Änderung der Vertikallasten an den Achsen aufgenommen, indem sich an der Vorderachse am kurvenäußeren Rad die Radlast um ΔP_V erhöht und am kurveninneren Rad um den gleichen Betrag ΔP_V vermindert. Entsprechendes gilt für die Hinterachse. Das Reaktionsmoment lautet mit den Spurweiten s_V und s_H

$$M = \Delta P_V s_V + \Delta P_H s_H. \tag{113.2}$$

Aus den beiden Gleichungen ergibt sich dann das Momentengleichgewicht um die Längsachse

$$\Delta P_V s_V + \Delta P_H s_H = Gah. \tag{113.3}$$

Am einfachsten läßt sich die unterschiedliche Radlast am Dreiradfahrzeug feststellen, denn nach Bild 113.2 kann das Moment aus der Fliehkraft nur von der Achse mit den zwei Rädern aufgenommen werden.

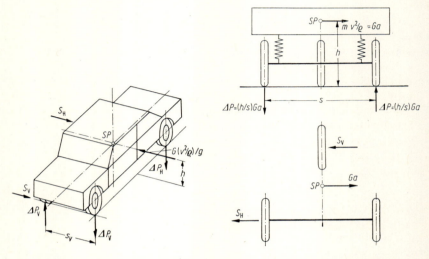

Bild 113.1 Seitenkräfte S und Radlaständerungen ΔP an Vorder- und Hinterachse als Reaktion auf die Fliehkraft $Gv^2/\varrho g$.

Bild 113.2 Seitenkräfte S und Radlaständerung ΔP an einem dreirädrigen Fahrzeug als Reaktion auf die Fliehkraft mv^2/ϱ.

Die Radlaständerung lautet dann einfach

$$\Delta P = \frac{h}{s} Ga. \tag{113.4}$$

Beim vierrädrigen Kraftwagen, dem die größte Bedeutung zukommt, ist die Betrachtung nicht so einfach. Hier muß das Moment der Fliehkraft auf zwei Achsen verteilt werden. Das ist ein statisch unbestimmtes Problem, da mit Gl. (113.3) nur eine Bedingung für zwei Radlaständerungen ΔP_V und ΔP_H gegeben ist. Man muß sich, wie stets bei statisch unbestimmten Systemen, durch Berücksichtigung von Verformungen, d. h. elastischen Eigenschaften, zusätzlich Gleichungen verschaffen. In unserem Fall müssen wir die Neigung des Aufbaues, der sich gegenüber den Rädern auf Federn abstützt, betrachten.

Dies soll jedoch erst in Abschn. 116 geschehen, und so nehmen wir zunächst an, die Werte für ΔP_V und ΔP_H seien uns bekannt. Dann ergeben sich die Vertikallasten, ausgehend von den statischen Achslasten

113. Einfluß von Radlaständerung, Schwerpunkthöhe und Spurweite

$P_{\text{V,stat}}$ und $P_{\text{H,stat}}$, mit Gl. (102.4) und (102.5)

$$P_{\text{V,a}} = \frac{1}{2} P_{\text{V,stat}} + \varDelta P_{\text{V}} = \frac{1}{2} G \frac{l_{\text{H}}}{l} + \varDelta P_{\text{V}},$$

$$P_{\text{V,i}} = \frac{1}{2} P_{\text{V,stat}} - \varDelta P_{\text{V}} = \frac{1}{2} G \frac{l_{\text{H}}}{l} - \varDelta P_{\text{V}},$$

$$P_{\text{H},\substack{\text{a}\\\text{i}}} = \frac{1}{2} P_{\text{H,stat}} \pm \varDelta P_{\text{H}} = \frac{1}{2} G \frac{l_{\text{V}}}{l} \pm \varDelta P_{\text{H}}, \qquad (113.5)$$

wobei $\varDelta P_{\text{V}}$ und $\varDelta P_{\text{H}}$ nach Gl. (113.3) Funktionen der Zentripetalbeschleunigung v^2/ϱ sind. Nach wie vor gilt bei Vernachlässigung des Seitenwindes die Gl. (104.2)

$$S_{\text{V}} = S_{\text{V,a}} + S_{\text{V,i}} = G \frac{l_{\text{H}}}{l} a,$$

$$S_{\text{H}} = S_{\text{H,a}} + S_{\text{H,i}} = G \frac{l_{\text{V}}}{l} a, \qquad (113.6)$$

und die in Abschn. 104 gemachten Voraussetzungen

$$\alpha_{\text{V,a}} = \alpha_{\text{V,i}}, \qquad \alpha_{\text{H,a}} = \alpha_{\text{H,i}} \qquad (113.7)$$

sollen weiterhin beibehalten werden.

Wir erläutern die Anwendung der Gleichungen wieder an einem Beispiel, dessen Zahlenwerte wir schon in Abschn. 104 benutzt haben. $G = 1080$ kp; $l_{\text{H}}/l = 0{,}5$; Reifen 5,60-15 nach Bild 104.1. Darüber hinaus seien $\varDelta P_{\text{V}} = \varDelta P_{\text{H}}$ und $s_{\text{V}} = s_{\text{H}} = s$, dann ist nach Gl. (113.3) $\varDelta P_{\text{V}} + \varDelta P_{\text{H}} = Gah/s$. h/s wird so gewählt, daß $\varDelta P_{\text{V,H}} = 255a$ [kp] ergibt. Die zahlenmäßigen Ergebnisse lauten

$$P_{\text{V,a}} = P_{\text{H,a}} = 270 + 255a \text{ [kp]}, \qquad P_{\text{V,i}} = P_{\text{H,i}} = 270 - 255a \text{ [kp]},$$

$$S_{\text{V,a}} + S_{\text{V,i}} = S_{\text{H,a}} + S_{\text{H,i}} = 540a \text{ [kp]}.$$

Die Beträge der Seitenkräfte an den einzelnen Rädern können nur durch Probieren gefunden werden, und zwar unter Benutzung der Nebenbedingungen nach Gl. (113.7), daß die Schräglaufwinkel an den beiden Rädern einer Achse gleich groß sein sollen. Für $a = 0{,}2$ ist $P_{\text{V,a}} = 321$ kp und $P_{\text{V,i}} = 219$ kp, die Summe der Seitenkräfte ist $S_{\text{V,a}} + S_{\text{V,i}} = 108$ kp. Wir probieren nun, ob der geschätzte Schräglaufwinkel $\alpha_{\text{V,a}} = \alpha_{\text{V,i}} = 1°$ der richtige Winkel ist. Nach Bild 113.3a ist dann $S_{\text{V,i}} = 42$ kp und $S_{\text{V,a}} = 44$ kp, die Summe beträgt 86 kp, ist also um 22 kp zu klein. Folglich muß der Schräglaufwinkel größer als 1° sein.

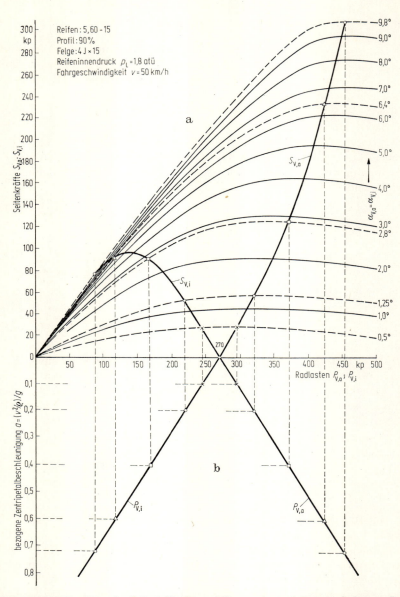

Bild 113.3 Zur Ermittlung der Seitenkräfte $S_{V,a}$ und $S_{V,i}$ am kurvenäußeren und -inneren Rad. a) Seitenkraft-Radlast-Diagramm mit dem Schräglaufwinkel als Parameter. Aus KREMPEL, G.: Diss., Karlsruhe 1965. Bestimmung der Größe von $S_{V,a}$ und $S_{V,i}$ s. Text. b) Radlasten $P_{V,a}$ und $P_{V,i}$ am kurvenäußeren und -inneren Rad in Abhängigkeit von der bezogenen Zentripetalbeschleunigung.

113. Einfluß von Radlaständerung, Schwerpunkthöhe und Spurweite 413

Durch weiteres Probieren werden wir den richtigen Winkel — hier 1,25° — bekommen. Anschließend werden auf gleiche Weise die Seitenkräfte für andere a-Werte ermittelt.

Dadurch entstehen im Seitenkraft-Radlast-Diagramm zwei Kurven, durch die für jedes Rad Seitenkraft und Radlast einander zugeordnet sind, s. Bild 113.3a. Die Seitenkraft $S_{V,i}$ des kurveninneren Rades steigt zunächst mit wachsender Seitenbeschleunigung, d. h. mit fallender Radlast $P_{V,i}$ an, erreicht ein Maximum und fällt dann wieder ab. Die Seitenkraft $S_{V,a}$ des kurvenäußeren Rades steigt dagegen progressiv an. Sie übernimmt bei höheren a-Werten den weit überwiegenden Teil der auf die Achse entfallenden Seitenkraft.

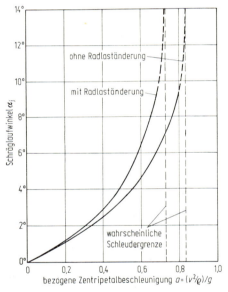

Bild 113.4 Einfluß der Radlaständerung an den Rädern einer Achse auf den Verlauf der Schräglaufwinkel in Abhängigkeit von der bezogenen Zentripetalbeschleunigung. Ohne Radlaständerung aus Bild 104.2 mit $l_H/l = 0{,}5$, mit Radlaständerung aus Bild 113.3.

In Bild 113.4 ist der Schräglaufwinkel (bei unserem Beispiel an allen Rädern gleich) über der bezogenen Zentripetalbeschleunigung aufgetragen, wobei gleichzeitig die Kurve aus Bild 104.2, bei deren Ermittlung keine Radlaständerung berücksichtigt wurde, mit eingezeichnet ist. Danach wird bei gleicher Zentripetalbeschleunigung der Schräglaufwinkel an den Reifen einer Achse mit Radlaständerung größer als ohne Radlaständerung. Dementsprechend liegt der Asymptotenwert, der die Schleudergrenze darstellt, unter Berücksichtigung der Radlaständerung bei niedrigeren a-Werten als ohne Radlaständerung.

In unserem Beispiel nach Bild 113.4 verhält sich die maximale Zentripetalbeschleunigung bei Fahrzeugen ohne und mit Radlaständerung wie 0,83/0,73 = 1,14. Das heißt, die Kurvengeschwindigkeiten verhalten sich wie 1,07 : 1. Daraus ergibt sich die Folgerung:

Damit ein Kraftfahrzeug eine Kurve sicher und schnell befahren kann, müssen die Änderungen der vertikalen Radlast möglichst klein gehalten werden. Nach Gl. (113.3) bedeutet das, daß die Schwerpunkthöhe h klein gegenüber den Spurweiten s_V und s_H sein muß. Bei Renn- und Sportfahrzeugen ist das konsequent verwirklicht, sie haben eine niedrige Schwerpunktlage und ein breites Fahrwerk. In Bild 113.5 ist

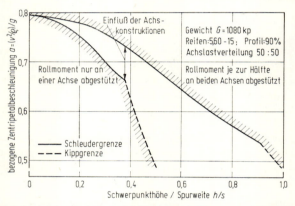

Bild 113.5 Einfluß der Achskonstruktion auf Schleuder- und Kippgrenze, dargestellt als Abhängigkeit der bezogenen Zentripetalbeschleunigung von Schwerpunkthöhe und Spurweite. Schleudergrenze für $h/s = 0$ im Gegensatz zu Bild 104.5 bei $\alpha = 9°$ angenommen.

die Grenzbeschleunigung über dem Verhältnis von Schwerpunkthöhe zu Spurweite aufgetragen. Im Augenblick interessiert nur die obere Kurve, für die das Moment der Fliehkraft — auch Rollmoment genannt — je zur Hälfte von Vorder- und Hinterachse abgestützt wird. Wir sehen, daß sich die Schleudergrenze stark erniedrigt, wenn h/s zunimmt. Die Abhängigkeit von der Schwerpunkthöhe h ist größer als die von der relativen Schwerpunktrücklage l_V/l, wie man aus dem Vergleich mit Bild 104.5 entnimmt.

114. Unterschiedliche Radlaständerung an den Achsen, Kippgrenze

Bei unserem oben genannten Beispiel nahmen wir an, daß jede Achse hälftig das Gesamtmoment Gah abstützt.

Übernimmt hingegen eine Achse einen größeren Anteil, so treten an dieser Achse die größeren Radlaständerungen ΔP auf, demzufolge auch die größeren Schräglaufwinkel, und daher sinkt die Schleudergrenze auf

114. Unterschiedliche Radlaständerung an den Achsen, Kippgrenze

kleinere a-Werte herab. Bei ungleicher[1] Aufteilung des Rollmomentes auf die Achsen wird also die maximal zulässige Zentripetalbeschleunigung kleiner als bei gleicher Beaufschlagung. In Bild 113.5 ist diese Grenze mit eingezeichnet, und zwar für den Extremfall, daß nur eine Achse das gesamte Moment aus der Fliehkraft aufnimmt (wie beim Dreiradfahrzeug nach Bild 113.2).

Neben der bisher erwähnten Schleudergrenze, bei deren Überschreiten das Fahrzeug seitlich wegrutscht, tritt nun eine weitere Fahrgrenze deutlich in Erscheinung, die sog. Kippgrenze, bei deren Überschreiten das Fahrzeug umkippt. Formelmäßig können wir uns das mit Hilfe von Gl. (113.3) klarmachen.

$$\Delta P_\mathrm{V} s_\mathrm{V} + \Delta P_\mathrm{H} s_\mathrm{H} = Gah.$$

Ist z. B. ΔP_V größer als die statische Radlast $(1/2)P_\mathrm{V,stat}$, dann hebt das kurveninnere Vorderrad ab, und die Vorderachse kann ihren Anteil des Momentes Gah nicht mehr aufnehmen, so daß die Hinterachse alles übernehmen muß.

$$\Delta P_\mathrm{H} s_\mathrm{H} = Gah.$$

Wird auch $\Delta P_\mathrm{H} = (1/2)P_\mathrm{H,stat}$, bevor das Fahrzeug seitlich wegrutscht, so kann das Moment der Fliehkraft Gah überhaupt nicht mehr abgestützt werden, und das Fahrzeug beginnt zu kippen. Bild 114.1

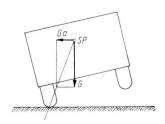

Bild 114.1 Einfache Darstellung der Kippgrenze für ein ungefedertes Fahrzeug.

zeigt am Beispiel eines ungefederten Fahrzeugs mit dem Gesamtschwerpunkt SP, daß ein Fahrzeug kippt, wenn die Resultierende aus Gewicht G und Fliehkraft Ga durch die Radaufstandspunkte der äußeren Räder geht.

Die Kippgrenze soll über der Schleudergrenze liegen, weil ein seitlich wegrutschendes Fahrzeug leichter abzufangen ist als ein Fahrzeug, das zu kippen beginnt.

---

[1] Immer noch bezogen auf das Beispielfahrzeug mit Schwerpunkt in Radstandsmitte, $l_\mathrm{H}/l = 0{,}5$.

115. Momentanzentrum, Momentanachse

In Abschn. 113 wurde schon angedeutet, daß die Radlaständerungen über die Neigung des Aufbaues berechnet werden[1]. Dazu müssen wir die Begriffe Momentanzentrum und Momentanachse erklären, die auch Rollzentrum und Rollachse (aus dem Englischen entlehnt) genannt werden[2].

Bild 115.1 zeigt eine Radaufhängung mit Doppelquerlenker, die im Prinzip sehr häufig an Vorderachsen verwendet wird.

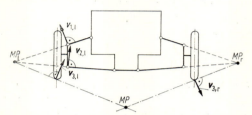

Bild 115.1 Lage von Momentanpolen einer Radaufhängung mit Doppelquerlenkern. MP_l und MP_r sind die Momentanpole für die Bewegung des linken und rechten Rades. MP ist der Pol für die Schwenkung des Aufbaus.

Man kann — wie wir schon aus Abschn. 98 wissen — jede Bewegung eines Körpers als Drehung um einen Punkt, den man Momentanpol nennt, auffassen. Wird bei unserem Beispiel in Bild 115.1 der Fahrzeugaufbau festgehalten und das linke Rad etwas angehoben, so kann man die Radbewegung als Schwenkung um den Momentanpol MP_l auffassen. Dieser Momentanpol ergibt sich als Schnittpunkt der auf den Geschwindigkeitsvektoren $v_{1,l}$ und $v_{2,l}$ errichteten Senkrechten (Verlängerung der Lenkerarme). Die Geschwindigkeit des Radaufstandspunktes $v_{3,l}$ steht senkrecht auf der Verbindungslinie MP_l zum Radaufstandspunkt.

Wird nun das rechte Rad geringfügig abgesenkt, so erhält man mit derselben Konstruktion die Geschwindigkeit $v_{3,r}$ des rechten Radaufstandspunktes. Dem Anheben des linken und dem Absenken des rechten Rades entspricht eine Fahrbahnschwenkung nach rechts um den Momentanpol MP, der sich als Schnittpunkt der verlängerten Verbindungslinien MP_l — linker und MP_r — rechter Radaufstandspunkt ergibt.

Anstatt die Fahrbahn zu schwenken, kann man auch den Aufbau um den gleichen Winkel neigen, in beiden Fällen ist die relative Lage

---

[1] EBERAN V. EBERHORST, R.: Die Kurven- und Rollstabilität des Kraftfahrzeuges. ATZ 55 (1953) Nr. 9, S. 246—253. — Ders.: Roll angles, Automobile Eng. 1951, S. 379.

[2] Das folgende wird von V. D. OSTEN-SACKEN, E.: Die Rollachse von Kraftfahrzeugaufbauten. Industrieanzeiger 89 (1967) Nr. 34, S. 772, als eine nützliche Näherungslösung beschrieben.

116. Berechnung der vertikalen Radlasten und der Fahrzeugneigung   417

von Aufbau und Fahrbahn die gleiche. Es leuchtet also ein, daß sich das Wanken als momentane Drehung um den Momentanpol MP vollzieht. In der Kraftfahrzeugtechnik nennt man MP Momentanzentrum oder Rollzentrum.

Wenn wir annehmen, daß diese Betrachtung für die Vorderachse gilt und wir somit das Momentanzentrum MP_V an der Vorderachse gefunden haben, so erhalten wir auf entsprechende Weise ein Momentanzentrum MP_H an der Hinterachse, s. Bild 115.2. Der Fahrzeugaufbau dreht sich also vorn um MP_V und hinten um MP_H. Der Aufbau muß sich demnach (wenn er starr ist) um eine Achse drehen, die durch beide Momentanzentren verläuft. Diese Achse nennt man Momentan- oder Rollachse.

Tabelle 117.1 zeigt die Momentanzentren einiger wichtiger Radaufhängungen.

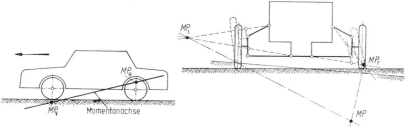

Bild 115.2 Lage der die Momentanpole MP_V und MP_H an Vorder- und Hinterachse verbindenden Momentanachse, um die der Aufbau wankt.

Bild 115.3 Veränderung der Lage des Momentanpoles MP mit der Aufbauneigung, vgl. Bild 115.1.

Die Lage der Momentanzentren und damit die der Momentanachse ändert sich mit der Aufbauneigung (bzw. invers betrachtet mit der Straßenneigung). Der Momentanpol MP ist also kein Festpunkt, er bewegt sich vielmehr auf einer Bahn. Meistens wird allerdings das seitliche Auswandern des Momentanpoles (s. Bild 115.3) bei Rechnungen nicht berücksichtigt.

116. Berechnung der vertikalen Radlasten und der Fahrzeugneigung (am Beispiel der Starrachse)

Nach Einführung der Momentanachse kann das statisch unbestimmte Problem des vierrädrigen Fahrzeugs behandelt werden. In Bild 116.1a ist der Aufbau des Fahrzeuges durch ein dick ausgezogenes Stabwerk ersetzt, das in den Momentanzentren MP_V und MP_H gelagert ist und sich über die vorderen und hinteren Federn auf die Achsen abstützt. Die im Aufbauschwerpunkt SP_A angreifende Fliehkraft $m_A v^2/\varrho$ des Aufbaues mit der Masse m_A erzeugt um die Momentanachse ein Moment $m_A(v^2/\varrho)h'$. Da der Schwerpunkt SP_A durch die Drehung um die Momen-

27 Mitschke

tanachse seitlich um $h'\sin\psi$ ausgelenkt wird, entsteht noch ein weiteres Moment der Größe $G_A h'\sin\psi \approx G_A h'\psi$. Das Gesamtmoment beträgt

$$M = m_A \frac{v^2}{\varrho} h' + G_A h'\psi. \quad (116.1)$$

Die Fliehkraft wird der Lage des Aufbauschwerpunktes entsprechend auf die Momentanzentren verteilt, so daß nach Bild 116.1b dort die Kräfte $m_A(v^2/\varrho)(l_{H,A}/l)$ bzw. $m_A(v^2/\varrho)(l_{V,A}/l)$ auftreten. $l_{V,A}$ und $l_{H,A}$ sind die Abstände von den Achsen zum *Aufbauschwerpunkt*.

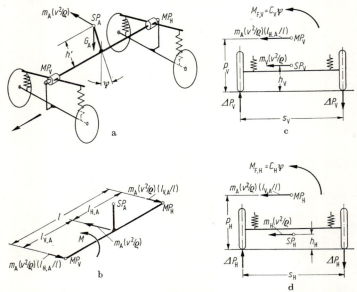

Bild 116.1 Zur Berechnung der Radlastdifferenzen zwischen kurvenäußeren und -inneren Rädern an einem Zweiachsfahrzeug. a) Gesamtfahrzeug mit der Fliehkraft $m_A v^2/\varrho$ am Aufbau, b) Verteilung der Fliehkraft auf Vorder- und Hinterachse, c) Kräfte und Momente an der Vorderachse, d) Kräfte und Momente an der Hinterachse. Gewichtskräfte und deren Reaktionen wurden bis auf die Drehkraftwirkung $G_A h'\psi$ in Bildteil a nicht berücksichtigt.

Das Moment M wird durch die Fahrzeugfedern auf die Achsen übertragen. Nennt man den Neigungswinkel des Fahrzeugaufbaues ψ und führt die sog. Wank- oder Rollfedersteifigkeiten C_V und C_H — physikalisch gesehen handelt es sich um Drehfederkonstanten — an Vorder- und Hinterachse ein, so ist

$$M = (C_V + C_H)\psi. \quad (116.2)$$

Daraus errechnet sich der Wankwinkel mit Gl. (116.1) zu

$$\psi = \frac{m_A(v^2/\varrho)h'}{C_V + C_H - G_A h'} = \frac{G_A h'}{C_V + C_H - G_A h'} a. \quad (116.3)$$

116. Berechnung der vertikalen Radlasten und der Fahrzeugneigung

Die Federmomente an den einzelnen Achsen lauten dann

$$M_{\mathrm{F,V}} = C_{\mathrm{V}}\psi = \frac{C_{\mathrm{V}}}{C_{\mathrm{V}} + C_{\mathrm{H}} - G_{\mathrm{A}}h'} G_{\mathrm{A}} h' a,$$

$$M_{\mathrm{F,H}} = C_{\mathrm{H}}\psi = \frac{C_{\mathrm{H}}}{C_{\mathrm{V}} + C_{\mathrm{H}} - G_{\mathrm{A}}h'} G_{\mathrm{A}} h' a. \qquad (116.4)$$

Jetzt können wir uns mit den Bildern 116.1c und d befassen und dort die Kräfte an den Vorder- und Hinterachsen betrachten. Das Moment der Radlastdifferenzen hält drei Momenten das Gleichgewicht. An der Vorderachse beispielsweise (Bild c) sind das die anteilige Fliehkraft des Aufbaues $m_{\mathrm{A}}(v^2/\varrho)(l_{\mathrm{H,A}}/l)$ mit dem Abstand Momentanzentrum $MP_{\mathrm{V}}-$Straße, genannt p_{V}, die Fliehkraft der Vorderachse[1] $m_{\mathrm{V}} v^2/\varrho$ mit dem Abstand Achsschwerpunkt $SP_{\mathrm{V}}-$Straße, mit h_{V} bezeichnet, und das Federmoment $M_{\mathrm{F,V}}$.

$$\Delta P_{\mathrm{V}} s_{\mathrm{V}} = m_{\mathrm{A}} \frac{v^2}{\varrho} \frac{l_{\mathrm{H,A}}}{l} p_{\mathrm{V}} + M_{\mathrm{F,V}} + m_{\mathrm{V}} \frac{v^2}{\varrho} h_{\mathrm{V}},$$

$$\Delta P_{\mathrm{H}} s_{\mathrm{H}} = m_{\mathrm{A}} \frac{v^2}{\varrho} \frac{l_{\mathrm{V,A}}}{l} p_{\mathrm{H}} + M_{\mathrm{F,H}} + m_{\mathrm{H}} \frac{v^2}{\varrho} h_{\mathrm{H}}.$$

Die Radlaständerungen gegenüber dem statischen Zustand ergeben sich daraus, nachdem noch $M_{\mathrm{F,V}}$ und $M_{\mathrm{F,H}}$ nach Gl. (116.4) eingeführt wurden, zu

$$\Delta P_{\mathrm{V}} = G_{\mathrm{A}} a \left(\frac{l_{\mathrm{H,A}}}{l} \frac{p_{\mathrm{V}}}{s_{\mathrm{V}}} + \frac{C_{\mathrm{V}}}{C_{\mathrm{V}} + C_{\mathrm{H}} - G_{\mathrm{A}}h'} \frac{h'}{s_{\mathrm{V}}} + \frac{G_{\mathrm{V}}}{G_{\mathrm{A}}} \frac{h_{\mathrm{V}}}{s_{\mathrm{V}}} \right), \qquad (116.5)$$

$$\Delta P_{\mathrm{H}} = G_{\mathrm{A}} a \left(\frac{l_{\mathrm{V,A}}}{l} \frac{p_{\mathrm{H}}}{s_{\mathrm{H}}} + \frac{C_{\mathrm{H}}}{C_{\mathrm{V}} + C_{\mathrm{H}} - G_{\mathrm{A}}h'} \frac{h'}{s_{\mathrm{H}}} + \frac{G_{\mathrm{H}}}{G_{\mathrm{A}}} \frac{h_{\mathrm{H}}}{s_{\mathrm{H}}} \right). \qquad (116.6)$$

Ein Beispiel zeige die Anwendung: $G = 1080$ kp und $l_{\mathrm{H}}/l = l_{\mathrm{V}}/l = 1/2$ sind die schon bekannten Daten. Als neue kommen hinzu: Achsgewichte rund 10% der Achslast, $G_{\mathrm{V}} = G_{\mathrm{H}} \approx 60$ kp und damit $G_{\mathrm{A}} = 960$ kp.

---

[1] Im Zweiten Teil wurden unter m_{V} und m_{H} nur die rotierenden Massen der Räder verstanden, hier zählen auch die nicht rotierenden, wie die Achse selber, bei der Starrachse das daran hängende Achsgetriebe, ein Teil der Federn usw. dazu. Im Dritten Teil wurden die Achsmassen mit m_1 bzw. $m_{1,\mathrm{V}}$ oder $m_{1,\mathrm{H}}$ bezeichnet. Bei der Starrachse ist die jetzige Bezeichnung $m_{\mathrm{V}} = m_{1,\mathrm{V}}$ bzw. $m_{\mathrm{H}} = m_{1,\mathrm{H}}$. Im allgemeinen ist das aber nicht der Fall, wie Abschn. 86 zeigte.
Gegenüber dem Dritten Teil ist auch ein Unterschied zwischen den dortigen m_2 und den jetzigen m_{A} zu treffen. Nämlich dann, wenn bei den Schwingungen die Eigenbeweglichkeit des Motors und der Insassen gegenüber dem „Aufbau" berücksichtigt wird. Dann ist $m_{\mathrm{A}} = m_2 +$ Motormasse $+$ Masse der Insassen $+ \cdots$

420 Vierter Teil — XVI. Kreisfahrt (umfassendere Betrachtungsweise)

Da Vorder- und Hinterachse gleich schwer sind, ist $l_{H,A} = l_{V,A}/l = 1/2$. Der Schwerpunkt der Achse ist ungefähr in Radmitte, also beim Reifen 5,60-15 wird $h_V = h_H = 30$ cm. Die Momentanpole bei einer Starrachse mit Blattfedern liegen in Höhe der Federaugen, z. B. $p_V = p_H = 35$ cm. Die Schwerpunkthöhe des Aufbaues über der Straße ist ungefähr 60 cm, also über der Momentanachse $h' = 25$ cm. Die Federhärten an Vorder- und Hinterachse seien gleich. Dann gilt bei dem hier gewählten relativ kleinen Abstand h' näherungsweise $C_V/(C_V + C_H - G_A h')$ $\approx C_H/(C_V + C_H - G_A h') \approx 1/2$. Die Spurweiten seien $s_V = s_H = 120$ cm.

Daraus ergibt sich die Radlastanänderung

$$\Delta P_V = \Delta P_H = 960 \cdot a \left(\frac{1}{2} \cdot \frac{35}{120} + \frac{1}{2} \cdot \frac{25}{120} + \frac{60}{960} \cdot \frac{30}{120} \right) \text{[kp]},$$

$$\Delta P_V = \Delta P_H = 960 \cdot a (0,146 + 0,104 + 0,0156) \text{ [kp]},$$

$$\Delta P_V = \Delta P_H = 255 \cdot a \text{ [kp]}.$$

Der Einfluß der an den Achsen angreifenden Fliehkräfte ist klein, er beträgt nur je $15a$ [kp].

Die Radlasten sind somit

$$P_{V,a} = P_{H,a} = 270 + 255a,$$

$$P_{V,i} = P_{H,i} = 270 - 255a.$$

Mit diesen Gleichungen können nun — wie in Abschn. 113 schon vorweggenommen — die Schräglaufwinkel an Vorder- und Hinterachse berechnet werden.

117. Verschiedene Radaufhängungen

Die im letzten Abschnitt gezeigte Berechnung der vertikalen Kräfte an den Rädern von Vorder- und Hinterachse setzte ein Fahrzeug mit zwei Starrachsen voraus. Man kann sie jedoch verallgemeinert auf Kraftfahrzeuge mit anderen Radaufhängungen anwenden. Dazu hilft die Tabelle 117.1.

Zur Ermittlung des Fliehkraftmomentes M um die Momentanachse nach Gl. (116.1) wird der Abstand des Aufbauschwerpunktes SP_A von der Momentanachse — h' genannt — benötigt. Er berechnet sich mit der aus Tabelle 117.1 zu entnehmenden Höhe der Momentanzentren an Vorder- und Hinterachse p_V und p_H, der Höhe des Schwerpunktes SP_A über der Fahrbahn h_A und seinen Abständen zur Vorder- und Hinterachse $l_{V,A}$ und $l_{H,A}$ aus

$$h' = h_A - \frac{p_V l_{H,A} + p_H l_{V,A}}{l}. \tag{117.1}$$

Vernachlässigt man die Wirkung der Fliehkräfte der Räder auf die Aufbauneigung, die bei der unabhängigen Radaufhängung im Gegensatz

117. Verschiedene Radaufhängungen

Tabelle 117.1 *Wankfederkonstanten und Lage der Momentanzentren für verschiedene Radaufhängungen*

Radaufhängung	Momentanzentrum	Wankfederkonstante $C_j = M_{F,j}/\psi$, s. Gl. (116.4)
Doppelquerlenkerachse		$\left(\dfrac{bd}{a}\right)^2 \left(\dfrac{f_F}{f_L}\right)^2 c_2$ $c_2/2$ ist die Federkonstante einer Feder, s. Abschn. 86
Doppelquerlenkerachse mit parallelen, horizontalen Lenkern		$\left(\dfrac{s}{2}\right)^2 \left(\dfrac{f_F}{f_L}\right)^2 c_2$
McPherson-Achse		$\left(\dfrac{bd}{a}\right)^2 c_2$
Doppelkurbelachse		$\left(\dfrac{s}{2}\right)^2 \left(\dfrac{f_F}{f_L}\right)^2 c_2$
Starrachse, an Blattfedern geführt		$\left(\dfrac{s_F}{2}\right)^2 c_2$ Verdrehsteifigkeit der Blattfedern nicht berücksichtigt
Starrachse, durch Panhardstab seitlich geführt		$\left(\dfrac{s_F}{2}\right)^2 c_2$
Verkürzte Pendelachse		$\left(\dfrac{f_F d}{a}\right)^2 c_2$ Bei der Eingelenkpendelachse ist $a = d$
Längslenkerachse		$\left(\dfrac{s}{2}\right)^2 \left(\dfrac{f_F}{f_L}\right)^2 c_2$

Tabelle 117.1 (Fortsetzung)

Radaufhängung	Momentanzentrum	Wankfederkonstante $C_j = M_{F,j}/\psi$, s. Gl. (116.4)
Schräglenkerachse		$d^2 \left(\dfrac{f_F}{f_L}\right)^2 c_2$

Tabelle 117.2 *Wichtige Daten einiger Fahrzeuge für die Berechnung der*

Fahrzeug	Baujahr	Gesamtgewicht $P_{V,stat} + P_{H,stat}$ [kp]	Leergewicht G_{leer} [kp]	Schwerpunkthöhe über Fahrbahn bei Leergewicht h [cm]	Radstand l [cm]	Vorderachse Achskonstruktion	Stat. Achslast $P_{V,stat}$ [kp]
Austin Maxi	69	1095	980	—	264	1	597
BMW 2500	69	1550	1320	58	269	2	800
Daf 55	68	1113	800	—	225	3	513
Fiat 124	67	1183	870	—	242	4	545
Ford Capri	69	1157	975	—	256	2	548
Ford Escort	68	1083	740	50	240	2	546
Oldsmobile Toronado	67	2361	2150	—	302	5	1308
Opel GT Coupé	69	996	860	—	243	6	510
Opel Olympia	68	1061	790	—	242	6	480
Renault 4 L	67	—	630	—	240 l 244 r	5	—
Simca 1100	68	1232	925	—	252	5	624
VW 411	69	1470	1020	56	250	2	669

1 Querlenker, Hydrolastic,
2 McPherson-Federbeine,
3 Federbeine, Federstäbe,
4 Querlenker, Schraubenfedern,
5 Querlenker, Federstäbe,
6 Querlenker, Querblattfeder,

zur Starrachse vorhanden ist[1], so können aus Gl. (116.3) der Rollwinkel ψ und aus Gl. (116.5) und (116.6) die Radlaständerungen ΔP_V und ΔP_H entnommen werden. Die dafür notwendigen Wankfederkonstanten C_V und C_H stehen ebenfalls in Tabelle 117.1, dabei wurden die Bezeichnungen aus Abschn. 86 übernommen.

Wie in Abschn. 113 können wir nun mit den Radlasten nach Gl. (113.5) die Schräglaufwinkel an Vorder- und Hinterachse α_V und α_H bestimmen, dürfen aber bei den unabhängigen Radaufhängungen die Sturzänderung infolge des Wankens (vgl. Abschn. 108) nicht vergessen.

In Tabelle 117.2 sind Daten einiger Fahrzeuge zusammengestellt.

---

[1] Ausführliche Behandlung in EBERAN v. EBERHORST, R.: Roll angles. Automobile Eng. 1951, S. 379. — Ders.: Die Kurven- und Rollstabilität des Kraftfahrzeuges. ATZ 55 (1953) Nr. 9, S. 246—253.

Kreisfahrt. Aus verschiedenen Ausgaben des „Automobile Engineer" (1967—1969)

Vorderachse						Hinterachse			
Spurweite s_V [cm]	Abstand Momentanpol — Fahrbahn p_V [cm]	Wankfedersteifigkeit C_V [mkp/rad]	Stabilisatorsteifigkeit am Rad $c_{St,V}$ [kp/cm]	Achskonstruktion	Stat. Achslast $P_{H,stat}$ [kp]	Spurweite s_H [cm]	Abstand Momentanpol — Fahrbahn p_H [cm]	Wankfedersteifigkeit C_H [mkp/rad]	Stabilisatorsteifigkeit am Rad $c_{St,H}$ [kp/cm]
137	11,8	—	—	7	498	135	0	—	—
145	5,6	—	—	8	750	146	12,45	—	—
128	2,5	2406	18,3	9	600	125	26,6	2189	0
133	0	3100	19	10	639	130	24,5	1169	6,3
135	11,4	2372	6,1	11	609	132	24,8	1112	0
126	13,5	1387	0	12	537	127	21	917	0
161	4,2	4664	7,0	12	1053	160	25,9	2441	0
125	0,7	1719	—	10	486	128	22,8	1289	0
125	−0,4	1948	8,9	10	581	127	24,4	1662	—
125	14,6	940	3,7	13	—	120	0	808	0
137	7,6	2796	15,5	13	608	131	0	1799	4,8
138	9,1	2922	9,2	8	801	134	8,2	2727	0

7 Längslenker, Hydrolastic,
8 Schräglenker, Schraubenfedern,
9 Pendelachse, Schraubenfedern,
10 starr, Schraubenfedern,
11 starr, Längslenker, Blattfedern,
12 starr, Blattfedern,
13 Längslenker, Federstäbe,
— nicht angegeben.

118. Unterschiedliche Federhärten, Stabilisator

Unterschiedliche Radlasten an einer Achse haben wir bisher nur als nachteilig angesehen, weil dadurch die Schräglaufwinkel vergrößert werden und damit die Schleudergrenze schon bei kleineren Geschwindigkeiten erreicht wird.

Wir können aber die Radlastdifferenz auch bewußt ausnutzen, um die Steuertendenz eines Kraftfahrzeuges zu verändern. Erinnern wir uns der Gl. (99.11), nach der bei konstanten Radeinschlägen β_V und β_H der Kurvenradius ϱ von der Differenz der Schräglaufwinkel $(\alpha_V - \alpha_H)$ bestimmt wird. Übersteuert z. B., wie in Abschn. 104 geschildert, ein Fahrzeug durch seine Hecklastigkeit, ist also $\alpha_V - \alpha_H < 0$, so kann man durch entsprechende Vergrößerung von α_V ein neutralsteuerndes Fahrzeug erhalten. Dies ist nach dem oben genannten durch eine große Radlastdifferenz an der Vorderachse zu erreichen, denn große Radlastdifferenzen vergrößern den Schräglauf.

Größere Radlastdifferenzen an der Vorderachse als an der Hinterachse bekommt man, wenn sich das Moment der Fliehkraft um die Momentanachse stärker an der Vorderachse abstützt, und dies wiederum wird durch Einbau steiferer Federn an der Vorderachse erreicht. Damit wird nach Gl. (116.4) bzw. (116.5) und (116.6) $C_V/(C_V + C_H - G_A h')$ > $C_H/(C_V + C_H - G_A h')$.

Um aus einem übersteuernden Fahrzeug ein neutralsteuerndes zu machen, müssen also an der Vorderachse härtere Federn eingebaut werden; im Falle des untersteuernden Fahrzeugs müssen die steiferen Federn an der Hinterachse angebracht werden.

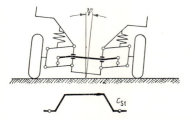

Bild 118.1 Anordnung eines Stabilisators (dick ausgezogene Linie).

Härtere Federn ergeben aber — wie wir von den Schwingungsbetrachtungen aus dem Dritten Teil wissen — größere Aufbaubeschleunigungen und damit einen schlechteren Fahrkomfort. Um dies zu vermeiden, verwendet man zur Korrektur der Steuertendenz eine Feder, die nur auf Wankbewegungen anspricht. Meistens baut man einen Torsionsstabilisator nach Bild 118.1 ein.

118. Unterschiedliche Federhärten, Stabilisator

Er erhöht an der Achse, an der er sich befindet, die Radlastdifferenz. Das von ihm aufgenommene Moment, das zu den in Gl. (116.4) aufgeführten Momenten $M_{F,V}$ oder $M_{F,H}$ addiert werden muß, beträgt z. B. bei unabhängig aufgehängten und parallel geführten Rädern

$$M_{St} = (s_V^2/2)\, c_{St}\psi, \qquad (118.1)$$

dabei ist c_{St} die auf die Auslenkung eines Stabilisatorendes und auf Radspurweite bezogene Federsteife.

Ein Mittel zur Beeinflussung der Steuerungstendenz in entgegengesetzter Richtung liegt darin, die Wankfedersteifigkeit einer Achse *weicher* auszulegen als die Hubfedersteifigkeit. Das erreicht man durch „Ausgleichfedern" oder „Labilisatoren" (Z-Stäbe) nach Bild 118.2.

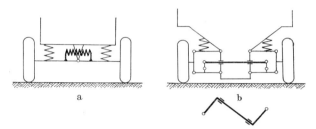

Bild 118.2 Anordnung von Labilisatoren (Gegenteil von Stabilisatoren, dick ausgezogen).
a) Ausgleichsfeder, b) Z-Stab.

Die eben aufgeführten Zusatzfedern ändern nicht nur die Radlastdifferenzen, sondern nach Gl. (116.3) auch die Wankneigung ψ. Diese wiederum ändert bei Einzelradaufhängung die Größe des Radsturzes ξ, der nach Abschn. 108 die Fahreigenschaften beeinflußt.

XVII. Wege und Momente am Lenkrad

In den vorangegangenen Kapiteln des Vierten Teiles haben wir uns nur mit den Kräften und Schräglaufwinkeln an den Rädern beschäftigt und die Auswirkungen auf den Kurvenradius (Steuertendenz) sowie die Schleuder- oder Kippgrenze betrachtet. Der Fahrer beurteilt sein Fahrzeug in der Kurve aber nicht nur nach den Größen von Zentripetalbeschleunigung, Schwimmwinkel und Neigungswinkel des Aufbaues oder nach der Fahrtrichtung, sondern auch nach der Größe des Momentes, das er am Lenkrad aufbringen muß. Deshalb muß das Gefühl am Lenkrad mit den sonstigen Eindrücken im Einklang stehen und darf keine Information bringen, die den anderen und auch dem Fahrzustand widerspricht.

426   Vierter Teil — XVII. Wege und Momente am Lenkrad

Dieses Lenkradmoment wird u. a. bei kleinen Fahrgeschwindigkeiten (Zentripetalbeschleunigung ≈ 0) und beim Parkieren (Fahrgeschwindigkeit $= 0$) untersucht.

Wir werden im folgenden Beziehungen zwischen den Bewegungen der gelenkten Räder (auf Vorderradlenkung beschränkt) und denen des Lenkrades aufstellen.

119. Definition der Vorderradkinematik

Wir haben bisher nur gesagt, daß die Vorderräder um eine Hochachse geschwenkt werden. Genauer betrachtet ist die Lenkbewegung komplizierter. Nach Bild 119.1 steht die Schwenkachse, der sog. Lenkzapfen

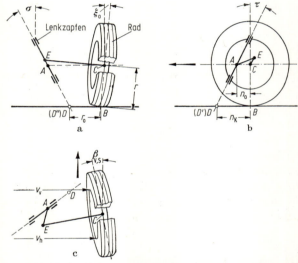

Bild 119.1 Räumliche Lage von Lenkzapfen und Rad am Beispiel eines rechten Vorderrades und Darstellung wichtiger kinematischer Größen. a) Ansicht von hinten, b) Seitenansicht von Fahrzeugmitte aus, c) Grundriß.

oder Achsschenkelbolzen, nicht senkrecht zur Fahrbahn, sondern ist räumlich geneigt, und zwar von hinten gesehen um den Winkel σ, die sog. Spreizung, von der Seite gesehen um den Winkel τ. Dieser wird meistens als Nachlauf bzw. Vorlauf bezeichnet, hier jedoch — um Verwechslungen mit den im folgenden als Nachlauf benannten Strecken, wie z. B. dem konstruktiven Nachlauf, zu vermeiden — als Nachlaufwinkel eingeführt. Der Abstand des Durchstoßpunktes D der Schwenkachse durch die Fahrbahn vom Latschmittelpunkt B (in Bild 119.1b) ist der Nachlauf n_K, und zwar im Gegensatz zum Reifennachlauf n_S

nach Abschn. 21 der konstruktive Nachlauf. Er setzt sich bei gleicher Höhenlage der Punkte A und C in Geradeausfahrtstellung beim Wankwinkel Null aus dem Nachlaufversatz n_0 und $r \cos \xi_0 \tan \tau$ zusammen:

$$n_\mathrm{K} = n_0 + r \cos \xi_0 \tan \tau \approx n_0 + r \tan \tau. \tag{119.1}$$

Das Rad steht ebenfalls nicht senkrecht auf der Fahrbahn, sondern ist um den Sturzwinkel ξ_0 geneigt. Der Abstand Durchstoßpunkt Lenkzapfen mit der Fahrbahn und Aufstandspunkt Mitte Rad — in der Projektion a des Bildes 119.1 — ist der Lenkrollhalbmesser r_0.

Weiterhin sind die Räder (s. Grundriß in Bild 119.1c) gegeneinander um den Vorspurwinkel $\beta_\mathrm{V,s}$ eingeschlagen. In der Regel wird die Vorspur als Differenz der Entfernungen $v_\mathrm{h} - v_\mathrm{v}$ zwischen den Vorderradfelgen hinter und vor der Radmitte angegeben. Ist der Winkel negativ bzw. der Abstand der Felgen vor Radmitte größer als hinter Radmitte, so spricht man von Nachspur.

120. Moment am Lenkrad

Eine der üblichen Prüfungen des Lenksystems am Fahrzeug besteht aus der Messung des Lenkradmomentes $M_\mathrm{L,H}$ als Funktion des Lenkradeinschlages β_L, und zwar wird

a) bei stehendem Fahrzeug das Lenkrad eingeschlagen, was beim Parken vorkommen kann, und

b) mit dem Fahrzeug langsam ($v \approx 10$ km/h) eine Acht gefahren, wobei das Lenkrad von Anschlag zu Anschlag bewegt wird.

Bild 120.1 zeigt diese beiden Diagramme jeweils an einem Pkw und an einem Lkw gemessen. Dabei ist nicht das Lenkradmoment $M_\mathrm{L,H}$, sondern die vom Arm des Fahrers aufzubringende Umfangskraft P_H am Lenkrad aufgetragen, die sich mit dem Lenkradradius r_L zu

$$P_\mathrm{H} = M_\mathrm{L,H}/r_\mathrm{L} \tag{120.1}$$

ergibt[1]. Die Kurve für den Pkw (s. Bild 120.1a) bei der Fahrt mit niedriger Geschwindigkeit zeigt, daß die Kraft am Lenkrad P_H mit zunehmendem Einschlag β_L ansteigt (solch ein Verlauf wird zumindest immer angestrebt). Bei Zurücknahme des Einschlagwinkels oder der Kraft nimmt die Funktion einen anderen Verlauf, es entsteht eine Hysterese, wodurch die Kraft $P_\mathrm{H} = 0$ bei einem Winkel $\beta_\mathrm{L} > 0$ erreicht wird. Das heißt, um das Lenkrad wieder in Geradeausstellung zu bringen, muß eine negative Kraft aufgebracht werden. Die Hysterese deutet auf Reibung in der Lenkanlage hin.

---

[1] Wenn nur ein Arm den Lenkradkranz z. B. auf den Körper zuzieht. Werden über beide Hände Lenkradkräfte aufgebracht, dann ist $M_\mathrm{L,H} = r_\mathrm{L}(P_\mathrm{H,r} + P_\mathrm{H,l})$.

Die Funktion für das Schwenken im Stand zeigt einen ähnlichen Verlauf, nur liegen die Kräfte wesentlich höher.

Beim Lkw, allgemein bei schwereren Fahrzeugen als Pkw, zeigt die Kraft-Einschlagwinkel-Funktion bei langsamer Kurvenfahrt (Bild 120.1 b) einen entsprechenden Verlauf, nur sind die Kräfte und maximalen Einschlagwinkel größer.

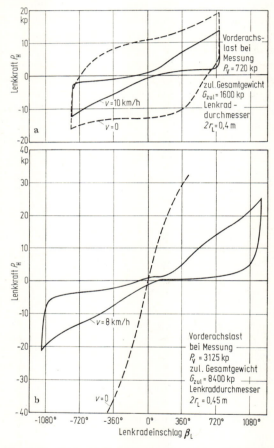

Bild 120.1 Beispiele für die Abhängigkeit der Lenkkraft von dem Einschlagwinkel am Lenkrad (ausgezogene Linie bei Fahrt mit kleiner Geschwindigkeit, gestrichelte Linie beim Parkieren), a) für einen Pkw, b) für einen Lkw.

Hingegen zeigt das Diagramm über das Parkieren in Bild 120.1 b keine Hysterese, sondern nur einen Kurvenzug, der auch nur bis zu einem Teil des maximalen Einschlages geht. Hierbei werden nämlich mit dem Lenkrad nur die Lenkungsteile und Reifen verspannt, ohne

120. Moment am Lenkrad

daß sich die Vorderräder merklich bewegen. Die Muskelkraft reicht nicht aus, um die Vorderräder im Stand zu schwenken. Mit einer Hilfskraftlenkung wäre das wohl möglich, man verzichtet aber bewußt darauf, weil sonst alle Teile der Lenkung hinter der Hilfskraftanlage und der Rahmen gegenüber den bisherigen Ausführungen wesentlich verstärkt werden müßten und dadurch schwerer würden. Man kann also bei diesen Fahrzeugen im Stand die Vorderräder nicht einschlagen, dazu müssen die Räder rollen, d. h. die Fahrzeuge können nur ,,rangieren''.

Auf das Schwenkmoment im Stand, also auf das größere der beiden Momente bzw. die größere der beiden Kräfte nach Bild 120.1 werden wir in Abschn. 124 eingehen. Die Funktion bei langsamer Fahrt wird nur für kleine Einschlagwinkel am Vorderrad in Abschn. 123 behandelt. Weiterhin werden wir unter gleicher Voraussetzung in Abschn. 125 die Größe des Lenkradmomentes bei schneller Fahrt behandeln.

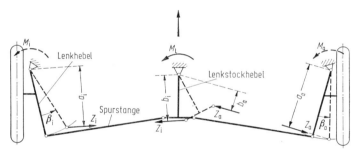

Bild 120.2 Ansicht eines Lenkgestänges von oben bei Geradeausfahrt (ausgezogen) und Kurvenfahrt (gestrichelt). Für den Fall der Kurvenfahrt sind die Spurstangenkräfte $Z_{i,a}$, die Momente um die Lenkzapfen $M_{i,a}$ und das Moment am Lenkstockhebel M_L eingetragen.

Um das Moment am Lenkrad $M_{L,H}$ bestimmen zu können, müssen die Momente M_a und M_i um die beiden Achsschenkelbolzen der Vorderräder bekannt sein. Diese sind in Bild 120.2 als Drehkraftwirkungen der Spurstangenkräfte Z_a und Z_i dargestellt. Zwischen dem Lenkmoment M_L, das am Lenkstockhebel wirkt, und dem Lenkradmoment besteht mit dem Übersetzungsverhältnis i_G des Lenkgetriebes und dem Reibungsmoment $M_{r,G}$ in diesem die Beziehung

$$M_{L,H} = \frac{1}{i_G} M_L \pm M_{r,G}. \qquad (120.2)$$

Das vom Fahrer eingeleitete Moment M_L erzeugt in den Spurstangen die Kräfte Z_a und Z_i. Entsprechend der Darstellung in Bild 120.2 gilt die Beziehung

$$M_L = Z_a b_a + Z_i b_i.$$

Tabelle 120.1 *Wichtige Daten einiger*

Fahrzeug	Baujahr	Zul. Vorderachslast $P_{v,zul}$ [kp]	Reifen	Reifeninnendruck p_L [atü] bei $P_{v,zul}$	Spreizungswinkel σ [°]
Pkw:					
Audi Super 90	69	730	165-13	1,5	9,2
Audi 100	69	800	165 SR 14	1,8	6,0
BMW 2002	69	650	165 SR 13	1,8	8,5
BMW 2000	69	760	165 S 14	1,7	8,7
BMW 2500	69	900	175 HR 14	2,1	6,3
Daimler Benz 250/8	69	900	6,95 H 14 175 HR 14	1,9	6,0
Daimler Benz 280 S/8	69	895	7,35 H 14 185 HR 14	1,9	5,7
Daimler Benz 300 SEL 6,3	69	1 100	195 VR 14	2,8	5,7
NSU Ro 80	67	900	175 SR 14	2,0	8,5
Porsche 911 S[1]	67	600	165 HR 15	2,2	10,9
VW Typ 1	69	490	5,60-15	1,2	5,0
VW Typ 4	69	670	155 SR 15	1,6	10,0
Lkw:					
Daimler Benz LP 808	68	2 400	7,50-16		5,0
Daimler Benz LP 1 113	68	3 600	9,00-20		9,5
Daimler Benz LP 1 313/17	68	4 500	9,00-20		9,5
Daimler Benz LP 1 513/17	68	5 000	10,00-20		9,5
Daimler Benz LP 1 620	68	6 000	11,00-20		7,0
Hanomag-Henschel F 151	68	5 000	11,00-20	6,0	3,4
Hanomag-Henschel F 161	68	6 000	12,00-20	6,5	3,4

120. Moment am Lenkrad

Fahrzeuge für die Lenkungsberechnung

Nachlaufwinkel τ [°]	Sturzwinkel bei Geradeausfahrt ξ_0 [°]	Vorspurwinkel $\beta_{v,s}$ [°]	Lenkrollhalbmesser r_0 [mm]	Nachlaufversatz n_0 [mm]	Abstand Radmitte – Fahrbahn r [mm] [2]	Lenkgetriebeübersetzung i_G [–]	Lenkgestängeübersetzung i_T [–]	Lenkraddurchmesser $2r_L$ [mm]	Konstruktiver Nachlauf $n_K = n_0 + r \tan \tau$ [mm]	Lenkwinkelverhältnis $i_T \, i_G$ [–] [3]
0,3	0,2	0...0,3	17	0	279	8,6	2,6	408	1,2	22,3
0,3	0,2	0...0,3	16	0	283	7,1	3,0	405	1,2	21,6
4,0	0,5	0,1	50	0	269	15,5	1,1	400	18,8	17,5
3,0	0,3	0,1	52	0	290	15,5	1,1	423	15,2	17,5
9,5	0	0,1	73	−43	287	16,4	1,2	423	5,0	18,9
2,5	0	0,2	69	0	295	19,6	1,2	440	12,9	22,7
3,5	0,3	0,2	54	0	300	19,9	1,1	440	18,3	22,7
6,0	0,3	0,2	53	0	306	15,1	1,1	440	32,2	16,0
0	0,5	0	21	0	288			400	0	18,3
6,8	0 ±0,3	0,7	33	0	295				34,9	16,5
4,0	0,5	0,3...0,7 [1]	37	18	304			400	39,5	14,3
0,8	0,5	0,3 [1]	52	9	285				13	19,1
3,5	1,0	0...0,4	62	0	380	30	1,3	550	23,2	37,8
2,5	1,0	0...0,3	36	0	481	30	1,2	550	21,0	34,8
2,5	1,0	0...0,3	36	0	481	30	1,2	550	21,0	34,8
2,5	1,0	0...0,3	36	0	498	20,3	1,2	550	21,7	23,5
2,5	1,0	0...0,3	66	0	510	18,6	1,1	550	22,3	20,5
3,5	1,6	0,1...0,3	83	0	510	20	1,0	550	31,2	20,0
3,5	1,6	0,1...0,3	96	0	529	18,4	1,0	550	32,4	19,1

[1] am leeren Fahrzeug gemessen
[2] hier: $r = r_{\text{stat}}$ aus Reifenhandbuch
[3] in Mittelstellung

Die an den Lenkhebeln angreifenden Spurstangenkräfte Z_a und Z_i ergeben die Momente um die Achsschenkelbolzen:

$$M_a = Z_a a_a, \qquad M_i = Z_i a_i.$$

Wird weiterhin noch ein auf die Lenkzapfenachse bezogenes Reibungsmoment $M_{r,A}$ berücksichtigt, das die Reibung am Achsschenkelbolzen und in den Gelenken des Lenkgestänges erfaßt, so ist

$$M_L = [M_a \pm (M_{r,A})_a]\frac{b_a}{a_a} + [M_i \pm (M_{r,A})_i]\frac{b_i}{a_i}. \qquad (120.3)$$

Nehmen wir vereinfachend an, daß die Längenverhältnisse a/b für das kurveninnere und -äußere Rad gleich sind — dies gilt für kleine Radeinschläge sehr gut — und definieren sie beide als Gestängeübersetzung i_T, dann ist das Lenkmoment mit $M_{r,A} = (M_{r,A})_a + (M_{r,A})_i$

$$M_L = \frac{1}{i_T}(M_a + M_i \pm M_{r,A}) \qquad (120.4)$$

und das Lenkradmoment

$$M_{L,H} = \frac{M_a + M_i \pm M_{r,A}}{i_T i_G} \pm M_{r,G}. \qquad (120.5)$$

Zum Abschluß sind als Anhalt Zahlenwerte für einige in diesem Abschnitt genannte Größen zusammengestellt. Tabelle 120.1 enthält Daten der Vorderradkinematik. Als zusätzliche Richtwerte werden in Tabelle 120.2 Werte für die Zahl der Lenkradumdrehungen von Anschlag zu Anschlag genannt.

Tabelle 120.2 *Richtwerte für Anzahl der Lenkradumdrehungen*

	Zahl der Umdrehungen	Hilfskraftlenkung
Pkw	3,0...4,5	ohne
	3,0...3,5	mit
Lkw	4,5...6,5	ohne
	4,5...5,5	mit

121. Bewegungen und Belastungen am gelenkten Vorderrad

Um das Moment am Lenkrad berechnen zu können, muß nach Gl. (120.5) die Summe der Momente $M_a + M_i$ um die Achsschenkelbolzen bekannt sein. Wir werden in diesem Abschnitt die Größe des Momentes um *einen* Achsschenkelbolzen ableiten. Dazu müssen wir

121. Bewegungen und Belastungen am gelenkten Vorderrad

die Bewegungsverhältnisse am gelenkten Rad kennen. Sie werden unter der Voraussetzung ermittelt, daß die Stellung des Rades zur Fahrbahn und zum Aufbau allein durch das Schwenken des Rades um die Lenkzapfenachse geändert wird und nicht durch Wanken und/oder Nicken des Aufbaues. Die Neigungsänderung des Achsschenkelbolzens wird in Abschn. 127 berücksichtigt.

121.1 Bewegungen am Rad und Achsschenkelbolzen

Bild 121.1a zeigt in räumlicher Darstellung das rechte Vorderrad mit seinem Mittelpunkt C, dem Achsschenkel CEA und dem durch die Linie AD angedeuteten Achsschenkelbolzen. Am Rad sind die aus Bild 25.1a bekannten Koordinatensysteme eingezeichnet, das schleifende System mit den Einheitsvektoren i, j, k und das fahrbahngebundene System i^*, j^*, k^* mit B als Koordinatenanfangspunkt, in dem i^* stets die Schnittgerade zwischen Radscheibenebene und Fahrbahn bildet.

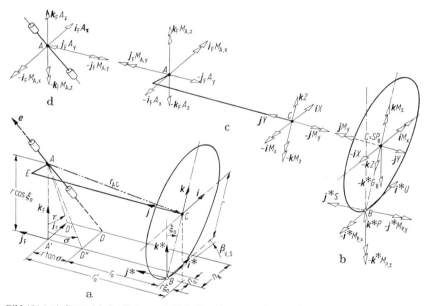

Bild 121.1 a) Geometrische Daten und Einheitsvektoren an einem rechten Vorderrad. Kräfte und Momente b) am Rad, c) am Achsschenkel, d) am Lenkzapfen (Achsschenkelbolzen). Die Momentenkomponente M_y wird nur während des Bremsens mit am Achsschenkel befestigten Bremsen im Punkt A abgestützt.

Um die relative Lage des Rades zum Aufbau — in Abschn. 25 durch die Winkel und

$$\beta = \beta k^* \qquad (121.1\mathrm{a})$$

$$\xi = \xi i^* \qquad (121.1\mathrm{b})$$

gekennzeichnet — zu beschreiben, ist in Bild 121.1a zusätzlich noch ein fahrbahngebundenes System mit den Einheitsvektoren i_F, j_F, k_F eingeführt worden, bei dem i_F immer in Richtung Fahrzeuglängsachse zeigt und $k_F = k^*$ ist. Die Umrechnung zwischen den beiden fahrbahngebundenen Systemen ergibt sich aus Gl. (25.1) zu

	i_F	j_F	k_F
i^*	1	β	0
j^*	$-\beta$	1	0
k^*	0	0	1

(121.2)

Zwischen dem aus Abschn. 25 bekannten Winkel β und der bei der Kreisfahrt benutzten Größe β_V, die bei Geradeausfahrt gleich Null ist, besteht eine Winkeldifferenz, die als Vorspurwinkel $\beta_{V,s}$ bezeichnet wird. Für das rechte Vorderrad gilt

$$\beta = \beta_V + \beta_{V,s}. \qquad (121.3)$$

(In Bild 121.1a ist das rechte Rad in Geradeausfahrtstellung dargestellt.)
  Nun wird ja das Rad nicht um

$$\boldsymbol{\beta}_V = \beta_V \boldsymbol{k}_F = \beta_V \boldsymbol{k}^*, \qquad (121.4)$$

also um eine zur Fahrbahn senkrecht stehende Achse geschwenkt, sondern um die im Raum schrägliegende Achse AD des Lenkzapfens. Mit dem in dieser Achse liegenden Einheitsvektor $\boldsymbol{e}$ lautet der Drehwinkelvektor

$$\boldsymbol{\beta}_A = \beta_A \boldsymbol{e}. \qquad (121.5)$$

(Positives Schwenken bedeutet Radeinschlag für Vorwärtsfahrt nach links, heißt Hineindrehen des Rades in die Papierebene. Bei diesem Einschlag ist also das gezeichnete rechte Rad das kurvenäußere.)
  Die Berechnung der Zuordnung von β_V und β_A ist nach Angabe des Vektors $\boldsymbol{e}$ mit Hilfe der in Bild 121.1a eingetragenen Punkte A, A', D, D', D'' möglich. Es sind A' die Projektion von A auf die Fahrbahnebene, D' die Projektion des Durchstoßpunktes D auf die von i_F und k_F aufgespannte Ebene und D'' die Projektion von D auf eine durch A' gehende, zu j_F, k_F parallele Ebene. Die Winkel für Spreizung und Nachlauf sind — das ist hier deutlicher als in Bild 119.1 zu erkennen — in Projektionsebenen liegende Winkel:

$$\sigma = \sphericalangle A'AD'', \quad \tau = \sphericalangle A'AD'. \qquad (121.6)$$

Der Vektor $\boldsymbol{e}$ ergibt sich über die mit Hilfe der Pyramide $AA'D'DD''$ aufgestellte Gleichung

$$\overline{AD}\,\boldsymbol{e} = -\overline{A'D'}\,\boldsymbol{i}_F + \overline{A'D''}\,\boldsymbol{j}_F + \overline{AA'}\,\boldsymbol{k}_F. \qquad (121.7)$$

Die Pyramidenkanten $\overline{A'D'}$, $\overline{A'D''}$ und $\overline{AD}$ betragen

$$\overline{A'D'} = \overline{AA'}\tan\tau = (n_K - n_0) = r\tan\tau, \qquad (121.8\text{a})$$

$$\overline{A'D''} = \overline{AA'}\tan\sigma = (n_K - n_0)\tan\sigma/\tan\tau = r\tan\sigma, \qquad (121.8\text{b})$$

$$\overline{AD} = \overline{AA'}\sqrt{\tan^2\tau + \tan^2\sigma + 1}, \qquad (121.8\text{c})$$

$$\boldsymbol{e} = \frac{1}{\sqrt{1+\tan^2\tau+\tan^2\sigma}}(-\tan\tau\,\boldsymbol{i}_F + \tan\sigma\,\boldsymbol{j}_F + \boldsymbol{k}_F). \qquad (121.9)$$

Geht man von der Drehung um die Schwenkachse β_A als Radstellungsänderung aus, so findet man den zugehörigen Einschlagwinkel β_V mit Gl. (121.4) und (121.5)

121. Bewegungen und Belastungen am gelenkten Vorderrad

über die skalaren Produkte

$$\beta_A \cdot k_F = \beta_V \cdot k_F,$$

$$\beta_V = \beta_A/\sqrt{1 + \tan^2 \tau + \tan^2 \sigma} = \beta_A/\varkappa \qquad (121.10)$$

mit der Abkürzung $\varkappa$ für den Wurzelausdruck. (Der Vorspurwinkel $\beta_{V,s}$ wird nicht mitgezählt. Bei $\beta_V = 0$ ist auch $\beta_A = 0$.)

Für spätere Rechnungen brauchen wir noch den Vektor r_{AC}, dessen Lage sich mit dem Schwenkwinkel β_A ändert. Beschränken wir unsere Betrachtung auf kleine Winkel β_A, dann können wir nach Gl. (25.1) den Vektor

$$r_{AC} = r_{AC,0} + \beta_A \times r_{AC,0}$$

berechnen, wenn $r_{AC,0} = r_{AC}$ für $\beta_A = 0$ bekannt ist. Dieser Vektor läßt sich leicht aus Bild 121.1a angeben, wenn wir, wie schon in Abschn. 119, festsetzen, daß bei Geradeausfahrt die Punkte A und C in gleicher Höhe über der Fahrbahn liegen.

Mit Gl. (119.1) ergibt sich aus Bild 121.1a

$$r_{AC,0} = -n_0 i_F - r'_0 j_F, \qquad (121.11)$$

wobei sich r'_0 nach Bild 121.1a aus

$$r'_0 = r(\tan \sigma + \xi_0) + r_0 \qquad (121.12)$$

ergibt.

Mit Gl. (121.5), (121.9) und (121.10) wird

$$r_{AC} = (-n_0 + r'_0 \beta_V) i_F - (r'_0 + n_0 \beta_V) j_F + (r'_0 \tan \tau + n_0 \tan \sigma) \beta_V k_F. \qquad (121.13)$$

Bemerkenswert ist, daß sich beim positiven Schwenken des rechten Vorderrades um den kleinen Winkel β_V der Punkt A des Achsschenkels um den Betrag der k_F-Komponente des Vektors r_{AC}, nämlich um $\beta_V(r'_0 \tan \tau + n_0 \tan \sigma)$ absenkt, oder anders ausgedrückt: bei im Raum festgehaltenem Punkt A führt Radeinschlag mit positivem Drehsinn zum Anheben des Latschpunktes B über die Fahrbahn.

Der neben β zur Kennzeichnung der allgemeinen Radstellung verwendete Sturzwinkel ξ lautet

$$\xi = \xi_0 + \Delta\xi. \qquad (121.14)$$

Durch die Schräglage des Achsschenkelbolzens ändert sich der Sturz bei Geradeausfahrt ξ_0 um $\Delta\xi$, wenn das Rad geschwenkt wird. Diese Winkeländerung $\Delta\xi$ kann durch die Lageänderung des in der Drehachse des Rades liegenden Einheitsvektors j ausgedrückt werden. Bei Geradeausfahrt ist

$$j(\beta_A = 0) = -\beta_{V,s} i_F + j_F + \xi_0 k_F.$$

In geschwenkter Stellung ist — wieder nach Gl. (25.1) —

$$j(\beta_A) = j(\beta_A = 0) + \beta_A \times j(\beta_A = 0)$$
$$= -(\beta_V + \beta_{V,s}) i_F + j_F + (\xi_0 - \beta_V \tan \tau) k_F.$$

Ein Vergleich der k_F-Komponenten der beiden Einheitsvektoren $j(\beta_A = 0)$ und $j(\beta_A)$ zeigt, daß sich der Sturz um

$$\Delta\xi = -\beta_V \tan \tau = -\frac{\beta_A}{\varkappa} \tan \tau \qquad (121.15)$$

ändert, d. h. beim positiven Schwenken des rechten Vorderrades (nach Bild 121.1a in die Ebene hinein) vermindert sich der Sturz.

121.2 Belastungen am Rad und Achsschenkelbolzen

Nach der abgeschlossenen Berechnung der kinematischen Größen kommen wir zur eigentlichen Aufgabe dieses Abschnitts, zur Ermittlung des Momentes um den Achsschenkelbolzen. Dazu benutzen wir die Ergebnisse aus Abschn. 25. Die dort abgeleiteten Kraft- und Momentenvektoren am Radmittelpunkt C, der identisch mit dem Radschwerpunkt SP_R sein soll, sind nochmals in Bild 121.1b eingezeichnet.

Die Reaktionskräfte und -momente am Punkt C des Achsschenkels haben den gleichen Betrag, aber umgekehrtes Vorzeichen und lauten nach Bild 121.1 c

$$\boldsymbol{K}_C = X\boldsymbol{i} + Y\boldsymbol{j} + Z\boldsymbol{k}, \tag{121.16}$$

$$\boldsymbol{M}_C = -M_x\boldsymbol{i} - \{M_y\}\boldsymbol{j} - M_z\boldsymbol{k}. \tag{121.17}$$

Die Momentenkomponente M_y darf für die Berechnung des Lenkmomentes nicht in allen Fällen berücksichtigt werden. Man kann folgende Fälle unterscheiden:

a) Bei Hinterradantrieb ist, wenn man die Reibung in der Lagerung des Laufrades vernachlässigt, $M_y = 0$.

b) Bei Vorderradantrieb ist zwar das Moment nicht Null, es wird aber an der Motorlagerung und nicht am Achsschenkel abgestützt. Für den Achsschenkel ist nach Bild 121.1c $M_y = 0$.

c) Wird das Bremsmoment am Achsschenkel abgestützt, dann ist $M_y \neq 0$ oder genauer $M_y < 0$.

d) Wird das Bremsmoment nicht am Achsschenkel abgestützt, sondern wie bei vorderradangetriebenen Fahrzeugen mit innenliegenden Bremsen an der Motorlagerung, so ist $M_y = 0$.

Im folgenden werden wir M_y bzw. die mit M_y verknüpften Ausdrücke in geschweifte Klammern setzen und beachten, daß nur im Fall c deren Inhalt berücksichtigt, in den Fällen a, b und d hingegen zu Null gesetzt werden muß.

Das Gleichgewicht der Belastungen am Achsschenkel wird durch die von der Radaufhängung auf den Achsschenkel im Punkt A übertragene Kraft $\boldsymbol{K}_A$ und das Moment $\boldsymbol{M}_A$ hergestellt. Bei masselos angenommenem Achsschenkel gilt

$$\boldsymbol{K}_A + \boldsymbol{K}_C = 0,$$

$$\boldsymbol{M}_A + \boldsymbol{M}_C + \boldsymbol{r}_{AC} \times \boldsymbol{K}_C = 0.$$

Mit der in Bild 121.1c eingeführten Vorzeichenregelung der Komponenten von $\boldsymbol{K}_A$ und $\boldsymbol{M}_A$ ist

$$\boldsymbol{K}_A = -\boldsymbol{K}_C = -A_x\boldsymbol{i}_F - A_y\boldsymbol{j}_F - A_z\boldsymbol{k}_F, \tag{121.18}$$

$$\boldsymbol{M}_A = -\boldsymbol{M}_C + \boldsymbol{r}_{AC} \times \boldsymbol{K}_A = M_{A,x}\boldsymbol{i}_F + M_{A,y}\boldsymbol{j}_F + M_{A,z}\boldsymbol{k}_F. \tag{121.19}$$

Das Moment um den Achsschenkelbolzen errechnet sich daraus als Komponente des Momentes $\boldsymbol{M}_A$ in Achsschenkelbolzenrichtung $\boldsymbol{e}$ über das skalare Produkt zu

$$M = \boldsymbol{M}_A \cdot \boldsymbol{e}. \tag{121.20}$$

Da sowohl der Einheitsvektor $\boldsymbol{e}$ als auch der Vektor $\boldsymbol{r}_{AC}$ nach Gl. (121.9) und (121.13) mit den Einheitsvektoren $\boldsymbol{i}_F$, $\boldsymbol{j}_F$ und $\boldsymbol{k}_F$ angegeben sind, müssen wir vor Auswertung der drei voranstehenden Gleichungen alle Vektorkomponenten auf die Einheitsvektoren $\boldsymbol{i}_F$, $\boldsymbol{j}_F$, $\boldsymbol{k}_F$ beziehen.

121. Bewegungen und Belastungen am gelenkten Vorderrad

Aus Gl. (121.16) und (121.18) ergeben sich drei Gleichungen für die Komponenten der auf den Achsschenkel ausgeübten Kraft $\boldsymbol{K}_A$ zu

$$A_x = X - \beta Y, \quad A_y = \beta X + Y - \xi Z, \quad A_z = \xi Y + Z. \tag{121.21}$$

Die Komponenten des zugehörigen Momentes $\boldsymbol{M}_A$ ergeben sich aus Gl. (121.19) und Gl. (121.13), (121.17), (121.18) und (121.21) zu

$$M_{A,x} = M_x - \{\beta M_y\} + Y \left[r_0' \xi + (r_0' \tan \tau + n_0 \tan \sigma) \beta_V\right] + Z \left[r_0' + n_0 \beta_V\right],$$
$$M_{A,y} = \beta M_x + \{M_y\} - \xi M_z - X \beta_V \left[r_0' \tan \tau + n_0 \tan \sigma\right] - n_0 \xi Y - Z \left[n_0 - r_0' \beta_V\right],$$
$$M_{A,z} = \{\xi M_y\} + M_z + X \left[-r_0' + n_0 (\beta - \beta_V)\right] + Y \left[n_0 + r_0' (\beta - \beta_V)\right] - Z n_0 \xi. \tag{121.22}$$

Die Komponenten X, Y und Z sowie M_x, M_y und M_z werden aus Abschn. 25 übernommen. Dabei werden wir, da wir uns hier nicht für schnelle Vorgänge bzw. hochfrequente[1] Schwingungen interessieren, die Massenkräfte vernachlässigen. Nur die Kreiselmomente werden berücksichtigt. Dann ergibt sich mit Gl. (25.9) bis (25.11)

$$X = U, \quad Y = S + \xi(P - G_R), \quad Z = P - G_R - \xi S \tag{121.23}$$

und Gl. (25.17) bis (25.19), (25.23) und (25.24)

$$M_x = M_{P,x} - rS - r\xi P - \Theta_R \dot\varphi(\dot\varepsilon + \dot\beta),$$
$$M_y = \{(W_R + U)\,r + \xi M_S\},$$
$$M_z = M_S - r\xi W_R + \Theta_R \dot\varphi \dot\xi. \tag{121.24}$$

Die im Bezugssystem $\boldsymbol{i}_F, \boldsymbol{j}_F, \boldsymbol{k}_F$ vorliegenden Komponentenbeträge der Kraft $\boldsymbol{K}_A$ ergeben sich aus den im Latschpunkt B wirkenden Kräften nach folgenden Rechengesetzen über Gl. (121.21) und (121.23)

$$A_x = U - \beta S,$$
$$A_y = \beta U + S,$$
$$A_z = P - G_R. \tag{121.25}$$

Die Beträge der im gleichen System auftretenden Komponenten des Momentes $\boldsymbol{M}_A$ ergeben sich unter Verwendung von Gl. (121.22) und (121.24)

$$M_{A,x} = \{-(W_R + U)r\beta\} - S[r - (r_0' \tan \tau + n_0 \tan \sigma)\beta_V] -$$
$$\quad - P[r\xi - r_0' - n_0 \beta_V] - \Theta_R \dot\varphi(\dot\varepsilon + \dot\beta),$$
$$M_{A,y} = \{(W_R + U)r + \xi M_S\} - \xi M_S - U\beta_V [r_0' \tan \tau + n_0 \tan \sigma] -$$
$$\quad - Sr\beta - P[n_0 - r_0' \beta_V],$$
$$M_{A,z} = \{(W_R + U)r\xi\} - W_R r\xi + U[-r_0' + n_0(\beta - \beta_V)] +$$
$$\quad + S[n_0 + r_0'(\beta - \beta_V)] + M_S + \Theta_R \dot\varphi \dot\xi. \tag{121.26}$$

(Dabei wurden das unbekannte Bodenmoment $M_{P,x} = 0$ gesetzt und der Einfluß des vergleichsweise kleinen Radgewichtes vernachlässigt.)

---

[1] Im Sinne der an Fahrzeugen anzutreffenden Frequenzen von 10 Hz und mehr, s. Dritter Teil „Fahrzeugschwingungen".

Nun können wir das gesuchte Moment M um den Achsschenkelbolzen berechnen. Das skalare Produkt nach Gl. (121.20) wird mit Gl. (121.19) und (121.9)

$$M = \frac{1}{\varkappa}(-M_{A,x}\tan\tau + M_{A,y}\tan\sigma + M_{A\,z}).$$

Daraus wird

$$\begin{aligned}\varkappa M = &\{(W_R + U)r[\tan\sigma + \beta\tan\tau + \xi] + M_S\xi\tan\sigma\} + \\ &+ M_S[1-\xi\tan\sigma] - W_R r\xi - \\ &- U[r_0' - n_0(\beta - \beta_V) + (r_0'\tan\tau + n_0\tan\sigma)\beta_V\tan\sigma] + \\ &+ S[n_K - (r_0'\tan\tau + n_0\tan\sigma)\beta_V\tan\tau - r\beta\tan\sigma + r_0'(\beta - \beta_V)] - \\ &- P[r_0'\tan\tau + n_0\tan\sigma + (n_0\tan\tau - r_0'\tan\sigma)\beta_V - r\xi\tan\tau] + \\ &+ \Theta_R\dot\varphi[(\dot\varepsilon + \dot\beta)\tan\tau + \dot\xi].\end{aligned}\qquad(121.27)$$

122. Summe der Momente um beide Achsschenkelbolzen

Die obige Gl. (121.27) gilt für das Moment um den rechten Achsschenkelbolzen. Sie läßt sich auch für das Moment um den linken anwenden, wenn die Kräfte, Momente und geometrischen Abmessungen mit einem entsprechenden Index versehen werden. Außerdem muß bei Verwendung der gleichen Koordinatensysteme für einige geometrische Daten das Vorzeichen geändert werden. Dies gilt für

	Spreizung	Vorspur	Sturz bei Geradeauslauf	Lenkrollhalbmesser	Erweiterter Lenkrollhalbmesser
rechtes Vorderrad	$+\sigma$	$+\beta_{V,s}$	$+\xi_0$	$+r_0$	$+r_0'$
linkes Vorderrad	$-\sigma$	$-\beta_{V,s}$	$-\xi_0$	$-r_0$	$-r_0'$

(122.1)

Bei den anderen Daten ist das nicht nötig, auch bei den Kräften und Momenten nicht, solange die Vorzeichenregelung von Bild 121.1 gilt.

Sind die Radeinschläge des rechten Rades (Index r) und des linken Rades (Index l) gleich groß

$$\beta_{V,r} = \beta_{V,l} = \beta_V \qquad (122.2)$$

und die geometrischen Daten am linken und rechten System betragmäßig gleich, dann läßt sich die Summe der Momente $M_r + M_l$ um die beiden Achsschenkelbolzen leicht angeben.

In den bisherigen Abschnitten dieses Vierten Teiles haben wir allerdings immer von kurvenäußerem (Index a) und kurveninnerem (Index i) Rad gesprochen. Wir wollen diese Art der Bezeichnung parallel zu den anderen mitführen, da ja die Kreisfahrt noch weiter behandelt werden soll. Beim Einstellen positiver Werte für den Winkel β_A bzw. β_V fährt das Fahrzeug — wie aus Bild 121.1a zu ersehen —

122. Summe der Momente um beide Achsschenkelbolzen

nach links in die Zeichenebene hinein[1]. Das rechte Vorderrad ist dann das kurvenäußere.

$$\text{Index a (kurvenaußen)} \equiv \text{r (rechts)}$$
$$\text{i (kurveninnen)} \equiv \text{l (links)}. \qquad (122.3)$$

Für das rechte bzw. äußere Rad lautet nach Gl. (121.3) und (121.10) der Radeinschlag

$$\beta = \beta_\text{V} + \beta_\text{V,s} = \frac{\beta_\text{A}}{\varkappa} + \beta_\text{V,s}$$

und nach Gl. (121.14) und (121.15) der Sturzwinkel

$$\xi = \xi_0 - \beta_\text{V} \tan \tau = \xi_0 - \frac{\beta_\text{A}}{\varkappa} \tan \tau.$$

Damit ergibt sich die zur Bestimmung des Momentes am Lenkrad nach Gl. (120.5) notwendige Summe $M_\text{a} + M_\text{i}$ aus

$$\begin{aligned}
(M_\text{a} + M_\text{i})\varkappa &= (M_\text{a} + M_\text{i}) \sqrt{1 + \tan^2 \tau + \tan^2 \sigma} \\
&= \{(W_\text{R,a} - W_\text{R,i}) [r_0' - r_0 + \beta_\text{V,s} r \tan \tau] + \\
&\quad + (U_\text{a} - U_\text{i}) [r_0' - r_0 + \beta_\text{V,s} r \tan \tau] + \\
&\quad + (M_\text{S,a} + M_\text{S,i}) \xi_0 \tan \sigma - (M_\text{S,a} - M_\text{S,i}) \beta_\text{V} \tan \tau \tan \sigma\} + \\
&\quad + (M_\text{S,a} + M_\text{S,i}) + (M_\text{S,a} - M_\text{S,i}) \beta_\text{V} \tan \tau \tan \sigma + \\
&\quad + (W_\text{R,a} + W_\text{R,i}) \beta_\text{V} r \tan \tau - (W_\text{R,a} - W_\text{R,i}) r \xi_0 - \\
&\quad - (U_\text{a} + U_\text{i}) \beta_\text{V} [r_0' \tan \tau + n_0 \tan \sigma] \tan \sigma - \\
&\quad - (U_\text{a} - U_\text{i}) [r_0' - n_0 \beta_\text{V,s}] + \\
&\quad + (S_\text{a} + S_\text{i}) [n_\text{K} + r_0 \beta_\text{V,s}] - \\
&\quad - (S_\text{a} - S_\text{i}) \beta_\text{V} [r_0' \tan^2 \tau + n_0 \tan \sigma \tan \tau + r \tan \sigma] + \\
&\quad + (P_\text{a} + P_\text{i}) \beta_\text{V} [r_0' \tan \sigma - n_\text{K} \tan \tau] - \\
&\quad - (P_\text{a} - P_\text{i}) [r_0 \tan \tau + n_\text{K} \tan \sigma] + \\
&\quad + 2 \Theta_\text{R} \dot{\varphi} \dot{\varepsilon} \tan \tau.
\end{aligned} \qquad (122.4)$$

Wie am Beginn des Abschn. 121.2 erklärt, ist der Inhalt der geschweiften Klammer $\{\ldots\}$ für den Fall des Antriebes sowohl über Vorder- und Hinterräder als auch für den Fall des Bremsens über innenliegende Bremsen zu Null zu setzen. Bei Abstützung des Bremsmomentes am Achsschenkel hingegen ist der Ausdruck der geschweiften Klammer zu berücksichtigen.

---
[1] Zumindest im Normalfall, nicht im Falle des „Gegenlenkens".

Aus der Gleichung können wir gleich einige grundsätzliche Dinge ablesen:

Die Summen der Umfangskräfte U, der Rollwiderstände W_R und der Radlasten P sind immer mit dem Einschlagwinkel β_V verknüpft, während die Differenzen von β_V unabhängig sind (zumindest direkt).

Bei den Seitenkräften ist es umgekehrt, die Summe (mit den Rückstellmomenten zusammen) ergibt auch Momente um die Achsschenkelbolzen bei Geradeausfahrt, während die Differenz nur in Verbindung mit β_V vorkommt.

123. Lenkmoment bei langsamer Kurvenfahrt

In Abschn. 120 wurde schon bei Hinweisen auf die Methoden der Lenkungsprüfung unter b das Achtenfahren erwähnt, in Bild 120.1 wurden Diagramme gezeigt. Wir können zwar im Augenblick noch nicht das Moment über dem Lenkradeinschlag β_L, wohl aber über dem Radeinschlag β_V auftragen.

Zu Anfang nehmen wir, um überschaubare Gleichungen zu bekommen, an, daß die Seitenkräfte und Rückstellmomente Null sind, d. h. $S_a = S_i = 0$ und $M_{S,a} = M_{S,i} = 0$. Das Fahrzeug fährt also mit kleiner Fahrgeschwindigkeit und kleiner Zentripetalbeschleunigung, außerdem sind Vorspur- und Sturzwinkel zu $\beta_{V,s} = \xi_0 = 0$ angenommen. Werden auch die Kraftdifferenzen Null gesetzt, so ergibt sich aus Gl. (120.4) und (122.4) das Lenkmoment M_L am Lenkstockhebel zu

$$i_T M_L \mp M_{r,A} = (\beta_V/\varkappa) \, [(W_{R,a} + W_{R,i}) \, r \tan \tau -$$
$$- (U_a + U_i) \, (r_0' \tan \tau + n_0 \tan \sigma) \tan \sigma +$$
$$+ (P_a + P_i) \, (r_0' \tan \sigma - n_K \tan \tau)]. \qquad (123.1)$$

Bei gleichem Rollwiderstandsbeiwert f_R an beiden Rädern ist

$$W_{R,a} + W_{R,i} = f_R (P_a + P_i) \qquad (123.2)$$

und bei Hinterachsantrieb gilt für die Vorderräder nach Abschn. 5

$$U_a + U_i = -f_R (P_a + P_i). \qquad (123.3)$$

Damit vereinfacht sich Gl. (123.1) zu

$$i_T M_L \mp M_{r,A} = (\beta_V/\varkappa) \, (P_a + P_i) \, [r_0' \tan \sigma - n_K \tan \tau +$$
$$+ f_R (r \tan \tau + r_0' \tan \tau \tan \sigma + n_0 \tan^2 \sigma)]. \qquad (123.4)$$

In der runden Klammer hinter f_R kann man den zweiten und dritten Summanden gegenüber $r \tan \tau$ vernachlässigen, weil r_0' und n_0 meistens

123. Lenkmoment bei langsamer Kurvenfahrt

weniger als $(1/10)r$ sind und der zweite Tangens als Faktor diese Summanden nochmals auf $1/10$ verringert. Näherungsweise ergibt sich dann, da auch $\varkappa = \sqrt{1 + \tan^2 \tau + \tan^2 \sigma} \approx 1$ ist,

$$i_\text{T} M_\text{L} \mp M_\text{r,A} \approx (P_\text{a} + P_\text{i}) \beta_\text{V} [r_0' \tan \sigma - (n_\text{K} - f_\text{R} r) \tan \tau]. \quad (123.5)$$

Zunächst einmal wird festgehalten: dieser Ausdruck ist proportional dem Einschlagwinkel β_V und den Vertikallasten $(P_\text{a} + P_\text{i})$. Von den Größen in der eckigen Klammer hängt es ab, ob das Moment bei positivem β_V positiv oder negativ wird. Man strebt ein positives Moment an, weil dann beim Loslassen des Lenkrades die Vorderräder durch die an ihnen wirkenden Kräfte und Momente in die Mittelstellung zurückgebracht werden. In diesem Fall spricht man von einer „Gewichtsrückstellung". Die Bedingung dafür lautet also

$$r_0' \tan \sigma - (n_\text{K} - f_\text{R} r) \tan \tau > 0. \quad (123.6)$$

Ist das Moment am Lenkzapfen negativ, so vergrößert das Moment der Radbelastungen den Radeinschlag, die Lenkung zeigt — so möchte man sagen, obwohl es kein dynamisches Problem ist — ein instabiles Verhalten.

Aber dieses Verhalten und auch die Gewichtsrückstellung wird verdeckt durch das Reibungsmoment $M_\text{r,A}$ und — bevor der Fahrer es wahrnehmen kann — auch noch durch $M_\text{r,G}$. Diagramme von dem Lenkmoment M_L als Funktion des Radeinschlages β_V, nur für kleine Winkel betrachtet, zeigt Bild 123.1, und zwar jeweils mit und ohne Reibung.

In den Bildern a und b liegt konstante Reibung vor, während in Bild c konstante und zusätzlich proportional dem Lenkmoment ansteigende Reibung berücksichtigt ist. Bild a zeigt Gewichtsrückstellung, Bild b das Gegenteil.

Beim Vorderradantrieb ist die Summe der Umfangskräfte $(U_\text{a} + U_\text{i})$ nach vorn gerichtet, $U_\text{a} + U_\text{i} = f(P_\text{a} + P_\text{i})$. Bei kleinen Geschwindigkeiten ist die Kraftschlußbeanspruchung f, s. Tabelle 53.1, ungefähr gleich $W_\text{R,H}/P_\text{V,stat}$ und wie in Gl. (123.5) praktisch zu vernachlässigen. Bei kleinen Geschwindigkeiten ergeben sich demnach aus den Gleichungen keine Unterschiede für die Lenkmomente von Fahrzeugen mit Front- und Heckantrieb, wenn man einmal davon absieht, daß Fahrzeuge mit Vorderachsantrieb die Vorderachse stärker als die Hinterachse belasten.

Nun wollen wir noch den zunächst vernachlässigten Einfluß der durch Sturz und Vorspur hervorgerufenen Seitenkräfte und Rückstellmomente erfassen. Die Zentripetalbeschleunigung sei nach wie vor noch Null. Für kleine Schräglaufwinkel, hier Vorspurwinkel, und kleine Sturzwinkel kann die Seitenkraft linearisiert nach Gl. (24.1) zu

$$S = \delta \beta_\text{V,s} - \chi \xi \quad (123.7)$$

442 Vierter Teil — XVII. Wege und Momente am Lenkrad

und das Rückstellmoment nach Gl. (24.2) zu

$$M_S = \delta n_S \beta_{V,S} + \chi_M \xi \tag{123.8}$$

angegeben werden. Die Umformung dieser unter Betrachtung des rechten (= kurvenäußeren) Vorderrades abgeleiteten Gleichungen für die Anwendung auf das linke (= kurveninnere) Rad wird mit Hilfe von Gl. (122.1) durchgeführt. So ist

$$\xi_a = \xi_0 - \beta_V \tan \tau, \qquad \xi_i = -\xi_0 - \beta_V \tan \tau. \tag{123.9}$$

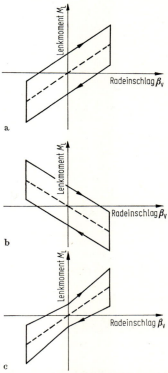

Bild 123.1 Abhängigkeit des Lenkmomentes vom Radeinschlag bei langsamer Kurvenfahrt a) bei Gewichtsrückstellung und konstanter Reibung, b) bei negativer Gewichtsrückstellung und konstanter Reibung, c) bei Gewichtsrückstellung mit konstanter und zusätzlich zum Lenkmoment proportionaler Reibung.

Damit werden die Kräfte und Momente

$$S_a = \delta \beta_{V,S} - \chi(\xi_0 - \beta_V \tan \tau), \qquad S_i = -\delta \beta_{V,S} + \chi(\xi_0 + \beta_V \tan \tau),$$

$$M_{S,a} = \delta n_S \beta_{V,S} + \chi_M(\xi_0 - \beta_V \tan \tau),$$

$$M_{S,i} = -\delta n_S \beta_{V,S} - \chi_M(\xi_0 + \beta_V \tan \tau).$$

123. Lenkmoment bei langsamer Kurvenfahrt

Nach Gl. (122.4) werden für die Berechnung des Lenkmomentes die Ausdrücke

$$S_\mathrm{a} + S_\mathrm{i} = 2\chi\beta_\mathrm{V}\tan\tau,$$

$$S_\mathrm{a} - S_\mathrm{i} = 2(\delta\beta_\mathrm{V,s} - \chi\xi_0),$$

$$M_\mathrm{S,a} + M_\mathrm{S,i} = -2\chi_\mathrm{M}\beta_\mathrm{V}\tan\tau,$$

$$M_\mathrm{S,a} - M_\mathrm{S,i} = 2(\delta n_\mathrm{S}\beta_\mathrm{V,s} + \chi_\mathrm{M}\xi_0) \tag{123.10}$$

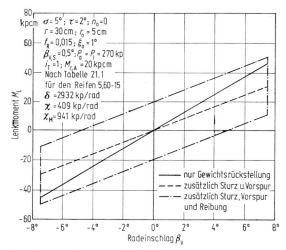

Bild 123.2 **Einfluß** von Sturz und Vorspur auf die Abhängigkeit des Lenkmomentes vom Radeinschlag bei langsamer Kurvenfahrt.

gebraucht. Damit erweitert sich der Ausdruck für das Lenkmoment bei kleiner Geschwindigkeit nach Gl. (123.5) unter Vernachlässigung der Produkte dreier kleiner Größen zu

$$i_\mathrm{T}M_\mathrm{L} \mp M_\mathrm{r,A} = \beta_\mathrm{V}[(P_\mathrm{a} + P_\mathrm{i})(r'_0\tan\sigma - (n_\mathrm{K} - f_\mathrm{R}r)\tan\tau) +$$
$$+ 2(\chi n_\mathrm{K} - \chi_\mathrm{M})\tan\tau - 2(\delta\beta_\mathrm{V,s} - \chi\xi_0)\,r\tan\sigma]. \tag{123.11}$$

Die Gleichung besagt, daß die Gewichtsrückstellung (eckige Klammer also positiv) durch Sturz und Vorspur sowohl vermehrt als auch verringert werden kann. Die durch die Sturzänderung auftretende Differenz von Sturzseitenkraft verbunden mit dem konstruktiven Nachlauf und dem Sturzmoment $(\chi n_\mathrm{K} - \chi_\mathrm{M})$ ist positiv, wenn $n_\mathrm{K} > \chi_\mathrm{M}/\chi$ ist. Nach den Angaben für einige Pkw-Reifen in Tabelle 21.1 müßte dann $n_\mathrm{K} > 2{,}3 \ldots 5{,}4$ cm sein; in Wirklichkeit ist der konstruktive Nachlauf n_K — vgl. Tabelle 120.1 — selten so groß. Danach dürfte normalerweise die Differenz $(\chi n_\mathrm{K} - \chi_\mathrm{M})$ negativ sein und so das Lenkmoment M_L gegenüber der alleinigen Gewichtsrückstellung verkleinert werden.

Ebenfalls verringernd wirkt eine positive Differenz $(\delta\beta_{V,s} - \chi\xi_0)$ der Kombination von Vorspur und Sturz, d. h. wenn $\xi_0/\beta_{V,s} < \delta/\chi$ ist. Da nach Tabelle 21.1 δ/χ fast immer über 5 liegt, wird das Lenkmoment M_L verkleinert, wenn der Sturzwinkel bei Geradeausfahrt ξ_0 kleiner als fünfmal Vorspurwinkel $\beta_{V,s}$ ist.

Zahlenangaben vermittelt das $M_L(\beta_V)$-Schaubild in Bild 123.2. Der Sturz bzw. die Sturzänderung und die Vorspur verkleinern das Moment in diesem Beispiel um 20%. Zudem ist das auf die Lenkzapfenachse bezogene Reibungsmoment $M_{r,A}$ mit eingetragen.

124. Lenkmoment im Stand

Es wird nun auf die zweite, in Abschn. 120 unter a genannte Prüfmethode, das Lenken im Stand, eingegangen.

Dazu müssen wir eine Reifeneigenschaft zusätzlich kennenlernen, die nicht im Ersten Teil besprochen wurde, nämlich das Auftreten des Schwenkmomentes M_{Sch}, eines Momentes um die Hochachse, in der Richtung identisch dem Rückstellmoment M_S in Bild 121.1. Dieses Schwenkmoment ist ein Reibungsmoment (wir wollen den Namen nicht benutzen, sondern für die Coulombsche Reibung im Lenksystem vorbehalten), da — am deutlichsten zu zeigen beim Lenkrollradius $r_0 = 0$ — die Latschpunkte auf der Fahrbahn gleiten. Auf dieser Anschauung beruht nun die verbreitete Folgerung, daß mit zunehmendem r_0 das Gleiten und damit das Schwenkmoment geringer werden. Dies stimmt nach Bild 124.1 nicht immer, bei manchen Reifen ist das Moment konstant, bei anderen steigt es sogar mit wachsendem r_0 an. Danach spielt also die Größe von r_0 in diesem Zusammenhang keine bzw. nur eine geringe Rolle.

Als quantitative Aussage entnehmen wir dem Bild 124.1, daß das Schwenkmoment wesentlich größer als die bisher bekannten Ausdrücke ist, so daß Gl. (122.4) praktisch lautet

$$i_T M_L \mp M_{r,A} \approx 2 M_{Sch}. \tag{124.1}$$

In Bild 124.2 ist für das Schwenken ein Diagramm ähnlich dem in Bild 123.2 gezeigten aufgezeichnet worden. Dabei wurde angenommen, daß ausgehend von der Geradeausstellung geschwenkt wird und der Reifen zunächst um 1° verspannt werden muß, um die Latschteile zum Gleiten zu bringen. (Das ist eine reine Annahme, Angaben liegen nicht vor.) Damit ist das im weiteren konstante Schwenkmoment M_{Sch} erreicht. Wird z. B. bei 8° Radeinschlag mit dem Schwenken aufgehört, so entspannt sich der Reifen wieder um 1°, bis $M_{Sch} = 0$ erreicht ist. Bei entgegengesetzter Drehung ist es umgekehrt.

124. Lenkmoment im Stand

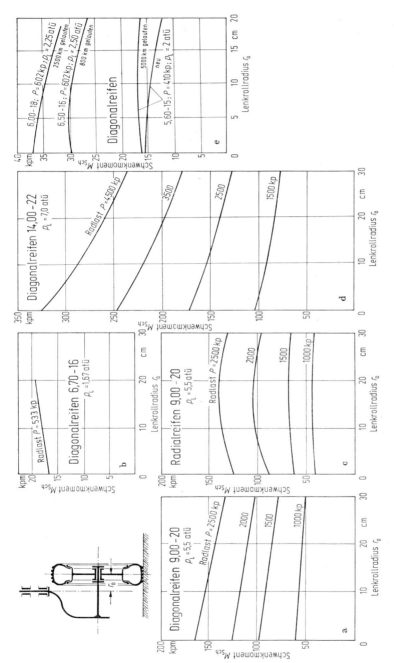

Bild 124.1 Abhängigkeit des Schwenkmomentes vom Lenkrollradius für einige Reifen. a bis d) aus FREUDENSTEIN, G.: Zum Verhalten von Luftreifen auf Vorderachsen. ATZ 65 (1963) Nr. 5, S. 121–127. e) aus PERRET, W.: Diss., Stuttgart 1964.

Vergleicht man nun die Aussagen der in den Bildern 124.2 und 123.2 gezeigten Diagramme miteinander, ergibt sich für Kurvenfahrt mit einem Radeinschlag von 8° ein Moment (ohne Reibung) von rund 50 cmkp, beim Schwenken eines von 1700 cmkp, also mehr als das 30fache. Der Vergleich fällt bei vollem Radeinschlag z. B. von 40° günstiger aus, dann beträgt das Moment beim Fahren etwa 250 cmkp[1], beim Schwenken unverändert 1700 cmkp, also nur noch das etwa 7fache.

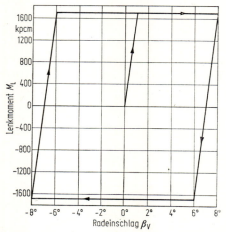

Bild 124.2 Abhängigkeit des Lenkmomentes vom Radeinschlag beim Parkieren. ($M_{r,A} = 0$, $i_r = 1$. Es wurde aus Bild 124.1b $2M_{sch} = 17$ kpm entnommen, und zwar vom Reifen 6,70-16, weil dessen Last von 533 kp dem Wert $P_a + P_i = 540$ kp von Bild 123.2 entspricht.)

Die Größe des Schwenkmomentes ist beim Pkw deshalb bestimmend für die Wahl des Übersetzungsverhältnisses i_G oder für den Einbau einer Servolenkung. Bei schweren Lkw sollen — wie bei Besprechung von Bild 120.1 erwähnt — die Räder im Stand nicht eingeschlagen werden.

125. Lenkmoment bei schneller Kurvenfahrt

Wir betrachten nun eine Fahrt mit nicht zu vernachlässigender Zentripetalbeschleunigung, nehmen aber zunächst zur Vereinfachung wie in Kap. XV an, daß der Schwerpunkt des Fahrzeuges in Höhe der Fahrbahn liegt. Damit sind die Differenzen $(P_a - P_i)$ und $(S_a - S_i)$ bei Vernachlässigung der Sturz- und Vorspureinflüsse gleich Null. Wird auch die Differenz der Umfangskräfte $(U_a - U_i)$ vernachlässigt, so lautet das Lenkmoment mit Gl. (122.4) und (123.5) bei Hinter-

---

[1] Genau kann das nicht gelten, weil die linearisierten Gleichungen nur bis etwa $\beta_V = 10°$ angewendet werden dürfen.

achsantrieb

$$i_\text{T} M_\text{L} \mp M_{\text{r,A}} \approx (P_\text{a} + P_\text{i})\beta_\text{V}[r'_0 \tan \sigma - (n_\text{K} - f_\text{R} r) \tan \tau] +$$
$$+ (S_\text{a} + S_\text{i}) n_\text{K} + (M_{\text{S,a}} + M_{\text{S,i}}). \tag{125.1}$$

Die erste Zeile ist nur vom Radeinschlag β_V, die zweite Zeile nur von der Zentripetalbeschleunigung v^2/ϱ abhängig. Wenn das Fahrzeug nicht neutralsteuernd ist, ändert sich der Radeinschlag β_V indirekt ebenfalls mit v^2/ϱ, wie Bild 104.4 zeigt.

Wir betrachten zunächst das Teilmoment $(S_\text{a} + S_\text{i}) n_\text{K} + (M_{\text{S,a}} + M_{\text{S,i}})$. Unter der oben genannten Voraussetzung eines in Fahrbahnhöhe liegenden Schwerpunktes und gleicher Schräglaufwinkel an beiden Rädern (vgl. Abschn. 104) sind die Seitenkräfte und Rückstellmomente gleich groß
$$S_\text{a} = S_\text{i} = S, \quad M_{\text{S,a}} = M_{\text{S,i}} = M_\text{S},$$

und das Teilmoment vereinfacht sich zu

$$(S_\text{a} + S_\text{i}) n_\text{K} + (M_{\text{S,a}} + M_{\text{S,i}}) = 2(S n_\text{K} + M_\text{S}). \tag{125.2}$$

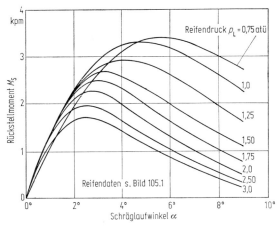

Bild 125.1 Rückstellmoment in Abhängigkeit vom Schräglaufwinkel für verschiedene Reifendrücke. Aus KREMPEL, G.: Diss., Karlsruhe 1965.

Die Größe dieses Momentes betrachten wir an einem mit Rennsportreifen 5,90-15 ausgerüsteten Fahrzeug. Die Seitenkraft-Schräglaufwinkel-Kurve eines Reifens dieser Größe kennen wir aus Bild 105.1. Den Verlauf des Rückstellmomentes über dem Schräglaufwinkel zeigt Bild 125.1. Mit diesen beiden Diagrammen stellen wir wie folgt den Zusammenhang von S, M_S, α_V und v^2/ϱ her: Für das in Bild 105.1 genannte Fahrzeugbeispiel entsprechen einem Wert $a = v^2/\varrho g$ (z. B. = 0,4) bei einem Luftdruck (1,75 atü) eine bestimmte Seitenkraft S (= 108 kp) und ein bestimmter Schräglaufwinkel $\alpha_V (\approx 1,8°)$. Zu diesem Winkel gehört nach Bild 125.1 ein Rückstellmoment M_S ($\approx 2{,}0$ mkp). Mit dem konstruktiven Nachlauf n_K (= 1 cm) läßt sich damit das Teilmoment $2(Sn_K + M_S)$ für den angenommenen a-Wert ausrechnen,

$$2(108 \text{ kp} \cdot 0{,}01 \text{ m} + 2{,}0 \text{ mkp}) = 2 \cdot 3{,}08 \text{ mkp} \approx 6 \text{ mkp}.$$

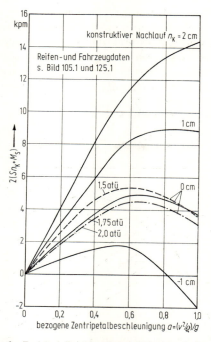

Bild 125.2 Anteil des von der Zentripetalbeschleunigung abhängigen Lenkmomentes für verschiedene konstruktive Nachläufe, aufgetragen über der bezogenen Zentripetalbeschleunigung.

Den Verlauf von $2(Sn_K + M_S)$ über a zeigt Bild 125.2. Mit wachsender Zentripetalbeschleunigung steigt das Lenkmoment an, zunächst linear, erreicht dann ein Maximum und fällt wieder ab. Bei welchem Wert a das Maximum erreicht wird, hängt von der Größe des konstruktiven Nachlaufs ab. Sehen wir uns zunächst die Kurve mit $n_K = 0$ an. Wird die Zentripetalbeschleunigung größer als das 0,6-fache der Erdbeschleunigung, so nimmt das erforderliche Lenkmoment ab, d. h., der Fahrer braucht am Lenkrad nicht mehr so große Kräfte aufzubringen. Dies wird in der Regel dann als Nachteil gewertet, wenn die für das Maximum des Lenkmomentes maßgebende Zentripetalbeschleunigung unterhalb der für die Rutschgrenze liegt, denn das abnehmende Lenkmoment könnte Fahrern ein Sicherheitsgefühl vermitteln, während in Wirklichkeit das Fahrzeug bald seitlich weggleitet. Es gibt allerdings auch Fahrer, die die Änderung der Lenkkräfte und das Überschreiten des Maximums als Zeichen für die Nähe der Rutschgrenze ansehen.

Den Maximalwert kann man auf höhere Werte von a dadurch verlegen, daß man den konstruktiven Nachlauf vergrößert. Bei $n_K = 1$ cm liegt er bei $a \approx 1{,}0$, bei $n_K = 2$ cm weit über $a = 1$. Mit dem Nachlauf von $n_K = 2$ cm erhält man über den gesamten Fahrbereich hinweg eine fast proportionale Vergrößerung des Lenkmomentes mit der Zentripetalbeschleunigung. Diese von der Mehrzahl der Fahrer bevorzugte Art der Information bekommt man nicht geschenkt, denn das erforderliche Lenkmoment wird mit wachsendem konstruktivem Nachlauf größer, und der Fahrer muß größere Lenkkräfte aufbringen.

Betrachtet man den Bereich $a = 0 \ldots 0{,}5$, so müssen die bei $n_K = 0$ erforderlichen Kräfte für $n_K = 2$ cm verdoppelt werden.

Bei negativem Nachlauf, d. h. Vorlauf benötigt man sehr geringe Kräfte zum Lenken. Das Maximum liegt dann schon bei kleinen Seitenbeschleunigungen, und bei höheren können negative Lenkkräfte auftreten.

Gegenüber $2(Sn_K + M_S)$ ist der Term der Gewichtsrückstellung $(P_a + P_i)\beta_V$ [...] in Gl. (125.1) belanglos, dies besonders, wenn man zudem noch berücksichtigt, daß bei schneller Kurvenfahrt der Radeinschlag nicht groß ist. Nimmt man dennoch $\beta_V = 8°$ an, dann beträgt nach Bild 123.2 der Anteil der Gewichtsrückstellung 50 cmkp, der aus Seitenkräften und Rückstellmomenten nach Bild 125.2 bei $v^2/\varrho = 0{,}2\, g$ und $n_K = 1$ cm aber 300 cmkp. Man kann also bei höheren Zentripetalbeschleunigungen Gl. (125.1) zu

$$i_T M_L \mp M_{r,A} \approx (S_a + S_i)n_K + (M_{S,a} + M_{S,i}) \qquad (125.3)$$

vereinfachen.

In Abschn. 123 hielten wir negative Gewichtsrückstellung wegen der destabilisierenden Wirkung für ungünstig. Aus der eben geführten Betrachtung kommt aber noch ein weiterer Nachteil hinzu, der aus folgendem Beispiel ersichtlich wird: Fahren wir einen Kreis mit einem bestimmten Radeinschlag β_V und zunächst sehr kleiner Geschwindigkeit ($v \approx 0$), dann ist das Moment M_L bei vernachlässigter Reibung zunächst negativ. Wird bei gleichem β_V die Geschwindigkeit gesteigert, dann wird durch das Auftreten von Seitenkräften und Rückstellmomenten M_L größer, bei einer bestimmten Zentripetalbeschleunigung Null und dann positiv. Der weitere Nachteil besteht also darin, daß das Moment M_L bzw. das Lenkradmoment $M_{L,H}$ in Abhängigkeit von v^2/ϱ das Vorzeichen wechselt.

In Abschn. 107 haben wir den Einfluß des Reifenluftdruckes auf die Steuertendenz dadurch behandelt, daß wir den Druck einmal auf 1,5 atü reduzierten, zum anderen auf 2,0 vergrößerten.

Den Einfluß des Reifenluftdruckes auf das Lenkmoment zeigt Bild 125.2 für den konstruktiven Nachlauf $n_K = 0$. Kleinerer Luftdruck bewirkt besonders bei geringen Zentripetalbeschleunigungen größere Lenkmomente, größerer Druck kleinere Momente.

Die Lage des Maximalwertes ändert sich wenig. Nimmt man es genau und betrachtet die Veränderung, so erkennt man bei diesem Beispiel eine Verschiebung des Maximums mit höherem Druck zu höheren a-Werten. Das klingt zunächst überraschend, da sich nach Bild 125.1 das maximale Reifenrückstellmoment mit höherem Druck eindeutig zu kleineren Schräglaufwinkeln verschiebt. Da sich aber andererseits bei gleichen Zentripetalbeschleunigungen mit höherem Druck kleinere Schräglaufwinkel nach Bild 122.1 einstellen, ergeben beide Einflüsse gemeinsam eine nahezu unveränderte Lage der Maxima.

Gegenüber dem Rennsportreifen entstehen beim Normalreifen größere Schräglaufwinkel (s. Bild 105.1), und dadurch wird das Maximum des Rückstellmomentes schon bei kleineren a-Werten erreicht.

Heben wir den Schwerpunkt, der bisher auf der Fahrbahn lag, auf seine richtige Höhe an, so müssen wir auch die Differenzglieder $(S_a - S_i)$, $(M_{S,a} - M_{S,i})$, $(W_{R,a} - W_{R,i})$, $(U_a - U_i)$ und $(P_a - P_i)$ aus Gl. (122.4) berücksichtigen. Mit der Vereinfachung nach Gl. (125.3) ergibt sich dann das Lenkmoment bei Hinterradantrieb zu

$$i_T M_L \mp M_{r,A} \approx (S_a + S_i)n_K + (M_{S,a} + M_{S,i}) -$$
$$- (S_a - S_i)\beta_V r \tan \sigma + (M_{S,a} - M_{S,i})\beta_V \tan \tau \tan \sigma -$$
$$- (P_a - P_i)[r_0 \tan \tau + n_K \tan \sigma + f_R(r\xi_0 - r_0' + n_0 \beta_{V,S})].$$

Bei Vernachlässigung weiterer kleiner Größen ist

$$i_T M_L \mp M_{r,A} \approx (S_a + S_i)n_K + (M_{S,a} + M_{S,i}) -$$
$$- (S_a - S_i)\beta_V r \tan \sigma - (P_a - P_i)[r_0 \tan \tau + n_K \tan \sigma -$$
$$- f_R(r \tan \sigma + r_0)]. \tag{125.4}$$

Die Zusatzgrößen vermindern das Lenkmoment, wie Bild 125.3b zeigt, nur geringfügig. Einfluß hat praktisch nur der $(P_a - P_i)$-Summand, weil bei kleinen β_V-Werten — hier 1,4° nach Bild 104.4 — der $(S_a - S_i)$-Term nahezu verschwindet. Wächst hingegen z. B. bei Stadtfahrten β_V auf 6° oder 12° an, so wird der Ausdruck mit $(S_a - S_i)$ gleich oder doppelt so groß wie der mit $(P_a - P_i)$. Aber auch dann ver-

125. Lenkmoment bei schneller Kurvenfahrt

mindert sich nur das Lenkmoment an der Schleudergrenze, aber nicht bei kleineren Zentripetalbeschleunigungen. Es gilt also immer noch die Näherungsgleichung (125.3).

Bei schneller Kurvenfahrt mit hoher Zentripetalbeschleunigung ist nach Abschn. 111 der Kurvenwiderstand, der durch gleich große Umfangskräfte an den Antriebsrädern überwunden werden muß, groß.

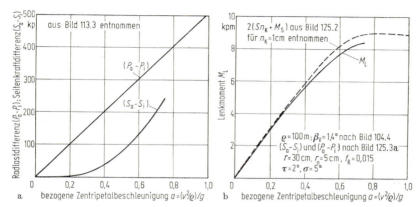

Bild 125.3 Einfluß der Radlast- und Seitenkraftdifferenzen auf das Lenkmoment. a) Kraftdifferenzen an der Vorderachse, b) Lenkmoment in Abhängigkeit von der bezogenen Zentripetalbeschleunigung. ($i_T = 1$, $M_{r,A} = 0$. Die ($S_a - S_i$)-Werte in diesem Diagramm gelten nur näherungsweise, da für die Berechnungen zu den Bildern 113.3 und 125.2 nur Diagramme ähnlicher Reifen vorhanden waren.)

Bei Vorderradantrieb ist der direkte Einfluß diese Kräfte auf das Lenkmoment klein, d. h. das Glied $(U_a + U_i)\beta_V[\ldots]$ in Gl. (122.4) ist gegenüber dem der Seitenkräfte und der Rückstellmomente klein und braucht daher nicht berücksichtigt zu werden. Indirekt hingegen beeinflußt nach Bild 23.4 die Umfangskraft den Verlauf der Seitenkraft- und Rückstellmomentenkennlinien und erzielt dadurch bemerkenswerte Änderungen des Lenkmomentes.

Ein Beispiel an Hand der Bilder 23.4c und d soll das erklären. Bei einer Antriebskraft von $U = 100$ kp und einer Seitenkraft $S = 200$ kp stellen sich ein Schräglaufwinkel von $\alpha_V = 5°$ und damit ein Rückstellmoment $M_H = 10$ mkp ein. Wird nun durch „Gas-Wegnehmen" $U \approx 0$, so behält im ersten Augenblick die durch die Fliehkraft bedingte Seitenkraft ihren Wert von 200 kp bei, der Schräglaufwinkel vermindert sich auf $\alpha_V = 4°$, und das Rückstellmoment nimmt infolge der fehlenden Umfangskraft und des kleineren Schräglaufwinkels auf ungefähr $M_H = M_S = 8$ mkp ab. Die Verminderung ist also wesentlich.

Es ändert sich übrigens nicht nur das Moment am Lenkrad, sondern auch das Steuerverhalten des Kraftwagens. Dies bedingt einmal die veränderte Schräglaufwinkeldifferenz (s. Abschn. 112.1). Zum anderen beeinflußt das veränderte Lenkmoment die Größe des auf Grund der Lenkelastizität möglichen Radeinschlages (s. Abschn. 110 und 128)[1].

Zuletzt wollen wir auf die Wirkung des Kreiselmomentes eingehen. Das Moment $2\Theta_R\dot{\varphi}\dot{\varepsilon}\tan\tau$ aus Gl. (122.4) ist als einziges von der Gierwinkelgeschwindigkeit abhängig und nicht wie die anderen von Drehwinkeln. Sein Betrag ist allerdings nicht sehr groß.

Ein Beispiel bestätigt das: Mit $\Theta_R = 0{,}1$ mkps², $\tau = 4°$, $\tan\tau = 0{,}07$, $\dot{\varphi} = v/R_0$, $v = 20$ m/s, $R_0 = 0{,}3$ m, $\dot{\varepsilon} = v/\varrho$ nach Gl. (98.1) mit $\varrho = 100$ m wird $2\Theta_R\dot{\varphi}\dot{\varepsilon}\tan\tau = 2\cdot 0{,}1\cdot\dfrac{20}{0{,}3}\cdot\dfrac{20}{100}\cdot 0{,}07 \approx 0{,}19$ mkp.

126. Störmomente bei Geradeausfahrt

Ist der Radeinschlag $\beta_V = 0$ und wirkt keine Zentrifugalkraft, dann ist mit $P_a = P_i$, $S_a = S_i = 0$ und $M_{S,a} = M_{S,i} = 0$ bei Vernachlässigung der Einflüsse von Sturz und Vorspur das Lenkmoment nach Gl. (122.4)

$$i_T M_L - M_{r,A} = \{(W_{R,r} - W_{R,l})[r_0' - r_0] + (U_r - U_l)[r_0' - r_0]\} - (U_r - U_l)r_0' + 2\Theta_R\dot{\varphi}\dot{\varepsilon}\tan\tau. \qquad (126.1)$$

Da bei der Geradeausfahrt die Indizes a (außen) und i (innen) keinen Sinn mehr haben, wurden sie entsprechend Gl. (122.3) wieder durch r (rechts) und l (links) ersetzt.

Wir betrachten zunächst das angetriebene Fahrzeug, für das sowohl bei Vorderrad- als auch bei Hinterradantrieb der Ausdruck in der geschweiften Klammer zu Null zu setzen ist. Bei hinterradangetriebenen Fahrzeugen ist U der Rollwiderstand, so daß bei Vernachlässigung des Kreiselmomentes auf der rechten Seite der obigen Gleichung $+(W_{R,r} - W_{R,l})r_0'$ steht. Der Rollwiderstand ist bei Fahrt auf der Straße so klein, daß eventuell auftretende Unterschiede zwischen dem linken und rechten Rad zu keiner großen Differenz führen. (Sie kann trotzdem unangenehm sein, weil das Fahrzeug nicht von allein geradeaus fährt und der Fahrer deshalb immer gegenlenken muß.) Größere Unterschiede können auftreten, wenn das eine Rad auf der Straße, das andere z. B. auf dem Grünstreifen der Autobahn fährt.

Bei vorderradangetriebenen Fahrzeugen wird das Auftreten unterschiedlicher Antriebskräfte durch das Differential — sofern es nicht zu hohe Reibung hat oder ein Sperrdifferential ist — verhindert.

Weiterhin kann U eine Bremskraft sein, die einen großen Betrag erreicht und bei schiefziehenden Bremsen auch zu merklichen Werten

---

[1] Dies führt zu dem bei vorderachsangetriebenen Wagen häufig zu beobachtenden Kurswechsel, wenn während der Kurvenfahrt das Gas weggenommen wird.

für $(U_r - U_l)$ führen kann. Im Extremfall kann dieses Moment in der Größenordnung der Schwenkmomente liegen. Besonders unangenehm ist, daß es in der Regel für den Fahrer überraschend auftritt und zudem mit Kursabweichung verbunden ist. Bei am Achsschenkel liegenden Bremsen — es gilt die geschweifte Klammer — lautet das Lenkmoment bei Vernachlässigung der Differenz der Rollwiderstände und des Kreiselmomentes

$$i_T M_L - M_{r,A} = -(U_r - U_l) r_0 \qquad (126.2)$$

und bei innenliegenden Bremsen — geschweifte Klammer ist gleich Null —

$$i_T M_L - M_{r,A} = -(U_r - U_l) r_0'. \qquad (126.3)$$

Ein Zahlenbeispiel soll die Größe zeigen. Dazu wird die Kraftschlußbeanspruchung $f_r = U_r/P_r$ und $f_l = U_l/P_l$ eingeführt und $P_r = P_l = P$ gesetzt. Nach Gl. (126.2) ist

$$(U_r - U_l) r_0 = -(f_r - f_l) P r_0.$$

Im Extremfall auf trockener Straße mit $f_r = 1$ und $f_l = 0$, d. h. $U_l = 0$, oder umgekehrt sowie den in den vorstehenden Abschnitten verwendeten Daten $P = 270$ kp, $r_0 = 5$ cm ergibt sich bei Vernachlässigung der Kreiselmomente und der Rollwiderstände

$$i_T M_L - M_{r,A} = 13.5 \text{ mkp}.$$

Ohne Beachtung der Reibung ist demnach auch bei unterschiedlichen Bremskräften das Lenkmoment M_L unter den oben getroffenen Annahmen praktisch Null, wenn der Lenkrollhalbmesser $r_0 = 0$ bzw. der erweiterte Lenkrollhalbmesser $r_0' = 0$ oder wenigstens klein ist[1].

Einen kleinen Lenkrollhalbmesser r_0 erhält man nach Bild 121.1a zunächst durch einen geringen Abstand $\overline{AC}$, der aber konstruktiv durch Felgen-, Lager- und Bremsenabmessungen bei einem bestimmten Felgendurchmesser nicht unter einen Mindestwert gebracht werden kann. Deshalb bleibt nichts anderes übrig, als dem Achsschenkelbolzen eine Spreizung σ und dem Rad einen Sturz ξ_0 zu geben. ξ_0 wird allerdings wegen des Einflusses auf das Kurvenfahrverhalten (s. Abschn. 108) und wegen des einseitigen Reifenverschleißes klein gehalten, so daß als konstruktive Maßnahme nur die Neigung des Achsschenkelbolzens um den Winkel σ übrigbleibt. Bei innenliegenden Bremsen nutzt diese Neigung nichts, da hier $r_0' = 0$ gesetzt werden muß.

Weiterhin treten beim Überfahren von Unebenheiten, wie Bild 126.1 zeigt, Horizontalkräfte auf, die im allgemeinen am rechten und linken Rad verschieden groß sind. Falls sie größer als die Reibung sind, werden

---

[1] Im Hinblick auf die Kurshaltung des Fahrzeuges sind negative Werte von Vorteil.

sie für den Fahrer um so mehr am Lenkrad spürbar, je kleiner das reduzierte Massenträgheitsmoment der Lenkung ist. Um die „Straße" oder unterschiedliche Bremskräfte vom Lenkrad fernzuhalten, müßte die Reibung vergrößert werden bzw. r_0 oder r_0' verkleinert werden. Große Reibung ist aber ungünstig, weil die Lenkung für den Fahrer unempfindlich wird, da er bei jedem Lenkradeinschlag zunächst die Reibungsmomente überwinden muß. Bei genauer Betrachtung muß allerdings beachtet werden, daß beim Überfahren der Unebenheiten die Reibung bei Momentenfluß vom Rad zum Lenkrad, beim Lenken die Reibung in der umgekehrten Richtung vom Lenkrad zum Rad maßgebend ist. Letztere sollte möglichst klein, die andere hingegen groß sein. Weiterhin muß getrennt werden zwischen der Reibung am Achsschenkelbolzen

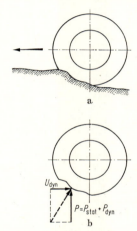

Bild 126.1 Beim Überfahren von Unebenheiten treten Zusatzkräfte auf. a) Unebenheitsprofil, b) Zusatzkräfte U_{dyn} in Umfangsrichtung und P_{dyn} in Vertikalrichtung.

und im Lenkgestänge $M_{\mathrm{r,A}}$ und der Reibung im Lenkgetriebe und am Lenkrad $M_{\mathrm{r,G}}$. Vergrößerung von $M_{\mathrm{r,A}}$ ist für die Unterdrückung der Auswirkungen von Unebenheiten zweckmäßiger, weil am Lenkrad nur der Anteil $M_{\mathrm{r,A}}/(i_{\mathrm{T}} i_{\mathrm{G}})$ nach Gl. (120.5) fühlbar ist.

Auch bei Verkleinerung des Lenkrollhalbmessers auf $r_0 = 0$ bzw. $r_0' = 0$ — wie oben für die Beseitigung unterschiedlicher Bremsmomente vorgeschlagen — tritt eine Erregung auf, weil der Unterschied in den Horizontalkräften $U_{\mathrm{r,dyn}} - U_{\mathrm{l,dyn}} = \Delta U$ von einer Differenz der Vertikalkräfte $P_{\mathrm{r}} - P_{\mathrm{l}} = P_{\mathrm{r,dyn}} - P_{\mathrm{l,dyn}} = \Delta P$ begleitet wird. Nach Gl. (122.4) ist

$$i_{\mathrm{T}} M_{\mathrm{L}} - M_{\mathrm{r,A}} = \{f_{\mathrm{R}} \Delta P [r_0' - r_0] + \Delta U [r_0' - r_0]\} - \Delta U r_0' - \Delta P [r_0 \tan \tau + n_{\mathrm{K}} \tan \sigma]. \quad (126.4)$$

127. Neigungsänderung des Lenkzapfens

Zu Beginn des Abschn. 121 wurde, um die Rechnungen zunächst einfacher zu gestalten, keine Neigungsänderung des Achsschenkelbolzens zugelassen. Jetzt soll diese berücksichtigt werden, und zwar bei dem in Bild 121.1a dargestellten rechten (Index r) oder kurvenäußeren (Index a) Achsschenkelbolzen in Form einer *kleinen* Spreizungsänderung um $-\Delta\sigma$ und einer *kleinen* Nachlaufwinkeländerung um $-\Delta\tau$.

Ohne auf die Ableitungen einzugehen, werden im folgenden die durch die Neigungsänderung bedingt anderslautenden Rechenvorschriften für die Größen des Abschn. 121 — gültig für den rechten bzw. kurvenäußeren Lenkzapfen — angegeben:

Der Einheitsvektor e aus Gl. (121.9), der die Richtung des Achsschenkelbolzens anzeigt, lautet jetzt

$$e = \frac{1}{\varkappa}[(-\tan\tau + \Delta\tau)\boldsymbol{i}_F + (\tan\sigma - \Delta\sigma)\boldsymbol{j}_F + (1 + \Delta\sigma\tan\sigma + \Delta\tau\tan\tau)\boldsymbol{k}_F]. \tag{127.1}$$

Der Vektor $\boldsymbol{r}_{A,C}$ nach Gl. (121.13) besitzt nunmehr die Form

$$\boldsymbol{r}_{A,C} = (-n_0 + r_0'\beta_V)\boldsymbol{i}_F + (-r_0' - n_0\beta_V)\boldsymbol{j}_F +$$
$$+ [-r_0'\Delta\sigma + n_0\Delta\tau + (r_0'\tan\tau + n_0\tan\sigma)\beta_V]\boldsymbol{k}_F, \tag{127.2}$$

d. h. die kleinen Spreizungs- und Nachlaufwinkeländerungen bewirken nur ein Anheben oder Absenken des Achsschenkels.

Die Sturzänderung, vgl. Gl. (121.15), wird lediglich durch die Spreizungsänderung erweitert (wenn nach wie vor nur kleine Winkeländerungen betrachtet werden)

$$\Delta\xi = \Delta\sigma - \beta_V\tan\tau. \tag{127.3}$$

Die Komponentenbeträge der Kraft $\boldsymbol{K}_A$ nach Gl. (121.25) ändern sich nicht, hingegen die des Momentes $\boldsymbol{M}_A$ von Gl. (121.26) zu

$$M_{A,x} = \{-(W_R + U)r\beta\} - S\,[r - r_0'(-\Delta\sigma + \beta_V\tan\tau) -$$
$$- n_0(\Delta\tau + \beta_V\tan\sigma)] - P(r\xi - r_0' - n_0\beta_V) - \Theta_R\dot\varphi(\dot\varepsilon + \dot\beta),$$

$$M_{A,y} = \{(W_R + U)r + \xi M_S\} - \xi M_S - U\,[r_0'(-\Delta\sigma + \beta_V\tan\tau) +$$
$$+ n_0(\Delta\tau + \beta_V\tan\sigma)] - Sr\beta - P(n_0 - r_0'\beta_V),$$

$$M_{A,z} = \{W_R + U)r\xi\} - W_R\xi + U\,[-r_0' + n_0(\beta - \beta_V)] +$$
$$+ S\,[n_0 + r_0'(\beta - \beta_V)] + M_S + \Theta_R\dot\varphi\dot\xi. \tag{127.4}$$

Beim Treiben und beim Bremsen mit innenliegenden Vorderradbremsen müssen — wie auch schon in den vorangegangenen Abschnitten — die in den geschweiften Klammern stehenden Ausdrücke Null gesetzt werden. Dieser Umstand ist selbstverständlich auch bei den folgenden Gl. (127.5) und (127.6) zu beachten.

Das Moment um den rechten bzw. kurvenäußeren Achsschenkelbolzen entsprechend Gl. (121.27) lautet

$$\varkappa M = \{(W_R + U)\,[r_0' - r_0 + r(\beta - \beta_V)\tan\tau] + M_S\,\xi\tan\sigma\} +$$
$$+ M_S[1 + \Delta\tau\tan\tau + \Delta\sigma\tan\sigma - \xi\tan\sigma] - W_R r\xi -$$
$$- U[+r_0' - n_0(\beta - \beta_V) +$$
$$+ (r_0'\tan\tau + n_0\tan\sigma)\beta_V\tan\sigma + \Delta\tau(r_0'\tan\tau + n_0\tan\sigma)] +$$
$$+ S[n_K + r_0'(\beta - \beta_V) - r\beta\tan\sigma - (r_0'\tan\tau + n_0\tan\sigma)\beta_V\tan\tau +$$
$$+ \Delta\sigma(r_0'\tan\tau + n_0\tan\sigma) - r\Delta\tau] +$$
$$+ P[-r_0\tan\tau - n_K\tan\sigma - (n_K\tan\tau - r_0'\tan\sigma)\beta_V + r_0'\Delta\tau + n_K\Delta\sigma] +$$
$$+ \Theta_R\dot{\varphi}[(\dot{\varepsilon} + \dot{\beta})\tan\tau + \dot{\xi}]. \tag{127.5}$$

Die Summe der Momente um beide Lenkzapfen entsprechend Gl. (122.4) ergibt sich unter Beachtung, daß am rechten und linken Achsschenkelbolzen die Spreizungs- und Nachlaufwinkeländerung das gleiche Vorzeichen haben, zu

$$\varkappa(M_r + M_l) = \{[(W_{R,r} + U_r) - (W_{R,l} + U_l)]\,(r_0' - r_0) -$$
$$- [(W_{R,r} + U_r) + (W_{R,l} + U_l)]\,r\beta_V\tan\tau +$$
$$+ [\beta_r(W_{R,r} + U_r) + \beta_l(W_{R,l} + U_l)]\,r\tan\tau +$$
$$+ (M_{S,r}\xi_r - M_{S,l}\xi_l)\tan\sigma\} +$$
$$+ (M_{S,r} + M_{S,l})\,(1 + \Delta\tau\tan\tau) + (M_{S,r} - M_{S,l})\,\Delta\sigma\tan\sigma -$$
$$- (M_{S,r}\xi_r - M_{S,l}\xi_l)\tan\sigma - (W_{R,r}\xi_r + W_{R,l}\xi_l)r -$$
$$- (U_r + U_l)\beta_V[(n_0\tan\sigma + r_0'\tan\tau)\tan\sigma + n_0] + (U_r\beta_r + U_l\beta_l)n_0 +$$
$$+ (U_r - U_l)\,[-r_0' - \Delta\tau(n_0\tan\sigma + r_0'\tan\tau)] +$$
$$+ (S_r + S_l)\,[n_K - r\Delta\tau] +$$
$$+ (S_r - S_l)\,[\Delta\sigma(r_0'\tan\tau + n_0\tan\sigma) - \beta_V(r_0' + \tan\tau(r_0'\tan\tau +$$
$$+ n_0\tan\sigma))] +$$
$$+ (S_r\beta_r - S_l\beta_l)r_0 + (P_r + P_l)\,[\beta_V(r_0'\tan\sigma - n_K\tan\tau) + n_K\Delta\sigma] +$$
$$+ (P_r - P_l)\,[-n_K\tan\sigma - r_0\tan\tau + r_0'\Delta\tau] +$$
$$+ \Theta_R\dot{\varphi}[(2\dot{\varepsilon} + \dot{\beta}_r + \dot{\beta}_l)\tan\tau + \dot{\xi}_r + \dot{\xi}_l]. \tag{127.6}$$

Diese Gleichung wird in Abschn. 132 für die dynamische Betrachtung des Fahrzeugs verwendet.

128. Bezogener Lenkradeinschlag β_L^*, Über- und Untersteuern

Die Frage nach der Größe des Lenkradeinschlages scheint man leicht beantworten zu können. Für einen gegebenen Radius und für eine bestimmte Fahrgeschwindigkeit errechneten wir in Abschn. 104 den Einschlagwinkel β_V der Räder (s. Bild 104.4). Wird nun β_V mit dem Übersetzungsverhältnis von Lenkgestänge i_T und Lenkgetriebe i_G multipliziert, so ist der Einschlagwinkel des Lenkrades β_L bekannt.

128. Bezogener Lenkradeinschlag β_L^*, Über- und Untersteuern

Diese einfache Rechnung trifft aber nur dann zu, wenn die Verbindung zwischen Rädern und Lenkrad starr ist, d. h. wenn wir die Lenkelastizität vernachlässigen. Das Bild 120.2 wird nun in Bild 128.1 dadurch abgewandelt, daß zwischen dem Lenkgestänge und dem Lenkstockhebel eine Feder eingefügt wird, die die gesamte Lenkelastizität beinhaltet, welche in Wirklichkeit auf mehrere Bauteile verteilt ist. Außerdem wird zur Erleichterung der nachfolgenden Betrachtungen $i_T = 1$ gesetzt.

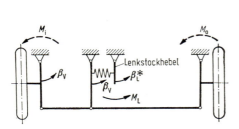

Bild 128.1 Berücksichtigung der Elastizität in der Lenkung durch eine zwischen Lenkstockhebel und Lenkgestänge angeordnete Ersatzfeder.

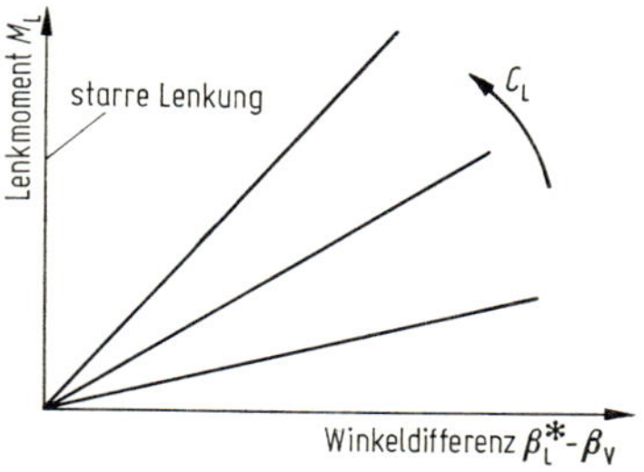

Bild 128.2 Federdiagramm der Lenkung für verschiedene Lenkungssteifigkeiten C_L.

Wenn wir eine proportionale Beziehung zwischen Federbelastung und Verformung annehmen, so können wir schreiben: Das Lenkmoment ist bei Vernachlässigung des Reibungsmomentes (s. Bild 128.2)

$$M_L = C_L(\beta_L^* - \beta_V). \tag{128.1}$$

Dabei entspricht die Drehfederkonstante C_L mit der Einheit mkp/rad der Lenkelastizität, und β_L^* ist der Quotient aus dem Einschlagwinkel des Lenkrades β_L und der Lenkübersetzung i_G, der sog. bezogene Lenkradeinschlag

$$\beta_L^* = \beta_L/i_G. \tag{128.2}$$

Aus Gl. (128.1) ergibt sich der bezogene Lenkradeinschlag zu

$$\beta_L^* = \frac{M_L}{C_L} + \beta_V. \tag{128.3}$$

Er unterscheidet sich also von β_V; nur bei starrer Lenkung $C_L \to \infty$ ist $\beta_L^* = \beta_V$.

Um den Einfluß der Lenkelastizität zu zeigen, rechnen wir ein Beispiel: Nach Bild 125.2 haben wir an unserem Fahrzeug bei $a = 0,4$ (Zentripetalbeschleunigung gleich 40% der Erdbeschleunigung) und $n_K = 2$ cm ein Lenkmoment $M_L = 8,3$ mkp. Mit einer Lenkungssteifigkeit von $C_L = 800$ mkp/rad ergibt das nach Gl. (128.1) eine Winkeldifferenz von

$$\beta_L^* - \beta_V = (8,3/800) \text{ rad} = (8,3/800)(360°/2\pi) \approx 0,6°.$$

Das neutralsteuernde Fahrzeug nach Bild 104.4 benötigt bei einem Kurvenradius $\varrho = 100$ m den Radeinschlag $\beta_V = 1{,}4°$. Somit ist der bezogene Lenkradeinschlag $\beta_L^* = 1{,}4° + 0{,}6° = 2{,}0°$. Das heißt, statt $\beta_L^* = 1{,}4°$ bei starrer Lenkung muß der bezogene Lenkeinschlag auf $\beta_L^* = 2{,}0°$, also um rund 50% vergrößert werden, obgleich die Lenkung auf keinen Fall als extrem weich, vielmehr als normal bezeichnet werden muß.

Wir stellen nunmehr die Abhängigkeit des bezogenen Lenkradeinschlages β_L^* von $a = v^2/\varrho g$ auf. Dazu fassen wir die drei Diagramme 128.2, 125.2 und 104.4 in Bild 128.3a zusammen. Daraus können wir in 128.3b die Abhängigkeit $\beta_L^* = f(a)$ darstellen.

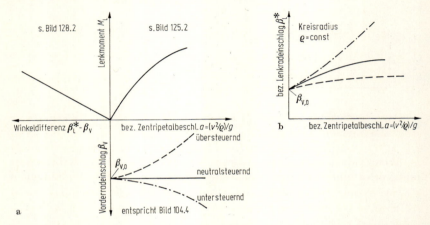

Bild 128.3 Aus der Zusammenstellung bekannter Diagramme in a ergibt sich in b die Abhängigkeit des bezogenen Lenkradeinschlages von der bezogenen Zentripetalbeschleunigung für konstanten Kreisradius.

Wir greifen zunächst den neutralsteuernden Wagen heraus, bei dem ja laut Definition der Radeinschlag unabhängig von der Beschleunigung konstant bleibt. Infolge der Lenkelastizität muß aber der Lenkradeinschlag mit wachsender Geschwindigkeit vergrößert werden, um auf dem gewünschten Radius zu bleiben. Der Ausdruck „neutralsteuernd" bezieht sich demnach auf das Rad, nicht auf das Lenkrad, also nicht auf die Lenkradeinschläge des Fahrers, der — wie man sagt — „am Steuer sitzt".

Beim untersteuernden Fahrzeug müssen die Radeinschläge und, durch die Elastizität vermehrt, die Lenkradeinschläge mit wachsendem a größer werden. Beim übersteuernden hingegen werden die Radeinschläge mit wachsender Geschwindigkeit kleiner. Der Lenkradeinschlag wird hingegen größer, wenn — wie meist der Fall — der Einfluß der Lenkelastizität den der unterschiedlichen Schräglaufwinkel überwiegt. Ist dies nicht der Fall, kann der Lenkradeinschlag auch kleiner werden. Man

128. Bezogener Lenkradeinschlag β_L^*, Über- und Untersteuern

kann sich vorstellen, daß die beiden Einflüsse so aufeinander abgestimmt sind, daß β_L^* nahezu unabhängig von a ist, daß also vom Fahrer, d. h. vom Lenkradeinschlag her gesehen das Fahrzeug „neutralsteuernd" ist.

Genau genommen beziehen sich die Ausdrücke „über-" und „untersteuernd" nicht auf das Rad, sondern auf die Schräglaufwinkeldifferenz $\alpha_V - \alpha_H$. Diese haben wir in Abschn. 104 bei der Diskussion des Eigenlenkverhaltens der Hinterachse kennengelernt.

Wir können nunmehr zusammenfassend feststellen, daß es mehrere Möglichkeiten für die Definition von Über- und Untersteuerung gibt, z. B. auf der Basis

a) der Differenz der Schräglaufwinkel $\alpha_V - \alpha_H$,

b) des Vorderradeinschlages β_V,

c) des Lenkradeinschlages β_L (bzw. des bezogenen Lenkradeinschlages β_L^*).

Dazu muß noch wiederholt werden, daß sich diese Steuerbegriffe mit zunehmender Zentripetalbeschleunigung ändern können. So kann sich z. B. ein Fahrzeug mit Hinterradantrieb zunächst als untersteuernd erweisen, bis bei entsprechend hoher Seitenbeschleunigung ein Wechsel zu übersteuerndem Verhalten erfolgt, s. Abschn. 112.1[1]. Weiterhin werden wir in Abschn. 133.2 sehen, daß auch bei Schräganströmung durch den Fahrtwind eine Änderung vom Unter- zum Übersteuern auftreten kann.

In der amerikanischen Literatur[2] wird die Steigung der Kurve, z. B. Vorderradeinschlag über der Zentripetalbeschleunigung, für die Definition benutzt. Ist die Tangentensteigung positiv, so liegt Untersteuern vor, ist sie Null oder negativ, dann Neutral- oder Übersteuern. Diese Definition paßt sich dem menschlichen Gefühl an, ist aber — wie wir noch in Abschn. 134 ff. sehen werden — für die mathematische Behandlung des Fahrzeuges nicht wichtig.

Die Größe des bezogenen Lenkradeinschlages β_L^* als Funktion von a nach Bild 128.3b läßt sich näherungsweise berechnen. Für den Bereich von $a = 0$ bis zu mittleren Werten können wir setzen

$$M_L = A a \tag{128.4}$$

und

$$\beta_V = B + C a \tag{128.5}$$

---

[1] BEERMANN, H. J.: Die Dosierbarkeit von Lenkeffekten bei unterschiedlicher Fahrzeugauslegung. ATZ 70 (1968) Nr. 11, S. 378—384.

[2] SAE J 760b, Vehicle Dynamics Terminology, 1970, und BERGMAN, W.: The Basic Nature of Vehicle Understeer-Oversteer, SAE-Paper 957 B (1965).

mit

$$C > 0 \text{ untersteuernd,}$$
$$C = 0 \text{ neutralsteuernd,}$$
$$C < 0 \text{ übersteuernd}$$

von der Schräglaufwinkeldifferenz her gesehen.

Eingesetzt in Gl. (128.3) ergibt das

$$\beta_\text{L}^* = B + \left(\frac{A}{C_\text{L}} + C\right) a. \tag{128.6}$$

Dies bestätigt kurz gefaßt das oben Gesagte. Beim unter- und neutralsteuernden Wagen ($C \geqq 0$) wächst der erforderliche Lenkradeinschlag mit der Zentripetalbeschleunigung an. Nur beim übersteuernden Wagen ($C < 0$) kann er konstant bleiben oder kleiner werden.

129. Lenkradmoment

Nach Gl. (120.2) beträgt das Moment am Lenkrad

$$M_{\text{L,H}} = \frac{M_\text{L}}{i_\text{G}} \pm M_{\text{r,G}}. \tag{129.1}$$

Wandelt man die aus Bild 123.2 bekannte Funktion $M_\text{L} = M_\text{L}(\beta_\text{V})$ in $M_{\text{L,H}} = M_{\text{L,H}}(\beta_\text{L})$, d. h. Lenkmoment über Radeinschlag in Lenkradmoment über Lenkradeinschlag um, so erhält man einen wesentlich

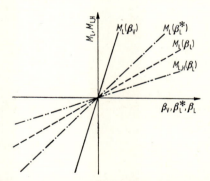

Bild 129.1 Abhängigkeit des Lenkmomentes M_L und des Lenkradmomentes $M_{\text{L,H}}$ von Vorderradeinschlagwinkel β_V, bezogenem Lenkradeinschlagwinkel β_L^* und Lenkradeinschlagwinkel β_L.

flacheren Kurvenverlauf. Bild 129.1 zeigt dies unter Vernachlässigung jeglicher Reibung. Dies kommt aus drei Gründen zustande: Durch die Lenkelastizität wird bei Momentenfluß vom Lenkrad zum Rad $\beta_\text{L}^* > \beta_\text{V}$, durch die Lenkübersetzung wird β_L durch den Faktor i_G vergrößert und

129. Lenkradmoment

das Moment gemäß $M_L(\beta_L) = M_{L,H}(\beta_L) i_G$ verkleinert. Rechnerisch ist das leicht nachzuweisen, wenn $M_L = M_L(\beta_V)$ eine Gerade entsprechend

$$M_L = E \beta_V \qquad (129.2)$$

ist. Aus Gl. (128.1) und (128.2) folgt

$$M_L = C_L \left(\frac{\beta_L}{i_G} - \beta_V \right) \qquad (129.3)$$

und mit Gl. (129.1) bei $M_{r,G} = 0$ und Gl. (129.2) ergibt sich

$$M_{L,H} = \frac{1}{i_G^2} \frac{1}{(1/E) + (1/C_L)} \beta_L . \qquad (129.4)$$

Man sieht, daß bei steifer Lenkung mit $C_L \to \infty$ die Steigung E durch den Faktor i_G^{-2} ($i_G > 1$) vermindert wird. Bei einem endlichen Wert von C_L wird die Steigung nochmals flacher, und zwar bedingt durch den zweiten Quotienten des Nenners, der an die Ausdrücke bei Hintereinanderschaltung von Federn erinnert.

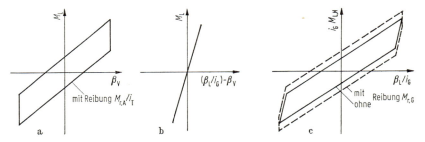

Bild 129.2 Umformung des Zusammenhanges zwischen Lenkmoment M_L und Radeinschlag β_V (nach a) über das Elastizitätsdiagramm (nach b) in die Darstellung des Lenkradmomentes $M_{L,H}$ in Abhängigkeit vom Lenkradeinschlag β_L (nach c). Übersetzung des Lenkgestänges i_T, des Lenkgetriebes i_G, Reibungsmomente in den Achsschenkeln $M_{r,A}$, im Lenkgetriebe $M_{r,G}$.

In Bild 129.2 ist die Umrechnung von den Radeinschlagwinkeln auf die Lenkradeinschlagwinkel unter Berücksichtigung der Reibung gezeigt. In Bildteil a ist nach Bild 123.2 das Lenkmoment M_L mit Reibung $M_{r,A}/i_T$ zu sehen, über das Elastizitätsdiagramm in Bild b erhält man in Bild c die Funktion am Lenkrad, zunächst ohne Reibung $M_{r,G}$ (ausgezogene Linie), dann mit Reibung für den Fall, daß sie sich vor der Elastizität befindet (gestrichelte Linie).

In Bild 129.3 ist die eben genannte Umrechnung mit einem Elastizitätsdiagramm verknüpft, in dem das Lenkungsspiel berücksichtigt wird. Am Aussehen der Lenkradkurve nach Bild 129.2c ändert sich wenig, nur daß der positive und negative Teil der Momentenkurve um das Lenkungsspiel in Abszissenrichtung auseinandergerückt sind.

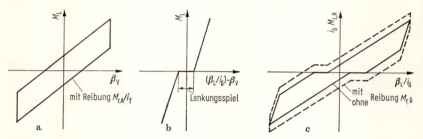

Bild 129.3 Zusätzliche Berücksichtigung des Lenkungsspiels, entspricht sonst Bild 129.2.

XVIII. Dynamische Vorgänge, Kurshaltung

130. Einführung

In diesem Kapitel wollen wir uns nicht mehr mit der speziellen Kreisfahrt, sondern allgemein mit Fahrten auf beliebigen Kurven, mit der sog. „Fahrtrichtungshaltung" oder „Kurshaltung" beschäftigen.

Wir können dieses Problem auf verschiedene Weise ansehen; beginnen wir mit folgender Betrachtung: Wir nehmen die Fahrbahn und das Fahrzeug als gegeben an. Von der Fahrbahn kennen wir dann Breite, Linienführung, Unebenheiten und die Oberflächenstruktur, die gemeinsam mit den Reifen die maximalen Führungskräfte bestimmt. Vom Fahrzeug ist uns eine Fülle von Daten bekannt wie Massen, Trägheitsmomente, Dämpfungen und Elastizitäten, von denen die elastischen Eigenschaften der Reifen besonders erwähnt seien. Dieses Fahrzeug soll nun entsprechend Bild 130.1 auf der Straße entlangfahren. Wir können dann folgendes untersuchen:

a) Wie muß der Fahrer lenken, und wie verändern sich die erforderlichen Lenkeinschläge mit der Fahrgeschwindigkeit?

b) Wie schnell kann das Fahrzeug überhaupt auf der Straße fahren, ohne daß es „von der Bahn getragen" wird, oder umgekehrt gesehen, mit welcher Sicherheit hält das Fahrzeug bei einer bestimmten Geschwindigkeit seinen Kurs?

Wir müssen weiterhin daran denken, daß ein Fahrzeug selten allein eine Straße befährt, daß es deshalb ausweichen und — gegebenenfalls — überholen muß. Daraus ergibt sich als weiterer Gesichtspunkt:

c) Wie verhält sich das Fahrzeug auf die vom Fahrer eingeleiteten Ausweichbewegungen? (Allerdings entsprechen Ausweichbewegungen nur einer anderen Form der Linienführung der Straße.)

Darüber hinaus müssen wir uns noch mit den Störbelastungen befassen, die auf das Fahrzeug einwirken, es vom gewünschten Kurs abdrängen und somit vom Fahrer Korrekturbewegungen am Lenkrad verlangen. Wir fragen deshalb:

d) Wie verhält sich das Fahrzeug bei Störungen? Wie groß ist die Kursabweichung, wie weit dreht sich das Fahrzeug aus seiner ursprünglichen Richtung heraus?

e) Wie muß der Fahrer diese ungewollte Abweichung korrigieren?

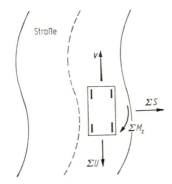

Bild 130.1 Bewegung eines Fahrzeuges auf gekrümmter Bahn mit dabei auftretenden Kräften und Momenten.

Das war eine der möglichen Betrachtungsweisen; wir können aber auch die Fahrbahn als gegeben betrachten und danach fragen, welche Eigenschaften das Fahrzeug besitzen muß, damit es z. B. bei einem plötzlich auftretenden Seitenwind nur wenig von seinem Kurs abweicht. Diese Betrachtung ist für uns naturgemäß sehr wichtig, da wir uns ja in erster Linie mit dem Fahrzeug beschäftigen und deshalb in der Regel Fragen nach dem Zusammenhang zwischen der Auslegung des Fahrzeuges und den Fahreigenschaften beantworten müssen.

Der Fahrbahnbauer hingegen sieht das Problem von seiner Warte aus an. Er legt die Trasse der zu bauenden Straße so fest, daß die Fahrzeuge im Durchschnitt darauf optimale Fahrbedingungen vorfinden.

Aber wie wir das Problem auch ansehen, die Physik bleibt die gleiche, wir variieren nur die Fragen und die Antworten. Gleich bleiben die einzelnen Elemente, und das sind das Fahrzeug, die Straße, der Kurs auf dieser Fahrbahn, der Fahrer, also der Mensch mit seinen Eigenschaften, und seine Aufgabe, zu lenken. Hinzu kommen noch eventuelle

Störungen. Diesen gesamten Problemkreis können wir vereinfachend in dem Blockschaubild 130.2 zusammenfassen.

Dieses Problem wird schon seit fast 30 Jahren behandelt[1]. Aber erst in letzter Zeit, seitdem man versucht, den Menschen, d. h. den Fahrer in die Rechnungen mit einzubeziehen, beginnen die Betrachtungen wirklichkeitsnäher zu werden.

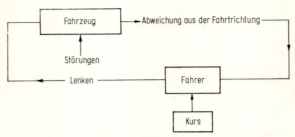

Bild 130.2 Blockschaubild des Regelkreises Fahrer — Fahrzeug.

Zuvor hat man, um das Problem dennoch behandeln zu können, folgende drei Annahmen gemacht (Bild 130.3):

b) Das Lenkrad wird festgehalten, d. h. der Fahrer korrigiert nicht[2], es gibt keinen Regelkreis (im Englischen „fixed control" genannt).

c) Beim Auftreten einer Störbewegung wird das Lenkrad losgelassen. Falls die Lenkung nicht selbsthemmend ist, lenkt sich das Fahrzeug allein („free control" genannt)[2].

d) Der „ideale Fahrer" reagiert außerordentlich schnell und richtig. Will das Fahrzeug vom Kurs abweichen, so korrigiert er sofort derart, daß die Abweichung von der Fahrtrichtung stets Null ist[3].

Wir sehen, daß keine der Annahmen in ausreichendem Maße den tatsächlichen Verhältnissen entspricht. Die Annahme b ist nur innerhalb der Reaktionsdauer und für Kreisfahrten sinnvoll. Die Annahme c ist u. U. beim selbsttätigen Rücklauf der Lenkung am Kurvenausgang anwendbar.

---

[1] MILLIKEN, W. F., WHITCOMB, D. W.: General Introduction to a Programme of Dynamic Research. Institution of Mech. Eng., London 1956, S. 1—24. — KAMM, W.: Die Wege, die für die Erzielung der technisch möglichen Sicherheit des Kraftfahrzeugs noch zu gehen sind. FISITA-Kongreß 1962. Institution of Mech. Eng., London, S. 171. — MITSCHKE, M.: Fahrtrichtungshaltung — Analyse der Theorien. ATZ 70 (1968) Nr. 5, S. 157—162.

[2] SEGEL, L.: The Prediction and Experimental Substantiation of the Response of the Automobile to Steering Control. Institution of Mech. Eng., London 1956, S. 26—46.

[3] MITSCHKE, M.: Untersuchungen über die Slalomfahrt eines Kraftfahrzeugs. ATZ 68 (1966) Nr. 6, S. 202—206.

In den folgenden Abschnitten werden wir uns hauptsächlich mit dem Fahrzeug beschäftigen und dabei die Annahme b (festgehaltenes Lenkrad) benutzen oder den zeitlichen Verlauf des Lenkradeinschlages vorgeben (Annahme a in Bild 130.3). Nur in Abschn. 137 wird der Fahrer in die Rechnung eingeführt.

Als äußere Störung werden wir Seitenwind behandeln.

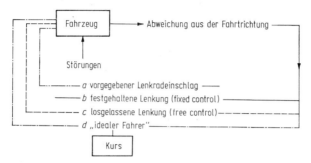

Bild 130.3 Ersatz des in Bild 130.2 dargestellten Blocks „Fahrer" durch verschiedene Annahmen.

131. Vorüberlegungen zu einem einfachen Fahrzeugmodell

Das Fahrzeug muß auf der einen Seite so einfach wie möglich beschrieben werden, damit an Hand von möglichst allgemein gefaßten Gleichungen das Fahrverhalten diskutiert werden kann; andererseits sollen jedoch die zahlreichen Einflußgrößen berücksichtigt werden, die in den vorausgegangenen drei Kapiteln als wesentlich dargestellt wurden.

Dies sind — unter Angabe der Ziffern der entsprechenden Abschnitte kurz aufgezählt — folgende:

a) Seitenkraft-Schräglaufwinkel-Verhalten (Abschn. 104 bis 107) unter Berücksichtigung von Umfangskräften (Abschn. 112.1),

b) Radsturz (Abschn. 108), und zwar hier bei dem allgemeinen dynamischen Problem im wesentlichen die Radsturzänderung und ihre Auswirkungen,

c) unterschiedlicher Radeinschlag an den Rädern einer Achse (Abschn. 109),

d) Eigenlenkverhalten der Räder, und zwar in zweierlei Hinsicht, einmal bedingt durch die Elastizität der Radaufhängungen und/oder der Lenkung und zum anderen hervorgerufen durch die Neigung des Aufbaues (Abschn. 110 und 128),

e) Radlaständerung infolge der Lage des Fahrzeugschwerpunktes über der Fahrbahn (Abschn. 113),

f) Wanken des Aufbaues (Abschn. 114) als Ursache von Radsturzänderung (s. b) und Rollenken (s. d),

g) Momente an den gelenkten Rädern, aufgeteilt in die vom Radeinschlag abhängigen und unabhängigen Anteile (Abschn. 122 bis 126),

h) Reibung in der Lenkung (Abschn. 129),

i) Unterschied zwischen Lenkrad- und Vorderradeinschlag (Abschn. 128).

Die erstgenannte Forderung nach einem möglichst einfachen Gleichungssystem führt zu folgenden Vereinfachungen:

α) Linearisierung. Aus dem Dritten Teil „Fahrzeugschwingungen" wissen wir, daß sich ein System einfacher behandeln läßt, wenn es linear ist. Wir werden deshalb die üblichen Methoden der Linearisierung anwenden, z. B.: Kräfte und Momente sind Wegen und Geschwindigkeiten bzw. Winkelwegen und Winkelgeschwindigkeiten proportional. Die Betrachtung beschränkt sich auf kleine Winkel, so daß $\sin(\sphericalangle) \approx \tan(\sphericalangle) \approx \arc(\sphericalangle)$ sowie $\cos(\sphericalangle) \approx 1$ und $\arc^2(\sphericalangle) \approx 0$ gesetzt werden können.

β) Vernachlässigung der Seitenkraft-Radlast-Abhängigkeit. Die Forderung nach Linearisierung widerspricht der nach Berücksichtigung des Einflusses der Radlaständerung bei Ermittlung der Seitenkräfte, da der Seitenkraftbeiwert δ aus Gl. (21.1) u. a. von der Radlast P nach

$$\delta = \bar{c} P - c' P^2 \qquad (131.1)[1]$$

abhängt und die Seitenkraft

$$S = \delta \alpha = (\bar{c} P - c' P^2)\alpha \qquad (131.2)$$

sich somit aus Produkten veränderlicher Größen zusammensetzt und damit nichtlinear ist.

Der Einfachheit halber wird deshalb die Radlaständerung an dieser Stelle nicht berücksichtigt. Diese Vereinfachung ist allerdings nur für kleine Zentripetalbeschleunigungen gerechtfertigt[2].

γ) Vernachlässigung des Einlaufverhaltens. Nach Aussage des Abschn. 26 gilt der bekannte Zusammenhang zwischen Seitenkraft S und Schräglaufwinkel α nur für stationäre Vorgänge, also nicht, wenn sich Seitenkraft oder Einstellwinkel ändern, beispielsweise beim Auftreten von Spurweiten- oder Vorspuränderungen.

---

[1] RIEKERT, P., SCHUNCK, TH.-E.: Zur Fahrmechanik des gummibereiften Kraftfahrzeugs. DKF Zwischenber. Nr. 89 (1940).

[2] MITSCHKE, M.: Fahrtrichtungshaltung — Analyse der Theorien. ATZ 70 (1968) Nr. 5, S. 157—162.

Wir nehmen nun vereinfachend so langsam verlaufende Veränderungen am Reifen an, daß das Einlaufverhalten nicht berücksichtigt werden muß. Das ist nach Bild 26.3 der Fall, wenn $(2\pi C/L) < 0{,}2$ ist, denn dann ist das Amplitudenverhältnis der Seitenkraft praktisch gleich 1,0, und der Phasenwinkel beträgt nur 15°. Nach Gl. (70.5) errechnet sich hierfür die obere Grenze für die Erregerfrequenz

$$\left(\frac{\omega}{2\pi}\right)_{\text{Grenz}} < \frac{v}{L_{\min}} = \frac{v}{2\pi C}\left(\frac{2\pi C}{L}\right), \tag{131.3}$$

mit z. B. $C = 28{,}4$ cm für den Pkw-Reifen 5,60-15 aus Bild 26.3 zu

$$\frac{(\omega/2\pi)_{\text{Grenz}}}{\text{Hz}} < \frac{1}{9}\frac{v}{\text{m/s}}, \tag{131.4}$$

d. h. bei der Fahrgeschwindigkeit von $v = 10$ m/s $= 36$ km/h liegt der Frequenzbereich, bei dem das Einlaufverhalten nicht berücksichtigt zu werden braucht, zwischen 0 und 1,1 Hz, bei $v = 50$ m/s $= 180$ km/h zwischen 0 und 5,5 Hz.

δ) Vernachlässigung gewisser Trägheitswirkungen an den Rädern. Wenn man sich auf so kleine Erregerfrequenzen beschränken muß, dann spielen die Massenbeschleunigungen der Räder keine Rolle, da die Radeigenfrequenzen in allen Richtungen bei 10 Hz und darüber liegen. Wir werden deshalb Betrag und Verteilung der Radmassen nur bei Berechnung der Kreiselmomente berücksichtigen.

132. Aufstellung der Bewegungsgleichungen

Die dazu notwendigen mathematischen und mechanischen Hilfsmittel haben wir in diesem Buch schon kennengelernt. Das sind zunächst Schwerpunkt- und Drallsatz zur Beschreibung der Bewegung des Fahrzeugaufbaues (s. Abschn. 25). Dazu kommt die Wahl geeigneter Koordinatensysteme und die Aufstellung von Transformationsbeziehungen zur Festlegung der gegenseitigen Lagezuordnung (vgl. Abschn. 25 und 121). Die zwischen den Rädern und dem Aufbau wirkenden Kräfte und Momente können wir für die Vorderräder aus Abschn. 121 und für die Hinterräder aus Abschn. 25 entnehmen.

Bild 132.1a zeigt in räumlicher Darstellung für unsere Betrachtung das Wesentliche eines zweiachsigen Kraftfahrzeuges. Der Aufbau mit dem Schwerpunkt SP_A bewegt sich um die ideelle Momentanachse und stützt sich über Federn und Dämpfer an den Rädern ab. Die Radaufhängungen werden an allen vier Rädern durch schwarze Kästen (black boxes) symbolisiert, die die elastischen und kinematischen Daten beinhalten. Die Lenkungsanlage entspricht dem in Bild 128.1 gezeigten Schema, nur wurde noch außer der die Lenkungselastizität repräsentierenden

468 Vierter Teil — XVIII. Dynamische Vorgänge, Kurshaltung

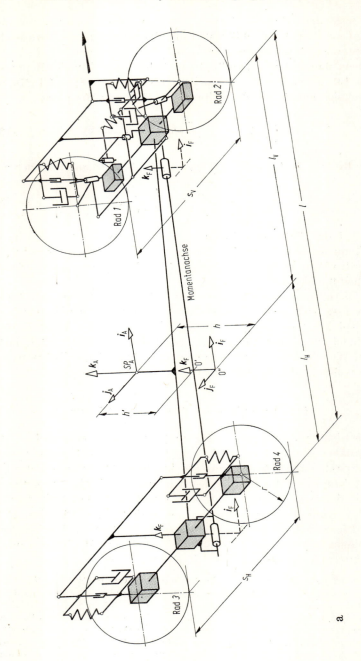

a.

132. Aufstellung der Bewegungsgleichungen

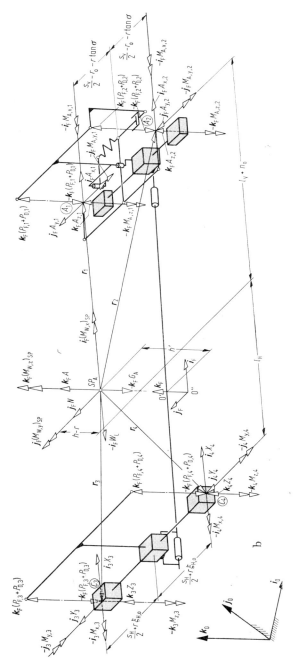

Bild 132.1 Räumliche Darstellung eines zweiachsigen Fahrzeugmodells zur Aufstellung der Bewegungsgleichungen. a) Bezeichnungen, Abmessungen und Koordinatensysteme, b) am Fahrzeugaufbau angreifende Kräfte und Momente. Die schwarzen Kästen symbolisieren die Radaufhängungen.

470   Vierter Teil — XVIII. Dynamische Vorgänge, Kurshaltung

Feder ein Dämpfer eingeführt. Er ist ein Ersatz für die in Abschn. 129 diskutierte Reibung bzw. für einen Lenkungsdämpfer. Die Räder werden, um doppelte Indizes wie V, l für vorn, links zu sparen, mit 1...4 durchnumeriert.

In Bild 132.1a ist weiterhin das aufbaufeste Koordinatensystem x_A, y_A, z_A mit den Einheitsvektoren i_A, j_A und k_A, dessen Koordinatenanfangspunkt mit dem Schwerpunkt SP_A zusammenfällt, eingezeichnet. i_A liegt in Fahrzeuglängsachse, und k_A steht, wenn sich der Aufbau in der Nullage befindet, senkrecht zur Fahrbahnebene. Bei $\psi = 0$ ist $0'$ der Fußpunkt des Lotes von SP_A auf die Momentanachse und $0''$ der des entsprechenden Lotes auf die Fahrbahnebene. $0''$ ist der Koordinatenanfangspunkt des aus Abschn. 121 bekannten fahrbahngebundenen Systems i_F, j_F, k_F.

Bild 132.1b zeigt die auf den Fahrzeugaufbau wirkenden Kräfte und Momente. Im Schwerpunkt SP_A greifen das Gewicht G_A und die Windkräfte W_L, N, A sowie die Windmomente $(M_{W,x})_{SP}$, $(M_{W,y})_{SP}$, $(M_{W,z})_{SP}$ an. In den Punkten A_1 und A_2 der Achsschenkelbolzen für die Vorderräder wirken die aus Abschn. 121 bekannten und in Bild 121.1d dargestellten Belastungen mit den im System i_F, j_F, k_F beschriebenen Komponenten A_x, A_y, A_z, $M_{A,x}$, $M_{A,y}$, $M_{A,z}$. An den Achsschenkeln der Hinterräder sind in den Punkten C_3 und C_4 die im jeweiligen i,j,k-System angegebenen Komponenten der Reaktionskräfte X, Y, Z und -momente M_x, M_y, M_z entsprechend Bild 25.1b eingezeichnet. Die Umrechnung dieser Radkoordinatensysteme in das fahrbahngebundene System und umgekehrt erfolgt entsprechend Gl. (25.4) und (121.2) mit Hilfe von

	$i_{3,4}$	$j_{3,4}$	$k_{3,4}$
i_F	1	$-\beta_{3,4}$	0
j_F	$\beta_{3,4}$	1	$-\beta_{3,4}$
k_F	0	$\xi_{3,4}$	1

(132.1)

132.1 Schwerpunktsatz für den Aufbau

Er lautet mit der Masse $m_A = m$ (Radmassen werden hier laut Vereinbarung vernachlässigt), $G_A = G$ und der Schwerpunktgeschwindigkeit $v_{SP,A}$

$$m\dot{v}_{SP,A} = (A_{x,1} + A_{x,2})i_F + (A_{y,1} + A_{y,2})j_F + (A_{z,1} + A_{z,2})k_F + \\ + X_3 i_3 + X_4 i_4 + Y_3 j_3 + Y_4 j_4 + Z_3 k_3 + Z_4 k_4 - \\ - W_L i_F + N j_F + A k_F - G k_F. \qquad (132.2)$$

Die Geschwindigkeit $v_{SP,A}$ des Aufbauschwerpunktes setzt sich aus $v_{0'}$, der Geschwindigkeit des auf der Momentanachse liegenden Punktes $0'$, und aus $d(\psi \times h')/dt \approx -h'\dot\psi j_F$, der durch die Wankbewegung des Aufbaues entstehenden Geschwindigkeit, zusammen (Bild 132.2a)

$$v_{SP,A} = v_{0'} - h'\dot\psi j_F.$$

Dabei wurde angenommen, daß die Momentanachse parallel zur Fahrbahn liegt bzw. eine eventuelle Neigung vernachlässigt werden kann. $v_{0'}$ wiederum läßt sich nach Bild 132.2b mit dem Schwimmwinkel α durch

$$v_{0'} = |v_{0'}|(i_F + \alpha j_F)$$

ausdrücken. Damit ergibt sich die Schwerpunktgeschwindigkeit zu

$$v_{SP,A} = v\, i_F + (v\alpha - h'\dot\psi)j_F, \qquad (132.3)$$

wobei
$$|\boldsymbol{v}_{0'}| = v \qquad (132.4)$$

die Fahrgeschwindigkeit des Fahrzeuges ist.

Die auf der rechten Seite der Gl. (132.2) stehenden Kräfte $A_{x,1} \ldots A_{z,2}$ sind durch die Gl. (121.25) bekannt, die Kräfte $X_3 \ldots Z_4$ lassen sich den Gl. (25.9) bis (25.11) entnehmen und mit Hilfe von Gl. (132.1) transformieren. Damit erhält man

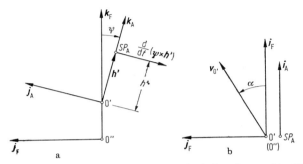

Bild 132.2 Zur Ableitung der Geschwindigkeit des Aufbauschwerpunktes SP_A.
a) Ansicht von hinten, b) Grundriß.

aus Gl. (132.2) nach erfolgter Transformation ins fahrbahngebundene Koordinatensystem und bei Vernachlässigung des Auftriebes A und der Größen βU

für die $\boldsymbol{i}_F$-Komponente
$$m\dot{v} = \sum_1^4 U - \sum_1^4 (\beta S) - W_L, \qquad (132.5)$$

für die $\boldsymbol{j}_F$-Komponente
$$m[\dot{v}\alpha + v(\dot{\alpha} + \dot{\varepsilon}) - h'\dot{\psi}] = \sum_1^4 S + N, \qquad (132.6)$$

für die $\boldsymbol{k}_F$-Komponente
$$\sum_1^4 P = G. \qquad (132.7)$$

Die beiden ersten Gleichungen entsprechen den Gl. (102.1) und (102.2) aus der Kreisfahrt und die dritte der Gl. (52.8) aus der Betrachtung der Vertikallasten.

132.2 Drallsatz für den Aufbau

Der Drallsatz, den wir aus Gl. (25.12) kennen, lautet für den Fahrzeugaufbau

$$\begin{aligned}\dot{\boldsymbol{D}}_{SP,A} = &-(M_{A,x,1} + M_{A,x,2})\boldsymbol{i}_F - (M_{A,y,1} + M_{A,y,2})\boldsymbol{j}_F - (M_{A,z,1} + M_{A,z,2})\boldsymbol{k}_F - \\ &- M_{x,3}\boldsymbol{i}_3 - M_{x,4}\boldsymbol{i}_4 - M_{y,3}\boldsymbol{j}_3 - M_{y,4}\boldsymbol{j}_4 - M_{z,3}\boldsymbol{k}_3 - M_{z,4}\boldsymbol{k}_4 + \\ &+ (M_{W,x})_{SP}\boldsymbol{i}_F + (M_{W,y})_{SP}\boldsymbol{j}_F + (M_{W,z})_{SP}\boldsymbol{k}_F + \\ &+ \sum_1^2 (\boldsymbol{r}_i \times [-\boldsymbol{K}_{A,i}]) + \sum_3^4 (\boldsymbol{r}_i \times \boldsymbol{K}_{C,i}). \qquad (132.8)\end{aligned}$$

Nach Gl. (25.13) lautet der Drall mit der Winkelgeschwindigkeit

$$\omega_{\mathrm{SP,A}} \approx \dot\psi\, \boldsymbol{i}_\mathrm{A} + \dot\varepsilon\, \boldsymbol{k}_\mathrm{A} \approx \dot\psi\, \boldsymbol{i}_\mathrm{F} + \dot\varepsilon\, \boldsymbol{k}_\mathrm{F} \tag{132.9}$$

bei Vernachlässigung der Zentrifugalmomente

$$\boldsymbol{D}_{\mathrm{SP,A}} \approx \Theta_\mathrm{x}\, \dot\psi\, \boldsymbol{i}_\mathrm{F} + \Theta_\mathrm{z}\, \dot\varepsilon\, \boldsymbol{k}_\mathrm{F}. \tag{132.10}[1]$$

Die Momente $M_{\mathrm{A,x,1}}\ldots M_{\mathrm{A,z,2}}$ sind aus Gl. (127.4) bekannt, wobei jetzt allerdings nur die Spreizungsänderung $\Delta\sigma$ z. B. infolge eines Wankens des Aufbaues, nicht aber die Nachlaufänderung $\Delta\tau$ berücksichtigt wird. Im folgenden werden nur die für Hinterachsantrieb und außenliegende Bremsen gültigen Gleichungen verwendet. Die Momente $M_{\mathrm{x,2}}\ldots M_{\mathrm{z,4}}$ lassen sich aus Gl. (25.17) bis (25.19) angeben. Die Kräfte $\boldsymbol{K}_{\mathrm{A,i}}$ mit den Komponenten $A_{\mathrm{x,1}}\ldots A_{\mathrm{z,2}}$ an den Vorderrädern und $\boldsymbol{K}_{\mathrm{C,i}}$ mit $X_3\ldots Z_4$ an den Hinterrädern wurden schon bei Aufstellung des Schwerpunktsatzes in Abschn. 132.1 genannt.

Als letztes sind noch für die Bearbeitung der Gl. (132.8) die vom Schwerpunkt SP_A zu den Rad- bzw. Achsschenkelanschlußpunkten führenden Ortsvektoren $\boldsymbol{r}_i$ zu bestimmen. Zum Beispiel setzt sich der Ortsvektor $\boldsymbol{r}_4$ für das rechte hintere, also das 4. Rad, im $\boldsymbol{i}_\mathrm{F}, \boldsymbol{j}_\mathrm{F}, \boldsymbol{k}_\mathrm{F}$-System ausgedrückt folgendermaßen zusammen:

$$\boldsymbol{r}_4 \approx -l_\mathrm{H}\, \boldsymbol{i}_\mathrm{F} - (s_\mathrm{H}/2 + r\xi_{\mathrm{H,0}} - \psi h')\, \boldsymbol{j}_\mathrm{F} - (h-r)\, \boldsymbol{k}_\mathrm{F}. \tag{132.11}$$

In der Ruhelage ($\psi = 0$) beim Sturz $\xi_{\mathrm{H,0}} = 0$ sind $-l_\mathrm{H}$ der nach hinten, $-s_\mathrm{H}/2$ der nach rechts und $-(h-r)$ der nach unten gehende Anteil, s. Bild 132.1b. Besitzt das Rad in der Nullage beispielsweise positiven Sturz (O-Bein-Stellung), so kommt noch in $-\boldsymbol{j}_\mathrm{F}$-Richtung der kleine Wert $r\xi_{\mathrm{H,0}}$ hinzu. Wankt der Aufbau zusätzlich um den positiven Winkel ψ, so bewegt sich der Aufbauschwerpunkt nach rechts, und der Abstand in $\boldsymbol{j}_\mathrm{F}$-Richtung wird um $\psi h'$ vermindert. Wankbedingte Änderungen der Lage des Radmittelpunktes C_4 und die durch das Wanken verminderte Höhenlage des Punktes SP_A sind klein und werden daher nicht berücksichtigt.

Für das 3. Rad lautet der Ortsvektor entsprechend

$$\boldsymbol{r}_3 = -l_\mathrm{H}\, \boldsymbol{i}_\mathrm{F} + (s_\mathrm{H}/2 + r\xi_{\mathrm{H,0}} + \psi h')\, \boldsymbol{j}_\mathrm{F} - (h-r)\, \boldsymbol{k}_\mathrm{F}. \tag{132.12}$$

Bei den vorderen Rädern sieht es ähnlich aus, nur muß beachtet werden, daß die Ortsvektoren nicht zu den Radmittelpunkten, sondern zu den in Abschn. 121 (Bild 121.1) definierten Punkten A_1 und A_2 führen. Die Ortsvektoren für das 1. und 2. Rad lauten

$$\boldsymbol{r}_{1,2} = (l_\mathrm{V} + n_0)\, \boldsymbol{i}_\mathrm{F} \pm (s_\mathrm{V}/2 - r_0 - r\tan\sigma)\, \boldsymbol{j}_\mathrm{F} - [h - r \pm r_0\Delta\sigma \mp \beta_\mathrm{V}(r'_0\tan\tau + $$
$$ + n_0\tan\sigma)]\, \boldsymbol{k}_\mathrm{F}. \tag{132.13}$$

Damit erhält man aus Gl. (132.8) bei Vernachlässigung des Windmomentes um die Fahrzeuglängsachse $(M_{\mathrm{W,x}})_{\mathrm{SP}}$, des Nachlaufversatzes n_0, der Differenz der Umfangskräfte und einiger kleiner Größen
die $\boldsymbol{i}_\mathrm{F}$-Komponente

$$\Theta_\mathrm{x}\ddot\psi = h\sum_1^4 S + (P_1 - P_2)\frac{s_\mathrm{V}}{2} + (P_3 - P_4)\frac{s_\mathrm{H}}{2} + h'G\psi + \Theta_\mathrm{R}\dot\varphi\left(4\dot\varepsilon + \sum_1^4 \dot\beta\right),$$
$$\tag{132.14}$$

---

[1] Exakt müßten die Trägheitsmomente Θ_{xA} und Θ_{zA} heißen, da sie im $\boldsymbol{i}_\mathrm{A}$, $\boldsymbol{j}_\mathrm{A}$, $\boldsymbol{k}_\mathrm{A}$-System angegeben werden. Da aber keine Verwechslungen auftreten können, wurde der zweite Index A weggelassen.

die $\boldsymbol{j}_\mathrm{F}$-Komponente
$$(P_1 + P_2)l_\mathrm{V} = (P_3 + P_4)l_\mathrm{H} - hm\dot{v}, \qquad (132.15)$$
die $\boldsymbol{k}_\mathrm{F}$-Komponente
$$\Theta_\mathrm{z}\ddot{\varepsilon} = (S_1 + S_2)l_\mathrm{V} - (S_3 + S_4)l_\mathrm{H} + (M_{\mathrm{W,z}})_{\mathrm{SP}} - \Theta_\mathrm{R}\dot{\varphi}\sum_1^4\dot{\xi}. \qquad (132.16)$$

Auch der Inhalt dieser drei Bewegungsgleichungen ist schon teilweise bekannt. So entspricht Gl. (132.16) der Momentengleichung um die Hochachse, die als Gl. (102.3) bei Behandlung der Kreisfahrt angegeben wurde. Gl. (132.14) ist im Prinzip aus Abschn. 116 bekannt, in dem die Radlaständerung an einer Achse berechnet wurde.

132.3 Bestimmung der vertikalen Radlasten

Es werden im folgenden die noch unbekannten Radlasten P_1 bis P_4 bestimmt. An dem hier angegebenen symmetrischen Fahrzeug, bei dem nur eine Relativbewegung zwischen Aufbau und Achsen, nämlich die Wankbewegung zugelassen ist, ergeben sich die Kräfte aus einem symmetrischen und einem antisymmetrischen Anteil zu

$$P_{1,2} = \frac{1}{2}(P_1 + P_2) \pm \frac{1}{2}(P_1 - P_2),$$

$$P_{3,4} = \frac{1}{2}(P_3 + P_4) \pm \frac{1}{2}(P_3 - P_4). \qquad (132.17)$$

Der symmetrische Teil $(P_1 + P_2)$ bzw. $(P_3 + P_4)$ berechnet sich aus den Gl. (132.7) und (132.15) oder wird einfach aus Abschn. 52 entnommen. Nach Gl. (52.7) ist (bei Vernachlässigung der rotatorischen Massen, des kleinen Rollwiderstandes und des Auftriebes)

$$\frac{1}{2}(P_1 + P_2) = \frac{1}{2}P_\mathrm{V} = \frac{1}{2}\left(P_{\mathrm{V,stat}} - m\dot{v}\frac{h}{l}\right),$$

$$\frac{1}{2}(P_3 + P_4) = \frac{1}{2}P_\mathrm{H} = \frac{1}{2}\left(P_{\mathrm{H,stat}} + m\dot{v}\frac{h}{l}\right). \qquad (132.18)$$

Die antisymmetrischen Anteile $(P_1 - P_2)$ bzw. $(P_3 - P_4)$ sind in etwa aus Abschn. 116 bekannt. Die z. B. an der Vorderachse auftretende Radlastdifferenz

$$P_1 - P_2 = 2\Delta P_\mathrm{V} \qquad (132.19)$$

ergibt sich nach Bild 116.1c bei Vernachlässigung der Radmasse aus dem Moment $M_{\mathrm{F,V}}$ der in Bild 132.1b gezeigten Federkräfte $P_{\mathrm{F},1}$ und $P_{\mathrm{F},2}$

$$M_{\mathrm{F,V}} = (P_{\mathrm{F},1} - P_{\mathrm{F},2})\frac{s_\mathrm{V}}{2} = -C_\mathrm{V}\psi, \qquad (132.20)\,[1]$$

---

[1] Bei positivem ψ ist $M_{\mathrm{F,V}}$ negativ, deshalb steht bei $C_\mathrm{V}\psi$ ein Minuszeichen. Es sei darauf hingewiesen, daß nach Bild 132.1b die Federkräfte $P_{\mathrm{F},1}$ bis $P_{\mathrm{F},4}$, wie auch die Dämpferkräfte $P_{\mathrm{D},1}$ bis $P_{\mathrm{D},4}$, in die Radmittelpunkte reduziert wurden.

Vierter Teil — XVIII. Dynamische Vorgänge, Kurshaltung

dem Moment aus dem Fliehkraftanteil an dem vorderen Momentanpol MP_V

$$m_A \frac{v^2}{\varrho} \frac{l_{H,A}}{l} p_V = m v \dot{\gamma} \frac{l_H}{l} p_V$$

und einem bei dem dynamischen Problem neu hinzukommenden Moment $M_{D,V}$ der ebenfalls in Bild 132.1 b eingezeichneten Dämpferkräfte $P_{D,1}$ und $P_{D,2}$

$$M_{D,V} = (P_{D,1} - P_{D,2}) \frac{s_V}{2} = -K_V \dot{\psi}. \qquad (132.21)$$

Das Moment der Radlastdifferenz hält diesen drei Teilmomenten das Gleichgewicht, so daß gilt

$$(P_1 - P_2) \frac{s_V}{2} = \Delta P_V s_V = M_{F,V} - m v \dot{\gamma} \frac{l_H}{l} p_V + M_{D,V}.$$

Wird noch die Fliehkraft $m v \dot{\gamma}$ über die Momentenbeziehung um die Momentanachse durch

$$m v \dot{\gamma} h' + G h' \psi + M_{F,V} + M_{F,H} + M_{D,V} + M_{D,H} = 0$$

entsprechend den Gl. (116.1) und (116.2) unter Hinzuziehung der Dämpfermomente an Vorder- und Hinterachse ausgedrückt, so erhält man die Radlastdifferenz an der Vorderachse zu

$$\frac{1}{2}(P_1 - P_2) = -\frac{1}{s_V}(C'_V \psi + K'_V \dot{\psi}) \qquad (132.22\text{a})$$

und entsprechend an der Hinterachse zu

$$\frac{1}{2}(P_3 - P_4) = -\frac{1}{s_H}(C'_H \psi + K'_H \dot{\psi}) \qquad (132.22\text{b})$$

mit den Abkürzungen

$$C'_V = C_V + \frac{l_H}{l} \frac{p_V}{h'} (C_V + C_H - G h'),$$

$$C'_H = C_H + \frac{l_V}{l} \frac{p_H}{h'} (C_V + C_H - G h'),$$

$$K'_V = K_V + \frac{l_H}{l} \frac{p_V}{h'} (K_V + K_H),$$

$$K'_H = K_H + \frac{l_V}{l} \frac{p_H}{h'} (K_V + K_H). \qquad (132.23)$$

Im vorliegenden Fall wird — wie in Abschn. 132.1 ausgeführt — eine parallel zur Fahrbahn verlaufende Rollachse angenommen. Es gilt also

$$p_V = p_H = h - h'.$$

Damit können die einzelnen Vertikallasten P_1 bis P_4 nach Gl. (132.17) über die Gl. (132.18) und (132.22) bestimmt werden.

132.4 Reifenbelastungen

Die Seitenkräfte S_i und die Rückstellmomente $M_{S,i}$ sind in erster Linie von der Größe der Schräglaufwinkel α_i und der Sturzwinkel ξ_i abhängig. Der Zusammenhang lautet nach den Gl. (24.1) und (24.2) in linearisierter Form

$$S_i = -\delta_i \alpha_i - \chi_i \xi_i, \tag{132.24}$$

$$M_{S,i} = -\delta_i n_{S,i} \alpha_i + \chi_{M,i} \xi_i. \tag{132.25}$$

Die angegebenen Vorzeichen resultieren aus der Tatsache, daß bei den verwendeten Koordinatensystemen positive Schräglauf- und Sturzwinkel negative Seitenkraftanteile ergeben, die in Rollrichtung gesehen vor (Sturz) und hinter (Schräglauf) dem Latschmittelpunkt angreifen und daher gegensinnig drehende Momente erzeugen.

Die Schräglaufwinkel α_i, definiert als Winkel zwischen der Projektion des Geschwindigkeitsvektors $\dot{r}_{C,i}$ des Radmittelpunktes C_i auf die Fahrbahn (Bewegungsrichtung des Rades auf der Fahrbahn) und der Schnittgeraden Radscheibe—Fahrbahn, charakterisiert durch den Einheitsvektor i_i^*, ergeben sich nach Linearisierung und mit einigen Vereinfachungen zu [1]

$$\alpha_{1,2} = \alpha - \beta_{1,2} + \frac{l_V}{v}\dot{\varepsilon}, \tag{132.26}$$

$$\alpha_{3,4} = \alpha - \beta_{3,4} - \frac{l_H}{v}\dot{\varepsilon}. \tag{132.27}$$

Der Radeinschlagwinkel β_i setzt sich aus mehreren Anteilen zusammen:

a) dem Vorspurwinkel $\beta_{V,S}$ nach Gl. (121.3) bzw. $\beta_{H,S}$ und dem Radeinschlag $\beta_V = \beta_A/\varkappa$ nach Gl. (121.10) an den Vorderrädern, der durch Lenken bewirkt wird bzw. infolge der Lenkungselastizität auftritt.

b) dem Rollenk-Anteil $(\partial \beta/\partial \psi)_i \psi$, der beim Wanken (Rollen) um den Winkel ψ auf Grund der geometrischen Auslegung der Radaufhängung und des Lenkgestänges, d. h. als rein kinematisch bedingte Größe erzeugt werden kann (Bild 132.3, danach ist $\partial \beta/\partial \psi$ positiv, wenn ein Wanken des Aufbaues nach rechts einen Radeinschlag nach links verursacht; dies ist definiert durch die Vorzeichenregelung in Bild 132.1).

c) dem Radeinschlag infolge der Elastizität der Radaufhängung, der durch Kräfte und Momente erzwungen wird. Werden nur Seitenkräfte S_i und Momente um die Hochachse $M_{z,i}$ berücksichtigt, so lautet der zusätzliche Radeinschlag $+ (\partial \beta/\partial S)_i S_i - (\partial \beta/\partial M_z)_i M_{z,i}$ (Bild 132.4, positive Seitenkraft — so lautet die Vorzeichenregelung — bewirkt positiven Radeinschlag, während positives Moment, entsprechend dem rückdrehenden Reifenrückstellmoment den Radeinschlag verkleinert).

---

[1] In diesen Gleichungen sind die Schräglaufwinkel α_1 bis α_4 ebenso wie die anderen Winkel vorzeichenbehaftet, während der Einfachheit halber in den Gleichungen des Abschn. 99 gemäß Bild 99.2 nur der Betrag eingesetzt wurde. Will man die Gl. (132.26) und (132.27) in Abschn. 99 einführen, dann lauten die Gl. (99.10)

$$\alpha_V = \frac{|\alpha_1| + |\alpha_2|}{2}, \qquad \alpha_H = \frac{|\alpha_3| + |\alpha_4|}{2}.$$

476 Vierter Teil — XVIII. Dynamische Vorgänge, Kurshaltung

Zusammenfassend erhält man unter der Annahme symmetrischer Eigenschaften der Räder und Aufhängungen einer Achse und nach Einführung des Rückstellmomentes $M_{S,i}$ und der Kreiselmomente $\Theta_R \dot{\varphi} \dot{\xi}_i$ nach Gl. (25.19) und (25.24)

$$\beta_{1,2} = \mp \beta_{V,s} + \beta_V + \left(\frac{\partial \beta}{\partial \psi}\right)_V \psi + \left(\frac{\partial \beta}{\partial S}\right)_V S_{1,2} - \left(\frac{\partial \beta}{\partial M_z}\right)_V (M_{S,1,2} + \Theta_R \dot{\varphi} \dot{\xi}_{1,2}), \quad (132.28)$$

$$\beta_{3,4} = \mp \beta_{H,s} + \left(\frac{\partial \beta}{\partial \psi}\right)_H \psi + \left(\frac{\partial \beta}{\partial S}\right)_H S_{3,4} - \left(\frac{\partial \beta}{\partial M_z}\right)_H (M_{S,3,4} + \Theta_R \dot{\varphi} \dot{\xi}_{3,4}). \quad (132.29)$$

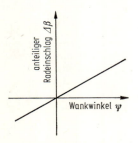
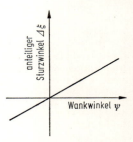

Bild 132.3 Abhängigkeit des Radeinschlagwinkels vom Wankwinkel des Fahrzeugaufbaues, sog. Rollenken.

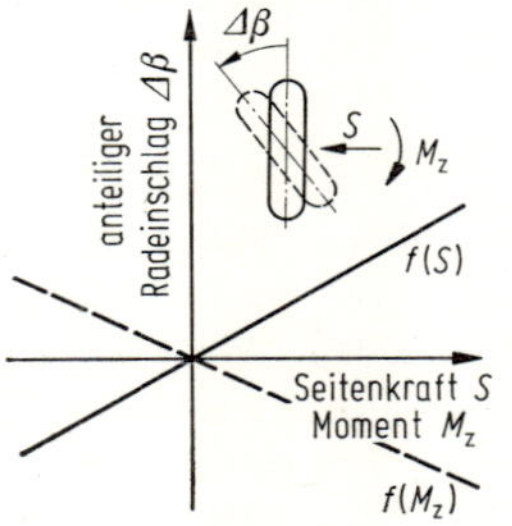

Bild 132.4 Seitenkräfte S und Momente um die Radhochachse M_z bewirken in Verbindung mit Radaufhängungselastizitäten einen Radeinschlag (S und M_z entsprechen Bild 25.1, positiv gezeichnet).

Bild 132.5 Abhängigkeit des Sturzwinkels eines Rades vom Wankwinkel des Fahrzeugaufbaues, sog. Rollstürzen.

Die Sturzwinkel ergeben sich aus einer ähnlichen Betrachtung, wobei hier nur der wichtige kinematische Rollsturz-Anteil $(\partial \xi/\partial \psi)_i \psi$ nach Bild 132.5 ($\partial \xi/\partial \psi$ ist positiv, wenn ein Aufbauwanken nach rechts einen Radsturz ebenfalls nach rechts bewirkt) berücksichtigt wird.

$$\xi_{1,2} = \mp \xi_{V,0} + \left(\frac{\partial \xi}{\partial \psi}\right)_V \psi, \quad (132.30)$$

$$\xi_{3,4} = \mp \xi_{H,0} + \left(\frac{\partial \xi}{\partial \psi}\right)_H \psi. \quad (132.31)$$

132.5 Beziehung Lenkrad- und Radeinschlag

Da vom Fahrer nicht der Radeinschlagwinkel $\beta_V = \beta_A/\varkappa$, sondern der Lenkradeinschlagwinkel β_L bzw. nach Gl. (128.2) der bezogene Winkel β_L^* vorgegeben wird, muß eine Beziehung zwischen β_L^* und β_V hergestellt werden.

Nach Gl. (120.4) ergibt sich die Größe des Momentes am Lenkstockhebel zu

$$M_L = M_1 + M_2 \pm M_{r,A} \quad (132.32)$$

(wenn die Lenkgestängeübersetzung $i_T = 1$ angenommen und für die Indizes a und i jetzt 1 und 2 gesetzt wird). Die Summe $M_1 + M_2$ der Momente um die Lenkzapfen ist aus Gl. (127.6) bekannt, und M_L wird gemäß Gl. (128.1) durch die Lenkungssteifigkeit C_L und die Differenz $\beta_\mathrm{L} - \beta_\mathrm{V}$ ausgedrückt. Für das Reibmoment $M_{\mathrm{r,A}}$, das nach S. 432 hauptsächlich die Reibung am Lenkzapfen und in den Gelenken des Lenkgestänges erfaßt und zusätzlich noch die Dämpfung eines eventuell vorhandenen Lenkungsdämpfers beinhaltet, wird der geschwindigkeitsproportionale Ausdruck

$$M_{\mathrm{r,A}} = -K_\mathrm{L}\dot\beta_\mathrm{V} \tag{132.33}$$

eingeführt. Damit wird aus Gl. (132.32) mit Gl. (127.6), in der $\Delta\sigma = (\partial\xi/\partial\psi)_\mathrm{V}\psi$ gesetzt wurde, bei einigen Vernachlässigungen

$$C_\mathrm{L}(\beta_\mathrm{L}^* - \beta_\mathrm{V}) - K_\mathrm{L}\dot\beta_\mathrm{V} = M_{\mathrm{S},1} + M_{\mathrm{S},2} + n_\mathrm{K}(S_1 + S_2) + [P_\mathrm{V}(n_\mathrm{K} - f_\mathrm{R} r) - \\
- (S_1 - S_2)r_0'\tan\tau]\left(\frac{\partial\xi}{\partial\psi}\right)_\mathrm{V}\psi + (P_1 - P_2)r_0'\tan\tau + \Theta_\mathrm{R}\dot\varphi(\dot\xi_1 + \dot\xi_2). \tag{132.34}$$

132.6 Luftbelastungen

Die Luftkräfte und Luftmomente, die nach Bild 132.1 b in den Aufbauschwerpunkt SP_A reduziert wurden, sind aus Abschn. 28 bekannt. Sie ergeben sich aus Gl. (28.1) bis (28.9), wenn die Schwerpunktkoordinate l_V eingeführt und Veränderungen der Luftbeiwerte durch das Wanken nicht berücksichtigt werden, zu

$$W_\mathrm{L} = c_\mathrm{W} F \frac{\varrho}{2} v_\mathrm{res}^2,$$

$$-N = +c_\mathrm{N} F \frac{\varrho}{2} v_\mathrm{res}^2,$$

$$(M_{\mathrm{W,z}})_{\mathrm{SP}} = \left[(c_{\mathrm{M,z}})_0 - c_\mathrm{N}\frac{l/2 - l_\mathrm{V}}{l} F l\right]\frac{\varrho}{2} v_\mathrm{res}^2. \tag{132.35}$$

Die Auftriebskraft A und die Luftmomente $(M_{\mathrm{W,x}})_{\mathrm{SP}}$ um die Längsachse und $(M_{\mathrm{W,y}})_{\mathrm{SP}}$ um die Querachse werden vernachlässigt. Die Vorzeichenregelung von N und $(M_{\mathrm{W,z}})_{\mathrm{SP}}$ wurde dem gewählten Koordinatensystem angepaßt.

Bis auf den c_W-Wert sind die genannten Beiwerte nach Abschn. 32 und 33 vom Anströmwinkel τ_W abhängig[1]. Werden entsprechend Gl. (32.2) und (32.3) linearisierte Werte eingeführt, so ergeben sich mit den folgenden drei neuen Konstanten

$$k_\mathrm{W} = \frac{\varrho}{2} F c_\mathrm{W},$$

$$k_\mathrm{N} = \frac{\varrho}{2} F (c_\mathrm{N}/\tau_\mathrm{W}),$$

$$k_{\mathrm{M,z}} = \frac{\varrho}{2} F l \left[\left(\frac{(c_{\mathrm{M,z}})_0}{\tau_\mathrm{W}}\right) - \left(\frac{c_\mathrm{N}}{\tau_\mathrm{W}}\right)\frac{l/2 - l_\mathrm{V}}{l}\right] \tag{132.36}$$

---

[1] Um den Anströmwinkel nicht mit dem Nachlaufwinkel τ zu verwechseln, wurde der Index W eingeführt.

die drei Luftbelastungen

$$W_L = k_W v_{res}^2,$$
$$-N = k_N \tau_W v_{res}^2,$$
$$(M_{W,z})_{SP} = k_{M,z} \tau_W v_{res}^2. \tag{132.37}$$

Die Konstanten (c_N/τ_W) und $[(c_{M,z})_0/\tau_W]$ sind für verschiedene Fahrzeuge aus Tabelle 31.1 zu entnehmen.

Der Anströmwinkel τ_W und die Anströmgeschwindigkeit v_{res} lassen sich aus Bild 132.6 bei gegebenen Werten für Schwimmwinkel α, Fahrgeschwindigkeit v, Windgeschwindigkeit w bzw. deren Komponenten w_x und w_y berechnen. Für kleine Winkel τ_W und für kleine Verhältnisse von Windgeschwindigkeit zu Fahrgeschwindigkeit kann näherungsweise gesetzt werden

$$v_{res} \approx v, \tag{132.38}$$
$$\tau_W v_{res}^2 \approx \alpha v^2 - v w_y. \tag{132.39}$$

Das Vorzeichen der Windgeschwindigkeitskomponente w_y ist entsprechend seiner Lage im $i_0 - j_0$-Achsenkreuz einzusetzen.

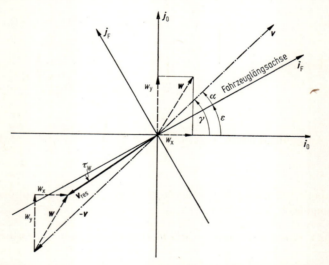

Bild 132.6 Ermittlung von Anströmwinkel τ_W und resultierender Anströmgeschwindigkeit v_{res} aus Fahrgeschwindigkeit v, Windgeschwindigkeit w und Schwimmwinkel α.

132.7 Zusammenfassung der Bewegungsgleichungen

Die in den sechs Unterabschnitten aufgestellten Gleichungen lassen sich bei konstanter Fahrgeschwindigkeit ($\dot v = 0$) in den folgenden vier Bewegungsgleichungen zusammenfassen, die in Matrizenschreibweise wie folgt aussehen:

$$(m_{ij})(\ddot x_j) + (d_{ij})(\dot x_j) + (c_{ij})(x_j) = (r_{ik})(y_k). \tag{132.40}$$

132. Aufstellung der Bewegungsgleichungen

Dabei sind

$$(x_j) = \begin{pmatrix} \psi \\ \alpha \\ \varepsilon \\ \beta_V \end{pmatrix}, \tag{132.41}$$

$$(y_k) = \begin{pmatrix} w_y \\ \beta_L^* \end{pmatrix}, \tag{132.42}$$

Massenmatrix $(m_{ij}) = \begin{pmatrix} m_{11} & 0 & 0 & 0 \\ m_{21} & 0 & 0 & 0 \\ 0 & 0 & m_{33} & 0 \\ 0 & 0 & 0 & 0 \end{pmatrix},$ (132.43)

Dämpfungsmatrix $(d_{ij}) = \begin{pmatrix} d_{11} & d_{12} & d_{13} & 0 \\ d_{21} & 0 & d_{23} & d_{24} \\ d_{31} & 0 & d_{33} & 0 \\ d_{41} & 0 & d_{43} & d_{44} \end{pmatrix},$ (132.44)

Federmatrix $(c_{ij}) = \begin{pmatrix} c_{11} & c_{12} & 0 & c_{14} \\ c_{21} & c_{22} & 0 & c_{24} \\ c_{31} & c_{32} & 0 & c_{34} \\ c_{41} & c_{42} & 0 & c_{44} \end{pmatrix},$ (132.45)

Anregungsmatrix $(r_{ik}) = \begin{pmatrix} r_{11} & 0 \\ 0 & 0 \\ r_{31} & 0 \\ 0 & r_{42} \end{pmatrix}.$ (132.46)

In Tabelle 132.1 sind die Elemente m_{11} bis r_{42} und einige Abkürzungen zusammengefaßt.

Tabelle 132.1 *Elemente der Matrizen nach Gl. (132.43) bis (132.46) und Abkürzungen*

Elemente:

$m_{11} = -mh', \quad m_{21} = \Theta_x, \quad m_{33} = \Theta_z,$

$d_{11} = \Theta_R \dot{\varphi} [\delta_V^* (\partial \beta / \partial M_z)_V (\partial \xi / \partial \psi)_V + \delta_H^* (\partial \beta / \partial M_z)_H (\partial \xi / \partial \psi)_H],$

$d_{12} = mv, \quad d_{13} = mv + \dfrac{1}{v}(\delta_V^* l_V - \delta_H^* l_H),$

$d_{21} = K_V' + K_H' + h d_{11} - 2\Theta_R \dot{\varphi}[(\partial \beta / \partial \psi)_V + (\partial \beta / \partial \psi)_H],$

$d_{23} = \dfrac{h}{v}(\delta_V^* l_V - \delta_H^* l_H) - 4\Theta_R \dot{\varphi}, \quad d_{24} = -2\Theta_R \dot{\varphi},$

Vierter Teil — XVIII. Dynamische Vorgänge, Kurshaltung

Tabelle 132.1 (Fortsetzung)

$d_{31} = \Theta_R \dot{\varphi} \{\delta_V^* l_V (\partial\beta/\partial M_z)_V (\partial\xi/\partial\psi)_V - \delta_H^* l_H (\partial\beta/\partial M_z)_H (\partial\xi/\partial\psi)_H + 2[(\partial\xi/\partial\psi)_V +$
$\qquad + (\partial\xi/\partial\psi)_H]\}$,

$d_{33} = \dfrac{1}{v}(\delta_V^* l_V^2 + \delta_H^* l_H^2)$,

$d_{41} = (2K_V'/s_V) r_0' \tan\tau - \Theta_R \dot{\varphi}(\partial\xi/\partial\psi)_V [2 - n_V \delta_V^* (\partial\beta/\partial M_z)_V]$,

$d_{43} = \dfrac{1}{v} l_V n_V \delta_V^*$, $\qquad d_{44} = -K_L$,

$c_{11} = -(\Psi_V + \Psi_H)$, $\quad c_{12} = \delta_V^* + \delta_H^*$, $\quad c_{14} = -\delta_V^*$,

$c_{21} = C + h c_{11}$, $\qquad c_{22} = h c_{12}$, $\qquad c_{24} = -\delta_V^* h$,

$c_{31} = -(\Psi_V l_V - \Psi_H l_H)$, $\quad c_{32} = \delta_V^* l_V - \delta_H^* l_H + k_{M,z} v^2$, $\quad c_{34} = -\delta_V^* l_V$,

$c_{41} = (2C_V'/s_V) r_0' \tan\tau - n_K \Psi_V - P_V (n_K - f_R r)(\partial\xi/\partial\psi)_V$,

$c_{42} = n_V \delta_V^*$, $\qquad c_{44} = -(C_L + n_V \delta_V^*)$,

$r_{11} = k_N v$, $\qquad r_{31} = k_{M,z} v$, $\qquad r_{42} = -C_L$.

Abkürzungen:

$\delta_V^* = \dfrac{\delta_V}{1 - (\delta_V/2)[(\partial\beta/\partial S)_V - n_{S,V}(\partial\beta/\partial M_z)_V]}$, $\quad \dfrac{\delta_V}{2} = \delta_1 = \delta_2$,

$\delta_H^* = \dfrac{\delta_H}{1 - (\delta_H/2)[(\partial\beta/\partial S)_H - n_{S,H}(\partial\beta/\partial M_z)_H]}$, $\quad \dfrac{\delta_H}{2} = \delta_3 = \delta_4$,

$n_{S,V} = n_{S,1} = n_{S,2}$, $\qquad n_{S,H} = n_{S,3} = n_{S,4}$, $\qquad n_V = n_K + n_{S,V}$,

$\Psi_V = \delta_V^* (\partial\beta/\partial\psi)_V - \chi_V^* (\partial\xi/\partial\psi)_V$, $\qquad \Psi_H = \delta_H^* (\partial\beta/\partial\psi)_H - \chi_H^* (\partial\xi/\partial\psi)_H$,

$\chi_V^* = \dfrac{\chi_V}{1 - (\delta_V/2)[(\partial\beta/\partial S)_V - n_{S,V}(\partial\beta/\partial M_z)_V]} = \chi_V \dfrac{\delta_V^*}{\delta_V}$, $\quad \dfrac{\chi_V}{2} = \chi_1 = \chi_2$,

$\chi_H^* = \dfrac{\chi_H}{1 - (\delta_H/2)[(\partial\beta/\partial S)_H - n_{S,H}(\partial\beta/\partial M_z)_H]} = \chi_H \dfrac{\delta_H^*}{\delta_H}$, $\quad \dfrac{\chi_H}{2} = \chi_3 = \chi_4$,

$P_V = P_{V,\text{stat}} = P_{1,\text{stat}} + P_{2,\text{stat}} = \dfrac{l_H}{l} G$, $\qquad \dot{\varphi} = \dfrac{v}{R_0}$,

$G = mg$, $\qquad C = C_V' + C_H' - h' G$,

$C_V' = C_V + \dfrac{l_H}{l}\left(\dfrac{h}{h'} - 1\right)(C_V + C_H - Gh')$,

$C_H' = C_H + \dfrac{l_V}{l}\left(\dfrac{h}{h'} - 1\right)(C_V + C_H - Gh')$,

$K_V' = K_V + \dfrac{l_H}{l}\left(\dfrac{h}{h'} - 1\right)(K_V + K_H)$,

$K_H' = K_H + \dfrac{l_V}{l}\left(\dfrac{h}{h'} - 1\right)(K_V + K_H)$.

Mit Hilfe dieses nun aufgestellten Systems von Differentialgleichungen wird die Fahrtrichtungshaltung von Kraftfahrzeugen behandelt.

133. Kreisfahrt

Zunächst diskutieren wir das Gleichungssystem an dem schon bekannten, einfachen quasistatischen Fall der Kreisfahrt. Die Ergebnisse brauchen wir auch zur Beurteilung der in Abschn. 135 beschriebenen dynamischen Vorgänge.

Im Gegensatz zu der früheren Betrachtung in Kap. XV und XVI werden wir hier die Kreisfahrt rein formelmäßig abhandeln; im Hinblick darauf bleiben die gewonnenen Aussagen entsprechend den vorausgesetzten Vereinfachungen auf kleine Seitenkräfte und Schräglaufwinkel beschränkt.

Bei der Kreisfahrt mit konstanter Geschwindigkeit ist nach Gl. (132.40) $(\ddot{x}_j) = 0$, d. h. alle Winkelbeschleunigungen sind gleich Null,

$$\ddot{\psi} = \ddot{\alpha} = \ddot{\varepsilon} = \ddot{\beta}_V = 0. \tag{133.1}$$

Auch ein Teil der Winkelgeschwindigkeiten verschwindet,

$$\dot{\psi} = \dot{\alpha} = \dot{\beta}_V = 0, \tag{133.2}$$

weil sich während einer solchen Kreisfahrt der Wankwinkel ψ, der Schwimmwinkel α und der Vorderradeinschlag β_V nicht ändern. Nur die Gierwinkelgeschwindigkeit $\dot{\varepsilon}$ ist ungleich Null. Ihr Betrag ergibt sich nach Gl. (97.7) und (98.3) aus der Zentripetalbeschleunigung v^2/ϱ zu

$$\dot{\varepsilon} = v/\varrho. \tag{133.3}$$

Im folgenden wird die Abhängigkeit des Lenkradeinschlages β_L bzw. $\beta_L^* = \beta_L/i_G$ von der Fahrgeschwindigkeit v bei *konstantem Kreisradius* ϱ betrachtet. ϱ errechnet sich für den Spezialfall der Fahrgeschwindigkeit $v = 0$ nach Gl. (104.5) aus dem Vorderradeinschlagwinkel $\beta_{V,0} = \beta_V(v = 0)$ und dem Radstand l zu

$$\varrho = l/\beta_{V,0}. \tag{133.4}$$

Da bei der Fahrgeschwindigkeit $v = 0$ und der Zentripetalbeschleunigung $v^2/\varrho = 0$ keine (nennenswerten) Seitenkräfte auftreten, gibt es nach Abschn. 128 keinen Unterschied zwischen dem Radeinschlag $\beta_{V,0}$ und dem bezogenen Lenkradeinschlag $\beta_{L,0}^*$; es gilt

$$\beta_{V,0} = \beta_{L,0}^* = \beta_{L,0}/i_G. \tag{133.5}$$

Wird Windstille ($w_y = 0$) während der Kreisfahrt vorausgesetzt, so ergibt sich bei Vernachlässigung einiger kleiner Größen das Verhältnis der Lenkradeinschläge zu

$$\frac{\beta_L}{\beta_{L,0}} = 1 + mv^2 \times$$

$$\times \left\{ -\frac{2\dfrac{h}{s_V}\dfrac{C'_V}{C}r'_0 \tan \tau - \dfrac{h}{C}\left[n_K \Psi_V + P_V(n_K - f_R r)\left(\dfrac{\partial \xi}{\partial \psi}\right)_V\right]}{C_L l} + \right.$$

$$\left. + \frac{\delta^*_H\left(l_H - \dfrac{hl}{C}\Psi_V\right) - \delta'_V\left(l_V - \dfrac{hl}{C}\Psi_H\right)}{\delta'_V \delta^*_H l^2} \right\} -$$

$$- \frac{mk_{M,z}}{\delta'_V \delta^*_H l^2}\left[1 - \frac{h}{C}(\Psi_V + \Psi_H)\right] v^4. \tag{133.6}$$

Für die Fahrgeschwindigkeit $v = 0$ ist definitionsgemäß $\beta_L = \beta_{L,0}$. Mit wachsender Geschwindigkeit verändert sich unter der oben genannten Voraussetzung — Kreisradius $\varrho = $ const — demgegenüber im allgemeinen der Betrag des Lenkradeinschlages β_L. Diese Änderung wird nach der obigen Gleichung durch zwei Terme beschrieben, durch einen

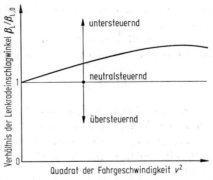

Bild 133.1 Verhältnis der Lenkradeinschlagwinkel bei Kreisfahrt mit konstantem Radius in Abhängigkeit vom Quadrat der Fahrgeschwindigkeit mit Angabe der Steuertendenz.

Summanden mit dem Faktor v^2 und durch einen zweiten mit dem Faktor v^4. Bild 133.1 zeigt diese Abhängigkeit in einer Darstellung über v^2, bei der die Koeffizienten von v^2 und v^4 positiv sind. Im Diagramm wurden zusätzlich noch die Begriffe Über-, Neutral- und Untersteuern eingetragen. Sie beziehen sich an dieser Stelle — vgl. die Bemerkungen in Abschn. 128 — auf die Lenkradeinschlagwinkel.

Neben den in Tabelle 132.1 aufgeführten Abkürzungen kommt noch der Ausdruck

$$\delta'_V = \frac{\delta^*_V}{1 + n_V \delta^*_V/C_L} \qquad (133.7)$$

hinzu.

In den folgenden Unterabschnitten werden nacheinander die einzelnen konstruktiven Einflüsse auf das Verhältnis der Lenkradeinschlagwinkel behandelt.

133.1 Reifen-, Lenkungs-, Radaufhängungselastizität

Vernachlässigen wir zunächst den Einfluß der Schwerpunkthöhe und den des Luftmomentes um die Hochachse, indem wir

$$h = 0 \qquad (133.8)$$

und

$$k_{M,z} = 0 \qquad (133.9)$$

setzen, so vereinfacht sich Gl. (133.6) zu

$$\frac{\beta_L}{\beta_{L,0}} \approx 1 + v^2 m \frac{\delta^*_H l_H - \delta'_V l_V}{\delta'_V \delta^*_H l^2}. \qquad (133.10)$$

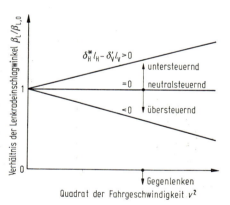

Bild 133.2 Einfluß der Reifen-, Lenkungs- und Radaufhängungselastizität und der Schwerpunktlage des Fahrzeuges auf die Steuertendenz bei Kreisfahrt.

Der Verlauf von $\beta_L/\beta_{L,0}$ über v^2 nach Bild 133.2 hängt im wesentlichen von Betrag und Vorzeichen des Zählers $\delta^*_H l_H - \delta'_V l_V$ ab. Bei positivem Wert wird mit wachsender Fahrgeschwindigkeit v der Lenkradeinschlagwinkel größer (Untersteuern), bei negativem Wert kleiner (Übersteuern), er kann sogar von einer bestimmten Geschwindigkeit ab negativ werden (Gegenlenken). Berücksichtigt man zunächst nicht die Lenkungs- und Radaufhängungselastizität, so vereinfacht sich Gl. (133.10) zu

$$\frac{\beta_\mathrm{L}}{\beta_{\mathrm{L},0}} = 1 + v^2 m \frac{\delta_\mathrm{H} l_\mathrm{H} - \delta_\mathrm{V} l_\mathrm{V}}{\delta_\mathrm{V} \delta_\mathrm{H} l^2}. \qquad (133.11)[1]$$

Über- und Untersteuern hängt also von den Seitenkraft-Schräglaufwinkel-Beiwerten δ_V und δ_H der Reifen an Vorder- und Hinterachse und von der Schwerpunktlage in Längsrichtung, ausgedrückt durch l_V und l_H ab. Wäre $\delta_\mathrm{V} = \delta_\mathrm{H}$, so würde ein vorderachslastiges Fahrzeug ($l_\mathrm{H} > l_\mathrm{V}$) untersteuernd, ein hinterachslastiges ($l_\mathrm{H} < l_\mathrm{V}$) übersteuernd reagieren. Dieses Ergebnis — hier formelmäßig ausgedrückt — ist schon aus Abschn. 104 bekannt. Nur wurden dort die Begriffe der Steuertendenz auf die Schräglaufwinkeldifferenz bezogen, während sie jetzt durch die Art der Änderung des Lenkradeinschlages erklärt werden. Im vorliegenden Fall, d. h. bei fehlender Nachgiebigkeit in Lenkung und Radaufhängungen ergeben sich daraus allerdings keine Unterschiede.

Als nächstes betrachten wir den Unterschied zwischen δ_H^* und δ_H (s. Tabelle 132.1) und diskutieren damit den Einfluß der Elastizitäten in der Hinterachsaufhängung, die durch die Ausdrücke $(\partial\beta/\partial S)_\mathrm{H}$ und $(\partial\beta/\partial M_\mathrm{z})_\mathrm{H}$ und durch das Diagramm in Bild 132.4 charakterisiert sind.

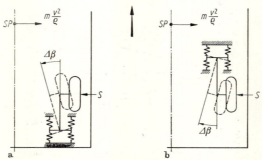

Bild 133.3 Seitenkräfte S in Verbindung mit Radaufhängungselastizität bewirken Einschlag $\Delta\beta$ der Hinterräder. Darstellung am Beispiel einer a) geschobenen Kurbelachse, b) gezogenen Kurbelachse.

In Bild 133.3a ist eine geschobene Kurbelachse, die elastisch z. B. in Gummielementen gelagert ist, dargestellt. An ihr stellt sich bei positiver Seitenkraft S als Reaktion zur Fliehkraft mv^2/ϱ ein positiver Radeinschlag β ein. Es ist $(\partial\beta/\partial S)_\mathrm{H} > 0$ und damit, wenn man zu-

---

[1] Diese Gleichung ist im Prinzip schon von RIEKERT, P., SCHUNCK, TH.-E.: Zur Fahrmechanik des gummibereiften Kraftfahrzeugs. DKF Zwischenber. Nr. 89 (1940), angegeben worden.

nächst $(\partial\beta/\partial M_z)_H$ Null setzt, $\delta_H^* > \delta_H$. Das heißt, Reifenelastizität — ausgedrückt durch δ_H — und Radaufhängungselastizität — ausgedrückt durch $(\partial\beta/\partial S)_H$ — wirken zusammen wie seitensteifere Reifen bei starrer Lagerung. Bei der gezogenen Kurbelachse nach Bild 133.3b ist es umgekehrt, dort ist $(\partial\beta/\partial S)_H < 0$ und deshalb $\delta_H^* < \delta_H$. Die Nachgiebigkeit der Radaufhängung unter Einwirkung eines positiven Momentes M_z (dies entspricht nach Bild 132.4 bei vernachlässigtem Kreiselmoment dem Reifenrückstellmoment) vermindert stets die Seitensteifigkeit des Systems Reifen/Radaufhängung.

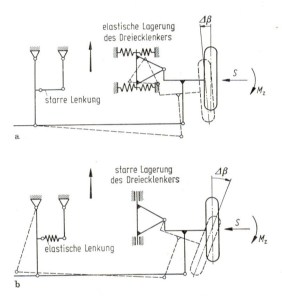

Bild 133.4 Seitenkräfte S und Momente M_z bewirken Einschlag $\varDelta\beta$ der Vorderräder. Darstellung am Beispiel a) einer starren Lenkung und elastischen Radaufhängung, b) einer elastischen Lenkung und starren Radaufhängung.

Für die Vorderachse gilt Entsprechendes, nur muß dort noch zwischen Lenkungs- und Radaufhängungselastizität unterschieden werden. In Bild 133.4a ist bei steifer Lenkung ($C_L \to \infty$, $\delta_V' = \delta_V^*$ nach Gl. (133.7)) die Wirkung der Radaufhängungselastizität am Beispiel eines Dreiecklenkers in Gummilagern gezeigt. In diesem Fall soll $(\partial\beta/\partial S)_V -$ $- n_{S,V} (\partial\beta/\partial M_z)_V > 0$ sein, und damit ist nach Tabelle 132.1 $\delta_V^* > \delta_V$.

In Bild 133.4b ist bei steifer Radaufhängung die Wirkung der Lenkungselastizität dargestellt. In diesem Beispiel ergibt sich gegenüber Bild a bei festgehaltenem Lenkstockhebel ein entgegengesetzter Radeinschlag, nach Gl. (133.7) ist $\delta_V' < \delta_V^*$ bzw. bei steifer Radaufhängung $\delta_V' < \delta_V$.

Radaufhängungs- und Lenkungselastizität kann man in dem folgenden Ausdruck formelmäßig zusammenfassen, wenn die Abkürzung für δ_V^* aus Tabelle 132.1 in Gl. (133.7) eingesetzt wird.

$$\delta_V' = \frac{\delta_V}{1 + \dfrac{n_V \delta_V}{C_L} - \dfrac{\delta_V}{2}\left[\left(\dfrac{\partial \beta}{\partial S}\right)_V - n_{S,V}\left(\dfrac{\partial \beta}{\partial M_z}\right)_V\right]}. \qquad (133.12)$$

Nach Gl. (133.10) wird die Steuertendenz durch die Differenz $\delta_H^* l_H - \delta_V' l_V$ bestimmt. Sie ergibt sich mit δ_V' nach Gl. (133.12) und δ_H^* nach Tabelle 132.1 zu

$$\delta_H^* l_H - \delta_V' l_V = \frac{\delta_H l_H}{1 - \dfrac{\delta_H}{2}\left[\left(\dfrac{\partial \beta}{\partial S}\right)_H - n_{S,H}\left(\dfrac{\partial \beta}{\partial M_z}\right)_H\right]} -$$

$$- \frac{\delta_V l_V}{1 + \dfrac{n_V \delta_V}{C_L} - \dfrac{\delta_V}{2}\left[\left(\dfrac{\partial \beta}{\partial S_V}\right)_V - n_{S,V}\left(\dfrac{\partial \beta}{\partial M_z}\right)_V\right]}. \qquad (133.13)$$

Der Betrag der Differenz hängt von 12 Daten ab: Von der Schwerpunktlage in Längsrichtung l_V bzw. l_H, den Seitenkraft-Schräglaufwinkel-Beiwerten δ_V und δ_H, den Reifennachläufen $n_{S,V}$ und $n_{S,H}$, den Radaufhängungselastizitäten $(\partial \beta/\partial S)_V$, $(\partial \beta/\partial M_z)_V$ und $(\partial \beta/\partial S)_H$, $(\partial \beta/\partial M_z)_H$ an Vorder- und Hinterachse sowie der Lenkungssteifigkeit C_L und dem Gesamtnachlauf $n_V = n_K + n_{S,V}$ an der Vorderachse. Der Betrag der Seitenkraft-Schräglaufwinkel-Beiwerte hängt wiederum nach Bild 22.4 vom Fahrbahnzustand (z. B. trocken oder naß) und nach Abschn. 23 von der gleichzeitig wirkenden Umfangskraft ab.

In Bild 133.5 ist für ein Beispielfahrzeug mit $h = 0$ und $k_{M,z} = 0$ das Verhältnis der Lenkradeinschlagwinkel über der Fahrgeschwindigkeit aufgetragen.

133.2 Einfluß des Luftmomentes

Wird der Luftmomentenbeiwert um die Hochachse $k_{M,z}$ nicht mehr vernachlässigt, so muß in Gl. (133.6) das v^4-Glied berücksichtigt werden. Da k_{Mz} fast immer positiv ist (s. Gl. (132.36) und Abschn. 32), d. h. da der Druckmittelpunkt der Fahrzeuge in Fahrtrichtung gesehen vor dem Schwerpunkt liegt, wird der Koeffizient von v^4 negativ und damit der Lenkradeinschlag gegenüber $k_{M,z} = 0$ mit wachsender Fahrgeschwindigkeit kleiner. Aus Bild 133.5 erkennt man für das Beispielfahrzeug mit $h = 0$ den Einfluß des Luftmomentenbeiwertes aus dem Vergleich der Kurven von $k_{M,z} = 0$ mit $k_{M,z} \neq 0$.

Das Luftmoment kommt, da am Anfang des Abschn. 133 Windstille vorausgesetzt wurde, nur durch Einwirken des Fahrtwindes schräg zur Fahrzeuglängsachse unter dem Schwimmwinkel α zustande.

133.3 Einfluß der Schwerpunkthöhe und der Aufbauneigung

Wird die endliche Schwerpunkthöhe des Fahrzeugs ($h \neq 0$) berücksichtigt, so bestimmt nach Gl. (133.6) eine Anzahl weiterer Fahrzeugdaten die Kreisfahreigenschaft.

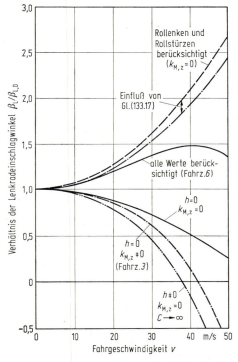

Bild 133.5 Wirkung verschiedener Einflußgrößen auf das Verhältnis der Lenkradeinschlagwinkel in Abhängigkeit von der Fahrgeschwindigkeit bei einem hecklastigen Fahrzeug (nicht angegebene Daten s. Fahrzeug 6 in Tabelle 135.2).

Um die einzelnen Einflußgrößen nacheinander zu erfassen, nehmen wir an, der Schwerpunkt liege über der Fahrbahn, $h > 0$, aber der Fahrzeugaufbau könne nicht wanken, $C = C'_V + C'_H - h'G \to \infty$. Dann tritt gegenüber Gl. (133.10) im mv^2-Glied der Ausdruck

$$-\frac{2\,(h/s_V)\,(C'_V/C)\,r'_0\,\tan\tau}{C_L l}$$

hinzu. Er besagt zunächst, daß die durch die Fliehkraft hervorgerufene Radlaständerung an der Vorderachse, die proportional $(h/s_\mathrm{V})(C'_\mathrm{V}/C)$ ist (vgl. Abschn. 113 und 116), um den Lenkzapfen ein Moment ergibt, falls der Abstand r'_0 und der Nachlaufwinkel τ ungleich Null sind (s. Bild 121.1a). Dieses Moment wiederum ergibt einen Vorderradeinschlag, wenn eine Lenkelastizität (endlicher C_L-Wert) vorhanden ist.

Der Einfluß der vorderradkinematischen Daten ist bei unserem Beispielfahrzeug, wie aus Bild 133.5 durch Vergleich der Kurven $h = 0$, $k_{\mathrm{M,z}} = 0$ mit $h \neq 0$, $k_{\mathrm{M,z}} = 0$, $C \to \infty$ zu ersehen ist, nicht zu vernachlässigen.

Bei endlicher Wankfedersteifigkeit C neigt sich der Aufbau, wodurch sich nach Gl. (133.6) die in Abschn. 133.1 diskutierte Differenz $\delta_\mathrm{H}^* l_\mathrm{H} - \delta'_\mathrm{V} l_\mathrm{V}$ auf

$$\delta_\mathrm{H}^* \left(l_\mathrm{H} - \frac{hl}{C} \Psi_\mathrm{V}\right) - \delta'_\mathrm{V} \left(l_\mathrm{V} - \frac{hl}{C} \Psi_\mathrm{H}\right)$$

$$= \delta_\mathrm{H}^* l_\mathrm{H} - \delta'_\mathrm{V} l_\mathrm{V} - \delta'_\mathrm{V} \delta_\mathrm{H}^* \frac{hl}{C} \left\{ \left(1 + \frac{n_\mathrm{V} \delta_\mathrm{V}^*}{C_\mathrm{L}}\right) \left[\left(\frac{\partial \beta}{\partial \psi}\right)_\mathrm{V} - \frac{\chi_\mathrm{V}}{\delta_\mathrm{V}} \left(\frac{\partial \xi}{\partial \psi}\right)_\mathrm{V}\right] - \right.$$

$$\left. - \left[\left(\frac{\partial \beta}{\partial \psi}\right)_\mathrm{H} - \frac{\chi_\mathrm{H}}{\delta_\mathrm{H}} \left(\frac{\partial \xi}{\partial \psi}\right)_\mathrm{H}\right]\right\} \quad (133.14)$$

erweitert. Es tritt also der Ausdruck mit der geschweiften Klammer hinzu. Ist der Inhalt der Klammer negativ, der Zusatzausdruck also positiv, so ergibt das einen Untersteuereffekt. Ein nach Gl. (133.14) schon untersteuerndes Fahrzeug wird noch stärker untersteuern, ein übersteuerndes wird nicht mehr so stark übersteuern, vielleicht sogar untersteuern. Bei positivem Vorzeichen der Klammer gilt das Gegenteilige. Das wird im einzelnen durch die Faktoren für das Rollenken $\partial \beta/\partial \psi$ (s. Bild 132.3) und für das Rollstürzen $\partial \xi/\partial \psi$ (s. Bild 132.5) sowie durch das Verhältnis der Seitenkraft-Sturzwinkel-Beiwerte χ zu den Seitenkraft-Schräglaufwinkel-Beiwerten δ bestimmt.

Veränderung der Steuertendenz in Richtung auf das Untersteuern bewirkt das Rollenken, wenn

$$\left(\frac{\partial \beta}{\partial \psi}\right)_\mathrm{H} > \left(1 + \frac{n_\mathrm{V} \delta_\mathrm{V}^*}{C_\mathrm{L}}\right) \left(\frac{\partial \beta}{\partial \psi}\right)_\mathrm{V} \quad (133.15)$$

bzw. das Rollstürzen, wenn

$$\left(1 + \frac{n_\mathrm{V} \delta_\mathrm{V}^*}{C_\mathrm{L}}\right) \frac{\chi_\mathrm{V}}{\delta_\mathrm{V}} \left(\frac{\partial \xi}{\partial \psi}\right)_\mathrm{V} > \frac{\chi_\mathrm{H}}{\delta_\mathrm{H}} \left(\frac{\partial \xi}{\partial \psi}\right)_\mathrm{H} \quad (133.16)$$

ist. Vernachlässigt man die korrigierenden Größen $n_V \delta_V^*/C_L$ und χ/δ, so muß demnach an der Hinterachse das Rollenken größer, das Rollstürzen kleiner als an der Vorderachse sein, um eine Änderung in Richtung Untersteuern zu bewirken.

In Bild 133.5 wird der große Einfluß von Rollenken und Rollstürzen durch Vergleich mit der Kurve $h \neq 0$, $k_{M,z} = 0$ und $C \to \infty$ deutlich. Aus dem übersteuernden Fahrzeug wird ein untersteuerndes.

Wankt der Aufbau und tritt zudem Rollenken und -stürzen auf, dann muß nach Gl. (133.6) noch der weitere Term

$$+ \frac{\frac{h}{C}\left[n_K \Psi_V + P_V(n_K - f_R r)\left(\frac{\partial \xi}{\partial \psi}\right)_V\right]}{C_L l} \qquad (133.17)$$

berücksichtigt werden, der bei vorhandener Lenkelastizität einen zusätzlichen Radeinschlag an den Vorderrädern ergibt. Nach Bild 133.5 ist diese Auswirkung bei unserem Beispielfahrzeug allerdings nicht groß.

Auch der Koeffizient des v^4-Gliedes wird über den Zusatz $(h/C)/(\Psi_V + \Psi_H)$ durch Rollenken und -stürzen verändert.

Bei der letzten — mit „Fahrzeug 6" bezeichneten — Kurve in Bild 133.5 sind alle Terme der Gl. (133.6) berücksichtigt.

133.4 Dimensionslose Darstellung

Bisher beschränkte sich die Diskussion der Gl. (133.6) auf das Vorzeichen des Faktors zum mv^2-Glied und auf das des Luftmomentenbeiwertes $k_{M,z}$, d. h. wir untersuchten, ob Über- oder Untersteuern auftritt. Die Größe der Steuertendenz hängt aber noch von der Masse m, den Werten δ_V' und δ_H^* und dem Radstand l ab. Das erkennt man am besten aus der folgenden dimensionslosen Schreibweise

$$\frac{\beta_L}{\beta_{L,0}} = 1 +$$

$$+ \left(\frac{mv^2}{\delta_H^* l}\right) \left\{ -\frac{2\frac{h}{s_V}\frac{C_V'}{C} r_0' \tan\tau - \frac{h}{C} n_K \left[\Psi_V + P_V\left(1 - \frac{r}{n_K} f_R\right)\left(\frac{\partial \xi}{\partial \psi}\right)_V\right]}{C_L/\delta_H^*} + \right.$$

$$\left. + \frac{\delta_H^*}{\delta_V'}\left(\frac{l_H}{l} - \frac{h}{C}\Psi_V\right) - \left(\frac{l_V}{l} - \frac{h}{C}\Psi_H\right)\right\} -$$

$$- \left(\frac{mv^2}{\delta_H^* l}\right)^2 \frac{\delta_H^*}{\delta_V'} \frac{k_{M,z}}{m}\left[1 - \frac{h}{C}(\Psi_V + \Psi_H)\right]. \qquad (133.18)$$

Neigt z. B. ein Fahrzeug zum Untersteuern, hat also die geschweifte Klammer in der obigen Gleichung einen bestimmten positiven Wert, dann wird die Größe der Untersteuerung gering, wenn der dimensionslose Ausdruck $(mv^2/\delta_H^* l)$ klein ist. Das Fahrzeug muß demzufolge einen zu seiner Masse m großen Beiwert δ_H^*, hauptsächlich also seitensteife Reifen und einen langen Radstand l besitzen.

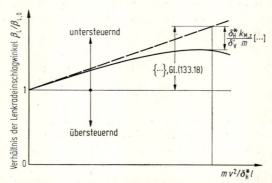

Bild 133.6 Verhältnis der Lenkradeinschlagwinkel bei Kreisfahrt in Abhängigkeit vom dimensionslosen Ausdruck $mv^2/\delta_H^* l$.

Bild 133.6 zeigt die Auswertung der Gl. (133.18) in der dimensionslosen Darstellung. Gegenüber Bild 133.1 wurde auf der Abszisse das Quadrat der Fahrgeschwindigkeit bezogen auf $\delta_H^* l/m$ aufgetragen.

134. Lösung der homogenen Gleichung, Stabilitätsbedingung

Die Lösung der Bewegungsgleichungen (132.40) setzt sich — wie in Abschn. 66 am Beispiel des einfachen Einmassenschwingers besprochen — aus der Lösung der homogenen Gleichung und aus dem Partikularintegral zusammen.

Im folgenden wird auf die Lösung der homogenen Gleichung eingegangen und die zugehörige „charakteristische Gleichung" — vgl. Gl. (66.11) — diskutiert, die u. a. darüber Auskunft gibt, ob das betrachtete Fahrzeug ein stabiles oder instabiles System ist.

Die Behandlung der vollständigen homogenen Gleichung

$$(m_{ij})(\ddot{x}_j) + (d_{ij})(\dot{x}_j) + (c_{ij})(x_j) = (0) \qquad (134.1)$$

ist zu umfangreich und deshalb formelmäßig nicht mehr möglich. Deshalb wird das Gleichungssystem, um überhaupt einen Einblick zu gewinnen, vereinfacht. Die Schwerpunkthöhe des Fahrzeuges wird zu $h = 0$ angenommen, und die Lenkungsdämpfung bleibt unbe-

134. Lösung der homogenen Gleichung, Stabilitätsbedingung

rücksichtigt, $K_L = 0$. Aus Gl. (134.1), (132.43) bis (132.45) und den Koeffizienten aus Tabelle 132.1 ergeben sich nach Elimination von β_V und Einführung von δ'_V nach Gl. (133.7) die zwei folgenden homogenen Gleichungen

$$-mv\dot{\alpha} + [-mv^2 + (\delta^*_H l_H - \delta'_V l_V)]\frac{\dot{\varepsilon}}{v} - (\delta'_V + \delta^*_H)\alpha = 0,$$

$$-\Theta_z \ddot{\varepsilon} - (\delta'_V l_V^2 + \delta^*_H l_H^2)\frac{\dot{\varepsilon}}{v} + [(\delta^*_H l_H - \delta'_V l_V) - k_{M,z} v^2]\alpha = 0. \qquad (134.2)$$

Über die Ansätze

$$\alpha = \mathfrak{A}e^{\lambda t} \quad \text{und} \quad \varepsilon = \mathfrak{E}e^{\lambda t}, \qquad (134.3)$$

die in das Gleichungssystem (134.2) eingesetzt werden, erhält man die charakteristische Gleichung

$$\lambda(\lambda^2 + 2\sigma_f \lambda + \nu_f^2) = 0 \qquad (134.4)$$

mit den Abkürzungen

$$2\sigma_f = \frac{m(\delta'_V l_V^2 + \delta^*_H l_H^2) + \Theta_z(\delta'_V + \delta^*_H)}{\Theta_z m v} \qquad (134.5)$$

und

$$\nu_f^2 = \frac{\delta'_V \delta^*_H l^2 + mv^2(\delta^*_H l_H - \delta'_V l_V) - mk_{M,z} v^4}{\Theta_z m v^2}. \qquad (134.6)$$

Die erste Wurzel der kubischen Gl. (134.4) ist

$$\lambda_1 = 0,$$

die beiden anderen ergeben sich aus der quadratischen Gleichung

$$\lambda^2 + 2\sigma_f \lambda + \nu_f^2 = 0. \qquad (134.7)$$

Nach Gl. (66.11) und Bild 66.3, zweite Zeile, nehmen die Eigenbewegungen ab — das Fahrzeugsystem ist damit stabil —, wenn

$$\sigma_f > 0 \quad \text{und} \quad \nu_f^2 > 0$$

ist. Nach Gl. (134.5) ist immer $\sigma_f > 0$, während je nach Vorzeichen des Zählers von Gl. (134.6) $\nu_f^2 \gtreqless 0$ sein kann.

Dieser Zähler läßt sich auf das im letzten Abschnitt behandelte Verhältnis der Lenkradeinschlagwinkel zurückführen. Nach Gl. (133.6) ergibt sich bei Berücksichtigung, daß hier $h = 0$ gesetzt wurde,

$$\left(\frac{\beta_L}{\beta_{L,0}}\right)_{Kreis} = 1 + mv^2 \frac{\delta^*_H l_H - \delta'_V l_V}{\delta'_V \delta^*_H l^2} - \frac{mk_{M,z}}{\delta'_V \delta^*_H l^2} v^4. \qquad (134.8)$$

Um zu unterscheiden, daß bei der Kreisfahrt konstante Lenkradeinschlagwinkel vorliegen, während bei der dynamischen Behandlung allgemein veränderliche Lenkradeinschläge vorliegen, wurde der Verhältniswert $\beta_L/\beta_{L,0}$ mit dem Index „Kreis" versehen.

Vergleicht man nun den Zähler von v_f^2 aus Gl. (134.6) mit Gl. (134.8), so ergibt sich über

$$v_f^2 = \frac{\delta_V' \delta_H^* l^2}{\Theta_z m v^2} \left(\frac{\beta_L}{\beta_{L,0}}\right)_{\text{Kreis}} = \frac{\delta_V' l}{\Theta_z} \frac{\delta_H^* l}{m v^2} \left(\frac{\beta_L}{\beta_{L,0}}\right)_{\text{Kreis}} \qquad (134.9)$$

ein Zusammenhang zwischen der Stabilität des Fahrzeuges ($v_f^2 > 0$) und den im letzten Abschnitt nochmals besprochenen Begriffen von Über- und Untersteuern. In Bild 134.1 sind alle Definitionen zusammengefaßt. Das eingezeichnete Beispiel gehört zu einem Fahrzeug, das bei

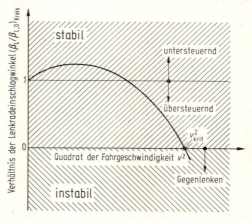

Bild 134.1 Zusammenhang zwischen Stabilität und Steuertendenz.

kleinen Geschwindigkeiten unter- und dann übersteuernd ist, es ist bis zu der bestimmten Geschwindigkeit v_{krit} stabil, darüber hinaus, wenn der Bereich des Gegenlenkens beginnt, instabil.

Mit der Feststellung, ein Fahrzeug ist stabil, wenn

$$v_f^2 \sim (\beta_L/\beta_{L,0})_{\text{Kreis}} > 0, \qquad (134.10)$$

ist die Betrachtung der Stabilität abgeschlossen und auf die des letzten Abschnittes zurückgeführt.

Darüber hinaus ist es aber noch wichtig zu wissen, wie die Bewegungen an dem allein interessierenden stabilen System abklingen, ob das „monoton" oder „oszillierend" geschieht. In Abschn. 66 wurde die charakteristische Gleichung 2. Grades, die nach Gl. (134.7) hier vorliegt, ausführlich behandelt. Danach ist v_f die ungedämpfte Eigenkreisfrequenz, σ_f die Abklingkonstante, aus beiden kann das Dämpfungsmaß

$$D_\mathrm{f} = \sigma_\mathrm{f}/v_\mathrm{f} \qquad (134.11)$$

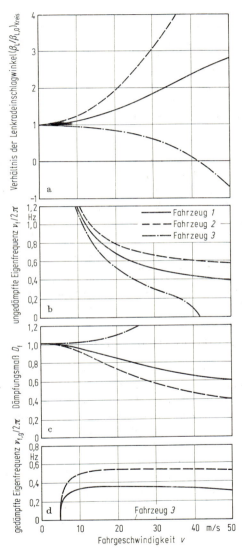

Bild 134.2 Charakteristische Werte für Fahrverhalten und Stabilität von je einem frontlastigen (1), mittellastigen (2) und hecklastigen (3) Fahrzeug nach Tabelle 135.2 in Abhängigkeit von der Fahrgeschwindigkeit. a) Verhältnis der Lenkradeinschlagwinkel bei Kreisfahrt, b) ungedämpfte Eigenfrequenz für Schwingungen um die Fahrzeughochachse bei festgehaltenem Lenkrad, c) zugehöriges Dämpfungsmaß, d) aus b und c ermittelte gedämpfte Eigenfrequenz.

und die gedämpfte Eigenkreisfrequenz

$$\nu_{\mathrm{f,g}} = \nu_{\mathrm{f}} \sqrt{1 - D_{\mathrm{f}}^2} \qquad (134.12)$$

berechnet werden. In Bild 134.2 sind $\nu_\mathrm{f}/2\pi$, D_f und $\nu_\mathrm{f,g}/2\pi$ sowie das Verhältnis der Lenkradeinschlagwinkel $(\beta_\mathrm{L}/\beta_\mathrm{L,0})_\mathrm{Kreis}$ über der Fahrgeschwindigkeit v für drei Beispielfahrzeuge, die noch in den nächsten beiden Abschnitten behandelt werden, aufgetragen.

Die Fahrzeuge 1 und 2 sind in dem gezeichneten Geschwindigkeitsbereich untersteuernd, $(\beta_\mathrm{L}/\beta_\mathrm{L,0})_\mathrm{Kreis} \geqq 1$, und damit stabil ($\nu_\mathrm{f}^2 > 0$), die zugehörigen Dämpfungsmaße D_f sind von der kleinen Geschwindigkeit $v \approx 5$ m/s an kleiner als 1, die Bewegungen dieser Fahrzeuge nehmen oszillierend ab. Die gedämpften Eigenfrequenzen $\nu_\mathrm{f,g}/2\pi$ liegen um 0,4 Hz.

Das Fahrzeug 3 ist übersteuernd, $(\beta_\mathrm{L}/\beta_\mathrm{L,0})_\mathrm{Kreis} \leqq 1$, und bis zu der Geschwindigkeit $v \approx 42$ m/s stabil ($\nu_\mathrm{f}^2 > 0$). Da das Dämpfungsmaß $D_\mathrm{f} > 1$ ist, klingt die Bewegung monoton ab ($\nu_\mathrm{f,g} = 0$). Mit kleiner werdender ungedämpfter Eigenfrequenz ν_f wird nach Gl. (66.12) der eine λ-Wert nahezu Null, so daß nach Gl. (66.13) die Bewegungen sehr langsam abnehmen. Ab $v = 42$ m/s ist das Fahrzeug instabil ($\nu_\mathrm{f}^2 < 0$), die Bewegung nimmt monoton zu.

Der Index f bei σ_f und ν_f soll auf den in Abschn. 130 genannten Begriff „fixed control (festgehaltene Lenkung)" hinweisen. Bei der homogenen Gleichung wird die rechte Seite der Gl. (132.40) zu Null gesetzt, demnach ist nach Gl. (132.42) u. a. auch $\beta_\mathrm{L}^* = 0$. Man kann die homogene Gleichung deshalb als Beschreibung eines fahrenden Fahrzeuges mit in Mittelstellung festgehaltenem Lenkrad deuten.

135. Lenkverhalten von Kraftfahrzeugen

In diesem und in dem folgenden Abschnitt werden wir die Partikularlösung des Gleichungssystems (132.40) suchen, mit deren Hilfe das Fahrverhalten von Kraftfahrzeugen diskutieren und besonders den Einfluß einzelner Fahrzeuggrößen auf die Kurshaltung untersuchen. Die Anregung (y_k) nach Gl. (132.42) soll sich einmal sprungförmig und zum anderen sinusförmig ändern.

In diesem Abschnitt beschäftigen wir uns mit der Anregung über das Lenkrad. Wir beantworten im folgenden die Frage: Wie verhält sich ein Fahrzeug, wenn der Fahrer am Lenkrad dreht? Die zweite Anregung, die Seitenwindgeschwindigkeit w_y, wird hier zu Null gesetzt

$$w_\mathrm{y} = 0. \qquad (135.1)$$

Es wird Windstille angenommen.

Als erstes betrachten wir das sog. Übergangsverhalten eines Kraftfahrzeuges, das von der Fahrt auf einer Geraden in einen Kreisbogen einbiegen soll. Hierzu wird der Fahrer entsprechend dem Straßenverlauf und der Bewegung des Fahrzeuges das Lenkrad einschlagen. Statt des allmählich sich verändernden Lenkradeinschlagwinkels β_L wird eine Sprungfunktion vorgegeben. Bild 135.1 a zeigt für den bezogenen Lenkradeinschlagwinkel den Verlauf. Er lautet

$$\beta_L^* = \frac{\beta_L}{i_G} = \begin{cases} b_L^* \text{ für } t \geqq 0, \\ 0 \text{ für } t < 0. \end{cases} \qquad (135.2)$$

Dieses schlagartige Herumreißen des Lenkrades auf den Ausschlag b_L^* ist in Wirklichkeit wegen der Massenträgheit der Lenkungsanlage[1] nicht durchzuführen und ist auch wegen des von den Straßenbauern vorgesehenen Übergangsbogens von der Geraden in den Kreisbogen (meistens

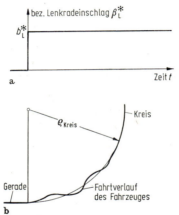

Bild 135.1 a) Sprungartiger Anstieg des bezogenen Lenkradeinschlagwinkels β_L^* auf den Wert b_L^*, b) daraus resultierender Fahrtverlauf des Fahrzeugs.

in Form einer Klothoide) nicht nötig. Dennoch soll mit dieser in der Regelungs- und Meßtechnik weit verbreiteten Sprungfunktion gerechnet werden, weil einmal die Lösung dieser Aufgabe durch die mathematische Methode der Laplace-Transformation[2] sehr einfach ist und weil zum zweiten die Antwort des Fahrzeuges auf diese Sprungfunktion mit Hilfe der beiden vorangegangenen Abschnitte relativ leicht verständlich wird. Das Fahrzeug wird dem schlagartigen Herumreißen des Lenkrades

---

[1] SEGEL rechnet deshalb in seiner Arbeit „On the Lateral Stability and Control of the Automobile as Influenced by the Dynamics of the Steering System" (ASME-Paper No. 65-WA/MD-2) mit einem sprungartig ansteigenden *Moment* am Lenkrad, das der Fahrer aufbringen muß.

[2] Siehe z. B. DOETSCH, G.: Anleitung zum praktischen Gebrauch der Laplace-Transformation, 3. Aufl. München 1967.

nicht sofort folgen und den diesem Lenkradeinschlagwinkel b_L^* zugeordneten Kreisradius ϱ_{Kreis} befahren, sondern es wird — wie Bild 135.1b zeigt — nach einer Übergangsfunktion in den Kreis einlaufen.

Das Übergangsverhalten des Kraftfahrzeuges soll durch drei Größen gekennzeichnet werden:

1. durch die Krümmung der Bahnkurve des Fahrzeugschwerpunktes SP. Sie ist gleich dem Reziprokwert des Krümmungsradius ϱ_{SP}.

Nach Gl. (98.2) ist

$$\varrho_{SP} = -v_{SP}/\dot{\gamma}$$

und damit die Krümmung, wenn der Index SP und das in dem Zusammenhang unwichtige Minuszeichen weggelassen werden,

$$\frac{\dot{\gamma}}{v} = \frac{1}{\varrho}. \tag{135.3}$$

Für das stabile Fahrzeug kann sofort ein Grenzwert für die Krümmung angegeben werden. Nach einer gewissen Zeitdauer, mathematisch nach $t \to \infty$ wird das Fahrzeug den Kreis befahren. Es ist

$$\frac{\dot{\gamma}}{v}(t \to \infty) = \frac{1}{\varrho_{Kreis}}. \tag{135.4}$$

2. durch die Zentripetalbeschleunigung des Schwerpunktes SP, die nach Gl. (97.7)

$$v\dot{\gamma} = \frac{v^2}{\varrho} \tag{135.5}$$

beträgt. Der Grenzwert entsprechend Gl. (135.4) lautet

$$v\dot{\gamma}(t \to \infty) = \frac{v^2}{\varrho_{Kreis}}. \tag{135.6}$$

3. durch die Gierwinkelgeschwindigkeit $\dot{\varepsilon}$, die die Winkelbewegung des Fahrzeuges um die Hochachse und damit nach Gl. (98.1) die Lage des Momentanpoles im Grundriß beschreibt. Beim stabilen Fahrzeug ist der Grenzwert, da die Schwimmwinkelgeschwindigkeit $\dot{\alpha}$ auf Null abklingt, mit Gl. (98.3)

$$\dot{\varepsilon}(t \to \infty) = \frac{v}{\varrho_{Kreis}}. \tag{135.7}$$

Statt die Sprungfunktion als eine vom Fahrer gewollte Lenkradbewegung aufzufassen, kann man sie auch als eine z. B. durch einen Schreck verursachte und damit ungewollte Bewegung ansehen. Soll im

135. Lenkverhalten von Kraftfahrzeugen

ersten Fall das Fahrzeug dem Willen des Fahrers gehorchen, so sollte im zweiten Fall dasselbe Fahrzeug auf das Verreißen der Lenkung möglichst wenig reagieren. Man erkennt, daß hier zwei widersprüchliche Forderungen einander gegenüberstehen.

Weiterhin kann das Lenkverhalten von Kraftfahrzeugen durch den Frequenzgang beurteilt werden. Statt der Sprungfunktion nach Gl. (135.2) wird das Lenkrad sinusförmig mit

$$\beta_L^* = B_L^* \sin \omega t = \mathfrak{B}_L^* e^{i\omega t} \qquad (135.8)$$

bewegt. Wir wissen aus dem Dritten Teil „Fahrzeugschwingungen", daß bei der hier gültigen Voraussetzung linearen Verhaltens auch die Fahrzeugbewegungen sinusförmig mit derselben Frequenz, nur mit anderer Amplitude und anderem Phasenwinkel verlaufen (vgl. Abschn. 67).

Aus der Kurswinkelgeschwindigkeit

$$\dot{\gamma} = \omega G \sin(\omega t + \lambda_{\dot{\gamma}}) = i\omega \mathfrak{G} e^{i\omega t} \qquad (135.9)$$

ergibt sich die Krümmung

$$\dot{\gamma}/v = K \sin(\omega t + \lambda_{\dot{\gamma}/v}) = \mathfrak{K} e^{i\omega t} \qquad (135.10)$$

und die Zentripetalbeschleunigung

$$v\dot{\gamma} = Z \sin(\omega t + \lambda_{v\dot{\gamma}}) = \mathfrak{Z} e^{i\omega t}$$
$$= v^2 K \sin(\omega t + \lambda_{v\dot{\gamma}}) = v^2 \mathfrak{K} e^{i\omega t}. \qquad (135.11)$$

Die Gierwinkelgeschwindigkeit beträgt

$$\dot{\varepsilon} = \omega E \sin(\omega t + \lambda_{\dot{\varepsilon}}) = i\omega \mathfrak{E} e^{i\omega t}. \qquad (135.12)$$

Man kann nun, wie bei der Behandlung der Fahrzeugschwingungen, die komplexen Amplituden $\mathfrak{K}$, $\mathfrak{Z}$ und $i\omega \mathfrak{E}$ bzw. die reellen Amplituden K, Z und ωE auf die Eingangsamplitude $\mathfrak{B}_L^*$ bzw. B_L^* beziehen und erhält so drei Vergrößerungsfaktoren, die als Begriff schon bekannt sind. In diesem Fall werden wir aber, um an die Kreisfahrt in Abschn. 133 anknüpfen zu können, auf die Amplituden bei $\omega = 0$ beziehen. Ein Lenkungsvorgang, der sich sehr, sehr langsam ändert ($\omega \approx 0$), entspricht der Kreisfahrt, damit ist

$$B_L^*(\omega = 0) = \beta_{L,\text{Kreis}}^* \qquad (135.13)$$

und

$$K(\omega = 0) = 1/\varrho_{\text{Kreis}}, \quad Z(\omega = 0) = v^2/\varrho_{\text{Kreis}},$$
$$\omega E(\omega = 0) = v/\varrho_{\text{Kreis}}. \qquad (135.14)$$

Mit Hilfe von Sprungfunktion und Frequenzgang wird nun das Lenkverhalten von Kraftfahrzeugen diskutiert. Um das zunächst formelmäßig, d. h. allgemeingültig zu tun, wird das System der Differentialgleichungen (132.40) vereinfacht. Es wird die Wankbewegung des Fahrzeuges vernachlässigt ($\psi = 0$), indem die Schwerpunkthöhe zu $h = 0$ angenommen wird. Außerdem werden die Radträgheitsmomente Θ_R und die Lenkungsdämpfung K_L Null gesetzt. Die Bewegungsgleichungen lauten dann

$$-mv\dot{\alpha} + [-mv^2 + (\delta_H^* l_H - \delta_V' l_V)]\frac{\dot{\varepsilon}}{v} - (\delta_V' + \delta_H^*)\alpha = -\delta_V'\beta_L^*,$$

$$-\Theta_z\ddot{\varepsilon} - (\delta_V' l_V^2 + \delta_H^* l_H^2)\frac{\dot{\varepsilon}}{v} + [(\delta_H^* l_H - \delta_V' l_V) - k_{M,z}v^2]\alpha = -\delta_V' l_V \beta_L^*.$$

(135.15)

Die Lösungen sind in Tabelle 135.1 zusammengestellt.

Beginnen wir mit dem Übergangsverhalten, bei dem der Fahrer in einen Kreis mit dem Radius ϱ_Kreis einfahren will (2. Spalte). Dazu muß der bezogene Lenkradeinschlag auf den Winkel $b_L^* = (l/\varrho_\text{Kreis})(\beta_L/\beta_{L,0})_\text{Kreis}$ gebracht werden. Für ein Fahrzeug ohne elastische Bereifung betrüge der Einschlagwinkel $b_L^* = l/\varrho_\text{Kreis}$, wie leicht aus Gl. (100.1) zu erkennen ist. Dieses Ergebnis gilt auch für ein neutralsteuerndes Fahrzeug. Ist hingegen $(\beta_L/\beta_{L,0})_\text{Kreis} \neq 1$, so hängt b_L^* noch von der Steuertendenz des Fahrzeuges ab. Ist der Kraftwagen untersteuernd, $(\beta_L/\beta_{L,0})_\text{Kreis} > 1$, dann muß der Fahrer den Lenkradeinschlag vergrößern. Man sagt deshalb, ein untersteuerndes Fahrzeug sei „lenkunwillig"[1]. Bei einem übersteuernden Fahrzeug ist hingegen durch $(\beta_L/\beta_{L,0})_\text{Kreis} < 1$ der Lenkradeinschlag gegenüber dem neutralsteuernden Fahrzeug kleiner, und es ist dementsprechend „lenkwillig". Allerdings gibt es, solange der lineare Bereich der Seitenkraft-Schräglaufwinkel-Diagramme gilt und solange der Einfluß des Luftmomentes nach Abschn. 133.2 noch nicht zu groß ist, durch die Lenkungselastizität praktisch nur untersteuernde Fahrzeuge. Darum gäbe es, wenn man den Ausdruck der Lenkwilligkeit benutzt, entsprechend dem Grad der Untersteuerung nur mehr oder weniger lenkunwillige Fahrzeuge.

Wie nun das Fahrzeug diesem Lenkradeinschlag folgt, zeigt die dritte Zeile der Tabelle 135.1, in der die Gleichung und der zeitliche Verlauf für die Krümmung der Bahnkurve, die der Fahrzeugschwerpunkt beschreibt, stehen. Die Krümmung springt entsprechend dem sprungartigen

---

[1] GAUSS, F.: Fahrtrichtungshaltung und Lenkwilligkeit. ATZ 56 (1954) Nr. 8, S. 203—210.

135. Lenkverhalten von Kraftfahrzeugen

Lenkradeinschlag β_L^* auf den Wert $A_1/\varrho_{\text{Kreis}}$, der aus der ersten Differentialgleichung von (135.15) direkt abzulesen ist. Dann nähert sie sich über eine abklingende Schwingung dem Asymptotenwert $1/\varrho_{\text{Kreis}}$. Die Schwingung wird durch die Abklingkonstante σ_{f} und durch die gedämpfte Eigenkreisfrequenz $\nu_{\text{f,g}}$ — beide aus Abschn. 134 bekannt — bestimmt. Die Antwort auf die Sprungfunktion ist also die Lösung der homogenen Gleichung.

Das Lenkverhalten eines Kraftfahrzeuges wird — so darf man wohl annehmen — dann gut sein, wenn es den Lenkradbewegungen schnell und exakt folgt. Dies ist nach der Krümmungs-Zeit-Kurve in der dritten Zeile/zweite Spalte dann der Fall, wenn der Sprung $A_1/\varrho_{\text{Kreis}}$ groß, die Tangentenneigung $A_2\nu_{\text{f}}/\varrho_{\text{Kreis}}$ zur Zeit $t = 0$ nicht zu flach ist (meistens ist sie negativ) und wenn die Schwingung rasch abklingt.

Die ersten beiden Feststellungen können, da in den vereinfachten Bewegungsgleichungen (135.15) die Massenwirkung der Räder und die Lenkungsdämpfung nicht berücksichtigt werden, nur näherungsweise gelten. In Wirklichkeit wird die Krümmung nicht sprungartig ansteigen, und auch die Tangentenneigung wird anders sein. Dennoch eignen sich die Näherungen für eine Diskussion.

Die erste der drei Feststellungen bedeutet dann bei gegebenem Lenkradeinschlagwinkel b_L^*, d. h. bei gegebenen Werten für Radius ϱ_{Kreis}, Radstand l und Steuertendenz $(\beta_L/\beta_{L,0})_{\text{Kreis}}$, daß das Fahrzeug im Verhältnis zur Masse m und zum Trägheitsmoment Θ_z hohe δ_V'- und δ_H^*-Werte haben muß, also seitensteife Reifen, steife Radaufhängungen und eine steife Lenkung. Dies erhöht gleichzeitig nach Gl. (134.9) bei gegebenen $(\beta_L/\beta_{L,0})_{\text{Kreis}}$ die ungedämpfte Eigenkreisfrequenz ν_{f} und ebenso, falls eine Schwingung auftritt, auch die gedämpfte Eigenkreisfrequenz $\nu_{\text{f,g}}$.

Die dritte Feststellung, die Schwingung soll rasch abklingen, führt zur Diskussion des Abklingvorganges. Er wird außer durch $\nu_{\text{f,g}}$ noch vom Dämpfungsmaß D_{f} bestimmt. Dieses wiederum läßt sich hauptsächlich über die Steuertendenz $(\beta_L/\beta_{L,0})_{\text{Kreis}}$ verändern. Die Diagramme a und c in Bild 134.2 zeigen, daß sich mit wachsender Untersteuerung die Dämpfung verringert. Soll also die Fahrzeugbewegung rasch abklingen, dann darf die Untersteuertendenz nicht zu groß sein. Andererseits entnimmt man aus dem Diagramm in der dritten Zeile/zweite Spalte, daß die Sprunghöhe um so größer ist, je größer $A_1 \sim \nu_{\text{f}}^2 \sim (\beta_L/\beta_{L,0})_{\text{Kreis}}$ wird, d. h. je untersteuernder ein Fahrzeug ist. Die Tangentenneigung wird hingegen stärker negativ. Es gibt also widersprüchliche Forderungen, auf die im Augenblick nicht eingegangen werden kann.

Auf die Zentripetalbeschleunigung $v\dot{\gamma}$ wirkt sich der Lenkradeinschlag nach Berücksichtigung des Faktors v^2 in gleicher Weise aus wie die eben behandelte Krümmung $\dot{\gamma}/v$.

500 Vierter Teil — XVIII. Dynamische Vorgänge, Kurshaltung

Tabelle 135.1 *Lösungen der Differentialgleichungen (135.15) für Übergangsverhalten und Frequenzgang bei veränderlichem Lenkradeinschlagwinkel*

	Übergangsverhalten ($D_f < 1$)		Frequenzgang
	Einfahren in einen Kreis mit dem Radius ϱ_{Kreis}	Verreißen des Lenkrades um den Winkel b_L	
(bezogener) Lenkradeinschlagwinkel	$\beta_L^* = \begin{cases} b_L^* \text{ für } t \geq 0 \\ 0 \text{ für } t < 0 \end{cases}$	$\beta_L = \beta_L^* \cdot i_G = \begin{cases} b_L \text{ für } t \geq 0 \\ 0 \text{ für } t < 0 \end{cases}$	$\beta_L^* = B_L^* \sin \omega t = \mathfrak{B}_L^* e^{i\omega t}$
Krümmung der Bahnkurve des Fahrzeugschwerpunktes	$\dfrac{\dot{\gamma}}{v} = \dfrac{1}{\varrho_{\text{Kreis}}} \left\{ 1 - e^{-\sigma_f t} \times \right.$ $\times \left[(1 - A_1) \cos \nu_{f,g} t + \right.$ $\left. \left. + \dfrac{(1 + A_1) D_f - A_2}{\sqrt{1 - D_f^2}} \sin \nu_{f,g} t \right] \right\}$	$\dfrac{\dot{\gamma}}{v} = \dfrac{b_L}{i_G} \dfrac{1}{l} \left(\dfrac{\beta_{L,0}}{\beta_L} \right)_{\text{Kreis}} \times$ $\times \left\{ 1 - e^{-\sigma_f t} \left[(1 - A_1) \cos \nu_{f,g} t + \right.\right.$ $\left.\left. + \dfrac{(1 + A_1) D_f - A_2}{\sqrt{1 - D_f^2}} \sin \nu_{f,g} t \right] \right\}$	$\dfrac{\dot{\gamma}}{v} = K \sin(\omega t + \lambda_{\dot{\gamma}/v}) = \mathfrak{K} e^{i\omega t}$ $\dfrac{\mathfrak{K}}{1/\varrho_{\text{Kreis}}} = \dfrac{1 - A_1 \eta^2 + i A_2 \eta}{1 - \eta^2 + i 2 D_f \eta}$

135. Lenkverhalten von Kraftfahrzeugen

Zentripetal-beschleunigung des Fahrzeug-schwerpunktes	$v\dot{\gamma} = v^2 \dfrac{\dot{\gamma}}{v}$ wie oben, wenn alle Ordinatenwerte mit v^2 multipliziert werden	$v\dot{\gamma} = Z \sin(\omega t + \lambda_{v\dot{\gamma}}) = \mathfrak{Z} e^{i\omega t}$ $\dfrac{\mathfrak{Z}}{v^2/\varrho_{\text{Kreis}}} = \dfrac{\mathfrak{K}}{1/\varrho_{\text{Kreis}}}$, deshalb Kurven wie oben
Gierwinkel-geschwindig-keit	$\dot{\varepsilon} = \dfrac{v}{\varrho_{\text{Kreis}}} \left\{ 1 - e^{-\alpha t} \left[\cos \nu_{f,g} t + \dfrac{D_f - A_3}{\sqrt{1-D_f^2}} \sin \nu_{f,g} t \right] \right\}$ 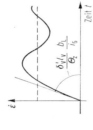	$\dot{\varepsilon} = \dfrac{b_L}{i_G} \dfrac{v}{l} \left(\dfrac{\beta_{L,0}}{\beta_L}\right)_{\text{Kreis}} \times$ $\times \left\{ 1 - e^{-\alpha t} \left[\cos \nu_{f,g} t + \dfrac{D_f - A_3}{\sqrt{1-D^2}} \sin \nu_{f,g} t \right] \right\}$ 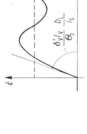
		$\dot{\varepsilon} = \omega E \sin(\omega t + \lambda_{\dot{\varepsilon}}) = i\omega \mathfrak{E} e^{i\omega t}$ $\dfrac{i\omega \mathfrak{E}}{v/\varrho_{\text{Kreis}}} = \dfrac{1 + iA_3 \eta}{1 - \eta^2 + i2D\,\eta}$ 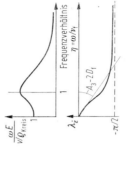

Abkürzungen: σ_f s. Gl. (134.5); ν_f s. Gl. (134.12); D_f s. Gl. (134.11); $\eta = \omega/\nu_f$;
$A_1 = \Theta_z v_f^2 / \delta_H^* l = (\delta_V' l / m v^2) (\beta_L / \beta_{L,0})_{\text{Kreis}}$; $A_2 = l_H \nu_f / v$; $A_3 = m l_V v v_f / \delta_H^* l$.
Berechnung der absoluten Vergrößerungsfaktoren und Phasenwinkel s. Gl. (67.9) und (67.10).

Die Abhängigkeit der Gierwinkelgeschwindigkeit $\dot{\varepsilon}$ von der Zeit t ist in der fünften Zeile dargestellt. Ein Sprung zur Zeit $t = 0$ wie bei der Kurswinkelgeschwindigkeit $\dot{\gamma}$ fehlt; der Anstieg ist ebenfalls dann steil, wenn das Trägheitsmoment Θ_z im Verhältnis zu δ'_V und der Länge l_V klein ist. Der Einschwingvorgang wird wieder durch σ_f und $\nu_{f,g}$ bestimmt.

Nun zum zweiten Kriterium, zum Verreißen der Lenkung, s. dritte Spalte der Tabelle 135.1. Als Eingangsgröße wird nicht der bezogene Lenkradeinschlagwinkel β_L^*, sondern der Einschlagwinkel β_L am Lenkrad selber genommen, den der Fahrer sprungförmig auf den Wert b_L einstellt.

Das Fahrzeug soll auf dieses ungewollte Lenken möglichst wenig reagieren. Das bedeutet aber nach der dritten bis fünften Zeile, daß der Sprung und die Tangentenneigungen klein sein müssen, was dann der Fall ist, wenn die δ-Werte gegenüber m und Θ_z klein sind. Das ergibt den schon oben erwähnten Gegensatz zu den Forderungen beim gewollten Lenken.

Der Einschwingvorgang beim Verreißen des Lenkrades ist wieder durch σ_f bzw. D_f und $\nu_{f,g}$ bestimmt. Da dieser vom Fahrer verursachte Fehler schnell abklingen soll, gilt hierfür dieselbe Forderung wie für das Einlenken in den Kreis, nämlich der Wert $(\beta_L/\beta_{L,0})_{Kreis}$ liege nicht zu weit über Eins. Andererseits wird der Fahrer sehr rasch, nach Ablauf seiner Reaktionsdauer von etwa 3/10 s[1], seinen Fehler korrigieren, wodurch der Einschwingvorgang nicht weiterläuft.

Unabhängig von diesen Fahrzeugdaten wirkt sich der Fehler des Fahrers um so weniger aus, je größer die Übersetzung i_G im Lenkgetriebe ist, weil bei vorgegebenem Lenkradeinschlag der Einschlagwinkel der Vorderräder kleiner wird.

Das dritte Kriterium sollte der Frequenzgang bilden, dessen Ein- und Ausgangsfunktionen in der vierten Spalte der Tabelle 135.1 zu finden sind. An Hand von Gl. (135.13) wurde schon festgestellt, daß ein Lenkungsvorgang mit der Erregerkreisfrequenz $\omega \approx 0$ dem bei der Kreisfahrt entspricht. Die Lösungen mit Frequenzen $\omega > 0$ zeigen also an, wie sich bei konstant gehaltener Amplitude B_L^* des bezogenen Lenkradeinschlagwinkels die Krümmung oder die Zentripetalbeschleunigung oder die Gierwinkelgeschwindigkeit gegenüber der Kreisfahrt ändern.

Die Amplituden K der Krümmung, Z der Zentripetalbeschleunigung und ωE der Gierwinkelgeschwindigkeit ändern sich bei kleinen Erregerfrequenzen wenig, da die Tangente für $\omega = 0$ waagerecht liegt. Bei steigender Erregerfrequenz ω, also bei schnellerem Lenkradeinschlag,

---

[1] FIALA, E.: Zur Fahrdynamik des Straßenfahrzeuges unter Berücksichtigung der Lenkungselastizität. ATZ 62 (1960) Nr. 3, S. 71—79.

wachsen die Amplituden an, erreichen bei $\omega \approx \nu_\mathrm{f}$ ein Maximum und fallen dann asymptotisch auf A_1 oder auf Null ab. Diese Maxima treten allerdings — wie wir noch später an Hand des Bildes 135.3 sehen werden — nur dann auf, wenn das Dämpfungsmaß D_f unter Eins liegt.

Die Phasenwinkel zwischen dem Lenkradeinschlag und der Krümmung, der Zentripetalbeschleunigung sowie der Gierwinkelgeschwindigkeit sind bei $\omega = 0$, wie ebenfalls aus der vierten Spalte der Tabelle 135.1 ersichtlich, gleich Null, d. h. diese Fahrzeugantworten sind in Phase mit der Erregung, oder deren Integrale, der Kurswinkel γ und der Gierwinkel ε, hinken der Lenkradbewegung um 90° nach. Bei kleinen Erregerfrequenzen wachsen die Phasenwinkel etwa linear mit den Tangentensteigungen $A_2 - 2D_\mathrm{f}$ bzw. $A_3 - 2D_\mathrm{f}$, bei kleinen Fahrgeschwindigkeiten ins Negative, bei hohen aber auch ins Positive.

In den folgenden Bildern sind die Rechenergebnisse für die in Tabelle 135.2 aufgeführten Beispielfahrzeuge dargestellt.

In Bild 135.2 wird der Einfluß der Fahrgeschwindigkeit auf das Lenkverhalten des Fahrzeugs 1 gezeigt, und zwar wie in Tabelle 135.1 in den Diagrammspalten „Einfahren in einen Kreis", „Verreißen der Lenkung" und „Amplitudenverhältnis" sowie in den Zeilen „Lenkradeinschlag", „Krümmung", „Zentripetalbeschleunigung" und „Gierwinkelgeschwindigkeit". Da das Fahrzeug 1 ein untersteuerndes Fahrzeug ist (vgl. Bild 134.2a), muß für das Einfahren in einen Kreis mit gegebenem Radius, hier $\varrho_\mathrm{Kreis} = 500$ m, der bezogene Lenkradeinschlag β_L^* mit wachsender Fahrgeschwindigkeit v größer werden, Bild 135.2a. Die Krümmung steigt wegen der im Fahrzeug 1 vorhandenen Lenkungsdämpfung K_L nicht mehr sprungartig, aber immerhin doch schnell auf Werte, die mit zunehmender Fahrgeschwindigkeit kleiner werden. (Nach Tabelle 135.1 wäre der Sprung proportional $A_1 \sim \nu_\mathrm{f}^2$, vgl. Bild 134.2b.) Nicht nur wegen der vorhandenen Lenkungsdämpfung bildet sich ein Sattel aus, danach läuft die Krümmung $\dot\gamma/v$ asymptotisch gegen $1/\varrho_\mathrm{Kreis} = 1/(500\ \mathrm{m})$, ohne daß innerhalb der ersten zwei Sekunden viel von einem Einschwingvorgang zu sehen ist.

Der Verlauf der Zentripetalbeschleunigung $v\dot\gamma$ und der Gierwinkelgeschwindigkeit $\dot\varepsilon$ nach Bild 135.2c und d wird bei den verschiedenen Fahrgeschwindigkeiten v hauptsächlich durch die Asymptoten $v^2/\varrho_\mathrm{Kreis}$ und v/ϱ_Kreis bestimmt, die mit wachsendem v größer werden. Bei $\dot\varepsilon$ ist ein Teil des Einschwingvorganges bei 30, 40 und 50 m/s gut zu erkennen.

Die Auswirkung eines Verreißens des Lenkrades bei verschiedenen Fahrgeschwindigkeiten zeigen die Bilder 135.2e bis h. Der zeitliche Verlauf ähnelt dem beim „Einfahren in einen Kreis", nur ist der Asymptotenwert für die Krümmung mit der Fahrgeschwindigkeit v verschieden, weil sich auch $(\beta_\mathrm{L}/\beta_\mathrm{L,0})_\mathrm{Kreis}$ mit v ändert. Da der Fahrer die ungewollte

Tabelle 135.2 *Fahrzeug-*

Fahrzeug	Massen, Massenträgheitsmomente				Allgemeine			
	m [kps²/m]	Θ_z [kps² m]	Θ_x [kps² m]	Θ_R [kps² m]	l [m]	l_V/l [1]	h [m]	h' [m]
1						0,5		
2			0			0,41	0	0
3				0				
4	135,6	208,0			2,211			
5								
6			51,0			0,59	0,522	0,417
7								
8				0,1				
9								

Fahrzeug	Federsteifigkeiten, Dämpfungsfaktoren				Radaufhängungseinflüsse	
	C_V [kpm/rad]	C_H [kpm/rad]	K_V [kpm s/rad]	K_H [kpm s/rad]	$(\partial\beta/\partial\psi)_V$ [1]	$(\partial\beta/\partial\psi)_H$ [1]
1						
2					−0,125	+0,033
3						
4					0	0
5	3466	2385	152,9	106,0		
6						
7					−0,125	+0,033
8						
9						

Fahrzeug	Reifendaten						Luftbeiwerte		
	δ_V [kp/rad]	δ_H [kp/rad]	χ_V [kp/rad]	χ_H [kp/rad]	$n_{S,V}$ [m]	$n_{S,H}$ [m]	f_R [1]	k_N [kps²/m²]	$k_{M,z}$ [kps²/m]
1	6514	6514	651,4	651,4	0,029	0,029			0,138
2	7095	5933	709,5	593,3	0,034	0,023			0,110
3									
4									
5							0,015	0,129	0,165
6	5933	7095	593,3	709,5	0,023	0,034			
7									
8									
9									0

daten für Rechenbeispiele

Abmessungen		Lenkungsdaten					
$r = R_0$ [m]	s_V [m]	τ [1°]	σ [1°]	r_0 [m]	n_K [m]	C_L [kpm/rad]	K_L [kpm s/rad]
0,300	1,353	6,7	11,5	0,033	0,035	1 680	20,4

auf Radstellung		Radaufhängungsnachgiebigkeiten			
$(\partial \xi/\partial \psi)_V$ [1]	$(\partial \xi/\partial \psi)_H$ [1]	$(\partial \beta/\partial S)_V$ [1/kp]	$(\partial \beta/\partial S)_H$ [1/kp]	$(\partial \beta/\partial M_z)_V$ [1/kpm]	$(\partial \beta/\partial M_z)_H$ [1/kpm]
1,00	0,92			$3{,}92 \cdot 10^{-4}$	$3{,}92 \cdot 10^{-4}$
0	0	$-0{,}98 \cdot 10^{-5}$	$-1{,}72 \cdot 10^{-5}$		
1,00	0,92			0*	0*
				$3{,}92 \cdot 10^{-4}$	$3{,}92 \cdot 10^{-4}$

Merkmale der Fahrzeuge

Schwerpunktlage verändert, ohne Wanken, mit Lenkungsdämpfung

Wanken ohne Kreiselmomente und Radaufhängungseinflüsse auf die Radstellung
Wanken ohne Kreiselmomente und Rollstürzen
Wanken ohne Kreiselmomente
Wanken ohne den mit $(\partial \beta/\partial M_z)$ verknüpften Kreiselmomentenanteil
Wanken
Wanken ohne Luftmoment

* $\neq$ 0 bei δ*-Berechnung.

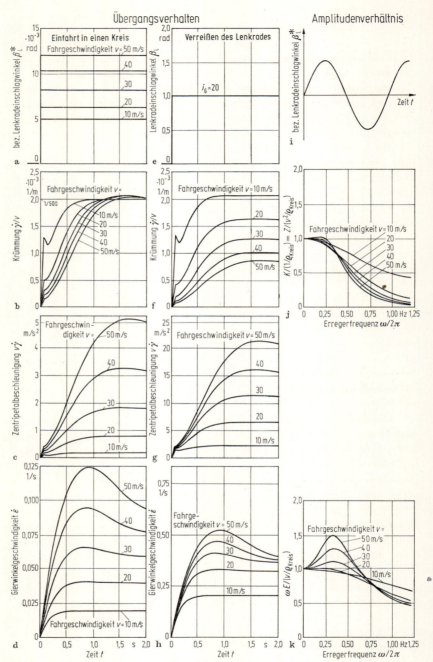

Bild 135.2 Übergangsverhalten und Amplitudenverhältnisse des Fahrzeugs 1 (Daten s. Tabelle 135.2) bei verschiedenen Fahrgeschwindigkeiten v. a bis d) Übergangsverhalten bei Einfahrt in einen Kreis mit dem Radius 500 m, e bis h) Übergangsverhalten beim Verreißen des Lenkrades um $\beta_L = 1$ rad, i bis k) Amplitudenverhältnisse, normiert auf den Wert bei $\omega/2\pi = 0$, d. h. bezogen auf die Werte bei Kreisfahrt mit Radius ϱ_{Kreis}. K, Z und ωE Amplituden der Krümmung $\dot{\gamma}/v$, der Zentripetalbeschleunigung $v\dot{\gamma}$ und der Gierwinkelgeschwindigkeit $\dot{\varepsilon}$.

Lenkradbewegung schnell korrigieren wird, sind von diesen Diagrammen nur die Verläufe während der ersten Zehntelsekunden wichtig.

Die Amplitudenverhältnisse in den Diagrammen 135.2j und k zeigen, daß sich mit wachsender Frequenz ω und mit höheren Fahrgeschwindigkeiten v die Resonanzgebiete stärker hervorheben, allerdings beim Amplitudenverhältnis für die Gierwinkelgeschwindigkeit stärker als bei dem für die Krümmung bzw. für die Zentripetalbeschleunigung. Die Erklärung entnehmen wir aus Bild 134.2c, das Dämpfungsmaß D_f wird mit höherer Geschwindigkeit kleiner. Die Maxima liegen fast unabhängig von der Fahrgeschwindigkeit bei der gleichen Erregerfrequenz, dies ist in etwa mit dem nach Bild 134.2d konstanten Wert der gedämpften Eigenfrequenz zu erklären.

In Bild 135.3 werden bei konstanter Fahrgeschwindigkeit die Fahrzeuge 1 bis 3, die sich hauptsächlich in ihrer Schwerpunktlage unterscheiden, miteinander verglichen. Das hecklastige, übersteuernde Fahrzeug 3 (vgl. Bild 134.2a) benötigt für die Einfahrt in den Kreis mit $\varrho_{Kreis} = 500$ m den kleinsten bezogenen Lenkradeinschlag β_L^*, das stark untersteuernde, buglastige Fahrzeug 2 den größten. Dieses folgt der Lenkradbewegung, wie der zeitliche Verlauf der Krümmung in Bild 135.3a zeigt, sehr rasch, schwingt dagegen merklich über den Asymptotenwert $1/\varrho_{Kreis} = 1/(500\text{ m})$. Das übersteuernde Fahrzeug 3 hingegen folgt der Lenkradbewegung langsam und schwingt dafür, da das Dämpfungsmaß nach Bild 134.2c $D_f > 1$ ist, nicht. Das Fahrzeug 1 liegt in der Mitte.

Alle drei Fahrzeuge fahren demnach auf verschiedenen Kurven in den vorgegebenen Kreis ein. Da im normalen Straßenverkehr die Bahnkurve vorgegeben ist, müssen die Fahrer der Fahrzeuge 1 bis 3 verschieden schnell einlenken. Am leichtesten macht man es sich durch die Annahme klar, daß der Krümmungsverlauf auf der Straße dem des Fahrzeuges 3 in Bild 135.3a entspricht. Der Fahrer dieses Kraftfahrzeuges muß das Lenkrad schlagartig einschlagen, während die Fahrer der Fahrzeuge 1 und 2 — entsprechend dem steiler ansteigenden Krümmungsverlauf in Bild 135.3a — langsamer am Lenkrad drehen dürfen. Eine langsamere Lenkbewegung — charakterisiert durch einen kleinen Differentialquotienten $d\beta_L/dt$ — ist für die Fahrer sicher angenehmer und deshalb vorteilhafter als eine schnelle. Deshalb dürfte das Fahrzeug 2 besser als das Fahrzeug 3 sein. Andererseits muß der Fahrer in Fahrzeug 2 während der weiteren Fahrt entsprechend der Fahrzeugschwingung um die Hochachse am Lenkrad korrigieren, was nachteilig ist. Von den drei gezeigten Kraftfahrzeugen 1 bis 3 dürfte darum 1 insgesamt am besten sein; es ist nicht zu stark untersteuernd, aber auch nicht übersteuernd. Allerdings darf nicht verschwiegen werden, daß der Fahrer des Fahrzeuges 3 zwar das Lenkrad sprungartig bewegen muß, dafür aber nur

508 Vierter Teil — XVIII. Dynamische Vorgänge, Kurshaltung

auf einen Wert entsprechend $b_L^* = 3{,}4 \cdot 10^{-3}$ rad, während beim Fahrzeug 1 der Wert mehr als doppelt so groß, $b_L^* = 8{,}1 \cdot 10^{-3}$ rad, ist. Da die Lenkgetriebeübersetzungen zwischen den Fahrzeugen verschiedener Steuertendenzen um viel weniger als den Faktor 2 differieren, muß der Fahrer des untersteuernden Wagens 1 zwar langsamer, dafür aber mehr einschlagen als der des übersteuernden Fahrzeuges 3.

Beim Verreißen des Lenkrades und gleicher Lenkübersetzung i_G verhalten sich die drei Fahrzeuge nach Bild 135.3c und d in den ersten zwei Zehntelsekunden praktisch gleich, während später das übersteuernde Fahrzeug 3 am meisten von der Geradeausfahrt abweicht.

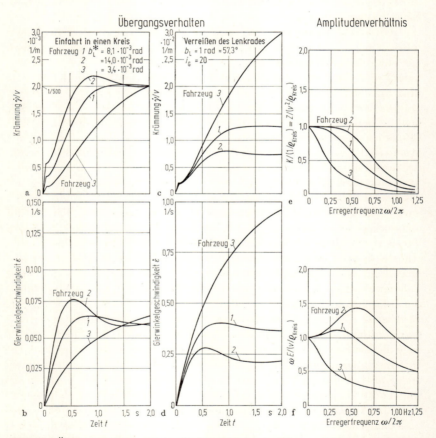

Bild 135.3 Übergangsverhalten und Amplitudenverhältnisse der Fahrzeuge 1 bis 3 (unterschiedliche Schwerpunktlage, Daten s. Tabelle 135.2) bei der Fahrgeschwindigkeit $v = 30$ m/s. a und b) Übergangsverhalten bei Einfahrt in einen Kreis mit dem Radius 500 m, c und d) Übergangsverhalten beim Verreißen des Lenkrades um $\beta_L = 1$ rad, e und f) Amplitudenverhältnisse, normiert auf den Wert bei $\omega/2\pi = 0$, d. h. bezogen auf die Werte bei Kreisfahrt mit Radius ϱ_{Kreis}. K, Z und ωE Amplituden der Krümmung $\dot\gamma/v$, der Zentripetalbeschleunigung $v\dot\gamma$ und der Gierwinkelgeschwindigkeit $\dot\varepsilon$.

Das Amplitudenverhältnis für die Gierwinkelgeschwindigkeit nach Bild 135.3f weist für die untersteuernden Fahrzeuge 1 und 2, die ja ein Dämpfungsmaß $D_f < 1$ bei der Fahrgeschwindigkeit $v = 30$ m/s besitzen, ein Maximum auf, während das Amplitudenverhältnis des übersteuernden Fahrzeuges 3 mit $D_f > 1$ gleich mit zunehmender Erregerfrequenz abfällt. Im Amplitudengang für die Krümmung bzw. für die Zentripetalbeschleunigung nach Bild 135.3e ist für die Fahrzeuge 1 und 2 hingegen keine Überhöhung zu sehen. Es ist darum nach den beiden Bildern 135.2 und 135.3 zu vermerken, daß sich der Resonanzbereich bei der Gierwinkelgeschwindigkeit stärker als bei der Krümmung und der Zentripetalbeschleunigung bemerkbar macht. Das Entsprechende ist beim Übergangsverhalten festzustellen, der Einschwingvorgang ist bei der Gierwinkelgeschwindigkeit stärker als bei der Krümmung ausgeprägt.

Von der Fahrzeugbezeichnung 4 in Tabelle 135.2 an liegt der Schwerpunkt über der Fahrbahn ($h \neq 0$), die Fahrzeuge werden durch das vollständige Gleichungssystem (132.40) beschrieben. Das Fahrzeug 4 unterscheidet sich gegenüber Fahrzeug 3 durch die veränderte Schwerpunkthöhe. Das damit verbundene Wanken des Fahrzeugaufbaus soll jedoch noch nicht Radeinschlag und Sturz beeinflussen ($\partial\beta/\partial\psi = 0$, $\partial\xi/\partial\psi = 0$). Nach Bild 135.4a bis d zeigt das Fahrzeug 4 eine noch stärkere Übersteuerung als Fahrzeug 3. Die Begründung wurde schon in Abschn. 133.3 gegeben, die Radlaständerung an der Vorderachse ruft, falls $r'_0 \tan \tau \neq 0$ ist, bei elastischer Lenkung einen Radeinschlag hervor und erhöht damit nach Bild 133.5 die Übersteuertendenz. $(\beta_L/\beta_{L,0})_{Kreis}$ wird kleiner und demzufolge beim Einfahren in den Kreis das Anwachsen der Krümmung $\dot{\gamma}/v$ und der Gierwinkelgeschwindigkeit $\dot{\varepsilon}$ über der Zeit langsamer (Bild 135.4a und b), und weiterhin gibt es bei den Frequenzgängen (Bild c und d) infolge des Dämpfungsmaßes $D_f > 1$ keine Resonanzüberhöhung.

Bei Fahrzeug 5 wird das durch das Wanken hervorgerufene Rollenken berücksichtigt ($\partial\beta/\partial\psi \neq 0$) und bei Fahrzeug 6 zusätzlich das Rollstürzen ($\partial\xi/\partial\psi \neq 0$). Wie wir schon von der Behandlung der Kreisfahrt nach Abschn. 133.3 her wissen, kann sich dadurch die Steuertendenz erheblich verändern, so wird nach Bild 133.5 aus dem übersteuernden Fahrzeug 3 ein untersteuerndes Fahrzeug 6. Auch aus der dynamischen Behandlung mit Sprungfunktion und Frequenzgang in Bild 135.4a bis d erkennt man wesentliche Unterschiede zwischen den Fahrzeugen 3 und 6. Die Kurven für das Fahrzeug 6 sind denen für das Fahrzeug 1 aus Bild 135.3 ähnlich. Beide zeigen, wenn man sie mit Fahrzeug 3 vergleicht, beim Übergangsverhalten den mit der Zeit schnellen Anstieg im Krümmungs- und Gierwinkelgeschwindigkeits-Verlauf und in den Frequenzgängen die (angedeutete) Resonanzüberhöhung. Mit dem Wechsel vom Über- zum Untersteuern hat sich offensichtlich die Größe des

510   Vierter Teil — XVIII. Dynamische Vorgänge, Kurshaltung

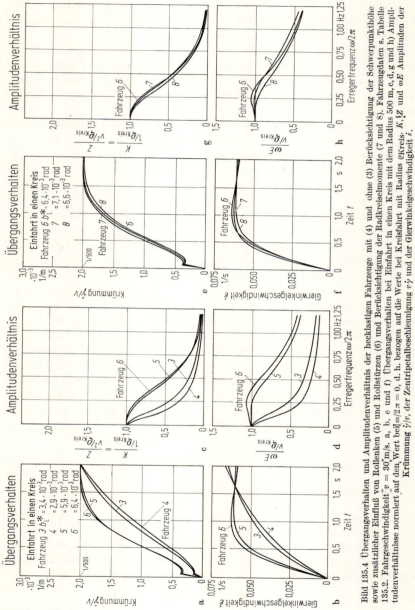

Bild 135.4 Übergangsverhalten und Amplitudenverhältnis der hecklastigen Fahrzeuge mit (4) und ohne (3) Berücksichtigung der Schwerpunkthöhe sowie zusätzlicher Einfluß von Rollenken (5) und Rollstützen (6) und Berücksichtigung der Radkreiselmomente (7 und 8). Fahrzeugdaten s. Tabelle 135.2. Fahrgeschwindigkeit $v = 30$ m/s. a, b, e und f) Übergangsverhalten bei Einfahrt in einen Kreis mit dem Radius 500 m, c, d, g und h) Amplitudenverhältnisse normiert, auf den, Wert bei $\omega/2\pi = 0$, d. h. bezogen auf die Werte bei Kreisfahrt mit Radius ΩKreis. K, $\dot{\chi}Z$ und ωE Amplituden der Krümmung $\dot{\chi}/v$, der Zentripetalbeschleunigung $v\dot{\chi}$ und der Gierwinkelgeschwindigkeit $\dot{\varepsilon}$.

Dämpfungsmaßes verringert. Die Einführung des zusätzlichen Freiheitsgrades Wanken ändert nichts an dem prinzipiellen, in Abschn. 134 herausgearbeiteten Zusammenhang zwischen Steuertendenz und Dämpfungsmaß.

Der Vergleich zwischen den Fahrzeugen 1, 3 und 6 macht sehr deutlich, welch großen Einfluß die Schwerpunktlage und das Rollsteuern haben. Das Rollenken $\partial \beta / \partial \psi$ hat nach dem Vergleich zwischen den Fahrzeugen 3 und 5 sowie 5 und 6 einen weit größeren Einfluß als das Rollstürzen $\partial \xi / \partial \psi$.

Das Fahrzeug 6, bei dem keine Kreiselmomente berücksichtigt wurden ($\Theta_R = 0$), wird in Bild 135.4e bis h mit den Fahrzeugen 7 (Kreiselmomente wirken auf das Fahrzeug) und 8 (Kreiselmomente bewirken noch zusätzlich einen Radeinschlag, $\partial \beta / \partial M_z \neq 0$) verglichen. Die Einflüsse sind weder bei dem Übergangsverhalten noch bei den Frequenzgängen groß.

Zusammenfassend kann nach den theoretischen Erörterungen und nach den Ergebnissen der Rechenbeispiele über das Lenkverhalten von Kraftfahrzeugen folgendes festgehalten werden: Die aus der Betrachtung der Kreisfahrt und nach Bild 133.1 definierte Über- oder Untersteuerung bestimmt auch über Eigenfrequenz und Dämpfungsmaß das dynamische Lenkverhalten. Die δ'_V- und δ^*_H-Werte, in denen die Elastizitäten von Reifen, Radaufhängungen und Lenkung enthalten sind, sollen groß gegenüber der Fahrzeugmasse und dem Fahrzeugträgheitsmoment um die Hochachse sein. Das Fahrzeug soll nicht übersteuern, es soll auch nicht zu stark untersteuern. Ob diese Steuertendenz durch die Schwerpunktlage allein oder durch zusätzliches Rollenken — die beiden weiteren Haupteinflußgrößen — erreicht wird, ist für das Lenkverhalten von untergeordneter Bedeutung (nicht hingegen, wie wir im nächsten Abschnitt sehen werden, für das Seitenwindverhalten). Die Fahrgeschwindigkeit übt ebenfalls einen großen Einfluß aus.

136. Seitenwindverhalten von Kraftfahrzeugen

Als nächstes wird bei dem in Mittelstellung festgehaltenen Lenkrad

$$\beta^*_L = 0 \tag{136.1}$$

(fixed control) die Wirkung einer mit der Zeit veränderlichen Seitenwindgeschwindigkeit betrachtet, und zwar einmal als Sprungfunktion nach Bild 136.1a und nach der Gleichung

$$w_y = \begin{cases} -w & \text{für } t \geq 0, \\ 0 & \text{für } t < 0 \end{cases} \tag{136.2}$$

512   Vierter Teil — XVIII. Dynamische Vorgänge, Kurshaltung

sowie zum zweiten als periodisch veränderliche Funktion

$$w_\mathrm{y} = W \sin \omega t = \mathfrak{W}\, \mathrm{e}^{\mathrm{i}\omega t} \tag{136.3}$$

nach Bild b.

Eine Sprungfunktion tritt in etwa dann auf, wenn eine Straße aus einem Wald oder aus einem Tunnel herausführt und das darauf fahrende Fahrzeug nun plötzlich vom Seitenwind erfaßt wird. Die sinusförmig

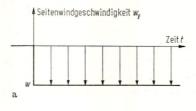

a

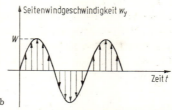

b

Bild 136.1 a) Sprungartiger Anstieg der Seitenwindgeschwindigkeit w_y auf die Größe $-w$,
b) sinusförmig veränderliche Seitenwindgeschwindigkeit mit der Amplitude W.

veränderliche Seitenwindgeschwindigkeit kann man sich als Überlagerung einer konstanten Windgeschwindigkeit durch Windböen vorstellen, vgl. Bild 29.3. Die Wirkung des Seitenwindes auf das Fahrzeug wird wieder durch die drei Größen

1. Krümmung der Bahnkurve des Fahrzeugschwerpunktes,
2. Zentripetalbeschleunigung des Fahrzeugschwerpunktes,
3. Gierwinkelgeschwindigkeit

gekennzeichnet.

Wir beginnen wieder mit vereinfachten Fahrzeugsystemen, für die sich die Ergebnisse formelmäßig überblicken lassen. Ist, wie bei den Fahrzeugen 1 bis 3 nach Tabelle 135.2, $h = 0$ sowie $\Theta_\mathrm{R} = 0$ und außerdem $K_\mathrm{L} = 0$, so lauten die Bewegungsgleichungen

$$-mv\dot\alpha + [-mv^2 + (\delta_\mathrm{H}^* l_\mathrm{H} - \delta_\mathrm{V}' l_\mathrm{V})]\frac{\dot\varepsilon}{v} - (\delta_\mathrm{V}' + \delta_\mathrm{H}^*)\alpha = k_\mathrm{N} v w_\mathrm{y}, \tag{136.4}$$

$$-\Theta_\mathrm{z}\ddot\varepsilon - (\delta_\mathrm{V}' l_\mathrm{V}^2 + \delta_\mathrm{H}^* l_\mathrm{H}^2)\frac{\dot\varepsilon}{v} + [(\delta_\mathrm{H}^* l_\mathrm{H} - \delta_\mathrm{V}' l_\mathrm{V}) - k_{\mathrm{M,z}} v^2]\alpha = k_{\mathrm{M,z}} v w_\mathrm{y}.$$

Dieses Gleichungssystem entspricht dem der Gl. (135.15) aus dem letzten Abschnitt, nur stehen hier auf der rechten Seite Terme mit der Seitenwindgeschwindigkeit w_y. Die Lösungen sind wieder in einer Tabelle, und zwar in Tabelle 136.1, zusammengetragen.

Bei plötzlich auftretendem Seitenwind springt die Krümmung der Bahnkurve des Fahrzeugschwerpunktes — s. zweite Spalte der Tabelle — ebenfalls sprungartig auf den Wert k_N/mv und nähert sich in Form einer abklingenden Schwingung (mit den bekannten Werten σ_f und $\nu_{f,g}$) der Asymptote $k_N/A_4 mv$. Der Fahrer muß wegen der beschränkten Straßenbreite gegenlenken, und zwar nach Ablauf seiner Reaktionsdauer von etwa $3/10$ s[1], für ihn ist also in diesem Fall des Übergangsverhaltens weder die Schwingung noch die Asymptote wichtig, sondern nur der Sprung und die Tangente. Andererseits sieht man im Vergleich mit der dritten Spalte der Tabelle 136.1, daß $k_N/A_4 mv$ nicht nur der Asymptotenwert für die Sprungfunktion, sondern auch der Wert für $\omega = 0$ beim Frequenzgang ist.

Da dieser Wert auch bei höheren Erregerkreisfrequenzen ω, also schneller veränderlichen Seitenwindgeschwindigkeiten die Krümmung der Bahnkurve bestimmt, soll er möglichst klein sein.

Er ist Null, wenn der Abstand Druckmittelpunkt—Schwerpunkt (s. Bild 102.1)

$$e_{SP} = \frac{k_{M,z}}{k_N} = -\frac{\delta_H^* l_H - \delta_V' l_V}{\delta_V' + \delta_H^*} = l\left(\frac{l_V}{l} - \frac{\delta_H^*}{\delta_V' + \delta_H^*}\right) \quad (136.5)$$

ist. Die Lage des Druckmittelpunktes hängt also von den Elastizitätsdaten der Reifen, der Radaufhängungen und der Lenkung sowie von der Schwerpunktlage ab. Maßgebend ist die aus Abschn. 133.1 bekannte Differenz $\delta_H^* l_H - \delta_V' l_V$, die bei kleinen Fahrgeschwindigkeiten die Über- oder Untersteuerneigung bestimmt. Beim Kraftfahrzeug mit $\delta_H^* l_H - \delta_V' l_V = 0$ ist nach Gl. (136.5) die Bahnkrümmung bei $\omega = 0$ gleich Null, wenn $e_{SP} = 0$ ist, d. h. wenn der Druckmittelpunkt der Karosserie mit dem Schwerpunkt des Fahrzeuges zusammenfällt. Beim untersteuernden Fahrzeug mit $\delta_H^* l_H - \delta_V' l_V > 0$ soll der Druckmittelpunkt hinter dem Schwerpunkt, beim übersteuernden vor ihm liegen[2].

Da sich die Schwerpunktlage durch die Beladung ändert, wird Gl. (136.5) sich nicht immer erfüllen lassen. Ganz allgemein kann darum gesagt werden, daß der Einfluß des Seitenwindes klein ist, wenn Druckmittelpunkt und Schwerpunkt dicht zusammenliegen.

---

[1] Siehe Fußnote S. 502.
[2] Prof. Dr. W. Kamm (s. Fußnote S. 62 und 464) hat schon sehr früh, vor dem zweiten Weltkrieg, auf die relative Lage des Druckmittelpunktes zum Schwerpunkt hingewiesen.

Tabelle 136.1 *Lösungen der Differentialgleichungen für Übergangsverhalten und Frequenzgang bei veränderlicher Seitenwindgeschwindigkeit*

	Übergangsverhalten ($D_f < 1$)	Frequenzgang
Seitenwindgeschwindigkeit	$w_y = \begin{cases} -w & \text{für } t \geqq 0 \\ 0 & \text{für } t < 0 \end{cases}$	$w_y = W \sin \omega t = \mathfrak{W} e^{i\omega t}$
Krümmung der Bahnkurve des Fahrzeugschwerpunktes	$\dfrac{\dot\gamma}{v} = -w\,\dfrac{k_N}{A_4 mv}\left\{1 - e^{-\alpha t}\left[(1 - A_4)\cos\nu_{f,g}t + \dfrac{(1 + A_4)D_f - A_5}{\sqrt{1 - D_f^2}}\sin\nu_{f,g}t\right]\right\}$	$\dfrac{\dot\gamma}{v} = K\sin(\omega t + \mu_{\dot\gamma/v}) = \mathfrak{K} e^{i\omega t}$ $\dfrac{\mathfrak{K}}{\mathfrak{W}} = -\dfrac{k_N}{A_4 mv}\left[\dfrac{1 - A_4\eta^2 + iA_5\eta}{1 - \eta^2 + i2D_f\eta}\right]$

136. Seitenwindverhalten von Kraftfahrzeugen

Zentripetalbeschleunigung des Fahrzeugschwerpunktes	$v\dot\gamma = v^2\dfrac{\dot\gamma}{v}$ $v\dot\gamma = Z\sin(\omega t + \mu_{v\dot\gamma}) = \mathfrak{Z}e^{i\omega t}$ $\dfrac{Z}{W} = v^2\dfrac{K}{W}$; $\mu_{\dot\gamma/v} \equiv \mu_{v\dot\gamma}$ wie oben, wenn alle Ordinatenwerte mit v^2 multipliziert werden
Gierwinkelgeschwindigkeit	$\dot\varepsilon = -w\,\dfrac{k_N}{A_4 m}\left\{1 - e^{-\sigma_f t}\left[\cos v_{f,g}t + \dfrac{D_f - A_6}{\sqrt{1-D_f^2}}\sin v_{f,g}t\right]\right\}$ $\dot\varepsilon = \omega E\sin(\omega t + \mu_{\dot\varepsilon}) = i\omega\mathfrak{E}e^{i\omega t}$ $\dfrac{i\omega\mathfrak{E}}{\mathfrak{W}} = \dfrac{k_N}{A_4 m}\dfrac{1 + iA_6\eta}{1-\eta^2 + i2D_f\eta}$

Abkürzungen: σ_f s. Gl. (134.5); v_f s. Gl. (134.6); $v_{f,g}$ s. Gl. (134.12); D_f s. Gl. (134.11); $\eta = \omega/v_f$; $\varrho_{SP} = k_{M,z}/k_N$;

$$A_4 = \dfrac{\Theta_z v_f^2}{\delta_H^*(l_H + \varrho_{SP}) - \delta_V(l_V - \varrho_{SP})}; \quad A_5 = \dfrac{\delta_H^* l_H(l_H + \varrho_{SP}) + \delta_V l_V(l_V - \varrho_{SP})}{\delta_H^*(l_H + \varrho_{SP}) - \delta_V(l_V - \varrho_{SP})}\dfrac{v_f}{v}; \quad A_6 = \dfrac{m\varrho_{SP}v_f}{\delta_H^*(l_H + \varrho_{SP}) - \delta_V(l_V - \varrho_{SP})}.$$

Ist aber z. B. wegen der gewählten Karosserieform der Abstand e_{SP} nicht klein, sondern liegt, wie bei vielen der heutigen Pkw, der Druckmittelpunkt in Nähe der Vorderachse und der Schwerpunkt in Mitte Radstand, so wird nach der dritten Spalte der Tabelle 136.1 das Seitenwindverhalten des Kraftfahrzeuges verbessert, wenn $k_N/A_4 m v$ verkleinert wird. Dieser Ausdruck ist — bis auf den eben diskutierten Einfluß von e_{SP} — proportional $k_N/m v_f^2 \sim (k_N/m)/(\beta_L/\beta_{L,0})_{Kreis}$. Ein kleiner Wert des Quotienten k_N/m, der beim Übergangsverhalten den Sprung in der Krümmung und gleichzeitig die Asymptote beim Frequenzgang sowie die Steigung beim Übergangsverhalten bestimmt, bedeutet, die Seitenwindkraft $N \sim k_N \sim c_N F$ soll klein gegenüber dem Fahrzeuggewicht $G \sim m$ sein.

Weiterhin wird die Seitenwindwirkung verringert, wenn $(\beta_L/\beta_{L,0})_{Kreis}$ groß, also wenn das Fahrzeug untersteuernd ist. Dies sollte dadurch geschehen, daß der Schwerpunkt nach vorn gerückt, also l_V klein gemacht wird, und nicht dadurch, daß δ'_V — durch seitenweiche Reifen oder durch eine elastische Lenkung — verringert wird.

In den Bildern 136.2 und 136.3 werden wieder Rechenergebnisse der Fahrzeuge 1 bis 9 aus Tabelle 135.2 dargestellt. Bild 136.2a und b gibt den Einfluß der Fahrgeschwindigkeit v auf den Krümmungs- und Gierwinkelgeschwindigkeits-Verlauf für das Fahrzeug 1, bezogen auf die sprungförmig auftretende Seitenwindgeschwindigkeit, wieder. Die dadurch entstehende seitliche Windkraft läßt die Krümmung der Schwerpunktbahnkurve ebenfalls sprungartig anwachsen, der weitere in Tabelle 136.1 angezeigte positive Tangentenanstieg ist — wie aus der beistehenden Formel zu entnehmen — in Wirklichkeit negativ. Dadurch — und das ist hier erfreulich — vermindert sich bei dieser Art des Seitenwindes die Abweichung von der gewählten Geradeausfahrt.

Wie sich das Fahrzeug bei weniger rasch ändernder Seitenwindgeschwindigkeit verhält, zeigen die Amplitudenverhältnisse in Bild 136.2c und d. Mit wachsender Fahrgeschwindigkeit werden die Amplituden der Krümmung und der Gierwinkelgeschwindigkeit größer, die Resonanzbereiche werden wegen der — wie schon mehrfach festgestellt — kleineren Dämpfung ausgeprägter.

In Bild 136.2e bis h werden die Fahrzeuge 1 bis 3, die sich hauptsächlich in der Schwerpunktlage unterscheiden, aber gleiche Karosserien besitzen (die Lage des Druckmittelpunktes ist gleich), bei konstanter Fahrgeschwindigkeit $v = 30$ m/s miteinander verglichen. Danach ist, bis auf die erste Zehntelsekunde beim Übergangsverhalten und, was gleichbedeutend ist, bis auf höhere Erregerfrequenzen der Windgeschwindigkeit, das hecklastige Fahrzeug 3 wesentlich windempfindlicher als das mittellastige Fahrzeug 1 und das buglastige Fahrzeug 2. Dies hat die schon bei der Diskussion der Tabelle 136.1 genannten zwei

136. Seitenwindverhalten von Kraftfahrzeugen

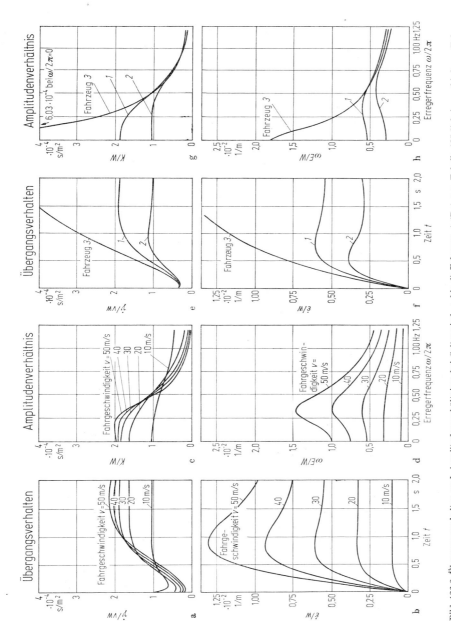

Bild 136.2 Übergangsverhalten und Amplitudenverhältnisse bei Seitenwind. a bis d) Fahrzeug 1 (Daten s. Tabelle 135.2) bei verschiedenen Fahrgeschwindigkeiten v, e bis h) Fahrzeug 1 bis 3 mit unterschiedlicher Schwerpunktlage bei $v = 30$ m/s. Krümmung der Fahrbahn $\dot{\psi}/v$, Gierwinkelgeschwindigkeit $\dot{\psi}$, Amplitude der Krümmung K und die der Gierwinkelgeschwindigkeit ωE. Für die Seitenwindgeschwindigkeit ist w der Betrag des Anfangssprunges, W die Amplitude.

34 Mitschke

Gründe: Einmal ist nach Bild 134.2a das Fahrzeug 3 übersteuernd, wodurch der Quotient $(\beta_\mathrm{L}/\beta_{\mathrm{L},0})_\mathrm{Kreis}$ kleiner ist als bei den untersteuernden Fahrzeugen 1 und 2, zum anderen ist bei dem hecklastigen Wagen 3 der Abstand e_SP zwischen Druckmittelpunkt und Schwerpunkt und damit der Luftmomentenbeiwert $k_{\mathrm{M},z}$ größer als bei den Wagen 1 und 2 mit weiter vorn liegenden Schwerpunkten.

An Hand von Bild 136.3a bis d werden die Fahrzeuge 3 bis 6, die alle die gleiche Schwerpunktlage und die gleiche Karosserie besitzen, einander gegenübergestellt. Wie schon in Abschn. 135 beschrieben, ist bei Fahrzeug 4 die Schwerpunkthöhe $h > 0$, bei Fahrzeug 5 zudem $\partial \beta/\partial \psi \neq 0$ und bei Fahrzeug 6 außerdem $\partial \xi/\partial \psi \neq 0$.

Aus den übersteuernden Fahrzeugen 3 und 4 erhält man durch das Rollenken und -stürzen die untersteuernden Fahrzeuge 5 und 6. $(\beta_\mathrm{L}/\beta_{\mathrm{L},0})_\mathrm{Kreis}$ wird dadurch bei konstanter Fahrgeschwindigkeit größer, seine für die Amplitudenverhältnisse nach Tabelle 136.1 wichtigen Reziprokwerte kleiner. Deshalb sind nach den Diagrammen 136.3a bis d wieder bis auf die ersten Teile einer Sekunde beim Übergangsverhalten und bis auf die höheren Frequenzen die untersteuernden Wagen 5 und 6 windunempfindlicher als die übersteuernden 3 und 4.

Im vorigen Abschnitt wurde festgestellt, daß die hecklastigen Fahrzeuge 5 und 6 und der mittellastige Wagen 1 beim Lenkverhalten ungefähr gleichwertig sind. Bei Seitenwind ist das Fahrzeug 1, wie der Vergleich der Bilder 136.2e bis h mit 136.3a bis d zeigt, besser. Der Abstand e_SP, Druckmittelpunkt—Schwerpunkt, ist bei Fahrzeug 1 eben kleiner als bei den Fahrzeugen 5 und 6.

Bei Fahrzeug 9 ist $e_\mathrm{SP} \sim k_{\mathrm{M},z} = 0$, der Druckmittelpunkt fällt mit dem Schwerpunkt zusammen (entspricht noch nicht der „idealen" Bedingung nach Gl. (136.5)). Wie wirkungsvoll diese Maßnahme ist, zeigen die Diagramme 136.3e bis h. Das Fahrzeug 9 ist wesentlich besser als alle bisher genannten Fahrzeuge.

Das Fahrzeug 7, bei dem ein Teil der Wirkung der Kreiselmomente miterfaßt wurde, ist etwas besser als Fahrzeug 6.

Zusammenfassend können wir festhalten: Mit zunehmender Fahrgeschwindigkeit wächst die Auswirkung des Seitenwindes auf das Fahrzeug an. Die Seitenwindempfindlichkeit vermindert sich, wenn k_N/m klein ist und vor allen Dingen, wenn der Abstand e_SP zwischen Druckmittelpunkt und Schwerpunkt möglichst klein ist und das Fahrzeug untersteuert, $(\beta_\mathrm{L}/\beta_{\mathrm{L},0})_\mathrm{Kreis} > 1$. Da der Druckmittelpunkt bei üblichen Pkw in Nähe der Vorderachse liegt, muß, um e_SP zu verringern, der Schwerpunkt nach vorn gerückt werden. Diese Schwerpunktverlegung ergibt nach der einfachen Gl. (133.10) auch eine Untersteuertendenz.

Ist diese (vermehrte) Untersteuertendenz unerwünscht, weil durch das verringerte Dämpfungsmaß das Lenkverhalten ungünstiger wird

136. Seitenwindverhalten von Kraftfahrzeugen

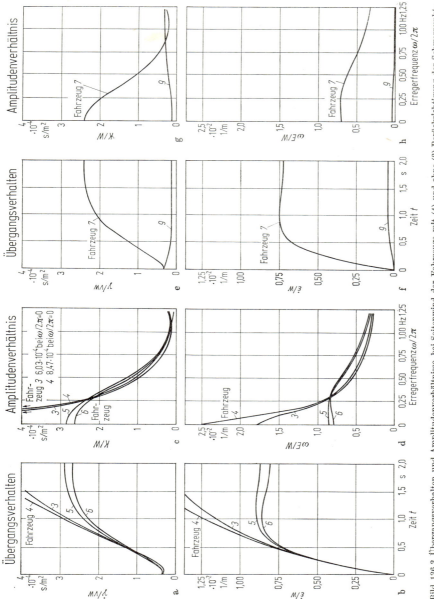

Bild 136.3 Übergangsverhalten und Amplitudenverhältnisse bei Seitenwind der Fahrzeuge mit (4) und ohne (3) Berücksichtigung der Schwerpunkthöhe sowie zusätzlicher Einfluß von Rollenken (5) und Rollstürzen (6) sowie der Kreiselmomente (7). Bei Fahrzeug 9 fallen Druckmittelpunkt und Schwerpunkt zusammen. Fahrzeugdaten s. Tabelle 135.2, Fahrgeschwindigkeit $v = 30$ m/s, Krümmung der Schwerpunktbahn $\ddot{\gamma}/v$, Gierwinkelgeschwindigkeit $\dot{\varepsilon}$, Amplitude der Krümmung K und die der Gierwinkelgeschwindigkeit ωE. Für die Seitenwindgeschwindigkeit ist w der Betrag des Anfangssprunges, W die Amplitude.

oder weil sich infolgedessen die Lenkradeinschläge β_L mit der Fahrgeschwindigkeit zu stark ändern, so muß der Druckmittelpunkt durch eine andere Karosserieform nach hinten in Richtung Schwerpunkt verlegt werden.

Bei schlagartig auftretenden Seitenwinden wirken sich eine große Masse und ein hohes Trägheitsmoment günstig aus.

137. Fahrer — Fahrzeug — Seitenwind

In Abschn. 136 mußten wir, da das Eingreifen des Fahrers nicht berücksichtigt wurde, den Einfluß der Seitenwindgeschwindigkeit bei festgehaltenem Lenkrad und $\beta_L^* = 0$ behandeln. In diesem Abschnitt soll der Fahrer auf die durch den Seitenwind hervorgerufene Kursabweichung reagieren. Wir müssen hierzu seine mögliche Reaktion durch eine Gleichung beschreiben. Da hierüber nur wenige Ergebnisse[1] bekannt geworden sind, können im folgenden nur einige einführende Betrachtungen gebracht werden.

Der Fahrer wird eine Kursabweichung, die er optisch wahrnimmt, mit einem Lenkradeinschlag beantworten. Nach den vorliegenden Ergebnissen[1] dürfte das Verhalten des Fahrers durch die folgende lineare Differentialgleichung

$$\beta_L^* + T_1 \dot{\beta}_L^* + T_2 \ddot{\beta}_L^* = -C_I \int y_P \, dt - C_0 y_P - C_1 \dot{y}_P \quad (137.1)$$

erfaßt werden. Als Bezug für die seitliche Abweichung von der gewünschten Geradeausfahrt in x_0-Richtung werden nach Bild 137.1 nicht der Schwerpunkt SP und die Strecke y_0, sondern allgemein ein Punkt P, der um l' vor der Vorderachse liegt, und die Strecke y_P genommen[2]. Bei einer positiven Abweichung y_P muß nach Bild 137.1 der bezogene Lenkradeinschlag β_L^* negativ sein. Deshalb steht in Gl. (137.1) bei dem Proportionalglied y_P ein Minuszeichen. Der Fahrer reagiert weiterhin auf die Abweichungsgeschwindigkeit $\dot{y}_P$ und auf die Größe $\int y_P \, dt$, welche — wie wir später sehen werden — dafür sorgt, daß der seitliche Versatz bis auf den Betrag Null herab ausgeregelt werden kann. C_I, C_0 und C_1 sind den Fahrer charakterisierende Konstanten. Auf die „Eingangsgröße" y_P wird der „Regler Mensch" nicht sofort, sondern verzögert ansprechen,

---

[1] PIDIGUNDLA, CH.: Untersuchungen über das Lenkverhalten von Fahrzeugen bei verschiedenen Modellen für den Fahrer. Diss., TU Berlin 1966. — HIRAO, O., KIKUCHI, E., YAMADA, N.: Improvement of the Handling Characteristics of a Vehicle Considered as a Man-Machine-System. FISITA-Kongreß München 1966, C 1. — Untersuchungen des Instituts für Fahrzeugtechnik, TU Braunschweig.

[2] Der Punkt P kann auch vor dem Fahrzeug liegen, er ist nur als festverbunden mit ihm zu denken. Der Abstand l' ist schon aus Bild 89.1 bekannt.

137. Fahrer — Fahrzeug — Seitenwind

deshalb stehen auf der linken Seite der Gl. (137.1) noch die Zusatzglieder $T_1 \dot{\beta}_L^*$ und $T_2 \ddot{\beta}_L^*$ mit den weiteren menschlichen Konstanten T_1 und T_2.

Der Seitenversatz y_P des Punktes P errechnet sich nach Bild 137.1 aus

$$\gamma = \alpha + \varepsilon = \frac{\dot{y}_P}{v} - (l_V + l')\frac{\dot{\varepsilon}}{v}, \qquad (137.2)$$

wodurch eine Beziehung zu den schon bekannten Größen der Kurshaltung hergestellt ist.

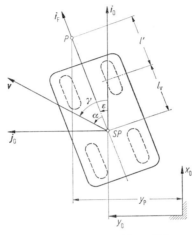

Bild 137.1 Vom Sollkurs (x_0-Richtung) seitlich abgewichenes Fahrzeug, im Grundriß dargestellt.

Als weitere optische Information scheint der Gierwinkel ε wichtig zu sein, wodurch die rechte Seite von Gl. (137.1) um $-C_\varepsilon \varepsilon$ erweitert wird.

Als mechanische Informationen, die der Fahrer auch bei geschlossenen Augen fühlt, sind nach bisherigen Untersuchungen die auf den Fahrer wirkende Seitenbeschleunigung, die beim Pkw ungefähr gleich der Zentripetalbeschleunigung $v\dot{\gamma}$ des Schwerpunktes ist, und das Moment $M_{L,H}$ am Lenkrad wichtig. Mit weiteren menschlichen Konstanten wird Gl. (137.1) um $-(C_z v\dot{\gamma} + C_M M_{L,H})$ erweitert.

Das Lenkradmoment ist bei Vernachlässigung der Reibung in Gl. (120.5) und bei Vernachlässigung der Gewichtsrückstellung nach Gl. (125.3)

$$M_{L,H} = \frac{1}{i_G i_T}(S_V n_K + M_{S,V}).$$

Nach Einführung des Reifennachlaufs $n_{S,V}$ bzw. des Gesamtnachlaufs $n_V = n_K + n_{S,V}$ (s. Tabelle 132.1, Abkürzungen), bei Beschränkung auf kleine Schräglaufwinkel und nach Einführung der Lenkungs- und Radaufhängungselastizität ist

$$M_{L,H} = \frac{1}{i_G i_T} \delta'_V n_V \left(\alpha - \beta^*_L + l_V \frac{\dot\varepsilon}{v}\right). \tag{137.3}$$

Wird die Fahrergleichung (137.1) nach dem Vorgesagten erweitert und werden die Gl. (137.2) und (137.3) berücksichtigt, so ergibt sich

$$\left(1 - \frac{C_M}{i_G i_T} \delta'_V n_V\right) \beta^*_L + T_1 \dot\beta^*_L + T_2 \ddot\beta^*_L$$

$$= -C_I \int y_P \, dt - C_0 y_P - \left(C_1 + \frac{C_M \delta'_V n_V}{i_G i_T v}\right) \dot y_P - C_z \ddot y_P +$$

$$+ C_z (l_V + l') \ddot\varepsilon + \frac{C_M \delta'_V n_V}{i_G i_T v} l' \dot\varepsilon + \left(\frac{C_M}{i_G i_T} \delta'_V n_V - C_\varepsilon\right) \varepsilon. \tag{137.4}$$

Für das Fahrzeug gilt nach wie vor das Gleichungssystem (132.40) oder vereinfacht mit $h = 0$, $\Theta_R = 0$, $K_L = 0$ die Gl. (135.15) und (136.4). Werden die beiden letztgenannten Gleichungssysteme addiert, also gleichzeitig Lenkradeinschlag und Seitenwind berücksichtigt, so ergibt sich nach Umrechnung auf die Seitenabweichung y_P nach Gl. (137.2):

$$-m\ddot y_P - (\delta'_V + \delta^*_H) \frac{\dot y_P}{v} + m(l_V + l') \ddot\varepsilon + [\delta^*_H (l + l') + \delta'_V l'] \frac{\dot\varepsilon}{v} +$$

$$+ (\delta'_V + \delta^*_H) \varepsilon = -\delta'_V \beta^*_L + k_N v w_y, \tag{137.5}$$

$$[(\delta^*_H l_H - \delta'_V l_V) - k_{M,z} v^2] \frac{\dot y_P}{v} - \Theta_z \ddot\varepsilon - [\delta^*_H l_H (l + l') - \delta'_V l_V l' -$$

$$- k_{M,z} v^2 (l_V + l')] \frac{\dot\varepsilon}{v} - [(\delta^*_H l_H - \delta'_V l_V) - k_{M,z} v^2] \varepsilon$$

$$= -\delta'_V l_V \beta^*_L + k_{M,z} v w_y. \tag{137.6}$$

Die drei linearen Gleichungen (137.4) bis (137.6) mit den unabhängigen Variablen Seitenabweichung y_P, Gierwinkel ε und bezogener Lenkradeinschlag β^*_L beschreiben gemeinsam die Bewegung des Fahrzeugs und die Handlung des Fahrers, also den in Bild 130.2 gezeigten Regelkreis. Dieses System wird durch den Seitenwind, genauer durch die Seitenwindgeschwindigkeit w_y gestört.

Nach Aufstellung dieser Gleichungen würde man entsprechend Abschn. 134, jetzt aber für das System Fahrzeug—Fahrer die Stabilitätsbedingungen untersuchen und später, entsprechend Abschn. 136, die Wirkung des Seitenwindes diskutieren. Dabei könnte man — wie bei der Behandlung der Unebenheiten als Schwingungsanregung in Abschn. 74ff. — die Seitenwindgeschwindigkeit w_y als stochastisch veränderlich[1] ansehen und quadratische Mittelwerte für den Seitenversatz und den Lenkradeinschlag[2] berechnen. Diese Rechnungen haben im Augenblick wenig Sinn, da kaum Werte für die menschlichen Konstanten T_1, T_2, $C_\mathrm{I} \ldots C_\mathrm{M}$ vorliegen.

Im folgenden wird deshalb nur auf den Vergrößerungsfaktor bei der Erregerkreisfrequenz $\omega = 0$ eingegangen. Bei sinusförmig veränderlicher Seitenwindgeschwindigkeit (s. Gl. (136.3))

$$w_\mathrm{y} = \mathfrak{W} e^{i\omega t} \tag{137.7}$$

ist der bezogene Lenkradeinschlag (vgl. Gl. (135.8))

$$\beta_\mathrm{L}^* = \mathfrak{B}_\mathrm{L}^* e^{i\omega t} \tag{137.8}$$

und der Seitenversatz

$$y_\mathrm{P} = \mathfrak{y} e^{i\omega t}. \tag{137.9}$$

Der Vergrößerungsfaktor für Lenkradeinschlag zu Seitenwindgeschwindigkeit ist bei $\omega = 0$

$$\frac{\mathfrak{B}_\mathrm{L}^*}{\mathfrak{W}}(\omega = 0) = k_\mathrm{N} v \, \frac{\delta_\mathrm{H}^*(l_\mathrm{H} + e_\mathrm{SP}) - \delta_\mathrm{V}'(l_\mathrm{V} - e_\mathrm{SP})}{\delta_\mathrm{V}' \delta_\mathrm{H}^* l}. \tag{137.10}$$

Der Zähler ist uns durch die Konstante A_4 in Tabelle 136.1 bekannt. Dieser im allgemeinen von Null verschiedene Ausdruck ist von keiner Fahrerkonstanten abhängig. Das ist insofern selbstverständlich, als bei konstantem Seitenwind der Lenkradeinschlag, der erforderlich ist, um das Fahrzeug auf der Geraden zu halten, nur von der Größe der Windgeschwindigkeit und den Daten des Fahrzeuges abhängig sein kann.

Der Vergrößerungsfaktor Seitenversatz zu Windgeschwindigkeit ist

$$\frac{\mathfrak{y}}{\mathfrak{W}}(\omega = 0) = \frac{0}{C_\mathrm{I}} = 0, \tag{137.11}$$

d. h. der Fahrer lenkt so, daß das Fahrzeug auf der vorgegebenen Geraden bleibt und damit die Kursabweichung Null ist. Der Quotient $0/C_\mathrm{I}$ soll daran erinnern, daß nur für $C_\mathrm{I} \neq 0$, also nur bei Berücksichtigung des Integralausdruckes $\int y_\mathrm{P}\,\mathrm{d}t$ in Gl. (137.1) und (137.4) das Fahrzeug auf der Straße geradeaus gefahren werden kann. (Ohne das Integral käme man aus, wenn der Fahrer seine Konstanten C_ε und C_M genau aufeinander abstimmen könnte.)

---

[1] HAYASHI, M., FURUSHO, H.: The Response of Automobile against a Gust. FISITA-Kongreß München 1966, B 7.

[2] MITSCHKE, M.: Fahrer — Fahrzeug — Windböen. ATZ 71 (1969) Nr. 10, S. 347—351.

Sachverzeichnis

Zahlen in *Kursivschrift* bezeichnen die Seiten, auf denen das betreffende Stichwort ausführlicher behandelt wird

Abbremsung *198*, 206, 211, *212*, 223, *228*
—, ideale 206, 212, 223
Abklingkonstante 244
Abstand Achse—Fahrbahn 22
Achslast, s. a. Radlast *178*, *183*, 211, 218
Achsschenkelbolzen 426
—, Belastungen am *436*
—, Bewegungen am *433*
Allrad-antrieb *190*, 381
— -bremsung 193
— -lenkung 381
Anfahr-leistung elektrischer Motoren 125
— -widerstand *15*
Anhänger 121, 228, 381
Anhalte-dauer 206
— -weg 204, 206, 207
Ansprechdauer 202
Anström-geschwindigkeit 82, *85*
— -richtung *85*
— -winkel *86*, 477
Antrieb *78*, *121*
Antriebs-maschine konstanter Leistung 122
— -moment am Rad/Achse 17, 34, 40, 80, *116*, 117, 123, 181, 408
Aquaplaning 15, *35*
Aufbaubeschleunigung 250, 279, 289
Auftrieb 79, 83, *95*, 185
Ausgleichfeder 425

Bahnkurve 368, 496
Baumaschinen 240, 249
Beharrungsbremsung 193, *195*, 199
Beladungsänderung *224*, 300, *309*, *311*, 513
Beschleunigung des Fahrzeugs (Beschleunigungsfähigkeit) 151, *161*, 187
— des Menschen *272*

Beschleunigung des Rades 38, 69, 210, 232, 235
— der rotatorischen Masse 112, 180, 188
— der translatorischen Masse 112, 180, 188
Beschleunigungs-kopplung 329, 359
— -leistung 120
— -widerstand *112*, 117, 161
— -zeit 167
Betätigungs-Schwelldauer 202, 208
Beurteilungsmaßstäbe für Schwingungen *260*
Blockieren 5, 19, 206, 212, 221, *230*
Blockierverhinderer 230, 235
Breitenbedarf *380*
Brems-anlage 193, 209
— -arbeit *195*
— -dauer 195, 204
Bremsen, innenliegende 436
Bremskraft *197*, 203, 207, 210, *216*, 218, 226, 228, 230, 382, 452
— -steuerung 226
— -verteilung 209, *214*, *221*, 226
— —, geknickt-lineare 220, 223
— —, ideale *217*
— —, lineare 220, *221*
Brems-leistung 194, 196
— -moment am Rad/Achse 17, 33, 40, 80, *197*, 203, 209, 230
— — des Motors *200*
— -momentenverhältnis 214
Bremsung 193
Brems-vorgang 202
— -weg 202
— — -verlängerung *206*
Brennkraftmaschinen *126*
Bugform 91

Charakteristische Gleichung *242*, 490

Sachverzeichnis

Dämpfer 236, 304
— -kennung 241
— —, nichtlineare 333, 338
Dämpfungs-konstante, Aufbau- 287, 303, 312, 318, 324
— —, Reifen- 11, 51, 287, 307
— -maß 244
— —, Aufbau- 303, 312, 318
— —, fixed control 493, 499
— —, Reifen- 52
— —, Trampel- 331
Dampfantrieb 124
Dauer-bremse 194, 200
— -leistung elektrischer Motoren 125
Deichselkraft 228
Diagonalreifen 13, 21, 50, 69, 394, 398
Doppel-Querlenker-Achse 319, 421
Drallsatz 73, 471
Drehmomentenwandler 138, 199
Drehschleudern 5, 19
Drehzahl-lücke 127, 137
— -wandler 135
Dreiradfahrzeug 410
Druck im Latsch 33, 45
— -mittelpunkt 101, 382, 513
Dynamischer Reifenhalbmesser 22, 26

Effektivwert 274
Eigenfrequenz 244
— des Aufbaues 262, 288, 298
— -en des Menschen 275, 319
— des Rades 260, 262, 288
—, fixed control 492, 499
—, Hub- 366
—, Nick- 365, 366
— Sitz—Mensch 316
—, Trampel- 331
Eigenlenkverhalten 400
Eigenschwingungen 241
Einfahren in einen Kreis 500
Einknicken beim Bremsen 228
Einlaufverhalten des Reifens 75
Einzelradaufhängung 305, 332
Eis 21, 38
Elektrische Antriebe 125
Energie beim Bremsen 194, 196
Entwurfsgeschwindigkeit 110, 369
Erregerfrequenz 248, 268, 497, 512
—, Unebenheits- 261, 283
Erreger-funktion 241
— -schwingungen 245, 289

Fahrbahn 3, 462
—, naß 20, 21, 27, 212, 214
—, trocken 20, 21, 27, 212, 214
— -beanspruchung 42
— -unebenheiten, s. Unebenheiten
Fahrer 2, 462, 520
— -gleichung 522
— -haus 237
—, idealer 213, 464
Fahr-geschwindigkeit 13, 20, 27, 58, 62, 85, 261, 291, 347, 369, 404, 503
— -grenzen 178, 405, 408
— -leistungen 143
— -leistungsschaubild 146, 201
— -schemel 238
— -sicherheit 42, 250, 275, 282, 289
Fahrtrichtungshaltung 462
Fahrwiderstände 103, 172
Fahrzeug 1, 462
— -elastizität 160
— -Ersatzsystem 252, 465
Fahrzustandsschaubild 143
Feder 418
—, nichtlineare 333
Federkennung 241
— konstanter Eigenfrequenz 313, 337
—, nichtlineare 337
Federkonstante, Aufbau- 287, 298, 304, 311, 318, 324
—, Reifen-, radiale 49, 287, 307, 311
— —, seitliche 76, 324
—, Wank- 418, 421
Feder-moment 419
— -rad 267
— -weg 300
Festhaltebremsung 193
fixed control 464
Flächenpressung im Latsch, s. Druck im Latsch
Flattern 4
Fliehkraft 382, 409
Formwiderstand 91
free control 464
Fremdkraftbremse 217
Frequenz, s. Eigenfrequenz, Erregerfrequenz
— -verhältnis 249, 500, 514
Fußkraft am Bremspedal 202, 209, 213, 216, 224, 227, 230

Gasturbine 127
Gefälle 195, 198

Gefahrenbremsung 206
Gegen-lenken 391
—-wind 87
Geradeausfahrt 4, 78, *452*
Gesamtwiderstand *116*
Geschwindigkeits-Weg-Verlauf *163*
—-Zeit-Verlauf *163*, 203
Getriebe, Föttinger- 141
—, Stufen- 139
—, stufenloses 140
—-übersetzung, s. Übersetzung
Gewichtsrückstellung 441, 449
Gieren (Gierwinkel) 3, 372
Gier-luftmoment *83*
—-luftmomentenbeiwert *97*
—-winkelgeschwindigkeit 481, 496, 512
Gleichstrommotoren 125
Gleitbeiwert *19*, 27, 33, 54
Gleiten *18*
Gleit-geschwindigkeit 35
—-lager 17
Gough-Diagramm 61
Gürtelreifen, s. Radialreifen
Gütegrad der Bremsanlage *209*, 215, 217, 221, 224

Häufigkeitsverteilung 276
Haftbeiwert (Höchstbeiwert) *19*, 27, 33, 35, 54, 123, 207, 212, 221, 224, 386
Haften *18*
Heck-flossen 101
—-form 91
Hilfskraftbremse 217
Hilfsrahmen 238
Hinterachs(-rad-)antrieb 116, 181, 185, 189, 407, 436, 440
Höchstgeschwindigkeit *149*, 167, 185
Höhenschlag *266*
Homogene Gleichung 241, 490
Horizontalkraft, maximale *63*
Hub-anregung 345
—-beschleunigung 344
—-bewegung 3
—-schwingung 239
Hülsenführungsachse 319
Hysterese bei Reifeneinfederung 51

Inhomogene Gleichung 241

Kammscher Kreis 63
Karosserie 237
—-formen *91*

Kennung, Bedarfs- 122, 128, 146
—, ideale 123
—, Liefer- 122, 146, 201
—, Motor-Getriebe- 140
Kennungswandler *134*, 201
Kippgrenze *414*
Koppelmasse *239*, 343, *358*
Kraftschluß 395
—-beanspruchung, ideale 386
— — in Umfangsrichtung 23, 26, 64, *181*, 198, *209*, *224*, 230
— —, seitliche 54, 64, 385
—-beiwerte 19, *35*
—-grenze 122, 165, 391, 399, 405
Kraftstoffverbrauch *172*
Kreiselmomente der Räder 75, 511, 518
Kreis-fahrt *373*, 409, *481*
—-radius *374*, 481
Krümmung *496*, 512
Krümmungs-radius 369, 496
—-widerstand, s. Kurvenwiderstand
Kupplung 199
—, Föttinger- 137
—, Reibungs- 137
Kurbelachse 320, 421
Kurs 3, 464
—-abweichung 520
—-haltung 4, 368, *462*
—-winkel 369, 372
— —-geschwindigkeit *497*
Kurven-fahrt 368
—-radius 408
—-widerstand 108, 402, 407, 408
—-widerstandsbeiwert *404*

Längslenkerachse 421
Lagerreibung *15*
Landwirtschaftliches Fahrzeug 240, 249
Latsch 7
—-breite 46
—-fläche 42
—-länge 11, 46
—, Schubspannungen im 31, 57
Leistung an den Antriebsrädern *116*, 123, 149, 408
—, Motor- 149, 166
Leistungsgewicht 152
Lenk-elastizität 457, 488
—-geometrie 379, 398
—-moment 429, 438, 440, 444, 446, 457, 460, 466

Lenkrad *425*
—, Anregungen am 494
—-einschlag 400, 427, 456, 460, 466, 476, 481, 492, 498, 520
— —, bezogener 456, 481
— —, maximaler 432
—-moment *427, 460*, 521
Lenkrollhalbmesser 427, *444, 453*
—, erweiterter 453, 488
Lenkstockhebel 429
Lenkung 368
Lenkungs-dämpfung 503
—-elastizität 400, 465, *483*, 499
—-spiel 461
Lenk-verhalten *494*
—-willig 498
—-zapfen 426
— —, Neigungsänderung 455
Luft-beiwerte *96*
—-dichte 82, *88*
—-federung 337, 338
—-kraft *81*, 477
—-moment 79, *81*, 477, 486
— —, Bezugspunkt 84
—-seitenkraft *83*, 382, 516
— —-beiwert *97*
—-widerstand 10, 79, 80, *82, 109*, 117, 197, 210, 382
—-widerstandsbeiwert *88*
—-widerstandsleistung 120

Masse des Aufbaus 236, 239, 287, *309*, 359, *418*, 470
— des Fahrzeugs 489, 499, 516, 520
— der Räder 236, 287, *305*
—, rotatorische 210
McPherson-Achse 421
Mensch 2
Mittelwert, linearer 276
—, quadratischer 278, 292, 349
Momentan-achse *416*, 420
—-pol *371*, 416, 496
—-zentrum *416, 421*
Momenten-verhältnis des Drehmomentenwandlers 138
—-verteilung bei Allradantrieb 191
Motor, Diesel- 132
—, Otto- 132
—-bremse *200*
—-drehmoment 132, 155
—-drehzahl 132
—-elastizität 160

Motor-kennung *121*
—-lagerung 240
—-mitteldruck 132

Nachlauf, konstruktiver 426, 427, 448, 486
—, Reifen- 55, 65, 426, *486*
—-versatz 427
—-winkel 426, 434, 488
Neutralsteuern 392, *482*
Nick-anregung 345
—-beschleunigung 344
Nicken 3
Nick-luftmoment *83*
—-luftmomentenbeiwert *97*
—-schwingungen 239
Niveauregulierung 302
Normverbrauch 176

Panhardstab 421
Parken 427, 444
Pendelachse 322, 421
Pontonform 92, 101

Querneigung der Fahrbahn 387
Querspantfläche 82, 109

Rad 7, *69*, 433
—-aufhängung 238, *319*, 396, 416, *420*
— —, Gelenk 321
—-aufhängungselastizität 400, 465, 475, *483*, 499
—-einschlag *374, 377*, 460, 465, 475
Radialkraftschwankung 270
Radialreifen 13, 21, 50, 69, 394, 398
Radlast, s. a. Achslast 9, 19, 28, *41*, 49, 58, 178, 230, *383*, 387, 417, 473
—, dynamische 41
—, statische 41, 42, 183, 226, 256
—-änderung 41, *409*, 414, 424, 465
—-schwankung 41, 250, 275, 279, *289*
Rad-stand 180, 211, 352, 489, 499
—-widerstand 103, 117
—-widerstandsbeiwert 109
—-widerstandsleistung 120
Rahmen 237, 238
Reaktions-auslösedauer 202, 208
—-dauer 202, 208
Regellose Schwingungen *279*
Reibung in Federung und Radaufhängung 340
— in der Lenkung 429, 432, 454, 466

Reibungs-bremse 194, 199
—-widerstand in Luftströmung 91
Reifen 7, 249, *307*
—-aufstandsfläche, s. Latsch
—-breite 15
—-dämpfung 11, 45, *51*, 236, 249
—-eindrückung 11, 49
—-ersatzsystem 10, 28, 55
—-federung 11, *41*, 45, 49, 236
—-gummi, Adhäsion 36
— —, Hysterese 36
—-innendruck 13, 42, 46, 395
—-profil 37
—-temperatur *42*
—-tragfähigkeit *42*
—-ungleichförmigkeit *266*
—-verformung, seitliche 76, 324
Rennsportreifen 393
Resonanz 248, 289, 509
Roll-achse 416
—-federsteifigkeit 418
—-lenken 374, 400, 475, *488*, 509, 518
—-luftmoment *83*, 414
—-luftmomentenbeiwert *97*
—-stürzen *488*, 509, 518
—-widerstand *8*, 44, 79, 81, *104*, 105, 117, 197, 210, 254, 382, 452
—-widerstandsbeiwert 9, *10*, 104
—-zentrum, s. Momentanzentrum
Rückenwind 87
Rückstellmoment des Reifens *52*, 65, *447*, 475

Sattelschlepper 121, 228, 381
Schieben 3
Schienenfahrzeug 252
Schleudergrenze *385*, 392, 409, 414, 449
Schleudern 3, 221
Schlupf *22*, *26*, 30, *53*, 67, 116, 119, 146, 210, 230
— im Drehzahlwandler 136
Schnee 21, 120
—-ketten 21
Schongang 151
Schräglaufcharakteristik 60, 62, 66, 68, 388, 393, 397, 412, 465
—, Linearisierung der 58
Schräglaufwinkel *52*, 75, 374, 387, 405, 411, 475
—-differenz 390, 459
Schräglenkerachse 422
Schwallwiderstand *15*

Schwelldauer 203
Schwenk-achse des Rades 426
—-moment des Reifens 444
—-radius des Fahrzeuges 371
Schwerpunkt, Achse 419
—, Aufbau 418, 420
—, Fahrzeug- 179
—-höhe 180, 211, *409*, *487*, 509
—-lage 221, 224, 240, *389*, 396, 484, 507, *513*
—-satz 71, 470
Schwimmwinkel 372, 403, 487
Schwing-bequemlichkeit 250, *272*, 282, 289
—-empfindung 272
Schwingung *236*
Schwingungs-anregung durch Rad und Reifen *266*
—-ersatzschema *236*
—-mittelpunkt 322
Seitenbeschleunigung 392
Seitenkraft des Reifens *52*, 222, 382, 385, 387, 409, 475
—-beiwert 58, 324, 483, 499
Seitenwind 87, 520
—-geschwindigkeit 512
—-verhalten 511
Servolenkung 446
Sitz 236, 240, 350
—-dämpfung 237
—-federung 236, 300, 311, *314*
Sommerreifen 21
Spargang 151
Spektrale Dichte *281*, 292
— — — der Unebenheiten *283*, 291
Spikes 21, 38
Spreizung(-swinkel) 426, 434, 453
Spur-änderung 322, 324
—-stange 429
—-weite *409*
Stabilisator *424*
Stabilität *241*, *490*
Standardabweichung 277, 294, 349
Starrachse 238, 305, 319, 329, 417, 421
Steigfähigkeit 151, *153*
Steigung 111, 196
Steigungen von Straßen 110
Steigungs-fahrt *185*, 192
—-leistung 120
—-widerstand 80, *110*, 117
Steuerverhalten *391*, 451, *459*, 488, 498, 516

Stirnfläche 92
Stoppbremsung 195
Stoßdämpfer 106, 254
—-arbeit 106
—, Zusatzfeder zum 256
Stoßmittelpunkt 322, 359
Straße, s. Fahrbahn
Streuung 276
Stromlinienform 92
Stundenleistung elektrischer Motoren 125
Sturz (Sturzwinkel) 68, 396, 425, 427, 435, 441, 453, 465, 475, 488
—-momentenbeiwert 58, 69
—-seitenbeiwert 58, 69

Tangentialbeschleunigung 369
Teilgleiten 30, 31
Trägheitsmoment des Aufbaus 236, 239, 359, 471
— des Fahrzeuges 499, 520
— des Rades 40
—-e der rotierenden Teile 112
Trampeln 4, 329
Treibstoffverbrauch 172, 173
Triebwerk 237

Überbremsen 212, 215, 230
Überhang 380
Überschußzugkraft 161
Übersetzungsverhältnis im Drehmomentenwandler 112, 138, 150, 155, 168, 200
— in der Lenkung 429, 431, 432, 446, 456, 460, 502
Übersteuern 387, 407, 424, 456, 482, 507
Umfangskraft 33, 34, 63, 80, 118, 181, 198, 210, 230, 465
—, maximale 17, 18
Umsetzdauer 202, 208
Unebenheiten 260, 453
—, Amplitudenspektrum, diskretes 264
— —, kontinuierliches 265
Unebenheits-funktion 261
—-maß 293
—-wellenlänge 261, 285
Ungefederte Masse 291, 332
Untersteuern 387, 407, 424, 456, 482, 507
Unwucht 266

Verbrennungsmotoren 126
Verbundfederung 366

Vergrößerungsfaktor 248, 289, 291, 343
Verlustleistung 135, 136
Verreißen des Lenkrades 495, 500
Verzögerung des Fahrzeuges 194, 198, 204
—, maximal mögliche 206
Verzögerungs-bremsung 193, 194, 202
—-Zeit-Verlauf 203
Vollastkurve 122
Vorderachs(-rad-)antrieb 116, 181, 407, 436, 441, 451
Vorderrad 432
—-einschlag 387, 400, 434, 456, 466, 476, 481
—-kinematik 426
Vorlauf 426
Vorspur (Vorspurwinkel) 104, 377, 427, 434, 441, 475
—-widerstand 104, 377

Wälzlager 17
Wahrnehmungsstärke 272
Wandler 121
Wanken 3, 373, 400, 417, 425, 466, 487, 509
Wasserhöhe auf der Fahrbahn 15, 37, 62
Wechselstrommotoren 125
Weg-Zeit-Verlauf 163, 203
Wellen-länge 77
—-straße 261
Welligkeit 293
Wind 3
—-böen 512
—-geschwindigkeit 85, 86, 512
—-kraft, s. Luftkraft
—-moment, s. Luftmoment
Winterreifen 21
Wirkungsgrad 135, 138, 173, 200
Witterungsbedingungen 58, 395, 486

Zentripetalbeschleunigung 368, 481, 496, 512, 521
—, bezogene 385
Zucken 3
Zugfahrzeug 228, 381
Zugkraft 116, 173
—-Geschwindigkeits-Diagramm 146
—-hyperbel 122, 165
—-unterbrechung 170
Zugwiderstand 121
Zuschlagfaktor für Drehmassen 114, 161
Zweiachsfahrzeug 78, 343, 382, 467

721/22/71